普通高等学校研究生教材

黄土高原生态学

张　峰　刘　勇　柴宝峰　编著

科学出版社

北　京

内 容 简 介

本书聚焦黄土高原生态学的基础理论和应用研究，系统论述影响黄土高原生态的环境因素，以及黄土高原植被生态、微生物生态、生态系统、景观生态、生物多样性保护等基础理论；在此基础上，结合山西大学黄土高原研究所多年来的研究工作，全面分析黄土高原的土壤生态、产业生态、污染生态、农业生态、退化生态系统修复、生态系统服务与管理、可持续发展等内容。

本书可作为生态学、林学、农学、环境科学等专业的研究生教材，也可供黄土高原综合治理、农林牧业、环境保护等部门的科技工作者和管理人员参考使用。

图书在版编目（CIP）数据

黄土高原生态学/张峰，刘勇，柴宝峰编著. —北京：科学出版社，2022.6
（普通高等学校研究生教材）
ISBN 978-7-03-072237-9

Ⅰ. ①黄… Ⅱ. ①张… ②刘… ③柴… Ⅲ. ①黄土高原-生态环境-研究生-教材 Ⅳ. ①X171.4

中国版本图书馆 CIP 数据核字（2022）第 078051 号

责任编辑：苏德华 李 莎 / 责任校对：马英菊
责任印制：吕春珉 / 封面设计：东方人华平面设计部

科学出版社 出版
北京东黄城根北街 16 号
邮政编码：100717
http://www.sciencep.com

北京中科印刷有限公司印刷
科学出版社发行 各地新华书店经销

*

2022 年 6 月第 一 版 开本：787×1092 1/16
2022 年 6 月第一次印刷 印张：22 1/2 插页：4
字数：543 000

定价：88.00 元

（如有印装质量问题，我社负责调换〈中科〉）
销售部电话 010-62136230 编辑部电话 010-62138978-2046

前 言

preface

孕育了灿烂的文化和悠久的历史的黄土高原，位于我国的第二阶梯，地形地貌复杂，气候类型多样，地理环境分异规律明显，为动植物的发育、生存、繁衍提供了良好的物质基础，孕育了丰富的生物多样性。

黄土高原具有悠久的人类生产和生活历史。长期以来，过度开发和不合理的土地利用方式，加之生态环境基础脆弱，使黄土高原地区自然植被退化严重，水土流失和风沙灾害等生态环境问题突出，严重影响当地民众的生产生活和区域社会经济的可持续发展。历史上，水土流失使黄土高原入黄河泥沙量一度高达 16 亿 t/a，导致黄河下游河床泥沙淤积而不断抬升，严重威胁着黄河下游民众的生命和财产安全。此外，随着人口的增加，人类利用自然资源的强度日趋提高，黄土高原石油、天然气、煤炭、金属和非金属资源的大量开采，以及工农业生产过程中的面源污染和点源污染等，对黄土高原生态系统和生物多样性的影响越来越大。

1978 年以来，国家实施了大规模的三北防护林建设、水土流失治理、退耕还林还草等一系列生态工程，黄河流域水沙情势和黄土高原植被发生了巨大变化，生态环境质量得到明显改善，但黄土高原深层次的生态环境问题依然存在，如土地荒漠化、土壤污染、水资源短缺、矿区生态环境退化等。因此，深入研究黄土高原生态环境问题形成机制和治理措施，对实现区域社会经济的可持续发展，具有重要的战略意义。

山西大学黄土高原地理研究所成立于 1982 年，黄土高原生态研究一直是本所生态学学科的主攻和发展方向，并在黄土高原治理等方面取得了显著成绩。作为“七五”期间国家科技攻关重点项目“黄土高原综合治理定位实验研究”的主要参与单位，山西大学黄土高原地理研究所承担了该课题的子项目“黄土高原治理——河曲砖窑沟流域综合治理科学试验区”的研究，并于 1993 年荣获国家科学技术进步奖一等奖。1997 年山西大学黄土高原地理研究所更名为山西大学黄土高原研究所。自 2000 年获得生态学硕士学位和生态学博士学位授予权以来，山西大学黄土高原研究所生态学研究生的人才培养进入了新阶段，先后开设与黄土高原生态学相关的若干课程，包括植物生理生态学、植被生态学、污染生态学、恢复生态学、区域生态学、黄土高原综合治理等，培养了一批既懂生态学基础理论和研究方法，又掌握黄土高原生态环境治理的专业复合型人才，为山西省生态环境改善做出了积极贡献。在多年的研究生教学实践中，上述生态学课程内容散见于各种专著和教材中，未有一本针对研究生培养、系统全面阐述黄土高原生态学的研究生教材。为此，山西大学黄土高原研究所组织相关教师编写了本书。

本书系统论述黄土高原的自然地理、生态学基础和应用生态学等理论和相关研究成果，力求为读者提供一本全面概述黄土高原生态学的教材。第一章介绍黄土高原的范围、形成过程、地形地貌、气候、水文、土壤等环境因素；第二章介绍植被生态学理论基础、黄土高原种子植物区系分析、主要植被类型和植被区划；第三章介绍微生物生态学基本原理、群落生态特征及在生态修复中的作用；第四章介绍陆地生态系统、森林生态系统、灌丛生态系统、草原和草甸生态系统、荒漠生态系统、淡水生态系统和湿地生态系统；第五章介绍景观生态学概念、黄土高原景观生态特征与研究现状、景观动态变化监测与模拟；第六章介绍黄土高原珍稀濒危动植物保护和国家级自然保护区分布；第七章介绍土壤生物及其生存环境、土壤养分管理；第八章介绍产业生态学基础、清洁生产、生态产业建设重点和生态产业园区；第九章介绍环境污染及其生态过程、土壤污染生态、大气污染生态和水污染生态；第十章介绍了农业生态学基础、黄土高原农业区划、草业和畜牧业、林果业、特色农业、旱作农业和集水农业；第十一章介绍黄土高原生态退化问题、植被恢复、矿山生态修复、水土流失治理、沙漠化治理和盐碱地治理；第十二章介绍黄土高原生态系统服务变化、生态功能区划和区域生态安全；第十三章介绍黄土高原可持续发展的资源条件，以及农业、林业和畜牧业的可持续发展。需要说明的是，由于各种条件所限，本书未包含动物生态学的内容，这是一大缺憾。

本书由山西大学黄土高原研究所组织编写，在编写过程中得到了山西省高等学校服务产业创新学科建设计划“土壤污染生态修复学科群”项目的支持；是山西大学黄土高原研究所建所近 40 年来科学研究成果的集成和集体智慧的结晶。本书编写分工如下：第一章由李晋昌编写；第二章由张峰、秦浩、张殷波和刘勇编写；第三章由贾彤和柴宝峰编写；第四章由米佳和张晓森编写；第五章由杜自强、史建伟和王琰编写；第六章由张明罡编写；第七章由冯政君、李君剑、陈建文和贾宁凤编写；第八章由狄晓艳、李素清和武冬梅编写；第九章由刘文娟、邓文博、文永莉和石伟编写；第十章由苏超、刘爽、刘兵兵和程曼编写；第十一章由李素清、狄晓艳、武冬梅、陈璋和张鸾编写；第十二章由苏常红和王让虎编写；第十三章由李洪建和严俊霞编写。全书由张峰、刘勇和柴宝峰统稿。

在本书的编写过程中，中国科学院西北高原生物研究所周国英研究员提供了青海植被的相关文献，内蒙古大学梁存柱教授提供了贺兰山的植被文献，中国科学院生态环境研究中心荣月静博士提供了黄土高原区域生态安全的全部素材，山西大学黄土高原研究所硕士研究生王媛、徐馨宇、刘花等帮助整理文字资料，在此一并表示衷心的感谢！

1949 年以来，我国对黄土高原生态进行了卓有成效的科学研究和综合治理工作，取得了丰硕的成果。尽管本书的编写力求全面反映黄土高原生态学的研究成果，为从事黄土高原生态学教学和研究提供参考，但受学识所限，书中难免存在不妥之处，欢迎读者批评指正。

作 者

2020 年 7 月

目 录

contents

第一章　影响黄土高原生态的环境因素 …… 1
第一节　黄土高原的范围 …… 1
第二节　黄土高原的形成过程 …… 2
第三节　黄土高原的地形和地貌 …… 4
第四节　黄土高原的气候 …… 6
第五节　黄土高原的水文 …… 9
第六节　黄土高原的土壤 …… 11
第七节　黄土高原的人类活动与社会经济 …… 14
第二章　黄土高原植被生态 …… 17
第一节　植被生态学基础 …… 17
第二节　黄土高原种子植物区系分析 …… 21
第三节　黄土高原主要植被类型 …… 32
第四节　黄土高原植被区划 …… 56
第三章　黄土高原微生物生态 …… 61
第一节　微生物生态学基本原理 …… 61
第二节　微生物群落特征 …… 63
第三节　微生物在黄土高原生态修复中的作用 …… 66
第四章　黄土高原生态系统 …… 72
第一节　黄土高原陆地生态系统 …… 72
第二节　黄土高原森林生态系统 …… 74
第三节　黄土高原灌丛生态系统 …… 81
第四节　黄土高原草原生态系统和草甸生态系统 …… 83
第五节　黄土高原荒漠生态系统 …… 85
第六节　黄土高原淡水生态系统 …… 87
第七节　黄土高原湿地生态系统 …… 100
第五章　黄土高原景观生态 …… 109
第一节　景观生态学概念 …… 109
第二节　黄土高原景观生态特征与研究现状 …… 114
第三节　黄土高原景观动态变化监测与模拟 …… 118
第六章　黄土高原生物多样性保护 …… 132
第一节　黄土高原珍稀濒危动物及保护 …… 132
第二节　黄土高原珍稀濒危植物及保护 …… 134
第三节　黄土高原国家级自然保护区 …… 137

第七章　黄土高原土壤生态 …… 153
　第一节　土壤生物的生存环境 …… 153
　第二节　土壤生物 …… 159
　第三节　黄土高原土壤养分管理 …… 166
第八章　黄土高原产业生态 …… 177
　第一节　产业生态学基础 …… 177
　第二节　黄土高原清洁生产 …… 182
　第三节　黄土高原生态产业建设重点 …… 187
　第四节　黄土高原生态产业园区 …… 188
第九章　黄土高原的污染生态 …… 194
　第一节　环境污染及其生态过程 …… 194
　第二节　黄土高原土壤污染生态 …… 202
　第三节　黄土高原大气污染生态 …… 206
　第四节　黄土高原水污染生态 …… 215
第十章　黄土高原农业生态 …… 224
　第一节　农业生态学基础 …… 224
　第二节　黄土高原农业区划 …… 226
　第三节　黄土高原草业和畜牧业 …… 228
　第四节　黄土高原林果业 …… 232
　第五节　黄土高原特色农业——小杂粮 …… 236
　第六节　黄土高原旱作农业技术及应用 …… 237
　第七节　黄土高原集水农业技术及应用 …… 252
第十一章　黄土高原退化生态系统的生态修复 …… 260
　第一节　黄土高原主要生态退化问题 …… 260
　第二节　黄土高原植被恢复 …… 269
　第三节　黄土高原矿山生态修复 …… 277
　第四节　黄土高原水土流失治理 …… 282
　第五节　黄土高原沙漠化治理 …… 285
　第六节　黄土高原盐碱地治理 …… 289
第十二章　黄土高原生态系统服务与管理 …… 292
　第一节　黄土高原生态系统服务变化 …… 292
　第二节　黄土高原生态功能区划 …… 303
　第三节　黄土高原区域生态安全 …… 308
第十三章　黄土高原可持续发展 …… 314
　第一节　黄土高原可持续发展的资源条件 …… 315
　第二节　黄土高原农业可持续发展 …… 321
　第三节　黄土高原林业可持续发展 …… 326
　第四节　黄土高原畜牧业可持续发展 …… 331
参考文献 …… 336

第一章　影响黄土高原生态的环境因素

黄土高原是中华民族农业和文化的主要发源地，在人类活动与自然的双重驱动下，经过数千年的环境变迁，现在黄土高原的生态环境比较脆弱。中国科学院和水利部黄河水利委员会组织相关科研单位，从20世纪50年代起对黄土高原地区开展了大规模的综合科学考察，研究了其范围、形成过程、地形地貌、气候、水文、土壤、植被、土地资源利用、水土流失及社会经济发展等特点与变化规律。改革开放以来，随着国家经济实力的增强和民众环境保护意识的提高，黄土高原生态环境建设事业进入了新的历史阶段。我们坚信只要遵循自然规律，坚持连续、有序地治理，黄土高原一定会山川秀美，再现昔日的辉煌。

第一节　黄土高原的范围

一、不同学科划分的黄土高原范围

黄土是一种黄色、质地均一的第四纪土状堆积物。从全球来看，黄土主要分布在中纬度干旱或半干旱大陆性气候区，即现代温带森林草原、草原及荒漠草原地区；在我国，黄土主要是荒漠地区的黄土物质在强大的西北风长期搬运作用下，逐渐堆积而成的，主要分布在北方干旱区和半干旱区，位于 34°～45°N，呈东西向带状分布（杨景春，2001），其中在黄河中游地区分布最为集中，习惯上称为黄土高原。黄土高原是我国乃至全球水土流失最为严重的地区之一，其集中了地球上 70%的黄土，是世界上分布面积最广、厚度最大、分布最连续的黄土覆盖区。

关于黄土高原的范围，由于各学科着眼点不同而有不同的界线。例如，有以自然地理为单元的黄土高原，有以地貌为单元的黄土高原，也有以水土保持为单元的黄土高原（图 1.1）。作为自然地理单元的黄土高原，是以地貌因素为主，包括各种自然地理因素的自然综合体，其范围界线东起吕梁山西麓，西至青藏高原边缘山地，北从鄂尔多斯南缘长城一线，南到秦岭北麓，总面积约 30 万 km^2，涉及山西、陕西、宁夏、甘肃、青海等省（自治区），海拔 1200～1600m（赵松桥，1985）。作为地貌单元的黄土高原，主要依据地貌和地表形态，把日月山、乌鞘岭以东，太行山东麓深大断裂以西（包括豫西黄土丘陵区），秦岭、伏牛山以北，长城沿线以南（包括内蒙古准格尔和林格尔黄土丘陵区）称为黄土高原，跨青海、甘肃、宁夏、内蒙古、陕西、山西、河北、河南 8 个省（自治区），面积约 43 万 km^2。作为水土保持单元的黄土高原，是从流域治理的角度出发，将从青海龙羊峡到河南桃花峪的整个黄河中游区段视为黄土高原，具体界线是西起日月山、青海湖，东至太行山，南起秦岭、伏牛山北坡，北至阴山-贺兰山，涉及青海、甘肃、宁夏、内蒙古、陕西、山西、河南 7 个省（自治区），面积约 64 万 km^2（包括闭流区 4.2 万 km^2）。

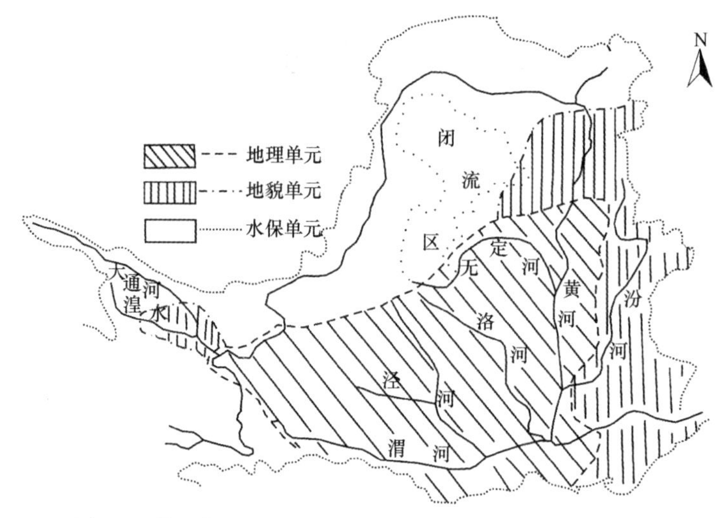

图 1.1　黄土高原的三种划分范围（据裴新富，1991 改绘）

二、黄土高原与黄土高原地区

从不同学科特点研究黄土高原并划定其范围界线，出现了差异显著的面积数字。裴新富（1991）认为，这里存在黄土高原和黄土高原地区两个概念的差别。

黄土高原是指厚层黄土连续分布，黄土地貌发育典型，地表起伏不大，海拔高程在一定范围内，水土流失严重的高原。其主要含义是：①以风成黄土为主，间有洪积、冲积、残积等多种成因；②土层深厚，一般为 50～100m，且连续分布，地表海拔为 1000～2000m，且起伏不大，不包括断续分布的黄土和山间黄土地区，如山西高原；③黄土地貌发育典型，以塬、墚、峁及期间的沟壑为主，其他基岩山地等仅居次要地位，不包括鄂尔多斯干燥剥蚀高原；④研究黄土高原的目的在于开发治理，故主要指水土流失严重地区，不包括经济发达的汾渭盆地等。所以，黄土高原的范围主要指渭河北山以北、长城沿线以南、吕梁山西坡以西、兰州盆地以东的地区（图 1.1 中水保单元范围）。

黄土高原地区是以黄土高原为中心，包括周围有黄土分布的其他过渡地区，范围为太行山以西、日月山—贺兰山以东、秦岭以北、阴山以南这块完整的土地。地理坐标：100°54′～114°33′E，33°43′～41°16′N。按中国科学院黄土高原综合科学考察队土地组研究资料计算，总面积为 623 777km^2，占全国土地面积的 6.50%（中国科学院黄土高原综合科学考察队，1989）。行政区域包括山西省和宁夏回族自治区的全部，陕西省秦岭以北的关中、陕北地区，甘肃省乌鞘岭以东的陇中、陇东地区，青海省青藏高原东南的青东地区，内蒙古自治区阴山以南的蒙东南地区、河南省郑州以西的豫西地区，不仅包括黄土高原全部，还包括黄河上游、中游和海河的上游（李锐等，2008）。

本书采用黄土高原地区作为黄土高原的范围。

第二节　黄土高原的形成过程

新近纪的上新世末，黄土高原仍为准平原，全区海拔相近，分水岭高多在 200m 以下（李锐等，2008）。黄土高原的黄土堆积始于第四纪，距今 2.60～2.50Ma，黄土高原隆起与黄河现代水系形成于第四纪早期，距今 1.67～1.45Ma。黄土高原现代景观形成于第四纪晚期，距今 0.1Ma 左右（朱照宇和丁仲礼，1994）。以六盘山为界，黄土高原可分为东、西两部分。六盘山以东，以吕梁山为界，由鄂尔多斯台地向斜构成，以西属于青藏高原板块的祁连山褶皱带。早期的陕北、陇东、晋西的鄂尔多斯向斜在中生代发展成为大型的内陆盆地，向西一直延伸到现今的六盘山脉以西的祁连山脉东南段。古鄂尔多斯盆地在晚三叠—中侏罗世相对稳定，并曾接受大范围沉积。在晚侏罗世，盆地西部发生较大规模的逆冲活动，东部隆起持续抬升扩大，导致盆地沉积范围发生较大的收缩，并出现盆地的西倾单斜结构。在其后的早白垩纪，地壳活动处于相对稳定期，盆地再次接受沉积，同时在冲断块上也接受沉积，这说明古鄂尔多斯盆地此时总的西倾单斜结构尚未改变。古新世初发生的燕山运动，使盆地西部再次被冲断而构成六盘山、贺兰山脉雏形，东部出现吕梁山隆起（傅伯仁，2008）。燕山运动使鄂尔多斯台地向斜抬升的同时，边缘发生断陷和山脉的差异隆升，形成汾渭谷地、银川谷地等一系列地堑谷地，而边缘的六盘山、贺兰山、吕梁山、阴山、渭河北岸山地及秦岭继续隆升，到新近纪的中新世末，鄂尔多斯台地向斜成为准平原。至此，初步形成了黄土高原风尘堆积与构造抬升的基本构造的地质背景。第四纪以来，伴随着青藏高原的隆升及其对鄂尔多斯盆地的推挤作用，黄土高原内不同区域发生了不同程度的抬升与构造变形。在中新世晚期，伴随青藏高原的阶段性隆升过程与气候环境效应，黄土高原形成了巨厚的风成红黏土、黄土-古土壤堆积，黄土主要来源于蒙古高原、柴达木盆地，以及准格尔盆地和塔里木盆地的东部地区。

从红黏土的分布与厚度看，上新世时的长城以南、秦岭以北、六盘山与吕梁山之间是一个浅凹形的巨大盆地。地势西北高、东南低，其特征与现在相同。自上新世晚期起，受青藏高原东北缘的推挤和华北地块运动影响，出现鄂尔多斯高原边缘地堑谷地的进一步发展与高原的向斜运动，使地面总体向东南倾斜并控制着河流的流向，伴随亚洲干旱化与季风效应的持续增强、沙漠化的扩展，黄土高原风尘堆积物转为黄土-古土壤序列（傅伯仁，2008）。2.50Ma B.P.以来，黄土高原的黄土堆积量总计为 54.6 万亿 t，其中，陕北堆积量（175 431.2 亿 t）占堆积总量的 32.13%，陇西、陇东分别为 118 578.8 亿 t、117 882.4 亿 t，占堆积总量的 21.72%、21.59%，山西、关中分别为 76 456.7 亿 t、57 640.9 亿 t，占堆积总量的 14.00%、10.56%。近 10 万年来，黄土高原的黄土堆积强度为 145.92～296.14t/（km^2·a），平均为 208.99t/（km^2·a）（李锐等，2008）。据刘东生和张宗祜（1962）估算，中国黄土分布区总面积为 440 680km^2，其中黄河中游黄土高原地区为 317 600km^2，占总面积的 72.04%，黄土堆积厚度一般为 80～120m（图 1.2）。

根据黄土堆积环境的不同，可将我国黄土发育划分为三个时期：①早更新世，相当于第一次冰期，气候干寒，发生午城黄土堆积；②中更新世，发生第二次冰期，气候进一步变干燥，堆积离石黄土，范围广、土层厚；③晚更新世，发生第三次冰期，气候更加干寒，堆积马兰黄土，厚度虽小，但分布范围更广，南方称下蜀黄土。进入全新世，气候转为暖湿，疏松的黄土层经流水侵蚀形成了沟壑纵横的破碎地表。午城黄土以山西省临汾市隰县午城镇柳树沟为标准地点，厚 17.5m；黄土岩性为红黄色，结构致密坚实，呈块状，大孔隙少；夹有数层红棕色、褐色埋藏古土壤；所含砂与砾石的数量较少，推测其形成时，无较强流水活动。离石黄土标准地点在山西离石王家沟，与午城黄土统称为“老黄土”；厚 90～100m，构成黄土高原的基础；呈浅红黄色，较午城黄土浅，较马兰黄土深，不具层理，含多层棕红色古土壤。

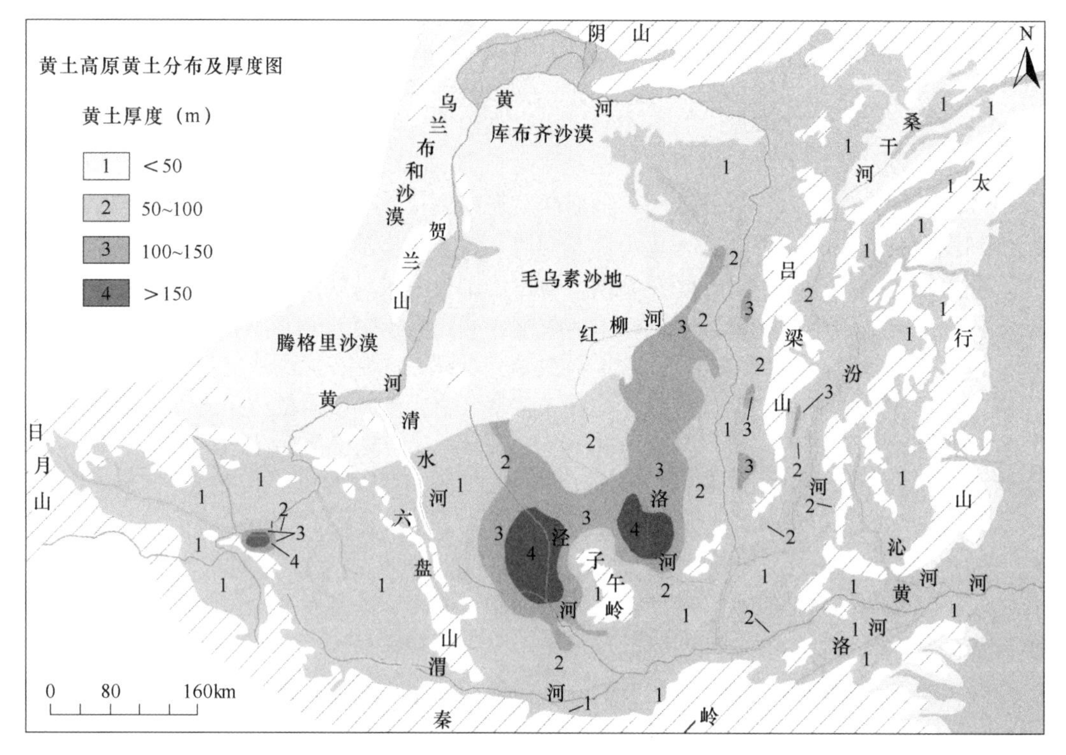

图 1.2 黄土高原黄土分布及厚度（据张天曾，1993 改绘）

马兰黄土因见于北京市西山斋堂一带马兰阶地上，故得名；其厚度分布不均匀，从数米到数十米不等；浅灰黄色，疏松，无层理，垂直节理发育，近顶部夹一层灰褐色黑垆土型古土壤，下部夹一层棕褐色古土壤（刘东生，1985）。

第三节 黄土高原的地形和地貌

黄土高原地势自西北向东南逐步降低，分布着山地、丘陵、盆地、河谷平原等复杂多样的地貌类型（图 1.3）。山系多为南北走向，自东向西依次主要有太行山、吕梁山、黄龙山、子午岭、六盘山、屈吴山等，并且山地与盆地（或塬地）相间分布。太行山与吕梁山之间为山西盆地，吕梁山与六盘山之间为陕甘盆地，六盘山以西为陇西盆地。由南向北，地貌类型齐全，依次为秦岭山地及其北麓洪积冲积扇群、渭河平原、黄土塬（含残垣）、石质中山低山、黄土墚峁丘陵沟壑、沙漠与沙漠化土地。

若干近似南北走向的山脉把黄土高原分隔成 3 个亚区。①乌鞘岭与六盘山之间为西部亚区。黄土分布于山地斜坡、山间盆地及高阶地上，黄土的堆积面仍基本反映出基底地形的起伏。②六盘山与吕梁山之间为中部亚区。黄土连续覆盖，上覆于上新世红土上，填平了多数原始河谷和盆地，少数深切河谷底部见有基岩出露，黄土厚逾百米，地层完整。③吕梁山与太行山之间为东部亚区。山地和盆地地形对照明显，黄土覆于盆地边缘及河流阶地之上，有的盆地间的分水岭也披覆有薄层黄土，下伏上新世地层（刘东生，1985）。

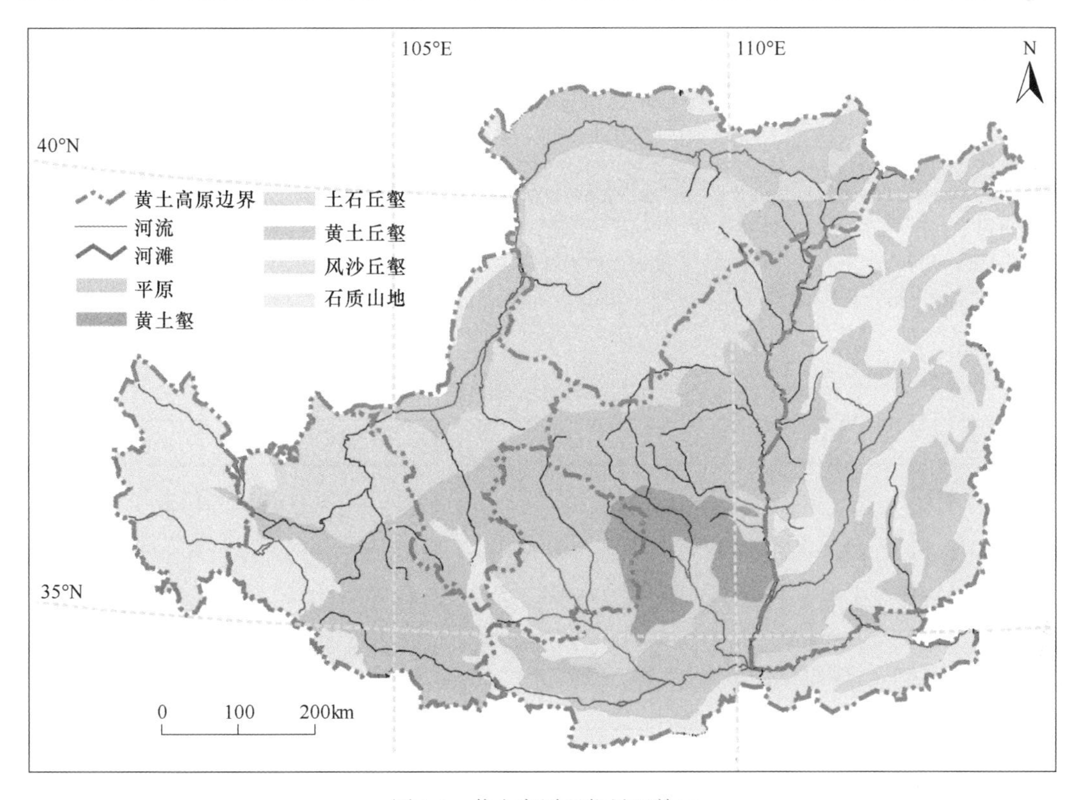

图 1.3 黄土高原现代景观单元

按形态不同，黄土地貌可分为黄土沟谷地貌、黄土沟（谷）间地貌、黄土谷坡地貌和黄土潜蚀地貌（黄土喀斯特）等几种类型。根据黄土沟谷发生的部位、沟谷的发育阶段和形态特征，黄土沟谷分为纹沟、细沟、切沟和冲沟四种。黄土沟（谷）间地貌可分为塬、梁、峁三种类型，是黄土高原上黄土堆积的原始地面经流水切割侵蚀后的残留部分，其形成和黄土堆积前的地形起伏及黄土堆积后的流水侵蚀都有关（图 1.4）。位于甘肃省庆阳市西南部的董志塬，是黄土高原上面积最大的塬，长约 80km，宽 5～18km，面积约 750km^2。

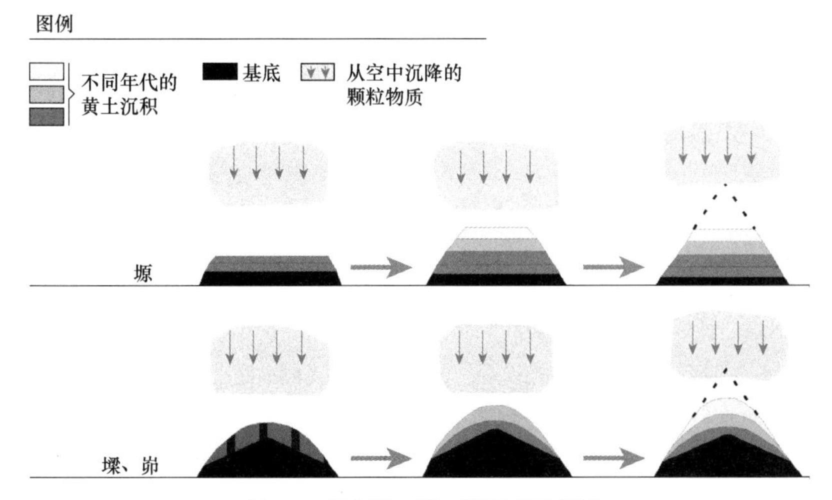

图 1.4 黄土塬、梁、峁形成示意图

黄土谷坡的物质在重力和流水的双重作用下，发生移动，使谷坡变缓，形成各种黄土谷坡地貌。地表水沿黄土中的裂隙或孔隙下渗，对黄土进行溶蚀和侵蚀，称为潜蚀。潜蚀后，黄土中形成大的孔隙和空洞，引起黄土的陷落而形成的各种地貌，称为黄土潜蚀地貌，分为黄土碟、黄土陷穴、黄土桥、黄土柱等几种。形成上述各种黄土地貌的原因，除了黄土本身的特点外，还受黄土堆积前的古地形和黄土区的各种外营力作用（流水作用、重力作用、地下水作用和风的作用）的影响（杨景春，2001）。

黄土高原按照地貌形态、黄土高原地质基础及地表的物质组成来划分地貌类型。地貌分类指标参考《中国 1∶1 000 000 地貌制图规范（试行）》。黄土高原地貌分类体系如表 1.1 所示。

表 1.1　黄土高原地貌分类体系（朱士光等，2009）

地貌类	地貌类型	地貌组合形态	地貌类	地貌类型	地貌组合形态
山地地貌类	石质型	石质中高山	丘陵地貌类	黄土型	黄土残塬、墚、峁丘陵沟壑
		石质低山			黄土长坡丘陵沟壑
	土石型	土石中山	黄土塬地貌类	黄土型	黄土塬沟壑
		土石低山			黄土残塬沟壑
	黄土型	黄土覆盖的中山			黄土台塬沟壑
		黄土覆盖的低山	河谷平原地貌类	黄土型	黄土覆盖的山前倾斜平原
丘陵地貌类	土石型	土石丘陵			河流高阶地
		薄层黄土覆盖的基岩峡谷丘陵		河湖型	冲积平原
	黄土型	黄土峁状丘陵沟壑			河谷平原
		黄土墚状丘陵沟壑			
		黄土墚峁丘陵沟壑			湖积平原

第四节　黄土高原的气候

黄土高原属暖温带大陆性季风气候区，位于我国湿润区和干旱区之间的过渡带，大部分地区处于干旱、半干旱区。区内地形起伏，气象台站多在山谷盆地之中，年平均风速一般为 2.5m/s，高山站和甘肃河西走廊风速较大，最大值位于山西五台山，年平均风速达 9.5m/s；风速的年际变化一般表现为春季最大，冬季次之，夏秋两季较小。年蒸发量大多为 1000～2000mm，空间分布特点是南小北大、东少西多，最少值出现在陕西省西安市，仅有 1000mm 左右，最大值出现在甘肃省河西走廊，达 2500～3000mm；蒸发量的年际变化一般表现为夏季最高，春秋两季次之，冬季最低。区内年平均日照时数 2500h，自北向南逐渐减少；日照时数年际变化以夏季最高，春秋两季次之，冬季最低。区内≥10℃的积温一般为 3000～4000℃，甘肃武都、陕南、山西运城可达 4000～4500℃，渭河平原和晋陕两省佳县以南的黄河两岸、汾河中下游地区为 3500～4000℃，宁夏中北部为 3000℃，甘肃祁连山地、陇南山地、北山山地、甘南高原、陇东、宁夏固原地区及山西北部在 2500℃以下，最少的地区为 500℃（钱林清，1991）。区内无霜期一般在 150d 左右，陕西关中最长，可达 200～250d，较高山地均在 100d 左右；无霜日数由北向南逐渐加长，霜期长是黄土高原气候的重要特点之一，对农林业生产常造成威胁（邹年根和罗伟祥，1997）。

一、降水

黄土高原降水的特点是年降水量少，年际变化大，年内分布不均，降水集中，夏湿冬干，并存在明显的地区差异。年降水量为 150～750mm。降水量南多北少、东多西少，由东南向西北递减。降水的季节性十分明显。总体来看，夏季（6～8 月）降水量最多，占年降水量的 54.8%；秋季（9～11 月）占年降水量的 25.8%，春季（3～5 月）占 7.7%，冬季（12～2 月）最少，仅占 0.06%左右。可见黄土高原降水主要集中在夏季，冬季降水微乎其微，秋季多于春季（王毅荣等，2004）。

1901～2014 年，黄土高原年降水距平剧烈波动（图 1.5），无显著变化趋势。1920～1950 年的降水量偏少，1950 年以后开始剧烈上升，1970 年之后，上升、下降趋势交替出现，总体有减少趋势，进入 21 世纪年降水变化趋于平均值。季节降水量呈现不同变化趋势和强度，其中秋季、夏季和春季降水量呈减少趋势，冬季呈弱增加趋势（晏利斌，2015）。降水量变化达到显著趋势的区域集中在西部地区（图 1.6 中标记区域，面积占 3.05%），以 0.24～3.52mm/10a 的速率增加。

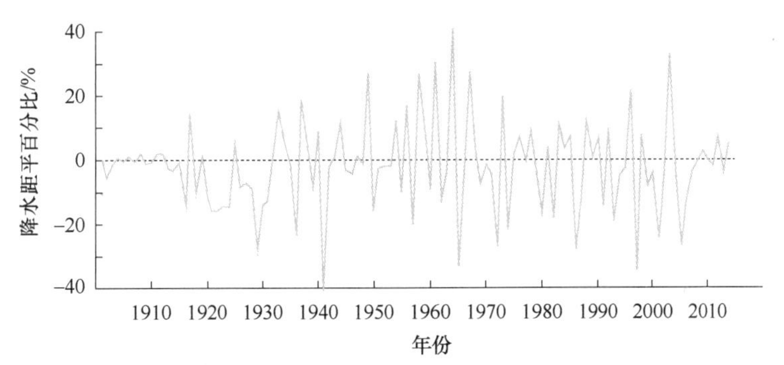

图 1.5　黄土高原降水距平百分比的年际变化（1901～2014 年）（任婧宇等，2018）

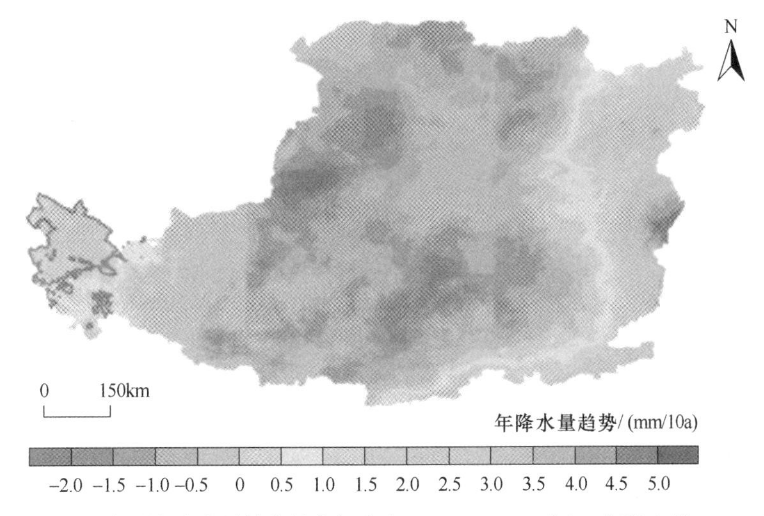

图 1.6　黄土高原年降水量趋势的空间分布（1901～2014 年）（任婧宇等，2018）

二、气温

黄土高原气温的特点是冷热季节变化明显，气温年较差、日较差显著，生长季节较短（邹年根和罗伟祥，1997）。年均温为8℃，夏季最高，冬季最低，春季略高于秋季，总体为冬季严寒、夏季炎热。温度分布空间差异较大，南高北低，东高西低，由东南向西北递减。

1901～2014年，黄土高原年均温上升趋势明显（图1.7），以0.1°C/10a的速率上升（任婧宇等，2018），表明对全球变暖有显著响应，且四季温度均呈增加趋势，其中冬季增速最大，夏季增速最小（晏利斌，2015）。1901～1919年为气温偏低期，20世纪80年代后普遍进入气温偏高期，达到显著趋势的区域集中在除西部以外的地区（面积占91.30%），其变暖速率从西南向东北逐渐变大（图1.8）。

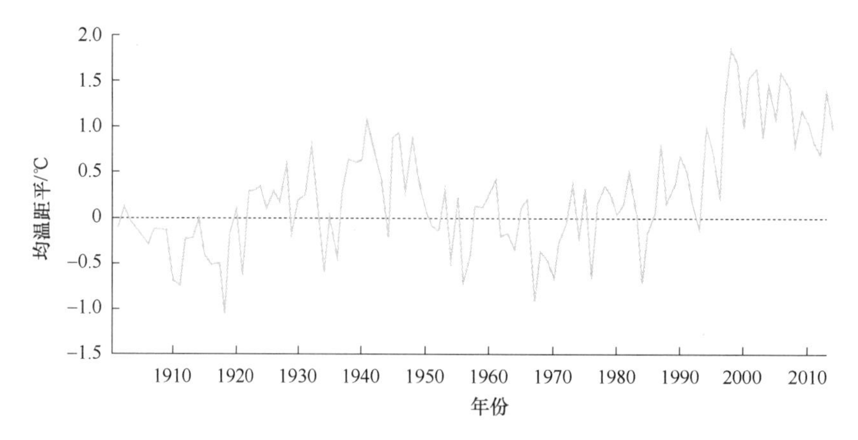

图1.7 黄土高原年均温距平变化（1901～2014年）（任婧宇等，2018）

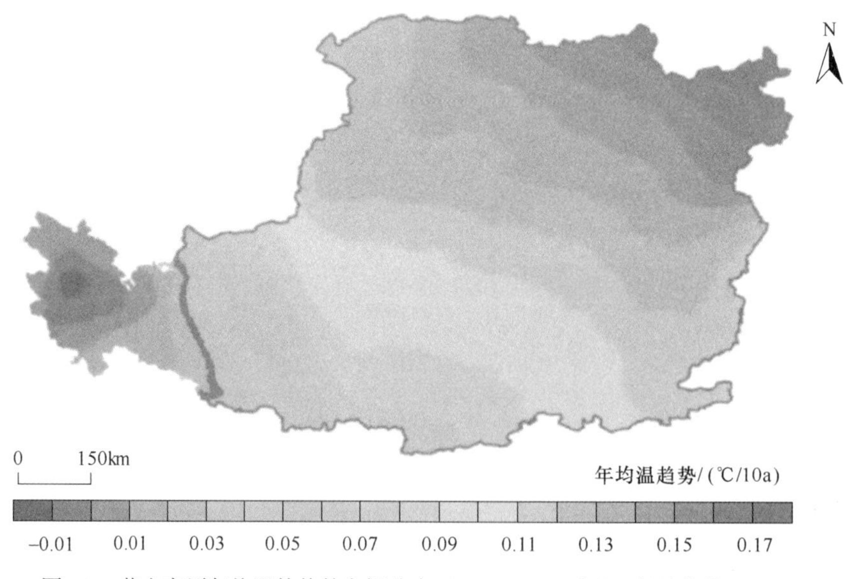

图1.8 黄土高原年均温趋势的空间分布（1901～2014年）（任婧宇等，2018）

三、主要灾害性气候

黄土高原主要灾害性气候事件是干旱和暴雨。1961～2000年，最干旱的年份是1997年，黄土高原大多数地区遭受了百年不遇的严重干旱，严重干旱年份还有1965年、1972年、1974年、1986年和1991年。1961～2000年的干旱时段有1970年12月～1973年2月和1979年12月～1983年6月，干旱时间最长的是1991年1月～2000年12月，长达10年之久，可以说20世纪90年代是最为干旱的10年，而黄河流域历史上曾发生两次连续11年的干旱期（1632～1642年和1922～1932年）。在干旱时间演变中，存在以2～4年为主的年际振荡，即2～4年就出现一次严重干旱（王毅荣等，2004）。

暴雨会直接造成黄土高原严重水土流失，引发山洪等地质灾害。暴雨年气候概率分布表现为高原东部明显高于西部。天水—固原—环县以东暴雨年气候概率在0.5以上，即2年内至少出现1次暴雨，西安—临汾—榆社以东的地区基本每年都出现暴雨，渭河上游、六盘山一带2～5年出现1次，贵德—西宁—景泰一带暴雨最少，大约三四十年一遇（王毅荣等，2004）。

第五节　黄土高原的水文

黄土高原地域辽阔，河流众多（图1.9），发源于黄土高原或流经黄土高原的较大河流有

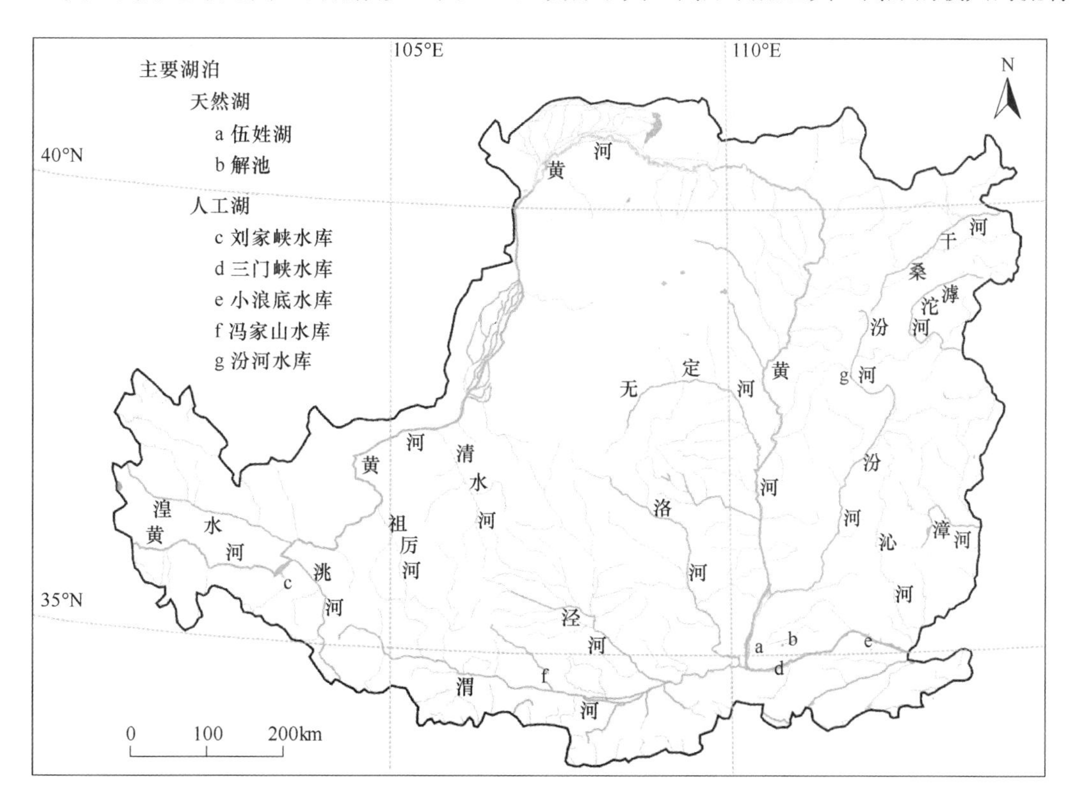

图1.9　黄土高原水系图

200多条，以黄河水系为主。黄河流域在区内的面积有52.27万km^2，占全区总面积的84.1%；区内东部和东北部属于海河流域，面积为5.91万km^2，占全区总面积的9.3%；此外，在鄂尔多斯高原、毛乌素沙地和陕西、宁夏、内蒙古三省（自治区）接壤区还有部分闭流区，面积约4.2万km^2，占全区总面积的6.6%（邹年根和罗伟祥，1997）。

一、黄河水系

黄河水系是由黄河干流及其支流构成的庞大水系，黄土高原的黄河支流是黄河径流、泥沙的主要来源。黄河自龙羊峡进入黄土高原，流经青海东部、甘肃、宁夏、内蒙古、陕西、山西，于河南省花园口流出黄土高原，流域面积为75.24万km^2。年均径流量为437.8亿m^3（三门峡观测站），年均输沙量为16亿t（陕州区观测站）。黄河支流众多，在黄土高原地区的主要支流有洮河、湟水、祖厉河、清水河、无定河、汾河、渭河、洛河、泾河和沁河等，各支流基本特征如表1.2所示。

表1.2 黄土高原主要河流基本特征（邹年根和罗伟祥，1997；朱士光等，2009）

水系	河名	河长/km	流域面积/km^2	年均径流量/亿m^3	年均输沙量/万t	观测站
黄河	湟水	374	32 863	46.5	2 400	民和
	祖厉河	224	10 653	1.39	6 190	靖远
	洮河	673	25 527	53	2 920	河口
	清水河	320	14 481	1.47	0.24	泉眼山
	无定河	491	30 261	15.40	2.10	川口
	渭河	787	134 300	58.46	2.01	咸阳
	洛河	680	26 905	9.24	9 970	洑头
	泾河	455	45 421	20	2.82	张家山
	汾河	710	39 471	17.7	7 100	河津
	沁河	485	12 894	14.55	0.10	武陟
海河	桑干河	364	17 142	—	0.63	石匣里
	滹沱河	587	27 300	—	0.24	黄壁庄
	漳河	460	19 220	—	0.17	响水堡

湟水发源于青海省海晏县大坂山南麓，流经青海、甘肃，在甘肃永靖县境内注入黄河。祖厉河发源于甘肃通渭华家岭，流经甘肃、宁夏，在靖远县城附近汇入黄河。洮河发源于青海省河南蒙古族自治县西倾山东麓，流经青海、甘肃，在甘肃永靖县汇入刘家峡水库。清水河发源于六盘山东麓的宁夏固原开城乡，在中卫泉眼山西侧注入黄河。无定河发源于陕西定边白于山北麓定边县境内，流经陕西、内蒙古，在陕西清涧河口村注入黄河。渭河是黄河最大的支流，发源于甘肃渭源县鸟鼠山，流经陕西、甘肃、宁夏，在陕西潼关汇入黄河。洛河发源于陕西定边白于山南麓，流经陕西、甘肃，在陕西大荔注入渭河。泾河发源于宁夏南部六盘山腹地泾源县老龙潭，流经甘肃、宁夏、陕西，在陕西西安高陵陈家滩汇入渭河。汾河发源于山西宁武管涔山，从北向南纵贯山西大半个省域，在万荣县注入黄河。沁河发源于山西沁源，流经山西、河南，在河南武陟流入黄河。

二、海河水系

海河流域位于黄土高原东部，海河水系支流众多，流经黄土高原的支流主要是桑干河、滹沱河及漳河，河流均比较短，径流量较小。桑干河发源于山西宁武管涔山，流经山西、河北，在河北怀来县接纳洋河后流入官厅水库，在山西境内长 252km，流域面积 17 142km^2。滹沱河发源于山西繁峙泰戏山，流经山西、河北，在河北献县与子牙河支流滏阳河相汇。漳河发源于山西武乡，上游分清漳河和浊漳河两条支流，其中清漳河上游东、西两源分别发源于昔阳县和和顺县，浊漳河西源发源于沁县，南源发源于长子县，北源发源于榆社县，在河北涉县合漳村汇合后始称漳河。

三、湖泊

黄土高原缺乏形成大型湖泊的湖盆洼地，是我国天然湖泊比较缺乏的区域。1949 年以来，黄河干支流修筑了一系列大型水库，形成很多著名的人工湖泊，成为黄土高原独特的风景，如刘家峡水库、三门峡水库、小浪底水库等。黄土高原主要湖泊基本情况如表 1.3 所示。

表 1.3　黄土高原主要湖泊基本情况（朱士光等，2009）

类型	湖名	位置	面积/km^2	容量/亿 m^3
天然湖	伍姓湖（淡水湖）	山西省永济市东部	50	1.40
	解池（河东盐池，咸水湖）	山西省运城市盐湖区南部	130	5.90
人工湖	刘家峡水库	甘肃省永靖县刘家峡镇	130	57.00
	三门峡水库	河南省三门峡市	—	162.00
	小浪底水库	河南省洛阳市	272	126.50
	冯家山水库	陕西省宝鸡市区与凤翔、千阳县交界处	—	4.28
	汾河水库	山西省太原市娄烦县	32	7.21

第六节　黄土高原的土壤

一、主要土壤类型

全国第二次土壤普查（1979～1985 年）在吸收国内外系统分类的经验基础上，应用诊断层和诊断特性鉴别一些土纲并命名。根据全国第二次土壤普查采用的土壤分类系统，黄土高原分布的土壤类型如表 1.4 所示，主要类型土壤分布面积如表 1.5 所示，分布面积最广的为黄绵土（占 33.34%），其次为褐土（占 24.76%）。黄绵土为黄土母质经直接耕种而形成的幼年土壤，因土体疏松、软绵，土色浅淡，故得名。黄绵土的主要特征是剖面发育不明显，土壤侵蚀严重。褐土是发育于暖温带半湿润气候地区，在碳酸钙的淋溶淀积作用和黏化作用下形成的具有弱黏化层和钙积层的地带性土壤。褐土的颜色为棕褐色，腐殖质含量为 1%～3%，质地多为壤土，透水性好，弱碱性，pH 值为 7.0～8.4。

表 1.4　全国第二次土壤普查土壤分类中有关黄土高原的主要类型（李锐等，2008）

土纲	土类	亚类土	土纲	土类	亚类土
淋溶土（棕壤）	棕色针叶林土	棕色针叶林土	钙层土	栗钙土	栗钙土
		表浅棕色针叶林土			暗栗钙土
		白浆化棕色针叶林土			淡栗钙土
	灰色森林土	灰色森林土			草地栗钙土
		浅灰色森林土		棕钙土	棕钙土
		暗灰色森林土			淡棕钙土
	褐土	褐土			草甸棕钙土
		碳酸盐褐土		灰钙土	灰钙土
		淋溶褐土			淡灰钙土
		草甸褐土			草甸灰钙土
		黄垆土		龟裂土	龟裂土
		潮黄垆土	半水成土	草甸土	暗色草甸土
	绵土	黄绵土			草甸土
		海绵土			灰色草甸土
半淋溶土（褐土）	塿土	垆塿土			浅色草甸土
		立茬塿土			盐化草甸土
		油塿土			碱化草甸土
		黑瓣塿土		潮土	黄潮土
	灰褐土	灰褐土			黑潮土
		淋溶灰褐土			灰潮土
	干润均腐土	干润均腐土			盐化潮土
		黏干润均腐土			碱化潮土
		黑集垆土			灌淤潮土
		黑麻垆土		灌淤灰土	灌淤灰土
					灌淤白土
					灌淤黄土

表 1.5　黄土高原主要类型土壤分布面积（徐香兰等，2003）

土类	土类面积/万 km^2	占比/%
黄绵土	14.328	33.34
褐土	10.640	24.76
灰钙土	3.098	7.21
黑垆土	2.705	6.29
塿土	2.373	5.52
棕壤	2.205	5.13

续表

土类	土类面积/万 km²	占比/%
栗钙土	1.809	4.21
灰褐土	1.671	3.89
合计	38.829	90.35

黄土高原黄绵土主要分布在甘肃东部和中部、陕西北部及山西西部，常与黑垆土、灰钙土等交错存在。黄土高原褐土主要分布于陕西关中盆地、晋东南、运城临汾盆地、豫西，以及太行山、吕梁山、中条山、秦岭、黄龙山等低山与山前丘陵、洪积扇和高阶地。

二、土壤类型空间分布特征

受地势变化和经纬度的综合影响，黄土高原土壤表现出水平地带性分布规律，由东南向西北依次分布褐土、黑垆土、栗钙土、棕钙土和灰漠土等地带性土壤（图 1.10）。在水平分布范围内，受局地因素影响，黄土高原土壤也存在区域性分布特征，如在黑垆土分布区，由于不合理的耕种和严重的水土流失，黑垆土剖面大多被侵蚀殆尽，黄土和红土母质出露，形成了大面积的初育土壤黄绵土和红土（邹年根和罗伟祥，1997）。黄土高原山地随海拔升高，出现一系列与纬度带演变相对应的土壤类型，形成土壤垂直带谱，即垂直地带性分布。黄土高原土壤垂直带谱类型如表 1.6 所示。

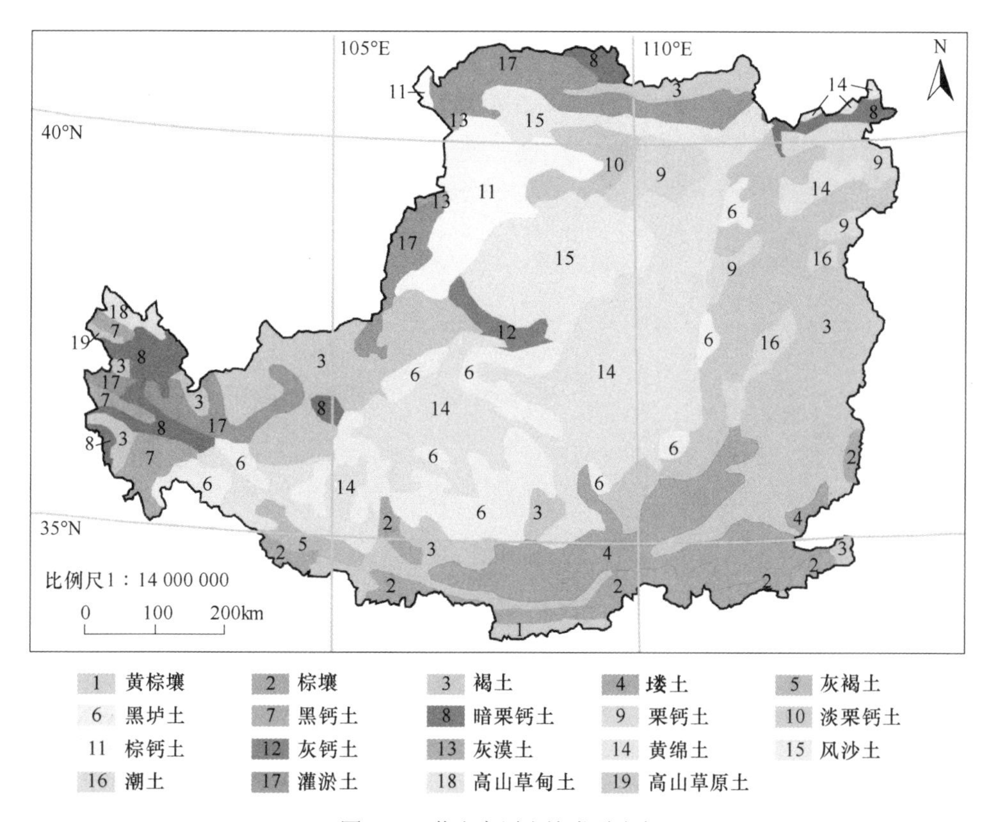

图 1.10　黄土高原土壤类型分布

表 1.6 黄土高原土壤垂直带谱类型（邹年根和罗伟祥，1997）

类型	建谱土壤	垂直带谱（从下到上）
暖温带半湿润阔叶林褐土带	淡棕壤、淋溶褐土	褐土、塿土—淋溶褐土—淡棕壤—山地草甸土
暖温带半干旱半湿润森林草原、草原黑垆土带	灰褐土	黑垆土—灰褐土—淋溶灰褐土—山地草甸土
中温带半干旱干草原栗钙土带	暗栗钙土、黑钙土	栗钙土—暗栗钙土—黑钙土、灰褐土—山地草甸土
中温带干旱荒漠草原带	—	灰钙土—（山地）灰钙土—石灰性灰褐土—山地草甸土；棕钙土—（山地）棕钙土—栗钙土—黑钙土和灰褐土
甘青高原中温带半干旱半湿润森林草原-草原带	—	灰钙土、栗钙土—黑钙土、灰褐土—山地草甸土—亚高山草甸土—高山草甸土—冻漠土

第七节 黄土高原的人类活动与社会经济

一、黄土高原的人口与经济特征

2015 年，黄土高原总人口约 1.2 亿人，农业人口占大多数，达 7000 多万人。黄土高原人口密度差异较大且分布极不平衡，整体上呈现从东南向西北依次减少的趋势，局部地区由城区向周围各区县依次减少（图 1.11）。从县级单位来看，大部分区县人口密度为 100～600 人/km^2，人口密度最低的为鄂托克旗，为 5 人/km^2，最高的是西安市，为 4700 人/km^2。人口密度大于 1000 人/km^2 的区域主要位于黄土高原中南部各城市，低值区域主要位于内蒙古自治区。青海门源回族自治县和同仁县、陕西黄龙县人口密度都在 30 人/km^2 以下（张东海等，2012）。在

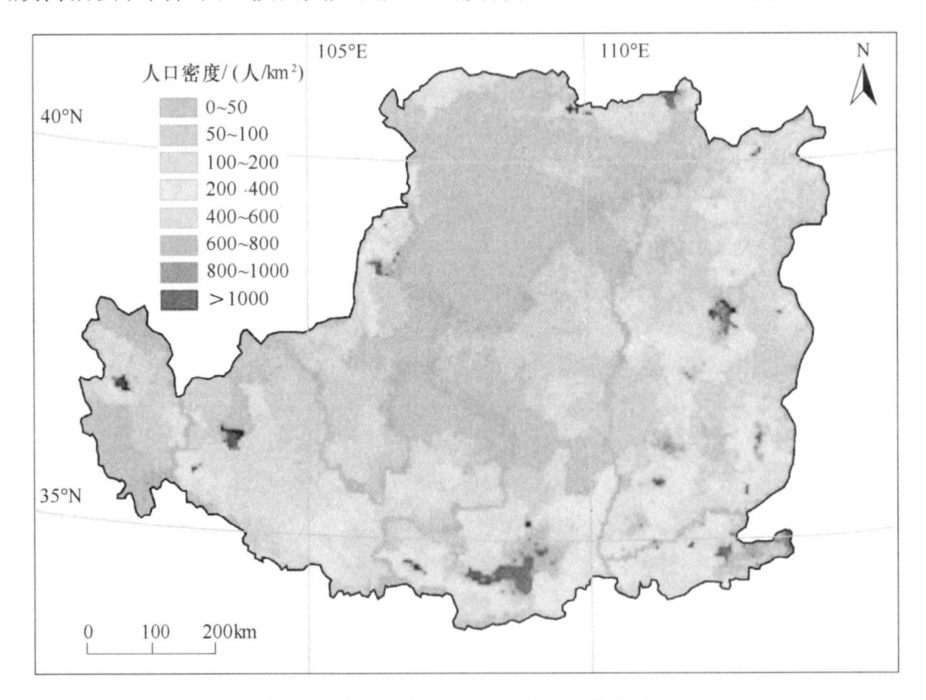

图 1.11 黄土高原 2015 年人口密度分布（徐新良，2017a）

具体空间分布特征上，关中平原、汾河平原、兰州—西宁走廊等地人口密度较大，其中西安、太原、兰州等省会城市人口密度较高（5000 人/km^2），陕西延安、榆林，山西吕梁、临汾，甘肃定西、白银、庆阳、平凉，青海海东，宁夏中卫、固原、吴忠等地级市的人口在第二梯度，大致为 500～5000 人/km^2；剩余零散分布的县市也有一定的人口分布；其他区域几乎为森林、草原、戈壁、荒漠区域，并且这部分区域占整个黄土高原的大部分，也说明整个黄土高原属于人口密度相对较低的区域（徐焕，2017）。

2015 年，黄土高原 GDP 分布范围为 0～50 000 元（空间分辨率为 1km），差异较大且分布极不均衡，城区 GDP 较高，其他区域 GDP 较低（图 1.12）。将 GDP 划分为五个等级（2010 年数据），结果发现 GDP 处于 0～500 元的区域占比 81.65%，表明大部分地区经济发展程度较低；500～1000 元的区域占比 12.23%，1000～2000 元的区域占比 3.21%，2000～5000 元的区域占比 1.67%，GDP 高于 5000 元的区域仅占黄土高原面积的 1.24%。具体空间分布特征上，GDP 分布与人口分布十分相似，关中平原、汾河平原、兰州—西宁走廊等地 GDP 较高，西安、太原、兰州等省会城市 GDP 在 5000 元以上，部分区域甚至达到几万元；在分布范围广，但人烟稀少的森林、草原、戈壁、荒漠区域，GDP 低于 500 元（徐焕，2017）。

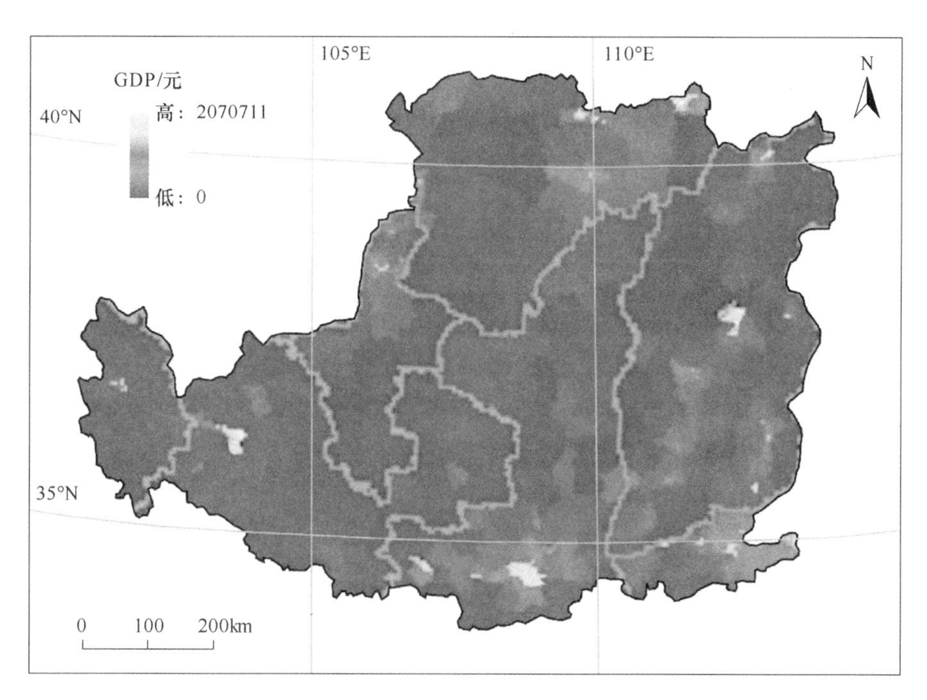

图 1.12　黄土高原 2015 年 GDP 分布（徐新良，2017b）

二、黄土高原经济发展滞后的原因

2020 年以前，黄土高原是我国主要的贫困地区之一，黄土高原贫困县占全国总贫困县数的 1/5。虽然黄土高原已全部脱贫，但要全面实现乡村振兴、农业发展、农村环境改善，农民富裕的战略目标仍任重道远。主要表现为：①黄土高原地区经济规模占全国比重过小，人均 GDP 仅为全国的 2/3，为东部地区的 1/3，且差距有进一步拉大的趋势；②黄土高原地区城乡居民收入低于全国平均水平，2015 年黄土高原贫困区农村人均收入只有 4000 元，约为全国平均水平 11 422 元的 1/3，人均纯收入低于 1000 元的人口有上百万人；③工业化发展程度低，民营企业比例过小，缺乏经济活力和竞争力，城市化发展程度低，交通较闭塞，制约了工业化进程，降低了对外资的吸引力；④区域创新能力较弱，以科技创新与信息化为特征的新经济在黄土高原仍处于起步阶段（李锐等，2008）。

黄土高原地区经济发展严重滞后，与国内其他地区之间的发展差距在急剧扩大，这是历史、自然、经济及社会等多因素综合作用的结果。主要因素包括：①水土流失严重，生态环境恶化，农业生产基本条件差，长期以来形成“越垦越穷，越穷越垦”的恶性循环和低投入低产出、广种薄收的粗放经济；②气候干旱，水资源贫乏，生产、生活用水紧缺，严重制约了工农业生产和城市建设的进一步发展；③经济基础薄弱，贫困人口相对集中，财政职能软化，缺乏扩大再生产能力，经济发展较为缓慢；④产业结构不够合理，发展层次较低，企业竞争力较弱，对外开放严重滞后，外向型经济薄弱；⑤人口增长速度快，教育结构不尽合理，人才流失现象严重（李锐等，2008）。黄土高原既有灿烂辉煌的过去，又有贫穷落后的现状，既有无数个美丽动人的传说，又有一个个亟待解决的难题，更有充满希望的未来。只要坚持可持续发展的理论，经过几代人的艰苦奋斗，一个山川秀美、经济繁荣的黄土高原是完全可以实现的。

推荐阅读文献

傅伯杰，赵文武，张秋菊，等，2014．黄土高原景观格局变化与土壤侵蚀［M］．北京：科学出版社．
李锐，杨文治，李壁成，等，2008．中国黄土高原研究与展望［M］．北京：科学出版社．
刘彦随，2019．黄土高原治沟造地土地整治工程资源评价与风险评估研究［M］．北京：中国大地出版社．
张天曾，1993．黄土高原论纲［M］．北京：中国环境科学出版社．

第二章 黄土高原植被生态

植被（vegetation）是指一定空间中所有植物群落的总和，如黄土高原植被、秦岭植被。植被通过植物光合作用将二氧化碳转化为能量，并为物种的生存、繁衍提供了源源不断的氧气；通过吸收二氧化碳将碳固定下来，形成地球上最大的碳库，为延缓全球碳排放和降低二氧化碳浓度做出了巨大的贡献；同时，植被还为人类的衣食住行提供了各种必需的资源，包括食物、燃料、木材、牧草和药材等。植被不仅为各种植物的定居和繁衍提供了良好的物质基础，而且也是野生动物的主要栖息地，孕育了丰富的生物多样性。植被还具有巨大的生态价值、环境价值，包括防风固沙、控制水土流失、拦蓄河水、改善环境，是人类社会生存和发展的重要生态保障。

随着全球变化和人口的急剧增长，人类社会对植被资源的不合理和过度利用，如乱砍滥伐森林、过度放牧等，导致植被遭到严重破坏和退化，已危及人类的生存和社会的可持续发展。因此，研究植被的发生、发展和科学利用与管理是黄土高原生态文明建设的重要任务，也是实现黄土高原植被与社会经济可持续发展的重要途径。

第一节 植被生态学基础

植被生态学（vegetation ecology）由 Mueller-Dombois 和 Ellenberg 于 1986 年提出，与植物群落学（plant community ecology）、地植物学（geobotany）、植物社会学（phytosociology）的概念基本相同（杨允菲和祝廷成，2011）。

植被生态学的主要内容包括：①群落形态学（symmorphology），也称描述植被生态学（descriptive vegetation ecology），研究群落组成和结构；②群落生态学（synecology），研究植物群落与环境的相互关系，种间关系，环境对群落形成过程、结构和分布的影响和作用；③群落生理学（symphysiology），研究群落各有机体的作用和相互关系及生产力；④群落动态学（syndynamics），研究群落发生、演替和演化规律等；⑤群落分类学（syntaxonomy），研究群落类型及分类体系；⑥群落分布学（synchorology），研究植物群落的分布规律、植被区系历史等（宋永昌，2017）。

一、植物群落基本特征

植物群落是一定空间、一定时间植物种群与环境形成的有机体，具有一定的结构和外貌特征，以及一定的生态和环境功能。植物群落既是植被的基本组成单位，也是植被生态学研究的基本对象（宋永昌，2017）。

（一）植物群落特征

植物群落特征包括植物种类组成（区系成分）、种间和种内相互关系、结构（垂直结构和水平结构）、外貌（季相）、类型、分布、动态（演替，succession）、生态系统功能和过程。

（二）植物群落的种类组成

任何一个植物群落都由一定的植物物种组成，而每个物种都有各自的生理生态特性，其种群数量各异并占据一定的空间，与环境及其他物种相互作用和协同进化，具有一定的生态功能，这不仅反映了生境特征和群落结构，也反映了植物群落的历史渊源和空间联系（宋永昌，2017）。

1. 群落的数量特征

对于植物群落不仅要关注其区系组成，还要关注种的数量特征，只有这样才能充分反映物种的地位和作用大小。种的数量特征包括多度（丰富度）（abuandance）[或密度（density）]、盖度（coverage）、高度（height）、频度（frequency）、优势度（dominance）、生物量（biomass）、体积（value）、同化面积（assimilating area）等属性，其中优势度用重要值表示。

2. 物种饱和度和物种多样性

物种饱和度（species saturation）是指单位面积内的物种数，又称物种丰富度（species richness）。

物种多样性（species diversity）是指种数和每个种个体数的分配情况。物种多样性反映了群落组成中物种的丰富程度、不同生态环境与群落的相互关系，以及群落稳定性与动态，是群落组织结构的重要特征。

物种多样性可分为3类：α多样性、β多样性和γ多样性。α多样性是指群落或生境内的物种多样性，如某一样方的物种多样性。β 多样性是不同生境之间的物种多样性，是从一个生境到另一个生境多样性变化的速率和范围。γ 多样性，即一个地理区域内（如岛屿）一系列生境中的物种多样性，等于α多样性平均数与β多样性之和或者乘积（Magurran and McGill，2011）。

α多样性测度十分丰富，常用的有 S（物种数）、Simpson 指数（λ）、Shannon-Wiener 指数（H'）、Pielou 均匀度指数等。β多样性测度常用的有 Whittaker 指数、Cody 指数、Jaccard 指数等。

除了物种多样性外，还有基于植物性状的功能多样性（functional diversity）和基于系统发育的谱系多样性（phylogenetic diversity）等。

（三）群落结构

群落结构包括物种组成、数量特征、物种多样性、层片、生活型、生态位、群落空间结构和时间结构等，群落结构研究称为群落形态学（宋永昌，2017）。

1. 结构组分

植物各种形态特征都可作为群落组分或属性（trait），如植物的根、茎、芽、叶、花、果实、种子、生态型、生活型或生长型等（宋永昌，2017）。

2. 群落构造

垂直结构称为成层现象（stratification），是植物各个器官在地上不同高度和地下不同深度的空间配置情况。群落垂直结构是不同植物在群落内地位的体现，如森林群落中乔木往往处于最上层，也是不同植物对不同空间生态环境利用方式、相互适应和协同进化的结果。

群落的水平结构（horizontal structure）是各种植物在空间上的配置情况，即空间分布格局，可分为随机分布、集群分布和均匀分布。自然种群大多数呈集群分布，很少有均匀分布。迄今为止，仅有北美莫哈维荒漠的蒺藜科常绿灌木 *Larrea tridentate* 自然种群为均匀分布的报道（Molles，2000）。一般来说，在小尺度，种群可能是随机分布、均匀分布或集群分布；但在大尺度，种群则呈集群分布（Molles，2000）。

3. 层片

层片（synusia）是由同一生活型或相似生活型的植物构成，是群落的生态结构单位。根据植物群落的组成和分布的生态环境，一个层片可划分为若干个亚层，如热带雨林的乔木层往往能分为第一亚层和第二亚层等。黄土高原落叶阔叶林往往由乔木层层片、灌木层层片、草本植物层片和地被层层片（苔藓等植物）组成，在黄土高原南部（秦岭北坡、黄龙山、中条山、太行山南部等）还有层间植物层片（由木质藤本和草质藤本组成）。

二、植被动态

植被动态是指植被随时间而发生变化的规律，包括群落季相、区系组成、结构和类型的变化。根据持续时间、变动方向和性质，植被动态可划分为物候节律、波动、演替和演化。

（一）季相

季相（aspect）是指植物群落结构和外貌随着季节变化依次出现有规律的更替。例如，落叶阔叶林在春季有大量植物开花，林下鲜花烂漫；夏季植物枝繁叶茂，郁郁葱葱；进入秋季硕果累累，丰收在望；初冬气候骤冷，叶子由绿色变为红色、黄色、紫色，色彩斑斓，五彩缤纷。季相由植物的物候现象（phenological phenomenon）所决定，而植物物候不仅依赖于各种气象因素的进程，而且也与生态环境和植物进化历史有关（宋永昌，2017）。

（二）群落波动

群落波动是植物群落年际间发生的变化，这种变化不涉及新种的侵入（宋永昌，2017）。群落波动不仅与环境因素有关，包括气候、土壤、水文、人类活动干扰和自然灾害等，而且还与生物因素关系密切，包括植食动物和寄生植物种群数量的暴发、植物种子产量年季间的波动（种子大小年）等。

（三）群落演替

演替是一种群落类型被另一种群落类型替代的过程，是植物群落从物种组成、结构、季相及生境发生渐变的动态过程。演替时间尺度可以很长，如火山爆发后形成的熔岩要达到森林群落阶段，演替可能需要数百年或更长；而火灾迹地要恢复到原有植被类型只需要数十年就能完成，如加拿大洛基山夏天雷击诱发的森林火灾，形成火灾裸地，自然情况下 20～30 年就可恢复原有的以花旗松（*Pseudotsuga menziesii*）为建群种的寒温性针叶林。这主要是火灾迹地有大量的植物繁殖体（种子），因此演替时间就短得多。

1. 演替的顶级群落理论

在植物群落演替过程中，当群落类型达到稳定状态时的植物群落称为顶极群落（climax community）。顶极群落的特点：①顶级群落是稳定的、自我维持的、成熟的植物群落；②自然状态下，植被演替均趋于顶极群落，是演替的终点；③顶级群落是地理地带的优势群落，反映了地区气候的印迹（宋永昌，2017）。如暖温带落叶阔叶林就是黄土高原南部的顶级群落，也是地带性植被类型；而典型草原则是黄土高原北部的顶级群落，也是地带性植被类型。

由于研究群落演替的出发点和角度不同，产生了若干群落演替顶级学说，如单元顶极理论（monoclimax theory）、多元顶极群落理论（polyclimax theory）和顶极格局假说（climax pattern hypothesis）等。各种演替顶替学说都承认区域演替的多样性，以及演替的部分会聚，会出现相对稳定的植物群落，其中相对稳定的主要群落类型就是顶极群落。单元顶极论强调植被与气候类型的统一性，即主要考虑地带性植被类型，认为气候是演替的决定性因素，其他因素处于次要位置，但可以阻止群落发展为气候顶极。多元顶极理论则认为不同生境可能会有若干不同的顶极，而顶极格局假说则强调顶极类型的多样结合；这两个理论注重各个因素对演替的综合影响，认为其他因素也可决定顶极群落。单元顶极理论与多元顶极理论都认为群落是独立的不连续的单位，而顶极格局理论则认为群落是连续的。

2. 群落演替类型

按照起源和性质不同，可以将植物群落演替划分为不同的类型。

（1）按裸地性质可分为原生演替（primary succession）和次生演替（secondary succession）。

（2）按演替基质可分为水生演替、旱生演替和中生演替。

（3）按演替趋向可分为正向演替和逆行演替。正向演替是指从先锋群落开始，经过一系列演替阶段，最终达到稳定的顶极群落阶段；反之，如果是由顶极群落向前期群落演替，则称为逆行演替。

（4）按演替形式可分为线性演替和循环演替。

（5）按主导因素可分为内因演替（endogenetic succession）、外因演替（exogenetic succession）和内外因混合演替（endo-exogenetic succession）。

3. 植被演化

植被演化涉及整个区域植被的演变，时间尺度很长，与地质年代中环境条件的变迁，特别是气候变化有关，并与植物区系演化有密切的关系。

三、植被分类

（一）植被分类的原则

全球植被分布、区系组成和生境等存在巨大差异，加之各国植被生态学家的关注点各有侧重，因此所依据的植被分类原则和方法各不相同。以 Braun-Blanquet 为代表的法瑞学派非常重视植物群落的区系组成，以特征种（character species）作为划分群丛的标志，建立了严格的植被分类系统。基于 Schimper 和 Faber 的群落生态-外貌的植被分类方法，Ellenberg 和

Mueller-Dombois为联合国教育、科学及文化组织（United Nations Educational，Scientific and Cultural Organization，UNESCO）提出了《世界植物群系的外貌-生态分类试行方案》。后经进一步修改，1973年UNESCO发布了《世界植被分类与制图》。以演替为基础的群落动态植被分类在北美较为流行。此外，还有以优势度为基础的植被分类，强调优势种在植被分类中的重要性。

《中国植被》的分类原则是："植物群落学原则，或植物群落学-生态学原则，即主要以植物群落本身特征作为分类的依据，但又十分注意群落的生态关系，力求利用所有能够利用的全部特征"（吴征镒，1980），对不同等级的单位应采取不同的指标，如高级单位偏重生态外貌，中、低级单位侧重种类组成和群落结构。简言之，《中国植被》的分类原则包括群落的种类组成、外貌和结构、生态地理特征及动态特点等。

（二）中国植被分类系统

《中国植被》提出了较为完善的植被分类系统，并得到广泛的应用，具体如下：

植被型组
　植被型
　　群系组
　　　群系
　　　　群丛组
　　　　　群丛

其中，植被型组为最高级分类单位（辅助级），植被型为最重要的高级分类单位；群系组为中级分类单位（辅助级），群系为最重要的中级分类单位，群丛组为基本分类单位（辅助级），群丛为重要植被分类的基本单位。另外，在每个分类单位之下还可设辅助级，如植被亚型、亚群系等。

第二节　黄土高原种子植物区系分析

植物区系（flora）是植物界在一定自然环境中长期发展演化的结果。植物区系的组成与生态地理环境有着密切的关系，是生态地理环境对植物不断选择的结果，也是植物对生态地理环境长期适应的产物。因此，一个地区或区域植物区系的组成、发生和发展明显有其生存的生态地理环境的印迹。

在人类进化和发展的历史中，会陆续从其他区域引进一些外来种，其中一些种是有意引进的，如我国引进的番茄（*Lycopersicon esculentum*）、高粱（*Sorghum bicolor*）、玉米（*Zea mays*）、番薯（*Ipomoea batatas*）、马铃薯（*Solanum tuberosum*）等农作物，也有一些是随着人类活动和货物贸易进入新的区域，如凤眼蓝（*Eichhornia crassipes*）、牛膝菊（*Galinsoga parviflora*）、破坏草（*Ageratina adenophora*）、一年蓬（*Erigeron annuus*）等，其中一部分已成为我国的外来入侵种。这些外来植物的一部分由于已经适应了我国的生态环境，在野外能够成功地完成生活史，变为归化种，成为植物区系的组成部分。因此，植物区系的组成与人类活动密切相关。

通过对植物区系的研究，可以揭示一个地区植物区系的地理分布类型和规律，追溯植物区系的起源地和植物区系的迁移路线，查明植物区系的历史成分和生态成分，发现一个地区植物区系与相关地区植物区系的历史发生和联系，进而可以揭示植物区系组成与植被类型、动态和演替的相互关系，对优势种、建群种和各级特征种的分布区研究及在历史上的发生和发展研究，对解决群落分类、起源、分布和演化等问题有重要作用。

据张文辉等（2002）的研究结果：黄土高原共有种子植物 147 科 864 属 3224 种，其中裸子植物 7 科 13 属 41 种，被子植物 140 科 851 属 3183 种（其中双子叶植物 120 科 700 属 2568 种，单子叶植物 20 科 151 属 615 种）。

一、科的区系组成分析

黄土高原代表性的科有菊科（Compositae，99/415，属/种，下同），禾本科（Gramineae，79/286），蔷薇科（Rosaceae，33/205），十字花科（Cruciferae，33/89），唇形科（Labiatae，32/131），毛茛科（Ranunculaceae，22/109），杨柳科（Salicaceae，2/62）（表 2.1）。

表 2.1 黄土高原种子植物科的主要分布类型（张文辉等，2002，略有删减）

分布区类型	科数	占本区科数的比例/%	中国科数	占中国科数的比例/%
世界分布	37	25.2	50	14.8
热带分布	61	41.4	188	55.8
温带分布	47	32.0	93	27.6
中国特有分布	2	1.4	6	1.8
合计	147	100	337	100

注：柽柳科并入温带分布科计算。

（一）世界分布科

世界分布科主要指广泛分布于全球各地的科。本区共有 37 科，其中菊科、蔷薇科、禾本科、莎草科（Cyperaceae）、毛茛科、唇形科、豆科（Leguminosae）等在黄土高原植物科的组成上占绝对优势。禾本科的针茅属（*Stipa*）、羊茅属（*Festuca*）、赖草属（*Leymus*）广泛分布于黄土高原亚地区、蒙古草原亚地区的鄂尔多斯、陕甘宁荒漠草原亚地区（王荷生，1997；吴征镒等，2011；陈灵芝等，2016），而菅属（*Themeda*）和孔颖草属（*Bothriochloa*）则主要分布于黄土高原中部及以南地区。菊科的紫菀属（*Aster*）、菊属（*Dendranthema*）、蒲公英属（*Taraxacum*）、风毛菊属（*Saussurea*）等在整个黄土高原分布极为广泛，是黄土高原草原植被的主要建群成分（张文辉等，2002）。十字花科、紫草科（Boraginaceae）、蓼科（Polygonaceae）、伞形科（Umbelliferae）、报春花科（Primulaceae）、龙胆科（Gentianaceae）等是广布于全球北温带的优势科，其中报春花科的报春属（*Primula*）、假报春属（*Cortusa*）、紫草科的肺草属（*Pulmonaria*）、龙胆科的龙胆属（*Gentiana*）等是黄土高原亚高山和山地草甸的常见成分。蔷薇科在北温带分布的许多属，在黄土高原广泛分布，如绣线菊属（*Spiraea*）、栒子属（*Cotoneaster*）、蔷薇属（*Rosa*）、委陵菜属（*Potentilla*）等，并且这些属的许多种垂直分布也极为广泛，如委陵菜属从黄土高原河漫滩到亚高山草甸皆有分布。

许多水生、沼生、湿生和盐生的科，如香蒲科（Typhaceae）、睡莲科（Nymphaeaceae）、眼子菜科（Potamogetonaceae）和浮萍科（Lemnaceae）等由于需水的特点，在黄土高原降水较少、水生环境普遍发育较差的情况下，分布仅局限于河流、湖泊、水库等生境。藜科（Chenopodiaceae）的许多盐生或耐盐成分则集中分布于黄土高原北部的盐渍化土地和盐湖周围等特殊生境，如碱蓬属（*Suaeda*）、盐角草属（*Salicornia*）、藜属（*Chenopodium*）等，表现出与盐生环境的高度一致性和适应性。

（二）热带分布科

热带分布科包括泛热带分布科、热带亚洲和热带美洲分布科、旧世界热带分布科、热带亚洲至热带大洋洲分布科、热带亚洲至热带非洲分布科和热带亚洲（印度-马来西亚）分布科等，共有61科。

泛热带分布科集中分布于热带。黄土高原常见的有桑科（Moraceae）、榆科（Ulmaceae）、无患子科（Sapindaceae）、柿科（Ebenaceae）、卫矛科（Celastraceae）、苦木科（Simaroubaceae）、漆树科（Anacardiaceae）、紫葳科（Bignoniaceae）、马鞭草科（Verbenaceae）等。其中，无患子科的栾属（*Koelreuteria*）和文冠果属（*Xanthoceras*）在黄土高原分布较为广泛，而漆树科的黄连木属（*Pistacia*）、盐肤木属（*Rhus*），柿科的柿属（*Diospyros*）等则主要分布于黄土高原的中南部，且多为乔木。马鞭草科的牡荆属（*Vitex*）、卫矛科的卫矛属（*Euonymus*）多为灌木。

热带亚洲和热带美洲分布科包括间断分布于美洲和亚洲温暖地区的热带科（王荷生，1997）。例如，省沽油科（Staphyleaceae）的省沽油属（*Staphylea*），主要分布于黄土高原中部和南部，皆为林下灌木。芸香科（Rutaceae）的吴茱萸属（*Evodia*）、黄檗属（*Phellodendron*）则分布于黄土高原暖温带落叶阔叶林地带。

旧世界热带分布科主要分布于亚洲、非洲和大洋洲的热带和亚热带（王荷生，1997）。黄土高原常见的有凤仙花科（Balsaminaceae）、胡麻科（Pedaliaceae）和八角枫科（Alangiaceae），其中八角枫科的八角枫属（*Alangium*）主要分布于黄土高原南部，凤仙花科的凤仙花属（*Impatiens*）多见于黄土高原的落叶阔叶林林下。

热带亚洲至热带大洋洲分布科和热带亚洲至热带非洲分布科在黄土高原没有分布。

热带亚洲（印度-马来西亚）分布科在黄土高原仅有1科，即清风藤科（Sabiaceae）。青风藤科的泡花树属（*Meliosma*）分布于黄土高原南部的山西中条山、河南伏牛山等地。

（三）温带分布科

温带分布科广泛分布于全球的温带直至寒温带地区，某些科分布到亚热带山地温带（这应该是植物区系的垂直分布）（王荷生，1997；陈灵芝等，2016）。温带分布科包括北温带分布科、旧世界温带分布科、东亚和北美间断分布科、温带亚洲分布科等，共有46科。

北温带分布科广布于欧亚大陆和北美的温带地区。黄土高原常见的有槭树科、石竹科（Caryophyllaceae）、小檗科（Berberidaceae）、忍冬科（Caprifoliaceae）、山茱萸科（Cornaceae）、胡颓子科（Elaeagnaceae）等，多为灌木，在黄土高原广泛分布，而杨柳科、松科（Pinaceae）、桦木科（Betulaceae）、壳斗科（Fagaceae）等则多为乔木，在黄土高原森林植被构成中占有明显的优势。红豆杉科（Taxaceae）主要分布在黄土高原南部，包括山西中条山、太行山和河南伏牛山等山地。灯心草科（Juncaceae）植物广泛分布于河流和湖泊湿地，属于非地带性分布。

旧世界温带分布科有花蔺科（Butomaceae）、列当科（Orobanchaceae）、川续断科（Dipsacaceae）等，其中花蔺科为黄土高原河流和湖泊湿地常见植物，列当科主要分布于黄土高原干旱半干旱地区，川续断科则主要分布于山地。

东亚和北美间断分布科在黄土高原常见的有透骨草科（Phrymaceae）、睡莲科（Nymphaeaceae）等。

温带亚洲分布科有木通科（Lardizabalaceae）等，主要分布于黄土高原中南部的中条山、吕梁山南端、秦岭北坡、黄龙山等地。

东亚分布科有猕猴桃科（Actinidiaceae）、领春木科（Eupteleaceae）、连香树科（Cercidiphyllaceae），其中猕猴桃科分布于黄土高原中南部山地，包括山西太岳山、中条山、太行山，陕西黄龙山、秦岭北坡，河南伏牛山等地，而领春木科和连香树科则仅在山西中条山及以南分布。

（四）地中海、西亚至中亚分布科

地中海、西亚至中亚分布科仅有柽柳科（Tamaricaceae），为黄土高原盐渍土和河岸广泛分布的灌丛建群成分。

（五）中国特有分布科

中国特有分布科仅有杜仲科（Eucommiaceae）和银杏科（Ginkgoacea），在黄土高原均为栽培植物，没有自然分布。

二、属的区系组成分析

（一）世界分布属

世界分布属有 74 个（表 2.2），优势属包括薹草属（*Carex*）、蓼属（*Polygonum*）、堇菜属（*Viola*）、早熟禾属（*Poa*）、黄芩属（*Scutellaria*）、蒿属（*Artemisia*）等，它们是构成黄土高原草本植物群落的建群成分或优势成分。

表 2.2 黄土高原种子植物属的分布区类型（张文辉等，2002，略有改动）

分布区类型	属数	占本区总属数的比例/%
世界分布	74	8.6
泛热带分布	85	9.8
热带亚洲热带美洲间断分布	22	2.6
旧世界热带分布	18	2.1
热带亚洲至热带大洋洲分布	10	1.2
热带亚洲至热带非洲分布	20	2.3
热带亚洲分布	14	1.6
北温带分布	229	26.5
东亚至北美间断分布	56	6.5
旧世界温带分布	99	11.5

续表

分布区类型	属数	占本区总属数的比例/%
温带亚洲分布	28	3.2
地中海、西亚至中亚分布	60	6.9
中亚分布	33	3.8
东亚（东喜马拉雅-日本）分布	84	9.7
中国特有分布	32	3.7
合计	864	100

常见的湿生和水生植物有蔊菜属（*Rorippa*）、莎草属（*Cyperus*）、香蒲属（*Typha*）、浮萍属（*Lemna*）、金鱼藻属（*Ceratophyllum*）、眼子菜属（*Potamogeton*）、杉叶藻属（*Hippuris*）、睡莲属（*Nymphaea*）、灯心草属（*Juncus*）、千屈菜属（*Lythrum*）、水麦冬属（*Triglochin*）、泽泻属（*Alisma*）、慈姑属（*Sagittaria*）、藨草属（*Scirpus*）等，它们是黄土高原河流和湿地植被的主要建群成分；而碱蓬属、藜属、盐角草属、猪毛菜属（*Salsola*）、补血草属（*Limonium*）等是盐渍化生境的常见植物。常见的伴人植物有苋属（*Amaranthus*）、苍耳属（*Xanthium*）、鼠麴草属（*Gnaphalium*）、鬼针草属（*Bidens*）等属（张文辉等，2002）。

其他常见的还有酸模属（*Rumex*）、碎米荠属（*Cardamine*）、荠属（*Capsella*）、酢浆草属（*Oxalis*）、悬钩子属（*Rubus*）、茄属（*Solanum*）、豆瓣菜属（*Nasturtium*）、黄耆属（*Astragalus*）、旋花属（*Convolvulus*）、毛茛属（*Ranunculus*）、银莲花属（*Anemone*）、铁线莲属（*Clematis*）、龙胆属、远志属（*Polygala*）、车前属（*Plantago*）、老鹳草属（*Geranium*）、珍珠菜属（*Lysimachia*）、千里光属（*Senecio*）、剪股颖属（*Agrostis*）、羊茅属等（张文辉等，2002；茹文明和张峰，2000），其中黄耆属主要分布于黄土高原北部半干旱地区。

本类型的木本植物较少，仅有槐属（*Sophora*）、鼠李属（*Rhamnus*）、卫矛属和悬钩子等属。除槐属为乔木外，其余属皆为森林灌木层或灌丛的重要成分。

（二）热带分布属

热带分布属，包括泛热带分布属、热带亚洲和热带美洲分布属、旧世界热带分布属、热带亚洲至热带大洋洲分布属和热带亚洲分布（印度-马来西亚）属，共有 169 个。

泛热带分布属有 85 个，其中禾本科占绝对优势，常见的有虎尾草属（*Chloris*）、狗牙根属（*Cynodon*）、高粱属（*Sorghum*）、孔颖草属、马唐属（*Digitaria*）、稗属（*Echinochloa*）、狼尾草属（*Pennisetum*）等，其他还有叶下珠属（*Phyllanthus*）、铁苋菜属（*Acalypha*）、木兰属（*Magnolia*）、砂引草属（*Messerschmidia*）、柿属、马齿苋属（*Portulaca*）、蒺藜属（*Tribulus*）、白酒草属（*Conyza*）、合欢属（*Albizia*）、南蛇藤属（*Celastrus*）、菟丝子属（*Cuscuta*）、凤仙花属等。其中，马齿苋属、蒺藜属、白酒草属、马唐属等多为农田杂草和伴人植物，木兰属为黄土高原广泛栽培的观赏植物，孔颖草属在黄土高原低山和丘陵沟壑区广泛分布，是白羊草草丛的建群种和重要的牧草资源。南蛇藤属则分布于黄土高原南部，包括山西中条山、太岳山中南部、吕梁山和太行山南部（茹文明和张峰，2000；刘丽艳等，2004；陈姣等，2012），陕西黄龙山、秦岭北坡（雷明德，1999），甘肃贺兰山等地。

热带亚洲和热带美洲分布属有 22 个，主要有木姜子属（*Litsea*）、泡花树属、雀梅藤属

（*Sageretia*）、地榆属（*Sanguisorba*）、仙人掌属（*Opuntia*）、紫茉莉属（*Mirabilis*）、龙舌兰属（*Agave*）、苦树属（*Picrasma*）、百日菊属（*Zinnia*）、月见草属（*Oenothera*）等。其中，木本植物木姜子属、泡花树属和苦树属，仅分布于黄土高原南部的山西中条山等地的沟谷杂木林，雀梅藤属植物则在黄土高原低山和丘陵的阳坡广泛分布。地榆属为黄土高原亚高山和山地草甸的优势种之一。原产于热带美洲的栽培农作物有落花生属（*Arachis*）、番茄属（*Lycopersicon*）、南瓜属（*Cucurbita*）、玉蜀黍属（*Zea*）等；观赏植物有龙舌兰属、仙人掌属、紫茉莉属、百日菊属等，在黄土高原已经归化。

旧世界热带分布属有18个。黄土高原常见的有扁担杆属（*Grewia*）、海桐花属（*Pittosporum*）、萱属、黄瓜属（*Cucumis*）、荩草属（*Arthraxon*）、天门冬属（*Asparagus*）、八角枫属、百蕊草属（*Thesium*）等，其中木本属有扁担杆属、八角枫属和海桐花属，扁担杆属和八角枫属在黄土高原分布于南部山地，而海桐花属则为黄土高原南部山西运城、陕西关中等地栽培的观赏植物。

热带亚洲至热带大洋洲分布属有10个，包括臭椿属（*Ailanthus*）、荛花属（*Wikstroemia*）、雀舌木属（*Leptopus*）、香椿属（*Toona*）、栝楼属（*Trichosanthes*）、猫乳属（*Rhamnella*）、小二仙草属（*Haloragis*）、大豆属（*Glycine*）、通泉草属（*Mazus*）等。木本属有臭椿属、荛花属、雀舌木属、香椿属、猫乳属等，其中猫乳属仅分布于黄土高原的太行山南部，大豆属中的野大豆（*Glycine soja*）为国家二级保护植物。

热带亚洲分布（印度-马来西亚）属有14个，在我国主要分布于热带和亚热带地区，黄土高原是其分布的北缘。常见的有构属（*Broussonetia*）、苦荬菜属（*Ixeris*）、小苦荬属（*Ixeridium*）、阿魏属（*Ferula*）、蛇莓属（*Duchesnea*）、葛属（*Pueraria*）等，其中构属为乔木，在黄土高原南部的山西运城、陕西关中和河南西部村庄房前屋后、低山和丘陵沟壑区较为常见，而葛属则是分布于山西中条山、太行山南部、秦岭北坡、陕西黄龙山等地落叶阔叶林常见的层间植物，苦荬菜属和小苦荬属多为黄土高原农田杂草。

（三）温带分布属

温带分布属包括北温带分布属、旧世界温带分布属、东亚和北美间断分布属、温带亚洲分布属和东亚（东喜马拉雅-日本）分布属，共有496个。

北温带分布属有229个，是黄土高原植物分布类型中的最多一类。针叶乔木众多，常见的属有红豆杉属（*Taxus*）、冷杉属（*Abies*）、云杉属（*Picea*）、落叶松属（*Larix*）、松属（*Pinus*）、刺柏属（*Juniperus*）等，而落叶阔叶乔木则有杨属（*Populus*）、柳属（*Salix*）、椴属（*Tilia*）、榆属（*Ulmus*）、栎属（*Quercus*）、槭属（*Acer*）、桦木属（*Betula*）、鹅耳枥属（*Carpinus*）、花楸属（*Sorbus*）、盐肤木属、梣属（*Fraxinus*）、胡桃属（*Juglans*）等。云杉属、落叶松属、松属等构成了黄土高原山地温性针叶林［油松（*P. tabuliformis*）林、白皮松（*P. bungeana*）林、华山松（*P. armandii*）林］和寒温性针叶林［青扦（*P. wilsonii*）林、白扦（*P. meyeri*）林、华北落叶松（*L. gmelinii* var. *principis-rupprechtii*）林、太白红杉（*L. chinensis*）林）］的建群成分。杨属、栎属、槭属、桦木属、鹅耳枥属等是暖温带落叶阔叶林地带性植被——落叶阔叶林［辽东栎（*Q. wutaishanica*）林、栓皮栎（*Q. variabilis*）林、橿子栎（*Q. baronii*）林、山杨（*P. davidiana*）林、青杨（*P. cathayana*）林、小叶杨（*P. simonii*）林、小叶鹅耳枥（*C. turczaninowii* var. *stipulata*）林等］、沟谷杂木林（槭椴桦杂木林）的建群成分（廉凯敏等，2010；陈姣等，2012）。红豆杉属的南方红豆杉（*T. wallichiana* var. *mairei*）主要分布于山西中条山

东段和太行山南端，是南方红豆杉在我国分布的北界（茹文明，2006）。

灌木属组成丰富多样，常见的有黄栌属（*Cotinus*）、小檗属（*Berberis*）、忍冬属（*Lonicera*）、荚蒾属（*Viburnum*）、梾木属（*Swida*）、山茱萸属（*Carnus*）、胡颓子属（*Elaeagnus*）、山梅花属（*Philadelphus*）、蔷薇属、绣线菊属、李属（*Prunus*）、接骨木属（*Sambucus*）、悬钩子属、山楂属（*Crataegus*）、苹果属（*Malus*）、棣棠属（*Kerria*）、樱属（*Cerasus*）、枸杞属（*Lycium*）、文冠果属等，其中黄栌属、小檗属、忍冬属、荚蒾属、梾木属、山茱萸属、接骨木属、胡颓子属、山梅花属、蔷薇属、绣线菊属、山楂属是本区落叶阔叶灌丛［如黄栌（*C. coggygria* var. *pubescens*）灌丛、沙棘（*Hippophae rhamnoides* subsp. *sinensis*）灌丛、翅果油树（*E. mollis*）灌丛、牛奶子（*E. umbellata*）灌丛、黄刺玫（*R. xanthina*）灌丛、三裂绣线菊（*S. trilobata*）灌丛等］的建群成分和优势成分。胡颓子属的翅果油树是黄土高原特有成分，仅分布于陕西鄠邑区涝峪、山西中条山的翼城、绛县、平陆及吕梁山南端的乡宁、吉县、河津和稷山，为国家二级保护植物（上官铁梁等，1992；张峰和上官铁梁，1994；张峰，2012）。沙棘是黄土高原中部和北部广泛分布的重要资源植物（上官铁梁等，1996），在水土保持等方面发挥着重要作用。绣线菊属的三裂绣线菊和土庄绣线菊在黄土高原分布广泛，华北绣线菊多分布于黄土高原南部地区，蒙古绣线菊多分布于黄土高原山地，如山西关帝山、管涔山、五台山等地，绣球绣线菊主要分布于黄土高原北部的山西雁门关以北地区。文冠果属（文冠果 *Xanthoceras sorbifolium*）是重要的木本油料植物，也是重要的观赏植物，在黄土高原丘陵沟壑区分布极为广泛，最北可达内蒙古阴山，最南可达河南西部，西抵甘肃和宁夏，东至恒山东部（山西大同市云州区）。

草本属在本类型组成中占绝对优势。常见的优势属有风毛菊属、委陵菜属、乌头属（*Aconitum*）、葱属（*Allium*）、耧斗菜属（*Aquilegia*）、升麻属（*Cimicifuga*）、白头翁属（*Pulsatilla*）、金莲花属（*Trollius*）、唐松草属（*Thalictrum*）、驴蹄草属（*Caltha*）、蓼属、滨藜属（*Atriplex*）、地肤属（*Kochia*）、驼绒藜属（*Ceratoides*）、红景天属（*Rhodiola*）、兔耳草属（*Lagotis*）、野豌豆属（*Vicia*）、棘豆属（*Oxytropis*）、柳叶菜属（*Epilobium*）、报春花属、金腰属（*Chrysosplenium*）、当归属（*Angelica*）、柴胡属（*Bupleurum*）、独活属（*Heracleum*）、龙芽草属（*Agrimonia*）、播娘蒿属（*Descurainia*）、遏蓝菜属（*Thlaspi*）、薄荷属（*Mentha*）、花荵属（*Polemonium*）、列当属（*Orobanche*）、羽衣草属（*Alchemilla*）、地榆属、路边青属（*Geum*）、草莓属（*Fragaria*）、獐牙菜属（*Swertia*）、紫草属（*Lithospermum*）、勿忘草属（*Myosotis*）、滨紫草属（*Mertensia*）、肋柱花属（*Lomatogonium*）、花锚属（*Halenia*）、鹤虱属（*Lappula*）、山罗花属（*Melampyrum*）、马先蒿属（*Pedicularis*）、婆婆纳属（*Veronica*）、小米草属（*Euphrasia*）、香青属（*Anaphalis*）、蓟属（*Cirsium*）、紫菀属、山柳菊属（*Hieracium*）、火绒草属（*Leontopodium*）、蒲公英属、泽兰属（*Eupatorium*）、针茅属、羊茅属、披碱草属（*Elymus*）、野青茅属（*Deyeuxia*）、臭草属（*Melica*）、看麦娘属（*Alopecurus*）、雀麦属（*Bromus*）、黑三棱属（*Sparganium*）、拂子茅属（*Calamagrostis*）、百合属（*Lilium*）、黄精属（*Polygonatum*）、藜芦属（*Veratrum*）、铃兰属（*Convallaria*）、舞鹤草属（*Maianthemum*）、鸢尾属（*Iris*）、天南星属（*Arisaema*）、嵩草属（*Kobresia*）、绶草属（*Spiranthes*）、杓兰属（*Cypripedium*）、火烧兰属（*Epipactis*）、对叶兰属（*Listera*）、头蕊兰属（*Cephalanthera*）、斑叶兰属（*Goodyera*）等。针茅属的长芒草（*S. bungeana*）、大针茅（*S. grandis*）和西北针茅（*S. sareptana* var. *krylovii*）是黄土高原北部（鄂尔多斯、陕北和山西雁门关以北）草原植被的建群成分或优势成分（岳秀贤，2011），其中长芒草向南深入黄土高原南部落叶阔叶林地带的山西运城（中国科学院内蒙古宁夏综合考

察队，1985；张建民等，2002；范庆安等，2006）、河南三门峡、陕西关中等地。棘豆属［地角儿苗（*O. bicolor*）、猫头刺（*O. aciphylla*）、硬毛棘豆（*O. fetissovii*）、砂珍棘豆（*O. racemosa*）等］和驼绒藜属［驼绒藜（*K. ceratoides*）］是黄土高原草原地带的优势成分（中国科学院内蒙古宁夏综合考察队，1985）。嵩草属［嵩草（*K. myosuroides*）］植物，在黄土高原主要分布于宁夏贺兰山，山西五台山、芦芽山、关帝山等亚高山地区（茹文明和张峰，2000；李世广和张峰，2014；王洪亮和张峰，2017）。天南星属植物主要分布于黄土高原南部的落叶阔叶林下。风毛菊属、委陵菜属、葱属、蓼属、萹蓄属、滨藜属、地肤属、驼绒藜属、野豌豆属、棘豆属、柴胡属、播娘蒿属、蓟属、蒿属、紫菀属、披碱草属、臭草属、雀麦属、拂子茅属等为黄土高原草本植物群落的建群成分和优势成分。乌头属、葱属、耧斗菜属、唐松草属、红景天属、棘豆属、兔耳草属、野豌豆属、柳叶菜属、报春花属、金腰属、岩黄耆属、柴胡属、龙芽草属、羽衣草属、地榆属、草莓属、花锚属、马先蒿属、香青属、羊茅属等是黄土高原亚高山地区草甸的建群成分成分和优势成分（茹文明和张峰，2000；李世广和张峰，2014；王洪亮和张峰，2017），分布于宁夏贺兰山，山西太岳山、五台山、中条山、吕梁山等地。升麻属、白头翁属、唐松草属、驴蹄草属、野豌豆属、棘豆属、柳叶菜属、金腰属、龙芽草属、羽衣草属、地榆属、草莓属、独活属、紫草属、滨紫草属、山罗花属、马先蒿属、香青属、蓟属、蒿属、紫菀属、山柳菊属、火绒草属、野青茅属、百合属、黄精属、藜芦属、铃兰属、舞鹤草属、鸢尾属、天南星属、杓兰属、火烧兰属、对叶兰属、头蕊兰属等是黄土高原落叶阔叶林下草本层的优势成分和常见植物（茹文明和张峰，2000；李世广和张峰，2014；王洪亮和张峰，2017）。

东亚北美间断分布属有 56 个。常见的有珍珠梅属（*Sorbaria*）、石楠属（*Photinia*）、野决明属（*Thermopsis*）、紫藤属（*Wisteria*）、菜豆属（*Phaseolus*）、鸡眼草属（*Kummerowia*）、胡枝子属（*Lespedeza*）、刺槐属（*Robinia*）、头蕊兰属（*Cephalanthera*）、莲属（*Nelumbo*）等，其中，莲属、菜豆属、石楠属和刺槐属等为栽培植物。刺槐（*R. pseudoacacia*）为归化植物，是黄土高原中北部地区人工林的建群成分之一。

旧世界温带分布属有 99 个，在本区以草本植物占优势（吴征镒等，2011），木本属有水柏枝属（*Myricaria*）、柽柳属（*Tamarix*）、栒子属、雪柳属（*Fontanesia*）、连翘属（*Forsythia*）、丁香属（*Syringa*）、桑寄生属（*Loranthus*）等。栒子属是黄土高原中低山落叶阔叶灌丛的建群种或优势种，水柏枝属是河岸湿地的建群成分，柽柳属为黄土高原盐渍化土壤上常见的建群种之一（刘丽艳等，2004）。草本植物中菊科的属最多，常见的属有牛蒡属（*Arctium*）、飞廉属（*Carduus*）、蓝刺头属（*Echinops*）、麻花头属（*Serratula*）、莴苣属（*Lactuca*）、山莴苣属（*Lagedium*）、乳苣属（*Mulgedium*）、蓍属（*Achillea*）、苦苣菜属（*Sonchus*）、菊属、橐吾属（*Ligularia*）、蟹甲草属（*Parasenecio*）、款冬属（*Tussilago*）、旋覆花属（*Inula*）等，其中，牛蒡属、飞廉属、蓝刺头属、麻花头属、莴苣属、山莴苣属、乳苣属、蓍属、苦苣菜属、菊属、橐吾属、蟹甲草属、款冬属等是山地草甸的优势成分。其他还有雾冰藜属（*Bassia*）、大黄属（*Rheum*）、鹅绒藤属（*Cynanchum*）、瓦松属（*Orostachys*）、景天属（*Sedum*）、天仙子属（*Hyoscyamus*）、石竹属（*Dianthus*）、苜蓿属（*Medicago*）、草木犀属（*Melilotus*）、白屈菜属（*Chelidonium*）、败酱属（*Patrinia*）、沙参属（*Adenophora*）、假报春属、美花草属（*Callianthemum*）、疗齿草属（*Odontites*）、阴行草属（*Siphonostegia*）、附地菜属（*Trigonotis*）、肺草属、蓝盆花属（*Scabiosa*）、狼紫草属（*Lycopsis*）、聚合草属（*Symphytum*）、淫羊藿属（*Epimedium*）、筋骨草属（*Ajuga*）、野芝麻属（*Lamium*）、窃衣属（*Torilis*）、麦蓝菜属（*Vaccaria*）、蝇子草属（*Silene*）、糖芥属（*Erysimum*）、峨参属（*Anthriscus*）、前胡属（*Peucedanum*）、夏至草属（*Lagopsis*）、鼬瓣花属（*Galeopsis*）、鸦葱属（*Scorzonera*）、漏芦属（*Stemmacantha*）、角茴香属（*Hypecoum*）、香薷属（*Elsholtzia*）、益母草属（*Leonurus*）、糙苏属（*Phlomis*）、百里香属（*Thymus*）、荆芥属（*Nepeta*）、活血丹属（*Glechoma*）、岩风属（*Libanotis*）、芨芨草属（*Achnatherum*）、隐子草属（*Cleistogenes*）、燕麦属（*Avena*）、重楼属（*Paris*）等，其中石竹属、苜蓿属、草木犀属、白屈菜属、败酱属、沙参属、蓝盆花属、淫羊藿属、糖芥属、峨参属、夏至草属、鸦葱属、漏芦属、香薷属、益母草属、糙苏属、荆芥属、活血丹属、岩风属、隐子草属、重楼属等为黄土高原落叶阔叶林地带的常见植物。

温带亚洲分布属有28个。常见的属有大油芒属（*Spodiopogon*）、轴藜属（*Axyris*）、花旗杆属（*Dontostemon*）、诸葛菜属（*Orychophragmus*）、狼毒属（*Stellera*）、白鹃梅属（*Exochorda*）、杏属（*Armeniaca*）、杭子梢属（*Campylotropis*）、迷果芹属（*Sphallerocarpus*）、防风属（*Saposhnikovia*）、蛇床属（*Cnidium*）、线叶菊属（*Filifolium*）、马兰属（*Kalimeris*）、狗娃花属（*Heteropappus*）、蝟菊属（*Olgaea*）、列当属（*Orobanche*）、知母属（*Anemarrhena*）、水棘针属（*Amethystea*）、锦鸡儿属（*Caragana*）、米口袋属（*Gueldenstaedtia*）等。锦鸡儿属是黄土高原北部优势灌丛植被柠条锦鸡儿（*C. korshinskii*）灌丛的建群成分，而鬼箭锦鸡儿（*C. jubata*）则是亚高山灌丛的建群种之一，分布于山西五台山、关帝山、管涔山（茹文明和张峰，2000；李世广和张峰，2014；王洪亮和张峰，2017），以及宁夏贺兰山（吴征镒，1980）等地。线叶菊属则分布于本区北部和西部的草原区。狼毒属（狼毒 *S. chamaejasme*）是黄土高原草原和草甸过度放牧导致草地退化的指示种之一。

东亚（东喜马拉雅-日本）分布属有 84 个。常见的有侧柏属（*Platycladus*）、兔儿伞属（*Syneilesis*）、泥胡菜属（*Hemistepta*）、苍术属（*Atractylodes*）、蒲儿根属（*Sinosenecio*）、泡桐属（*Paulownia*）、腹水草属（*Veronicastrum*）、山麦冬属（*Liriope*）、木通属（*Akebia*）、博落回属（*Macleaya*）、黄檗属（*Phellodendro*）、半夏属（*Pinellia*）、连香树属（*Cercidiphyllum*）、山桐子属（*Idesia*）、梧桐属（*Firmiana*）、扁核木属（*Prinsepia*）、锦带花属（*Weigela*）、苹果属、梨属（*Pyrus*）、刚竹属（*Phyllostachys*）等。其中，苹果属、梨属、黄檗属、梧桐属、刚竹属等多为栽培植物，分布于黄土高原南部的山西运城和临汾、陕西关中、河南三门峡等地。木通属、山麦冬属、半夏属、山桐子属等主要分布于黄土高原南部暖温带落叶阔叶林区，包括山西中条山（张建民等，2002；廉凯敏等，2010；陈姣等，2012），陕西秦岭北坡、黄龙山（雷明德，1999），宁夏贺兰山等地。

（四）古地中海分布属

古地中海分布属包括地中海、西亚至中亚分布属和中亚分布属，共有93个。

地中海、西亚至中亚分布属有60个。常见的有盐节木属（*Halocnemum*）、盐爪爪属（*Kalidium*）、小麦属（*Triticum*）、苦马豆属（*Sphaerophysa*）、芫荽属（*Coriandrum*）、隐花草属（*Crypsis*）、涩荠属（*Malcolmia*）、异果芥属（*Diptychocarpus*）、菊苣属（*Cichorium*）、肉苁蓉属（*Cistanche*）、红砂属（*Reaumuria*）、梭梭属（*Haloxylon*）、骆驼刺属（*Alhagi*）等，其中，肉苁蓉属、红砂属、梭梭属和骆驼刺属等是黄土高原北部和西部荒漠区分布的旱生和超旱生植物（中国科学院内蒙古宁夏综合考察队，1985）。小麦属和芫荽属则为外来植物，现已归化，皆为栽培植物。

中亚分布属在我国主要集中分布于新疆、内蒙古、甘肃、青海、西藏等地，在黄土高原有33属。常见的属有沙冬青属（*Ammopiptanthus*）、角蒿属（*Incarvillea*）等，其中沙冬青属分布于黄土高原北部的内蒙古鄂尔多斯等荒漠区（中国科学院内蒙古宁夏综合考察队，1985），角蒿属从黄土高原北部草原区一直到南部落叶阔叶林带皆有分布。

（五）中国特有分布属

中国特有分布属有32个。木本植物有虎榛子属（*Ostryopsis*）、蜡梅属（*Chimonanthus*）、蝟实属（*Kolkwitzia*）、蚂蚱腿子属（*Myripnois*）、杜仲属（*Eucommia*）、地构叶属（*Speranskia*）、银杏属（*Ginkgo*）、山白树属（*Sinowilsonia*）、木瓜属（*Chaenomeles*）、枳属（*Poncirus*）、栾树属、文冠果属、水杉属（*Metasequoia*）、四合木属（*Tetraena*）等。草本植物有太行菊属（*Opisthopappus*）、太行花属（*Taihangia*）、华蟹甲属（*Sinacalia*）、翼蓼属（*Pteroxygonum*）等。虎榛子属是黄土高原低山广泛分布的落叶阔叶灌丛建群成分，杜仲属、银杏属、水杉属、蜡梅属等为黄土高原栽培植物。四合木属仅分布于内蒙古西部鄂托克旗荒漠至宁夏贺兰山低山区（中国科学院内蒙古宁夏综合考察队，1985）。山白树属、枳属分布于山西中条山（廉凯敏等，2010；陈姣等，2012）、陕西秦岭北坡（雷明德，1999）等地。

三、黄土高原种子植物区系分区

（一）种子植物区系分区系统

根据吴征镒等（2011）、陈灵芝等（2016）关于中国种子植物区系分区的结果，黄土高原种子植物分区分别属于：

Ⅰ泛北极植物区
  ⅠB 欧亚草原亚区
    ⅠB4 蒙古草原地区
      ⅠB4c 鄂尔多斯、陕甘宁荒漠草原亚地区
Ⅱ古地中海植物区
  ⅡC 中亚荒漠亚区
    ⅡC6 喀什噶尔地区
      ⅡC6a 西南蒙古亚地区
Ⅲ东亚植物区
  ⅢD 中国-日本森林植物亚区
    ⅢD 华北地区
      ⅢD8c 华北山地亚地区
      ⅢD8d 黄土高原亚地区
    ⅢE 中国-喜马拉雅植物亚区
      ⅢE14 横断山脉地区
      ⅢE14d 洮河-岷山亚地区
    ⅢF 青藏高原亚区
      ⅢF16 唐古特地区
        ⅢF16a 祁连山亚地区

（二）种子植物区系分区概述

1. 泛北极植物区（Ⅰ）

（1）欧亚草原亚区（ⅠB）

1）蒙古草原地区（ⅠB4）

i）鄂尔多斯、陕甘宁荒漠草原亚地区（ⅠB4c）

本区南界为山西管涔山西坡和毛乌素沙漠的南缘，包括鄂尔多斯高原、山西雁门关以北、阴山山脉以南的区域。本区的种子植物生活型以草本植物占优势，针茅属植物为本区的代表性植物，以长芒草、大针茅等为代表。山西雁门关外和陕北黄土丘陵沟壑区木本植物以杨属（小叶杨）和刺槐属（刺槐）为主（王国祥，1992），而各山地木本植物有松属（油松）、桦属（白桦）、绣线菊属［绣球绣线菊（*S. blumei*）、蒙古绣线菊（*S. mongolica*）、三裂绣线菊］等。

2. 古地中海植物区（Ⅱ）

（1）中亚荒漠亚区（ⅡC）

1）喀什噶尔地区（ⅡC6）

i）西南蒙古亚地区（ⅡC6a）

本区大约是在西宁-兰州以北、兰州-银川以西（黄河以北）的黄土高原，包括河西走廊的一部分、乌兰布沙漠和腾格里沙漠的南缘。本区是黄土高原降水最少的区域，年平均降水量一般小于200mm。荒漠植物是本区的优势成分，代表性的植物有四合木（*T. mongolica*）、红砂（*R. soongarica*）、梭梭（*H. ammodendron*）等强旱生植物（中国科学院内蒙古宁夏综合考察队，1985），而在祁连山北坡有青海云杉（*P. crassifolia*）林、高山灌丛和草甸分布（吴征镒，1980）。本区的种子植物生活型以草本植物占优势，针茅属植物为本区的代表性植物，以长芒草、大针茅、西北针茅等为代表（中国科学院内蒙古宁夏综合考察队，1985）。

3. 东亚植物区（Ⅲ）

（1）中国-日本森林植物亚区（ⅢD）

1）华北地区（ⅢD）

i）华北山地亚地区（ⅢD8c）

本区东起太行山山麓，北至山西恒山，南以秦岭山脊为界，西抵兰州、临夏，是黄土高原面积最大的区域，包括太行山、吕梁山、五台山、中条山、秦岭北坡、黄龙山等。山西五台山、芦芽山、关帝山等有着从落叶阔叶林、温性针叶林、寒温性针叶林到亚高山灌丛草甸的完整垂直带谱（傅子祯和李继瓒，1976）。中国特有成分有翅果油树、蚂蚱腿子、太行菊、太行花、独根草（*Oresitrophe rupifraga*）、虎榛子等。在南太行和东中条山出现了若干以亚热带或热带为主要分布区的成分，如南方红豆杉、连香树、山白树（*S. henryi*）、领春木、山橿（*Lindera reflexa*）等（张建民等，2002；廉凯敏等，2010；陈姣等，2012）。

ii）黄土高原亚地区（ⅢD8d）

本区位于华北山地亚地区以北，鄂尔多斯、陕甘宁荒漠草原亚地区以南，包括山西吕梁山以西、陕北和陇中高原。由于悠久的开发历史和严重的水土流失，呈现黄土高原典型的地貌特征——丘陵沟壑极为发育。自然植被退化严重，仅在山地有小片的森林和灌丛植被分布。

森林植被以人工林为主，分布于山西雁门关以北、陕北、陇东和陇中，主要建群种包括小叶杨、刺槐等。近年来，樟子松林的分布面积逐渐增加。自然植被以草本植物为主，主要包括针茅属的长芒草、孔颖草属的白羊草、蒿属的毛莲蒿（*A. vestita*）等（吴征镒，1980；马子清，2001；雷明德，1999）。特有种有陇东棘豆（*O. ganningensis*）、球果石泉柳（*S. shihtsuanensis* var. *globosa*）、斑子麻黄（*Ephedra rhytidosperma*）等（张文辉等，2002）。

（2）中国-喜马拉雅亚区（IIIE）

1）横断山脉地区（IIIE14）

i）洮河-岷山亚地区（IIIE14d）

本区位于黄土高原西南部的甘肃境内洮河源头地区。中国特有属有翼蓼属、银杏属等，特有种有洮河当归等。辽东栎、山杨、白桦等为落叶阔叶林的建群成分（吴征镒，1980；黄大燊，1997），这与华北山地落叶阔叶林建群成分完全相同。油松、青扦、岷江冷杉（*A. faxoniana* var. *faxoniana*）、祁连圆柏（*S. przewalskii*）、紫果云杉（*P. purpurea*）为针叶林的建群成分或优势成分。

（3）青藏高原亚区（IIIF）

1）唐古特地区（IIIF16）

i）祁连山亚地区（IIIF16a）

本区包括位于青海祁连山北坡。组成森林的区系成分发生明显变化，以青海云杉为建群种形成的森林群落是本区的优势植被类型。灌丛建群种则以杜鹃花属的千里香杜鹃（*Rhododendron thymifolium*）和头花杜鹃（*R. capitatum*）等为主（黄大燊，1997；陈灵芝等，2016）。在海拔较低的谷地，有若干华北植物区系成分入侵，包括辽东栎、虎榛子、珍珠梅（*S. sorbifolia*）、栾树（*K. paniculata*）等植物。

第三节　黄土高原主要植被类型

黄土高原地处暖温带和温带地区，自然生态环境复杂多样，孕育了丰富多样的植被类型。由于环境具有明显的异质性，加之人为影响程度的不同，黄土高原不同区域植被组成、植被类型和分布规律明显不同，各地植被的覆盖度也明显不同，呈现从西北向东南逐渐增加的趋势，与降水分布规律高度吻合（图 2.1）。

《中国植被》首次提出了较为完善的全国植被分类系统，在植被科学研究中得到广泛的应用，但也存在若干问题（宋永昌等，2013；宋永昌等，2017；方精云等，2020；郭柯等，2020）。鉴于《中国植被》分类系统的不足，在《中国植被志》编研过程中对其进行了系统的修订（方精云等，2020；郭柯等，2020；王国宏等，2020）。修订后的中国植被分类系统主要特点体现在：①植被分类单位仍然采用《中国植被》所确定的单位，即高级单位（植被型组、植被型、植被亚型）、中级单位（群系组、群系、亚群系）和低级单位（群丛组、群丛、亚群丛）；②将 10 个植被型组调整为 9 个植被型组，即森林植被型组、灌丛植被型组、草本植物植被型组、荒漠植被型组、高山冻原与稀疏植被型组、沼泽与水生植被型组、农业植被型组、城市植被型组、无植被地段植被型组；③对中国植被分类单位英文名称进行了修订，实现了与国际植被分类单位英文名称的接轨，如植被型组（vegetation formation group）、植被型（vegetation formation）、植被亚型（vegetation subformation）、群系组（alliance group）、

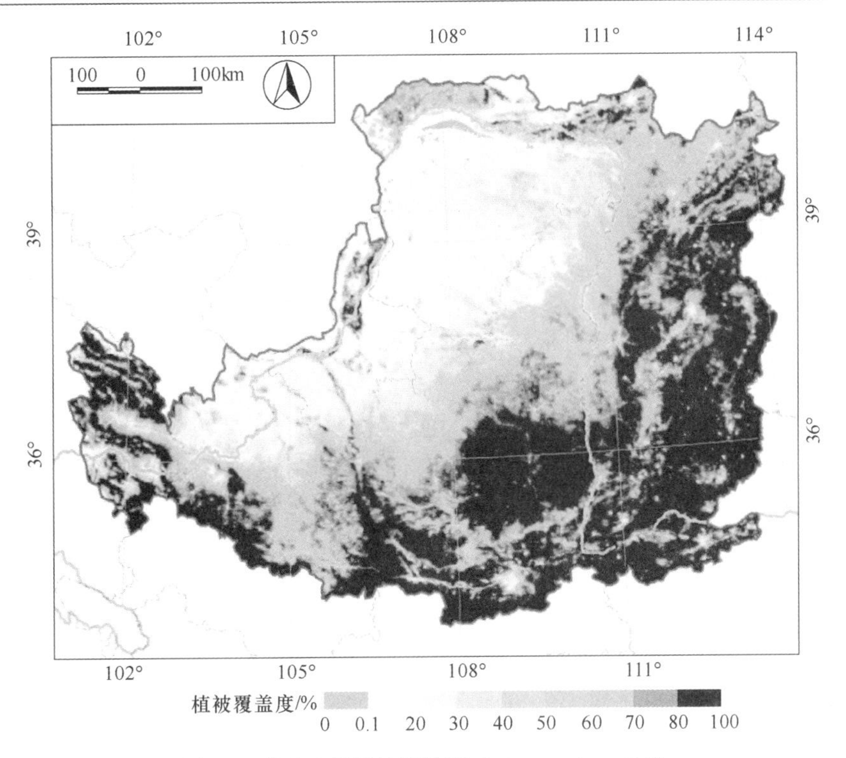

图 2.1 黄土高原植被覆盖图（Chen et al.，2015）

群系（alliance）、亚群系（suballiance）、群丛组（association group）、群丛（association）、亚群丛（subassociation）（方精云等，2020；郭柯等，2020）。

本书采用的植被分类等级为：①植被型（vegetation formation），序号用Ⅰ、Ⅱ、Ⅲ……表示；②群系（alliance），序号用1、2、3……表示。

具体植被类型概述如下。

Ⅰ 落叶针叶林植被型（deciduous needleleaf forest vegetation formation）

落叶针叶林在黄土高原表现为垂直分布，并非地带性植被类型。一般多分布于海拔1600m以上的山地。落叶针叶林主要分布于陕西秦岭北坡、甘肃洮河林区和祁连山、山西管涔山、关帝山、五台山和恒山等地。

组成寒温性针叶林的建群种为落叶松属。

1. 华北落叶松林（Alliance *Larix principis-rupprechtii*）

华北落叶松为我国特有种。在我国，华北落叶松林分布于山西吕梁山、太岳山、五台山和恒山，河北小五台山、承德林区，京西山地等地，海拔1600～2900m。

华北落叶松林在黄土高原分布于山西恒山、管涔山、五台山、关帝山、太岳山、中条山等地，其中太岳山和中条山为人工林，其余皆为天然林（王国祥，1992；上官铁梁等，1999；《中国森林》编辑委员会，1999；茹文明和张峰，2000；李世广和张峰，2014；王洪亮和张峰，2017）。在海拔1600～2800m的阳坡、半阳坡，华北落叶松林分布较为集中，阴坡也有分布且生长良好，为林木生长的上限。土壤类型以棕色森林土为主。

群落总盖度为80%～90%，局部地段高达100%。乔木层郁闭度为0.6～0.8。华北落叶松高 15～25m，胸径 20～30cm；常见伴生种有青扦、白扦、白桦和红桦等，在五台山混生有臭冷杉（*A. nephrolepis*）。

灌木层发育较差，盖度在 10%左右。常见的有刚毛忍冬（*L. hispida*）、花楸树（*Sorbus pohuashanensis*）、金花忍冬（*L. chrysantha*）、六道木（*Zabelia biflora*）、东北茶藨子（*Ribes mandshuricum*）、小卫矛（*E. nanoides*）等。在海拔较高的华北落叶松林林缘，还可见到金露梅（*P. fruticosa*）、银露梅（*P. glabra*）等。

草木层盖度为 40%～60%。以薹草（*Carex* spp.）和细叶鸢尾（*I. tenuifolia*）为主，其次还有小红菊（*C. chanetii*）、中华花荵（*P. chinense*）、东方草莓（*F. orientalis*）、假报春（*C. matthioli*）、腺毛肺草（*P. mollissima*）、糙苏（*P. umbrosa*）、玉竹（*P. odoratum*）、鹿蹄草（*Pyrola calliantha*）、舞鹤草（*M. bifolium*）、铃兰（*C. majalis*）、山尖子（*P. hastatus*）、藜芦（*V. nigrum*）、藓生马先蒿（*P. muscicola*）、大花杓兰（*C. macranthos*）等。地被层常见蕨类植物分布（张峰和上官铁梁，1992；李世广和张峰，2014；王洪亮和张峰，2017）。地被层发育良好，以苔藓为主。

2. 太白红杉林（Alliance *Larix chinensis*）

太白红杉为我国特有种，仅分布于秦岭。太白红杉林在黄土高原分布于陕西秦岭北坡的鄠邑、长安等地，海拔 2900～3350m 的阴坡、半阴坡。土壤类型主要为棕色森林土（《中国森林》编辑委员会，1999；任毅等，2006）。

群落总盖度为 60%～90%。乔木层郁闭度为 0.3～0.8。太白红杉平均高 9.8m，平均胸径 27cm（任毅等，2006）。在太白红杉林分布的下缘，乔木层伴生成分有巴山冷杉、牛皮桦（*B. albo-sinensis* var. *septentrionalis*）和太白花楸（*S. tapashana*）（吴征镒，1980；阎桂琴等，2001；白卫国等，2007；王世雄等，2009）。

灌木层常见的优势种有蒙古绣线菊、华西忍冬（*L. webbiana*）、刚毛忍冬、杯腺柳（*S. cupularis*）等。其他伴生成分有四川忍冬（*L. szechuanica*）、冰川茶藨子（*R. glaciale*）、秦岭蔷薇（*R. tsinglingensis*）、头花杜鹃、银露梅、黄芦木（*Berberis amurensis*）等（任毅等，2006）。

草木层区系组成丰富，常见的有细叶薹草（*C. duriuscula* subsp. *stenophylloide*）、嵩草、紫苞风毛菊（*S. purpurascens*）、黄腺香青（*Anaphalis aureopunctata*）、大叶碎米荠（*C. macrophylla*）、圆穗蓼（*P. macrophyllum*）、太白韭（*A. prattii*）、太白银莲花（*Anemone taipaiensis*）、藓生马先蒿等。地被层有蕨类植物分布（阎桂琴，2001；任毅等，2006；康永祥等，2007；王世雄等，2009）。

Ⅱ **常绿针叶林植被型**（evergreen needleleaf forest vegetation formation）

3. 巴山冷杉林（Alliance *Abies fargesii*）

巴山冷杉为我国特有树种，分布以秦巴山地为中心，包括湖北神农架、大巴山、米仓山至岷山，河南伏牛山（吴征镒，1980），青海循化孟达，甘肃兴隆山、大夏河、迭部、舟曲、岷县、武都、文县等地（《中国森林》编辑委员会，1999），海拔 1800～3700m。

巴山冷杉林在黄土高原分布于秦岭北坡太白红杉林下方，多为纯林，海拔 2500～3000m。土壤类型为暗棕壤（傅志军，1997；任毅等，2006；白卫国等，2007）。

群落总盖度为 50%～100%。乔木层郁闭度为 0.4～0.5。建群种巴山冷杉平均高 13m，平均胸径 24cm。在过渡地带，乔木层伴生成分有太白红杉、牛皮桦等。

灌木层优势种主要有金背杜鹃（*R. clementinae* subsp. *aureodorsale*）、秀雅杜鹃（*R. concinnum*）、秦岭蔷薇、秀丽莓（*R. amabilis*）、菰帽悬钩子（*R. pileatus*）、唐古特忍冬（*L. tangutica*）、红毛五加（*Acanthopanax giraldii*）、华西忍冬等。

草本层以丝叶薹草（*C. capilliformis*）为主，还有豌豆形薹草（*C. pisiformis*）、白花酢浆草（*O. acetosella*）、大叶碎米荠、伞房草莓（*F. corymbosa*）、裸茎碎米荠（*C. scaposa*）、轮叶黄精（*P. verticillatum*）、假报春等。地被层以锦丝藓（*Actinothuidium hooki*）占优势（傅志军，1997；《中国森林》编辑委员会，1999；任毅等，2006；白卫国等，2007）。

4. 白扦林（Alliance *Picea meyeri*）

白扦为我国特有种，分布于山西五台山、管涔山、关帝山，河北小五台山、雾灵山，内蒙古西乌珠穆沁旗等地，海拔 1600～2700m。土壤类型为棕色森林土。

白扦林在黄土高原分布于山西五台山（茹文明和张峰，2000）、管涔山（王洪亮和张峰，2017）和关帝山（李世广和张峰，2014），海拔 1600～2700m 的阴坡、半阴坡。土壤类型为棕色森林土。

群落总盖度为 80%～95%，甚至高达 100%。乔木层郁闭度为 0.7～0.8。白扦高 20～25m，胸径 25～30cm。伴生乔木有华北落叶松、青扦、白桦、红桦等，在五台山北坡混生有为数不多的臭冷杉。

灌木层盖度为 10%，主要有刚毛忍冬、四川忍冬、蓝靛果（*L. caerulea* var. *edulis*）、小卫矛等。

草本层盖度为 20%～40%，常见的有细叶薹草、糙苏、鹿蹄草、舞鹤草、穗花马先蒿（*P. spicata*）、小红菊、歪头菜（*V. unijuga*）、山野豌豆（*V. amoena*）、蓬子菜（*Galium verum*）、早熟禾（*P. annua*）等（李世广和张峰，2014；王洪亮和张峰，2017）。地被层植物发达，以提灯藓（*Minum* sp.）、黄羽藓（*Thuidiumpy cnothallum*）和绢藓（*Entodon* sp.）等为主。

5. 青扦林（Alliance *Picea wilsonii*）

青扦为我国特有种，分布于内蒙古多伦、大青山，河北小五台山、雾灵山，山西五台山、管涔山、关帝山、霍山，陕南，鄂西，甘肃马衔山及洮河与白龙江流域，青海东部，四川东北部及北部岷江上游等地，海拔 1400～2800m。

青扦林在黄土高原分布于管涔山、五台山、关帝山、恒山、太岳山（茹文明和张峰，2000；王洪亮和张峰，2017；李世广和张峰，2014）和陕西华县（吴征镒，1980）等地，海拔 1700～2600m 的阴坡、半阴坡。纯林较少。土壤类型为棕色森林土。

群落总盖度为 80%～95%，甚至可达 100%。乔木层郁闭度为 0.5～0.7。青扦高 15～20m，平均胸径 25cm。常见伴生成分有白桦、红桦、华北落叶松等。

灌木层发育较差，盖度为 5%～20%，常见的有金花忍冬、刚毛忍冬、小叶忍冬（*L. microphylla*）、唐古特忍冬、细叶小檗（*B. poiretii*）、灰栒子（*C. acutifolius*）、毛榛（*Corylus mandshurica*）等。

草木层盖度为 40%～80%，常见的主要有瓣蕊唐松草（*Thalictrum petaloideum*）、毛蕊老鹳草（*G. platyanthum*）、舞鹤草、薹草、小红菊、中华花葱、鹿蹄草等（茹文明和张峰，2000；王洪亮和张峰，2017；李世广和张峰，2014）。地被层发育良好，在林下形成鲜绿色的明显景观，以羽藓、提灯藓为主。

6. 青海云杉林（Alliance *Picea crassfiolia*）

青海云杉为我国特有种，分布于我国祁连山、青海、甘肃、宁夏、内蒙古大青山等地，海拔 1600～3800m。

青海云杉林在黄土高原分布于青海门源、循化、互助、民和、乐都及宁夏贺兰山，海拔 1500～3500m 的山地阴坡（周兴民等，1987；梁存柱等，2012）。土壤类型为山地灰褐土。

群落总盖度为 80%～95%，甚至可达 100%。乔木层郁闭度为 0.5～0.8。青海云杉高 15cm～25m，平均胸径 30cm。常见的乔木有祁连圆柏、山杨、白桦和红桦等（段荣贵，2012）。

灌木层发育较差，盖度为 5%～20%，常见的有金露梅、银露梅、刚毛忍冬、鬼箭锦鸡儿、湖北花楸（*S. hupehensis*）、高山绣线菊（*S. alpina*）、西北栒子（*C. zabelii*）、水栒子（*C. multiflorus*）等。

草木层盖度平均为 30%，常见的主要有早熟禾、羊茅（*F. ovina*）、野青茅、密生薹草（*C. crebra*）、黄精、珠芽蓼、歪头菜、马先蒿（*Pedicularis* spp.）、细叶沙参（*A. capillaris* subsp. *paniculata*）等（周兴民等，1987；段荣贵，2012）。在局部阴湿地段，林下地被层发育良好，藓类生长较为茂盛（周兴民等，1987）。

7. 祁连圆柏林（Alliance *Sabina przewalskii*）

祁连圆柏为我国特有种，分布于青海东部、东北部及北部，甘肃河西走廊及南部，四川北部（松潘），海拔 2600～4000m。

祁连圆柏林在黄土高原仅分布于青海祁连山东段的门源、互助，湟水河流域的乐都等地，海拔 2000～3500m 的山地阳坡，坡度 30°～45°（周兴民等，1987）。土壤类型为山地碳酸盐灰褐土。

群落结构简单，多为纯林。乔木层郁闭度为 0.5～0.8。祁连圆柏高 5～10m，胸径 10～15cm。由于立地条件较差，乔木层罕见其他成分。

灌木层发育较差，盖度为 3%～10%。常见的有金露梅、青甘锦鸡儿（*C. tangutica*）、甘肃锦鸡儿（*C. kansuensis*）、秦岭小檗（*B. circumserrata*）等。

草木层盖度平均为 20%。常见的有垂穗鹅观草（*Roegneria nutans*）、早熟禾、羊茅、长芒草、甘青青兰（*Dracocephalum tanguticum*）、甘青黄耆（*A. tanguticus*）、白花枝子花（*D. heterophyllum*）等（周兴民等，1987）。

8. 油松林（Alliance *Pinus tabuliformis*）

油松为我国特有种，是松科植物分布较广泛的种之一，分布于辽宁、内蒙古、河北、北京、天津、河南、山东、山西、陕西、山东、甘肃、宁夏、青海、湖北、四川等地，海拔 100～2600m。

油松林是黄土高原温性针叶林的代表类型，分布于山西全境（张峰，1990），陕西秦岭北坡、黄龙山、神木和府谷，甘肃子午岭、小陇山，河南伏牛山，青海东北部的大通河下游、湟水下游（周兴民等，1987），宁夏贺兰山，海拔 800～2000m。其中，山西是我国油松分布的中心区域，太岳山被称为"油松之乡"（张峰，1990；王国祥，1992；《中国森林》编辑委员会，1999；Qin et al.，2017）。土壤类型为山地褐色土、淋溶褐土和棕色森林土。

群落总盖度为80%～90%。乔木层郁闭度为0.3～0.7。油松高4.5～20m，胸径10～50cm。灵空山的油松古树“九杆旗”，树高35.5m，胸径14.5cm，单株材积35.99m^3，被称为“油松之王”（王国祥，1992）。在黄土高原南部中条山、伏牛山、秦岭北坡、黄龙山等地，乔木层常见的伴生种有栓皮栎、槲栎（*Q. aliena*）、槲树（*Q. dentata*）等，而在黄土高原北部的恒山、关帝山、管涔山等地，乔木层常见的伴生种有辽东栎、山杨等，在黄龙山和子午岭，常见的伴生种有辽东栎、山杨、白桦、侧柏、槭树（*Acer* spp.）等（雷明德，1999），在青海东部和宁夏贺兰山海拔较高地段有青海云杉、杜松（*J. rigida*）（周兴民等，1987；梁存柱等，2012）。

灌木层盖度为20%～40%。在黄土高原北部，灌木层常见的有三裂绣线菊、土庄绣线菊、美蔷薇、黄刺玫、虎榛子、东北茶藨子、水栒子、灰栒子、照山白（*R. micranthum*）、沙棘、中国黄花柳（*S. sinica*）、金露梅等。在黄土高原中南部，常见的灌木有荆条（*V. negundo* var. *heterophylla*）、虎榛子、薄皮木（*Leptodermis oblonga*）、六道木、三裂绣线菊、毛黄栌、牛奶子、胡枝子（*Lespedeza bicolor*）、小叶鼠李（*Rhamnus parvifolia*）、鞘柄菝葜、茶条槭（*A. tataricum* subsp. *ginnala*）、连翘（*F. suspensa*）等。

草本层盖度为20%～50%。主要有披针薹草（*Carex laceolata*）、矛叶荩草（*A. lanceolatus*）、大油芒（*S. sibiricus*）、林地早熟禾（*P. nemoralis*）、毛莲蒿、山马兰（*A. lautureana*）、华北米蒿（*A. giraldi*）、甘菊（*C. lavandulifolium*）、紫菀（*A. tataricus*）、败酱（*P. scabiosifolia*）、北柴胡（*B. chinense*）、苍术（*A. lancea*）、玉竹、黄精（*P. sibiricum*）、山丹（*L. pumilum*）等。

9. 白皮松林（Alliance *Pinus bungeana*）

白皮松为我国特有种，分布于山西（吕梁山、中条山、太岳山、太行山）、河南西部、陕西秦岭、甘肃南部和麦积山、四川江油观雾山及湖北西部等地，海拔500～1800m。

白皮松林在黄土高原分布于山西太原以南的吕梁山、太岳山、太行山和中条山（王国祥，1992；马子清，2001），陕西黄龙山、秦岭北坡东部（雷明德，1999），甘肃麦积山，河南伏牛山（吴征镒，1980）等地，立地条件较差，坡度多在25°～35°。白皮松林大多为小面积斑块状分布，少见连片的大面积白皮松林，且以疏林居多。在山西中条山的沁水、阳城，吕梁山的蒲县、中阳，太原西山，太岳山的三交林场、七里峪和兴唐寺等地，白皮松林分布较为集中。土壤类型包括碳酸盐褐土、褐土、淋溶褐土。

群落总盖度为60%～80%。乔木层郁闭度为0.5～0.6。除白皮松外，乔木层优势种为侧柏，伴生成分有辽东栎、橿子栎、山杨、油松等。

灌木层盖度为30%～40%。在山西南部常见的灌木有荆条、黄栌、黄刺玫、榛子、虎榛子等，而在陕西秦岭北坡和黄龙山常见的灌木有短梗胡枝子（*L. cyrtobotrya*）、陕西荚蒾（*V. schensianum*）、鞘柄菝葜（*Smilax stans*）、卫矛（*E. alatus*）、灰栒子、三裂绣线菊、山桃（*Amygdalus davidiana*）等。

草本层发育较差，盖度为10%～40%，主要有白羊草、毛莲蒿、华北米蒿、长芒草、败酱、黄背草（*T. japonica*）、矛叶荩草、柴胡、防风（*S. divaricata*）等（岳亮和毕润成，1988；雷明德，1999；《中国森林》编辑委员会；毕润成等，2002）。

10. 华山松林（Alliance *Pinus armandii*）

华山松为我国特有种，分布于山西中条山、河南西南部及嵩山、陕西秦岭、甘肃洮河及白龙江流域、宁夏、青海、四川、湖北西部、贵州中部及西北部、云南、西藏雅鲁藏布江下游（《中国森林》编辑委员会，1999；兰国玉等，2004），海拔 1000～3300m。

华山松林在黄土高原分布于山西中条山和太岳山，陕西秦岭北坡、黄龙山，甘肃小陇山，宁夏六盘山，河南伏牛山，青海东北部的大通河下游、湟水河下游和黄河流域。土壤类型为棕色森林土或灰化棕色森林土。

群落总盖度为50%～80%，乔木层郁闭度为0.5～0.7。华山松高10～15m，胸径10～25cm。乔木层伴生成分有山杨、辽东栎、小叶鹅耳枥、油松、锐齿槲栎（*Q. aliena* var. *acuteserrata*）、漆（*Toxicodendron vernicifluum*）、楤木（*Aralia chinensis*）、盐肤木（*R. chinensis*）、青冈（*Cyclobalanopsis glauca*）、三桠乌药（*L. obtusiloba*）、日本四照花（*Dendronbenthamia japonica*）、青榨槭（*A. davidii*）等，而在青海则有青海云杉、湖北花楸、五裂槭（*A. oliverianum*）等分布（周兴民等，1987）。

灌木层盖度为 30%～40%，主要有美丽胡枝子（*L. formosa*）、华西忍冬（*L. webbiana*）、陕西绣线菊（*S. wilsonii*）、鞘柄菝葜、多花木蓝（*Indigofera amblyantha*）、短梗胡枝子、绿叶胡枝子（*L. burgeri*）、野蔷薇（*R. multiflora*）、西北栒子（*C. zabelii*）、陕甘花楸（*S. koehneana*）、六道木、桦叶荚蒾、金银忍冬（*L. maackii*）、大花溲疏（*Deutzia grandiflora*）等。

草本层盖度为 20%～40%，常见的有细叶薹草、白茅（*Imperata cylindrica*）、费菜（*P. aizoon*）、变叶风毛菊（*S. mutabilis*）、大火草（*A. tomentosa*）、香青（*A. sinica*）、淫羊藿（*Epimedium sagittatum*）、荩草（*A. hispidus*）、披针薹草、山莴苣（*L. sibirica*）等。层间植物主要有华中五味子（*Schisandra sphenanthera*）、牛皮消（*Cynanchum auriculatum*）、三叶木通（*A. trifoliata*）、复盆子、南蛇藤（*C. orbiculatus*）、苦皮藤（*C. angulatus*）、桑叶葡萄（*V. heyneana* subsp. *ficifolia*）、勾儿茶（*Berchemia sinica*）、穿龙薯蓣（*Dioscorea nipponica*）等（兰国玉等，2004）。

11. 侧柏林（Alliance *Platycladus orientalis*）

侧柏分布于我国的内蒙古南部、吉林、辽宁、河北、山西、山东、江苏、浙江、福建、安徽、江西、河南、陕西、甘肃、四川、云南、贵州、湖北、湖南、广东北部及广西北部等地；朝鲜也有分布。

侧柏林在黄土高原分布于山西各山地，陕西秦岭北坡（朱志诚，1978）和延安以南，河南伏牛山等地，生境条件较差，多分布于土层瘠薄的石质山坡，海拔 600～1400m 的阳坡。土壤类型以石灰岩、砂岩和页岩发育而成的褐土为主（《中国森林》编辑委员会，1999）。

群落总盖度为40%～70%。乔木层郁闭度为0.2～0.5。侧柏高 5～10m，胸径 10～20cm。在山西南部，乔木层伴生成分有油松、橿子栎、栓皮栎、辽东栎、白皮松和山杨等（张贵平，2009），在秦岭北坡则有榔榆、黑弹树（*Celtis bungeana*）、黄连木等（雷明德，1999）。

灌木层盖度为 20%～30%。常见的有黄栌、黄刺玫、虎榛子、灰栒子、水栒子、白刺花（*S. davidii*）、少脉雀梅藤（*S. paucicostata*）、三裂绣线菊、酸枣、山桃、小叶鼠李、野皂荚（*Gleditsia microphylla*）、丁香、胡枝子、多花胡枝子（*L. floribunda*）、兴安胡枝子（*L. daurica*）、山杏、小花扁担杆（*G. biloba* var. *parviflora*）等。

草本层盖度为 20%～40%。优势种有披针薹草和白羊草，其他常见的有毛莲蒿、黄背草、硬质早熟禾（*P. sphondylodes*）、山蒿（*A. brachyloba*）、华北米蒿、茵陈蒿（*A. capillaris*）、荩草、阿尔泰狗娃花（*H. altaicus*）、小花鬼针草（*B. parviflora*）、地榆（*S. officinalis*）、并头黄芩（*Scutellaria scordifolia*）、双花堇菜（*V. biflora*）、斑叶堇菜（*V. variegata*）、米口袋（*G. verna* subsp. *multiflora*）、委陵菜（*P. chinensis*）、翻白草（*P. discolor*）、糙隐子草（*C. squarrosa*）、石沙参（*A. polyantha*）、鸦葱（*Scorzonera austriaca*）、柴胡、远志（*P. tenuifolia*）、硬毛棘豆（*O. fetissovii*）、败酱、鼠麹草（*P. affine*）等。地被层有卷柏（*Selaginella tamariscina*）（朱志诚，1978；张贵平，2009）。

12. 杜松林（Alliance *Juniperus rigida*）

杜松在我国分布于黑龙江、吉林、辽宁、内蒙古、河北（小五台山）、山西、陕西、甘肃及宁夏等地，海拔 500～2200m；朝鲜和日本也有分布。

杜松林在黄土高原分布于山西保德、岢岚、灵石、离石、阳高，内蒙古准格尔、贺兰山，陕西府谷、神木、韩城、耀州区、宜君（雷明德，1999），宁夏贺兰山、固原等地，面积较小，且呈不连续的点状分布；多数属于疏林，其中分布于山西阳高县恒山的杜松林长势最好。海拔 800～2300m。土壤类型为碳酸盐褐土、山地褐土。

群落总盖度为 60%～90%。乔木层郁闭度为 0.3～0.4。杜松高 3.0～5.0m，胸径 5～15cm；在内蒙古常与油松和侧柏混交，在陕西偶有槲栎和辽东栎混生，在内蒙古准格尔有油松、花叶海棠（*M. transitoria*）、茶条槭等。

灌木层盖度为 40%～70%，常见的黄刺玫、虎榛子、大果榆（*U. macrocarpa*）、甘蒙锦鸡儿（*C. opulens*）、秦晋锦鸡儿（*C. purdomii*）、小叶锦鸡儿（*C.microphylla*）、三裂绣线菊、土庄绣线菊、葱皮忍冬（*L. ferdinandii*）、蚂蚱腿子、小叶鼠李、柳叶鼠李（*R. erythroxylon*）、细叶小檗、山杏、蕤核（*Prinsepia uniflora*）、黄栌、美丽茶藨子（*R. pulchellum*）等。

草本层盖度为 30%～50%，常见的有长芒草、披针薹草、毛莲蒿、华北米蒿、硬质早熟禾、蓝花棘豆（*O. caerulea*）、山韭（*A. senescens*）、山丹、华北米蒿、三脉马兰、防风、远志、柴胡、野古草（*Arundinella anomala*）、翻白草、败酱、狗舌草（*Tephroseris kirilowii*）等（赵利清和杨劼，2011）。

13. 南方红豆杉林（Alliance *Taxus chinensis* var. *mairei*）

南方红豆杉为我国特有种，分布于甘肃南部、陕西南部、四川、云南东北部及东南部、贵州西部及东南部、湖北西部、湖南东北部、广西北部和安徽南部（黄山）、山西东南部，海拔 1000～1200m。

南方红豆杉林在黄土高原仅分布于山西东南部的沁水东峡，阳城东哄哄、蟒河，壶关红六泉、小梯河，陵川磨河（包括马圪垱、西闸水、凤凰谷等地）的沟谷河流两岸，是南方红豆杉在我国分布的最北界；其中仅陵川磨河有南方红豆杉林分布（张峰和上官铁梁，1988；茹文明，2006）。土壤类型为山地褐土。

群落总盖度为 60%～90%。乔木层郁闭度为 0.5～0.7。南方红豆杉盖度为 20%～30%，高 5～10m，胸径 5～20cm；由于历史上反复砍伐，南方红豆杉多在地面或近地面分叉，主干不明显。常见的伴生乔木有辽东栎、色木槭（*A. mono*）、君迁子（*D. lotus*）、青檀（*Pteroceltis tatarinowii*）、枳椇（*Hovenia acerba*）、栾树、鹅耳枥、茶条槭、白蜡树（*Fraxinus chinensis*）和八角枫（*A. chinense*）等。

灌木层盖度为 10%～20%，常见的有胡枝子、土庄绣线菊、鞘柄拔契、连翘、海州常山（*Clerodendrum trichotomum*）、竹叶花椒（*Zanthoxylum armatum*）、土庄绣线菊、少脉雀梅藤、窄叶紫珠（*Callicapa membranacea*）、金银忍冬、水栒子、葱皮忍冬、美丽胡枝子、陕西荚迷、小叶鼠李、六道木、荆条等。

草本层盖度为10%～30%，主要有披针薹草、茅叶荩草、展枝唐松草、败酱、玉竹、淫羊藿、耧斗菜（*A. viridiflora*）、鹿药（*Smilacina japonica*）、糙苏、黄精、一把伞南星（*A.erubescens*）、荨麻（*Urtica fissa*）、山马兰、球果堇菜（*V. collina*）、鸡腿堇菜（*V. acuminata*）、玉竹等。层间植物有穿龙薯蓣、山葡萄（*V. amurensis*）、三叶木通、南蛇藤、五味子、黄花铁线莲（*C. intricata*）、粗齿铁线莲（*C. grandidentata*）、鞘柄菝葜等（茹文明，2006）。

Ⅲ 落叶阔叶林植被型（deciduous broadleaf forest vegetation formation）

落叶阔叶林在黄土高原分布于山西恒山-内长城-紫金山-陕西清涧、安塞-志丹南部以南地区，包括陕西子午岭。落叶阔叶林在黄土高原主要分布于各山地，包括山西吕梁山、太岳山、太行山、中条山，陕西黄龙山、秦岭北坡、子午岭等地。

14. 辽东栎林（Alliance *Quercus wutaishanica*）

辽东栎在我国分布于黑龙江、吉林、辽宁、内蒙古、河北、山西、陕西、宁夏、甘肃、青海、山东、河南、四川等地。海拔600～2500m。朝鲜北部也有分布。

辽东栎林是我国暖温带广泛分布的植被类型之一，也是落叶阔林区地带性植被类型之一。在黄土高原，辽东栎林分布于山西恒山-内长城-临县紫金山以南各山地（包括吕梁山、太岳山、太行山和中条山），关山（甘肃和陕西）和子午岭（甘肃和陕西）、陕西崂山、黄龙山、安塞等，青海循化撒拉族自治县的孟达（周兴民等，1987；雷明德，1999；《中国森林》编辑委员会，1999；张希彪等，2002；康永祥，2012；毛空，2014）。土壤类型为褐土。

群落总盖度为60%～90%。乔木层郁闭度为0.5～0.8。辽东栎胸径15～25cm，高10～30m。在中条山和太行山南部，乔木层伴生成分有栓皮栎、华山松、鹅耳枥、槲栎、槲树、白桦等，而在吕梁山中部、太行山中部、太岳山北部、陕西渭北山地、子午岭等地则有油松、白桦、山杨、山杏、茶条槭、杜梨（*P. betulaefolia*）等。

灌木层盖度为20%～40%。在黄土高原北部常见的灌木有虎榛子、陕西荚蒾、三裂绣线菊、土庄绣线菊、金银忍冬、西北栒子、灰栒子、美蔷薇、胡枝子、山杏、山桃、照山白、榛等，而在黄土高原南部地区常见的灌木有荆条、六道木、葱皮忍冬、金银忍冬、盐肤木、黄栌、大花溲疏等。层间植物常见的有五味子、山葡萄、南蛇藤、勾儿茶等。

草本层盖度为30%～40%，常见植物以披针薹草占优势；此外，还有长芒草、糙苏、矛叶荩草、毛莲蒿、升麻（*C. foetida*）、黄精、轮叶沙参、山罗花（*M. roseum*）、糙隐子草、林地早熟禾、鸡腿堇菜、柴胡、风毛菊、地榆、瓣蕊唐松草、茖葱（*A. victorialis*）等（康永祥，2012；毛空，2014）。

15. 栓皮栎林（Alliance *Quercus variabilis*）

栓皮栎分布于我国的辽宁、河北、山西、陕西、甘肃、山东、江苏、安徽、浙江、江西、福建、台湾、河南、湖北、湖南、广东、广西、四川、贵州、云南等地，海拔800～3000m。

栓皮栎林是暖温带南部地带性植被类型之一。在黄土高原，栓皮栎林在山西大致分布于乡宁-临汾-陵川以南的区域，包括中条山的垣曲、夏县、沁水和阳城，太行山南部的陵川等（王孟本，1984；王国祥，1992；米湘成等，1995；马子清，2001），吕梁山南端的乡宁和临汾尧都区西山，而此线以北仅在平定县有小面积的分布；陕西秦岭北坡、黄龙山、白水县（雷明德，1999），甘肃天水小陇山（黄大燊，1997）等地也有分布，其中以中条山分布较为集中。土壤类型为褐土。

群落总盖度为60%～90%。乔木层郁闭度为0.4～0.8。栓皮栎高13～20m，胸径15～30cm。在甘肃小陇山伴生乔木有橿子栎、锐齿栎、麻栎、盐肤木、黄连木、枫杨（*Pterocarya stenoptera*）等，在秦岭北坡有侧柏、油松、圆柏、山杨、栗（*Castanea mollissima*）等，而在山西中条山则有侧柏、油松、槲栎、槲树、橿子栎、杜梨、栗、鹅耳枥、白蜡树、茶条槭、元宝槭（*A. truncatum*）等（张丽等，2010）。

灌木层盖度为20%～40%。在山西中条山灌木层常见的有连翘、黄栌、多花胡枝子、陕西荚蒾、榛、牛奶子、小花扁担秆、杭子梢、荆条、金银忍冬、冻绿（*R. utilis*）、黄刺玫、野蔷薇、华中山楂（*C. wilsonii*）等（张丽等，2010），而在秦岭北坡有绿叶胡枝子、马棘、黄檀、葱皮忍冬、黄素馨等（雷明德，1999）。

草本层盖度为20%～40%，主要有披针薹草、隐子草、翻白草、野青茅（*D. pyramidalis*）、甘菊、大火草、龙芽草（*A. pilosa*）、乳浆大戟（*E. esula*）、长鬃蓼（*P. longisetum*）、矛叶荩草、香薷（*E. ciliata*）、斑叶堇菜、细叶沙参等。藤本植物较为丰富，如短柄菝葜、鞘柄菝葜、五味子、三叶木通、山葡萄、南蛇藤等（张丽等，2010）。

16. 橿子栎林（Alliance *Quercus baronii*）

橿子栎在我国分布于山西、陕西、甘肃、河南、湖北、四川等地，海拔500～2700m。

橿子栎林为黄土高原唯一的半常绿阔叶林，分布于山西中条山的阳城、垣曲、绛县、翼城、夏县、闻喜和永济，太行山的泽州和陵川，吕梁山的乡宁、稷山和河津（王国祥，1992；马子清，2001），陕西韩城（雷明德，1999）、河南济源、西峡等地。土壤类型为褐土。

由于历史上橿子栎遭反复砍伐，现在多呈灌木状。群落总盖度为50%～90%，在中条山局部可达100%。乔木层郁闭度为0.6～0.7。橿子栎高5～8m，胸径10～15cm。乔木层伴生成分有槲栎、黄连木、鹅耳栎、侧柏等。

灌木层盖度为10%～30%，主要有荆条、黄栌、陕西荚莲、荆条、三裂绣线菊、山桃、红柄白鹃梅、照山白、连翘、山梅花（*P. incanus*）、河北木蓝、多花胡枝子、胡枝子、黄刺玫等。

草本层盖度为10%～30%，主要有披针薹草、北柴胡、毛莲蒿、华北米蒿、蛇莓（*D. indica*）、荩草、山蒿、野菊（*C. indicum*）、白羊草、苍术、阿尔泰狗娃花、射干（*B. chinensis*）、黄精等（李晋鹏等，2007）。

17. 槲树林（Alliance *Quercus dentata*）

槲树在我国分布于黑龙江、吉林、辽宁、河北、山西、陕西、甘肃、山东、江苏、安徽、浙江、台湾、河南、湖北、湖南、四川、贵州、云南等地，海拔50～2700m。朝鲜和日本也有分布。

槲树林在黄土高原分布于山西中条山、太行山南部（王国祥，1992），秦岭北坡和渭北山地等（雷明德，1999），面积较小。

群落总盖度为60%～80%。乔木层郁闭度为0.4～0.6。槲树高7～15m，胸径15～25cm。在陕西乔木层有侧柏、桧柏等，在山西则有栓皮栎、色木槭、茶条槭、槲栎等。

灌木层盖度30%～60%，主要有黄栌、荆条、三裂绣线菊、胡枝子、山桃、紫丁香（*S. oblata*）、白杜（*Euonymus maackii*）、小叶鼠李、牛奶子、接骨木（*S. williamsii*）等。

草本层盖度为20%～30%，主要有披针薹草、白羊草、紫菀、毛莲蒿、牛尾蒿（*A. dubia*）、泥胡菜（*H. lyrata*）、兔儿伞（*S. aconitifolia*）等（雷明德，1999）。

18. 麻栎林（Alliance *Quercus acutissima*）

麻栎在我国分布于辽宁、河北、山西、山东、江苏、安徽、浙江、江西、福建、河南、湖北、湖南、广东、海南、广西、四川、贵州、云南等地，海拔60～2200m。朝鲜、日本、越南、印度也有分布。

麻栎林在黄土高原分布于山西中条山（夏县）（焦磊，2011），陕西秦岭北坡、渭北桥山、耀州（雷明德，1999），河南伏牛山等地，面积极小。土壤类型为淋溶褐土。

群落总盖度为90%～95%。乔木层郁闭度为0.7～0.8。麻栎高10～25m，胸径10～30cm。伴生种有栓皮栎、槲栎、小叶鹅耳枥、茶条槭等。

灌木层盖度为20%～70%。在中条山主要有黄栌、连翘、荆条、金银忍冬、土庄绣线菊、野蔷薇、褐梨（*P. phaeocarpa*）、桦叶荚蒾（*V. betulifolium*）、陕西荚蒾、胡枝子、杭子梢（*Campylotropis macrocarpa*）、牛奶子、毛丁香（*S. tomentella*）、小花扁担杆等（焦磊，2011），而在秦岭北坡和渭北常见的灌木有马棘（*I. pseudotinctoria*）、多花胡枝子、虎榛子等（雷明德，1999）。

草本层盖度为15%～30%，主要有披针薹草、毛莲蒿，伴生种有白羊草、黄背草、烟管头草（*Carpesium cernuum*）、大油芒、牡蒿（*A. japonica*）、矛叶荩草、野青茅、山马兰、玉竹、天门冬（*Asparagus cochinchinensis*）、牡蒿等。层间植物有三叶木通、穿龙薯蓣和山葡萄（焦磊，2011）。

19. 锐齿槲栎林（Alliance *Quercus aliena* var. *acuteserrata*）

锐齿槲栎分布于辽宁东南部、河北、山西、陕西、甘肃、山东、江苏、安徽、浙江、江西、台湾、河南、湖北、湖南、广东、广西、四川、贵州、云南等地，海拔100～2700m的山地杂木林中。

锐齿槲栎林在黄土高原分布于陕西秦岭北坡（朱志诚，1983；雷明德，1999）、渭北关山、甘肃小陇山和河南伏牛山等地。土壤类型为褐土。

群落总盖度为90%～100%。乔木层郁闭度为0.7～0.9。锐齿槲栎高10～15m，胸径15～30cm。常见的伴生种有栓皮栎、麻栎、漆树、千金榆（*C. cordata*）、山杨、五尖槭（*A. maximowiczii*）、色木槭、血皮槭（*A. griseum*）、青榨槭（*A. davidii*）、华山松、油松、栗、四照花、白蜡树、君迁子等，偶见种有吴茱萸（*Evodia ruticarpa*）、鹅耳枥、三桠乌药、大叶朴（*C. koraiensis*）等（朱志诚，1983；雷明德等，1999）。

灌木层盖度为20%～30%。常见的有红柄白鹃梅、美丽胡枝子、盐肤木、黄栌、膀胱果（*S. holocarpa*）、栓翅卫矛（*E. phellomanus*）、多花胡枝子、桦叶荚蒾、杭子梢、西北栒子、连翘、毛樱桃（*C. tomentosa*）、小叶女贞（*Ligustrum quihoui*）、绿叶胡枝子、连翘、马棘、榛、陕西荚蒾、冻绿、喜阴悬钩子（*R. mesogaeus*）等。

草本层盖度为15%～30%，主要有披针薹草、茖葱、野古草、野青茅、淫羊藿、野菊、鹿蹄草、三脉紫菀、牛尾蒿、玉竹、黄精、地榆、天门冬、歪头菜、天南星等（朱志诚，1983；雷明德，1999）。层间植物有三叶木通、五味子、葛（*P. lobata*）、猕猴桃（*Actinidia* spp.）、穿龙薯蓣等。

20. 山杨林（Alliance *Populus davidiana*）

山杨在我国分布极为广泛，在东北、华北、西北、华中、西南各地均有分布，海拔1200～3800m。多生于山坡、山脊和沟谷地带。朝鲜、俄罗斯东部也有分布。

在黄土高原，山杨林是油松林、辽东栎林破坏后形成的先锋植物群落，广泛分布于山西吕梁山、太岳山、太行山和中条山，陕西秦岭北坡、黄龙山，甘肃兴隆山、马衔山、子午岭、关山，宁夏贺兰山，河南伏牛山等地。土壤类型为棕色森林土和淋溶褐土。

群落总盖度为70%～90%，局部甚至高达100%。乔木层郁闭度为0.7～0.9。山杨高6～8m，胸径5～20cm。伴生乔木常见的有辽东栎、栓皮栎、槲栎、油松、茶条槭、白桦、红桦、锐齿槲栎等。

灌木层盖度为20%～40%，常见的有毛榛、虎榛子、土庄绣线菊、水栒子、美蔷薇、黄刺玫、山刺玫、金银忍冬、胡枝子、刺果茶藨子（*R. burejense*）、陕西荚蒾等；除前述灌木外，在宁夏贺兰山灌木层还有金露梅、银露梅、蒙古绣线菊（梁存柱等，2012）。

草本层盖度为30%～50%，常见的有披针薹草、糙苏、龙芽草、藜芦、老鹳草（*G. wilfordii*）、路边青、黄精、地榆、瓣蕊唐松草、东方草莓、小花草玉梅（*A. rivularis* var. *flore-minore*）、藓生马先蒿、小红菊、歪头菜、山尖子等。

21. 青杨林（Alliance *Populus cathayana*）

青杨广泛分布于我国辽宁、华北、西北、四川等地，海拔800～3000m的沟谷、河岸。

青杨林在黄土高原分布于山地的河流两岸，往往呈带状分布，包括山西吕梁山、太岳山、太行山和中条山（李世广和张峰，2014；王洪亮和张峰，2017），以及陕西秦岭以北山地，面积较小；在青海则为人工林。土壤类型为山地褐土。

群落总盖度为60%～80%。乔木层郁闭度为0.5～0.7。青杨高10～15m，胸径15～40cm。在山西各山地，乔木层伴生成分常见的有油松、山杨等，而在陕西秦岭北坡等地乔木层伴生成分较多，有油松、华山松、锐齿槲栎等。

灌木层盖度为10%，常见的有三裂绣线菊、沙棘、虎榛子、金银忍冬、黄刺玫、牛奶子、乌柳（*S. cheilophila*）、密齿柳（*S. characta*）、腺柳（*S. chaenomeloides*）、茶条槭等。

草本层盖度为10%～40%，常见的有披针薹草、毛茛（*Ranunculus japonicus*）、金莲花（*T. chinensis*）、小红菊、展枝唐松草、蓝花棘豆、毛莲蒿、火绒草（*L. leontopodioides*）、糙隐子草、玉竹、黄芩（*S. baicalensis*）、远志、苍术、鸡腿堇菜、大火草、蛇莓、匍匐委陵菜（*P. reptans*）、蕨麻（*P. anserina*）等（李世广和张峰，2014；王洪亮和张峰，2017）。

22. 白桦林（Alliance *Betula platyphylla*）

白桦在我国广泛分布于东北、华北、河南、陕西、宁夏、甘肃、青海、四川、云南、西藏东南部等地，海拔400～4100m。俄罗斯东部、蒙古东部、朝鲜北部、日本也有分布。

白桦林在黄土高原分布于山西恒山、吕梁山、太行山、太岳山和中条山（李世广和张峰，2014；王洪亮和张峰，2017），陕西秦岭北坡以北、延安以南（朱志诚，1994；雷明德，1999），甘肃子午岭、关山、小陇山（张希彪等，2002），河南伏牛山等山地。土壤类型为棕色森林土和淋溶褐土。

群落总盖度为70%～90%。乔木层郁闭度为0.5～0.8。白桦高达10～20m，胸径20～40cm。乔木层常见的伴生成分有山杨、红桦、辽东栎、油松、蒙椴（*Tilia mongolica*）、色木槭等。

灌木层盖度为30%～60%，常见的有榛、土庄绣线菊、三裂绣线菊、绣球绣线菊、灰栒子、金花忍冬、陕西荚蒾、虎榛子、中国黄花柳等。

草本层盖度为30%～50%，常见的有细叶薹草、林地风毛菊、歪头菜、藓生马先蒿、柴胡、橐吾（*L. sibirica*）、龙芽草、东方草莓、藜芦、林荫千里光（*S. nemorensis*）、小红菊、山马兰等（朱志诚，1994；李世广和张峰，2014；王洪亮和张峰，2017）。

23. 红桦林（Alliance *Betula albosinensis*）

红桦在我国分布于云南、川东、鄂西、河南、河北、山西、陕西、甘肃、青海等地，海拔1000～3400m。

红桦林在黄土高原分布于山西中条山、太行山、太岳山、关帝山（李世广和张峰，2014；王洪亮和张峰，2017），陕西关山、秦岭北坡（雷明德，1999），甘肃小陇山（巨天珍等，2012）等山地，面积较小。土壤类型为棕色森林土和淋溶褐土。

群落总盖度为60%～90%。乔木层郁闭度为0.5～0.7。红桦高10～14m，胸径20～50cm。在秦岭伴生乔木有华山松、锐齿槲栎、糙皮桦、色木槭、长尾槭（*A. caudatum*）（雷明德，1999），在山西管涔山则有白桦、山杨等。

灌木层盖度为30%～40%，常见的有花楸树、北京花楸（*S. discolor*）、美蔷薇、山刺玫、榛、毛榛、金银忍冬、桦叶荚蒾等。

草本层盖度为20%～30%，常见的有细叶薹草、升麻、茖葱、藜芦、委陵菜等（李世广和张峰，2014；王洪亮和张峰，2017）。

24. 小叶杨林（Alliance *Populus simonii*）

小叶杨在我国分布极为广泛，包括东北、华北、华中、西北及西南各省区，海拔800～2500m。小叶杨是20世纪50年代黄土高原丘陵、沟壑区和平原的主要造林树种之一。

小叶杨林在黄土高原北部的山西大同盆地（包括大同市和朔州市）、吕梁山以西的黄土丘陵沟壑区（忻州市和吕梁市），陕西榆林等地皆有分布，绝大多数为人工林。土壤类型包括栗钙土和灰褐土。

除了河流两岸外，其他区域由于水分条件较差，20世纪五六十年代栽培的小叶杨长势较差，一般高3～5m；大多数处于衰退状态，有的甚至开始死亡，俗称“小老树”。近20多年来，山西已经开始对大同盆地的小叶杨（人工林）进行改造，栽植樟子松、新疆杨（*P. alba* var. *pyramidalis*）和柠条锦鸡儿等。

群落总盖度为50%～80%。乔木层郁闭度为0.3～0.4。乔木层偶见榆树（*U. pumila*）等伴生种。

几无灌木层，偶见沙棘和柠条锦鸡儿。

草本层盖度为40%～60%，常见的有长芒草、大针茅、兴安胡枝子、百里香（*Thymus mongolicus*）、毛莲蒿、柴胡、草木犀（*M. officinalis*）、白花草木犀（*M. albus*）、角蒿（*I. sinensis*）、蒙古黄耆（*A. membranaceus* var. *mongholicus*）、斜茎黄耆（*A. adsurgens*）、并头黄芩、粘毛黄芩（*S. viscidula*）、远东芨芨草（*A. extremiorientale*）、赖草（*L. secalinus*）、碱茅（*Puccinellia distans*）、鹅观草（*R. kamoji*）、早熟禾、苦荬菜（*Ixeris polycephala*）、二色补血草（*L. bicolor*）、

狗尾草（*Setaria viridis*）、阿尔泰狗娃花、紫菀、花苜蓿（*M. ruthenica*）、天蓝苜蓿（*M. lupulina*）、野苜蓿（*M. falcata*）、地梢瓜（*C. thesioides*）、长蕊石头花（*Gypsophila oldhamiana*）、草原石头花（*G. davurica*）等（刘丽艳等，2004）。

25. 刺槐林（Alliance *Robinia pseudoacacia*）

刺槐原产美国东部，17 世纪传入欧洲和非洲。我国于 19 世纪末从欧洲引入青岛，现全国各地广泛栽植。

刺槐林在黄土高原分布较为广泛，是 20 世纪五六十年代的主要造林树种之一。刺槐林在黄土高原主要分布于山西吕梁山以西的黄土丘陵沟壑区，陕西渭北高原（包括榆林、延安，以及咸阳和渭南的部分地区），青海、兰州、定西、泾川（马涛等，2017）等地。土壤为栗钙土。

群落总盖度为 60%～80%，树高 10m 左右，最高可达 20m，胸径 10～25cm。混生有山杨、旱柳（*S. matsudana*）、油松等。

灌木层盖度为 10%～20%。种类较少，常见的有沙棘、河朔荛花（*W. chamaedaphne*）等。

草本层盖度为 30%～50%，常见的有毛莲蒿、长芒草、白羊草、狗尾草、甘草（*Glycyrrhiza uralensis*）、紫花地丁（*V. philippica*）、车前（*P. asiatica*）、委陵菜、三裂绣线菊、野艾蒿、黄花蒿（*A. annua*）、漏芦（*R. uniflora*）、刺儿菜（*C. arvense* var. *integrifolium*）、蓟（*C. japonicum*）、阿尔泰狗娃花、抱茎小苦荬、千里光、鹤虱、败酱、茜草（*Rubia cordifolia*）、益母草（*L. japonicus*）、兴安胡枝子、米口袋、东亚唐松草、地黄、马蔺、杠柳（*Periploca sepium*）、鹅绒藤（*C. chinense*）、巴天酸模（*R. patientia*）、打碗花（*Calystegia hederacea*）、灰绿藜（*C. glaucum*）、乳浆大戟、繁缕（*Stellaria media*）、马唐（*Digitaria sanguinalis*）、早熟禾、草地早熟禾（*P. pratensis*）、赖草等（王国祥，1992；雷明德，1999；张峰等，2000；郭琳，2010；马涛等，2017）。

Ⅳ 落叶阔叶灌丛（deciduous broadleaf shrubland vegetation formation）

26. 鬼箭锦鸡儿灌丛（Alliance *Caragana jubata*）

鬼箭锦鸡儿在我国分布于内蒙古、河北、山西、青海、新疆、川西和甘南等地，海拔 2400～3000m。俄罗斯和蒙古也有分布。

鬼箭锦鸡儿灌丛在黄土高原分布于山西关帝山、五台山和芦芽山，宁夏贺兰山和六盘山，甘肃兴隆山等地，其中五台山北坡分布面积最大。海拔 2400～3600m。土壤类型为亚高山草甸土。

群落总盖度为 90%～100%。灌木层盖度为 30%～60%。鬼箭锦鸡儿盖度为 30%～60%，高 0.3～0.8m。伴生灌木较少，在山西有金露梅、银露梅，而在宁夏贺兰山还有杯腺柳（梁存柱等，2012）。

草本层盖度为 70%～80%。常见的有嵩草、扁囊薹草（*C. coriophora*）、珠芽蓼、蓝花棘豆、铃铃香青（*A. hancockii*）、火绒草、中国岩黄耆（*Hedysarum chinense*）、地榆、龙胆、歪头菜、银莲花、北点地梅（*Androsace septentrionalis*）、翠雀（*Delphinium grandiflorum*）、扁蕾（*Gentianopsis barbata*）、花锚（*H. corniculata*）、毛建草（*D. rupestre*）、高山蓍（*Achillea alpina*）、紫苞风毛菊、白苞筋骨草（*A. lupulina*）、早熟禾、胭脂花（*P. maximowiczii*）、河北假报春（*C. matthioli* subsp. *pekinensis*）、秦艽（*G. macrophylla*）、红直獐牙菜（*S. erythrosticta*）、

穗花马先蒿、垂头蒲公英（*T. nutans*）、石竹（*Dianthus chinensis*）、红柴胡（*B. scorzonerifolium*）、野罂粟（*Papaver nudicaule*）等（王洪亮和张峰，2017）。

27. 金露梅灌丛（Alliance *Potentilla fruticosa*）

金露梅在我国分布于产黑龙江、吉林、辽宁、内蒙古、河北、山西、陕西、甘肃、新疆、四川、云南、西藏等地，海拔 1000～4000m。

金露梅灌丛在黄土高原分布于山西管涔山、五台山、关帝山和恒山，陕西秦岭北坡，宁夏贺兰山，青海达坂山、日月山等地，面积较小。土壤类型为亚高山草甸土。

群落总盖度为 50%～80%。灌木层盖度为 30%～50%。金露梅盖度为 30%～40%，高 0.3～0.6m。在山西伴生灌木有银露梅、沙棘等，在青海和宁夏贺兰山有鬼箭锦鸡儿、杯腺柳等。

草本层盖度为 40%～50%，主要有缘毛鹅观草（*R. pendulina*）、珠芽蓼、毛莲蒿、香青兰（*D. moldavica*）、风毛菊、达乌里秦艽（*G. dahurica*）、老鹳草、地榆、大车前（*P. major*）、并头黄芩、蛇莓、细叶薹草、歪头菜、皱叶委陵菜（*P. ancistrifolia*）、莓叶委陵菜（*P. fragarioides*）、翠雀、石竹、小红菊、山韭、圆叶堇菜（*V. pseudobambusetorum*）、紫羊茅（*F. rubra*）、银莲花、穗花马先蒿、狭叶沙参等（吴征镒，1980；王晶，2016）。

28. 银露梅灌丛（Alliance *Potentilla glabra*）

银露梅在我国分布于内蒙古、河北、山西、陕西、甘肃、青海、安徽、湖北、四川、云南、西藏，海拔 1400～4200m。朝鲜、俄罗斯和蒙古也有分布。

银露梅灌丛在黄土高原分布于山西关帝山、管涔山、五台山、太岳山和中条山等山地，面积极小。土壤类型为亚高山草甸土。

群落总盖度为 40%～80%。灌木层盖度为 30%～50%。银露梅盖度 30%～40%，高 0.3～0.5m。偶见伴生种有沙棘等。

草本层盖度为 30%～50%。常见的有披针薹草、地榆、毛莲蒿、山蒿、小红菊、细叉梅花草（*Parnassia oreophila*）、漏芦、败酱、瓦松（*O. fimbriata*）、百里香、野罂粟、地榆、狗尾草、圆叶堇菜、华北蓝盆花（*S. tschiliensis*）、龙芽草、水杨梅、歪头菜、皱叶委陵菜、蛇莓、东方草莓、高乌头（*A. sinomontanum*）、南山堇菜（*V. chaerophylloides*）、牡蒿（*A. japonica*）、风毛菊等（王晶，2016）。

29. 黄栌灌丛（Alliance *Cotinus coggygria* var. *pubescens*）

黄栌在我国分布于山西、陕西、贵州、四川、甘肃、山东、河南、湖北、江苏、浙江等地，海拔 500～1500m。间断分布于欧洲东南—叙利亚—俄罗斯高加索等地。

黄栌灌丛在黄土高原广泛分布于山西和陕北各山地。土壤类型为山地褐土。

群落总盖度为 40%～90%。黄栌盖度为 30%～50%，高 0.8～2.0m。常见伴生灌木有荆条、连翘、陕西荚蒾、胡枝子、黄刺玫、虎榛子、三裂绣线菊、小花扁担杆、白刺花、小叶鼠李、木香薷、牛奶子、蚂蚱腿子等。

草本层盖度为 20%～40%，常见的草本植物有毛莲蒿、白羊草、黄背草、北柴胡、沙参、披针薹草、远志、阿尔泰狗娃花、矛叶荩草、翻白草、大火草等（吴征镒，1980；雷明德，1999）。

30. 连翘灌丛（Alliance *Forsythia suspensa*）

连翘分布于我国山西、陕西、山东、河北、安徽西部、河南、湖北、四川，海拔 250～2200m。

连翘灌丛在黄土高原分布于山西中南部的太行山、吕梁山、中条山和太岳山，秦岭北坡、延安、黄龙山和子午岭等低山、丘陵区。土壤类型为山地褐土或棕色森林土。

群落总盖度为 80%～90%。连翘盖度为 30%～60%，高 1.0～2.0m。伴生灌木有荆条、金花忍冬、胡枝子、黄刺玫、黄栌、白刺花、土庄绣线菊、陕西荚蒾、灰栒子、胡枝子、山桃、河北木蓝、薄皮木等。

草本层盖度为 40%～60%，优势种有黄背草、白羊草、毛莲蒿、翻白草、桃叶鸦葱、苍术、鼠麴草、矛叶荩草、披针薹草、长芒草、北柴胡、防风、远志、漏芦等（马子清，2001；李晋鹏等，2007；刘明光等，2011）。

31. 牛奶子灌丛（Alliance *Elaeagnus umbellata*）

牛奶子分布于我国华北、华东、西南及陕西、甘肃、青海、宁夏、辽宁、湖北。日本、朝鲜、中南半岛、印度、尼泊尔、不丹、阿富汗、意大利等地也有分布。

牛奶子灌丛在黄土高原分布于山西各山地、陕西秦岭北坡等地。土壤类型为山地褐土。

群落总盖度为 50%～70%。牛奶子盖度为 30%～50%，高 1.0～2.0m。伴生灌木有沙棘、黄刺玫、荆条、黄栌、虎榛子、灰栒子、金花忍冬、六道木、多花胡枝子、甘肃山楂（*C. kansuensis*）等。

草本层盖度为 30%～50%，常见的有披针薹草、毛莲蒿、龙芽草、野豌豆、火绒草、黄精、小红菊、石竹、大火草等（雷明德，1999；马子清，2001；李晋鹏等，2007）。

32. 翅果油树灌丛（Alliance *Elaeagnus mollis*）

翅果油树为黄土高原特有种之一，分布于我国秦岭北麓的西安鄠邑区涝峪，山西中条山（翼城、绛县、平陆）、吕梁山（稷山、河津、乡宁、吉县），海拔 700～1300m。土壤类型为山地褐土。

群落总盖度为 80%～95%。翅果油树盖度为 30%～60%，高 1.0～4.0m。伴生灌木有白刺花、牛奶子、荆条、黄栌、虎榛子、山桃、六道木、酸枣、黄刺玫、河北木蓝、三裂绣线菊、陕西荚蒾、胡枝子、兴安胡枝子、北京丁香、水栒子、葱皮忍冬、小叶鹅耳枥、小叶锦鸡儿、红花锦鸡儿、少脉雀梅藤、复盆子、杠柳等。

草本层盖度为 30%～60%，主要有白羊草、毛莲蒿、华北米蒿、茵陈蒿、猪毛蒿、山蒿、黄背草、矛叶荩草、糙隐子草、茜草、早熟禾、长芒草、披针薹草、异叶败酱、山马兰、披碱草、狗尾草、三脉紫菀（*A. trinervius* var. *ageratoides*）、大丁草、二色补血草、玉竹、早开堇菜、黄花铁线莲等（上官铁梁等，1992；张峰和上官铁梁，1994；1998；2000；张峰等，2001；张峰，2002）。

33. 白刺花灌丛（Alliance *Sophora davidii*）

白刺花分布于华北、陕西、甘肃、河南、江苏、浙江、湖北、湖南、广西、四川、贵州、云南、西藏等地，海拔 800～2500m。

白刺花灌丛在黄土高原广泛分布，包括山西太行山中南部、太岳山、吕梁山南部和中条山，秦岭以北等山地和丘陵，海拔 600～1400m。土壤类型为山地褐土。

群落总盖度为 50%～80%。白刺花盖度为 30%～50%，高 0.6～1.5m。伴生灌木有荆条、黄栌、三裂绣线菊、酸枣、杠柳、蚂蚱腿子、黄刺玫、陕西荚蒾、多花胡枝子、兴安胡枝子、河北木蓝等。

草本层盖度为 30%～50%。主要有白羊草、华北米蒿、黄背草、毛莲蒿、矛叶荩草、长芒草、阿尔泰狗娃花、北柴胡、岩败酱（*P. rupestris*）、黄芩、早熟禾、糙叶棘豆等（雷明德，1999；马子清，2001）。

34. 沙棘灌丛（Alliance *Hippophae rhamnoides* subsp. *sinensis*）

沙棘分布于我国河北、内蒙古、山西、陕西、甘肃、青海、四川西部等地，海拔 800～3600m。土壤类型为山地褐土。

沙棘在黄土高原分布极为广泛，包括山西全省（由北到南面积逐渐减少）、陕西秦岭以北、甘肃小陇山和定西等山地、丘陵沟壑区。

群落总盖度为 60%～100%。沙棘盖度为 40%～80%，高 1.0～2.0m。伴生灌木有黄刺玫、山刺玫、黄蔷薇（*Rosa hugonis*）、土庄绣线菊、三裂绣线菊、虎榛子、小叶鼠李、兴安胡枝子、甘肃山楂等。

草本层盖度为 20%～30%。主要有毛莲蒿、华北米蒿、披针薹草、早熟禾、大油芒、火绒草、瓣蕊唐松草、地榆、北柴胡、蓬子菜、蛇莓、东方草莓等（上官铁梁等，1996；雷明德，1999；马子清，2001）。

35. 三裂绣线菊灌丛（Alliance *Spiraea trilobata*）

三裂绣线菊在我国分布于黑龙江、辽宁、内蒙古、山东、山西、河北、河南、安徽、陕西、甘肃。海拔 450～2400m。俄罗斯西伯利亚也有分布。

三裂绣线菊灌丛在黄土高原广泛分布，包括山西全省，陕西子午岭、黄龙山、关山、秦岭北坡，豫西等山地。土壤类型为山地褐土。

群落总盖度为 50%～70%。三裂绣线菊盖度为 30%～50%，高 50～100cm。伴生灌木有黄刺玫、紫丁香、蚂蚱腿子、虎榛子、沙棘、胡枝子、连翘、薄皮木、陕西荚蒾等。

草本层盖度为 30%～50%，常见的有野古草、毛莲蒿、白羊草、长芒草、披针薹草、糙隐子草、百里香、北柴胡、防风、蓝花棘豆、地榆、翻白草、桃叶鸦葱等（雷明德，1999；马子清，2001）。

36. 蚂蚱腿子灌丛（Alliance *Myripnois dioica*）

蚂蚱腿子分布于我国东北、华北及陕西、湖北等地，海拔 400～600m。

蚂蚱腿子灌丛在黄土高原分布于山西吕梁山中部、太行山中部和北部、五台山等低山区，其中太行山中部和北部的和顺、平定、榆社、武乡，太原的东西山等地分布较为集中。土壤类型为山地褐土。

群落总盖度为 40%～80%。蚂蚱腿子盖度为 30%～70%，高 30～60cm。伴生灌木有三裂绣线菊、虎榛子、荆条、小叶鼠李、多花胡枝子、野皂荚、山梅花、河北木蓝、河朔荛花、薄皮木、雀儿舌头（*L. chinensis*）等。

草本层盖度为20%～40%。常见的有白羊草、矛叶荩草、毛莲蒿、华北米蒿、长芒草、披针薹草、茜草、北柴胡、异叶败酱、远志、防风等（马子清，2001）。

37. 胡枝子灌丛（Alliance *Lespedeza bicolor*）

胡枝子在我国分布于黑龙江、吉林、辽宁、河北、内蒙古、山西、陕西、甘肃、山东、江苏、安徽、浙江、福建、台湾、河南、湖南、广东、广西等地，海拔 150～1300m。土壤为山地褐土。朝鲜、日本、俄罗斯西伯利亚也有分布。

胡枝子灌丛在黄土高原广泛分布于山西各山地、陕北延安和铜川等山地和丘陵沟壑区。土壤类型为山地褐土。

群落总盖度为 40%～80%。胡枝子盖度为 30%～50%，高 0.4～1.5m。伴生灌木有三裂绣线菊、土庄绣线菊、虎榛子、照山白、陕西荚蒾、毛榛、金银忍冬、复盆子、杭子梢等。

草本层盖度为 30%～50%。主要有野古草、黄背草、白羊草、大油芒、早熟禾、毛莲蒿、风毛菊、蓬子菜、大丁草、披针薹草等（雷明德，1999；马子清，2001）。

38. 黄刺玫灌丛（Alliance *Rosa xanthina*）

黄刺玫分布于我国的黑龙江、吉林、辽宁、内蒙古、河北、山东、山西、陕西、甘肃等地，海拔 400～1800m。

黄刺玫灌丛在黄土高原广泛分布于山西中条山、太行山、太岳山、吕梁山和恒山，以及陕西秦岭北坡西段的山地和丘陵。土壤类型为山地褐土。

群落总盖度为 40%～70%。黄刺玫盖度为 30%～60%，高 1.0～2.0m。伴生灌木有白刺花、虎榛子、黄栌、土庄绣线菊、三裂绣线菊、小叶鼠李、荆条、陕西荚蒾、胡枝子等。

草本层盖度为 40%～60%，主要有披针薹草、长芒草、白羊草、兴安胡枝子、华北米蒿、翻白草、黄背草、漏芦、黄芩、射干、白头翁（*Pulsatilla chinensis*）、火绒草、轮叶马先蒿（*P. verticillata*）、耧斗菜、野艾蒿（*A. lavandulifolia*）、远志等（张峰和上官铁梁，1991；马子清，2001）。

39. 黄蔷薇灌丛（Alliance *Rosa hugonis*）

黄蔷薇分布于山西、陕西、甘肃、青海、四川等地，海拔 600～2300m。

黄蔷薇灌丛在黄土高原分布于陕西子午岭、渭北山地和丘陵。土壤类型为褐土和灰褐土。

群落总盖度为 50%～80%。灌木层盖度为 30%～60%。黄蔷薇盖度为 30%～50%，高 1.0～2.0m。伴生灌木有白刺花、西北栒子、北京丁香、沙棘、土庄绣线菊、细叶小檗、沙棘、多花胡枝子等。

草本层盖度为 40%～50%，主要有白羊草、长芒草、黄背草、华北米蒿、米口袋、翻白草、毛莲蒿等（吴征镒，1980；雷明德，1999）。

40. 虎榛子灌丛（Alliance *Ostryopsis davidiana*）

虎榛子为桦木科单种属植物。虎榛子属和虎榛子分别为我国特有属和特有种。虎榛子分布于辽宁西部、内蒙古、河北、山西、陕西、甘肃及四川北部，海拔 800～2400m。

虎榛子灌丛广泛分布于山西中条山、太行山、太岳山、吕梁山、恒山、五台山，陕西子午岭、黄龙山、延河上游，甘肃大通河下游和循化孟达，宁夏六盘山和贺兰山等地。土壤类型为山地褐土、山地棕壤和灰褐土。

群落总盖度为 50%～90%，阴坡盖度往往高达 100%。虎榛子盖度为 50%～90%，高度 0.5～1.5m。伴生灌木有三裂绣线菊、黄刺玫、沙棘、土庄绣线菊、胡枝子、照山白等。

草本层覆盖度为 20%～40%，主要有披针薹草、糙苏、歪头菜、苍术、华北耧斗菜（*A. yabeana*）、大丁草、地榆、小红菊、黄芩、火绒草、轮叶马先蒿等（上官铁梁和张峰，1989；雷明德，1999；马子清，2001）。

41. 荆条灌丛（Alliance *Vitex negundo* var. *heterophylla*）

荆条在我国分布于辽宁、河北、山西、山东、河南、陕西、甘肃、江苏、安徽、江西、湖南、贵州、四川等，海拔 300～1300m。亚洲东南部、马达加斯加和玻利维亚也有分布。

荆条灌丛广泛分布于山西恒山以南、陕西洛河流域、铜川及渭南等地的低山和丘陵。土壤类型为褐土。

群落总盖度为 40%～80%。荆条盖度为 30%～60%，高 1.0～1.5m。常见的伴生灌木有酸枣、河北木蓝、杠柳、黄刺玫、柳叶鼠李、小叶鼠李、小叶锦鸡儿、白刺花、兴安胡枝子等。

草本层盖度为 30%～40%，主要有白羊草、长芒草、早熟禾、大臭草、华北米蒿、毛莲蒿、野艾蒿、线叶筋骨草（*A. linearifolia*）、地构叶、茜草、山野豌豆、米口袋、翻白草、早开堇菜、蒙古芯芭（*Cymbaria mongolica*）等。层间植物常见的有乌头叶蛇葡萄（*Ampelopsis aconitifolia*）、鹅绒藤等（张金屯，1985）。

42. 柠条锦鸡儿灌丛（Alliance *Caragana korshinskii*）

柠条锦鸡儿分布于我国内蒙古（鄂尔多斯市西北部、巴彦淖尔市、阿拉善盟）、宁夏、甘肃（河西走廊）、陕北和晋西北，海拔 600～1600m。

柠条锦鸡儿灌丛分布于山西吕梁山以西、忻州、朔州和大同，陕北榆林和延安，内蒙古鄂尔多斯、乌兰察布等地，多为人工营造的植物群落。土壤类型为栗钙土和灰褐土。

群落总盖度为 60%～80%。柠条锦鸡儿盖度为 60%，高 1.0～1.5m。偶见伴生灌木有沙棘等。

草本层盖度为 40%～60%，常见的有长芒草、大针茅、草地早熟禾、毛莲蒿、赖草、碱茅、披针叶野决明（*T. lanceolata*）、草地风毛菊、野艾蒿、猪毛蒿、赖草、斜茎黄耆、草木犀、野胡麻（*Dodartia orientalis*）、野燕麦（*A. fatua*）、老芒麦（*E. sibiricus*）、委陵菜、车前、黄花铁线莲、猪毛蒿、花苜蓿、老鹳草、阿尔泰狗娃花、并头黄芩、蓬子菜、砂珍棘豆、地角儿苗、角蒿、糙叶棘豆、小米草（*Euphrasia pectinata*）等（张峰等，2000；王洪亮和张峰，2017）。

43. 酸枣灌丛（Alliance *Zizyphus jujuba* var. *spinosa*）

酸枣为我国特有，分布极为广泛（北起吉林，南达广西，东至山东、浙江，西抵新疆），海拔 1700m 以下。

酸枣灌丛广泛分布于黄土高原低山丘陵和黄土沟壑区。土壤类型为褐土。

群落总盖度为 60%～80%。灌木层盖度为 30%～50%。酸枣盖度为 30%～50%，高 0.5～1.5m。伴生灌木有荆条、杠柳、少脉雀梅藤、河北木蓝、河朔荛花、胡枝子等。

草本层盖度为 30%～50%，常见的有白羊草、长芒草、华北米蒿、猪毛蒿、茵陈蒿、毛莲蒿、远志、北柴胡、紫堇、线叶筋骨草、大臭草、早熟禾、黄背草、狗尾草、牛皮消、薤白、茜草等（吴征镒，1980；雷明德，1999）。

44. 野皂荚灌丛（Alliance *Gleditsia microphylla*）

野皂荚分布于我国河北、山东、河南、山西、陕西、江苏、安徽，海拔 130～1300m。土壤为山地褐土。

野皂荚灌丛分布于山西太行山（平定—泽州）、太岳山中部、吕梁山南部（灵石往南至河津），海拔 650～1300m 的低山丘陵、沟壑的阳坡和半阳坡，常有基岩（石灰岩）裸露。

群落总盖度为 50%～70%。野皂荚盖度为 30%～60%，高 1.0～3.0m。伴生灌木有三裂绣线菊、小叶鼠李、少脉雀梅藤、荆条、黄刺玫、河朔荛花、蚂蚱腿子、薄皮木、兴安胡枝子等。

草本层盖度为 10%～30%，常见的有白羊草、毛莲蒿、华北米蒿、矛叶荩草、早熟禾、甘菊、委陵菊（*C. potentilloides*）、蒲儿根（*S. oldhamianus*）、远志、北柴胡、茜草、黄芩、阿尔泰狗娃花等（连俊强等，2008；尉伯瀚和张峰，2011）。

Ⅴ 常绿阔叶灌丛（evergreen broadleaf shrubland vegetation formation）

45. 头花杜鹃灌丛（Alliance *Rhododendron capitatum*）

头花杜鹃分布于我国陕西西部、甘肃西南部、青海东南部及四川西北部，生于高山、草甸、湿草地或岩坡，常形成优势群落，海拔 2500～4300m。

头花杜鹃灌丛在黄土高原仅分布于陕西秦岭北坡、青海门源和互助等山地，海拔 3100～3800m。土壤类型为山地草甸土。

群落总盖度为 70%～90%。灌木层高度为 1.0～1.5m。头花杜鹃盖度为 30%～60%，高 0.3～0.8m。在青海，伴生种有千里香杜鹃、山生柳（*S. oritrepha*）、高山绣线菊、鬼箭锦鸡儿、银露梅等（周兴民等，1987）；在秦岭则有杯腺柳等（雷明德，1999）。

草本层盖度为 70%～80%。常见的有喜马拉雅嵩草（*K. royleana*）、短轴嵩草（*K. vidua*）、圆穗蓼（*P. macrophyllum*）、珠芽蓼（*P. viviparum*）、火绒草、紫羊茅、假水生龙胆（*G. pseudoaquatica*）、全缘叶绿绒蒿（*Meconopsis integrifolia*）、红花绿绒蒿（*M. punicea*）、甘青乌头等。地被层发育良好，盖度高达 70%～80%，由多种藓类植物组成（周兴民等，1987）。

Ⅵ 灌草丛植被型（shrubby grassland vegetation formation）

46. 荆条、酸枣、白羊草灌草丛（Alliance *Vitex negundo* var. *heterophylla*＋*Zizyphus jujuba* var. *spinosa*-*Bothriochloa ischaemum*）

本群系主要分布于山西紫金山（临县）—吕梁山—五台山—灵丘以南，陕西渭北高原、河南西部的低山和丘陵区，海拔 600～1200m。土壤类型为山地褐土或山地粗骨性褐土。

群落总盖度为 70%～90%。灌木层盖度为 20%～30%，以荆条、酸枣为主，常见的还有河北木蓝、杠柳、三裂绣线菊、美丽胡枝子等。

草木层盖度 40%～80%，除白羊草外，常见的伴生种有长芒草、委陵菜、阴行草（*S. chinensis*）、矛叶荩草、黄背草、异叶败酱、披针薹草、华北米蒿、毛莲蒿、茜草、北柴胡、早熟禾、翻白草等（吴征镒，1980；马子清，2001）。

Ⅶ 丛生草类草地植被型（tussock grassland vegetation formation）

47. 白羊草草原（Alliance *Bothriochloa ischaemum*）

白羊草生于山坡草地和荒地，广泛分布于全球亚热带和温带地区。

白羊草草原在黄土高原分布于灵丘—紫金山（临县）—陕西延安以南、甘肃子午岭、宁夏贺兰山，海拔600～1500m低山丘陵的阳坡和半阳坡，是黄土高原优势草原植被类型之一。土壤类型为灰褐土、褐土。

群落总盖度为30%～60%。白羊草盖度为30%～50%，高10～50cm。伴生种有毛莲蒿、华北米蒿、地角儿苗、截叶铁扫帚（*L. cuneata*）、茵陈蒿、早熟禾、长芒草、翻白草、披针薹草、羊胡子草、隐子草、黄背草、线叶筋骨草、鼠麴草、黄芩、远志、北柴胡、中华卷柏等（范庆安等，2006）。

48. 长芒草草原（Alliance *Stipa bungeana*）

长芒草是针茅属分布范围最广的种，从东北、华北、西北、西南直到江苏和安徽均有分布，海拔500～4000m。蒙古和日本也有分布。

长芒草草原在黄土高原广泛分布，特别是内蒙古阴山以南和鄂尔多斯，山西雁门关以北，陕西延安以北，甘肃天水和定西，青海大通河下游、湟水河和黄河流域，以及宁夏贺兰山，是温带半干旱气候条件下形成的原生草原植被类型之一。土壤类型为栗钙土、灰褐土等。

群落总盖度为50%～70%。长芒草盖度为20%～40%，高30～60cm。除长芒草外，在黄土高原北部常见的伴生成分有冰草（*Agropyron cristatum*）、西北针茅、大针茅（*S. grandis*）、毛莲蒿、冷蒿（*A. frigida*）、狼毒、火绒草、马先蒿、百里香等。其他地区则有白草（*Pennisetum centrasiaticum*）、毛莲蒿、大臭草、老芒麦、早熟禾、鹅观草、北柴胡、猪毛蒿、老鹳草、隐子草、猪毛菜、砂珍棘豆、委陵菜、地角儿苗等。此外，偶见三裂绣线菊、兴安胡枝子、灌木铁线莲（*C. fruticosa*）等分布（吴征镒，1980；中国科学院内蒙古宁夏综合考察队，1985；雷明德，1999；马子清，2001）。

49. 短花针茅草原（Alliance *Stipa breviflora*）

短花针茅分布于我国内蒙古、宁夏、甘肃、新疆、西藏、青海、陕西、山西、河北、四川等地。多生于海拔700～4700m的石质山坡、干山坡或河谷阶地上。尼泊尔也有分布。

短花针茅草原分布于甘肃永靖—兰州—永登以东、宁夏贺兰山以东、内蒙古阴山以南、鄂尔多斯高原、陕西榆林、宁夏贺兰山等地。土壤类型为灰钙土。

群落总盖度为50%。短花针茅盖度为20%～30%，高30～40cm。伴生成分有冰草、沙生冰草（*A. desertorum*）、西北针茅、戈壁针茅（*S. tianschanica* var. *gobica*）、隐子草、无芒隐子草（*C. songorica*）、毛莲蒿、冷蒿、女蒿（*Hippolytia trifida*）、黑沙蒿、猫头刺、北芸香（*Haplophyllum dauricum*）、羊草、糙叶黄耆、阿尔泰狗娃花、细叶鸢尾等。常有灌木分布，包括小叶锦鸡儿、狭叶锦鸡儿、矮锦鸡儿（*C. pygmaea*）和猫头刺等（中国科学院内蒙古宁夏综合考察队，1985；雷明德，1999）。

50. 大针茅草原（Alliance *Stipa grandis*）

大针茅分布于黑龙江、吉林、辽宁、内蒙古、宁夏、甘肃、青海、陕西、山西、河北，是亚洲中部草原亚区最具代表性的建群植物之一。俄罗斯东西伯利亚南部、远东东南部和外贝加尔，以及蒙古东部和北部也有分布。

大针茅草原在黄土高原分布于山西雁门关以北，内蒙古鄂尔多斯，陕北神木、府谷和佳县，青海乐都，以及宁夏贺兰山等地，海拔1000～3400m。土壤类型为栗钙土和暗栗钙土。

群落总盖度为30%～50%。大针茅盖度为20%～30%，高30～60cm。除大针茅外，常见的伴生成分有线叶菊（*F. sibiricum*）、阿尔泰狗娃花、冰草、沙生冰草、羊草、草木樨状黄耆（*A. melilotoides*）、菊叶委陵菜（*P. tanacetifolia*）、乳浆大戟（*E. esula*）、棉团铁线莲（*C. hexapetala*）、猪毛菜、糙隐子草、硬质早熟禾（*P. sphondylodes*）、早熟禾、赖草、披针叶野决明等（中国科学院内蒙古宁夏综合考察队，1985）。

51. 毛莲蒿草原（Alliance *Artemisia vestita*）

毛莲蒿在我国除高寒地区外，广泛分布，见于中、低海拔的山坡、路旁、灌丛地及森林草原地区。土壤为栗钙土和山地栗钙土。东亚（日本、朝鲜、蒙古）、南亚［阿富汗、印度（北部）、巴基斯坦（北部）、尼泊尔］、俄罗斯（亚洲部分）也有分布。

毛莲蒿草原是一种半灌木草原，在黄土高原广泛分布于低山、丘陵及落叶阔叶林区，常集中连片分布，是黄土高原优势草原植被类型之一。海拔一般不超过1900m。土壤类型有栗钙土、山地钙土等。

群落总盖度为50%～70%。毛莲蒿盖度为20%～40%，高30～50cm。伴生植物种类较多，在黄土高原北部常见的有冷蒿、冰草、大针茅、西北针茅、远东芨芨草、白草、砂蓝刺头（*E. gmelinii*）、百里香、狼毒、砂珍棘豆、兴安胡枝子、虫实（*Corispermum hyssopifolium*）、沙蓬（*Agriophyllum squarrosum*）、草木犀、线叶菊等。在南部常见的有长芒草、华北米蒿、茵陈蒿、白羊草、黄背草、隐子草、早熟禾、委陵菜、翻白草、野豌豆、大臭草、茜草等。局部可见少量灌木，常见的有灌木铁线莲、河朔荛花、三裂绣线菊等（吴征镒，1980；中国科学院内蒙古宁夏综合考察队，1985；雷明德，1999；马子清，2001）。

52. 华北米蒿草原（Alliance *Artemisia giraldii*）

华北米蒿分布于内蒙古、河北、山西、陕西、宁夏、甘肃及四川（西北部）等地，海拔1000～2300m。

华北米蒿草原是一种半灌木草原，在黄土高原广泛分布于低山和黄土丘陵。海拔600～1600m。土壤类型有栗钙土、山地钙土等。

群落总盖度为40%～80%。华北米蒿盖度为30%～60%，高20～60cm。常见的优势种有长芒草、白羊草、毛莲蒿等，常见的伴生植物有草木犀、阿尔泰狗娃花、赖草、远志、翻白草、地角儿苗、米口袋、早熟禾、糙隐子草、鹅观草、茜草、远志、北柴胡、并头黄芩等。偶见灌木分布，包括杠柳、灌木铁线莲、兴安胡枝子、黄刺玫和白刺花等（吴征镒，1980；雷明德，1999；马子清，2001）。

53. 百里香草原（Alliance *Thymus mongolicus*）

百里香分布于山西、河北、陕西、甘肃、青海、内蒙古等地的多石山地、山坡、沟谷，海拔800～3600m。

百里香草原是一种小半灌木草原，在黄土高原集中分布于内长城以北的广大地区。土壤类型为栗钙土和灰褐土。

群落总盖度为40%～60%。百里香盖度为30%～50%。常见的伴生成分有长芒草、毛莲蒿、隐子草、早熟禾、火绒草、兴安胡枝子、冷蒿、花苜蓿、阿尔泰狗娃花、紫菀、草木犀、狼毒、鹅观草、委陵菜、翻白草等（吴征镒，1980；中国科学院内蒙古宁夏综合考察队，1985；

雷明德，1999；马子清，2001）。

54. 薹草草甸（Alliance *Carex* spp.）

薹草草甸是黄土高原广泛的草甸类型，在陕西黄龙山、子午岭，山西五台山、太岳山、关帝山、芦芽山，中条山等均有分布，海拔2000～2800m。土壤类型为亚高山草甸土或山地草甸土。

群落总盖度一般在90%以上。建群种主要有披针薹草、细叶薹草、等穗薹草、早春薹草等。伴生成分较为丰富，主要有地榆、紫羊茅、珠芽蓼、蓝花棘豆、歪头菜、秦艽、火绒草、委陵菜、鹅观草、中华岩黄耆、山野豌豆、黑柴胡、中华马先蒿、穗花马先蒿、莓叶委陵菜、小红菊等（吴征镒，1980；雷明德，1999；王洪亮和张峰，2017）。

55. 嵩草草甸（Alliance *Kobresia* spp.）

嵩草分布于黑龙江、吉林、内蒙古、河北、山西、甘肃、青海、新疆、四川、云南、西藏等地，海拔2600～4800m。俄罗斯（西伯利亚、远东）、哈萨克斯坦（中亚地区）、吉尔吉斯斯坦（天山）、朝鲜、日本、蒙古，以及欧洲、北美洲等也有分布。

嵩草草甸在黄土高原分布于山西五台山、芦芽山、关帝山，秦岭北坡，青海祁连山等地，海拔2400m以上的亚高山地区。土壤类型为亚高山草甸土。

群落覆盖度为90%～100%，盖度为80%左右，草层高度15～45cm。建群种主要有嵩草、矮生嵩草（*K. humilis*）等。群落伴生种主要有披针薹草、细叶薹草、珠芽蓼、蓝花棘豆、西伯利亚早熟禾、紫羊茅、垂头蒲公英、高山毛茛、小丛红景天（*R. dumulosa*）、秦艽、铃铃香青、委陵菜、地榆等（吴征镒，1980；茹文明和张峰，2000；马子清，2001；王洪亮和张峰，2017）。

56. 蓝花棘豆草甸（Alliance *Oxytropis caerulea*）

蓝花棘豆草甸主要分布于关帝山、五台山、恒山、六棱山等地，海拔1800～2500m。土壤类型为山地草甸土或亚高山草甸土。

群落总覆盖度为60%～95%，高度为15～30cm。蓝花棘豆的盖度高达60%。群落中混生多种草本植物，主要有薹草，其次有火绒草、石竹、委陵菜、鹅观草、黑柴胡、珠芽蓼、粗根老鹳草（*G. dahuricum*）、草地早熟禾、瓣蕊唐松草等（吴征镒，1980；茹文明和张峰，2000；马子清，2001；王洪亮和张峰，2017）。

57. 五花草甸（Alliance *Polygonum viviparum*＋*Sanguisorba officinalis*）

五花草甸主要分布在五台山、芦芽山、关帝山、太岳山、中条山等地，海拔1800～2000m林线以上地区。土壤类型为山地草甸土。

群落盖度达85%～100%。群落高度为20～40cm。群落共建种较多，优势种不明显。主要有珠芽蓼、地榆、莓叶委陵菜、铃铃香青、火绒草、多种马先蒿等。常见的伴生成分有蓝花棘豆、小红菊、蒲公英、瓣蕊唐松草、高山毛茛、石防风、小米草、水蔓青、歪头菜等（马子清，2001；马子清，2001；陈姣，2012等；王洪亮和张峰，2017）。

Ⅷ 荒漠植被型（desert vegetation formation）

58. 黑沙蒿荒漠（Alliance *Artemisia ordosica*）

黑沙蒿分布于内蒙古、河北（北部）、山西（北部）、陕西（北部）、宁夏、甘肃（中部、西部）及新疆（东部、北部），其中鄂尔多斯高原是其分布中心。多分布于海拔 1500m 以下的荒漠与半荒漠地区的流动与半流动沙丘或固定沙丘上。

黑沙蒿荒漠分布于黄土高原的鄂尔多斯高原荒漠。

群落总盖度为 10%～30%。油蒿高 0.5～1.0m。伴生成分有山竹岩黄耆（*C. fruticosum*）、细枝岩黄耆（*C. scoparium*）、柠条锦鸡儿、牛枝子（*L. potaninii*）、兴安胡枝子、白莎蒿（*A. blepharolepis*）、赖草、短花针茅、华北白前（*C. hancockianum*）、短花针茅、斧翅沙芥（*Pugionium dolabratum*）、沙蓬、软毛虫实（*C. puberulum*）、沙鞭（*Psammochloa villosa*）、砂珍棘豆、阿尔泰狗娃花、草木犀、蒙古韭（*A. mongolicum*）、狗尾草、小画眉草（*Eragrostis minor*）、地锦（*D. tricuspidata*）、刺藜（*D. aristatum*）等（中国科学院内蒙古宁夏综合考察队，1985；王庆锁和梁艳英，1997；崔强等，2009）。

59. 红砂荒漠（Alliance *Reaumuria soongarica*）

红砂为柽柳科小灌木，分布于新疆、青海、甘肃、宁夏和内蒙古，是荒漠和草原区植物群落的重要建群种，生于荒漠地区的山前冲积、洪积平原上和戈壁侵蚀面上，或生于低地边缘，基质多为粗砾质戈壁，也生于壤土上。土壤都有不同程度的盐渍化，富含石膏。俄罗斯和蒙古也有分布。

红砂荒漠分布于黄土高原的鄂尔多斯高原西部，宁夏中卫、中宁和贺兰山，以及甘肃景泰，海拔 1000～1500m。

群落总盖度为 10%～20%。红砂高 15～25cm。伴生成分有沙生针茅（*S. caucasica* subsp. *glareosa*）、糙隐子草、无芒隐子草、碱韭、蒙古韭、栉叶蒿（*Neopallasia pectinata*）、猪毛菜（*S. collina*）、九顶草（*Enneapogon desvauxii*）、骆驼蓬（*Peganum harmala*）、蓍状亚菊（*Ajania achilleoides*）、冷蒿、四合木等（中国科学院内蒙古宁夏综合考察队，1985）。

60. 四合木荒漠（Alliance *Tetraena mongolica*）

四合木为蒺藜科灌木，分布于内蒙古鄂托克旗西北部黄河东岸，由石嘴山向北经桌子山到贺兰山南端低山和河流阶地。

四合木荒漠在黄土高原分布于内蒙古鄂托克旗西北部、库布齐沙漠以南、桌子山，以及宁夏贺兰山北部等地山麓，多与砾石质和砂砾质生境有关，海拔 1000～1500m。

群落总盖度为 10%～20%。四合木高 40～80cm。常见的伴生成分有黄花红砂（*R. trigyna*）、红砂、半日花（*Helianthemum songaricum*）、绵刺（*Potaninia mongolica*）、沙生针茅、戈壁针茅、骆驼刺（*Alhagi sparsifolia*）、无芒隐子草、碱韭、蒙古韭、栉叶蒿、猪毛菜、骆驼蓬、蓍状亚菊等（中国科学院内蒙古宁夏综合考察队，1985）。

Ⅸ 水生植被植被型（aquatic vegetaion vegetation formation）

水分是黄土高原主要的限制性生态因子。除了黄河、渭河、泾河、汾河、桑干河、漳河和沁河外，季节性河流较多，湖泊发育较差。因此，黄土高原沼泽和水生植被分布虽然范围广，但面积极小。

61. 芦苇沼泽（Alliance *Phragmites australis*）

芦苇遍布全国各地的水域，为全球广布种。

芦苇沼泽遍布黄河、陕西渭河、泾河，山西汾河、桑干河、沁河等流域，以及陕西红碱淖、内蒙古乌梁素海、山西伍姓湖及库塘等，一般水深不超过 1m。土壤类型为沼泽土。

芦苇往往形成单优势群落。群落总盖度为70%～100%。芦苇高1.0～2.0m。常见伴生成分有水烛（*T. angustifolia*）、小香蒲（*T. minima*）、水葱（*Scirpus validus*）、水莎草（*Juncellus serotinus*）、褐穗莎草（*C. fuscus*）、藨草（*S. triqueter*）、两栖蓼（*P. amphibiu*）、水蓼（*P. hydropiper*）、泽泻（*A. plantago-aquatica*）、慈姑（*S. trifolia* var. *sinensis*）、花蔺（*Butomus umbellatus*）、水毛茛（*Batrachium bungei*）、杉叶藻（*H. vulgaris*）、荇菜（*Nymphoides peltatum*）等。局部地段靠近水边湿地有国家二级保护植物野大豆分布。

62. 香蒲沼泽（Alliance *Typha* spp.）

香蒲沼泽是由香蒲属的香蒲、水烛、小香蒲等为主形成的沼泽植被类型，生境与芦苇沼泽相似。土壤类型为沼泽土。

群落总盖度为70%～90%。建群种有香蒲（高1.5～2.0m）、水烛（高1.0～2.0m）、小香蒲（高1.0～1.5m），优势种有无苞香蒲（*T. laxmannii*）等，伴生成分有黑三棱（*S. stoloniferum*）、荆三棱（*B. yagara*）、芦苇、水葱、泽泻、慈姑、针蔺、水莎草、狼杷草（*B. tripartita*）、两栖蓼、水蓼等（张峰等，2000；赵璐璐等，2009）。

63. 眼子菜群落（Alliance *Potamogeton* spp.）

眼子菜群落分布于库塘、流速较缓的河流等，水深一般不超过2m，面积极小。土壤类型为沼泽土。

群落总盖度为50%～70%。建群种包括眼子菜（*P. distinctus*）、小眼子菜（*P. pusillus*）、菹草（*P. crispus*）等。伴生种有狐尾藻（*Myriophyllum verticillatum*）、金鱼藻（*Ceratophyllum demersum*）、浮萍（*Lemna minor*）、水毛茛等。

第四节 黄土高原植被区划

植被区划（vegetation regionalization）是根据植被空间分布及其组合，结合它们的形成因素而划分的不同地域。植被区划可以反映现状植被与环境条件的关系，反映植被的动态变化过程。植被区划在生产实践上也有重要意义，可以帮助我们掌握各地区的不同植被资源，预测和寻找新的植物资源，提供引种栽培的科学依据，以发挥地区的有利因素和植被本身的生产潜力，为制定地区农、林、牧、副业发展规划提供科学依据和基本资料。

一、黄土高原在中国植被区划的位置

按照《中国植被》和《中华人民共和国植被图（1∶1 000 000）》的研究结果，黄土高原在中国植被区划方案中隶属于暖温带落叶阔叶林区域和温带草原区域（图2.2）。

（1）Ⅲ暖温带落叶阔叶林区域

ⅢA暖温带北部落叶栎林地带

ⅢA4黄土高原东部含草原的油松、辽东栎、槲树林、栽培植被区

ⅢB暖温带南部落叶阔叶林地带

ⅢB4晋南、关中平原、山地油松、栓皮栎、锐齿槲栎林区、栽培植被区

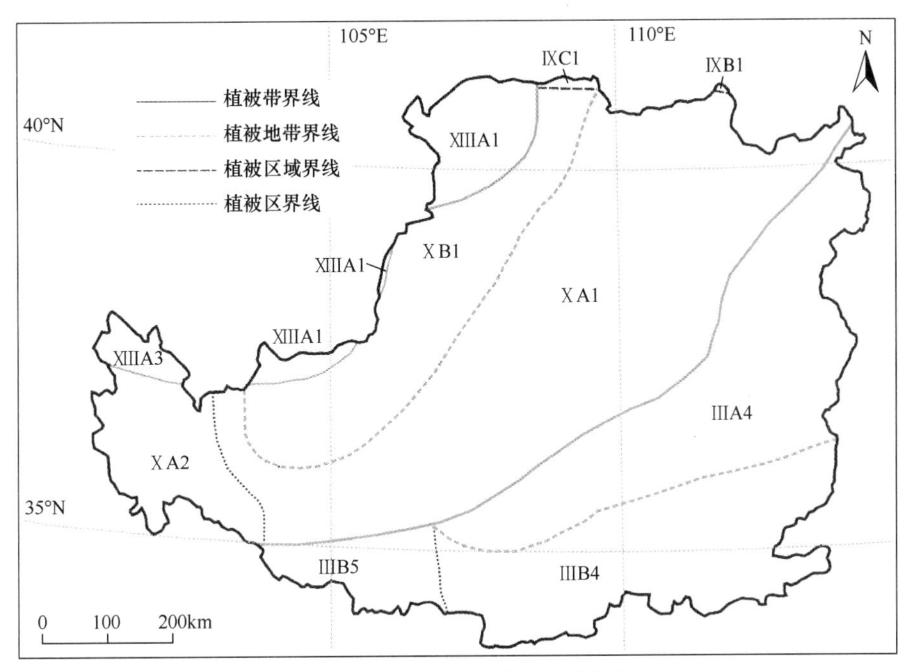

图 2.2　黄土高原植被区划（李晋昌改绘）

ⅢB5 西秦岭北麓、陇山山地、黄土丘陵含草原的华山松、辽东栎区

（2）Ⅸ 温带草原区域

ⅨB 内蒙古高原、松辽平原典型草原地带

ⅨB1 内蒙古高原典型草原区

ⅨC 乌兰察布高原荒漠草原地带

ⅨC1 乌兰察布高原矮禾草、矮半灌木荒漠草原区

（3）Ⅹ 暖温带草原区域

ⅩA 黄土高原中部典型草原地带

ⅩA1 黄土高原中部禾草、蒿类草原区

ⅩA2 青海东部山地草原区

ⅩB 黄土高原西部荒漠草原地带

ⅩB1 黄土高原西部矮禾草、矮灌木荒漠草原区

（4）XIII暖温带荒漠区域

XIIIA 暖温带东部干旱半灌木、灌木荒漠地带

XIIIA1 阿拉善草原化荒漠、半灌木荒漠区

XIIIA3 东祁连山寒温性针叶林、山地草原区

二、植被分区概述

（一）暖温带落叶阔叶林区域（Ⅲ）

1. 黄土高原东部含草原的油松、辽东栎、槲树林、栽培植被区（ⅢA4）

本区南以山西晋城—临汾—吕梁山南端—六盘山南麓为界。太行山、吕梁山、太岳山、

五台山等地的海拔为 800～3000m，吕梁山以西和陕北黄土丘陵沟壑区的海拔为 1000～1600m。土壤类型包括褐土、山地褐土、棕色森林土和亚高山草甸土。

由于受热量条件的限制，植被组成中几乎没有亚热带成分，没有常绿阔叶乔灌木。森林植被主要集中分布于各山地，其中辽东栎林和油松林是代表性植被类型。华北落叶松林、青扦林和白扦林分布于五台山、管涔山、关帝山等，表现为垂直分布。在吕梁山以西和陕北有面积较大的刺槐（人工）林分布。次生灌丛是本区的优势植被类型，分布面积大、范围广，常见的有沙棘灌丛、虎榛子灌丛、黄刺玫灌丛、三裂绣线菊灌丛、野皂荚灌丛、蚂蚱腿子灌丛、柠条锦鸡儿灌丛等。五台山、关帝山等地有亚高山灌丛草甸分布，有鬼箭锦鸡儿灌丛、金露梅灌丛和银露梅灌丛等。

本区多以一年一熟的种植模式为主，在山西临汾、陕西韩城等地可进行一年两熟的农业生产。

2. 晋南、关中平原、山地油松、栓皮栎、锐齿槲栎林区、栽培植被区（IIIB4）

本区北起暖温带北部落叶栎林地带，南达秦岭北坡，包括山西运城、临汾南部，河南三门峡，以及陕西关中平原的渭南、西安、咸阳和宝鸡。土壤类型主要为褐土、山地褐土、山地棕壤及亚高山草甸土。油松林广泛分布于海拔 1800m 以下的各山地，栓皮栎林、锐齿槲栎林、华山松林等则主要分布于中条山、太行山南端和秦岭北坡。在中条山和太行山南端的植物群落中有许多亚热带成分的植物，如连香树、三桠乌药、领春木、山白树、木姜子、山橿、老鸹铃（*Styrax hemsleyanus*）、南方红豆杉等。灌丛植被分布广泛，包括荆条灌丛、酸枣灌丛、连翘灌丛、黄刺玫灌丛、野皂荚灌丛、红柄白鹃梅灌丛等。草本植物群落主要有白羊草草丛、华北米蒿草丛、长芒草草丛、黄背草草丛等。

本区有着悠久的耕作历史，是黄土高原栽培植被类型最多、产量最高的区域，栽培果树有苹果（*M. pumila*）、核桃（*J. regia*）、柿（*D. kaki*）、枣（*Z. jujuba*）、葡萄（*V. vinifera*）、栗（*Castanea mollissima*）等，农作物有小麦（*Triticum aestivum*）、棉花、玉米、谷子、花生（*Arachis hypogaea*）、豆类、油菜（*Brassica rapa* var. *oleifera*）、番薯等为一年两熟制。

3. 西秦岭北麓、陇山山地、黄土丘陵含草原的华山松、辽东栎区（IIIB5）

本区北与黄土高原中部禾草、蒿类草原区接壤，东临晋南、关中平原、山地油松、栓皮栎、锐齿槲栎林区、栽培植被区，南接秦巴山地栎类、青冈、马尾松林区，西至川西山地云杉、冷杉、常绿阔叶林区。行政区划包括陕西陇县、宝鸡陈仓区及甘肃天水等。

森林植被主要有华山松林和辽东栎林；此外，还有油松林、锐齿槲栎林、白皮松林、侧柏林、栓皮栎林、槲树林等分布。灌丛植被主要有连翘灌丛、黄栌灌丛、沙棘灌丛、牛奶子灌丛、美丽胡枝子灌丛等（毛学文等，2005）。

本区栽培的农作物有小麦、玉米、油菜等，为一年两熟制。

（二）温带草原区域（IX）

1. 内蒙古高原典型草原区（IXB1）

本区北与内蒙古阴山山地为界，南达鄂尔多斯高原，地势较为平缓，面积极小。

本区优势植被类型为长芒草草原和短花针茅草原，它们是地带性植被的主要组分。在强烈剥蚀的石质丘陵有白莲蒿草原和华北米蒿草原分布，而在黄土丘陵坡地有百里香草原分布。

在低山和丘陵有三裂绣线菊灌丛、黄刺玫灌丛、虎榛子灌丛、长梗扁桃（*A. pedunculata*）灌丛等分布（中国科学院内蒙古宁夏综合考察队，1985）。

本区栽培的农作物以马铃薯、谷子、莜麦（*Avena chinensis*）等为主，为一年一熟制。

2. 乌兰察布高原矮禾草、矮半灌木荒漠草原区（IXC1）

本区位于内蒙古阴山以南、河套平原以北的狭窄区域，面积极小。

植被类型以长芒草草原占优势。此外，还有百里香草原、毛莲蒿草原、克氏针茅草原、大针茅草原、红砂荒漠等分布（中国科学院内蒙古宁夏综合考察队，1985）。

（三）暖温带草原区域（Ⅹ）

1. 黄土高原中部禾草、蒿类草原区（ⅩA1）

本区包括山西大同、朔州和忻州的西北部，陕西榆林、延安，甘肃的天水、庆阳和兰州，以及宁夏固原等地，位于黄土高原的腹地。

本区北部的山西大同盆地小叶杨（人工）林分布较为广泛，采凉山有小面积日本落叶松（人工）林分布；吕梁山中北部的关帝山和管涔山以寒温性针叶林-华北落叶松林、青扦林和白扦林占优势（表现为垂直地带性），地带性植被类型为油松林和辽东栎林。陕西神木等地有杜松（疏林）分布，黄龙山有辽东栎林和油松林分布。灌丛广泛分布于各山地和黄土丘陵的沟谷，包括黄刺玫灌丛、沙棘灌丛、三裂绣线菊灌丛、黄刺玫灌丛、虎榛子灌丛等。在陕北和晋西北、雁北则有大面积的柠条锦鸡儿（人工）灌丛分布。

草原植被以长芒草草原为主，白羊草草原、白莲蒿草原、华北米蒿草原也广泛分布。此外，还有赖草草原、早熟禾草原等分布。在本区北部有冷蒿草原、西北针茅草原和大针茅草原分布，但不占优势。

本区农业生产条件较差，大多为旱作农业。农作物有春小麦、玉米、莜麦、高粱、谷子、马铃薯、豆类等，为一年一熟制。内蒙古河套平原的灌溉农业有悠久的历史。

2. 青海东部山地草原区（ⅩA2）

本区面积较小，仅包括青海的西宁、海东藏族自治州；北以达坂山山脊为界，东与祁连山东段为界，南侧以西倾山为界，西部达日月山；属于黄土高原向青藏高原的过渡地带。谷地海拔 1750～2400m，周围山地海拔最高可达 4000m（周兴民等，1987）。

长芒草草原是本区地带性植被类型，也是优势植被类型。此外，还有沙生针茅草原和白莲蒿草原分布。在海拔 3000m 以下山地阴坡，有青海云杉林和青扦林分布，海拔 3000m 以上则有金露梅灌丛、杜鹃灌丛等分布。在大通河下游的循化有辽东栎林和华山松林分布。海拔 3200m 以上的达坂山地，则有以嵩草为建群种的高寒草甸分布（周兴民等，1987）。

本区的湟水和黄河谷地气候温暖，灌溉条件较好，农业生产历史悠久。栽培农作物有春小麦、蚕豆（*V. faba*）、豌豆（*Pisum sativum*）、莜麦、马铃薯、豆类等，为一年一熟制（周兴民等，1987）。

3. 黄土高原西部矮禾草、矮灌木荒漠草原区（ⅩB1）

本区东起内蒙古包头—甘肃兰州一线，西以宁夏贺兰山为界，东邻黄土高原中部禾草、蒿类草原区（XA1）；行政区划包括内蒙古杭锦旗和鄂托克旗（大部分），宁夏中南部及甘肃黄河干流两岸（吴征镒，1980）。一般海拔为 1100～1500m。

由于降水较少（年均降水量 230mm），植被荒漠化程度较高。短花针茅群落是原生性草原的主要代表群系；此外，还有沙生针茅群落、红砂荒漠等分布。森林植被则分布于各山地，如贺兰山等（梁存柱等，2012）。

银川平原和内蒙古河套灌溉农业较为发达，种植水稻、小麦、玉米、高粱、谷子等经济作物，为一年一熟制。其余地区为半农半牧区。

（四）暖温带荒漠区域（XIII）

1. 阿拉善草原化荒漠、半灌木荒漠区（XIIIA1）

阿拉善草原化荒漠、半灌木荒漠区位于狼山和贺兰山以西，额济纳河以东，南以祁连山、长岭山为界，北达中蒙边界。在本区阿拉善草原化荒漠、半灌木荒漠区面积极小，仅分布于黄土高原的最西缘，包括贺兰山西麓、桌子山、乌兰布沙漠、库布齐沙漠等。地带性土壤为灰棕漠土（吴征镒，1980）。

由于降水稀少（年降水量为 40～150mm），植被荒漠化程度极高。草原化荒漠和半灌木植被包括四合木灌丛、沙冬青（*Ammopiptanthus mongolicus*）灌丛、绵刺（*Potaninia mongolica*）灌丛、柠条锦鸡儿灌丛、半日花灌丛、猫头刺灌丛等，草原成分有沙生针茅、短花针茅、戈壁针茅、碱韭（*A. polyrhizum*）、蒙古韭（*A. mongolicum*）等（吴征镒，1980）。

在贺兰山等山前海拔 1600～2500m 区域，种植蚕豆、马铃薯、莜麦、豌豆等农作物，为一年一熟制。其余地区为牧区。

2. 东祁连山寒温性针叶林、山地草原区（XIIIA3）

东祁连山寒温性针叶林、山地草原位于本区西北端，青海西宁以北，面积较小。

海拔 2600m 以下，寒温性针叶林有青海云杉林和祁连圆柏林。海拔 2600～4000m 以金露梅灌丛占优势；此外，还有头花杜鹃灌丛、千里香杜鹃（*R. thymifolium*）灌丛、鬼箭锦鸡儿灌丛、窄叶鲜卑花（*Sibiraea angustata*）灌丛等。海拔 3600m 以下的阴坡，有嵩草草甸等高寒草甸分布（周兴民等，1987）。

本区海拔 3000m 以下的河谷阶地，种植青稞（*Hordeum vulgare* var. *coeleste*）、油菜、马铃薯、蚕豆等，为一年一熟制。草地资源丰富，主要为牧区。

推荐阅读文献

郭柯，方精云，王国宏，等，2020．中国植被分类系统修订方案［J］．植物生态学报，44（2）：111-127.

宋永昌，2017．植被生态学［M］．2 版．北京：高等教育出版社.

王义凤，1991．黄土高原地区植被资源及其合理利用［M］．北京：中国科学技术出版社.

吴征镒，1980．中国植被［M］．北京：科学出版社.

VAN DER MAAREL E，FRANKLIN J，2017．植被生态学［M］．杨明玉，欧晓昆，译．北京：科学出版社.

第三章　黄土高原微生物生态

微生物广泛地分布于自然界，每一个特定的微生物区系都包含着不同的微生物类群，因而同一生态环境中的各种微生物之间及与环境之间存在着十分复杂的联系。微生物在生态系统物质循环、能量流动、养分转化、环境净化、动植物生长、工农业生产等方面有着不可替代的重要作用（宋福强，2008）。近年来，关于微生物群体与其周围生物（植物、动物、微生物）和非生物环境之间相互作用规律的研究越来越受到人们的重视。微生物在生物地球化学循环过程中起着关键作用。

第一节　微生物生态学基本原理

微生物作为生态系统中主要的分解者，通过对有机残体的分解，将以有机质形式储存起来的太阳能转化为其他形式的化学能，以实现生态系统中的能量流动和物质循环。

一、微生物生态对策

物种生态对策有两种类型：*r* 对策和 *K* 对策，在两个极端之间则存在着一系列过渡类型，称为 *r-K* 连续谱（*r-K* continuum）。*r* 对策和 *K* 对策的概念比较适用于高等植物和动物，而难以比较全面地描述微生物。Grime 提出的三种生态对策更适合于描述微生物的生态适应性。Grime 认为在 *r-K* 连续谱中存在着三种基本类型，即竞争对策（competitive strategy，*C* 对策）、忍耐对策（stress-tolerate strategy，*S* 对策）和草本对策（ruderal strategy，*R* 对策）。随着环境压力性质的变化，上述三种生态对策之间可以出现一系列的过渡类型。

二、种间关系

种间关系（interspecific interaction）是指不同种之间的相互作用。这些关系有相互依存、相互制约和相互补偿的关系，也称为种间相互作用。自然界中任何一种生物都不是孤立存在的，而是与其他不同种类的生物之间有着各种各样的联系。种间关系类型包括以下几种。

（一）中性关系

中性关系（neutralism）是指两种生物各自的生命活动对对方既不产生利益，也不产生危害。在微生物中，当两个种类所需营养基质完全不同或物理距离相隔甚远时，可能形成中性关系。在土壤微生物中，当两个种群各自具有不同的微环境，如一个种群生活在根际，另一个种群生活在凋落物中时，可能形成中性关系。在大气微生物中，中性关系可能是一种占优势的种间关系，因为大气中微生物的密度很低，同时它们大多来自土壤或植物体表，是大气环境中的外来者。

（二）偏利关系

偏利关系（commensalism）是指两种生物生活在同一生态系统，一方的生命活动明显对另一方有益。当两者分开时，得益方将不能很好地生活，而授益方不受影响。偏利关系通常有两种情况：一是在营养提供上的偏利关系，如在土壤微生物中，真菌分解纤维素，生成有机酸，供细菌利用；二是一方的生活使另一方的生活环境得到改善，如土壤中的好氧性细菌和厌氧性细菌常常同时存在，好氧性细菌旺盛的呼吸作用造成微生物生境中的缺氧状态，为厌氧性细菌创造有利的生活条件。

（三）协同关系

协同关系（synergism）是指两种生物生活在同一场所，对双方的生命活动都有利；分开时虽然可单独生活，但一起时双方会生活得更好。土壤中的纤维素分解菌和自生固氮菌常常构成协同关系。纤维素分解菌将纤维素分解成有机酸，可以作为固氮菌的碳源，而固氮菌消耗利用有机酸，使环境的酸性不致过强而影响纤维素分解菌的生长。

（四）共生关系

共生关系（mutualism）是协同关系高度发展的结果。共生关系也是一种相互受益的关系，其特点在于两种生物的互利关系更为紧密，具体特征是两种生物在机体组织上互相连通，如一个生物部分组织甚至全部机体可能进入另一个生物的组织，因而可以直接互换生命活动的产物，相互为对方提供有利的生活条件。共生关系的种在生理上表现为互相依存的整体，两者合作的结果可能产生某种新的代谢功能。地衣是微生物不同种间共生关系的典型例子，由某些子囊菌或担子菌的真菌同单细胞绿藻或细菌构成的共生体。例如，松科植物与真菌菌丝相结合形成的菌根，不仅可以供给高等植物氮素和矿物质，而且真菌也能从高等植物根中吸取碳水化合物和其他有机物或利用其根系分泌物，二者在合作中同时获益。因此，在黄土高原利用松科植物造林时，使用生根粉会加速松科植物菌根的形成，有利于提高造林的成活率。

（五）拮抗关系

（1）竞争关系（competition）是指两种生物通过争夺生存空间而相互抑制对方，结果是对双方产生不同程度的有害或不利作用。当双方的竞争力差距较大时，竞争力强的生物受到的不利作用很小，甚至能压倒另一生物的发展。当两种生物利用同一有限的营养物质时，竞争关系就表现得特别明显。当两种生物各自所分泌的代谢产物能相互抑制对方时，这两种生物也成为竞争关系。

（2）寄生关系（parasitism）是指一种生物寄居在另一种生物的体内，寄生物从寄主获取营养而生存的现象，结果是寄生物获益，寄主受害。植物的病害就是由微生物对植物的寄生所致。在植物病害中，植物是受害者，病原微生物是受益者。

（3）捕食关系（predatism）是一种生物以摄食的方式从另一种生物的身内获取营养。一般捕食者的身体比被捕食者大。捕食关系在肉食动物中表现得最为明显。在微生物中，常见的是原生动物，如变形虫吞食细菌。

第二节 微生物群落特征

生物群落内各个生物种群之间，通过一定的相互联系、相互制约和相互补偿，使多个生物种群长期共存于同一环境中，形成具有一定结构和功能的整体。

一、微生物群落结构

微生物群落结构特征包括垂直结构、水平结构、时间结构等。微生物群落空间结构和时间结构是生态系统存在和发展的基础。

山地生态系统海拔的变化使生态因子在相对较小的空间内分异规律明显，并由此引发山地区域小气候、植被类型、土壤理化性质等梯度效应。土壤微生物多样性及群落结构受生态因子（土壤理化性质、植被类型等）的影响，导致微生物类群有明显的地理性分布特点（Cui et al.，2019）。Yu 等（2013）对中国西北黄土高原油松根际真菌和细菌群落的研究表明，天然次生林的根际真菌和细菌群落物种多样性和丰富度高于人工林。曹永昌等（2017）对秦岭油松根际与非根际土壤微生物群落代谢多样性的研究认为，土壤理化性质的综合作用对土壤微生物群落功能多样性有显著影响。细菌和真菌群落在山西五台山、关帝山庞泉沟国家级自然保护区和芦芽山等地具有不同的结构、组成、多样性格局，其中细菌群落中变形菌门（Proteobacteria）、酸杆菌门（Acidobacteria）和放线菌门（Actinobacteria）的相对丰度较高，而真菌群落中子囊菌门（Ascomycota）、担子菌门（Basidiomycete）和接合菌门（Zygomycota）的相对丰度较高。细菌和真菌群落中关键物种在不同的生境差异明显（赵鹏宇，2019）。

山西关帝山庞泉沟国家级自然保护区华北落叶松林、青扦林及油松林的土壤细菌群落主要以变形菌门、拟杆菌门（Bacteroidetes）、放线菌门、浮霉菌门（Planctomycetacia）和酸杆菌门为优势菌群。土壤细菌群落多样性在各种植被类型的土壤间存在差异（$P<0.05$），油松林的土壤细菌群落丰富度低，多样性则较高；而海拔较高的华北落叶松林的土壤细菌群落丰富度高，多样性则较低。青扦林和油松林的土壤细菌群落、高海拔华北落叶松林和低海拔华北落叶松林的土壤细菌群落结构分别具有相似性。环境选择（含水率、碳氮比、pH 值、土壤酶活性、森林类型）（表 3.1）和扩散限制对土壤细菌群落结构均有显著影响，而环境选择作用更为明显（乔沙沙等，2017）。不同海拔的桦林及华北落叶松林的土壤真菌群落中，煤炱目（Capnodiales）、蜡壳耳目（Sebacinales）、路霉目（Lulworthiales）、锈革孔菌目（Hymenochaetales）的相对丰度与土壤全碳、全氮、全硫、碳氮比、含水率显著相关（$P<0.05$）（周永娜等，2017）。

表 3.1 山西关帝山庞泉沟优势细菌类群与土壤环境因子相关性分析（乔沙沙等，2017）

细菌类群	pH 值	含水率/%	碳氮比（C/N）	过氧化氢酶活性	脲酶活性	蔗糖酶活性
门 Phylum						
变形菌门 Proteobacteria	-0.824^{**}	—	-0.583^{*}	—	—	—
拟杆菌门 Bacteroidetes	-0.594^{*}	0.782^{**}	-0.610^{*}	-0.710^{**}	-0.705^{*}	0.843^{**}
放线菌门 Actinobacteria	0.885^{**}	-0.951^{**}	0.664^{*}	—	0.684^{*}	-0.924^{**}

续表

细菌类群	pH 值	含水率/%	碳氮比（C/N）	过氧化氢酶活性	脲酶活性	蔗糖酶活性
疣微菌门 Verrucomicrobia	0.891**	—	—	0.631*	0.613*	—
浮霉菌门 Planctomycetes	0.909**	−0.736**	0.948**	0.672*	0.910**	−0.624*
厚壁菌门 Firmicutes	—	0.621*	—	—	—	0.656*
绿弯菌门 Chloroflexi	0.703*	—	0.933**	—	0.808**	—
目 **Order**						
肠杆菌目 Enterobacteriales	—	0.901**	—	—	—	0.965**
拟杆菌目 Bacteroidales	—	0.914**	—	—	—	0.976**
鞘脂杆菌目 Sphingobacteriales	—	—	−0.904**	−0.686*	−0.876**	—
根瘤菌目 Rhizobiales	—	−0.590*	—	—	—	−0.617*
伯克氏菌目 Burkholderiales	—	—	−0.666*	—	—	—
鞘脂单胞菌目 Sphingomonadales	—	—	−0.927**	—	−0.828**	—
浮霉菌目 Planctomycetales	0.882**	−0.709**	0.961**	0.690*	0.926**	−0.591*

*$P<0.05$。

**$P<0.01$。

二、群落演替

群落演替是指在某一特定环境内，随着时间的推移，生物群落相继出现有规律的更替，最终形成比较稳定的群落类型的过程。从有机物的产生与消耗的动态来看，绝大多数微生物群落演替可以分为自养演替（autotrophic succession）和异养演替（allogenetic succession）两类。近年来，关于植物群落和微生物群落的动态变化已有广泛报道，越来越多的学者关注植物群落和微生物群落间的相互作用（Lozano et al.，2014）。例如，演替过程中植物多样性和丰富度的增加促使微生物多样性显著增加（Schlatter et al.，2016），并且植物均匀度可以通过调节植物物种丰富度从而对微生物群落产生影响（Lamb et al.，2011）。有研究指出，演替过程中植物多样性与微生物群落间没有直接相关性（Millard et al.，2010），且植物物种丰富度对微生物生物量和多样性具有负面影响。可以看出，植物群落与微生物群落之间存在着复杂的关系，二者的相互作用常常出现不一致的研究结果，表明植物群落与微生物群落之间的相互作用依然存在很大的不确定性。有研究发现，次生演替不仅会引起植物群落特性的变化，还会引起微生物群落特性的变化（陈孟立等，2018），演替初期真菌多样性增幅高于细菌多样性增幅。大多数细菌（除疣微菌外）与植被恢复年限呈显著相关（$P<0.05$），这可能是由于细菌属于 r 对策物种（Zhou et al.，2017），具有生长速率快、周转率高的特点。放线菌和绿弯菌在演替初期含量高于演替后期，一方面是由于放线菌和绿弯菌能够抵抗恶劣的生存环境，在养分贫瘠的土壤中具有较强的适应能力；另一方面是由于它们能够较好地适应裸地土壤，促使其含量在演替初期较高。真菌物种组成在不同演替阶段没有表现出显著的相关性，这可能是由于真菌属于 K 对策物种（Zhou et al.，2017），具有生长速率慢、周转率低的特点。子囊菌和担子菌作为真菌群落的优势菌群，在演替过程中具有不同的演替趋势，子囊菌相对

丰度随演替的进行逐渐增加，担子菌相对丰度的演替趋势与之相反（白丽等，2018）。总之，次生演替可以通过资源和栖息地的变化来影响微生物生长的微环境，从而改变微生物群落的多样性和组成。

黄土高原丘陵沟壑区是中国严重的水土流失区之一，草地次生演替是防止该区水土流失和恢复该区生态系统的重要管理措施之一。在黄土高原草地次生演替 20 年、30 年和 40 年植物群落和微生物群落特性研究中，植物覆盖度、丰富度、多样性、均匀度、生物量和生物量碳密度自演替初期至演替 40 年分别增加了 47.13%、41.20%、13.40%、10.34%、54.55% 和 11.85%，且均呈显著增加的趋势（$P<0.05$）。随着植物群落次生演替的进行，细菌多样性整体呈现出显著增加的趋势（$P<0.05$），相对丰度超过 1%的优势类群是放线菌（34.8%）、变形菌（26.0%）、酸杆菌（15.0%）、绿弯菌（Chloroflexi）（7.5%）、芽单胞菌（Gemmatimonadetes）（8.7%）、拟杆菌（2.1%）、硝化螺旋菌（Nitrospirae）（1.6%）和疣微菌（Verrucomicrobia）（1.1%）；真菌多样性在各演替阶段均呈增长趋势，但不同演替年限间没有表现出显著性差异（$P>0.05$），真菌相对丰度超过 1%的优势类群是子囊菌（Ascomycota）（67.19%）、担子菌（16.23%）和接合菌（10.43%）（图 3.1）。此外，微生物多样性与植物群落特性呈显著正相关（$P<0.05$），放线菌、变形菌、酸杆菌、芽单胞菌、硝化螺旋菌、浮霉菌和担子菌均与植物群落特性呈显著相关（$P<0.05$）。在草地次生演替过程中，植物群落是影响微生物群落的重要因素之一，二者相互联系、相互影响，共同调控着陆地生态系统的功能（白丽等，2018）。

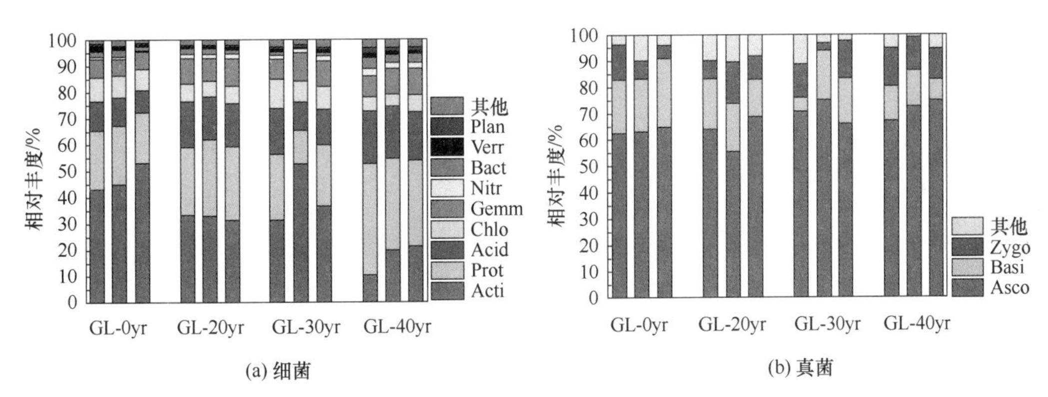

Acti—放线菌；Prot—变形菌；Acid—酸杆菌；Chlo—绿弯菌；Gemm—芽单胞菌；Nitr—硝化螺旋菌；Bact—拟杆菌；Verr—疣微菌；Plan—浮霉菌；Asco—子囊菌；Basi—担子菌；Zygo—接合菌。

图 3.1 土壤微生物群落在门级水平上的相对丰度（白丽等，2018）

三、物种多样性与群落稳定性

一般来说，群落优势种群大体能反映整个系统的营养水平和能量流，而非优势种群主要决定该群落的种群多样性。当优势种群突出时，群落多样性一般较低。在生物因素的调控作用占支配地位的微生物生态系统中，种间关系尤为重要。微生物种类丰富，物种多样性水平较高。例如，肥沃的耕地和温带的森林土壤都是生物调控因素占主导地位的微生物生态系统，其物种多样性水平较高。

群落的种数越多，且各种群数量越均一，则物种多样性就越高，反之，物种多样性就越低。物种多样性可以用若干指数度量，其中 Shannon-Wiener 多样性指数使用比较普遍，能较好地反映了物种的丰度。物种多样性指数在植物群落研究中应用广泛，并逐渐应用于微生物群落的研究。多样性指数可以反映微生物群落受到来自环境压力的胁迫程度。受到强烈的环境压力胁迫的群落，多样性指数一般较低。微生物群落构建的理论基础主要包括生态位理论和中性理论（贺纪正和王军涛，2015）。传统的生态位理论（niche theory）假设环境条件（如 pH 值、温度、盐和湿度）、物种特征（如丰度、代谢和形态）、物种间相互作用（如竞争、捕食、共生和权衡）等决定性因素控制着群落结构，这通常被称为确定性过程。相反，中性理论（neutral theory）假设群落结构独立于物种特征，受随机过程（如出生、死亡、物种形成、灭绝、定殖和扩散限制）控制。越来越多的研究表明，生态位理论（确定性过程）和中性理论（随机性过程），在微生物群落构建过程中并不是独立存在的，而是共同起作用的。

例如，在五台山亚高山生态系统中，对不同海拔梯度土壤真菌群落海拔分布格局与构建机制的研究结果表明，不同海拔梯度土壤真菌群落的组成和多样性之间存在显著差异，并且随着海拔升高而多样性呈现显著下降的趋势。在局域海拔尺度下，土壤真菌群落之间的相异性随着海拔的升高而显著升高，土壤真菌多样性与植物多样性（α 多样性和 β 多样性）呈显著正相关关系（$P<0.05$）。确定性过程和随机过程共同驱动了五台山亚高山土壤真菌的海拔多样性分布格局，但确定性过程占主导地位。土壤 pH 值、植物丰富度和总碳含量是影响真菌群落组成变化的主要环境因子（Luo et al.，2019）。对五台山不同退化程度亚高山草甸（未退化、轻度退化、中度退化和重度退化草甸）土壤细菌群落结构和氮循环功能基因的变化及驱动因素的研究表明，草甸退化梯度下土壤细菌群落组成发生明显变化。一些物种［硝化螺旋菌纲（Nitrospirae）、绿弯菌纲（Chloroflexia）、β-变形菌纲（Betaproteobacteria）、γ-变形菌纲（Gammaproteobacteria）、鞘脂杆菌纲（Sphingobacteriia）、放线菌纲（Actinobacteria）和芽单胞菌纲（Gemmatimonadetes），鞘脂单胞菌科（Sphingomonadaceae）、亚硝化单胞菌科（Nitrosomonadaceae）和芽单胞菌科（Gemmatimonadaceae），硝化螺菌属（*Nitrospira*）、鞘脂单胞菌属（*Sphingomonas*）和芽孢杆菌属（*Bacillus*）］的相对丰度在不同退化程度草甸中存在明显的差异（$P<0.05$）。草甸退化显著改变了土壤细菌群落的 β 多样性，但对 α 多样性无显著影响；沿草甸退化梯度，植物群落与土壤细菌群落的 β 多样性显著相关，而 α 多样性相反。细菌群落结构变化主要由全氮、硝态氮、植物 Shannon-Wiener 多样性、植被盖度等因子决定。草甸退化降低了微生物固氮和反硝化作用的潜力，但增加了硝化作用的潜力（Luo et al.，2020）。

第三节　微生物在黄土高原生态修复中的作用

生物修复（bioremediation）是利用特定的生物（植物、微生物或原生动物）吸收、转化、清除或降解环境污染物，去除其毒性，使受污染生态系统的正常功能得以恢复，实现环境净化、生态效应恢复的生物措施。生物修复包括微生物修复和植物修复等，其中微生物修复在众多领域中得到广泛的应用。生物修复是一类低耗、高效净化和安全的环境生物技术，由于能够有效治理大面积的污染，现在已发展成为新的可靠的环保技术。

一、植物内生真菌

内生真菌（endophyte）专指生活在植物组织内部的微生物，这是为区别于那些生活在植物表面的表生菌（epiphyte）。国际植物病理学会将内生真菌定义为，在植物体内完成其生活史的部分或全部，对植物组织没有引起明显病害症状的真菌。禾本科植物内生真菌的物种具有多样性，目前已发现的禾本科植物内生真菌共有 8 个属，分别是 *Atkinsonella*、*Balansia*、*Balansiopsis*、*Epichloë*、*Neopythodiom*、*Myriogenospora*、*Gliocladium* 和 *Phialophora*。另外，禾本科植物内生真菌也具有宿主多样性。魏宇昆等（2006）对中国北方地区 172 个禾草地理种群的内生真菌感染状况进行了研究，在 41 种禾草中有 25 种禾草感染内生真菌。目前早熟禾亚科中有 30%的种类发现感染内生真菌。内生真菌对地上和地下生态系统具有重要作用（图 3.2）。李飞（2007）对感染 *Neotyphodium gansuense* 内生真菌的醉马草（*Achnatherum inebrians*）进行抗干旱研究，结果发现内生真菌可以提高干旱地区醉马草种子的发芽率和发芽速度，促进胚根和胚芽的生长。在重度干旱胁迫下，与不染菌植株相比，内生真菌能够明显促进干旱地区染菌醉马草的地下生物量的累积，增大植株的根冠比。林枫等（2009）对内蒙古中东部草原三个不同样地［羊草（*Leymus chinensis*）样地、西乌旗样地和霍林河样地］中 *Neotyphodium* 内生真菌感染对宿主羽茅（*Achnatherum sibiricum*）种群的光合生理特性影响研究表明，在自然条件下，羊草样地和西乌旗样地染菌羽茅植株的净光合速率显著高于不染菌羽茅，三个样地中 *Neotyphodium* 内生真菌对宿主羽茅的光能利用效率、蒸腾速率、水分利用效率、气孔导度均无显著影响。

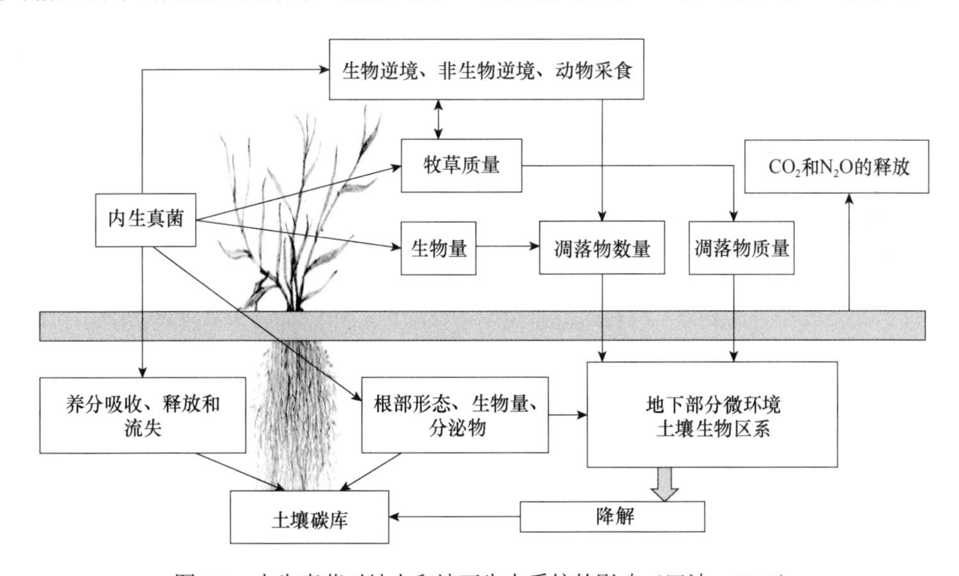

图 3.2　内生真菌对地上和地下生态系统的影响（田沛，2016）

二、丛枝菌根真菌

丛枝菌根真菌（arbuscular mycorrhizal fungi，AMF）影响植物种群的竞争能力，AMF 多样性决定着植物的生物多样性、生态系统的变化及植物的生产力。大量研究表明，在低磷状况下，AMF 能够帮助植物吸收磷、钾等矿质元素，促进植物的生长，改良土壤结构、提高植物的抗逆性、增强植物对土传病害的免疫能力。AMF 修复原理主要为：①AMF 的菌丝非常纤细，能够穿透土壤中有机物的颗粒间隙，可以吸收根系所不能吸收的养分与水分；②菌丝的分枝伸长能力较强，能够大大增加了植物对营养的吸收范围和面积；③菌丝对磷的吸收较为敏感，且菌丝无横隔，能够保证将根外吸收的磷等营养元素及时运输给植物。

自然界中 80%以上的有花植物都能被 AMF 侵染，因而应用 AMF 等微生物技术加快生土熟化，加速植被恢复，是培肥矿区土壤和修复矿区生态的重要途径（表 3.2）。AMF 的菌丝能够分泌球囊霉素，菌丝壁和孢子的降解能够将球囊霉素释放到土壤中，因此认为球囊霉素是 AMF 与土壤环境相互作用的重要媒介物质。球囊霉素能够有效防止有机碳的流失，这是因为土壤颗粒的稳定性在球囊霉素的作用下得到了巩固。接种 AMF 可以减缓塌陷拉伤对根系的修复功能，伤根 1/3 时，其内源激素水平提高，植株营养状况可以达到未受伤的对照水平，AMF 对于塌陷区生态修复具有重要意义（毕银丽，2017）。经过 AMF 修复的生态系统中生物多样性增加，多年生植物种类增加，一年生植物种类减少，碳的积累呈现增加的趋势（Wang et al.，2016），这对生态系统修复及碳循环具有重要意义。

表 3.2 国内部分煤矿区 AMF-植物修复的研究情况（赵昕，2018）

矿区	AMF-植物	研究内容	效果
宁夏大武口煤矿区	*Glomusmosseae*＋ *Glomus etunicatum*-白蜡	现场自然接种 AMF，煤矸石山土地复垦效果研究	植被成活率提高 15%，物种丰度增加，促进植物生长
陕西神东煤矿区及塌陷地	*Glomus mosseae*-柠条锦鸡儿	现场种植，采煤沉陷区 AMF 修复土壤技术研究	土壤微生物数量增加，改良土壤性状
徐州庞庄煤矿区	*Glomus mosseae*-黑麦	现场种植，煤矿区 AMF-植物对修复系统固碳作用分析	植物生物量提高，土壤有机碳、易提取球囊霉素、总球囊霉素含量增加，总球囊霉素与矿区复垦土壤有机碳呈正相关
包头石拐煤矿区	*Glomus etunicatum*-玉米 *Glomus versiforme*-玉米	以新排、风化和自燃煤矸石为基质，室内栽种，AMF-植物组合与不同类型煤矸石基质修复重金属的研究	在风化煤矸石上接种幼套球囊霉，显著增加了玉米根中铜的含量，降低了地上部铜含量，而锌的含量正好相反

在土壤缺磷条件下，接种 AMF 能提高植物磷含量的机制主要包括：①增加土壤对磷的吸收面积；②加速磷向菌丝的传递；③促进土壤中磷的释放。AMF 的侵染也会使寄主植物的根系生物量、根长等发生变化，从枝菌根形成过程中根系分生组织活性受到抑制，增加了不定根和侧根的数量，改变植物根系形态（毕银丽等，2014），因而 AMF 具有改善沉陷地土壤贫瘠、修复伤根等潜力，研究 AMF 等微生物对沉陷地拉伤根系形态结构的影响，以及改善受损根系功能的机制将是生态修复的重要途径。

三、外生菌根真菌

外生菌根（ectomycorrhiza，ECM）是特定的土壤真菌与高等植物根系形成的互利共生体，能有效促进宿主植物对水分和养分的吸收，以及提高宿主的抗逆性。例如，油松是一种典型的外生菌根针叶树种，广布于中国温带落叶阔叶林地带，适应性强，菌根发达，是主要造林树种之一，对西北、华北及东北南部生态系统修复和水土保持等都具有重要意义。我国学者以局域尺度上的一种或多种树种为主对 ECM 资源进行了研究，如唐明等（1994）从陕西省

35 种杨树中鉴定出 9 种 ECM 真菌。伊如汗等（2017）利用高通量测序方法检测到内蒙古贺兰山青海云杉林共有 143 个 OTUs，隶属于 20 科 25 属。耿荣等（2015）运用形态学和 ITS 测序相结合方法先后对秦岭辛家山林区云杉和锐齿栎 ECM 真菌进行研究，结果各检测到 37 种和 51 种 ECM 真菌，均隶属 10 科 14 属。

多年来，矿产资源的过度开发利用，重金属污染越来越严重，对植物造成很大的毒害，甚至会造成植物死亡。研究发现，菌根真菌能够有效地减轻重金属的毒害。Huang 等（2014）发现生长在锰矿采矿区的马尾松（*P. massoniana*）能与多种 ECM 真菌形成菌根；利用接种实验，发现与无菌苗相比，菌根苗能够明显提高宿主的适应性，抵御重金属毒害，保证宿主的生物量生长。黄艺和黄志基（2005）通过在铜、镉污染的土壤中栽植油松菌根苗，研究油松幼苗的生长和重金属积累分布，结果发现接种菌根真菌不仅可以促进宿主树木的生长发育和生物量积累，而且也能显著降低重金属在油松体内的积累（$P<0.05$），有效阻断重金属由根部向植物茎叶部分的转运。已有研究结果表明，菌根真菌能够分泌一系列的有机酸（如草酸）或分泌能够螯合重金属的黏液，这些分泌物在植物抗重金属胁迫过程中发挥着重要的作用（黄艺，2005）。

四、微生物在黄土高原生态修复中的案例分析

随着气候变化和人类活动的加剧，黄土高原生态环境面临着土壤污染、水土流失等威胁，因此微生物生态学研究在环境现状指示、生态健康评价等方面也具有重要的作用。目前，针对黄土高原微生物生态指示作用的研究主要集中于土壤环境中微生物群落结构、功能与多样性指标。

案例 3.1：在内蒙古准格尔煤田矿区复垦过程中，土壤微生物数量随复垦时间变化表现出明显的差异，所占的比例分别为细菌 78.77%～99.84%，自生固氮菌 0.04%～20.95%，放线菌 0.01%～0.89%，真菌 0.00%～0.02%。无论乔灌草等人工群落，还是豆科、禾本科牧草类型的天然群落，随着复垦时间的推移，土壤细菌和真菌多样性的差异与变化并无规律性。准格尔露天煤矿不同复垦过程中的土壤细菌包括 7 个细菌类群，分别是厚壁菌门（Firmicutes）、拟杆菌门、放线菌门、变形菌门、酸杆菌门、芽单胞菌门（Gemmatimonadetes）和未分类的细菌克隆序列（unclassified bacteria），其中放线菌门是最主要的细菌类群。土壤真菌包括 4 个真菌类群，分别是子囊菌门、球囊菌门（Glomeromycota）、担子菌门和未分类的真菌克隆序列（unclassified fungi），其中子囊菌门是最主要的真菌类群（董红利，2010）。

案例 3.2：对陕北黄土高原石油污染区土壤微生物修复的研究发现，不同类群的土壤微生物对石油污染胁迫的响应不同，污染土壤的细菌和真菌数量高出清洁土壤 1 个数量级，而污染土壤的放线菌数量极显著减少（$P<0.01$）；污染土壤和清洁土壤微生物对糖类和多聚物类碳源较易利用，污染土壤微生物总体上代谢碳源的种类和活性均低于清洁土壤（$P<0.05$）。石油污染土壤和清洁土壤的微生物群落存在显著差异（$P<0.05$），起分异作用的碳源主要为糖类，其次是羧酸类和氨基酸类；随着土壤中石油含量的增加，典型变量值变异（离散）增大，土壤微生物群落结构稳定性降低（甄丽莎等，2015）。

案例 3.3：菌根真菌对重金属的生物有效性表现在菌根真菌与植物根系共生可促进植物对养分的吸收和植物的生长，菌根真菌通过分泌特殊的分泌物而改变植物根际环境，改变重金属的存在状态，降低重金属毒性，起到促进重金属植物的纯化作用。菌根真菌还能以其他形式如离子交换、分泌有机配体、激素等间接影响植物重金属的吸收。杨玉荣（2015）通过

对陕西凤县铅锌污染矿区多种林木富集重金属元素的特征及不同树种根系 AMF 定植情况的调查研究，结果表明 AMF 能够增强林木的重金属修复效率，且土壤 pH 值、铅、锌和镉的浓度对林木重金属富集特征具有显著影响（$P<0.05$）。林木对重金属具有选择吸收性，能够将大量的锌和铜积累在植物地上部分而将大量的铅和镉元素优先固定在根系部位，其中刺槐、臭椿（*Ailanthus altissima*）、黄栌、小叶杨和冬瓜杨（*P. purdomii*）等具有修复土壤重金属污染的潜在应用价值。AMF 能够通过直接途径（影响生物量积累）和间接途径（影响营养元素吸收和光合作用参数）影响植物间的互作关系；AMF 接种处理下，刺槐周围配置豆科草本（红三叶和紫苜蓿）作为地面覆盖植物能够在一定程度上提高土壤重金属铅污染的修复效率。因此，这种菌根真菌对于重金属污染土壤的生物修复具有重要意义。

案例 3.4：在山西省运城市垣曲县北方铜业铜矿峪矿十八河尾矿库中（图 3.3），大量尾矿废水来源于地下矿井水和湿法冶炼过程中的浮选水，以及尾矿渣的淋溶和浸出水。尾矿废水污染物种类多样，包括重金属及有机和无机浮选剂，其中氮、硫污染严重，且水体呈现碱性。针对尾矿废水污染程度与微生物群落分布格局的研究结果表明，水体中的微生物群落沿污染梯度表现出明显的变化趋势。细菌和真菌群落的组成、结构和多样性沿污染梯度均有明显变化。变形菌门、放线菌门、厚壁菌门、拟杆菌门、蓝藻门（Cyanobacteria）、绿弯菌门（Chloroflexi）、疣微菌门是优势细菌类群。反硝化细菌是变形菌门最主要的组成部分，反硝化细菌群落的丰度与氮浓度梯度密切相关。子囊菌门和担子菌门是优势真菌门，它们的相对丰度沿污染梯度呈相反的变化趋势，体现了它们对环境适应机制的差异性。布勒掷孢酵母属（*Bullera*）和囊担菌属（*Cystobasidium*）能够适应高污染生境，可作为尾矿区域生态恢复的备选菌群。碳、氮、硫等养分的可利用性和重金属毒性对细菌群落组成和结构有显著影响，且重金属砷、铅和锌对细菌和反硝化菌均有一定的毒害作用。与细菌群落不同，真菌群落的分布格局主要受种间相互作用关系的影响。在复合污染尾矿废水生态系统中，环境梯度的逐级筛选驱动了细菌群落结构和功能相似的类群的聚集，而种间相互作用的强弱决定了真菌群落的分布和多样性（Liu et al.，2018）。

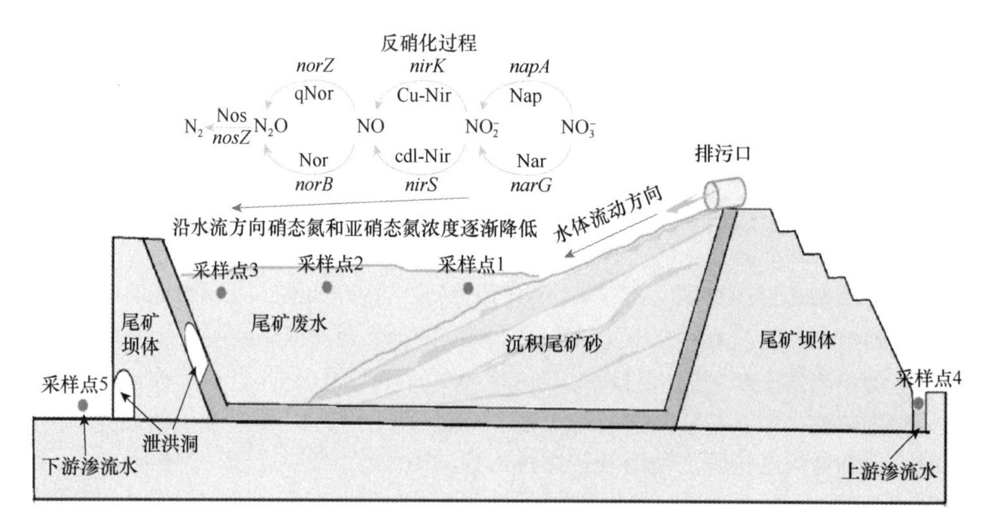

图 3.3　十八河尾矿库平面示意图

案例 3.5：对山西东坪煤矿采煤裂缝区、陕西大柳塔煤矿采煤塌陷区及内蒙古黑岱沟煤矿采煤复垦区的研究表明，采煤裂缝和塌陷区土壤理化指标含量有所下降（$P>0.05$），土壤微生物群落结构及其网络互作趋于复杂，采煤裂缝后土壤微生物群落结构丰富度和均匀度约增加了50%，相对丰度90%以上的优势菌门主要为变形菌门（Proteobacteria）、放线菌门、酸杆菌门、绿弯菌门、芽单胞菌门、浮霉菌门、硝化螺旋菌门（Nitrospirae）、拟杆菌门（Bacteroidetes）等，*Cupriavidus*、*Haliangium* 和 *Lysobacter* 作为优势属出现在裂缝区。塌陷区土壤微生物群落的丰富度和均匀度降低约20%，相对丰度90%以上的优势菌门包括放线菌门、变形菌门、酸杆菌门、绿弯菌门、芽单胞菌门、浮霉菌门、装甲菌门（Armatimonadetes）、拟杆菌门等；*Streptomyces* 和 *Acidibacter* 作为优势属出现在塌陷区内。采煤复垦后土壤理化指标含量有所改善，土壤微生物群落结构多样性增加，以土壤微生物群落结构变化特征为核心，矿区生态修复启示如图3.4所示。

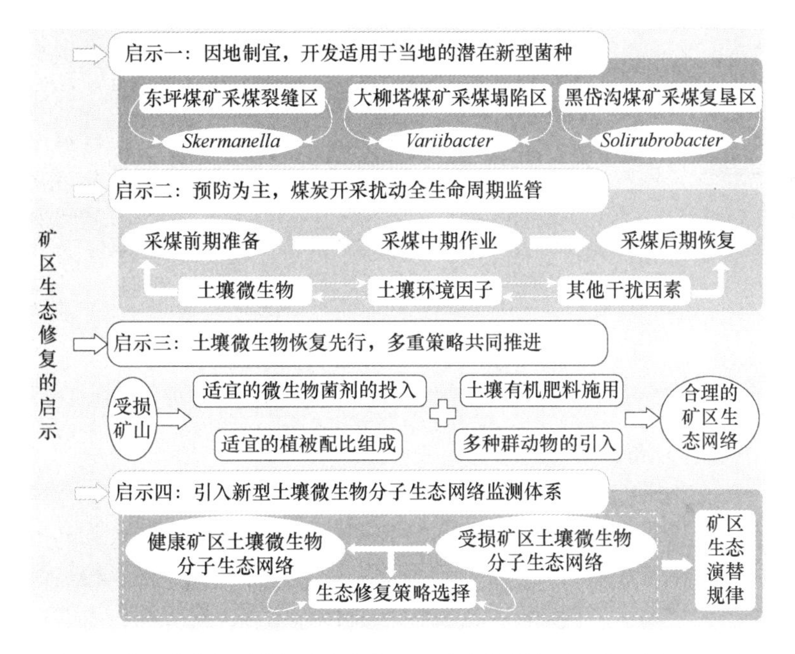

图3.4 基于微生物群落结构变化的矿区生态修复启示（骆占斌，2019）

推荐阅读文献

王祖农，1955. 土壤微生物学［M］. 北京：科学出版社.

CHEPLICK G P, FAETH S H, 2009. Ecology and evolution of the grass-endophyte symbiosis [M]. Oxford: Oxford University Press.

THIES J E, 2008. Molecular methods for studying microbial ecology in the soil and rhizosphere [M]. Berlin, Heidelberg: Springer.

WHITE J F, TORRES M S, 2009. Defensive mutualism in microbial symbiosis [M]. Taylor Francis Group,Boca Raton: CRC Press.

第四章　黄土高原生态系统

生态系统（ecosystem）是指一定地区内生物与环境构成的统一体，在这个系统中各种生物之间、生物群落与环境之间通过能量流动和物质循环而相互作用，并在一定时期内可以依靠自然调节能力维持相对稳定的动态平衡状态。生态系统长期受气候和地质等自然因素影响，短期内受人类活动影响。生态系统为人类生存和生活提供多种生态产品和生态系统服务功能，是社会经济发展的重要组成部分。

黄土高原是我国生态环境最脆弱的地区之一，也是我国生态恢复的重点区域，对黄土高原生态系统进行综合分析和研究，可为该区域生态修复与治理提供科学依据和理论基础。黄土高原处于半湿润-半干旱-干旱地区，水土资源问题突出。在从“开荒种粮”的生产模式到“退耕还林还草”等生态建设工程措施的影响下，在时间和空间尺度上黄土高原自然生态系统发生了显著变化。黄土高原生态系统可分为陆地生态系统和水生生态系统两大类。陆地生态系统根据纬度地带性和环境因子，可分为森林生态系统、灌丛生态系统、草原生态系统（草原和草甸）和荒漠生态系统（沙地和沙漠）；水生生态系统可分为淡水生态系统（河流、湖泊和水库）和湿地生态系统。

第一节　黄土高原陆地生态系统

一、陆地生态系统的分布

植被是生态系统中重要的组成部分，是生态系统中的初级生产者，为其他生物提供赖以生存的有机物质，在生态系统物质循环和能量流动中发挥着重要作用。植被决定了生态系统的形态、结构和功能。由于人类活动和全球气候变化的原因，黄土高原上的自然植被长期退化，原始植被分布较少，但基于植被地带性分布规律可以估计潜在的自然植被。这种潜在的植被可分为五种植被类型区，即森林、森林-灌丛-草原、草原、荒漠草原和荒漠，这些区域的分布规律随着降水量由东南向西北递减而发生变化（图 2.2）。

森林区主要位于黄土高原东南部，在河南、山西、陕西和甘肃等省区分布。由于人类活动的严重破坏和开垦，天然林面积较小，且仅限于各个山地，如太行山、太岳山、吕梁山、秦岭、黄龙山、子午岭、贺兰山、陇东山地等。海拔 800～2000m，年平均降水量为 575mm，年平均气温为 12.5℃。阔叶落叶林的建群种包括栎、杨、桦、槭等属的植物；灌木层常见的优势种有黄刺玫、栒子、丁香、绣线菊、忍冬和白刺花等；草本植物常见的优势种有披针薹草、牛尾蒿、白莲蒿、华北米蒿、大油芒、黄背草等。

灌丛是于黄土高原森林退化后形成的次生植被，地带性土壤为棕壤与褐土。年平均降水量为 750mm，年平均气温为 11℃。灌丛的建群种和优势种包括荆条、酸枣、沙棘和锦鸡儿（*Caragana* spp.），草本植物常见的优势种有白羊草、华北米蒿、毛莲蒿、矛叶荩草、黄背草（主要分布于黄土高原南部）。不同群落盖度差别较大，最高可达 85%，平均为 50%，水土流失量在黄土高原往往低于 20%（周光裕等，1986）。

草原区毗邻西北部的沙漠草原区和东南部的森林草原区，包括无定河、泾河、清水河和祖历河的上游流域，以及白云山和曲武山。年平均降水量为375mm，年平均气温为8.5℃。墚是该地区典型的地貌。植被主要由草本植物和灌木组成。禾本科和菊科是植被类型的建群和优势成分，如长芒草广泛分布，为群落的建群种，另外白莲蒿、华北米蒿、大针茅和冷蒿分布也较为广泛。灌木的胡枝子（*Lespedeza* spp.）、百里香（*Thymus* spp.）和委陵菜（*Potentilla* spp.）等也很常见。

荒漠草原区位于黄土高原的西北部，东南部与草原区相邻，面积相对较小。年平均降水量为250mm，年平均气温为8.5℃。在植被组成中，禾本科植物占优势。艾蒿属植物和小而多刺的灌木也很重要。该区域有许多荒漠植被元素。最典型的植被是短花针茅草原，广泛分布于宁夏和甘肃的黄土丘陵区，以及青海的低海拔地区。

荒漠区位于黄土高原西北部的边缘，面积较小，包括内蒙古西部的河套平原、银川平原、清水河下游地区，以及甘肃靖远县和白银市等。年平均降水量约为200mm，年平均气温为9.5℃。植被主要由旱生和耐盐植物组成，其中盐爪爪（*Kalidium* spp.）、合头草（*Sympegma regelii*）和短叶假木贼（*Anabasis brevifolia*）为常见种。

此外，还有一类特殊区域，属于森林向草原的过渡地带，是落叶阔叶林和草原的镶嵌体，与西北部的草原区和东南部的森林区相邻，包括漯河和泾河上游盆地、渭河中游盆地、吕梁山、恒山、子午岭和六盘山等，海拔1000～1600m。年平均降水量为500mm，年平均气温为9℃。由于人类活动的严重干扰，植被覆盖度较低，主要植被类型为草地或灌丛，次生林仅呈片状分布。与森林区的主要区别在于草原植被类型的出现。森林优势种有油松、辽东栎、山杨、白桦，主要分布在山地。灌木优势种有沙棘、虎榛子、绣线菊、榛、白刺花、忍冬等植物。在阳坡占优势的有以白羊草、长芒草、白莲蒿、华北米蒿等为建群种的草原植被。

二、陆地生态系统的生产力

净初级生产力（net primary productivity，NPP）代表自然条件下植被的生产力（Li et al.，2008），是重要的生态系统功能指标。“退耕还林还草”工程实施后，黄土高原NPP时空变化能够反映植被恢复状况，指示生态系统生产力状况。黄土高原年NPP为279.38～374.56gC/m^{2}a，平均为338.45gC/m^{2}a［图4.1（a）］。由于黄土高原属于干旱半干旱地区，植被对降水模式较为敏感，而且不同植被对水分的响应存在差异，地区NPP年际变化空间格局表现出明显的空间变化。黄土高原冲积平原和丘陵沟壑区具有较高的植被生产力，而位于西北地区的干旱草地和沙地植被生产力最低。

2000～2015年，黄土高原NPP显著增加［图4.1（b）］，在年降水量＞300mm的地区，NPP有显著的增长趋势，主要分布在榆林、延安、吕梁等地区，主要是降水变化对植被类型的空间分布产生了深刻影响。2000～2005年，NPP显著增加的区域主要分布在黄土高原南部和中部，如延安、临汾、天水和西峰。2006～2010年，植被NPP增加区域明显北移，主要集中于玉林和延安附近。2011～2015年是NPP增长率最低的时期。在整个时期内，作物种植区NPP增长最多；2000～2010年，草地NPP增加最为显著。所有坡度的NPP均有所增加，其中15°～25°的坡度最为显著。水土流失严重的丘陵沟壑区植被恢复明显，如高原中部和东南部地区。

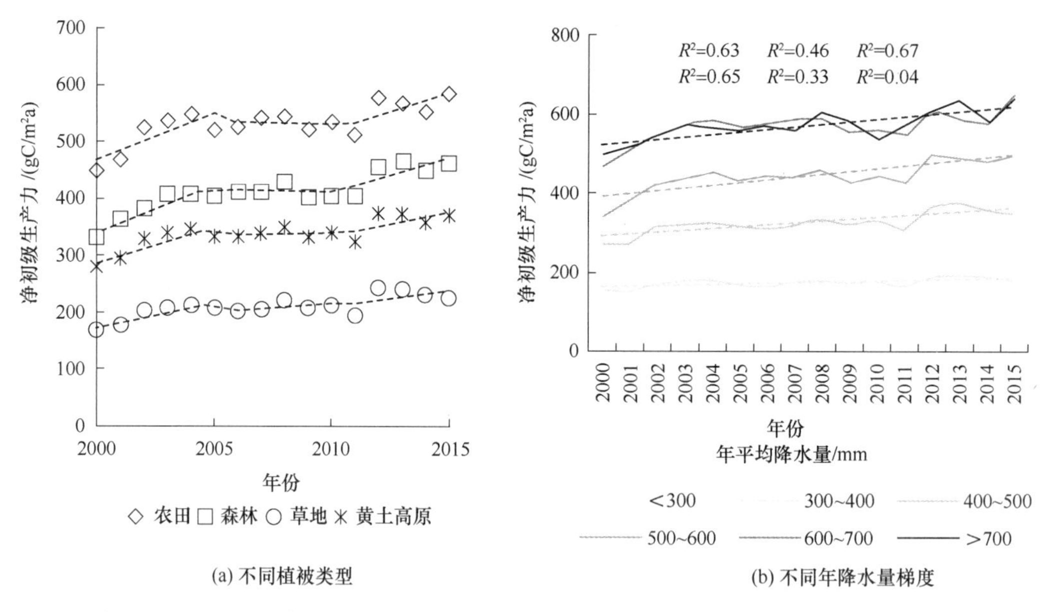

图 4.1 2000～2015 年不同植被类型和不同年降水量梯度的 NPP 变化（Liu et al.，2017）

第二节 黄土高原森林生态系统

一、森林生态系统功能与价值

人类通过各种方式已经改变了 80%的温带阔叶林和 25%～46%的热带森林。土地利用的改变，如密集砍伐森林或集约式地长期农业耕作导致了土壤条件或土壤健康的明显变化，也影响了植物群落在特定景观的生长或主导地位。

一些人类社会文明的崩溃与人类对森林的不合理利用有密切关系。例如，生活在复活节岛上的文明在公元 900 年左右崩溃，他们为了建造更多巨大的石雕像而砍伐树木，造成降雨和风暴期间的土壤侵蚀，还造成土壤碳和养分的流失，进而导致森林生态系统和农业生产的崩溃（Jørgensen，2009）。另一个例子是，秘鲁纳斯卡人过去一直生活在以灰白牧豆树（*Prosopis pallida*）为主的干旱林区。灰白牧豆树庞大发达的根系可把水从深层含水层抽到地表，也能够将地表多余的径流涵养在土壤中。后来纳斯卡人将森林开垦成了农田，导致大量森林的消失。到了公元 500 年左右，秘鲁南部海岸发生频繁的暴雨天气，失去了森林的保护，大量降水导致的洪水冲毁了农田（Jørgensen，2009）。

森林能提供一系列的生态系统服务，如木材原料生产、气候调节、水源涵养、水质净化，以及丰富文化娱乐等。但森林植被的面积受到人类土地利用方式的强烈干扰，从而强烈地影响其生态系统服务供给能力。当树木被砍伐后，其所固定的碳会被释放到大气中。如果森林面积过小，则大气 CO_2 被吸收进入植物和土壤中的碳总量将会很低。人们逐渐认识到要想减轻气候变化的影响，应该通过提高森林的覆盖率来增加生态系统对 CO_2 的吸收。大多数发展中国家，因所处地区的气候条件不同，森林覆盖率存在一定差异，但由于工业碳排放较低，通常其森林等生态系统都能够吸收所排放的 CO_2，这也是不发达地区土壤碳储存能力较高的原因。相比之下，发达国家每年仅能吸收化石能源燃烧过程中碳排放的 20%～50%，碳的过多排放对于缓减气候变化具有消极的影响。因此，需要制定森林管理策略，从而科学地权衡其所提供的生态系统服务。

二、森林生态系统类型和分布特征

黄土高原森林生态系统类型主要有寒温性针叶林、温性针叶林和落叶阔叶林等，具体内容见本书第二章第四节，不再赘述。

20 世纪 80 年代以来，7 个不同时期的黄土高原森林破碎化分布格局呈现“斑块森林为主导，内部森林分布集中”的特点（图 4.2）。除内蒙古外，斑块森林广泛分布于黄土高原各地；内部森林主要集中分布于陕西黄龙山、山西吕梁山、太岳山和太行山；过渡森林、孔洞森林和边缘森林分布则比较零散（李明诗等，2012）。

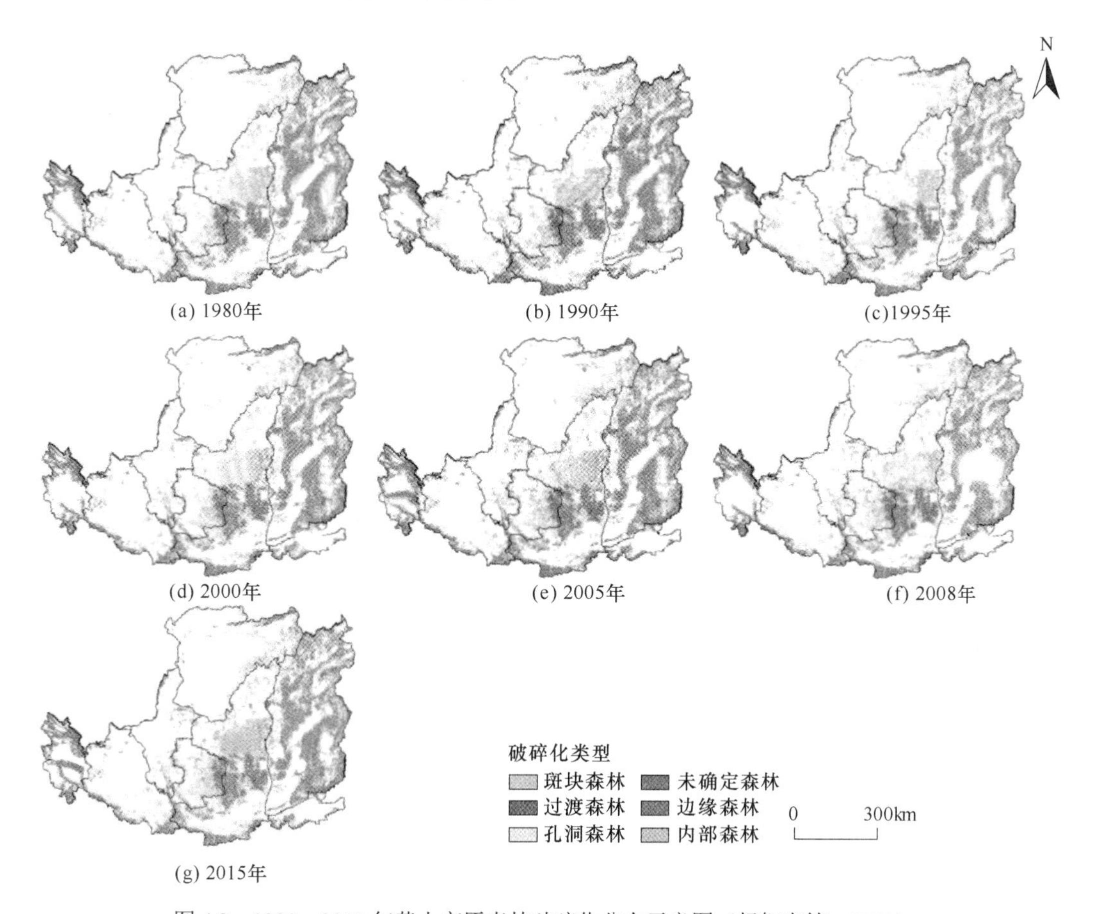

图 4.2　1980～2015 年黄土高原森林破碎化分布示意图（杨智奇等，2018）

由图 4.2 可以看出，1980～2015 年黄土高原的森林面积比例呈现“先减后增”的趋势，森林类型以有林地和灌木林为主，说明退耕还林还草工程取得了良好的效果。1980～1995 年黄土高原森林斑块和内部森林面积呈下降的趋势，森林破碎化程度较高，但是 2000 年以后，森林斑块和内部森林面积一直在增加，破碎化程度逐渐下降，生态环境得到改善。1995 年之前，除农灌区外，其他 5 个综合治理分区的森林破碎化程度较为严重；2000 年以后，黄土高原 6 个综合治理分区斑块森林的面积明显增加，除沙地和沙漠区外，内部森林的面积均稳定增加，森林破碎化程度逐渐下降；其中水土流失较轻、自然条件较好的土石山区和河谷平原区的森林破碎化程度和生态环境明显改善。在县级尺度上，黄土高原各县的森林破碎化程度有较大差异；其中，陕西和内蒙古各县的森林破碎化程度相对较大，山西各县的森林破碎化程度相对较低。

退耕还林还草工程实施以后，黄土高原森林面积比例显著增加，森林破碎化程度下降，生态环境明显改善。大规模的生态工程有效地遏制了天然林区森林面积的减少，人工林面积增加，在一定程度上对黄土高原生态恢复产生了积极作用（杨智奇等，2018）。

三、森林生态系统的形成与演替

根据历史典籍记载，在秦汉时期，黄土高原还分布着大量的森林。随着国家的统一和政局稳定，人口数量逐渐增加，特别是两汉、隋唐、明清等时期国家出台政策，鼓励人口增长。日益增加的人口和战争的频发，驱使粮食的需求日益增长。但由于生产力低下，单位面积粮食产量较低，只能通过扩大耕地面积满足供给，从而导致大量森林被开垦为农田。植被破坏后，黄土高原发生严重的水土流失，导致森林被越来越多的农田包围切割，分布逐渐呈现斑块化和分散化。

黄土高原自然植被的分布由南向北呈现地带性规律，表现出明显的从森林向草原过渡的趋势。由于土壤质地、地形地貌和坡向等原因，以及土壤水分条件的分异，呈现多样的植被群落组合状态；同时，黄土高原植被分布也存在一定的非地带性特征，存在地带性与非地带性植被自然分布的景观（张信宝，2003）。

在黄土高原降水量较少的半干旱地区，降水形成的入渗层很浅，且地面蒸腾量较大，导致厚层黄土覆盖的土壤较干旱，自然植被为草原（张金屯，2004）。而在裂隙发育的岩层，以大孔隙为主，降水能够入渗深层土壤，并且地面蒸腾量较少，适于森林植被的发育。黄土层较薄的坡地，由于下层为不透水岩层，地下水位较高，树木根系往往到达地下水位，有助于森林生态系统的发育和发展。因此，黄土高原黄土层厚度和土壤基质特性等与森林植被分布存在一定的关联性。通常认为黄土层厚度在 0～50m 的地区适合进行森林植被的维持、重建和恢复（张金屯，2004）。

在全新世中期到晚期，全球气候发生较为剧烈的变化，特点是气温降低，降水减少，导致黄土高原原生的地带性天然植被类型也发生相应的变化。在关中、晋南与豫西北地区曾经广泛分布的北亚热带落叶与常绿阔叶混交林退缩至秦岭南坡以南，地带性植被演变为暖温带落叶阔叶林。

20 世纪 80 年代以来，黄土高原森林类型以有林地和灌木林为主。20 世纪 80 年代初期和末期的森林面积比例基本保持一致，分别是 14.60%和 14.67%；20 世纪 90 年代中期森林面积占黄土高原总面积的 13.52%；20 世纪 80 年代末至 90 年代中期，森林面积呈现明显下降的趋势，其中下降最显著的是有林地的面积；20 世纪 90 年代末森林面积占 14.66%，2015 年森林面积占 15.20%；20 世纪 90 年代末至 2015 年，黄土高原的森林面积比例具有明显上升的趋势，其中增长最显著的森林类型是其他林地，与 2000 年相比增加了 79.87%，有林地和灌木林的面积具有稳定的波动变化（表 4.1）。

表 4.1 各历史时期黄土高原的森林面积变化（引自高照良，2012，略有改动）

时期	西周	南北朝	唐宋	明清	1949 年	1988 年	1998 年	2004 年	2008 年	2015 年
面积/万 km^2	32	25	20	8	3.7	4.5	5.9	6.5	9.8	9.6
盖度/%	53	40	33	15	6.1	7.2	9.5	10.4	15.7	15.4

四、森林生态系统水分和能量流、养分循环与碳平衡

（一）水分、蒸散发和能量

森林比草原需要更为湿润的土壤水分条件，降水量和土壤水分状况对植被发育的影响是决定性的（图 4.3）。只有掌握土壤水分的变化、运移规律及时空分布的异质性，才能顺应科学规律，并根据植物对当地土壤水分的需求和适应性，有效地提出解决区域生态恢复和产业发展的关键技术举措。

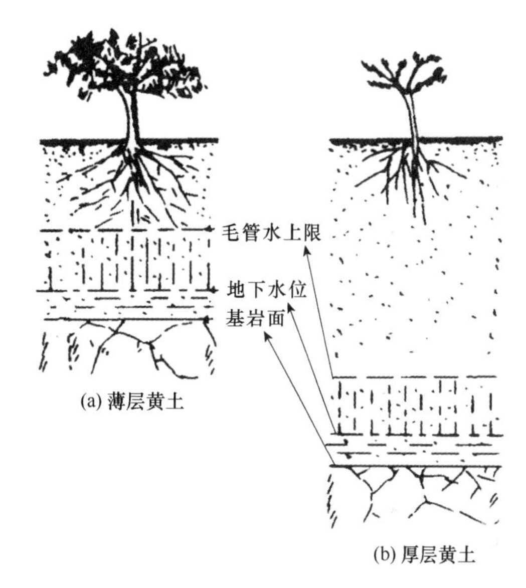

图 4.3 地下水补给植物水分示意图
（张信宝和安芷生，1994）

蒸散（或蒸发）和蒸腾叠加在一起，对生态系统的能量收支和温度调节起重要作用。在液态水转化为气态水的过程中，蒸发带走大量的热作为潜热。这种降温效应与森林冠层能量收支中的其他因素相结合，可调节树叶和整个森林的温度。在夏季，植被冠层吸收来自太阳短波辐射的能量，并将能量作为冠层感热和潜热散发到大气中，从下面加热对流层。森林树冠散发热量的能力使树木叶片附近温度维持在光合作用的最佳状态，并使植物呼吸作用降到最小。

植物光合作用所储存的能量驱动生态系统所有动植物的生命进程。其中大部分能量通过植物呼吸作用被植物本身消耗，供其生长、代谢和繁殖，其余能量通过食草动物进入植物食物网，而进入动物食物网的主要能量来源于腐殖质营养途径。作为生态系统分解者的真菌和细菌（通常称为土壤菌群），其能量来源于分解动物尸体和植物凋落物。

（二）养分循环与碳平衡

养分循环是森林的主要功能之一，为了实现黄土高原森林的高生产力水平，树木需要充足和可靠的营养元素供应，包括氮、磷、钾、钙等。森林生态系统接收输入的营养来自大气、矿物风化、凋落物营养的浸出（水分驱动的养分元素到达根际，最终流入土壤）和内部循环的营养物质。对于森林生长所需的大多数营养元素来说，内部循环大于这些元素的生态系统投入和损失。虽然大多数必需的营养元素可以通过矿物风化释放，但氮明显例外。森林依赖于大气中氮的输入，因此氮是黄土高原森林生长的限制性养分。

氮气是大气的主要成分。大多数林木不能获取氮气，仅有少数例外，如赤杨和刺槐等

豆科乔木可通过根瘤菌固氮。在这个过程中，共生根瘤细菌将氮气转化为植物可用的形式。其次，腐殖质和土壤有机质中存在着第二大难利用的氮库，由部分腐烂和腐殖质化的植物和微生物碎屑组成。通常在凋落物分解过程中形成的大的、多功能的大分子中，氮大量积累且被束缚。养分释放分解的过程称为矿化，是将氮从有机态转化为NO_3^-和NH_4^+，并被植物吸收利用。

从森林类型的养分循环特征看，油松林、小叶杨林和刺槐林生长较快，养分积累量大，循环速率快。刺槐是黄土高原重要的水土保持树种，同时也是固氮树种之一。刺槐林养分循环较活跃，年吸收量为155.92～240.11kg/hm^2，年归还量为132.23～176.75kg/hm^2，所以土壤贮量和利用系数高，表明刺槐贮存养分的能力强（陈凯等，2011）。陕西淳化和黄陵的侧柏森林生态系统，养分循环快且利用效率较低，主要营养元素的积累量也较低，其生物量分别为67.83t/hm^{2}和122.13t/hm^2，黄陵的白桦林和辽东栎林生物量分别高达136.68t/hm^{2}和182.79t/hm^2，年积累量分别为1015.13kg/hm^{2}和1498.35kg/hm^2，养分的利用率较低，养分的贮存能力较低（陈凯等，2011）。

CO_2是森林植被和森林土壤有机物合成和分解过程的重要组分。黄土高原森林的碳平衡源于森林CO_2源和汇过程间的相互作用。光合作用将CO_2转化为有机化合物，储存能量和碳。自养呼吸则是植物将有机化合物转化为CO_2，为植物的新陈代谢提供能量。异养呼吸由食草动物、微生物、土壤动物和食物网中的其他动物将有机物转化为CO_2，为动物的生命过程释放能量。火使有机物快速氧化，也向大气释放CO_2。根据这些过程之间的平衡，黄土高原森林可以储存或释放大量的碳，主要存储库包括树木、森林地被物、灌木、倒木本碎片和土壤有机质。碳库之间的转移与森林扰动和林分动态（包括沉积和演替）有关。

五、森林生态系统的植被生产力

1. 森林生态系统生物量

生物量（biomass）是指某一时刻单位面积内存活植物的干重总量，是生态系统生产力的重要指标。依据生物量，可以估算出森林生态系统的NPP和碳储量。山西关帝山华北落叶松林生物量为200.61t/hm^2，其中乔木层生物量为196.88t/hm^2，灌木层生物量为2.22t/hm^2，草本层生物量为1.51t/hm^2（张峰和上官铁梁，1992）。秦岭太白山北坡海拔3250m处的太白红杉林总生物量为205.57t/hm^2，其中乔木层生物量为166.59t/hm^2，灌木层生物量为37.67t/hm^2，草本层生物量为1.31t/hm^2（傅志军，1997）。山西太岳山油松林（林龄分别为18、20、25、38和42年）地上部分和地下部分不同器官碳素含量分别为0.41～0.56g/g和0.42～0.53g/g，地上和地下部分总生物量随着林龄的增加逐渐增加，各器官碳素含量与生物量呈显著正相关。不同林龄油松林地上部分碳储量分别为38.18t/hm^2、42.28t/hm^2、56.64t/hm^2、86.36t/hm^{2}和95.74t/hm^2，地下部分碳储量分别为8.58t/hm^2、8.46t/hm^2、8.92t/hm^2、19.92t/hm^{2}和38.70t/hm^2（宋娅丽等，2016）。子午岭辽东栎天然次生林中幼林、近熟林和成熟林乔木层碳储量依次为42.45t/hm^2、41.4t/hm^{2}和49.67t/hm^2，灌木层碳储量依次为3.31t/hm^2、1.72t/hm^{2}和0.87t/hm^2，草本层碳储量依次为0.32t/hm^2、0.77t/hm^{2}和0.64t/hm^2，枯落层碳储量依次为6.03t/hm^2、3.14t/hm^{2}和4.37t/hm^2（王娟等，2012）。无论人工林还是天然林，土壤特性对于森林生态系统的乔木层、灌木层和草本层的地上生产力都有较大影响；此外，坡度、坡位和坡向等造成的光水和养分条件变化也会造成植被生产力的差异（郝文芳等，2002）。

2. 森林生态系统的碳密度

陆地生态系统碳循环作为全球碳循环的重要组成部分，是预测大气 CO_2 含量及气候变化的重要基础。森林作为最大的陆地生态系统碳库，大约有 80%的地上有机碳和 40%的地下有机碳储存于森林生态系统中，对减缓气候变化起着十分重要的作用。因此，研究黄土高原森林碳储量和碳循环，对于推动林业碳源和碳汇的计量和监测，进而对减缓我国碳排放具有重要意义（王琰，2019）。

森林生态系统碳密度是指单位面积的碳储量，包括生物质碳密度和土壤碳密度。生物质碳密度由地上部分生物质碳密度和地下部分生物质（植物根系）碳密度组成，其中地上部分生物质碳密度包括木本植物、草本植物、枯枝落叶层、地被层（苔藓等）、枯死木等生物质碳密度。

山西针叶林平均生物质碳密度为 23.07Mg/hm^2，且天然林（26.46t/hm^2）明显高于人工林（18.69t/hm^2）。其中，云杉（青扦和白扦）林平均生物质碳密度最大（天然林为 85.67t/hm^2 和人工林为 67.48t/hm^2），其次是华北落叶松林（天然林为 52.93t/hm^2 和人工林 27.67t/hm^2）和松林（天然林为 23.36t/hm^2 和人工林 17.02t/hm^2），侧柏林最小（天然林为 11.74t/hm^2 和人工林为 1.95t/hm^2）。山西北部天然林平均生物质碳密度高于全省生物质碳密度平均值，而南部则相反；人工林明显高于或低于总体平均生物质碳密度的点均分布在山西北纬 37°以北的一些山区。影响针叶林生物质碳密度的环境因素包括地理因子（海拔和纬度）、气候因子（降水）和林分因子（林龄和随闭度），其中海拔和林龄无论是对天然林还是人工林，均是影响其生物质碳密度最重要的因素（Sun et al.，2020）。

2010 年吕梁山森林平均生物质碳储量为 257.8×10^{6}t/hm^2，其中天然林和人工林生物质碳储量分别占整个区域碳储量的 54.8%和 45.2%。森林平均生物质碳密度为 121.8t/hm^2，其中天然林和人工林生物质碳密度分别为 123.7t/hm^2 和 119.7t/hm^2。森林平均生物质碳密度为 18.2t/hm^2，其中天然林生物质碳密度显著高于人工林（两者分别为 22.5t/hm^2 和 13.2t/hm^2）。林龄、林分密度、年均气温和年均降水量对吕梁山森林生物质碳密度具有显著影响（Wang et al.，2018；王琰，2019）。

六、森林生态系统的主要生态问题

（一）土壤侵蚀

森林通过拦截降雨来减少地表径流，更重要的是植物体的各组织中可以储存大量的水分。森林植被的地被层和凋落物可保护土壤，避免雨水和风的侵蚀。凋落物增加了地表粗糙度，通过过滤、阻断和减缓等作用，降低地表径流对植被的影响；凋落物逐渐分解成为土壤的一部分，可增加土壤腐殖质含量，改善土壤结构，提高土壤肥力，增强土壤持水性能。森林植物根系可以促进地表水分的下渗，从而增加地下水的蓄积，并形成地下径流，在干燥季节为河川提供源源不断的水源。

对森林的不合理采伐会减少林地凋落物量，使森林生态系统的储水能力降低，涵养水源功能减弱甚至丧失。研究表明，蒙古栎林原凋落物量为 6.29t/hm^2，疏伐后降低为 5.82t/hm^2；

如果皆伐，则凋落物量减少为 2.73t/hm^2；原最大田间持水量为 21.96t/hm^2，疏伐后降低为 18.97t/hm^2，皆伐后降低为 8.90t/hm^2。森林采伐后迹地裸露，土壤水分蒸发量增大，土壤含水率迅速下降，在黄土高原极易形成土壤侵蚀，造成森林生态系统的退化和土地资源的可持续性利用降低，甚至丧失。例如，黄土高原最大的黄土塬——董志塬，由于森林植被逐渐丧失，失去对塬面的保护作用，水土流失日益严重，塬面不断被蚕食。自唐代后期至今，塬面面积已经缩小到了原来的 1/3（李林虎和贾兴义，2010）。

（二）土地荒漠化

土地荒漠化已成为黄土高原较为严重的生态问题，尤其是在干旱少雨的黄土高原北部，其中以鄂尔多斯高原风沙区为中心，包括位于西部的银川平原、卫宁平原，位于北部的河套平原，位于东部和南部的沙质黄土丘陵区，以及西南部的山间盆地。大致以河曲-府谷-神木-鱼河堡-横山连线为界线，东部属于荒漠化发展区，而西部属于严重荒漠化区。在界线西部，沿着自然形成的风口，如靖边杨桥畔、同心清水河谷地，土地荒漠化沿沟谷两岸呈现带状分布；陇中北部土地荒漠化处在发展阶段，呈现斑块状分布。黄土高原土地荒漠化影响面积巨大，沙区总面积为 11.2 万 km^2，其中沙漠及严重荒漠化土地面积为 3.0 万 km^2，占荒漠化面积的 14.6%；中度沙化土地面积为 2.8 万 km^2，占荒漠化面积的 13.4%；轻度荒漠化土地面积为 5.4 万 km^2，占荒漠化面积的 26.3%；潜在沙化土地面积为 5.5 万 km^2，占荒漠化面积的 26.8%。

土地荒漠化的自然因素是黄土高原土壤含沙量丰富，气候以干旱和半干旱为主，地表植被脆弱，加之受人类活动长期干扰，主要是不合理农垦与过度放牧，导致植被退化严重，进而使原来脆弱的生态系统结构和功能恶化，最终促使土地荒漠化不断扩大。黄土高原土地荒漠化现状、形成及扩展，无论对当地社会和经济的发展，还是对生态环境，都存在巨大的影响，而且土地荒漠化向南向东的扩展将会影响我国整个北方地区的自然环境改善和社会经济的可持续发展。

黄土高原干旱和半干旱地带风沙危害是影响环境的重要因素。建设防护林网进行防风固沙，可降低风速和改变风向，实现减轻土壤流失和风沙危害的目标。一条具有疏透结构的防护林带，迎风面防护距离可达林带高度的 5 倍，背风面防护距离可达树高的 20～25 倍。照此计算，15m 高的防护林带背风面的防风距离可达 300m，风速可降低 20%～50%（乐天宇，1982）。防护林带和防护林网可显著地减少流沙量，能够有效地保持防护林后的沉降物中直径较小的沙粉和黏土颗粒，从而维持土壤的功能（唐守正，2001），有助于遏制黄土高原土地荒漠化的发展趋势。

（三）生物多样性丧失

虽然黄土高原的森林面积较小，但森林生态系统孕育着丰富的动植物资源和生物多样性。森林生态系统的退化和人为的不合理砍伐，不仅降低了生态系统的服务价值，而且会导致动植物物种减少，甚至消失，进而使动植物遗传多样性逐渐降低甚至丧失。遗传多样性中蕴藏着丰富的高产、抗病、抗逆特性的基因资源，能够与现有农作物品种杂交，形成诸多新品种。如果森林生态系统发生严重的退化和破坏，这些数量众多的具有遗传多样性的潜在野生物种资源将面临濒危状态，并且会逐渐从该地区消失（李裕元和邵明安，2003）。

（四）森林植被恢复中植物种的选择

黄土高原从东南向西北依次为暖温性森林带、森林草原带、典型草原带、荒漠化草原带及草原化荒漠带。在进行大规模林草植被恢复时，应该依据植被地带性分布规律确定人工植被类型原则。任何天然植被都是优势种和伴生种共同存在，因此植被恢复应根据自然规律选择对地带性生境条件具有最好适应的乔灌草种组成和谐、稳定的复层混交生态群落结构（梁一民和陈云明，2004）。同时对于外来物种应谨慎地筛选和试验，应该在天然林中通过选育优良适宜的造林树草种，用于大面积人工造林种草。黄土高原各植被地带造林种草适宜的主要乔灌草种和伴生植物种见表 4.2。

表 4.2 黄土高原植被恢复适宜的主要乔灌草种（梁一民和陈云明，2004）

植被地带类型	主要优势植物种	主要伴生植物种
暖温性森林带	油松、刺槐、侧柏、白桦、槲栎、栓皮栎、辽东栎、水杉、沙棘、连翘、山桃、山杏、紫穗槐、二色胡枝子、榛子、狼牙刺、苜蓿、绣球小冠花、红三叶、白三叶	杂交杨树、小叶杨、新疆杨、旱柳、泡桐、白榆、杜梨、臭椿、元宝枫、银杏、茶条槭、国槐、椴树、白蜡、玫瑰
暖温性森林草原带	油松、刺槐、侧柏、辽东栎、沙棘、柠条锦鸡儿、山杏、山桃、紫穗槐、火炬树、连翘、二色胡枝子、白刺花、苜蓿、斜茎黄耆、红豆草、绣球小冠花、白羊草、兴安胡枝子	小叶杨、河北杨、新疆杨、杂交杨树、旱柳、杜梨、白榆、臭椿、元宝枫、茶条槭、国槐、椴树、白蜡、玫瑰
暖温性典型草原带	柠条锦鸡儿、沙棘、山杏、山桃、扁核木、苜蓿、红豆草、斜茎黄耆、兴安胡枝子、芨芨草	小叶杨、河北杨、新疆杨、杂交杨树、旱柳、杜梨、白榆、臭椿
暖温性荒漠草原带	沙枣、柽柳、柠条锦鸡儿、羊柴、花棒、山桃、乌柳、芨芨草、沙蒿、白刺	旱柳、新疆杨、小叶杨、杂交杨树、白榆、臭椿

第三节 黄土高原灌丛生态系统

一、灌丛生态系统的特点

灌丛生态系统的平均高度低于 5m，盖度大于 30%。灌丛具有十分广泛的生态适应范围，广泛分布于全国各地。

由于黄土高原的特殊气候和地理条件，生态系统中水分、热量处于极度不平衡状态，其中水分因子为第一限制性因子，水分亏缺使生态系统结构极度脆弱，使灌丛生态系统功能退化显著。灌丛在黄土高原生态系统组成中占有重要地位，是黄土高原植被的重要组成部分，其类型多样、分布广泛，在水土保持、防风固沙、减少地表径流、涵养水源等生态系统功能方面发挥着重要作用。其中，沙棘灌丛、柠条锦鸡儿灌丛、虎榛子灌丛、荆条灌丛、连翘灌丛、三裂绣线菊灌丛、酸枣灌丛等具有优良的水土保持作用（李斌和张金屯，2009）。

二、灌丛生态系统的形成与演替

黄土高原灌丛的分布和类型主要受自然气候、地理条件及人为活动干扰的影响（任金旺和陈茂玉，2006），大多是在森林植被遭受反复破坏情况下形成的次生植被类型。原生灌丛主要有分布于亚高山的陕西秦岭和青海祁连山的头花杜鹃灌丛，山西五台山、芦芽山和关帝山的鬼箭锦鸡儿灌丛、金露梅灌丛、银露梅灌丛等。如果停止人类活动的干扰，次生灌丛将会逐渐向森林群落演替。

三、灌丛生态系统水分循环与养分平衡

灌丛对降雨的截留再分配、固定 CO_2 和在群落演替中的地位不可替代。已有研究表明，在小降雨（降雨量为 2～10mm，降雨强度为 0.2～2mm/h 的降雨事件出现次数最多）情况下，降雨量与两种灌木的冠层截留量、树干茎流量及穿透雨量均呈显著正相关，最大 10min 雨强（I_{10}）和降雨量与两种灌木的截留率、树干茎流率及穿透雨率均呈指数函数或幂函数分布。柠条锦鸡儿的截留量、穿透雨量、干茎流量分布分别占总降雨量的 28%、59.7%和 12.3%，沙棘为 18.3%、73.3%和 8.4%（图 4.4）。柠条锦鸡儿树干茎流率及截留率比沙棘高，而沙棘的穿透雨率较柠条锦鸡儿大（荐圣淇，2013）。

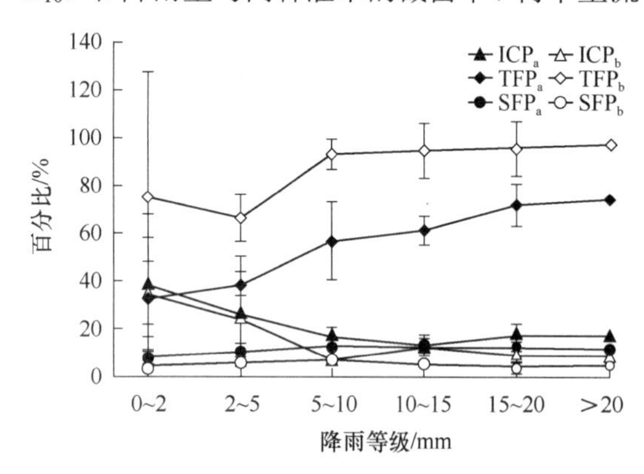

图 4.4 降雨等级与截留率（ICP）、穿透雨率（TFP）和树干茎流率（SFP）的关系（荐圣淇，2012）

注：a 为柠条锦鸡儿，b 为沙棘。

由于黄土高原存在水、热量和养分等因素的限制，灌丛个体小的特点会削弱营养器官间化学元素分布的“稀释效应”（Yang et al.，2015）。土壤养分与植物元素组成之间存在耦合关系，因此营养器官间的化学元素分布能够清晰反映土壤环境的营养状况。黄土高原优势灌木有机质含量中氮资源丰富，磷资源匮乏，这一现象在土壤养分中同样存在。灌木运输组织主要由富含木质素和纤维素等碳元素的多糖组成（Freudenberg and Neish，1969），是植物的骨架物质，这就决定了根和茎中碳浓度高于叶片。黄土高原优势灌木在根和茎上分配的生物量较多，因此碳在根和茎的储量高于叶的储量。植物器官中氮和磷浓度是植物对土壤养分条件长期适应的结果（韦兰英和上官周平，2008）。从陇南到宁夏北部和西部，土壤氮、磷储量逐渐减少，与气温逐渐升高的趋势相反。优势灌木的根、茎、叶的氮、磷储量也相应减少。宁夏北部和陇西的土壤氮储量相对丰富，磷储量相对贫乏，并且在水热因子和土壤养分的限制下，碳在器官间的分配策略也不同；而陇南灌木叶片的碳更少，陇西灌木茎的氮更多。在氮丰富、磷稀缺的条件下，灌木叶片中氮、磷的储量低于根和茎，说明氮、磷在根与叶、茎与叶的积累速度不同。尽管宁夏北部和陇西灌丛的氮、磷储量差异不显著，但优势灌丛根系和根系的氮、磷储量相对高于叶片。黄土高原东部黄刺玫＋荆条灌丛和沙棘灌丛土壤碳通量主要受夏季土壤水分控制，土壤碳通量分别为 1.00kg/（m^2·a）和 1.17kg/（m^2·a）（李洪建等，2010）。

陕西秦岭高山柳灌丛总生物量为 20.20t/hm^2，其中枝叶部分生物量为 7.97t/hm^2，根生物量为 12.23t/hm^2；而头花杜鹃灌丛总生物量为 29.31t/hm^2，其中枝叶部分生物量为 10.43t/hm^2，根生物量为 18.92t/hm^2；太白山杜鹃灌丛总生物量为 38.07t/hm^2，其中枝叶部分生物量为 5.67t/hm^2，根生物量为 27.18t/hm^2（张硕新等，1995）。山西云顶山虎榛子灌丛生物量为 6.25t/hm^2，其中灌木层生物量为 6.11t/hm^2，草本层生物量为 0.14t/hm^2（上官铁梁和张峰，1989）。山西关帝山黄刺玫灌丛生物量为 6.23t/hm^2，其中灌木层生物量为 4.87t/hm^2，草本层生物量为 1.36t/hm^2（张峰和上官铁梁，1991）。渭北地区黄土丘陵沟壑区酸枣灌丛群落生物量可达到 6.55t/hm^2（蔡继增，2003）。陕西省延安市康家屹崂沟沙棘灌丛生物量为 10.35t/hm^2，其中灌

木层生物量为 7.72t/hm^2，草本层生物量为 1.57t/hm^2，枯落物生物量 1.06t/hm^2（刘江华等，2003）。

四、主要灌丛生态系统类型和分布

黄土高原主要灌丛植被类型和分布详见本书第二章第四节，不再赘述。

五、灌丛资源的可持续利用

灌丛生态系统对于黄土高原生态恢复与重建具有重要作用和影响，此处仅论述沙棘灌丛和柠条锦鸡儿灌丛的作用。沙棘灌丛主要分布在黄土高原中低山丘陵和沟壑区，通常在黄土覆盖较厚区域分布广泛。沙棘抗逆性好，耐寒冷，能够适应干旱贫瘠土壤，甚至在盐碱地也能生长，往往形成单优势群落，在荒漠地区的河谷阶地、平坦的沙地和石质坡地也有分布。沙棘灌丛在提高半干旱地区植被郁闭度、减少河流泥沙、防治土地沙化和保持水土等方面具有明显的生态效益，并且其经济效益和社会效益也十分突出（张金屯，2005）。沙棘灌丛最高分布可达海拔 2800m。试验表明，沙棘对温度的耐受范围为−50℃～60℃，在 pH 值为 9.5 的碱性土壤和含盐 11‰的盐土上也能够生存。沙棘生长快速，尤其重要的是根系发达并共生有根瘤菌，能够为植物提供所需的氮素，长期种植能够显著改良土壤肥力，这是沙棘种群能够在干旱瘠薄的黄土高原生长的重要原因（张金屯，2005）。

柠条锦鸡儿是典型的黄土高原乡土灌木，种植 5 年以上的柠条锦鸡儿灌丛具有显著的水土保持功能，但土壤剖面会出现严重的土壤干层和土壤退化现象，需要对第 5 年的柠条锦鸡儿灌丛采取平茬、修枝、除蘖等措施，从而抑制林分生长，实现黄土高原半干旱区土壤水资源的可持续利用（郭忠升和邵明安，2010）。

第四节　黄土高原草原生态系统和草甸生态系统

一、草原和草甸类型与分布

温带草原（temperate grassland）是温带干旱气候下形成的地带性植被类型之一。在世界上分布有两大区域，即欧亚草原区和北美草原区，我国草原属欧亚草原区的一部分。温带草原是以禾草和类禾草植物（包括莎草）为优势种的生态系统，禾草具有分蘖等适应性结构和对外界干扰的较强适应能力和自我恢复能力，对维持草原生态系统结构和功能具有重要作用。

联合国教育、科学及文化组织将草原定义为“由草本植物覆盖的、乔灌木覆盖度低于10%的陆地部分”。草原生态系统的特点：一是具有易于通过管理草食动物和驯化植物的方式进行农业开发的特性；二是其气候在空间和时间上都有明显的变化。

草甸（meadow）是在适中的水分条件下发育起来的，以多年生中生草本为主的植被类型（伍光和等，2008），为非地带性植被。草甸净初级生产力为 7～8t/hm^2，可用来放牧牲畜或用来收割牧草，并且具有重要的水土保持作用。此外，草甸（特别是亚高山草甸）具有较高的美学价值，对发展生态旅游具有重要意义。

黄土高原草原生态系统主要集中分布于山西灵丘-神池-岢岚-五寨-紫金山（山西）-陕西清涧-延川-安塞-志丹以北地区，其中东北部地区为典型草原生态系统为主，西北部（鄂尔多斯、库布齐沙漠）以荒漠草原为主。禾本科植物主要有大针茅、西北针茅、长芒草、白羊草等，菊科植物有毛莲蒿、华北米蒿、油蒿等。在此线以南的黄土高原其他地区，草原往往与其他生态系统类型呈镶嵌分布。

二、草原的形成与演替

大约自距今250万年开始，整个北半球包括中国大陆气候开始向干冷方向演化，并开始发生黄土堆积，黄土高原黄土-古土壤序列开始发育，植被的热带亚热带植物区系成分迅速减少，草本植物突然增加（施雅风和赵井东，2009）。喜马拉雅山脉隆起使蒙古-西伯利亚冷高压反气旋造成东亚大陆冬季天气干冷，春季明显的干旱现象。而东亚大陆东部缺乏明显的地形障碍，冬季寒流可以继续向南侵袭，这有助于适应大陆性低温干旱气候的多年生禾草草原植被向大陆的东南方向发展，落叶阔叶林由于缺乏温和湿润的冬季而受到限制。孢粉分析结果显示，即使在相对温湿的古土壤形成阶段，随着气候变迁和植被演替，黄土高原土壤剖面中土壤沉积物分布也主要以草本植物为主，且以剖面中均含有较多的蒿属植物孢粉为特点，这表明黄土高原在第四纪以来一直以草原植被为主（李小强等，2003）。

三、黄土高原草原碳水平衡

黄土高原草地分布较为分散，群落结构简单，而且受人类活动频繁的干扰，其稳定性相对脆弱，对气候变化较为敏感，因此是研究草地群落、土壤水分及生态系统对全球变化响应机制的理想区域（Wu et al.，2014）。

黄土高原东南部草地0～300mm土壤含水量明显高于西北部草地，并呈现递减趋势（张钦弟等，2018）。在区域尺度上，0～300mm土壤含水量的空间异质性主要受地区降水格局的影响（蔡进军等，2015）。此外，越靠近地表的土层，土壤水分受年均降水量的影响越大，这是因为黄土高原大部分地区地下水位较低，表层土壤水分来源主要以自然降水及所形成的径流为主，深层土壤（>300mm）对降水量的响应逐渐降低（Yang et al.，2015）。黄土高原物种多样性不仅受土壤水分的显著影响，同时还表现出明显的权衡关系。物种多样性与0～300mm土壤水分权衡关系的转折点发生在年均降水量370mm的地区；在年均降水量低于370mm的半干旱地区，由于土壤水分的缺乏，所能维持的物种多样性成本明显增加，生态系统功能受到明显影响（张钦弟等，2018）。

草原吸收和保留了大量的土壤碳，是全球碳循环的重要组成部分。事实上，草原在土壤中储存了大量的碳，并且含有相对较高的生物多样性，因此在生态系统生物质生产中发挥着不可替代的作用。

四、主要草原类型及生物量

陕北黄龙县白羊草草原5月、6月、8月、9月的总生物量分别是3.97t/hm^2、8.48t/hm^2、

$7.93t/hm^2$、$15.60t/hm^2$，其中地上部分生物量分别为$0.74t/hm^2$、$1.27t/hm^2$、$2.59t/hm^2$、$3.15t/hm^2$，地下部分生物量为$3.23t/hm^2$、$7.21t/hm^2$、$5.34t/hm^2$、$12.45t/hm^2$（朱志诚和贾东林，1992）。山西祁县白羊草草原8月的总生物量为$2.84t/hm^2$，其中地上部分生物量为$1.25t/hm^2$，地下部分生物量为$1.59t/hm^2$（李琪等，2003）。云雾山自然保护区以本氏针茅为优势种的温带封育典型草原群落的总生物量为$29.23t/hm^2$，其中地上部分生物量为$2.43t/hm^2$，地下部分生物量为$26.80t/hm^2$（陈芙蓉等，2011）。宁夏中卫市以茵陈蒿和白刺为优势种的封育条件下的荒漠草原地上部分生物量为$1.47t/hm^2$（高阳等，2011）。荒漠草原的降水量低于典型草原和森林草原，气候条件的差异使荒漠草原的生物量和群落植物多样性等显著低于其他两类草地。这充分说明水分条件是制约干旱半干旱草原植物生长的首要制约因素。

五、草原和草甸生态系统保护和发展

由于草原生态系统分布于干旱和半干旱地区，生态脆弱性较高，再加上长期不合理的人类活动及过度利用，导致大面积草原植被退化、生物多样性丧失、生产力下降。目前我国草原面积的90%发生不同程度的退化，其中严重退化的草原面积占到50%（邹声文，2002）。由于草原退化引起水土流失、沙尘暴等生态环境问题频发，严重影响了人民的生活质量和社会经济的发展。因此，必须恢复草地植被，建设人工草地，发展草牧业，提高草地生产力。在沙质土壤草地采用建立人工草地或草田轮作，同时积极发展牧场保护林，建立林草防护体系，改善草地小气候。对丘陵沟壑区和平原的草地，实行退耕还林还草、封禁育草、划区轮牧或草田间作，利用坡向和地形分片种植适合的灌木和牧草，确定适宜的放牧强度。在高原草甸区以保护原有草地为主，适当进行乡土草种补播，实行封山育林育草。

第五节　黄土高原荒漠生态系统

一、荒漠的定义及特征

荒漠包括沙漠、戈壁和盐漠，特点是干旱，缺乏水汽。年均降水量小于100mm（极端干旱）和年均降水量200mm（干旱）的地理景观也可认为是荒漠。此外，沙地主要分布于半干旱或半湿润区，我们暂时将沙地类型的内容也放入本节。

生活在荒漠中的植物和动物需要特殊的适应性才能在恶劣的环境中生存。植物往往具有坚硬和结实的小叶子，托叶往往退化为刺，并有防水角质层，最大限度地减少蒸腾叶面积。一些一年生植物在降雨后的几周内发芽、开花和结实，很快完成生活史，而其他多年生植物则具有发达的根系，深入土层获取水分。动物需要保持凉爽，找到足够的食物和水来生存；大多在夜间活动，或在炎热的天气里待在阴凉处或洞穴。有些动物长时间处于休眠状态，在降雨期间活跃起来，迅速繁殖，然后再回到休眠状态。

沙地与沙漠不同，前者是指表面覆盖的沙质土壤，基本上没有植被的土地，包括沙漠，不包括水系中的沙滩（祁元等，2002）；后者主要是指地面完全被沙石覆盖，植物极少，雨水少，空气干燥贫瘠的地区。沙地通常分布在年均降水量200～450mm的地区，而沙漠一般发育在年均降水量＜200mm的地区（朱震达，1994；杨小平，2012）。沙地的形成主要是人为

因素起主导作用，自然因素起次要作用；沙漠的形成是自然因素起主要的、决定性的作用，人为因素作用较小。因此，在进行退化生态系统修复时，应考虑可进行植被恢复的沙地，而沙漠通常不可进行大规模人为植被恢复。

荒漠生态系统是地球上自然条件极为严酷的生态系统之一，其主要特点有：气候极端干旱，降水量很小而蒸发量极大，甚至终年无雨，大风和沙暴发生频繁；夏季昼夜温差大，可高达25～30℃，冬季严寒；土壤质地疏松，缺少水分，砂砾含量高，土壤发育程度差；植被类型贫乏，分布格局十分稀疏，以超强耐旱并耐寒的小乔木、灌木和半灌木为优势植物；物种多样性极为贫乏，生物量很低，生产力极其低下，植被退化后恢复极为困难（高照良，2012；祁元等，2002）。

二、荒漠的分布、成因与特征

黄土高原的沙地和沙漠类型属于内陆荒漠类型，分布于大陆腹地，主要由毛乌素沙地和库布齐沙漠组成。

（一）毛乌素沙地

毛乌素沙地在植被区划上属于温带森林-草原过渡地带，面积约4.2万km^2，以固定和半固定沙丘为主。秦朝时曾经有小片土地发展过农业，后来则一直为游牧区。由于气候变迁和长期的不合理开垦利用，地表植被退化消失，逐渐演变为沙地。地带性土壤为沙质土。毛乌素森林草原的破坏，起源于初唐的放牧政策，公元9世纪已经有流沙侵袭的文字记载。到两宋时期，毛乌素的荒漠化逐渐向四周扩展，从明末到民国的几百年间沙化更为迅速。从20世纪60年代开始，人们才开始大力兴建防风林恢复植被（张志云和张帆，2015）。

自然因素也影响着毛乌素沙地的发展。毛乌素沙地属于荒漠草原和干旱草原，气候干旱，多大风天气；第四纪河湖相沙质地表上形成的沙土为荒漠化提供了物质基础。毛乌素沙地荒漠化的原因是自然和人为因素相互叠加、共同作用的结果，是在半干旱气候和丰富的沙源物质等因素的基础上，叠加人为不合理的活动而产生的（许冬梅和王堃，2007）。

毛乌素沙地基质脆弱，土壤结构疏松而不发育，地表植被稀疏矮小、群落结构简单，平均覆盖度仅25%，地表水稀少且不稳定等，这些都为地表起沙提供了条件。毛乌素沙地东部为未覆沙的梁地、半固定沙地，西部是以沙岩为基底的硬梁地，中部则以非地带性的盐碱土、草甸土及风砂土为主。在特定的地貌和土壤分布等条件下，沙生植物和草甸植物为主要优势种并形成其特殊的植被类型，主要沙生植物有沙米、大籽蒿（*A. sieversiana*）、油蒿、小叶锦鸡儿（*C. microphylla*）、中间锦鸡儿（*C. liouana*）、乌柳（*S. cheilophila*）、叉子圆柏（*Sabina vulgaris*）等；草甸植物有寸薹草（*C. duriuscula*）、海乳草（*Glaux maritima*）、碱茅、芨芨草（*Achnatherum splendens*）等。毛乌素地区以东胜-四十里梁-盐池为分水岭，将地表水系统分为内流区和外流区。地表径流流动不畅和地下水盐碱度偏高，导致毛乌素沙地的淡水资源稀少，这直接影响其植被覆盖率；此外，人类高强度的不合理利用，促进了土地沙漠化的发展，因此毛乌素沙地的治理存在很多自然和人为因素的难题（郝成元，2003）。近年来，随着生态治理力度的加强，毛乌素沙地生态状况全面好转，沙化土地治理率已达80%。不过，目前的治理具有脆弱性、不确定性，还需要巩固已有治理成果，稳步推进防沙治沙工作。

（二）库布齐沙漠

库布齐沙漠是中国第七大沙漠，位于鄂尔多斯高原东西向隆起带北部并向河套平原地区过渡的坡面，面积约 1.4 万 km^2，以流动沙丘为主（刘海江等，2008）。河套地区位于东亚季风区的西北缘，属大陆干旱半干旱区交界处，属于吉兰泰-河套古大湖的范围（陈发虎等，2008），也在古黄河流域的范围。库布齐沙漠的形成也和古河流湖泊的干涸有密切的关联。

库布齐沙漠景观形成时期较晚，多数流动沙丘形成于全新世时期（距今 11 500 年）。沙漠沙丘的形成是多种因素综合作用的结果，特别是可利用沙源、地表裸露状况和风力搬运能力等因素的相互影响、相互作用。

库布齐沙漠地势较为平坦，多为河漫滩地和黄河阶地，东部水分条件较好，属于半干旱区，西部为干旱区，热量丰富，中东部有发源于高原脊线北侧的季节性川沟十余条，沿岸土壤肥力较高，而且沟川地的地下水位深度仅 1～3m，也分布一些绿洲景观。库布齐沙漠地带性植被东部为干草原类型，西部为荒漠草原植被类型，西北部为草原化荒漠类型。固定沙地、半固定沙地主要优势种为黑沙蒿（*A. ordosica*），流动沙地主要优势种为圆头蒿（*A. sphaerocephala*）。

三、荒漠生态系统保护和发展问题

荒漠生态系统是地球生态系统的重要组成部分，在全球物质循环和能量流动方面发挥着不可或缺的作用。沙漠的水资源蕴藏丰富，但绝大部分地下水或暗河的应用难度较大。荒漠因为环境条件恶劣而人迹罕至，因而成为一些能够耐受高温干旱动植物的保育地。此外，沙漠地区还蕴藏着丰富的能源和矿藏。

沙漠的形成受气候、地貌和地壳运动的影响。从世界沙漠分布看，主要受副热带高压和西风带的影响，全球南北纬 30°附近多为沙漠。非洲北部的撒哈拉沙漠和中东的阿拉伯沙漠相连，但到了西亚，由于青藏高原的隆起导致西风带北移，形成了新疆的塔克拉玛干沙漠，从而保护了我国长江中下游平原地区。

荒漠化是全球面临的最严重生态问题之一。荒漠增加的原因多种多样，是气候变化、人口增加过快、土地利用不合理及人类管理不善等诸多因素相互叠加的综合结果。荒漠化的影响加剧了农村人口的贫困，而贫困人口为了生存，会进一步加大对自然资源的利用强度，导致自然环境进一步恶化，加速土地荒漠化的进程，形成恶性循环。自然或人为因素的胁迫压力比平均天气干燥的时期更易导致植被退化，随之而来的可能是土壤流失和生态系统不可逆的变化，使草原退化为荒漠。荒漠化不仅会导致荒漠生态系统严重退化，而且会造成荒漠生物多样性的大量丧失。

第六节　黄土高原淡水生态系统

淡水生态系统是指淡水生物群落与其所在的河流、淡水湖泊、水库等水环境相互作用而组成的生态系统。淡水生态系统以水作为系统的主要环境介质，与陆地生态系统相比有其独特的特点。①环境特点。水密度和比热容都较大，浮游生物主要借助水的浮力和无剧烈变化的水温环境而生存，水的密度还决定了水生生物的构造。②营养结构特点。水生生物在水中有明显的分层现象。③功能特点。淡水生态系统的生产者主要是个体微小但数量庞大的浮游植物，对光能的利用率比较低。

许多阻隔将淡水系统分隔成不连续的单元，许多淡水物种分布不易突破陆地的阻隔，这便产生了两个重要的效应：①淡水的物种必须适应局部地区气候和生态条件的变化；②淡水生物多样性通常高度特化，即使一个小小的湖泊或溪流系统也有特有的、区域进化的生物群落。因此，淡水生态系统对区域生境和生物有重要意义。

淡水生态系统根据水体流动与否可以分为两类：①流水生态系统，即河流生态系统，包括江河、溪流和水渠等；②静水生态系统，主要包括湖泊、水库生态系统等。

一、湖泊生态系统

（一）湖泊生态系统类型与分布

湖泊生态系统是由水生生物群落与湖泊生态环境共同组成的动态平衡系统。湖泊生物群落可分为：①沿岸带生物群落（挺水植物、浮水植物、沉水植物、底栖藻类、底栖动物）；②敞水带生物群落（开阔水面的浮游硅藻、绿藻、蓝藻、浮游动物）；③深水带生物群落（微生物和无脊椎低等动物）。

不同流域的湖泊表现出明显的差异。湖泊水的滞留、水量平衡、入湖溶解性物质、颗粒沉积物、湖水深浅、湖水的流动、分层与混合、水生植物的光合与呼吸作用、群落演替、沉积物的沉积与分解、水生生物食物网等系统内能量流动、物质循环，都会给湖泊演化带来不同的影响（杨文龙和王文义，1997）。湖泊富营养化是由于泥沙、氮、磷等物质进入湖泊，引起藻类及其他浮游生物大量繁殖，使水中溶解氧量下降，水质恶化，鱼类及其他生物大量死亡的现象。湖泊富营养化现象也会造成泥沙和生物残体的淤积，使湖床逐渐抬高，湖水不断变浅，逐步使湖泊完成向富营养型的过渡，进而转化为沼泽，直至最后消亡。典型的湖泊演替，通常描述为贫养→中等营养→富营养→超富营养的单向性系列。由于人为干扰程度的不同，导致湖泊营养状态的单向性系列演替存在很大的差异。

在黄土高原形成过程中，湖区越抬越高，而湖水变得越来越少，也越来越浅。黄土高原有独特的宁武天池高山湖泊群，有我国最大的沙漠淡水湖泊红碱淖，也有黄河流域最大的浅水湖泊乌梁素海。乌梁素海是世界上沼泽化最快的湖泊之一，已经退化为湿地（刘旭等，2013），将在第七节湿地生态系统部分详细论述。

1. 红碱淖

红碱淖（109°50′～109°56′E，39°04′～39°08′N，海拔 1232m）地处神木市西北部毛乌素沙漠南沿，位于毛乌素沙地与鄂尔多斯高原的交错地带，其北部与内蒙古自治区鄂尔多斯市伊金霍洛旗相邻，是典型的干旱区内陆湖泊。该湖泊由风蚀洼地所成，成湖前是一片低洼湿地，盆地内广泛分布富碱绛红色沙壤，一直被作为碱矿开采地。该湖泊水的来源包括大气降水、地表径流和人工补给。红碱淖面积经历了波动期（1986～1998 年）、萎缩期（1999～2014 年）和增长期（2015～2018 年），总体呈萎缩趋势，减少了 23km^2，减幅 39.24%（卓静等，2019）。该湖泊面积多年平均值为 44.17km^2，2002 年以前，每年湖泊面积平均值均大于多年平均值，2002 年以后，每年湖泊面积平均值均小于多年平均值（图 4.5）。湖区周边大部分是固定沙丘、风蚀丘陵，故植被种类以沙生植被为主，代表性植物有沙蒿、沙柳、白刺等。

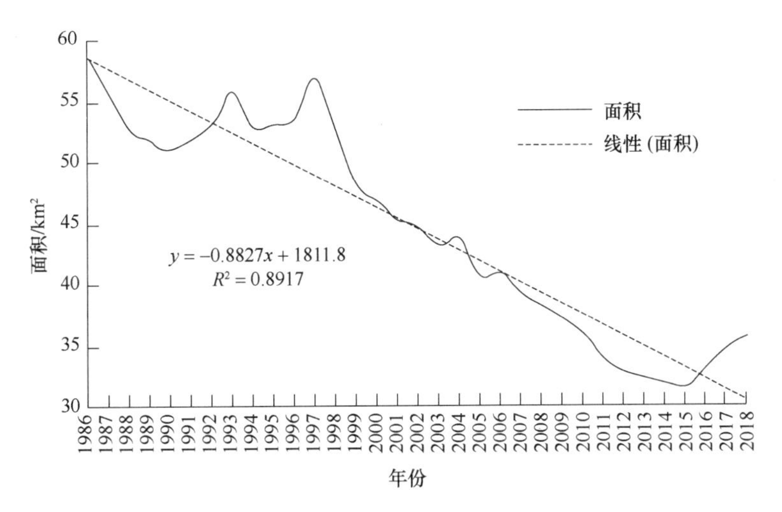

图 4.5　1986～2018 年红碱淖面积变化趋势（卓静等，2019）

红碱淖的鸟类共有 9 目 15 科 72 种，主要有遗鸥（*Larus relictus*）、西伯利亚银鸥（*L. vegae*）、棕头鸥（*L. brunnicephalus*）、渔鸥（*L. ichthyaetus*）、红嘴鸥（*L. ridibundus*）、普通燕鸥（*Sterna hirundo*）、鸥嘴噪鸥（*Gelochelidon nilotica*）、白额燕鸥（*S. albifrons*）、须浮鸥（*Chlidonias hybrida*）、普通翠鸟（*Alcedo atthis*）、小䴙䴘（*Podiceps ruficollis*）、普通鸬鹚（*Phalacrocorax carbo*）、苍鹭（*Ardea cinerea*）、白鹭（*Egretta garzetta*）、池鹭（*Ardeola bacchus*）、夜鹭（*Nycticorax nycticorax*）、牛背鹭（*Bubulcus ibis*）、赤麻鸭（*Tadorna ferruginea*）、绿头鸭（*Anas platyrhynchos*）、凤头麦鸡（*Vanellus vanellus*）、针尾沙锥（*Gallinago stenura*）、扇尾沙锥（*G. gallinago*）、灰尾鹬（*Tringa brevipes*）等，其中遗欧属于国家一级保护动物。

红碱淖的鱼类资源较为丰富，主要有鲤鱼（*Cyprinus carpio*）、鲫鱼（*Carassius auratus*）、鲢鱼（*Hypophthalmichthys molitrix*）、草鱼（*Ctenopharyngodon idellus*）、鳊鱼（*Parabramis pekinensis*）、鲌鱼（*Erythroculter ilishaeformis*）、麦穗鱼（*Pseudorasbora parva*）、鳘鱼（*Hemiculter leucisculus*）、泥鳅（*Misgurnus anguillicaudatus*）、花鳅（*Cobitis taenia*）等。其中，鲤鱼的数量最多，占 80%，鲫鱼次之，占 10%，其他鱼类占 10%。除鱼类外，浮游动物主要有蚤属、裸复蚤属、秀体蚤属、基合蚤属、镖蚤属、剑蚤属、枝轮虫属、腔轮属、桡足类。

2. 宁武天池湖泊群

山西宁武天池湖泊群位于吕梁山北段管涔山和云中山间的准夷平面上，曾发育 15 个以降水补给为主的小型封闭淡水湖泊，包括马营海、公海、琵琶海、老师傅海、双海、干海、鸭子海、小海子、岭干海、里干海、外干海、小海、暖海等，总面积约 4km^2，储水量为 8×10^6m^3，形成了中国典型季风区罕见的高山淡水湖泊群。目前仅马营海（又叫天池、母海）、公海（又叫元池）和琵琶海常年有水，其余湖泊均已干涸。其中，马营海的水源主要来源于大凹山、红岩脊、围沟、北梁上大南坡的地表水及泉水，经神山保沟、大佘沟、正沟、马营沟等，以弧型纵贯马营海湖，然后穿过马营村汇入汾河（张敏和郭改芝，2012）。基于地层、地质和卫星遥感的证据，宁武天池湖泊群主要发育在大型向斜核部西缘的断裂带前缘。小型断层活动、由构造运动所引起的节理构造和岩石挤压/拉张破碎现象在湖泊周围的基岩中很常见，这表明构造运动可能是宁武天池湖泊群形成的主导因素（王鑫等，2014）。

宁武亚高山湖群浮游植物共 8 门 45 科 108 属 291 种（变种及变型）。硅藻门、绿藻门和蓝藻门为优势门，优势科、优势属和优势种也都较为明显，表明该区域的浮游植物群落类型丰富，区系组成复杂。湿生高等植物共 2 门 52 科 143 属 231 种。植被划分为 3 个植被型组、6 个植被型、28 个群系。宁武亚高山湖群湿生植物在数量上占绝对优势，沉水植物次之，浮叶植物最少，沉水植物以眼子菜科、龙胆科、川蔓藻科、狸藻科、小二仙藻科等为主，挺水植物有芦苇、水蓼、浮毛茛（*R. natans*）等，浮叶植物以水葫芦苗（*Halerpestes cymbalaria*）为代表。

鱼类共 1 目 2 科 5 种，鸟类共 7 目 9 科 19 种，哺乳类共 2 目 3 科 3 种。国家重点保护野生动物 8 种。其中，国家一级保护动物 1 种，国家二级保护动物 7 种。

（二）湖泊生态系统的功能

1. 资源功能

湖泊不仅可为人类提供必要的水资源，还提供了各种动植物产品，如鱼、虾、蟹、贝、莲藕等；此外，还具有运输、防洪抗旱、补充地下水源等功能。

2. 净化功能

湖泊的生物和化学过程可使有毒物质得以降解，有净化环境的功能。

3. 防洪排涝功能

湖泊具有吸纳暴雨、削减洪峰、滞后洪水、均化径流、减少洪涝灾害发生的生态功能。

4. 维持生物多样性功能

湖泊独特的生态环境孕育了丰富的生物多样性，为野生动物，特别是水禽的栖息、觅食、繁衍、迁徙和越冬提供了场所。

5. 大气调节功能

湖泊可以影响小气候。湖泊植物群落可以吸收大量的 CO_2 并释放 O_2；一些植物还能够吸收 SO_2、Cl_2 等有害气体，能有效调节大气组分。湖泊也会排放 CH_4 等温室气体。

6. 科研教育和休闲娱乐功能

湖泊丰富的生物多样性为科学研究提供了重要实验基地。此外，湖泊还具有休闲旅游等功能。

（三）湖泊生态系统的生产力

湖泊是被陆地生态系统包围的水生生态系统，因此来自周围陆地生态系统的输入物质对其有重要影响。各种营养物和其他物质可沿着生物、地理、气象和水文通道穿越生态系统的边界。能量和各种营养物质在湖泊中的迁移是通过捕食食物链和碎屑食物链进行的。

湖泊初级生产力源于水生植物。浮游植物、浮游动物、细菌和其他消费者从水体和底泥中摄取营养，它们死后沉积于湖底，分解作用会减少颗粒态氮和磷，增加氮和磷的溶解含量。湖泊初级生产过程十分复杂，受光照、温度、营养盐（N、P、Si 等）、水生植物等因素的影响。由于植物和环境相互作用的复杂性，且水文要素的变化会导致生态系统中食物网和种间关系的相应改变，从而影响水生植物群落的初级生产力（刘佩佩等，2014）。水生植物通过光合作用累积生物量，而光照和温度是光合作用过程中最重要的两个影响因子。因此，光照和温度对水生植物初级生产力有显著影响。由于光抑制作用，生长于水面以下的浮游植物在夏季的初级生产力较低（汪益嫔等，2011）。

二、水库生态系统

（一）水库生态系统的结构

水库生态系统是人工生态系统，是自动调节与人工调节机制相结合的生态系统，由陆地河岸环境、水生态环境等组合而成（陈昂等，2015），主要包括水体、水生生物、库岸（大坝）、库区植被和相关建筑物等，是一种水陆复合的生态系统。

水库生态系统的结构可以分为：①时间结构，水库生态系统时间结构可分为发育阶段和湖沼化阶段，发育阶段又可以分为蓄水前、发育期、成熟期等；②空间结构，包括水平结构和垂直结构。水平结构自水库水体至岸边陆地通常可分为水生生态区、消落带和陆生生态区；水生生态区自水库的入水口至大坝又可以分为河流区、过渡区和湖泊区等；垂直结构自水体表面至底泥可分为表层、中层、底层和基地（陈昂等，2015）。水库的特殊结构导致水库存在物理、化学和生物学的明显梯度，表现为激流生境到静水生境的过渡。

黄土高原最大的水库为小浪底水库，位于河南孟津县和山西垣曲县交界处，大坝位于孟津县小浪底村。小浪底水库于 1994 年 9 月 1 日开工，2001 年底竣工投产。总控制流域面积 69.42 万 km^2，占黄河流域面积的 92.3%。水库总库容 126.5 亿 m^3，是以防洪、防凌、减淤为主，兼顾供水、灌溉和发电等功能。小浪底水库水鸟有 175 种，主要有天鹅、白鹭、鸳鸯、黑鹳（*Ciconia nigra*）、白鹳（*C. ciconia*）、大鸨（*Otis tarda*）、金雕等。

山西汾河流域共有水库 66 座，总控制流域面积 17 665km^2，总库容 15.81 亿 m^3，占流域面积的 45%，其中大型水库 3 座，包括汾河水库、汾河二库和文峪河水库；中型水库 13 座，以及小型水库 50 座。其中，汾河水库、汾河二库和文峪河水库、浍河水库等共有浮游植物 6 门 46 属，以绿藻门最多，有 2 纲 5 目 12 科 23 属。其次是硅藻门，有 2 纲 3 目 5 科 10 属。第三是蓝藻门，有 1 纲 2 目 4 科 6 属。其余甲藻门、隐藻门和裸藻门的浮游植物都较少。

黄土高原其他较有代表性的水库还有甘肃巴家咀水库和锁屏水库。巴家咀水库位于黄河支流蒲河下游的董志塬腹地，总库容 5.11 亿 m^3，控制流域面积 3522km^2。锁屏水库位于甘肃通渭县散渡河上游的牛谷河上，总库容 1200 万 m^3。

（二）水库生态系统的功能

水库生态系统具有明显的调节小气候的功能，主要表现在降温、增湿、增大风速等方面（韩慧丽等，2008）。库区的温度和相对湿度的变化范围均小于周围地区，尤其是市区。具体表现为在夏季，库区内温度比周围地区温度低，而在冬季，库区内相对湿度又较大。

水库生态系统还具有明显的净化空气的功能。水库具有拦沙、蓄洪调洪、调节河流径流的生态功能，保证河流径流的源源不断，如小浪底水库建成后就彻底解决了黄河下游断流的问题。

（三）水库生态系统的生产力

水库生态系统初级生产力是指单位面积水域在单位时间内初级生产者生产有机物的能力，是淡水生态系统结构与功能的基本特征，对淡水生态系统及其环境特征具有重要意义。初级生产力不仅可用于评价水体营养状态、估算渔业生产潜力，而且也对水库生态系统和环境特征具有较强的指示作用。通过对渭河流域陕西段石头河水库（陕西省宝鸡市）、冯家山水库（陕西省宝鸡市）、桃曲坡水库（陕西省铜川市）和三原西郊水库（陕西省咸阳市）浮游生物和初级生产力的研究表明，这 4 座水库的浮游植物共有 7 门 40 种属，密度为 12.00×10^4～132.50×10^4 个/L，生物量为 0.39～2.77mg/L（表 4.3）；浮游动物的密度为 50～2160 个/L，生物量为 0.21～1.85mg/L（表 4.4）；初级生产力（水柱平均日毛生产量）为 0.41～2.21g（O_2）/（$m^2\cdot d$）（表 4.5）（韩亚慧，2017）。利用这些指标评估鱼产力，并确定合理的鱼类放养量，对于发展水库渔业和保护水质具有科学意义。依据初级生产力估算的鱼产力结果详见表 4.5。

表 4.3 各水库浮游植物的密度和生物量（韩亚慧，2017）

水库	指标	金藻门	绿藻门	隐藻门	硅藻门	裸藻门	甲藻门	蓝藻门	总计
石头河	密度/（10^4 个/L）	0.056	1.194	0.333	8.028	2.389	—	—	12.000
	生物量/（mg/L）	0.0056	0.0205	0.0133	0.1153	0.2389	—	—	0.3944
冯家山	密度/（10^4 个/L）	1.400	12.220	—	17.040	0.420	9.900	9.850	50.840
	生物量/（mg/L）	0.0070	0.1059	—	0.1371	0.0410	0.3445	0.1252	0.7607
桃曲坡	密度/（10^4 个/L）	9.648	19.360	—	8.704	13.300	0.056	0.333	51.000
	生物量/（mg/L）	0.8301	0.2294	—	0.1473	1.3190	0.0019	0.0133	2.5410
三原西郊	密度/（10^4 个/L）	5.835	15.230	—	68.060	1.100	—	25.280	132.500
	生物量/（mg/L）	0.0584	0.4746	—	1.426	0.7387	—	0.0718	2.7670

表 4.4 各水库浮游动物的密度和生物量（韩亚慧，2017）

水库	指标	原生动物	轮虫类	枝角类	桡足类	总计
石头河	密度/（10^4 个/L）	50	—	—	—	50
	生物量/（mg/L）	0.2057	—	—	—	0.2057
冯家山	密度/（10^4 个/L）	223	86	—	—	309
	生物量/（mg/L）	0.2450	0.1332	—	—	0.3782

续表

水库	指标	原生动物	轮虫类	枝角类	桡足类	总计
桃曲坡	密度/（10^4个/L）	40	210	105	25	380
	生物量/（mg/L）	0.2010	0.4720	0.5250	0.1520	1.3500
三原西郊	密度/（10^4个/L）	1980	180	—	—	2160
	生物量/（mg/L）	1.4020	0.4500	—	—	1.8520

表 4.5　各水库初级生产力及鱼产力（韩亚慧，2017）

水库	日毛生产量/[mg（O_2）/（$m^2 \cdot d$）]	鲢鱼产力/（kg/ hm^2）	鳙鱼产力/（kg/hm^2）
石头河	0.4053	26.23	14.75
冯家山	0.4077	26.38	14.84
桃曲坡	0.588	38.05	21.40
三原西郊	2.2065	142.78	80.31

三、河流生态系统

（一）河流生态系统的特征

河流生态系统是陆地与海洋联系的纽带。水是河流生态系统的重要组成，是生态过程的驱动力之一。

河流的形态、流速、流量、水深、水温、水质、水文周期变化、河床材料物质等异质性造就了不同的河流特征，形成了丰富的河流生物多样性、复杂的食物链和食物网。河流生态系统的特征主要包括以下几个方面。

1. 河流廊道特征

廊道特征主要表现为河流的蜿蜒廊道性，是自然河流的重要特征。蜿蜒廊道使河流形成干流、支流、河湾、沼泽、深潭和浅滩等，进而也形成了丰富多样的生态系统。

2. 上、中、下游的生态差异明显

河流上游一般为山区或高原，纵降比大，断面狭窄，水流急速。中游为山区向平原的过渡区，断面逐渐宽阔，纵降比和水流由急变缓。下游多为低洼易涝区，断面宽阔，河底平缓，水流缓慢。多样的河流形态为生物多样性提供了良好的生存条件，对于生物群落结构、组成、种群密度及微生物的作用都产生了明显的影响。

3. 河流断面形状的不规则性

河流横断面形状既多样又不规则，也常有深潭与浅滩交错出现。浅滩生境光热条件优越，适宜形成湿地，为鸟类、两栖动物和昆虫提供了栖息、觅食和繁殖的场所。深潭水温、阳光辐射、食物和含氧量随水深变化，生物群落存在明显的分异现象。

4. 河床物质的透水性

具有透水性的河床物质适合水生、湿生植物和微生物的生存。不同粒径卵石、沙石、泥土的自然组合，为鱼类产卵提供了场所。透水的河床通过为地下生态补水，使地表水和地下水有机地联系起来成为整体。

5. 河水的流动性

以水为载体和介质的动力作用使河水具有流动性特征，耦合了营养和非营养物质的循环，实现了光能、化学能在河流生境的转换。

6. 气、陆、水的联系紧密

河流水体流动性强，与大气接触面积大，含有较丰富的 O_2。河水在流动和静止过程中，生物物质溢出水面或沉入河底，处于大尺度的水气循环和水陆循环之中，特别是急流、跌水和瀑布河段，曝气作用更为明显，适于需氧量相对较强的生物在河流生态系统中生存和繁衍。

河流演化中径流、泥沙、河床边界、河形、地貌等相互影响、相互制约。河流生态系统对水沙输移等适应后，河床形态要素间形成了较稳定的整体效应，表现出稳定的河型和水文特征，从而形成了与之相适应的河流生态系统和生物多样性。

（二）主要河流生态系统的结构

黄土高原的地表水系以黄河为骨干，较大的支流有汾河、渭河、泾河、洛河等。黄土高原的河流受气候、地貌等环境因素影响，普遍具有季节变化大、有明显的汛期、径流量小、涨落迅速等特点。黄土高原水系含沙量较高，往往一次洪水含沙量占全年的 70%～80%或以上。高原浅层地下水补给主要来源于大气降水，大部分地区地下水贫乏，埋藏很深，多在 50～60m 及以下，有的达 100～200m。

1. 黄河

黄河流域降水集中在 7 月和 8 月，汛期较短，占全年径流量的 70%～80%，冬季是水量最枯的季节，仅占 10%左右。黄河径流的年变化剧烈，最大流量和最小流量相差一百多倍。此外，黄河还有凌汛等特殊水文现象。

黄河是世界上含沙量最大的河流，其中陕州区水文站的多年平均含沙量高达 37.7kg/m^3，历史上多年平均输沙量为 16 亿 t，约占全国总输沙量的 60%。黄河泥沙主要来自黄土高原，即黄河的河口镇（头道拐）到龙门区间的产沙区域，占黄河输沙量的 90%。1954～2015 年（不计头道拐以上来沙）黄河年输沙量呈现波动变化，进入 21 世纪后平均值仅为 2.6 亿 t，其中 2015 年仅 0.55 亿 t（李敏和朱清科，2019），这主要是多年来实施生态治理工程的结果。

黄河流域浮游植物共有 197 种，其中以绿藻门、硅藻门、蓝藻门为主。浮游动物共有 164 种，其中原生动物 48 种，轮虫 64 种，枝角类 31 种，桡足类 21 种。底栖动物共有 167 种，以昆虫纲种类最多，生物量以汾河水库最低，东平湖最高。鱼类有 191 种（含亚种），隶属于 15 目 32 科 116 属，以鲤科为主，其次为鰕虎鱼科、银鱼科，其余各科较少；其中黄河干流鱼类有 125 种（含亚种），分别隶属于 13 目 24 科 85 属。黄河流域主要经济鱼类有花斑褐鲤、极边扁咽齿鱼、北方铜鱼、秦岭细鳞鲑、鲇鱼、长颌鲚、鲤鱼、鲫鱼（李红娟等，2009）。

黄河流域底栖动物较少，与黄河的剪切力、泥沙的悬浮与沉降过程有关，主要以摇蚊幼虫和水生寡毛类为主，其中克拉伯水丝蚓（*Limnodrilus claparedeianus*）、线虫（*L. hoffmeisteri*）、直突摇蚊（*Orthocladius*）和苏氏尾鳃蚓（*Branchiura sowerbyi*）分布广泛。支流由于有机质增加，寡毛类相对增多，螺类增加明显（傅小城等，2010）。

黄河上游国家一级保护鸟类有黑颈鹤（*Grus nigricollis*）、金雕（*Aquila chrysaetos*）、斑尾榛鸡（*Bonasa sewerzowi*）、雉鹑（*Tetraophasis obscurus*）、胡兀鹫（*Gypaetus barbatus*）等；国家二级保护鸟类有红隼（*Falco tinnunculus*）、普通燕鸥、血雉（*Ithaginis cruentus*）等（冯慧，2009）。黄河山西平陆段鸟类主要有鸊鷉目、雁形目、鹳形目、鸻形目等，优势种主要有大天鹅、赤麻鸭、红头潜鸭（*Aythya ferina*）、绿头鸭、斑嘴鸭（*Anas poecilorhyncha*）、苍鹭等；常见种有小鸊鷉（*Podiceps ruficollis*）、凤头鸊鷉（*P. nigricollis*）、池鹭、白鹭、夜鹭、黄斑苇鳽（*Ixobrychus sinensis*）、豆雁（*Anser tabalis*）、绿翅鸭（*Anas crecca*）、赤颈鸭（*Anas penelope*）、琵嘴鸭、鹊鸭（*Bucephala clangula*）、普通秋沙鸭（*Mergus merganser*）、白骨顶（*Fulica atra*）等。国家二级保护动物有大天鹅、阿穆尔隼（*F. amurensis*）、大鵟等。两栖动物有花背蟾蜍（*Bufo raddei*）、中华大蟾蜍（*B. bufo*）、中国林蛙（*Rana chensinensis*）、黑斑蛙（*R. nigromaculata*）、金线蛙（*R. plancyi*）等。

2. 汾河

汾河是黄河的第二大支流，发源于山西省宁武县管涔山，干流由北向南依次流经忻州、太原、吕梁、晋中、临汾和运城 6 市 29 县，于万荣县庙前村附近汇入黄河。汾河干流全长 716km，流域面积 39 471km^2。汾河是山西境内的第一大河流，被誉为山西省的母亲河，流域西靠吕梁山、东临太行山，地势北高南低。汾河支流众多，支流水系发源于吕梁山和太行山两大山系，是黄土高原的重要组成部分。较大的支流有潇河、文峪河、浍河等；此外还有许多泉域，包括大泉水，兰村泉、晋祠泉、洪山泉、郭庄泉、广胜寺泉、龙子祠泉、古堆泉等。

汾河流域的鱼类主要有南方马口鱼（*Opsariicjthys uncirostris bidens*）、瓦氏雅罗鱼（*Leuciscus waleckii*）、草鱼、青鱼（*Mylopharyngodon piceus*）、棒花鱼（*Abbottina rivularis*）、鲤鱼、鲫鱼、鲢鱼、鳙鱼（*Aristichthys nobilis*）、花䱻（*Hemibarbus maculatus*）、黄黝鱼（*Hypseleotris swinhonis*）、普栉鰕虎鱼（*Ctenogobius giurinus*）、中华多刺鱼（*Pungitiussinensis*）、黄颡鱼（*Pelteobagrus fulvidraco*）、银鲴（*Xenocypris argentea*）等，其中鲤科鱼类占优势。鳅科主要有达里湖高原鳅（*Triplophysa dalaica*）、粗壮高原鳅（*T. robusta*）、武威高原鳅（*T. wuweiensis*）等（朱国清，2014）。主要鸟类有小鸊鷉、凤头鸊鷉、黑颈鸊鷉（*P. nigricollis*）、普通鸬鹚、苍鹭、池鹭、大白鹭（*E. alba*）、中白鹭（*E. intermedia*）、小白鹭、夜鹭、大天鹅、黑鹳等，其中国家一级保护鸟类有黑鹳，国家二级保护鸟类有白琵鹭和大天鹅。

汾河中下游藻类共有 298 种（包括种下分类单位），隶属于 8 门 96 属。种类较多的依次是硅藻门、绿藻门和蓝藻门，分别有 27 属 127 种（占总种数的 42.62%），41 属 104 种（占总种数的 34.90%），20 属 45 种（占总种数的 14.10%）。裸藻门、隐藻门、甲藻门、金藻门和黄藻门共 8 属 22 种（占总种数的 8.38%）（王爱爱等，2014）。

汾河太原段大型底栖动物优势种为霍甫水丝蚓（*L. hoffmeisteri*）、苏氏尾鳃蚓（*Branchiura*

dowerbyi）、萝卜螺（*Radix* sp.）、铜锈环棱螺（*Bellamya aeruginosa*）、裸须摇蚊（*Propsilocerusi* sp.）、黄色羽摇蚊（*Chironomus flaviplumus*）。丰水期的优势种增加了东方蜉（*Ephemera* sp.）和纹石蚕（*Hydropsy chidae*）。

3. 渭河

渭河是黄河的最大支流，发源于甘肃渭源乌鼠山（西秦岭山脉的西延部分），由宝鸡凤岭阁进入陕西境内，在陕西潼关注入黄河，流域涉及甘肃、宁夏、陕西三省，全长 818m，流域面积 13.5 万 km^2，多年平均径流量 103.7 亿 m^3。渭河的支流错综复杂，水域丰富，且分布不对称，南北的总体分布呈扇状。南部的支流数量较多，但较大的支流主要分布在北岸，即泾河和北洛河。渭河流域是黄河泥沙的主要来源地。

渭河干流鱼类区系的组成特点与黄河鱼类区系大致相似，主要有草鱼、青鱼、鲢鱼、贝氏高原鳅（*T. bleekeri*）、中华花鳅（*Cobitis sinensis*）、瓦氏雅罗鱼、棒花鱼、似铜鮈（*Gobio coriparoides*）等（刘睿等，2017）。渭河上游浮游植物有 6 门 50 属，以硅藻门占绝对优势，其次是绿藻门。

渭河流域大型底栖动物共有 116 种，其中水生昆虫 91 种，占 78.5%；软体动物 12 种，占 10.3%；环节动物 9 种，占 7.8%；甲壳动物 4 种，占 3.4%。渭河流域大型底栖动物水生昆虫主要由蜉蝣目、襀翅目、毛翅目和双翅目等组成，常见种有三带环足摇蚊（*Cricotopus trifasciatus*）、半折摇蚊（*Chironomus semireductus*）。软体动物常见种有椭圆萝卜螺（*Radix swinhoei*）、卵萝卜螺（*Radix ovata*）和半球多脉扁螺（*Polypylis hemisphaerula*）等（殷旭旺等，2013）。

渭河流域代表性的鸟类有苍鹭、夜鹭、斑嘴鸭、鹊鸭、绿翅鸭、凤头麦鸡、环颈鸻（*Charadrius alexandrinus*）、白腰草鹬（*Tringa ochropus*）等。其他还有大天鹅、黑鹳、小鸊鷉、凤头鸊鷉、池鹭、大白鹭、中白鹭、白鹭、牛背鹭、豆雁、赤麻鸭、翘鼻麻鸭、赤颈鸭、赤膀鸭、绿头鸭、针尾鸭、白眉鸭、琵嘴鸭、红头港鸭、凤头潜鸭、斑头秋沙鸭、普通秋沙鸭、灰鹤（*G. grus*）、黑水鸡、白骨顶、水雉、针尾沙锥、扇尾沙锥、灰尾鹬、青脚鹬、林鹬、矶鹬、红嘴鸥、普通燕鸥、普通翠鸟、冠鱼狗、褐河乌、红尾水鸲等。其中，黑鹳为国家一级保护动物，大天鹅、灰鹤为国家二级保护动物。

4. 泾河

泾河流域位于黄土高原腹地，处于子午岭山和六盘山之间，南沿渭北高原，北临宁夏和陕西交界的白于山麓。流域绝大部分属于黄土高原，全长 455.1km，流域面积 4.5 万 km^2。泾河是黄河流域的十大水系之一，是渭河的最大支流，是黄河的二级支流。泾河发源于宁夏回族自治区六盘山东麓，流经甘肃、宁夏、陕西，于陕西省高陵区注入渭河。流域地形西北高，东南低，地貌主要为黄土丘陵沟壑区和黄土高原沟壑区。流域内水系发达，支流众多，主要有马莲河、蒲河、黑河、马栏河、泔河等，整个流域呈典型的扇形分布。大部分支流深切於黄土丘陵和黄土高原，河谷狭窄（黄巧玲，2015）。

流域内主要鸟类有凤头麦鸡、鹮嘴鹬、黄臀鹎、大天鹅、黑鹳、小鸊鷉、凤头鸊鷉、池鹭、大白鹭、中白鹭、白鹭、牛背鹭、夜鹭、豆雁、赤麻鸭、翘鼻麻鸭、赤颈鸭、赤膀鸭、绿翅鸭、绿头鸭、斑嘴鸭、针尾鸭等，鱼类主要有青鱼、草鱼、白鲢等。

泾河宁夏河段浮游植物种类组成以硅藻和绿藻为主，占整个浮游植物种类组成的

83.95%。泾河宁夏段浮游动物种类组成单一，主要以原生动物为主，轮虫类次之，枝角类及桡足类仅占极小的比例，符合典型河流型浮游动物组成，由于泾河宁夏段海拔较高，夏季水温偏低，不利于细菌及多数浮游植物的生长。因此，饵料资源量较低，不利于浮游动物的生长（张军燕等，2011）。

5. 洛河

洛河，古称洛水或北洛水，为黄河二级支流、渭河一级支流，全长 680.3km。洛河流域位于 107°33′～110°10′E，34°39′～37°18′N，西支石涝川、中支水泉沟、东支乱石头川三支河源在吴旗汇流后称为北洛河，流域总面积 26 905km^2。洛河发源于陕北定边白于山南麓的草梁山，河流自西北向东南，流经志丹、甘泉、富县、洛川、黄陵、宜君、澄城、白水、蒲城、大荔，至三河口入渭河。流域水系呈明显的羽毛型，最大的支流为葫芦河。

洛河流域的鱼类有鲤鱼、鲫鱼、陕西高原鳅、北方花鳅、中华花鳅等，两栖爬行类有中华蟾蜍、花背蟾蜍、黄脊游蛇、鳖等。鸟类主要有赤麻鸭、绿翅鸭、绿头鸭、针尾鸭、琵嘴鸭、红头潜鸭、白眼潜鸭、凤头潜鸭、赤嘴潜鸭、鹊鸭、斑头秋沙鸭、普通秋沙鸭、黑水鸡、白骨顶、彩鹬、反嘴鹬、灰头麦鸡、黑鹳、东方白鹳、白琵鹭、大天鹅、灰鹤、蓑羽鹤、小䴙䴘、凤头䴙䴘、普通鸬鹚、苍鹭、池鹭、大白鹭、中白鹭、白鹭、夜鹭、豆雁、翘鼻麻鸭、赤颈鸭、罗纹鸭等。其中，黑鹳、东方白鹳为国家一级保护动物，大天鹅、灰鹤、蓑羽鹤、白琵鹭为国家二级保护动物。

6. 无定河

无定河，是黄河中游的一级支流，是黄河中游（河口镇—龙门）水土流失最严重的一条支流。无定河流域位于毛乌素沙地南缘及黄土高原北部的干旱半干旱地区，属于大陆性半干旱季风气候区，是陕西榆林地区最大的河流。流域地处中国北方农牧交错带，具有典型的过渡性地理特征，是中国自然环境、人口分布的典型过渡地带。无定河发源于定边白于山北麓，全长 491km，流经定边、靖边、米脂、绥德和清涧等县后注入黄河，流域面积 30 260km^2。河流多年平均流量 15.3 亿 m^3，径流的年际变化较大，主河道平均比降为 1.97%。流域内面积大于 1000km^2 的支流有四条，分别为芦河、榆溪河、大理河和淮宁河。

无定河流域的鸟类主要有黑鹳、白琵鹭、斑嘴鹈鹕、鸳鸯、大天鹅、小䴙䴘、凤头䴙䴘、黑颈䴙䴘、普通鸬鹚、苍鹭、池鹭、大白鹭、中白鹭、白鹭、牛背鹭、夜鹭、大麻鳽、豆雁、赤麻鸭、翘鼻麻鸭、赤颈鸭、斑嘴鸭、针尾鸭、白眉鸭、琵嘴鸭、红头潜鸭、凤头潜鸭、斑头秋沙鸭、普通秋沙鸭、黑水鸡、白骨顶、水雉、彩鹬、鹮嘴鹬、凤头麦鸡、灰头麦鸡、针尾沙锥、矶鹬、红嘴鸥、普通燕鸥、普通翠鸟、冠鱼狗、褐河乌、红尾水鸲、小燕尾、黑背燕尾等。其中，黑鹳为国家一级保护动物，大天鹅、白琵鹭、斑嘴鹈鹕、鸳鸯为国家二级保护动物。鱼类有鲤鱼、鲫鱼、北方花鳅、中华细鲫、黄黝鱼、白鲢、黄颡鱼等。

（三）河流生态系统的功能

依据河流生态系统的组成、结构特点和生态过程，特别在人类合理干预下，河流呈现自然的、综合的、社会的、生态的和人文的综合服务功能。河流生态系统功能包括自身功能和生态系统服务功能。

1. 自身功能

河流生态系统自身功能是指其物理形态、生物类群、水质对物种迁徙的演变、能量流动和物质循环的功能。由于蜿蜒廊道特征和流动特征，河流生存的物种多为喜氧生物。在蜿蜒廊道河床形态制约下，河流的半开放性生境条件是物种相对稳定的生存区，也是生产者、消费者、分解者进行物质循环和能量转换的基础。

2. 生态系统服务功能

河流生态系统服务功能包括以下五方面内容。

1）水资源功能

河流为工农业生产和人类生活提供了水资源，是保证社会经济发展和人类生活最重要的物质基础，也是农业灌溉的水源。目前，由于区域经济社会发展、人民生活水平提高、自来水普及、地下水开发等，河流的供水功能存在萎缩现象。

2）防洪、排涝及滞蓄洪功能

河流复杂的河网系统具有行洪、蓄洪、排涝功能，构建了区域洪涝水宣泄系统，保障了区域内经济社会发展和人民生命财产安全。

3）生态及环境功能

河流是流动的、相对开放的生态系统，水深较浅，曝气掺氧能力强。河流廊道形成了完整的食物链和食物网，保证了河流生态系统较高的生产力和较为稳定的食物链和食物网。河滨带水域和陆域交错带异质性高，水生植物群落、水陆交替的湿生植物群落、陆生植物群落有序分布；与此对应，沉水植物、浮水植物、挺水植物、湿生生物、陆生植物依水深梯度及地下浸润线呈有规律的分布。因此，河滨带是生物性能好、生物生产量高的区域。

4）降解污染物和自净功能

河流是各类物质（固体的、生物的、化学的）的载体和介质，有一定的降解污染物能力和自净功能。但这种功能有一定阈值，一旦超过阈值，就会导致河流生态系统功能的降低，甚至崩溃。

5）文化景观功能

河网结构造就了景观和地域特色明显的水乡景色。自古以来，人们逐水而居，随水而耕，用水溉田。由于人们亲水近水的天性，河流景观也伴随着社会发展而不断发展，成为区域社会经济发展和生态环境建设的重要组成部分。一条河流的河道志可谓区域水利史，也是区域社会发展史的一部分。目前，城市河流景观和河流生态系统已成为城市建设发展的热点，如兰州市黄河景观、太原市汾河景观等。

（四）河流生态系统的生产力

挺水植物、浮游植物、沉水植物是河流生态系统的重要组成部分，是河流生态系统的初级生产者，其中，挺水植物是初级生产力的主要贡献者。初级生产量随养分浓度增加而增加，藻类、微生物群落的吸收作用是部分河流养分滞留的主要原因。动物通过直接食用藻类和微生物群落，降低或刺激生产力，而其排泄物、分泌物等重新进入水体参与河流生态系统的物质循环。

河流生态系统的生产力受多种因素影响，而有机碳作为河流输移的主要物质，在输运过程中对河流生态系统有重要影响。河流碳主要有四种存在形式：溶解有机碳（DOC）、颗粒有机碳（POC）、溶解无机碳（DIC）和颗粒无机碳（PIC），其中DOC和POC是河流有机碳的两种基本存在形式。有机碳是地表各种环境介质中的重要化学组分，是生态系统中能量与物质循环的重要介质。相比POC，DOC由于其快速降解性，易于直接被生物利用，为细菌生长、代谢和生产提供基质。随着人类活动的日益加强，对自然环境的干扰程度也逐渐加强，使河流有机碳输出在数量上和性质上已发生并且正在发生剧烈变化，深刻影响着河流生态系统的生产力和结构功能（李俊鹏等，2011）。

四、淡水生态系统的保护与可持续发展

全球气候变化是当前全世界面临的重要环境问题之一，全球气候变化对生态系统的影响已成为生态学和环境科学领域的重要问题。淡水生态系统是全球生态系统重要组成部分，与人类生存密切相关。全球气候变化已经对我国的淡水生态系统产生了一定的影响，应大力倡导节水和水循环利用，实现淡水生态系统的可持续利用，从而保障社会经济的可持续发展。

（一）开展流域淡水生态保护与治理

加强淡水生态系统的保护，建立流域层面管理协调机制和考评指标体系，提高河流生态系统的管理能力，充分发挥河流生态系统的服务功能。建立并完善淡水生态区划体系，确定流域水生生态红线，实现对水生生物、栖息地、水文情势、水质等河流生态系统的全过程保护。

加强山水林田湖草沙系统治理。以水源涵养、水土保持、水质净化、生物多样性保护为重点，实施流域生态修复、湖滨生态景观廊道修复、湖滨生态湿地建设等生态修复建设，构建淡水生态系统绿色生态屏障。汾河中上游山水林田湖草生态修复工程提供了良好的借鉴，“山”依托列入世界自然遗产预备名录的芦芽山，“水”依托汾河水源地保护区，“林”是管涔山华北落叶松林区等森林植被，“田”则是中国藜麦之乡静乐县农田，“湖”是中国最大的高山湖泊群之一宁武天池，“草”是华北最大的亚高山草甸马仑草原和荷叶坪。根据山水林田湖草生态保护的布局设计，分区域整体保护，按沟系系统修复，坡沟地综合治理，全流域整体推进（周伟等，2019）。以山水林田湖草为系统，分为管涔山汾河源头水源涵养及生物多样性保护区、汾河上游水源涵养生态保护修复区、汾河干流中上游水生态保护修复区水土保持生态修复区、矿山生态环境治理修复区等，各有侧重地制定生态修复措施。开展入湖河道生态化治理，优化河流、湖泊生态系统结构，提升生态功能。以乡土树种、生态景观树种为主，乔、灌、草结合，实施流域造林绿化工程，提高流域森林覆盖率、生物多样性和景观多样性水平。

（二）加强淡水生态系统保护科学理论研究

加强河流生态系统保护科学的理论基础研究，包括河流生态系统结构和功能研究，探索气候变化和人类活动背景下，河湖、水库生态系统的演变规律。加强珍稀濒危特有水生动物的生物学、生态学、行为学等基础研究，为开展物种保护提供科学指导。在水库内适当投放鱼类，采用自然放养方式，构建较丰富的水生生态群落。引导各类水库合理开发，组织库区水产养殖走有机生态渔业之路，防止为提高渔业产量而使库水营养化。将水库开发利用与生态保护有机结合在一起，建设水清、岸绿、景美的生态良好型水库。

（三）加强生态监测与评价工作

运用科学方法对河湖、水库生态进行监测，如常规监测、遥感监测、生物监测等。水生态监测的指示生物主要有鱼类、底栖无脊椎动物、藻类、细菌、原生动物、水生植物等。藻类是天然水体的重要成分，可以存活在绝大多数水环境中，具有种类多、分布广的特点，且对水环境变化很敏感，在判别水体污染程度、评价水体富营养状态等方面具有广泛的应用价值（陈水松和唐剑锋，2013）。根据实际情况和研究目标，选取综合的监测方法，实现对淡水生态系统的实时监测，为生态系统的管理提供科学依据。

（四）控制进入淡水生态系统的污染物

严格控制流域内的点源污染物和非点源污染物。对于非点源污染物要综合考虑土地利用、土壤类型、地质构造及人口和畜禽养殖等，通过提高污水和畜禽粪便处理能力，减少对河流、湖泊、水库生态系统的污染。对于点源污染物（包括工业、生活污水排放）可通过提高污水处理能力和排放限制，以降低对生态系统的污染。河流生态系统要及时疏浚河道，提高河流的下泄量，缓解河流污染沉积带来的危害。水库、湖泊生态系统可在水库周围、湖泊周围及各入库河流的两岸建立缓冲带，通过缓冲带的吸附、吸收、滞留作用，削减库区、湖区 COD、氨氮、总氮、总磷等污染物的输入量。

第七节 黄土高原湿地生态系统

《关于特别是作为水禽栖息地的国际重要湿地公约》将湿地定义为天然或人工的、长久或暂时性的、静止或流动的、淡水或咸水的水体区域。湿地研究则往往采用狭义的定义，即美国鱼类和野生生物保护机构关于湿地的定义：陆地和水域的交汇处，水位接近或处于地表面，或有浅层积水，至少有一个以下特征：①至少周期性地以水生植物为优势种；②底层土主要是湿土；③在每年的生长季节，底层有时被水淹没，还指出湖泊与湿地以低水位时水深 2m 为界。这个定义目前被许多国家的湿地研究者所接受。

湿地是有着相对较高生产力的生态系统，是位于陆地生态系统和水生生态系统交错带的生态系统，兼有水陆生态系统的特点，被称为“地球之肾”。湿地生态系统包含自然湿地生态系统和人工湿地生态系统。自然湿地生态系统包括河流、沼泽地、泥炭地、潮间带、河漫滩、湿草地等，人工湿地生态系统包括运河、稻田、库塘等。

湿地生态系统的生产者是湿地植物，其他生物类群的新陈代谢和生长发育依赖湿地植物，同时湿地植物还对湿地生态环境特征和功能特性具有指示作用。湿地生物和非生物转化的主要媒介是湿地土壤，土壤是湿地碳库，同时也是湿地生态系统中最主要的环境因子之一（陆健健等，2006）。

一、湿地生态系统的特征

（一）丰富的生物多样性

由于湿地是陆地与水体的交错带，兼具丰富的陆生和水生动植物资源及生物多样性，形成了其他生态系统都无法比拟的天然基因库。

（二）生态脆弱性

湿地水文、土壤、气候相互作用构成了湿地生态环境。每一个因素都可能导致湿地生态系统的变化，特别是水文因素更是决定了湿地生态系统的结构和状态。当水量减少并逐渐干涸时，湿地生态系统就会演变为陆地生态系统；而当水量增加时，该系统又会恢复为湿地生态系统。由此可见，水文因素对于湿地生态系统的主导作用。

当湿地生态系统受到自然或人为活动过度干扰时，会影响生态系统的稳定性，进而影响生态系统的生产力和生态系统服务功能，甚至改变湿地生态系统的结构和演替动态。

（三）生产力高效性

湿地生态系统同其他生态系统相比，初级生产力较高。据报道，湿地生态系统每年平均生产的蛋白质是陆地生态系统的3.5倍，是地球上生产力最高的生态系统（侯晓丽和王云彪，2018）。

（四）效益的综合性

湿地既有调蓄水源、调节气候、净化水质、保存物种、提供野生动物栖息地等生态效益，又具有为工业、农业、能源、医疗等行业提供生产原料的经济效益；同时，还有物种研究、科普教育、生态旅游等社会效益。

二、湿地生态系统

（一）黄河河流湿地

黄河流域湿地总面积约280万 hm^2，占全国陆域湿地总面积的8%，对调节黄河水量，净化水质和水土保持，维持生物多样性和生态平衡等起重要作用。在分布上，唐乃亥以下至内蒙古河口段的黄河上游湿地分布较多；在结构上，河流湿地和沼泽湿地是构成黄河上游湿地的主要组分。河口至河南花园口的中游区，湿地零星分布，以河道和河漫滩湿地为主。花园口至山东东营黄河入海口的黄河下游，由于黄河巨量泥沙的淤积和造陆运动，在河口三角洲形成了丰富的滨海湿地资源。

青海龙羊峡以上为黄河源区，湿地资源丰富，约占流域湿地面积的1/2，是黄河上游的重要水源涵养地。兰州至河口段是黄河流域最干旱的区域，也是黄土高原的主要组成部分，该区湿地以较浅的库塘湿地为主，水面面积比例较大；湿地水源主要靠黄河干流、入黄支流及引黄灌溉退水补给，湿地面积和功能及稳定性极易受水资源补给的影响。表4.6列出了流域内各水资源分区的湿地规模、分区湿地占流域湿地面积的比例、地表水资源量、分区地表水资源量占流域地表水资源量的比例。

表4.6　黄河流域不同分区地表水资源与湿地面积（黄翀等，2012）

区域	面积/km^2和百分比/%	地表水资源量/亿 m^3 和百分比/%	单位面积地表水资源量/（万 m^3/km^2）	用水量/%
龙羊峡以上	10 691.5	208.8	195.3	0.44
	42.5	34.38		

续表

区域	面积/km^{2}和百分比/%	地表水资源量/亿 m^{3}和百分比/%	单位面积地表水资源量/（万 m^3/km^2）	用水量/%
龙羊峡至兰州	3 882.7	132.8	342.03	8.45
	15.5	21.87		
兰州至河口镇	3 988	17.7	44.38	43.45
	15.8	2.91		
河口镇至龙门	639.2	44.1	689.93	4.71
	2.5	7.26		
龙门至三门峡	1 980.6	123.7	624.54	24.86
	7.9	20.37		
三门峡至花园口	1 018.4	55.1	541.07	7.74
	4.1	9.07		

黄河上游河漫滩湿地植物多样性高于湖泊湿地，主要植物群落见表 4.7 和表 4.8。灌木沼泽主要分布在河津、永济黄河沿岸的河堤内及黄河河心形成的沙洲上，有人工营建的柳树（*Salix* spp.）林和刺槐林，河心沙洲上为自然成的柽柳灌丛；草本沼泽以芦苇和香蒲（*Typha* spp.）为主（赵天樑，2005）。

表 4.7　黄河上游湿地主要植物群落（引自贾蕙君，2017，略有删减）

序号	植物群落类型	
1	芦苇群落	Alliance *Phragmites australis*
2	芦苇＋假苇拂子茅群落	Alliance *Phragmites australis*＋*Calamagrostis pseudophragmites*
3	假苇拂子茅群落	Alliance *Calamagrostis pseudophragmites*
4	酸模叶蓼群落	Alliance *Polygonum lapathifolium*
5	旱柳群落	Alliance *Salix matsudana*
6	柽柳群落	Alliance *Tamarix chinensis*
7	碱蓬群落	Alliance *Suaeda glauca*
8	香蒲群落	Alliance *Typha orientalis*
9	稗群落	Alliance *Echinochloa crusgalli*
10	鹅绒藤群落	Alliance *Cynanchum chinense*
11	藨草群落	Alliance *Scirpus triqueter*
12	鹅绒委陵菜群落	Alliance *Potentilla anserina*

表 4.8　黄河中游湿地主要植物群落（引自贾慧君，2017，略有删减）

序号	植物群落类型	
1	芦苇群落	Alliance *Phragmites australis*
2	水烛群落	Alliance *Typha angustifolia*
3	莎草群落	Alliance *Schizaea digitata*

续表

序号	植物群落类型	
4	眼子菜群落	Alliance *Potamogeton distinctus*
5	黑藻群落	Alliance *Hydrilla verticillata*
6	小眼子菜群落	Alliance *Potarmogeton pusillus*
7	沙蓬+虫实群落	Alliance *Agriophyllum squarrosum*+*Trigonotis corispermoides*
8	白茅群落	Alliance *Imperata cylindrica*
9	柽柳群落	Alliance *Tamarix chinensis*
10	西伯利亚蓼群落	Alliance *Polygonum sibiricum*
11	隐花草+碱茅群落	Alliance *Crypsis aculeata*+*Puccinellia distans*
12	盐地碱蓬群落	Alliance *Suaeda salsa*

（二）宁夏平原湿地

宁夏平原湿地呈带状分布，主要分布于宁夏黄河沿岸的冲积湖积平原，南起中卫市下河沿黄河黑山峡出口处，北至石嘴山市北端的黄河三道坎，以青铜峡为界，分为卫宁平原和银川平原，是宁夏农业的精华地带。宁夏平原湿地西侧洪积扇前缘因地下水出露形成湖泊湿地，东侧是黄河及因黄河改道残存的牛轭湖、河漫滩和沼泽湿地，还有部分农业灌溉排泄淤积形成的沼泽；分布最广泛的是遍及全灌区的沟渠系统，属于季节性湿地（钟艳霞等，2008）。

（三）河套平原湿地

河套平原（40°8′～41°17′N，106°17′～109°11′E）地处内蒙古西部，位于阴山山脉以南、黄河以北，西起巴彦淖尔市磴口县，东至乌梁素海。因地势西高东低，东部湿地面积分布比西部多，而南部靠近黄河，湿地多分布于此。根据灌溉水源，河套平原湿地可分为井灌区和黄灌区。井灌区是指以抽取地下水灌溉的区域，主要分布在北部。黄灌区是指主要以黄河水灌溉的区域，分布在靠近黄河的大片区域。

内蒙古河套平原湿地是我国西部干旱、半干旱区典型的黄河芦苇沼泽湿地，是我国候鸟迁徙、停歇和繁衍的重要场所，也是北方重要的防沙生态屏障，是我国华北保存较好的湿地生态类型。近 40 年来，河套湿地面积在气候变化与人类活动的共同作用下，发生了较大的变化。处于不同区域位置的湿地呈现不同的变化趋势：黄灌区湿地呈震荡变化趋势，井灌区湿地处于萎缩状态（图 4.6）。黄灌区的湿地面积占该区湿地总面积的较大部分，在 1988 年处于最小值 152.54km^2，2014 年达到最大值 249.92km^2。井灌区的湿地面积在 1973 年达到最大值 50.04km^2，在 2010 年处于最小值

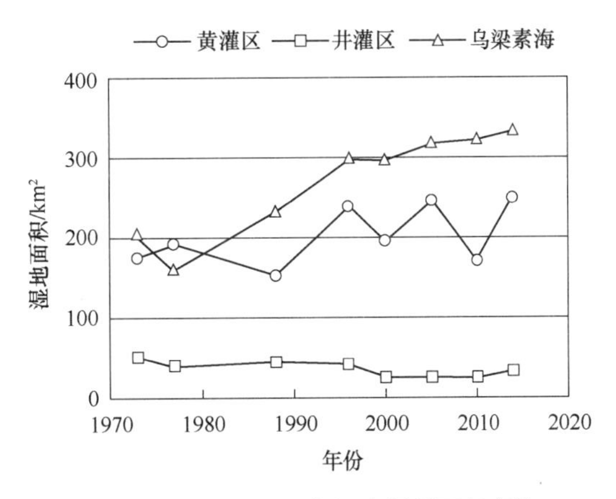

图 4.6　1973～2014 年河套湿地面积变化

（李山羊等，2016）

24.77km^2，井灌区的湿地面积在2014年略有增加，但总体呈减少趋势。

（四）内蒙古乌梁素海湿地

乌梁素海湿地为地球同一纬度上最大的自然湿地，于1998年建立自治区级自然保护区。湖区位于40°47′～41°03′N，108°43′～108°57′E，处于内蒙古自治区巴彦淖尔市乌拉特前旗境内，西连河套平原，东与乌拉山洪积阶地相邻，北依阴山，南临黄河。湖面高程1018.5m，库容量2.5亿～3亿m^3，80%水域水深0.8～1.0m，现有面积300km^2，南北长35～40km，东西宽5～10km（刘旭等，2013）。近40年来，乌梁素海湿地面积总体呈增大趋势，近期趋于稳定（图4.6）。1969～1976年，当地进行大规模的围海造田，致使乌梁素海湿地大面积萎缩。1977年以来，随着引用黄河灌溉水的增加，乌梁素海湿地面积逐步扩大（李山羊等，2016）。

乌梁素海湿地的挺水植物主要有芦苇、香蒲，沉水植物主要有狐尾藻、金鱼藻、龙须眼子菜、菹草（*Potamogeton crispus*）、大茨藻（*Najas marina*）、毛柄水毛茛（*Batrachium trichophyllum*）等。植物种类组成以禾本科、眼子菜科占优势，以芦苇、龙须眼子菜、狐尾藻为群落优势种。浮游植物各种群丰度表现为春冬季低，夏秋季高。春季浮游植物有7门59属96种，以绿藻门种类最多，占总数的56.25%，优势种有卵囊藻（*Oocystis elliptica*）、四尾栅藻（*Scenedesmus quadricauda*）、小球藻（*Chlorella vulgaris*）等。硅藻门及蓝藻门占总数的33.33%，优势种有梅尼小环藻、湖生束球藻（*Gomphosphaeria lacustris*）等。浮游植物密度的水平差异较大，最高密度为28.739×10^{7}cells/L，最低密度为0.503×10^{7}cells/L，主要受湖泊水流的影响（李建茹等，2013）。脊椎动物共18目29科161种。其中，鱼类2目3科8种，两栖类1目1科2种，爬行类1目1科2种，鸟类10目19科132种，哺乳类4目4科17种。国家一级保护鸟类4种，国家二级保护鸟类12种。2006～2017年，在乌梁素海湿地发现鸟类新分布记录23种，分别为牛背鹭、白鹭、池鹭、绿鹭（*Butorides striayus*）、鸿雁（*Anser cygnoides*）、鹗（*Pandion haliaetus*）、凤头蜂鹰（*Pernis ptilorhynchu*）、短趾雕（*Circaetus gallicus*）白肩雕（*A. heliaca*）、白枕鹤（*G. vipio*）、灰鹤、水雉（*Hydrophasianus chirurgus*）、灰尾漂鹬（*Heteroscelus brevipes*）、三趾滨鹬（*Calidris alba*）、红腹滨鹬（*Calidris canutus*）、斑胸滨鹬（*Calidris melanotos*）、三趾鸥（*Rissa tridactyla*）、山斑鸠（*Streptopelia orientalis*）、珠颈斑鸠（*Streptopelia chinensis*）、岩燕（*Ptyonoprogne rupestris*）、金腰燕（*Hirundo daurica*）等。

（五）毛乌素沙漠湿地

毛乌素沙漠湿地位于陕西省最北端，由大小不一的800多个海子组成，包括绿洲、湿地、草原、牧场、农田及鱼塘，是陕西最重要的生态屏障。在神木碱淖和部分外流水体中，水生植被结合形成不同的生物群落，如眼子菜、胡叶藻、金鱼藻、水毛茛、轮藻等。在较浅的海子、河沟、水库边缘的积水洼地和积水丘间沼泽地的主要建群种有芦苇、香蒲、荆三棱等。

（六）山西运城湿地

黄河中游运城段是山西省湿地分布最集中的区域，于2001年建立山西运城湿地自然保护区，总面积为86 861hm^2，包括从河津禹门口至小浪底库区山西侧的黄河及河漫滩、运城盐池和伍姓湖等湿地。本区共记录鸟类205种，隶属于18目54科，其中雀形目最多，共计24科80种，占本区鸟类种数的39.02%；鸻形目8科37种，占18.05%；雁形目1科22种，占10.73%；隼形目3科18种，占8.78%；鹳形目3科12种，占5.85%；鹤形目3科12种，占3.90%；其余各目共有11科27种，占总种数的13.17%。水鸟（鸊鷉目、鹳形目、雁形目、鸻形目、鸥形目、鹤形目及佛法僧目等）所占比例较大，合计共 87 种，占本区鸟类种数的42.44%（赵文强，2016）。湿地内高等植物共2门63科176属306种。国家二级保护野生植物1种，即野大豆。湿地植被划分为4个植被型组，9个植被型，57个群系。常见的植被类型主要有假苇拂子茅群落、赖草群落、白茅群落、狗牙根（*Cynodon dactylon*）群落、鹅绒委陵菜群落、稗群落、薹草群落、芦苇群落、香蒲群落、眼子菜群落、狐尾藻群落、泽泻群落、莎草群落、盐角草（*Salicornia europaea*）群落、碱蓬群落、莎蓬群落等；木本植物群落主要有柳群落、刺槐群落、杨群落、毛泡桐（*Pualownia tomentosa*）群落等（赵天樑，2005）。

湿地内脊椎动物共5纲20目32科79种。其中，鱼类5目8科18种，两栖类1目2科4种，爬行类2目3科6种。两栖类以蛙科种类为优势类群，常见的有黑斑蛙、中国林蛙、金线侧褶蛙等。常见的爬行类种类有绿草龙蜥（*Japalura flaviceps*）、丽斑麻蜥（*Eremias argus*）、虎斑游蛇（*Rhabdophis tiginus*）、黄脊游蛇（*Coluber spinalis*）等。国家重点保护野生动物有18种，其中，国家一级保护鸟类2种：黑鹳、遗鸥；国家二级保护鸟类4种：白琵鹭、大天鹅、鸳鸯（*Aix galericulata*）、灰鹤。

运城盐池湿地位于运城盐湖区中条山北麓，主要有天然湿地、人工湿地（水库、河流湿地）等，是许多鸟类的越冬栖息地。较有代表性的植物有酸模、中亚滨藜、盐角草、芦苇、盐地碱蓬、狗牙根和二色补血草等。藻类植物以蓝藻门、绿藻门和硅藻门种类居多；随着盐度增加，绿藻门种类有所减少，而蓝藻门和硅藻门种类有所增加。优势类群包括颤藻属（*Oscillatoria*）、衣藻属（*Chlamydomonas*）、栅藻属（*Scenedesmus*）、针杆藻属（*Synedra*）、脆杆藻属（*Fragilaria*）、舟形藻属（*Navicula*）、桥弯藻属（*Cymbella*）、菱形藻属（*Nitzschia*）、裸藻属（*Euglena*）、鳞孔藻属（*Lepocinclis*）和扁裸藻属（*Phacus*）（吕虹瑞等，2016）。

（七）汾河流域湿地

汾河流域各类湿地的总面积为930.51km²，占山西省湿地面积的25.43%。按照国际重要湿地特别是水禽栖息地公约关于湿地的分类系统，汾河流域湿地的主要类型见表4.9。汾河湿地主要植被类型包括沙棘群落、芦苇群落、香蒲群落、稗群落等。湿地内的国家一级保护鸟类有大鸨；国家二级保护动物有大天鹅、鸳鸯、黑鸢（*Milvus migrans*）、白尾鹞（*Circus cyaneus*）、雀鹰（*Accipiter nisus*）、红隼、灰背隼（*F. columbarius*）和短耳鸮（*Asio flammeus*）；属于《国家保护的有重要生态、科学、社会价值的陆生野生动物名录》的有小鸊鷉、凤头鸊鷉、黑颈鸊鷉、普通鸬鹚和苍鹭等（景东东等，2016）。

表4.9　汾河流域不同类型湿地分布情况（范庆安等，2008）

湿地类型	面积/km²	分布与生境
河口湿地	33	汾河入黄河处
河流湿地	58.55	汾河及各支流
水库湿地	64.56	汾河及各支流
沼泽和草甸湿地	774.4	汾河和各支流河流沿岸、水库等
总面积	930.51	

2020年3月，山西省确立了第一批10处省级重要湿地，分别是垣曲黄河小浪底库区省

级重要湿地、洪洞汾河省级重要湿地、沁县漳河源省级重要湿地、左权清漳河省级重要湿地、介休汾河省级重要湿地、孝义孝河省级重要湿地、右玉苍头河省级重要湿地、山阴桑干河省级重要湿地、云州桑干河省级重要湿地、广灵壶流河省级重要湿地等。其中，洪洞汾河省级重要湿地位于洪洞县境内，主体包括汾河洪洞段全段，主要湿地面积分布在山西洪洞汾河国家湿地公园范围内。总面积 1162.39hm^2，湿地面积 707.13hm^2，湿地率 60.83%。湿地类型包括河流湿地、沼泽湿地和人工湿地三大类。区内有国家二级保护植物野大豆 1 种，国家一级保护动物黑鹳 1 种，国家二级保护动物白琵鹭、大鸨等 8 种，山西省重点保护野生动物苍鹭、池鹭等 8 种。

三、湿地生态系统功能

湿地生态系统的生态功能丰富，有调节气候、均化径流、提供水资源、生物生产、保护生物多样性、提供栖息地和基因库、滞留与降解污染物、社会文化与旅游服务等功能。其中部分功能与河流生态系统的功能相似，不再赘述。

（一）生物生产功能

湿地生态系统蛋白质年平均生产总量是陆地生态系统的 3.5 倍，湿地生产丰富的动植物产品，如芦苇、藻类及虾、蟹、贝、鱼类等，这些都是其生物生产力的重要体现。湿地还有丰富的森林资源，不仅具有重要的生态价值，还有重要的经济价值。

（二）滞留与降解污染物的功能

湿地通过复杂的界面过程和动植物、微生物群落的吸附、降解作用，可达到净化水质的目的。湿地的净化污水能力较强，和同地域森林相比，湿地的净化能力是森林的 1.5 倍。湿地的水流速度比较缓慢，有助于沉积物沉降。生活生产污水排入湿地后，湿地的动植物和微生物通过生物化学转换的方式使污染物得以储存、沉积和分解，进而降低污染物的浓度，对治理水污染具有重要意义。

（三）提供栖息地与基因库功能

湿地独特的水文、土壤、气候等环境条件为众多珍稀和濒危动植物提供栖息和生长的特殊生境，使这些物种在人为干扰较少的环境下能正常地繁衍、生存。湿地还是重要的遗传基因库，对维持野生物种种群的存续有重要意义。湿地生态系统作为许多水禽的重要育雏地和迁徙过程中的栖息地，对于保护野生鸟类遗传多样性具有极其重要的作用。

（四）科研和文化价值

由于湿地具有丰富的生物多样性，其中有许多是濒危物种，是研究鸟类迁徙、繁衍和保育的良好场所，具有重要的科研价值。

四、湿地生态系统的保护与可持续利用

湿地生态系统作为重要的自然资源，其各种服务功能在社会经济发展中起着重要作用，

特别是对于促进经济建设与生态环境的可持续发展至关重要。长期以来，人类对湿地生态系统缺乏全面的认识及不合理的开发，使湿地生态系统受到极大的破坏，一些环境问题日益严重。主要表现为污染严重使湿地生态系统环境功能丧失，过度开发导致湿地生态系统面积不断萎缩，不合理利用和过度捕猎使湿地生态系统生物多样性减少（张峰等，2003）。因此，科学合理地利用湿地生态系统服务功能，对促进湿地生态系统的可持续利用具有重要意义。尤其是在全球气候变化背景下，有效地发挥湿地生态系统的服务功能有利于应对气候变化。湿地碳汇功能有助于降低大气中的CO_2浓度，延缓全球持续变暖的进程。要充分发挥湿地的碳汇功能，就必须保护湿地生态系统功能，这是湿地生态系统实现净碳汇的关键问题（李孟颖，2010）。

（一）控制进入湿地生态系统的营养物质和污染物

当生态系统所供养的生物超过它的生产能力时，就会萎缩甚至解体，当生态系统排放和承受的污染物超过它的自净能力时，就会被污染，进而导致生态环境恶化。由于水体的营养富集作用，在淡水湿地中容易富集营养物质和污染物。营养物质和污染物含量受水源区来水及湿地生态系统本身特征的影响。湿地生态系统的可持续发展，需要对湿地系统中的有机物质进行调整，降低湿地生态系统中过高的有机物含量。

实施河湖连通及节点小微湿地恢复工程，对污染严重的湿地进行集中治理与修复。开展河湖连通等“线”上治理，对湿地生态系统补给水源的水质、水中物质含量进行有效调控。开展农田及城镇污染源等“面”上污染治理。通过开展系统治理工程，形成有效合力，减少进入生态系统的污染物。通过点线面湿地保护，构建安全、完整的水生态循环网络，有效恢复和完善湿地生态系统功能（鲁飞飞等，2019）。

（二）保护优先，因地制宜开发利用湿地生态系统

在湿地资源的保护和利用中，要牢固树立“保护优先”的生态文明理念，注重对湿地生态系统的全面保护。充分认识和发挥湿地生态系统的生态和环境服务功能，在保证生态和环境服务功能不受破坏的前提下，积极慎重地利用湿地生态系统的其他服务功能（张峰等，2003）。根据不同湿地生态系统的实际情况，运用科学知识，正确认识湿地生态系统的直接与间接服务功能，寻求并最终建立最佳的利用模式和相应的产业结构，实现生态、经济和社会效益的和谐统一，最终实现湿地生态系统的可持续利用。在利用湿地生态系统的直接服务功能时，应充分估计湿地生态系统的间接服务功能，避免因缺乏远见而产生的短视行为，全面提高湿地生态系统服务功能的利用效率（张峰等，2003）。黄土高原湿地面积萎缩的原因除了不合理的开发利用，水土流失也是重要因素。在利用湿地生态系统时，应充分考虑黄土高原生态的脆弱性，避免因不合理利用加剧生态环境问题，因地制宜地实现资源的可持续利用。

（三）加强湿地生态系统的监测与管理

应定期调查和监测湿地生态系统的动态，科学评估湿地生态系统受威胁的状况，制定湿地资源保护、利用和管理的科学规划，划定湿地保护红线，将湿地纳入国土生态空间规划，实现对湿地生态系统的最严格的全面保护。

（四）加强湿地生物多样性保护和管理

要维持生态系统的稳定性，维护生态平衡，必须要保持生物物种的多样化，不能随意

地向其生态系统引进外来物种，也不能在生态系统中随意除去某物种，具体保护措施如下。

（1）在湿地资源调查的基础上，全面评估湿地生物多样性资源现状及其保护管理状况，加强对湿地生物多样性的保护。

（2）通过建立建设自然保护区、湿地公园、保护小区及其他保护形式，实施湿地生物多样性重点保护工程，特别是加强对国家和省级重点保护野生动植物物种及其栖息地的保护。

（五）加强湿地退化生态系统的治理和修复

结合实际情况划建各类湿地类型自然保护区，并采取各种行之有效的对策和措施，有效遏制天然湿地及其生态功能的退化和生物多样性的丧失。采取工程修复与生物修复相结合的方式，通过生态补水、疏通水道、底泥疏浚、芦苇网格化、生物净化等各项湿地保护和生态修复工程，恢复湿地原有的生态功能，扩大湿地面积，增加湿地水体容量，改善湿地水质和鸟类栖息环境（鲁飞飞等，2019）。同时，积极实施退耕（牧）还林（湖、泽、滩、草）工程，大力营造生态环保林和水源涵养林，改善流域和湿地周边地区的生态与环境状况，涵养水源，防止水土流失，减少对湿地的淤积（梁新阳，2009）。

制定、完善和执行关于污染控制和防治的法律法规。有计划地治理已受污染的湿地，逐步恢复湿地生态系统功能。

推荐阅读文献

蔡晓明，2000．生态系统生态学［M］．北京：科学出版社.

孙鸿烈，2005．中国生态系统［M］．北京：科学出版社.

S. E. 约恩森，2017．生态系统生态学［M］．曹建军，赵斌，张剑，等译．北京：科学出版社.

GREENLAND D, GOODIN D G, SMITH R C, 2003. Climate variability and ecosystem response at long-term ecological research sites [M]. Oxford: Oxford University Press.

第五章 黄土高原景观生态

景观生态学是以生态学的理论框架为依托，吸收现代地理学和系统科学的优点，研究景观的空间格局、生态过程和空间动态，探究景观和区域尺度的资源、环境管理等问题，是正在深入拓展的一门综合性现代生态学学科。本章从景观与景观生态学的概念与内涵谈起，简要回顾景观生态学的发展，论述景观生态学的基本理论，阐述黄土高原景观生态特征、景观格局和动态。

第一节 景观生态学概念

一、景观与景观生态学

（一）景观

19 世纪初，德国地理学和植物学家洪堡（Humboldt）将“景观（landscape）”一词引入地理学，并将其解释为“一个区域的总体特征”（Naveh and Lieberman，1994）。洪堡提出将景观作为地理学的中心问题，探索由原始自然景观变成人类文化景观的过程。俄国地理学家贝尔格（Berg）等沿着这一思想发展形成了景观地理学派。“景观”一词被引入地理学研究后，已不单只具有视觉美学方面的含义，而是具有地表可见景象的综合与某个限定性区域的双重含义（肖笃宁和钟林生，1998）。在早期西方经典的地理学著作中，景观主要用来描述地质地貌属性，常等同于地形（landform）的概念。

本书中的景观是指由相互作用的拼块或生态系统组成的，以相似的形式重复出现的一个空间异质性区域，是具有分类含义的自然综合体。

（二）景观生态学

1939 年 Troll 在利用航片解译东非土地利用时最早提出“景观生态学”（landscape ecology）的概念，将其定义为研究某一地区不同空间单元的自然与生物关系的科学。

景观生态学是以景观为研究对象，运用生态系统原理和系统方法研究景观结构、功能、景观动态变化过程和规律及相互作用机理（Naveh and Lieberman，1994）。景观生态学处于个体生态学-种群生态学-群落生态学-生态系统生态学-景观生态学-区域生态学-全球生态学系列中的较高层次（傅伯杰等，2001）。

景观生态学强调景观的空间格局及其变化如何影响各种生态过程、大尺度上的人类活动对生态系统的影响。与其他学科相比，景观生态学更突出空间异质性和生态学过程在多个尺度上的相互作用（邬建国，2000）。因此，从学科地位来讲，景观生态学兼有生态学、地理学、环境科学、资源科学、规划科学、管理科学等许多现代大学科群的特点，在现代生态学分支体系中处于应用基础生态学的地位（肖笃宁，1999）。

二、景观生态学的发展

（一）国际景观生态学的发展

尽管景观生态学的概念早在 1939 年就被提出，但直到 20 世纪 80 年代初才逐渐发展成一门相对独立的生态学分支学科（邬建国，2000）。该学科最初出现在中欧，以后逐渐发展成景观生态学的欧洲和北美两大分支或学派。

在欧洲，景观生态学强调整体论和生物控制论观点，并以人类活动频繁的景观系统为主要研究对象。以荷兰、捷克、德国为代表的景观生态学欧洲学派从地理学发展而来，代表了景观生态学的传统观点和应用研究，主要工作是把景观生态学的思想和方法应用于土地评价、土地利用与规划、自然保护区和国家公园的景观设计等，取得了突出的成就，从而开拓了景观生态学的应用领域。

在北美，景观生态学发展的重要里程碑是 1983 年在美国阿勒顿（Allerton）公园召开的景观生态学研讨会，会议分析了当时景观生态学的发展现状和存在的问题，提出了注重空间异质性和尺度等问题，对景观生态学的研究内容和方法做了较为系统的阐述，对北美景观生态学研究方向和进程起到了重要的推动作用。以美国为代表的景观生态学派的研究以现代生物学和生态学为基础，重视理论研究，形成了景观空间结构分析、景观生态功能研究、景观动态变化、景观控制和管理等完整的理论体系和方法，以计算机、数学模型、遥感和地理信息系统（Geographic Information System，GIS）等在景观生态学研究中的应用为特色。

20 世纪 80 年代以后，景观生态学步入蓬勃发展时期。1982 年在捷克成立国际景观生态学会（International Association for Landscape Ecology，IALE）。在 IALE 和国际性会议的推动下，景观生态学理论和方法被越来越多的国家接受，加拿大、澳大利亚、法国、英国、日本、瑞典、中国等也都结合本国实际开展了景观生态学研究工作。其中，1974 年创刊的 *Landscape and Urban Planning* 和 1987 年创刊的 *Landscape Ecology* 对景观生态学学科建设和发展起到了积极的推动作用（陈利顶等，2014）。

（二）中国景观生态学的发展

经历了 30 余年的发展，中国景观生态学从引入、发展、壮大到逐渐成熟，在跟踪国际前沿研究的基础上，结合中国实际情况在许多研究领域取得了重要进展（陈利顶，2014）。中国景观生态学研究的重点和热点仍集中在土地利用变化与土地覆盖、生态学过程及时空单位效应、景观生态设计与自然保护区的规划、森林系统，尺度域的动态监测与森林生态系统管理、绿洲的演替或其格局演变与水文动态过程、生境斑块化与遗传变异、湿地景观格局研究与规划、源-汇景观与水土流失等方面（肖笃宁等，1997；傅伯杰，2008）。景观生态学研究主要包括学科理论与技术方法、景观格局-生态过程-尺度的相互作用机制等，涉及城市、农业、湿地、园林、气候变化、生物多样性、景观可持续等众多方面，其研究范式正经历着从“格局-过程-尺度”向“格局-过程-服务-可持续性”的变化过程（赵文武和王亚萍，2016）。在新的形势下，如何紧密结合国民经济发展中出现的问题，开展独创性的研究，是目前亟待解决的问题。

三、景观生态学的基本理论

（一）等级理论

基于一般系统论、信息论、非平衡热力学，以及现代哲学和数学等理论，逐渐形成的等级理论（hierarchy theory）是关于复杂系统结构、功能和动态的系统理论（O'Neill et al.，1987；邬建国，1991；Wu，1999），其最根本的作用在于简化复杂系统，以便达到对其结构、功能和动态的理解和预测。一个复杂的系统由相互关联的亚系统组成，亚系统又由各自的亚系统组成，往下类推直到最低层次。中高等级层次的行为或过程常表现出尺度大、频率低、速度慢的特征；而低层次的行为或过程则表现出尺度小、频率高、速度快的特征（O'Neill et al.，1987；邬建国，1991）。不同等级层次之间具有相互作用的关系，即高层次对低层次有制约作用，低层次为高层次提供机制和功能。由于低层次具有速度快、频率高的特点，低层次的信息常常以平均值的形式来表达。

等级系统具有垂直结构和水平结构。垂直结构是指等级系统中层次数目、特征及其相互作用关系，其可分解性是因为不同层次具有不同的过程速率（行为频率、缓冲时间、循环时间或反应时间）。水平结构则是指同一层次整体元的数目、特征和相互作用关系，其可分解性来自同一层次整体元内部及其相互之间作用强度的差异。层次和整体元的边界称为界面，是系统组分相互作用差异最大的地方。由于界面对通过它的能流、物流和信息流具有过滤作用，因而也可将其理解为过滤器。因此，等级系统的垂直结构和水平结构都具有界面，但这些界面并不一定都是有形的。两个相邻层次间的关系是非对称性的，而同层次的亚系统的关系则是对称性的。

等级系统的特征可以用“松散耦联”来解释，松散意味着可分解，而耦联意味着抵制分解，这一辩证统一关系正是其可分解性的基础。

（二）空间异质性与景观格局

异质性是生态学领域中应用较为广泛的概念，用来描述系统和系统属性在时空属性的动态变化。其中，系统和系统属性在时间维度的变化即为动态变化，而生态学的异质性通常是指空间异质性。

1. 景观异质性

景观异质性是景观尺度上景观要素组成和空间结构上的变异性和复杂性。景观生态学特别强调空间异质性在景观结构、功能及其动态变化过程中的作用。景观异质性不仅是景观结构的重要特征和决定因素，而且对景观的功能及其动态过程有重要影响和控制作用，决定着景观的整体生产力、承载力、抗干扰能力、恢复能力，决定着景观的生物多样性等（李晓文等，1999）。

景观异质性的来源主要是环境的异质性、生态演替和干扰。其中，生态演替和干扰与景观异质性之间的关系、耗散结构理论、景观自组织是指导人类积极进行景观生态建设和调整生产、生活方式的理论基础。

2. 景观稳定性

景观是由异质景观要素以一定方式组合构成的系统，景观要素之间通过物流、能流、信息流和交换保持着密切的联系，影响景观要素的相互作用制约着景观的整体功能，并对景观的整体结构有反馈控制作用。

在一定范围内，增加系统的多样性将有利于提高其稳定性，这在景观尺度上更明显。由于景观的空间异质性能提高景观对干扰的扩散阻力，缓解某些灾害性压力对景观稳定性的威胁，并通过多样化的景观要素之间的复杂反馈调节，使系统结构和功能的波动幅度控制在可调节的范围之内。

3. 景观格局

景观格局是指景观要素斑块和其他结构成分的类型、数目，以及空间分布与配置模式，属于景观异质性的外在表现形式。因此，景观异质性与景观空间格局在概念上和实际应用联系密切，并且都对尺度有很强的依赖性。

（三）时空尺度

景观生态学尺度是对研究对象在空间上或时间上的测度，包括空间尺度和时间尺度。尺度的本质是自然界所固有的特征或规律，而为有机体所感知（李哈滨等，1988）。尺度又可分为测量尺度和本征尺度。测量尺度是用来测量过程和格局的，是人类的一种感知尺度；本征尺度是自然现象固有而独立于人类控制之外的。测量尺度属于研究手段，隶属于方法论范畴，而本征尺度则是研究的对象。尺度研究的目的在于通过适宜的测量尺度来揭示和把握本征尺度中的规律性。组织尺度和功能尺度是生态学组织层次（如个体、种群、群落、生态系统、景观）在自然等级系统中所处的位置和所完成的功能，类似于常用的种群尺度、群落尺度等。尽管组织尺度和功能尺度不等同于通常意义上的时空尺度，但它们却可通过某些特定的时空尺度来刻画。无论空间尺度或时间尺度，一般都包含范围和分辨率两方面的意义。在对景观本身的空间特征进行描述时，还会用到粒度。粒度的范围是指研究对象在空间或时间上的持续范围。分辨率是指研究对象时间和空间特征的最小单元。

（四）空间镶嵌与边缘效应

1. 空间镶嵌

自然界普遍存在着镶嵌性，即一个系统的组分在空间结构上互相拼接而构成整体。镶嵌的特征表现是对象被聚集，形成清楚的边界，连续空间发生中断和突变（王仰麟，1995）。Forman 等（1986）认为，组成景观的结构单元包括缀块、廊道和基底。由于景观要素功能的复杂性，可以用形态特征加以区分，即用缀块、廊道和基底的特征来区分。基于许多领域长期以来的研究成果，尤其是岛屿生物地理学和群落缀块动态的研究成果，以缀块、廊道和基底的概念、理论和方法已逐渐形成了现代景观生态学的重要内容。Forman（1995）称之为景观生态学的“缀块-廊道-基底”模式。

2. 边缘效应

边缘效应是指缀块边缘部分由于受两侧生态系统的共同影响和交互作用而表现出与缀块内部不同的生态学特征和功能的现象（马世骏，1990）。缀块内部的土壤条件、小气候（如光照、温度、湿度）、物种组成等都与边缘部分有明显差异。因此，异质景观要素之间的边缘带是客观存在的。边缘带通常具有较高的生物多样性和初级生产力，物质循环和能量流动速率较快，生态过程较活跃。一些需要稳定而相对单一环境资源条件的内部物种，往往集中分布在缀块内部，而另一些需要多种环境资源条件或适应多变环境的物种，主要分布在边缘带，称为边缘物种。一般而言，内部物种更容易由生境退化和破碎化而受灭绝的威胁。因此，缀块大小变化的重要生态效应就是导致内部生境的变化。边缘带宽度和效应大小与缀块大小和相邻缀块或基底的特征及其差异程度密切相关（Williams-Lera，1990）。

（五）空间种群理论

1. 岛屿生物地理学理论

20 世纪 50 年代以后，许多生态学家一直考虑空间异质性对种群稳定性的影响。MacArthur 和 Wilson（1967）系统地发展了岛屿生物地理学平衡理论，认为岛屿上物种的丰富度取决于两个过程，即物种迁入与灭绝。因为岛屿是面积有限的孤立生境，生态位有限，已定居的生物种越多，留给外来种迁入的空间就越小，而定居种随着外来种的侵入，其灭绝的概率增大。因此，对于某一岛屿而言，迁入率和灭绝率将随岛屿物种丰富度的增加而分别呈下降或上升趋势。当二者相等时，岛屿物种丰富度达到动态平衡状态。种的迁入率是其与资源群落之间距离的函数，而灭绝率是岛屿面积大小的函数。离大陆越远的岛屿物种迁入率越小，被称为距离效应。岛屿的面积越小，其灭绝率越大，被称为面积效应。因此，面积较大而距离较近的岛屿比面积较小而距离较远的岛屿的平衡物种数要大。

岛屿生物地理学理论促进了人们对生物物种多样性地理分布与动态格局的认识和理解。由于景观缀块与海洋岛屿之间存在某种空间格局的相似性，岛屿生物地理学理论大大启发了景观生态学家对生态空间的研究（邬建国，2000）。

2. 异质种群

Levins（1970）提出了异质种群的概念，即由经常局部性绝灭，但又重新定居而再生的种群所组成的种群。异质种群是指由空间上彼此隔离，而在功能上又相互联系（繁殖体或生物个体的交流）的两个或两个以上的亚种群或局部种群组成的种群缀块系统。亚种群出现在生境缀块中，而异质种群的生境则对应于景观缀块镶嵌体。

异质种群动态涉及两个空间尺度：①亚种群尺度或缀块尺度，在这一尺度上，生物个体通过日常采食和繁殖活动发生非常频繁的相互作用，从而形成局部范围内的亚种群单元；②异质种群和景观尺度，在这一尺度上，不同亚种群之间通过植物种子和其他繁殖体传播，或动物运动发生较频繁的交换作用，这种亚种群所在的缀块称为“汇缀块”，而提供给汇缀块生物繁殖体和生物个体的亚种群称为“源种群”，其所在缀块相应地称为“源缀块”。

Harrison（1991）认为严格符合上述两条标准的异质种群在自然界并不常见，从而提出广义的异质种群概念，即所有占据空间上非连续生境缀块的种群集合体，只要缀块之间存在个体或繁殖体，不管是否存在局部的种群定居-灭绝动态，都可以称为异质种群。基于上述广义概念，Harrison 和 Tayor（1997）将异质种群分为 5 种类型：①经典型异质种群，由许多大小和生态特征相似的生境缀块组成；②大陆-岛屿型异质种群，由少数很大的或许多很小的生境缀块组成；③缀块型异质种群，由许多相互之间有频繁交流的生境缀块组成的种群系统；④非平衡型异质种群，是在大的时间尺度上不断衰减的异质种群，即物种灭绝率大于其定居率而产生的种群；⑤中间型或混合型异质种群，是在不同空间范围内表现不同结构特征的异质种群。

（六）渗透理论

渗透理论是研究流体在复合材料介质中运动的理论，也就是当介质密度达到某一临界密度时，渗透物突然能够从介质的一端到达另一端。这种因为影响因子或环境条件到达某一阈值，而发生的从一种状态过渡到另一种截然不同状态的过程称为临界阈现象（Sahimi，1994）。自然界的种群动态、水土流失等生态现象，都属于广义的临界阈现象。

渗透理论允许连通缀块出现的最小生境面积百分比称为渗透阈值或临界概率，其理论值为0.5928。然而，如果二维栅格景观面积不够大，或栅格单元的几何形状不同，生境缀块在景观中呈聚集分布等均会影响渗透阈值（P_c）的大小。由于实际景观中生境缀块多呈聚集型分布，如存在有利于物种迁移的廊道，或者由于生物个体的迁移能力很强，可以跳跃一个或几个非生境单元，其P_c值通常要比经典的随机渗透模型所得的理论值要低。

渗透理论主要用于生态过程空间格局的假设检验，可以对景观生态过程进行理论估测，而这种随机估测与野外观测数据之间的统计差异则反映了空间格局的特征。渗透理论广泛应用于研究景观生态流所表现出的临界阈限特征，以及与生态过程的关系，并逐渐作为一种景观“中性模型”而著称（邬建国，2000）。

（七）源-汇系统理论

在地球表层系统物质迁移运动中，一些系统单元是物质迁移出源，而另一些系统单元则是作为接纳迁移物质的聚集场所，被称为汇。源和汇共同组成了物质迁移系统。

生态学研究中将出生率高于死亡率并且迁入率低于迁出率的种群称为源种群；当种群出生率低于死亡率，这样的种群称为汇种群。基于景观异质性和生境镶嵌概念，产生了源-汇模型作为种群统计模型，将包含源种群的生境称为源缀块，而将汇种群的生境称为汇缀块。确定生境缀块的源-汇特征对研究种群动态至关重要，以长期观察所得出的判断为基础，避免受随机事件的影响，源-汇模型可对生境质量做出较客观的评价，进而可解释生物个体在不同生境缀块具有不同分布特征的原因，并成为研究种群动态和稳定机制的基础。

第二节　黄土高原景观生态特征与研究现状

黄土高原是世界上黄土分布面积最大、最集中和黄土地貌发育最典型的地理单元，其光、热、水、土、生物要素的特殊组合，使黄土高原及其毗邻荒漠草原地区成为环境敏感区。了解黄土高原景观生态及其各类型景观的空间分布规律和相关特征，对黄土高原生态系统的恢复具有重要参考意义。

一、黄土高原区景观生态特征

黄土高原北与毛乌素沙漠相邻，西北方向隔黄河与腾格里沙漠相望，沙漠气候直接影响着高原气候。黄土高原在长期内陆高压控制之下，降水量少，蒸发力强，地下水除在冲积平原、河流沿岸比较丰富以外，在广大黄土覆盖区和土石山区都很贫乏，因而水分成为黄土高原所有生态过程的驱动力，也是景观形成的最活跃因素。李团胜等（2002）将黄土高原景观的基本特征概括为以下三个方面。

（一）景观破碎

黄土高原的沟谷、河谷呈树枝状分布。沟谷、河谷构成了黄土高原基本景观骨架，是物质循环和能量流动的通道，如黄土高原水土流失全部经过这些廊道流出。在渭河、汾河等河流廊道两旁土壤侵蚀较轻，年土壤侵蚀模数为2000～5000t/km^2，水分条件较好。沟谷廊道在黄土高原也较发达，尤其是黄土丘陵区的沟谷廊道密度大，可达5～8km/km^2，形成塬、墚、峁等不同的景观要素类型。除洛川塬、长武塬、董志塬等面积较大以外，其余均较小。高密度的沟谷廊道成为分割景观的主要因素，导致景观破碎化程度持续增加。

（二）景观分异明显

黄土高原南北相差7个纬度，东西相差13个经度，不仅具有从南到北的热量带的变化，而且具有从东到西的水分变化。因此，具有东南-西北向递变的景观分异规律（齐矗华，1991）。西北部为荒漠草原景观，年降水量为150～250mm，年平均气温5℃，风大且多，以风力的吹蚀、搬运和堆积过程为主。中部为温带半干旱草原、森林草原景观，年降水量为250～500mm，多阵雨、暴雨，年平均气温8℃，以流水侵蚀为主。东南部为暖温带半湿润落叶阔叶林景观，年降水量为500～800mm，年平均气温11℃，黄土高原北部为森林草原与干草原交错分布，流水侵蚀为主，南部为渭河平原，流水作用为主。从区域尺度看，黄土高原景观在空间上具有的明显分异规律，表现出与气候区域分异、植被地带性分布、土壤物理性质及地形的区域分异规律一致性（表5.1）。

表5.1 黄土高原景观与环境因子分异（胡良军等，2003）

土壤分异		植被分布		气候分异		地形分异		景观分异
质地	物理性黏粒含量/%	植被地带	植被类型	气候分带	年降水量/mm	大地形区	典型地貌	
重壤带	＞45	森林地带	落叶阔叶林	亚湿润	＞600	塬	黄土塬	带Ⅰ
中壤带Ⅱ	40～45	森林地带	落叶阔叶林	亚湿润	550～600	残塬	残塬沟壑	带Ⅰ
中壤带Ⅰ	30～40	森林地带	针阔叶混交林	亚湿润	550	丘陵沟壑	丘陵沟壑	带Ⅰ
轻壤带	22～30	森林草原地带	草灌稀乔	半干旱	400～550	墚峁丘陵	墚峁丘陵	带Ⅱ
沙壤带	10～16	草原地带	草原	干旱	＜400	高台地	黄土丘陵	带Ⅲ

注：带Ⅰ为晋东南-陕北-宁南黄土盆地-谷地-残塬-山地森林带；带Ⅱ为晋西北-陕北-宁南-陇中黄土丘陵干草原带；带Ⅲ为陕北长城沿线荒漠草原带。

（三）生态脆弱

黄土高原区处于农牧交错带，自然条件较为严酷，景观生态系统抗干扰能力较差，景观生态系统极不稳定。大面积毁林开荒、过度开垦耕作、单一的农业生产模式是黄土高原景观生态系统不稳定的主要原因，最突出的问题是水土流失严重。尤其是黄土丘陵沟壑区（如皇甫川、窟野河、无定河等流域），侵蚀模数达1500～2500t/km^{2}或以上。黄土丘陵斜坡上水土流失严重，90%左右的耕地都在斜坡上，斜坡的坡度大都在 15°～30°，遇上暴雨，表层土壤被大量冲走，流失土壤 0.4～0.53t/（km^2·a）。在塬地沟壑区地表侵蚀也很强烈，水土流失也很严重；塬地四周沟壑密布，伸出无数沟头，每年向塬地中心前进 2～5m，有时甚至经历 1 次暴雨，沟头就向塬心前进数十米。

二、黄土高原景观生态研究现状

针对黄土高原的特点，近年来多位学者基于景观生态学原理和研究方法，从景观格局演变、驱动机制、水土流失过程、生态系统服务等方面，以黄土高原景观格局变化及其生态环境效应、生态过程耦合、生态恢复与区域生态系统服务权衡为内容开展了大量研究，取得了一系列重要成果。

（一）景观格局变化及其生态环境效应

随着退耕还林还草工程的实施，黄土高原土地利用与覆被格局发生了显著变化，景观格局也随之发生明显变化。因此，识别景观格局动态变化特征及其生态环境效应成为黄土高原景观生态学研究的重要内容。

应用遥感影像解译与 GIS 空间分析等方法对景观格局动态变化的研究工作包括：①从生态恢复视角入手，定量识别黄土高原不同的景观类型或生态类型区域的植被格局动态变化规律，如水蚀风蚀交错带（孙艳萍等，2012）、三北防护林工程区（陈赛赛等，2015）等；②从土地利用/覆被变化角度出发，揭示黄土高原景观格局变化的特征，该类研究多集中于小流域尺度，基于不同时期遥感影像解译的土地利用/土地覆被类型图，通过构建土地利用动态变化模型和区域生态环境指标等，定量分析不同尺度土地利用/覆被时空变化特征及其驱动机制（郭斌等，2014）。

对景观格局变化的生态环境效应研究主要包括：①针对矿区的生态修复，通过对不同的生态修复模式定点监测，比较不同生态修复模式带来的生态环境效应（任慧君等，2016）；②区域尺度上生态工程的生态环境效应评价，即基于大面积的野外调查与遥感影像解译，研究生态建设工程所带来的生态环境效应，如植被盖度增加引起地表蒸散量、地表温度和径流系数等变化（Li et al.，2016）；③针对植被恢复方式不够合理，大规模的退耕还林直接导致了土壤深层水分过度消耗，严重影响了植被恢复的可持续性等问题（Wang et al.，2010），通过耦合地面观测、遥感和生态系统模型等多种研究，构建自然-社会-经济水资源可持续利用耦合框架，建立区域碳水耦合分析方法，提出黄土高原植被恢复应综合考虑区域的产水、耗水和用水的综合需求，对指导黄土高原退耕还林还草工程的实施具有重要意义。

（二）景观格局与生态过程耦合

黄土高原的景观格局与土壤水分、水土流失及生态过程的耦合模型一直是景观生态学研究的重点。

1. 景观格局与土壤水分

土壤水分的时空变异是多尺度上的土地利用、气象、地形、人为活动等诸多因子综合作用的结果（邱扬等，2007）。因此，景观类型及格局变化差异对土壤水分的时空变异影响明显。

黄土高原土壤水分时空变异性具有一定的尺度效应，并受到土地利用类型、地形、气象、土壤等多种因子的综合影响。

2. 景观格局与水土流失

运用景观格局分析（王计平等，2011）、源-汇系统理论（李海防等，2014）等方法对黄土高原开展了景观格局对水土流失评价分析研究，分别对黄土高原土壤侵蚀的强度（刘佳鑫等，2014）、流域土壤侵蚀空间的时空演变（庞国伟等，2012）、景观格局对流域水土流失过程的影响机制（王计平等，2011）进行了探究，揭示景观格局与水土流失的关系，寻找流域水土流失评价的有效方法（李海防等，2013），探讨降低土壤侵蚀发生的途径和措施。结果发现，经过多年的综合治理，黄土高原景观格局和水土流失等发生了明显的变化，水土流失控制能力得到显著提升，生态系统趋于稳定，生态系统服务功能逐渐增强，流域生态环境得到明显改善（Fu et al.，2011）。

3. 景观格局与生态过程耦合

景观格局与生态过程耦合研究的目的是深刻理解景观格局与生态过程相互作用关系与机理，常用的方法包括直接观测、系统分析与模型模拟（傅伯杰等，2010）。基于直接观测的格局过程耦合研究主要包括：①在样点尺度上，通过定位观测与控制实验对景观功能和过程进行机理分析；②在景观尺度上，采用样带观测和实验并基于GIS和大范围观测与调查数据，利用空间模型进行景观动态模拟；③在大区域尺度上，景观格局与生态过程的耦合涉及多重因素，需要运用遥感技术、系统分析和模拟等来实现多手段和多时空尺度的数据集成。基于模型的景观格局与过程耦合研究包括基于土壤侵蚀过程的景观指数研究、基于景观格局变化的固碳效应研究及黄土高原水沙变化的效应评价等。傅伯杰等（2014）基于黄土高原开展的长期研究，系统总结了格局与过程的耦合案例实践，形成了地理学的综合研究途径与方法，并提出格局与过程的耦合研究要加强野外长期观测和综合调查。

（三）景观格局变化与生态系统服务权衡

自20世纪80年代以来，一系列生态恢复措施在黄土高原地区实施，极大地提升了黄土高原生态系统服务功能。通过发展区域性关键生态系统服务的定量评估方法，分别在样地尺度、小流域尺度和区域尺度上揭示了水源涵养功能、固碳功能（Feng et al.，2013，Wang et al.，2011，Lü et al.，2013，Chang et al.，2012a）及土壤保持功能（Fu et al.，2011）等对生态系统恢复的响应关系，对黄土高原发展空间明晰的生态系统管理具有重要的指导意义。此外，系统权衡分析有助于获得对多种生态系统服务之间的交互关系、变化趋势和驱动力的深入认识，这种综合的分析对于整体性的生态系统管理也至关重要（Maskell et al.，2013）。目前权衡研究主要借助均方根偏差、二元相关分析及竞合系数等方法对黄土高原区域和典型子流域多种生态系统服务间的权衡关系进行量化分析，研究发现生态系统服务相互关系取决于服务的种类，并具有尺度依赖性。在整个黄土高原上，泥沙输出与产水量呈显著正相关（$P<0.05$），碳固定与产水量呈显著负相关（$P<0.05$）；在延河流域尺度上，泥沙截留与水源涵养呈显著正相关（$P<0.05$）（Su et al.，2012）。

定量辨识不同生态服务功能随生态恢复而表现出的竞争、协同关系及其程度是生态系统服务研究的关键科学问题之一。生态系统服务空间评估主要工具——区域生态系统服务空间评估与优化工具，是将GIS、生态系统模型和多目标优化算法进行有机结合，提供了集数据、模型、空间制图、统计分析于一体的集成模拟与分析环境（Hu et al.，2015），这一系统已在黄土高原多个小流域成功应用，为探索生态修复的空间优化管理提供了决策支持工具。

第三节 黄土高原景观动态变化监测与模拟

一、土地利用与覆被变化

土地利用是人类根据土地的禀赋和特性，按一定的经济和社会目的，采用一定的技术或工程手段对土地资源进行长期的或周期性的经营活动，是把土地的自然生态系统变为人工生态系统的过程。土地利用侧重于土地的社会属性，土地覆被侧重于土地的自然属性。土地利用的变化是导致土地覆被变化的直接原因，土地覆被的变化则是土地利用变化的直接后果，二者密不可分。土地利用/覆被变化（land use and land cover change，LUCC）研究能够反映出自然格局、过程和人类社会之间最直接的相互作用关系，有助于认识人类驱动力、LUCC、全球变化环境反馈之间的相互作用机制。20世纪90年代，“国际地圈与生物圈计划”（International Geosphere and Biosphere Project，IGBP）联合全球变化人文因素计划（International Human Dimension Programme on Global Environmental Change，IHDP），共同制定了LUCC科学研究计划，并将此计划作为全球变化研究的核心内容。2005年，全球土地计划（Global Land Project，GLP）启动，主要采用模拟研究与综合集成的方法，致力于分析人类与环境之间的相互作用。GLP推动LUCC研究成为地理学、生态学、经济学和土地资源管理等学科交叉结合的焦点，同时，提出LUCC的三个主题领域，即土地系统的动态过程、土地系统的变化后果和土地可持续的集成分析和模拟。LUCC研究已经成为全球环境变化与人类活动影响研究的前沿和热点问题。

人类土地利用活动对生物多样性、气候环境、地表径流及土壤水分等都有直接或间接的影响，而这些因素又反过来影响土地利用。因而在资源问题日益严重的当下，掌握土地利用情况、监测土地利用变化对环境规划和农业发展等具有重要意义。

黄土高原是我国生态环境最为恶劣的地区，严重的水土流失威胁着黄河下游的安全，其中不合理的土地利用方式是造成其水土流失和土地退化严重的重要原因（孙文义等，2014）。自20世纪80年代以来，我国实施了一系列黄土高原生态环境治理措施，尤其是1999年退耕还林政策的实施取得了良好成效，对黄土高原的土地利用产生巨大影响，因此对近几十年来黄土高原土地利用动态进行监测，反映其变化趋势，将对近年来的土地利用研究的延续具有重要理论意义，对区域生态环境与可持续发展具有突出的指导意义（汪滨和张志强，2017）。

依据中国科学院资源环境科学数据中心（http://www. resdc.cn）1980年、1990年、2000年和2010年黄土高原土地利用数据，按照刘纪远（1996）的土地分类系统（表5.2），采用土地利用动态度和转移矩阵方法，对1980～2010年黄土高原土地利用动态进行分析，比较土地利用变化的区域差异，揭示各土地利用类型间相互转移变化的整体趋势，对各土地类型转移速度进行对比分析，能够为黄土高原土地利用研究及生态建设决策等进一步的研究提供了支撑。

表 5.2　土地利用分类系统

编号	土地利用类型	含义
1	耕地	指种植农作物的土地，包括熟耕地、新开荒地、休闲地、轮歇地、草田轮作物地；以种植农作物为主的农果、农桑、农林用地；耕种三年以上的滩地和海涂
2	林地	指生长乔木、灌木、竹类及沿海红树林等林业用地
3	草地	指以生长草本植物为主，覆盖度在 5%以上的各类草地，包括以牧为主的灌丛草地和郁闭度在 10%以下的疏林草地
4	水域	指天然陆地水域和水利设施用地
5	城乡、工矿、居民用地	指城乡居民点及其以外的工矿、交通等用地
6	未利用地	目前还未利用的土地，包括难利用的土地

（一）土地利用现状

黄土高原总面积约为 62.45 万 km^2，以黄土丘陵沟壑区面积为最大，占总面积的 39.62%；平川、台地（滩地、阶地、台塬地等）面积占 29.60%；土石山地面积占 22.31%；沙地面积占 7.79%；湖库水域面积占 0.67%。黄土高原土地资源具有数量丰富、质量偏低、土层深厚、土壤贫瘠、耕植指数高、后备资源不足、土地生产力低下、发展潜力较大等特点。

1980～2010 年黄土高原主要土地利用类型面积变化情况见图 5.1。由图 5.1 可以看出，黄土高原土地利用类型和结构布局基本保持稳定，占比最大的为草地，其次为耕地。以 2010 年数据为例，草地面积（占 41.5%）＞耕地面积（占 32.3%）＞林地面积（占 15.16%）＞未

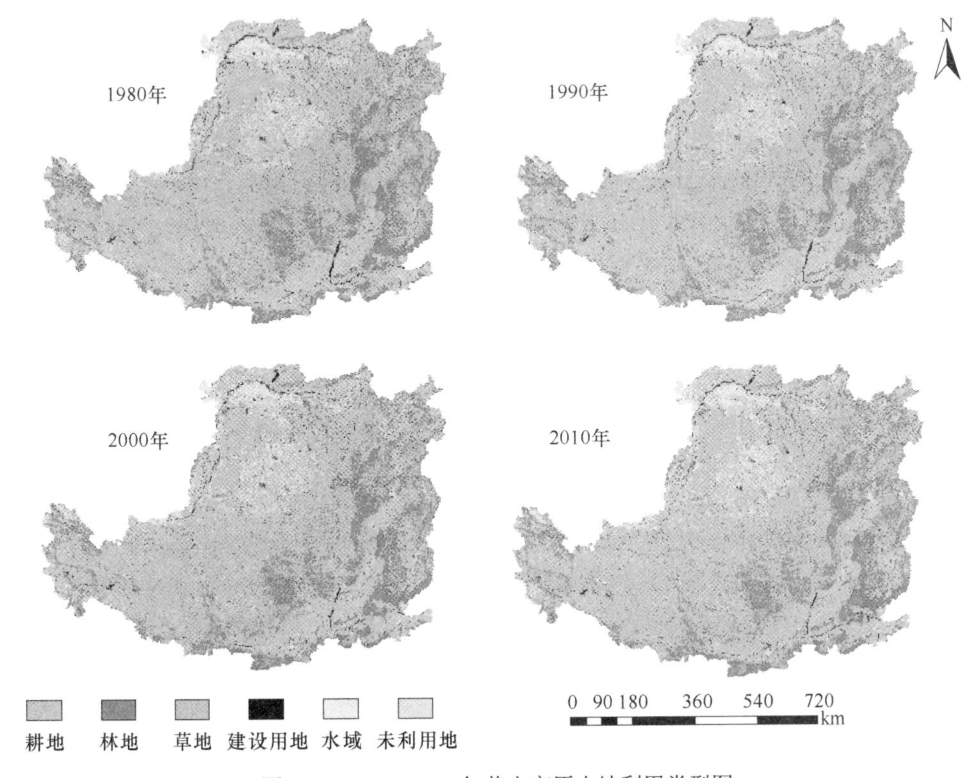

图 5.1　1980～2010 年黄土高原土地利用类型图

利用地（占 7.01%）＞水域面积（占 2.64%）＞建设用地面积（占 1.39%）。不难看出，草地在黄土高原分布十分广阔，是该地区十分重要的自然资源，其分布特征体现为从东南的草甸草原逐渐过渡到典型草原及西北部的荒漠草原。

从图 5.1 可以看出，这一时期黄土高原的土地利用类型分布呈一定的规律性。对照黄土高原的地形图可以看出，耕地主要分布在河流沿岸，这是由于农业灌溉需要水源，同时沿河河岸带土地分布较为平坦和肥沃，有利于农业活动的开展与农业生产。与河流分布较为一致的主要为林地，也与水源分布有着密切关联。

从表 5.3 可知，总体上黄土高原各类土地面积变化较为平稳，土地利用结构并没有发生明显变化，仅在不同土地利用类型间存在着一定程度的转化，变幅最大的时间段主要集中于 2000～2010 年。耕地变化总体趋势为面积先增大后减小，其中 1980～2000 年为均匀增大，而 2000～2010 年则大幅减少，降至低于 1980 年的水平；草地面积一直在以缓慢速度减少；林地面积以 1990～2000 年为分界线，先减少后增加，1980～1990 年小幅减小，而 1990～2010 年快速增加；建设用地在 1980 年以后大幅减少，于 1990 年以后面积逐步回升；水域面积逐年增大，其中 2000～2010 年增幅较大；未利用地面积变化较小，其中 1980～2000 年逐渐减少，而 2000～2010 年则开始略有回弹。1980～2010 年林地面积和水域面积有明显增加，其中水域面积增加最多，为 3340km^2，林地面积增加 2546km^2，而耕地、草地、建设用地面积则均有不同幅度的减少，耕地减少面积最多，为 2517km^2，草地减少 2441km^2，建设用地减少相对较少，为 729km^2，未利用地面积变化幅度最小，仅减少了 202km^2。

表 5.3　1980 年、1990 年、2000 年、2010 年各年度黄土高原土地利用类型面积情况

土地利用类型	1980 年		1990 年		2000 年		2010 年	
	面积/km^2	比例/%	面积/km^2	比例/%	面积/km^2	比例/%	面积/km^2	比例/%
耕地	204 250	32.70	205 290	32.88	206 109	33.00	201 733	32.30
林地	92 109	14.75	91 878	14.72	92 066	14.74	94 655	15.16
草地	261 627	41.89	261 198	41.84	259 883	41.61	259 186	41.50
建设用地	9 435	1.51	8 638	1.38	8 635	1.38	8 706	1.39
水域	13 140	2.10	13 478	2.16	14 716	2.36	16 480	2.64
未利用地	43 987	7.04	43 854	7.02	43 135	6.91	43 785	7.01

（二）土地利用动态

为反映在 1980 年、1990 年、2000 年、2010 年间 LUCC 的情况，量化各土地类型的变化情况，采用了土地利用动态度进行分析，分别计算了 1980～1990 年、1990～2000 年、2000～2010 年三个时段土地利用动态度，并据此计算了综合土地利用动态度（表 5.4）。

1980～1990 年耕地面积由 204 250km^2 增加到 205 290km^2，增幅为 1040km^2，动态度为 0.05%；林地面积由 92 109km^2 下降到 91 878km^2，减少了 231km^2，动态度为−0.03%；草地面积由 201 627km^2 变为 261 198km^2，减少了 429km^2，动态度为−0.02%；建设用地面积由 9435km^2 下降到 8638km^2，减少了 797km^2，动态度达到−0.85%；水域面积由 13 140km^2 增加到 13 478km^2，增加了 338km^2，动态度为 0.26%；未利用地面积由 43 987km^2 下降到 43 854km^2，减少了 133km^2，动态度为−0.03%。由此可以看出，1980～1990 年黄土高原各土地类型变化

表 5.4 黄土高原土地利用动态度

土地利用类型		1980～1990 年		1990～2000 年		2000～2010 年	
		变化面积/km²	动态度/%	变化面积/km²	动态度/%	变化面积/km²	动态度/%
单一土地利用动态度	耕地	1 040	0.05	819	0.04	−4 376	−0.21
	林地	−231	−0.03	188	0.02	2 589	0.28
	草地	−429	−0.02	−1 315	−0.05	−697	−0.03
	建设用地	−797	−0.85	−3	0.00	71	0.08
	水域	338	0.26	1 238	0.92	1 764	1.20
	未利用地	−133	−0.03	−719	−0.16	650	0.15
综合土地利用动态度			0.007 92		0.011 43		0.027 08

最明显的是建设用地，其动态度最大。

1990～2000 年耕地面积由 205 290km^2 增加到 206 109km^2，增加了 819km^2，动态度为 0.04%；林地面积由 91 878km^2 增加到 92 066km^2，增加了 188km^2，动态度为 0.02%；草地面积由 261 198km^2 下降到 259 883km^2，减少了 1315km^2，动态度为−0.05%；建设用地面积变动不明显，由 8638km^2 减少到 8635km^2，减少了 3km^2，动态度为 0.00%；水域面积由 13 478km^2 增加到 14 716km^2，增加了 1238km^2，动态度为 0.92%；未利用地面积由 43 854km^2 下降到 43 135km^2，减少了 719km^2，动态度为−0.16%。1990～2000 年黄土高原各土地类型中，水域面积变化最为明显，其动态度为 0.92%。与 1980～1990 年的变化相比，1990～2000 年土地利用变化幅度不明显，大部分土地类型变化程度有所减小。

2000～2010 年耕地面积由 206 109km^2 下降到 201 733km^2，减少了 4376km^2，动态度为−0.21%；林地面积由 92 066km^2 增加到 94 655km^2，增加了 2589km^2，动态度为 0.28%；草地面积由 259 883km^2 下降到 259 186km^2，减少了 697km^2，动态度为−0.03%；建设用地面积由 8635km^2 增加到 8706km^2，增加了 71km^2，动态度达到 0.08%；水域面积由 14 716km^2 增加为 16 480km^2，增加了 1764km^2，动态度为 1.20%；未利用地面积由 43 135km^2 增加到 43 785km^2，增加了 650km^2，动态度为 0.15%。与 1980～1990 年和 1990～2000 年两个时段比较，2000～2010 年黄土高原土地利用变化幅度更大，动态度出现了最大值，即水域面积大幅增大，动态度为 1.20%，其他土地利用类型的变化幅度也大部分处于增加状态。

纵观研究期整个时间段可以发现，1980～2010 年草地面积处于大幅减少状态，同时耕地、林地、未利用地这些与自然环境状态关系密切的土地类型的面积也都有不同程度的缩减，而水域面积处于不断增加状态。

从这三个时段的综合土地利用动态度可以发现，转移程度自 1980～2010 年逐渐变大，综合土地利用动态度在 2000～2010 年达到最大值，这表明在最后一个时段土地利用变化最为剧烈。

（三）土地利用类型转移规律

土地利用情况转移数据（表 5.5～表 5.7）反映出三个时段土地利用转移情况。

1980～1990 年耕地转出面积为 81 439km^2，其中 11 795km^2 从耕地转化为林地、57 432km^2

转化为草地、2207km^{2}转化为建设用地、7857km^{2}转化为水域、2148km^{2}转化为未利用地，其余为耕地，面积为122 762km^2。林地转出面积为34 436km^2，其中有12 264km^{2}从林地转化为耕地、20 551km^{2}转化为草地、423km^{2}转化为建设用地、472km^{2}转化为水域、726km^{2}转化为未利用地，其余为林地，面积为57 639km^2。草地转出面积为95 699km^2，其中有57 396km^{2}从草地转化为耕地、20 895km^{2}转化为林地、2136km^{2}转化为建设用地、2163km^{2}转化为水域、13 109km^{2}转化为未利用地，其余为草地，面积为165 830km^2。建设用地转出面积为6436km^2，其中 2711km^{2}从建设用地转化为耕地、437km^{2}转化为林地、2310km^{2}转化为草地、284km^{2}转化为水域、694km^{2}转化为未利用地，其余为建设用地，面积为2992km^2。水域转出面积为10 705km^2，其中有7748km^{2}从水域转化为耕地、377km^{2}转化为林地，2156km^{2}转化为草地，219km^{2}转化为建设用地，205km^{2}转化为未利用地，其余为水域，面积为2434km^2。未利用地转出面积为16 992km^2，其中有2409km^{2}从未利用地转化为耕地、735km^{2}转化为林地、12 919km^{2}转化为草地、661km^{2}转化为建设用地、268km^{2}转化为水域保持，其余为未利用地，面积为26 972km^2（表5.5）。

表5.5 1980～1990年土地利用转移矩阵 （单位：km^2）

土地利用类型		1990年					
		耕地	林地	草地	建设用地	水域	未利用地
1980年	耕地	122 762	11 795	57 432	2 207	7 857	2 148
	林地	12 264	57 639	20 551	423	472	726
	草地	57 396	20 895	165 830	2 136	2 163	13 109
	建设用地	2 711	437	2 310	2 992	284	694
	水域	7 748	377	2 156	219	2 434	205
	未利用地	2 409	735	12 919	661	268	26 972

1990～2000年耕地转出面积为82 890km^2，其中12 349km^{2}从耕地转化为林地、57 235km^{2}转化为草地、2465km^{2}转化为建设用地、8552km^{2}转化为水域、2289km^{2}转化为未利用地，其余为耕地，面积为122 400km^2。林地转出面积为34 657km^2，其中有11 988km^{2}从林地转化为耕地、21 108km^{2}转化为草地、422km^{2}转化为建设用地、413km^{2}转化为水域、726km^{2}转化为未利用地，其余为林地，面积为57 221km^2。草地转出面积为97 906km^2，其中有59 322km^{2}从草地转化为耕地、20 738km^{2}转化为林地、2109km^{2}转化为建设用地、2370km^{2}转化为水域、13 367km^{2}转化为未利用地，其余为草地，面积为163 289km^2。建设用地转出面积为5859km^2，其中 2425km^{2}从建设用地转化为耕地、429km^{2}转化为林地、2137km^{2}转化为草地、241km^{2}转化为水域、627km^{2}转化为未利用地，其余为建设用地，面积为2778km^2。水域转出面积为10 572km^2，其中7490km^{2}从水域转化为耕地、462km^{2}转化为林地，2105km^{2}转化为草地，250km^{2}转化为建设用地，265km^{2}转化为未利用地，其余为水域，面积为2906km^2。未利用地转出面积为18 016km^2，其中有2434km^{2}从未利用地转化为耕地、833km^{2}转化为林地、13 911km^{2}转化为草地、605km^{2}转化为建设用地、233km^{2}转化为水域，其余为未利用地，面积为25 838km^2（表5.6）。

表 5.6 1990～2000 年土地利用转移矩阵 （单位：km^2）

土地利用类型		2000 年					
		耕地	林地	草地	建设用地	水域	未利用地
1990 年	耕地	122 400	12 349	57 235	2 465	8 552	2 289
	林地	11 988	57 221	21 108	422	413	726
	草地	59 322	20 738	163 289	2 109	2 370	13 367
	建设用地	2 425	429	2 137	2 778	241	627
	水域	7 490	462	2 105	250	2 906	265
	未利用地	2 434	833	13 911	605	233	25 838

2000～2010 年耕地转出面积为 4708km^2，其中 157km^2 从耕地转化为林地、2528km^2 转化为草地、440km^2 转化为建设用地、1258km^2 转化为水域、325km^2 转化为未利用地，其余为耕地，面积为 199 988km^2。林地转出面积为 530km^2，其中有 88km^2 从林地转化为耕地、248km^2 转化为草地、35km^2 转化为建设用地、118km^2 转化为水域、41km^2 转化为未利用地，其余为林地，面积为 9153km^2。草地转出面积为 4589km^2，其中有 1141km^2 从草地转化为耕地、1417km^2 转化为林地、226km^2 转化为建设用地、362km^2 转化为水域、1443km^2 转化为未利用地，其余为草地，面积为 25 5294km^2。建设用地转出面积为 780km^2，其中有 309km^2 从建设用地转化为耕地、25km^2 转化为林地、165km^2 转化为草地、26km^2 转化为水域、225km^2 转化为未利用地，其余为建设用地，面积为 7855km^2。水域转出面积为 66km^2，其中有 9km^2 从水域转化为耕地、9km^2 转化为林地、31km^2 转化为草地、14km^2 转化为建设用地、3km^2 转化为未利用地，其余为水域，面积为 1465km^2。未利用地转出面积为 1417km^2，其中有 198km^2 从未利用地转化为耕地、98km^2 转化为林地，920km^2 转化为草地，135km^2 转化为建设用地，66km^2 转化为未利用地，其余为未利用地，面积为 41 718km^2（表 5.7）。

表 5.7 2000～2010 年土地利用转移矩阵 （单位：km^2）

土地利用类型		2010 年					
		耕地	林地	草地	建设用地	水域	未利用地
2000 年	耕地	199 988	157	2 528	440	1 258	325
	林地	88	9 153	248	35	118	41
	草地	1 141	1 417	255 294	226	362	1 443
	建设用地	309	25	165	7 855	26	255
	水域	9	9	31	14	1 465	3
	未利用地	198	98	920	135	66	41 718

从表 5.7 的数据可以看出，在上述三个时段中，耕地、林地和草地的面积变化最为明显，其中 1990～2000 年、2000～2010 年土地利用转化情况较 2000～2010 年更为显著。

二、主要生态系统时空格局

陆地生态系统类型繁多，如森林、草地、荒漠、苔原、湿地、高山冻原及复杂的农田生态系统等，每种生态系统又包含多种气候类型和土壤类型（李林等，2014）。中国陆地生态系统包括农田生态系统、森林生态系统、草地生态系统、水体与湿地生态系统、荒漠生态系统、聚落生态系统和其他生态系统共 7 个生态系统类型（徐新良等，2015）。其中，农田生态系统是在自然基础上经人工控制形成的农业生态系统中的亚生态系统，主要包括 LUCC 遥感分类系统中的水田、旱地；森林生态系统主要包括 LUCC 遥感分类系统中的密林地（有林地）、灌丛、疏林地、其他林地；草地生态系统是以饲用植物和食草动物为主体的生物群落与其生存环境共同构成的开放生态系统，主要包括 LUCC 遥感分类系统中的高覆盖度草地、中覆盖度草地、低覆盖度草地；水体与湿地生态系统是陆地与水域之间水陆相互作用形成的特殊的自然综合体，主要包括 LUCC 遥感分类系统中的沼泽地、河渠、湖泊、水库、冰川与永久积雪、河滩地；荒漠生态系统是地球上最耐旱的，以超旱生的小乔木、灌木和半灌木占优势的生物群落与其周围环境所组成的综合体，主要包括 LUCC 遥感分类系统中的沙地、戈壁、盐碱地、高寒荒漠；聚落生态系统是一定人群的居住集合，由一定的家庭数量和人口规模组成，定居于某一特定的区域或区位，主要包括 LUCC 遥感分类系统中的城镇、农村居民地、工矿用地；其他生态系统是除上述主要生态系统类型之外的自然地理单元，主要包括 LUCC 遥感分类系统中的裸土地和裸岩砾石地。中国陆地生态系统的分类体系是基于 1990 年、2000 年、2010 年卫星遥感数据解译并结合地面调查、验证、质量检查和综合精度评价的基础上获得的（徐新良等，2015），为顺利开展中国陆地生态系统服务功能、碳循环监测评估，全面深入了解和把握中国生态环境安全态势，科学有效地管理和制订中国生态可持续发展战略提供了重要的基础性数据。

根据中国陆地生态系统类型空间分布数据集，1990～2010 年黄土高原生态系统分布和面积的动态变化规律如下。

（一）1990～2010 年黄土高原生态系统类型的空间分布

1990 年和 1995 年，黄土高原各生态系统类型面积见表 5.8。其中，农田生态系统类型面积分别为 2049.60 万 hm^2 和 2018.46 万 hm^2，占黄土高原生态系统类型总面积的 32.82%和 32.32%，主要分布在陕西南部、山西和甘肃中南部及河南北部，少量分布于内蒙古北部；森林生态系统类型面积分别为 920.58 万 hm^2 和 848.59 万 hm^2，占黄土高原生态系统类型总面积的 14.74%、13.59%，主要分布在陕西中部，山西恒山以南的中条山、太行山、太岳山、吕梁山等地，甘肃中南部及河南北部；草地生态系统类型面积分别为 2611.43 万 hm^2 和 2731.48 万 hm^2，占黄土高原生态系统类型总面积的 41.82%和 43.74%，主要分布在内蒙古西部、宁夏北部、甘肃西北部、山西东部及青海省部分地区；水体与湿地生态系统类型面积分别为 95.45 万 hm^2 和 90.86 万 hm^2，占黄土高原生态系统类型总面积的 1.53%和 1.45%，主要分布在内蒙古西部，少量分布于甘肃，总体所占面积不大；聚落生态系统类型面积分别为 135.74 万 hm^2 和 139.87 万 hm^2，占黄土高原生态系统类型总面积的 2.17%和 2.24%，主要分布在内蒙古的南部和中部偏北，少量分布于青海北部；荒漠生态系统类型面积分别为 391.82 万 hm^2 和 373.66 万 hm^2，占黄土高原生态系统类型总面积的 6.27%和 5.98%，主要分布在内蒙古南部和中部偏北，少量分布于宁夏和青海北部；其他生态系统类型面积分别为 39.83 万 hm^2 和 42.41 万 hm^2，占黄土高原生态系统类型的 0.64%和 0.68%，占比最小，少量分布于内蒙古西部。

表 5.8　黄土高原各生态系统类型面积（1990～2010 年）

年份	指标	农田	森林	草地	水体与湿地	聚落	荒漠	其他	合计
1990	面积/万 hm^2	2049.60	920.58	2611.43	95.45	135.74	391.82	39.83	6245
	比例/%	32.82	14.74	41.82	1.53	2.17	6.27	0.64	100
1995	面积/万 hm^2	2018.46	848.59	2731.48	90.86	139.87	373.66	42.41	6245
	比例/%	32.32	13.59	43.74	1.45	2.24	5.98	0.68	100
2000	面积/万 hm^2	2062.74	919.75	2598.83	93.92	148.02	383.21	39.08	6245
	比例/%	33.03	14.73	41.61	1.50	2.37	6.14	0.63	100
2005	面积/万 hm^2	2027.78	941.06	2587.33	97.09	159.95	389.89	42.48	6245
	比例/%	32.47	15.07	41.43	1.55	2.56	6.24	0.68	100
2010	面积/万 hm^2	2020.41	946.16	2590.23	97.01	165.62	383.94	42.21	6245
	比例/%	32.35	15.15	41.47	1.55	2.65	6.15	0.68	100

2000 年和 2005 年，黄土高原农田生态系统类型面积分别为 2062.74 万 hm^2 和 2027.78 万 hm^2，占黄土高原生态系统类型总面积的 33.03%和 32.47%，主要分布在陕西南部、山西和甘肃中南部，以及河南北部地区，少量分布于内蒙古和甘肃北部，以及宁夏北部地区；森林生态系统类型面积分别为 919.75 万 hm^2 和 941.06 万 hm^2，占黄土高原生态系统类型总面积的 14.73%和 15.07%，主要分布在陕西中部偏北、山西中南部、甘肃中南部；草地生态系统类型面积分别为 2598.83 万 hm^2 和 2587.33 万 hm^2，占黄土高原生态系统类型总面积的 41.61%和 41.43%，占比最大，主要分布在内蒙古西部、宁夏北部、甘肃西北部、山西北部及青海大部；水体与湿地生态系统类型面积分别为 93.92 万 hm^2 和 97.09 万 hm^2，占黄土高原生态系统类型总面积的 1.50%和 1.55%，少量分布在内蒙古和甘肃西部；聚落生态系统类型面积分别为 148.02 万 hm^2、159.95 万 hm^2，占黄土高原生态系统类型的 2.37%和 2.56%，主要分布在内蒙古的南部和中部偏北，少量分布于青海北部和中部偏南；荒漠生态系统类型面积分别为 383.21 万 hm^2 和 389.89 万 hm^2，占黄土高原生态系统类型总面积的 6.14%和 6.24%，主要分布在内蒙古南部和中部偏北，少量分布于宁夏和青海北部；其他生态系统类型面积分别为 39.08 万 hm^2 和 42.48 万 hm^2，占黄土高原生态系统类型总面积的 0.63%和 0.68%，占比最小，少量分布于内蒙古西部和西北部，以及宁夏西部。

2010 年，农田生态系统类型面积为 2020.41 万 hm^2，占黄土高原生态系统类型总面积的 32.35%，主要分布在陕西南部、山西和甘肃中南部，以及河南北部地区，少量分布于内蒙古和甘肃北部，以及宁夏中部和北部地区；森林生态系统类型面积为 946.16 万 hm^2，占黄土高原生态系统类型总面积的 15.15%，主要分布在陕西中部偏北、山西中南部、甘肃中南部，少量分布于青海省中部；草地生态系统类型面积为 2590.23 万 hm^2，占黄土高原生态系统类型总面积的 41.47%，占比最大，主要分布在内蒙古西北部、宁夏北部、甘肃西北部、陕西中部、山西北部及青海大部；水体与湿地生态系统类型面积为 97.01 万 hm^2，占黄土高原生态系统类型总面积的 1.55%，少量分布在内蒙古西部；聚落生态系统类型面积为 165.62 万 hm^2，占黄土高原生态系统类型总面积的 2.65%，主要分布在内蒙古南部、西部及中部偏北，少量分布于青海北部和南部、甘肃北部；荒漠生态系统类型面积为 383.94 万 hm^2，占黄土高原生态系统类型总面积的 6.15%，主要分布在内蒙古南部、西部及中部偏北，少量分布于宁夏和青海北部；其他生态系统类型面积为 42.21 万 hm^2，占黄土高原生态系统类型总面积的0.68%，占比最小，少量分布于内蒙古西部及宁夏西部。

（二）1990～2010年黄土高原生态系统类型的面积变化

1995年黄土高原农田、森林、水体与湿地和荒漠生态系统面积比1990年分别减少了1.52%、7.82%、4.81%和4.63%，草地、聚落和其他生态系统面积比1990年分别增加了4.60%、3.05%和6.47%。2000年黄土高原草地、其他生态系统面积比1995年分别减少了4.86%和7.84%，农田、水体与湿地、荒漠、森林和聚落生态系统面积比1995年分别增加了2.19%、3.37%、2.56%、8.39%和5.82%。2005年农田和草地生态系统面积比2000年分别减少了1.70%和0.44%，水体与湿地、荒漠、森林、聚落、其他生态系统面积分别增加了3.38%、1.74%、2.32%、8.06%和8.69%；2010年农田、水体与湿地、荒漠和其他生态系统面积相比于2005年分别减少了0.36%、0.09%、1.53%和0.64%，森林、草地、聚落生态系统面积分别增加了0.54%、0.11%和3.55%（图5.2）。

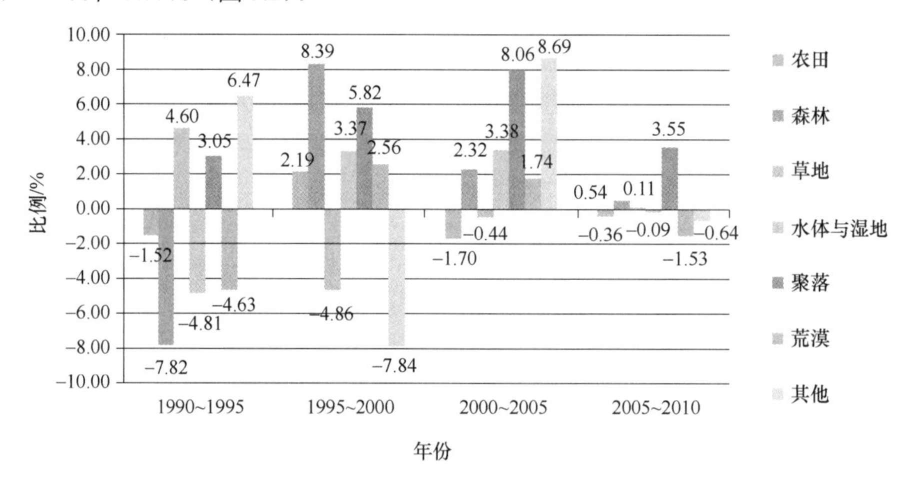

图5.2 1990～2010年各生态系统类型面积变化

1990～2010年黄土高原农田、荒漠生态系统面积处于先减少后增加又减少的状态，总体上呈降低趋势；森林、水体与湿地生态系统面积处于先减少后增加的状态，增加幅度逐渐下降；草地生态系统面积处于先增加后减少的状态，但减少幅度逐渐变小；聚落生态系统面积处于持续增长状态，但增长幅度从2005年开始下降；其他生态系统处于较大波动状态。

（三）1990～2010年黄土高原生态系统类型转化特征

从各生态系统类型转化结果来看，1990～2000年黄土高原生态系统中有14.06%的农田转化为草地，2.20%的农田转化为森林，2.12%的农田转化为聚落，转化为其他生态系统类型的比例较少；有4.88%的森林转化为农田，9.77%的森林转化为草地，转化为其余四类生态系统类型的比例均低于0.3%，有2.43%的草地转化为荒漠，3.38%的草地转化为森林，11.87%的草地转化为农田，转化为其他生态系统的比例均低于0.5%；有13.79%的水体与湿地转化为农田，12.63%的水体与湿地转化为草地，4.07%的水体与湿地转化为荒漠，2.03%的水体与湿地转化为森林，转化为其他生态系统类型的比例均低于1%；有24.18%的聚落转化为农田，1.18%的聚落转化为森林，6.45%的聚落转化为草地，转化为其他生态系统类型的比例均低于0.8%；有18.28%的荒漠转化为草地，2.56%的荒漠转化农田，转化为其他生态系统类型的比例低于 1%；有 20.12%的其他生态系统类型转化为草地，2.78%的其他生态系统类型转化为农田，转化为其余四类生态系统类型的比例均低于 1.5%（表 5.9）。综合分析可得，1990～2000 年黄土高原各类生态系统流失程度从大到小依次为水体与湿地生态系统＞聚落生态系统＞其他生态系统＞荒漠生态系统＞农田生态系统＞草地生态系统＞森林生态系统。

表 5.9 1990～2010 年黄土高原生态系统类型的转化比例 （单位：%）

时间	类型	农田	森林	草地	水体与湿地	聚落	荒漠	其他
1990～2000 年	农田	80.53	2.20	14.06	0.57	2.12	0.47	0.05
	森林	4.88	84.62	9.77	0.19	0.19	0.29	0.07
	草地	11.87	3.38	81.17	0.48	0.39	2.43	0.28
	水体与湿地	13.79	2.03	12.63	66.17	0.93	4.07	0.37
	聚落	24.18	1.18	6.45	0.65	66.71	0.78	0.06
	荒漠	2.56	0.80	18.28	0.89	0.28	77.02	0.16
	其他	2.78	1.50	20.12	0.93	0.27	1.38	73.03
2000～2010 年	农田	97.08	0.76	1.19	0.22	0.62	0.03	0.11
	森林	0.09	99.46	0.23	0.06	0.12	0.04	0.00
	草地	0.46	0.55	98.20	0.11	0.14	0.50	0.04
	水体与湿地	3.13	0.30	1.85	93.34	0.30	0.97	0.09
	聚落	0.08	0.09	0.20	0.08	99.54	0.01	0.01
	荒漠	0.51	0.27	2.40	0.33	0.15	96.30	0.04
	其他	0.21	0.02	0.62	0.01	0.05	0.01	99.08

2000～2010 年，黄土高原生态系统有 1.19%的农田转化为草地，转化为其他生态系统类型的比例较少；有 0.23%的森林转化为草地，转化为其他生态系统类型的比例均低于 0.12%；有 0.55%的草地转化为森林，0.50%的草地转化为荒漠，转化为其他生态系统的比例均低于 0.5%；有 3.13%的水体与湿地转化为农田，1.85%的水体与湿地转化为草地，转化为其他生态系统类型的比例均低于 1%；有 0.08%的聚落转化为水体与湿地、农田，0.09%的聚落转化为森林，0.20%的聚落转化为草地，转化为荒漠和其他生态系统类型的比例为 0.01%；有 2.40%的荒漠转化为草地，0.51%的荒漠转化为农田，转化为其他生态系统类型的比例均低于 0.50%；有 0.21%的其他生态系统转化为农田，有 0.62%的其他生态系统类型转化为草地，转化为其余四类生态系统类型的比例均低于 0.10%。

综合分析可得，2000～2010 年黄土高原各类生态系统流失程度：水体与湿地生态系统＞荒漠生态系统＞农田生态系统＞草地生态系统＞其他生态系统＞森林生态系统＞聚落生态系统。

（四）1990～2010 年黄土高原生态系统类型的转化规律

1990～2000 年，黄土高原生态系统中 18.8%的农田由 15.03%的草地、2.18%的森林和 1.59%聚落转化而来，由其余三类生态系统转化而来的比例均低于 0.7%；14.5%的森林由 4.91%的农田和 9.59%的草地转化而来，由其余四类生态系统转化而来的比例均低于 0.4%；17.31%的草地由 11.09%的农田、3.46%的森林和 2.76%的荒漠转化而来，由其余三类生态系统转化而来的比例均低于 0.5%；29.47%的水体与湿地由 12.36%的农田、13.39%的草地和 3.72%的荒漠转化而来，由其余三类生态系统转化而来的比例均低于 1.9%；36.32%的聚落由 29.42%的农田和 6.84%的草地转化而来，由其余四类生态系统转化而来的比例均低于 1.2%；20.11%的荒漠由 2.51%的农田、16.59%的草地和 1.01%的聚落转化而来，由其余三类生态系统转化而来的比例均低于 0.7%；21.22%的其他生态系统由 2.74%的农田和 18.48%的草地转化而来，由其余四类生态系统的比例均低于 1.6%（表 5.10）。

表 5.10　1990～2010 年黄土高原生态系统各类型转化比例　（单位：%）

时间	类型	农田	森林	草地	水体与湿地	聚落	荒漠	其他
1990～2000 年	农田	80.03	4.91	11.09	12.36	29.42	2.51	2.74
	森林	2.18	84.70	3.46	1.86	1.16	0.70	1.60
	草地	15.03	9.59	81.58	13.39	6.84	16.59	18.48
	水体与湿地	0.64	0.21	0.46	67.32	0.60	1.01	0.90
	聚落	1.59	0.17	0.34	0.94	61.17	0.27	0.20
	荒漠	0.49	0.34	2.76	3.72	0.74	78.77	1.56
	其他	0.05	0.06	0.31	0.40	0.07	0.14	74.51
2000～2010 年	农田	99.12	1.66	0.95	4.62	7.66	0.16	5.24
	森林	0.04	96.68	0.08	0.53	0.65	0.10	0.03
	草地	0.59	1.51	98.53	3.04	2.20	3.38	2.43
	水体与湿地	0.15	0.03	0.07	90.38	0.17	0.24	0.20
	聚落	0.01	0.01	0.01	0.12	88.95	0.01	0.02
	荒漠	0.10	0.11	0.36	1.30	0.35	96.12	0.32
	其他	0.00	0.00	0.01	0.01	0.01	0.00	91.75

综合分析可知，到 2000 年末黄土高原各生态系统类型由其他生态系统转化而来的比例从大到小依次为聚落生态系统＞水体与湿地生态系统＞其他生态系统＞荒漠生态系统＞农田生态系统＞草地生态系统＞森林生态系统。

2000～2010 年，黄土高原生态系统中 0.74%的农田由 0.59%的草地和 0.15%的水体与湿地转化而来，由其余四类生态系统转化而来的比例均低于 0.10%；3.28%的森林由 1.66%的农田、1.51%的草地和 0.11%的荒漠转化而来，由其余三类生态系统转化而来的比例均低于 0.05%；1.31%的草地由 0.36%的荒漠和 0.95%的农田转化而来，由其余四类生态系统转化而来的比例均低于 0.10；8.96%的水体与湿地由 4.62%的农田、3.04%的草地和 1.30%的荒漠转化而来，由其余三类生态系统转化而来的比例均低于 0.60%；9.86%的聚落由 7.66%的农田和 2.20%的草地转化而来，由其余四类生态系统转化而来的比例均低于 0.70%；3.62%的荒漠由 3.38%草地和 0.24%水体与湿地转化而来，由其余四类生态系统转化而来的比例均为 0.20%；7.67%的其他生态系统由 5.24%的农田、2.43%的草地转化而来，由其余四类生态系统转化而来的比例均低于 0.40%。

综合分析可知，2010 年（研究期末）黄土高原地区各生态系统类型由其他生态系统转化而来的比例从大到小依次为聚落生态系统＞水体与湿地生态系统＞其他生态系统＞荒漠生态系统＞森林生态系统＞草地生态系统＞农田生态系统。

三、景观格局变化的驱动力

（一）自然因素

自然因素是黄土高原土地利用变化的基础和背景，在一定程度上决定了黄土高原土地利用的类型、方式及其区域分异规律，并从宏观上决定了土地利用转化的方向。例如，地貌特征影响土地利用的空间分异，进而决定了不同地貌类型区土地利用的特点及其可能的相互转化。黄土高原沟壑密度大，地面坡度大部分在15°以上，尤其是丘陵沟壑区，沟壑密度达3～7km/km^2，坡度决定了耕地的分布，进而决定了耕地向林地和草地的转化。干旱、半干旱的气候过渡特征决定了时农时牧的农业经济特点，使土地类型转化主要发生在耕地与草地之间。如黄土高原西北部气候干旱、降水稀少，蒸发量大，水蚀模数小，风蚀剧烈，沙尘暴灾害频繁，土地沙化严重，以毛乌素沙地为代表。由于长期过牧滥牧造成比较严重的草原退化和沙化，相当部分固定、半固定沙丘被激活形成移动沙丘。黄土高原的降水特点是年降水量少而暴雨集中，6～9月降雨量占年降水量的70%～80%，其中大部分又集中在几次强度较大的暴雨。暴雨历时短、强度大、突发性强，是造成严重水土流失和高含沙洪水的主要原因。降水稀少、水资源短缺决定了土地利用转化也主要发生在耕地、草地与未利用地或难利用地（如沙地、裸土地、荒草地）之间。自然因素对土地利用变化的直接影响主要表现在两个特殊的自然地理过程：①强烈的风蚀作用过程会导致耕地退化为荒草和草地，人工林地等也出现逆向演替，退化为荒地和草地，甚至裸地；②黄土丘陵沟壑区的流水侵蚀过程导致地表水土流失，引起地表破碎，谷缘崩塌、泻溜，沟谷密度增大，局部地区基岩裸露等，使宜耕塬地、大片墚和坡耕地被蚕食，沟谷纵横、坡度加大，耕地面积减小，耕地转化为荒地、草地甚至难利用地（周忠学，2007）。黄土高原农灌区面积约5.87万km^2，主要分布在内蒙古河套地区、宁夏沿黄平原、陕西渭河和山西汾河及桑干河谷地。这些区域水源比较充足，分布着大片绿洲和大型农灌区，植被以农田防护林和农作物为主。由于气候干旱和地下水位较高，土地盐渍化较重，不适当的引水和灌溉导致了河套地区、宁夏平原和桑干河流域耕地发生大面积的次生盐渍化；此外，灌溉农田大量超采地下水，导致地下水位下降和地下漏斗的形成。

（二）人为因素

黄土高原的人类活动分布逐渐形成东密西疏、南密北疏的格局，并有向外围密中间疏的环绕型格局转变的趋势。人类活动主要集中在黄河中下游及其支流的豫西北、汾渭谷地等冲积平原地区，人类活动较弱地区则集中在黄土高原风沙区、典型黄土丘陵区。在复杂的人为因素的影响下，人类活动强烈区的极化与带动作用持续增强，内蒙古河套平原、宁夏银川平原、青甘地区的人类活动呈显著上升趋势，形成由中心城市带动周边地区人类活动集聚的态势。

1980年开始的家庭联产承包责任制，使黄土高原农户大量开垦荒地、草地和林地用于农作物种植。到20世纪90年代，土地肥力下降，原来的农作物不复种植，大片土地撂荒，农民把主要精力用于牧羊，大量草地过度放牧，导致荒漠化加剧，生态环境恶化（张建香等，2015）。

黄土高原的退耕还林工程是我国为改善生态环境而实施的重大生态建设工程，退耕还林工程不仅改善了生态环境，而且对农民生活、农村社会经济和农业产业结构特征等产生了巨大的影响。研究表明，1999～2010 年黄土高原累计造林达 1890.6 万 hm^2，其中内蒙古累计造林 791.3 万 hm^2，森林覆盖率由 1999 年的 14.82%上升到 2010 年的 20%；陕西累计造林 510.2 万 hm^2，森林覆盖率由 1999 年的 30.92%上升到 2010 年的 37.26%；甘肃累计造林 310.1 万 hm^2，森林覆盖率由 1999 年的 9.00%上升到 2000 年的 10.42%；宁夏累计造林 144.9 万 hm^2，森林覆盖率由 1999 年的 8.4%上升到 2010 年的 9.84%；青海累计造林 134.2 万 hm^2，森林覆盖率由 1999 年的 3.10%上升到 2010 年的 4.57%。黄土高原大范围的退耕还林工程使黄土高原的生态环境得到了极大的改善，植被的覆盖不断提高（易浪等，2014）。

截至 2017 年，中国的退耕还林还草生态治理工程已累计投入 4500 亿元人民币，约 2980 万 hm^2 土地实施了退耕还林还草；长江和黄河中上游的 13 个省（自治区、直辖市），退耕还林还草工程每年产生的生态服务功能总价值超过 1 万亿元人民币。黄河 90%的泥沙来自黄土高原土壤侵蚀，黄河泥沙是黄土高原生态环境的晴雨表。自 1999 年退耕还林还草政策实施以来，黄土高原的植被覆盖率显著增加，从 1999 年的 31.6%提高到 2017 年的约 65%，有效遏制了黄土高原水土流失。目前黄河利津水文站观测入黄河泥沙已减至每年 2 亿 t 以下，接近无人类活动干扰的原始农业时期。

黄土高原是我国重要的能源化工基地，分布着大量的能源开发开采区，能源大量开采开发过程中不可避免会造成对生态的破坏，加之这些地区属于生态脆弱区，自然生态环境条件较差，人类活动对当地的生态环境有着强烈的干扰作用，农牧耕作、城市建设和能源开发过程中对黄土高原植被覆盖的负面影响相当严重，应引起我们足够的重视（易浪等，2014）。

四、黄土高原景观生态研究展望

（一）研究中存在的问题

黄土高原景观生态研究还存在若干问题：①研究多侧重于典型区，从整个黄土高原地区出发，进行深入比较的研究相对较少，区域植被恢复与景观格局变化定量关系及其数学机理模型研究有待加强；②尽管采取了定量观测与分析的方法对景观格局与生态过程耦合关系进行了许多研究，但是其内在机理分析稍显不足，耦合模型还有进一步提升空间（陈攀攀等，2011），区域差异对比研究急需加强；③针对生态恢复和生态系统服务间的作用与响应研究，多集中于黄土高原生态修复过程对土壤保持、水文调节及碳固定等生态系统服务的影响，系统性和整体性的分析有待于进一步加强；④生态服务权衡的方法和模型尚处于探索与起步阶段，生态系统服务权衡与协同分析研究仍以定性分析较多，定量化的实证研究较少（Bradford and D'Amato，2012）。

（二）需要进一步研究的问题

（1）加强黄土高原区域尺度的综合研究。开展不同地区之间的比较研究，探讨植被恢复与景观格局变化的相互关系，揭示景观格局变化的形成机理与演变机制，发展区域景观格局变化的机理模型，定量分析生态恢复与景观格局变化之间的相互关系及反馈机制。

（2）进一步发展格局和过程的定量识别与研究方法，并在景观格局与生态过程的耦合研究中加强野外长期观测和综合调查，将地面观测与遥感紧密结合，探索格局与多过程的耦合效应及其权衡比较分析。

（3）加强生态系统过程与服务研究。深入开展不同区域和尺度下不同生态系统过程与生态系统服务功能之间关系的研究，为区域生态系统服务的权衡和优化管理提供基础。建立基于机理的生态服务权衡综合模型，进一步实现生态系统服务的集成。

（4）开展人类活动调控与提高景观管理效率研究。纵观黄土高原景观的历史变迁，人类活动始终强烈影响着黄土高原的景观格局演变，要想实现正影响大于负影响，不仅要继续推进各项生态工程建设的实施，还需要加强对人类活动的合理调控，进行有效的景观管理，从而实现黄土高原景观的可持续发展。

推荐阅读文献

常庆瑞，谢宝妮，2019. 黄土高原近30年植被覆盖及其气候变化响应［M］. 北京：科学出版社.

傅伯杰，陈利顶，马克明，等，2011. 景观生态学原理及应用［M］. 2版. 北京：科学出版社.

傅伯杰，赵文武，张秋菊，等，2014. 黄土高原景观格局变化与土壤侵蚀［M］. 北京：科学出版社.

孙建国，2014. 黄土高原土地退化与植被动态的遥感分析［M］. 北京：科学出版社.

第六章　黄土高原生物多样性保护

在过去的2亿年中，由于陆地的隆起和下沉、冰期和间冰期的交替等造成的大规模气候变迁（刘旻霞等，2018），使许多物种的栖息地丧失或生境片段化，进而导致许多物种处于濒危状态。濒危物种是指在短时间内灭绝速率较高的物种，种群数量已达到存活极限，其种群大小进一步减少将导致物种灭绝；实践上，通常指那些珍贵、濒危或稀有的野生动植物。

生物多样性是国家重要的战略资源，是经济社会可持续发展的重要基础。生物物种是否丰富，生态系统类型是否齐全，遗传物质的野生亲缘种类多少，都直接影响到人类的生存、繁衍、发展。随着人口的增长和经济活动的不断加剧，生物多样性正在全球范围内受到威胁，生物多样性正在急剧下降，特别是在生物多样性比较丰富的热带、亚热带发展中国家，生态系统更是遭到了严重破坏，物种灭绝速度是人类出现前的100～1000倍，大量物种已经灭绝或处于灭绝边缘。现代生物多样性的丧失速度已不是以百年计算，而是在几十年甚至几年内就可能消失。2019年，来自至少50个国家的400多名科学家通过生物多样性与生态系统服务政府间科学政策平台（The Intergovernmental Science-policy Platform on Biodiversity and Ecosystem Service，IPBES）发布了《全球生物多样性与生态系统服务评估报告》，指出全球75%的陆地表面发生了巨大改变，66%的海域正经历越来越大的累积影响，85%以上的湿地已经丧失；2010～2015年热带地区丧失了3200万hm^2原始森林或次生林，活珊瑚覆盖面积丧失了一半左右；在所评估的野生动植物中约有25%的物种受到威胁，意味着有大约100万种野生动植物已经濒临灭绝；在大多数重要陆生群落中，本地种平均丰富度至少下降了20%（潘文婧，2020）。

近50年来，我国约有200种植物灭绝；中国高等植物中受威胁物种已达4000～5000种，占总物种数的15%～20%，高于世界10%～15%的水平。已经灭绝的野生动物有麋鹿（*Elaphurus davidianus*）、普氏野马（*Equus ferus* ssp. *przewalskii*）、高鼻羚羊（*Saiga tatarica*）、白鳍豚（*Lipotes vexillifer*）、华南虎（*Panthera tigris amoyensis*）等，濒临灭绝的野生动物有东北虎（*Panthera tigris altaica*）、雪豹（*Panthera uncia*）、野骆驼（*Camelus bactrianus ferus*）、海南坡鹿（*Cervus eldii*）、梅花鹿（*Cervus nippon*）、黑长臂猿（*Nomascus nasutus*）、亚洲象（*Elephas maximus*）、朱鹮（*Nipponia nippon*）、赤颈鹤（*G. antigone*）、扬子鳄（*Alligator sinensis*）等（严旬，1992）。因此，保护珍稀濒危动植物，保护珍稀濒危动植物栖息地和生存环境，是一件关系人类发展和福祉的大事，是一项刻不容缓的紧迫任务，黄土高原也不例外（顾朝军等，2017；党小虎等，2018）。

第一节　黄土高原珍稀濒危动物及保护

黄土高原野生动物种类丰富，有鸟类190多种，兽类80多种，其中有许多是珍稀动物。例如，截至2015年，山西省已记录动物2200多种，包括昆虫1800多种，爬行动物28种，两栖动物14种，鱼类47种，鸟类325种。截至2018年，黄土高原地区建立的自然保护区共有141个，代表性的有以猕猴（*Macaca mulatta*）为主要保护对象的太行山国家级自然保护区、以褐马鸡为主要保护对象的庞泉沟国家级自然保护区、以秦岭细鳞鲑（*Brachymystax lenok tsinlingensis*）为主要保护对象的陇县国家级自然保护区，还有以黑鹳为主要保护对象的灵丘黑鹳省级自然保护区。自然保护区的建立对于保护黄土高原野生动物及其栖息环境，提高野生动物生存能力，促进野生动物种群数量的发展，起到了难以估量的作用（李相儒等，2015）。

一、珍稀濒危动物代表种类及分布现状

华北豹（*Panthera pardus*）又名金钱豹、银豹子、豹子、文豹，属于哺乳纲、食肉目、猫科动物。华北豹曾普遍分布于中国境内，但因过度猎捕和栖息地破坏等原因，现已成为高度濒危的国家一级保护动物，《中国生物多样性红色名录——脊椎动物卷》将其列为濒危（EN）等级，《中国濒危动物红皮书》将其列为濒危（E）等级。

林麝（*Moschus berezovskii*）是一种小型哺乳动物，又称香獐，属于偶蹄目、麝科、麝属，主要分布在四川、陕西、甘肃、云南、贵州等多个地区。林麝是麝属中体型最小的一种，是我国一级保护动物，被列为《华盛顿公约》（Convention on International Trade in Endangered Species of Wild Fauna and Flora，CITES）附录Ⅱ物种，列入《世界自然保护联盟濒危物种红色名录》的濒危等级（EN）。雄麝分泌的麝香价格昂贵，素有“软黄金”之称，是中国传统的出口创汇商品。因其不仅药用价值高，而且是名贵的天然高级香料，持续过度的盗猎捕杀，导致野生林麝种群数量剧减，使其处于极度濒危状态。

褐马鸡（*Crossoptilon mantchuricum*）是中国特产珍稀鸟类，仅见于我国山西吕梁山、太岳山、河北西北部、陕西黄龙山和北京。褐马鸡已列入 CITES Ⅰ级保护动物，2012 年列入《世界自然保护联盟濒危物种红色名录》（版本 3.1）的易危（VU）等级，在国际上有“东方宝石”的美誉。为了更好地保护褐马鸡，中国鸟类协会将其作为会标图案，而山西省已将褐马鸡确定为省鸟。

红腹锦鸡（*Chrysolophus pictus*）又名金鸡，属鸟纲、鸡形目、雉科，主要分布于中国青海东南部，甘肃文县、天水、武山，陕西秦岭山脉，四川青川、广元、北川、平武、南江、苍溪、万州、城口、巫山、秀山、南川、宝兴、灌县、南坪、汶川，湖北郧阳、襄阳、神农架、宜昌，云南昭通、威信，贵州赤水、遵义、绥阳、江口、贵阳，湖南西部及广西贺州、恭城、三江、天峨，山西太宽河国家级自然保护区（夏县）、历山国家级自然保护区（沁水）等地。红腹锦鸡是国家二级保护动物，2012 年列入《中国濒危动物红皮书》易危、《世界自然保护联盟濒危物种红色名录》（版本 3.1）低危（LC）等级。

大鲵（*Andrias davidianus*）隶属隐腮鲵科、大鲵属，是世界上现存最大、最珍贵的两栖动物，属国家二级保护动物。大鲵在黄土高原分布于山西南部沁水、阳城，主要产于黄河中下游流域各支流的山涧溪流。中国大鲵有着“活化石”的称号，是人们研究动物进化的良好材料。

二、野生动物物种濒危原因

（一）生境破碎化导致野生动物栖息地丧失

栖息地是野生动物赖以生存的环境基础，其质量的好坏直接关系到野生动物的命运及其利用资源的行为。数十年以来，乱砍滥伐致使天然林面积逐渐缩小，人工林树种单一对生物多样性保护作用有限。另外，由于林农经营、放牧和采集活动对天然林和草原的严重干扰和

影响，野生动物栖息地遭受到不断破坏而退化和缩减。生境破碎化已成为黄土高原地区野生动物种群数量下降的主要原因（何洪鸣等，2018）。

（二）乱捕滥猎严重威胁野生动物的生存

在历史上，乱捕滥猎导致某些野生动物种群数量骤减，加剧了野生动物的濒危程度，导致某些野生动物处于濒危状态。大量捕猎野生动物入药，加剧了复齿鼯鼠（*Trogopterus xanthipes*）、华北豹等濒危程度；不良的传统饮食观念和猎奇心理，使食用野生动物制作的菜肴成为“尊贵”的象征，或者满足某些人食用“野味”的新鲜感，导致野生动物被盗猎或走私，如大鲵、黑熊（*Ursus thibetanus*）、果子狸（*Paguma larvata*）、狍（*Capreolus pygargus*）、黄羊（*Procapra przewalskii*）及各种鸟类，是威胁野生动物生存的重要因素之一。

（三）生物多样性保护的研究相对滞后

由于资金不足、科研力量薄弱等原因，生物多样性及保护的研究都相对滞后。主要表现在：①黄土高原动物多样性本底资源不清；②需要保护物种的种群数量和分布及受威胁程度有待进一步厘清；③主要保护动物的濒危机理仍不明晰，保护措施和对策难以适应保护工作的要求。在保护和持续利用方面，除了建立自然保护区，缺乏从根本上解决有关生物多样性保护和生态系统恢复的措施，导致许多物种生存环境日益恶化（张金屯和李斌，2003）。

（四）自然保护体系不尽完善

自 20 世纪 80 年代以来，黄土高原建立了一批自然保护区、风景名胜区、地质公园、森林公园、海洋公园、湿地公园、草原公园、沙漠公园、草原风景区、水产种质资源保护区、野生植物原生境保护区（点）、自然保护小区、野生动物重要栖息地等各类自然保护地。但由于划建时各种条件限制，存在某些保护地相互重叠，保护地核心区内有若干整建制的乡镇和大量的民众，保护与利用的矛盾较为突出，大大降低了自然保护地对濒危物种的保护功能。此外，由于乱开滥垦等人为活动的干扰，使黄土高原许多生境类型逐渐萎缩，加之农业生产的点源污染和面源污染，在一定程度上威胁着野生动物的生存环境。

（五）保护区建设和管理水平有待进一步提高

虽然黄土高原建立了许多自然保护区，但除了国家级自然保护区外，相当一部分省级自然保护区的基础设施条件较差，管理水平较低，难以适应日益严峻的野生动物保护工作的需要。主要表现为：①资金缺乏，难以应对野生动物数量监测和救护工作；②监测设备和手段比较落后；③与保护区内的民众存在土地和林权纠纷，生物多样性保护与民众生产生活的矛盾比较突出；④技术人才缺乏，难以支撑自然保护区科研、监测与宣传教育等跟踪的需求；⑤针对黄土高原濒危物种保护地方性法规有待进一步补充和完善。

第二节　黄土高原珍稀濒危植物及保护

黄土高原种子植物区系中共有珍稀濒危植物 78 种（包括国家级重点保护物种和各省级重点保护物种等，但不包括栽培种），隶属于 43 科 66 属，其中国家级的珍稀濒危保护植物有

12 种，占黄土高原地区所有保护植物物种数的 34.6%，占全国所有珍稀濒危保护植物物种数的 7.2%。按照我国对珍稀濒危保护植物的分类标准，黄土高原种子植物区系中的珍稀濒危保护植物可以划分为濒危、稀有、渐危三类（卢怡萌和张殷波，2013）。

一、国家重点保护植物

黄土高原珍稀濒危保护植物中有国家一级保护植物 2 种，即南方红豆杉和华山新麦草（*Psathyrostachys huashanica*），其中华山新麦草是黄土高原特有种，仅分布在陕西华山，生长于谷坡石岩残积土上；南方红豆杉在本区仅见于山西的阳城、沁水、陵川、壶关，其具有重要的药用价值。

黄土高原珍稀濒危保护植物中有国家二级保护植物 11 种，即秦岭冷杉（*Abies chensiensis*）、连香树（*Cercidiphyllum japonicum*）、半日花、翅果油树、杜仲（*Eucommia ulmoides*）、山白树、野大豆、水曲柳、星叶草（*Circaeaster agrestis*）、太行花（*Taihangia rupestris*）、缘毛太行花（*T. rupestris* var. *ciliata*），其中胡颓子科的翅果油树为黄土高原特有种，仅分布于山西乡宁、河津、稷山、翼城、平陆、吉县等地，以及陕西鄠邑涝峪走路坡和对角叉一带非常有限的范围内，处于濒危状态，它对于研究胡颓子科及胡颓子属的系统分类及这一地区的地史变迁等具有重要的价值；半日花为中国特有种，在本区仅分布于内蒙古鄂尔多斯的桌子山南部石质残丘，属古老残遗种；山白树属于古老的金缕梅科，是特产于中国的单型属植物，其隶属于山白树属，是金缕梅科中分布最北的一个属，为新生代第三纪初期遗留下来的古老种类，经过第四纪冰川残存下来，对研究被子植物的起源和早期演化，以及我国植物区系的发生、演化和地理变迁等均具有重要的科研价值（李斌和张金屯，2005）。

二、濒危原因

（一）内在因素

珍稀濒危植物的生殖力、存活力、适应力低下等内在因素是其濒危的重要原因。在同样的生境条件下，普通植物（如广布种）尚能正常生长繁育，而许多濒危植物则不能，关键是其内在属性所致（张甜等，2015）。例如，翅果油树濒危的内在原因是种子寿命较短，发芽率较低，缺乏较强的竞争力；庙台槭自然状态下很少开花，个别植株常相隔数年才开花一次，有的只开花不结实，或果实内无种子且种子萌发力很差；星叶草植株低矮而纤细，要求特定的阴湿条件，一旦生境改变，很容易失去生存能力（李登武等，2004）。

（二）外在因素

在自然条件下，外界干扰等致危因素一般是植物走向濒危的推动力。如果外界干扰过分强烈，就可能成为植物濒危的致命因素。在各类威胁生物生存的因素中，人类活动无疑是导致植物濒危的最主要因素。大面积天然林被砍伐、草地过度放牧和垦殖、湿地围垦、工业化和城市化发展造成生态环境的持续恶化，导致生物多样性降低，使许多珍稀植物濒临绝境。例如，羽叶丁香（*S. pinnatifolia*）、桃儿七（*Sinopodophyllum hexandrum*）、刺五加（*E. senticosus*）、天麻（*Gastrodia elata*）、杜仲等很多植物的濒危现状都与人类的过度利用及对生境的破坏直接相关（徐茜等，2012）。

三、保护对策

（一）加强对珍稀濒危植物资源的生物多样性调查工作

掌握濒危植物的种群数量、分布、利用程度、濒危原因等基本信息，是进行保护的科学基础。黄土高原 78 种珍稀濒危植物的分布等信息已基本清楚，但还有若干物种的分布信息不够全面，如某些种的分布只局限于县域尺度，没有更详尽的分布信息，包括具体地点（经纬度、海拔），缺乏较为准确的种群数量信息。因此，应有计划、分步骤地针对某些濒危植物进一步开展野外科学调查工作，为制定保护对策提供科学依据。

（二）加强对珍稀濒危植物资源的持续监测工作

根据保护植物的濒危程度，按照轻重缓急，在保护植物野外分布区建立研究样地，开展对保护植物种群数量动态、生殖生态、人类活动干扰等长期的监测工作，将有助于揭示保护植物濒危的原因和程度。依据监测结果，分析影响保护植物种群数量动态的主要因素，从而有针对性地制定保护对策，不断增加保护植物的种群数量，以便尽早使保护植物摆脱濒危的窘境。

（三）重视对珍稀濒危植物保护的宣传教育工作

由于珍稀濒危植物多零星分布于黄土高原的各个山地、荒漠和人迹罕至的区域，许多民众对珍稀濒危植物认知程度较低，更遑论民众积极参与珍稀濒危植物的保护工作。所以，生产生活中直接破坏珍稀濒危植物或破坏其生境的行为仍时有发生。因此，在珍稀濒危植物的分布区，应加强对珍稀濒危植物的科普宣传教育工作，加强保护珍稀濒危植物的法律法规教育工作，逐步提高民众保护珍稀濒危植物的法制意识，鼓励民众积极投入珍稀濒危植物的保护工作。此外，对珍稀濒危植物的古老单株，应进行挂牌定株保护（任宗萍等，2018）。

（四）加强对珍稀濒危植物的科学保护和管理

基于珍稀濒危植物野外调查和长期监测的数据，应采取有针对性的对策，积极开展保护工作，主要包括以下三个方面。

1. 就地保护

对珍稀濒危植物分布集中、面积较大、种群数量较高的区域，可以考虑建立自然保护区。对珍稀濒危植物分布不集中、种群数量较少的区域，可考虑建立保护小区。通过建立自然保护区或保护小区，加强对珍稀濒危植物的保护和管理，将有助于增加珍稀濒危植物的种群数量。

2. 近地保护

对珍稀濒危植物生境遭受严重破坏，已经不再适于珍稀濒危植物就地保护的物种，可以考虑选择距原生境较近，而且生境类型基本相同或相似的区域，将珍稀濒危植物迁出进行近地保护。

3. 迁地保护

对种群数量稀少、生境遭受严重破坏的，在原生境已经难以生存和完成生活史的珍稀濒危植物，可以考虑迁入植物园进行保护，进行人工及自然繁殖的研究，不断扩大其种群数量，并适时进行原生地的种群再引入试验研究，复原原有种群。

第三节 黄土高原国家级自然保护区

自然保护区是指保护典型的自然生态系统、珍稀濒危野生动植物物种的天然集中分布区、有特殊意义的自然遗迹区域。自然保护区具有较大面积，确保主要保护对象安全，维持和恢复珍稀濒危野生动植物种群数量及赖以生存的栖息环境。我国自1956年第一个自然保护区——广东鼎湖山自然保护区建立以来，陆续建立了3381个自然保护区，其中国家级自然保护区477个。自然保护区总面积达到147万km^2，约占全国陆地面积的14.84%。全国超过90%的陆地自然生态系统都建有代表性的自然保护区，89%的国家重点保护野生动植物种类及大多数重要自然遗迹在自然保护区内得到保护，部分珍稀濒危物种野外种群逐步恢复，其中大熊猫野外种群数量达到1800多只，东北虎、东北豹、亚洲象、朱鹮等物种数量明显增加。这充分表明自然保护区的建立对于保护生物多样性及其栖息地，保护生态系统，特别是保护珍稀濒危物种发挥了巨大的作用。

黄土高原共有自然保护区141个。按级别划分，其中国家级41个，省级87个，市级5个，县级8个；按行政区划分，甘肃省17个，河南省5个，内蒙古自治区23个，宁夏回族自治区14个，青海省2个，山西省46个，陕西省34个。

一、甘肃省国家级自然保护区

（一）甘肃秦州珍稀水生野生动物国家级自然保护区

2014年12月23日，国务院办公厅（国办发〔2014〕61号《国务院办公厅关于内蒙古毕拉河等21处新建国家级自然保护区名单的通知》）公布了新建国家级自然保护区名单，秦州珍稀水生野生动物国家级自然保护区正式批复。秦州珍稀水生野生动物国家级自然保护区位于甘肃省天水市秦州区，包括白家河流域的望天河、北峪河、庙川河、花园河、响潭河、螃蟹河及耤河流域的金家河和潘家河等流域。该保护区属野生动物类型自然保护区，主要保护对象为野生大鲵、秦岭细鳞鲑及其生境，总面积9300hm^2。保护区有鱼类28种，隶属于3目5科24属，主要的优势种为山西拉氏鱥（*Phoxinus lagowskii*）、斯氏高原鳅（*T. stoliczkae*）和秦岭细鳞鲑等。加强该保护区生物多样性的研究和保护，对研究和揭示我国陆生脊椎动物的起源、种系发生、迁移、地理分布和演化规律，以及保护珍稀濒危物种及冷水鱼类资源等，都具有非常重要的意义。

（二）甘肃莲花山国家级自然保护区

甘肃莲花山国家级自然保护区位于甘肃南部临夏回族自治州、甘南藏族自治州、定西三市州的康乐、临潭、卓尼、渭源、临洮等县交界处。地理坐标：34°54′17″～35°01′43″N，

103°39′59″～103°50′26″E，总面积 11 691hm^2。保护区种子植物区系属于泛北极植物区，中国-日本森林植物亚区，华北地区黄土高原亚地区，有种子植物 745 种，分属于 90 科 346 属，有药用植物 70 科 208 种，其中木本药用植物 30 科 69 种，草本药用植物 43 科 132 种，菌类 4 科 7 种。保护区的植被划分为 4 个植被型，6 个群系组，27 个群系。保护区有野生动物 749 种，其中兽类 45 种，隶属于 6 目 17 科 35 属。鸟类 133 种，隶属 14 目 33 科 89 属。两栖动物 4 种，隶属于 2 目 4 科 4 属。爬行动物 2 种，隶属于 1 目 2 科 2 属。鱼类 5 种，隶属于 1 目 2 科。森林昆虫 560 余种。保护区内分布着国家一级保护动物斑尾榛鸡、雉鹑、胡兀鹫、林麝、马麝等；国家二级保护动物苏门羚（*Capricornis sumatraensis*）、斑羚（*Naemorhedus goral*）、岩羊（*Pseudois nayaur*）、蓝马鸡（*C. auritum*）、血雉等。

（三）甘肃兴隆山国家级自然保护区

甘肃兴隆山国家级自然保护区位于兰州市榆中县，地理坐标：35°38′～35°58′N，103°50′～104°10′E，于 1988 年 5 月经国务院批准建立，保护对象为野生动物马麝和老云杉林及其生态系统。总面积 33 301hm^2。保护区内动植物资源丰富，是甘肃中部重要的生物基因库，有脊椎动物 160 种，列为国家一级保护动物的有马麝（*Moschus chrysogaster*）、金雕、玉带海雕（*Haliaeetus leucoryphus*）、白尾海雕（*H. albicilla*）4 种，其中马麝是兴隆山自然保护区最具特色的野生动物。昆虫共 1048 种；蜘蛛共 87 种。高等植物有 1022 种。大型真菌类有 109 种。

（四）甘肃连城国家级自然保护区

甘肃连城国家级自然保护区，地处黄河流域湟水的主要支流大通河中下游，地理坐标：36°33′～36°48′N，102°26′～102°55′E，属森林生态系统类型自然保护区。总面积 47 930hm^2，其中核心区面积 14 223.1hm^2，缓冲区面积 13 189.4hm^2，实验区面积 20 517.5hm^2。2001 年 4 月成立省级自然保护区，2005 年 7 月经批准成立国家级自然保护区。主要保护对象是天然青扦及其森林生态系统、天然祁连圆柏及其森林生态系统。保护区动植物资源丰富，有各类植物 109 科 444 属 1397 种。乔木主要有青海云杉、青扦、油松、祁连圆柏、山杨、红桦等。国家二级保护植物有野大豆等。哺乳动物有 5 目 12 科 24 种；鸟类有 9 目 21 科 64 种。区内有国家重点保护的野生动物 32 种，其中国家一级保护动物有梅花鹿（*Cervus nippon*）、斑尾榛鸡、金雕、黑鹳、马麝等，国家二级保护动物有 28 种。保护区垂直依次分布有高山灌丛草甸带和山地森林草原带。草甸有珠芽蓼草甸、膨囊薹草（*C. lehmannii*）草甸和薹草草甸等植被类型。

（五）甘肃太子山国家级自然保护区

甘肃太子山国家级自然保护区位于临夏回族自治州与甘南藏族自治州之间，地理坐标：35°02′～35°36′N，102°43′～103°42′E。总面积 84 700hm^2。东南起洮河下游地区，西南与甘南藏族自治州临潭、夏河、合作、卓尼等县（市）及青海省循化县毗邻。2012 年 1 月由国务院办公厅确定为国家级自然保护区，属于森林生态系统类型自然保护区。保护区内生物多样性十分丰富，稀有性显著，共有维管束植物 838 种，其中珍稀濒危和重点保护植物有桃儿七、红花绿绒蒿（*Meconopsis punicea*）、星叶草等 51 种；脊椎动物 208 种，包括雪豹（*Panthera uncia*）、林麝、苏门羚等国家重点保护野生动物 11 种；鸟类 130 种，包括胡兀鹫、苍鹰（*Accipiter gentilis*）、蓝马鸡等国家重点保护鸟类 21 种；两栖爬行动物 8 种，其中两栖类 5 种，爬行类 3 种；鱼类 10 种；昆虫 682 种；大型真菌 61 种。

（六）甘肃太统-崆峒山国家级自然保护区

甘肃太统-崆峒山国家级自然保护区位于陇东黄土高原西部，六盘山系东侧支脉，黄河支流泾河中上游地区平凉市崆峒区。地理坐标：35º25′08″～35º34′50″N，106º26′18″～106º37′24″E，南北长 17.1km，东西宽 17.7km，总面积 16 283hm^2，其中核心区面积 6680hm^2，缓冲区面积 4645hm^2，实验区面积 4958hm^2。2005 年 7 月经国务院批准太统-崆峒山省级自然保护区晋升为国家级自然保护区。保护区内有维管植物 104 科 381 属 801 种，其中蕨类植物 13 科 21 属 37 种。种子植物中裸子植物 4 科 8 属 12 种，被子植物 86 种 355 属 753 种。国家二级保护植物有野大豆、紫斑牡丹（*Paeonia rockii*）等。脊椎动物有 5 纲 26 目 72 科 164 属 250 种，其中鱼纲有 1 目 2 科 10 属 11 种及亚种；两栖纲有 2 目 4 科 4 属 6 种及亚种，特有种 2 种；爬行纲有 2 目 7 科 11 属 12 种及亚种；鸟纲有 15 目 42 科 104 属 174 种及亚种；哺乳纲有 6 目 17 科 34 属 47 种及亚种。国家一级保护动物 5 种，分别是金雕、大鸨、黑鹳、华北豹、林麝。国家二级保护动物有 28 种，包括白鹭、苍鹭、雀鹰、苍鹰、燕隼（*F. subbuteo*）、游隼（*F. peregrinus*）、勺鸡（*Pucrasia nacroplopha*）和红腹锦鸡等。昆虫共 559 种，其中属于国家重点保护的是小红蛱绢蝶。保护区地质资源十分丰富，有阶梯状、螺状、麦垛状、塔状山峰或姊妹峰等，地势奇险、错落有致，一线天结构典型独特，悬崖洞穴尤为常见。大台子、太统山等地寒武纪及奥陶纪地层中保存有丰富的动物化石，古生代化石遗迹尤为珍贵，具有极其重要的科考和保护价值。

（七）甘肃漳县珍稀水生动物国家级自然保护区

甘肃漳县珍稀水生动物国家级自然保护区位于甘肃省定西市漳县西南部，地处秦岭、青藏高原和黄土高原的交接地带，是三大地槽结构的交接处，形成了独特的自然生境，具有明显的第四纪早期古冰川残留遗迹。保护区总面积 3775hm^2，其中核心区面积 1485hm^2，缓冲区面积 1240hm^2，实验区面积 1050hm^2。海拔 1640～3941m。涉及漳河、龙川河、榜沙河“三河”流域，3 条河流横贯全县 9 个乡（镇），长 131km，流域面积 2164.4km^2。在动物区划中处于华北、蒙新、青藏、华中、西南五区交会地带，是动物种类较为复杂的过渡区。由于地形、气候、水文、地质地貌、植被、土壤等自然环境复杂多样，形成了典型的生态结构和较为原始的山地森林溪流型生态系统，是秦岭细鳞鲑、水獭（*Lutra lutra*）等多种珍稀水生野生动物的繁殖栖息地，尤其是国家二级保护动物秦岭细鳞鲑在我国分布最为集中的区域之一。

二、河南省国家级自然保护区

（一）河南太行山猕猴国家级自然保护区

河南太行山猕猴国家级自然保护区位于河南省北部太行山南端，横跨河南省济源、焦作、新乡。地理坐标：34°54′～35°40′N，112°02′～113°45′E。总面积 56 600hm^2，其中核心区面积 20 562hm^2，缓冲区面积 11 302hm^2，实验区面积 24 772hm^2。1998 年经国务院批准为国家级自然保护区，是华北地区面积最大的野生动物类型自然保护区，是世界猕猴类群分布的最北界。保护区的野生动物中有兽类 34 种，鸟类 140 种，两栖类 8 种，爬行类 19 种。其中，列入国家一级保护动物的兽类有华北豹和林麝，鸟类有白鹳、黑鹳、金雕和玉带金雕；列入国家二级保护动物的有水獭、黄喉貂（*Martes flavigula*）、大鲵等，国家二级保护鸟类 21 种；保护区还有中国罕见物种隆肛蛙（*Feirana quadrana*）等。保护区内有维管束植物 166 科 704 属 1836 种，其中蕨类植物 23 科 47 属 93 种，裸子植物 36 科 3 属 6 种，被子植物 130 科 624 属 1558 种，属国家重点保护的有 17 种，其中国家一级保护植物有南方红豆杉等；国家二级保护植物有连香树、香果树（*Emmenopterys henryi*）等 13 种。

（二）河南小秦岭国家级自然保护区

河南小秦岭国家级自然保护区位于豫、陕两省交界的灵宝市西部、秦岭北麓，是森林生态系统类型自然保护区，以山地混合生态系统为保护对象。地理坐标：34°23′～34°31′N，110°23′～110°44′E；南北宽 12km，东西长 31km。总面积 15 160hm^2。保护区内的老鸦岔海拔为 2413.8m，是河南省最高峰，被誉为“中原之巅”。2006 年 3 月，经国务院批准晋升为河南小秦岭国家级自然保护区。主要植被类型为落叶阔叶林。保护区有维管束植物 137 科 708 属 1958 种，其中蕨类植物 20 科 51 属 132 种，裸子植物 5 科 10 属 18 种，被子植物 112 科 647 属 1808 种。国家级保护动物 27 种，隶属于 6 目 11 科，其中国家一级保护动物有华北豹、林麝、金雕、黑鹳 4 种；国家二级保护动物有金猫（*Catopuma temminckii*）、豺（*Cuon alpinus*）、黄喉貂、水獭等 23 种。

（三）河南黄河湿地国家级自然保护区

河南黄河湿地国家级自然保护区位于河南省西北部黄河中下游段，西起陕西与河南交界处。地理坐标：34°33′59″～35°05′01″N，110°21′49″～112°48′15″E。河南黄河湿地国家级自然保护区是 2003 年 6 月经国务院批准建立的以保护湿地生态系统和湿地水禽为主的自然保护区，横跨三门峡、洛阳、济源、焦作四市，面积 6.8 万 hm^2。保护区内有植物 743 种，动物 934 种，其中鸟类 242 种、兽类 22 种、昆虫 437 种、鱼类 63 种、爬行类 17 种、两栖类 10 种、其他动物 143 种。属国家一级保护动物的有黑鹳、白鹳、金雕、白肩雕、大鸨、白头鹤（*G. monacha*）、白鹤（*G. leucogeranus*）、丹顶鹤（*G. japonensis*）、玉带海雕、白尾海雕 10 种；属国家二级保护动物的有大天鹅、灰鹤等 31 种。保护区内共有植物 743 种，其中藻类植物 118 种，苔藓植物 27 种，维管束植物 598 种。

三、内蒙古自治区国家级自然保护区

（一）内蒙古大青山国家级自然保护区

内蒙古大青山国家级自然保护区位于内蒙古自治区包头市、呼和浩特市至乌兰察布市卓资县以北的阴山山地。地理坐标：40°34′～41°14′N，109°47′～112°17′E。保护区总面积为 391 890hm^2。主要保护对象为山地森林、灌丛-草原生态系统和濒危珍稀物种等。保护区有高等植物 852 种，隶属 127 科 422 属，其中种子植物 736 种，隶属 88 科 348 属；蕨类植物 19 种，隶属 9 科 12 属；苔藓植物 97 种，隶属 30 科 62 属。保护区有野生真菌 157 种，隶属 2 亚门 3 纲 13 目 42 科 88 属 157 种，其中子囊菌亚门有 4 目 7 科 8 属 8 种，担子菌亚门有 9 目 35 科 80 属 149 种。保护区植物在内蒙古植物区划中属于欧亚草原植物区-亚洲中部

亚区，由于同时受欧亚草原植物区和东亚阔叶林植物区的影响和渗透，许多植物分区在本区内相互交叠，从而大大丰富了本区的区系地理成分。保护区植物区系成分以东亚区系成分、华北区系成分及达乌里-蒙古成分为主，并混有泛北极成分、古北极成分、东古北极成分、亚洲中部区系成分等，并在不同海拔形成了兼有华北特色及蒙古草原成分的山地植物垂直分布。区内的脊椎动物有 218 种，其中兽类 33 种，鸟类 173 种，两栖爬行类 12 种。

（二）内蒙古哈腾套海国家级自然保护区

内蒙古哈腾套海国家级自然保护区位于内蒙古自治区巴彦淖尔市磴口县西北部的乌兰布和沙漠东北缘，距磴口县城约 60km。地理坐标：40°30′～40°57′N，106°09′～106°50′E。主要保护对象是荒漠植被生态系统和珍稀濒危野生动植物及其生存环境，属荒漠生态类型自然保护区。保护区内有国家重点保护野生植物 6 种，濒危保护植物总面积 15 500hm^2。其中属国家二级保护植物的有沙冬青（*Ammopiptanthus mongolicus*）、绵刺、肉苁蓉（*Cistanche deserticola*），面积约 10 200hm^2，盖度在 30%以上的面积为 10 000hm^2；其他珍稀濒危植物有梭梭（*H. ammodendron*）、蒙古扁桃（*Amygdalus mongolica*）和胡杨（*P. euphratica*）等，面积约 5300hm^2，盖度在 30%以上的面积为 4500hm^2。保护区有乔木 22 种，分属于 8 科 10 属；灌木 29 种，分属于 14 科 20 属，其中沙生灌木 25 种。代表性的有柽柳、河柳（*S. chaenomeloides*）、胡杨、梭梭、柠条锦鸡儿、沙冬青、山榆（*Ulmus davidiana*）、蒙古扁桃、沙蒿（*A. desertorum*）、白刺等。保护区动物资源有陆栖野生动物 96 种，其中兽类有 6 目 11 科 27 种，鸟类 14 目 28 科 62 种，两栖爬行类 7 种。有国家重点保护野生动物 22 种，其中国家一级保护动物有黑鹳、北山羊（*Capra sibirica*）、大鸨等 6 种。

（三）内蒙古西鄂尔多斯国家级自然保护区

内蒙古西鄂尔多斯国家级自然保护区地跨鄂托克旗和乌海市。地理坐标：39°15′03″～40°09′15″N，106°44′33″～107°44′26″E。总面积 436 116hm^2，其中核心区面积 137 129hm^2，缓冲区面积 53 784hm^2，实验区面积 245 203hm^2。主要保护对象为四合木、半日花等古老残遗濒危植物和荒漠生态系统。保护区内有野生植物 335 种，野生动物 120 多种，其中国家重点保护植物 7 种，即四合木（*Tetraena mongolica*）、半日花、绵刺、沙冬青、革苞菊（*Tugarinovia mongolica*）、蒙古扁桃、胡杨等；已被列入内蒙古自治区珍稀濒危植物的有四合木、半日花、绵刺、沙冬青、革苞菊、蒙古扁桃、内蒙古野丁香（*Leptodermis ordosica*）、贺兰山黄芪（*A. hoantchy*）、大花雀儿豆（*Chesneya macrantha*）、长叶红砂（*Reaumuria trigyna*）、阿拉善黄芩（*S. rehderiana*）、白龙穿彩（*Panzeria alashanica*）、灌木青兰（*D. psammophilum*）13 种；列入《中国生物多样性保护行动计划》中植物优先保护名录的有半日花、革苞菊、沙冬青、绵刺、四合木 5 种。保护区内有古老残遗种及其他濒危植物 72 种，其中四合木和半日花是第三纪孑遗物种，距今已 7000 万年，被专家、学者赞誉为植物中的"大熊猫""活化石"。

（四）鄂尔多斯遗鸥国家级自然保护区

内蒙古鄂尔多斯遗鸥国家级自然保护区位于鄂尔多斯市东胜区和伊金霍洛旗。地理坐标：33°25′～34°00′N，109°14′～109°23′E。总面积 14 770hm^2，其中核心区面积 4753hm^2，缓冲区面积 1627hm^2，实验区面积 8390hm^2。主要保护对象是以遗鸥为主的 83 种鸟类繁殖地及内陆湖泊。保护区有湿地鸟类 83 种。

四、宁夏回族自治区国家级自然保护区

（一）宁夏火石寨丹霞地貌国家级自然保护区

宁夏火石寨丹霞地貌国家级自然保护区位于宁夏西吉县火石寨乡，保护区内镶嵌白庄、石山、蝉窑、石洼、沙岗、元嘴和罗庄 7 个行政村，扫竹岭、月亮山（部分）2 个国有林场。地理坐标：36°04′～36°11′N，105°40′～105°50′E。南北长 17km，东西宽 10km。总面积 9795hm^2，其中核心区面积 2638hm^2，缓冲区面积 2086.9hm^2，实验区面积 5070.1hm^2。主要保护对象为黄土高原独特的丹霞地貌地质遗迹、自然人文景观及黄土高原半湿润向半干旱过渡区山地森林灌丛草甸生态系统。

（二）宁夏哈巴湖国家级自然保护区

宁夏哈巴湖国家级自然保护区位于有“中国滩羊之乡”“中国甘草之乡”“中国长城博物馆”美誉的宁夏回族自治区盐池县中北部，主要保护对象为荒漠-湿地典型的自然生态系统。地理坐标：37º37′17″～38º02′04″N，106º53′26″～107º39′38″E。海拔 1300～1622m，东西长 65km，南北宽 44km。总面积 84 000hm^2，其中核心区面积 30 700hm^2、缓冲区面积 22 300hm^2、实验区面积 31 000hm^2。

保护区内有维管束植物 77 科 279 属 559 种，其中裸子植物 3 科，双子叶植物 64 科，单子叶植物 10 科。野生维管植物 315 种，分属于 54 科 169 属。保护区植物中有 3 种中国特有植物，即地构叶、紊蒿（*Elachanthemum intricatum*）、知母（*Anemarrhena asphodeloides*）。保护区西南部分布有大面积的天然毛柳（*S. plocotricha*）灌丛，东北部有大面积的天然柠条锦鸡儿灌丛和小叶锦鸡儿灌丛。在盐渍化较重的区域有白刺（*Nitraria tangutorum*）灌丛形成的白刺包，成为荒漠植被中特有的景观，低洼盐碱地还有小灌木盐爪爪（*Kalidium foliatum*）群落。

（三）宁夏云雾山国家级自然保护区

宁夏云雾山国家级自然保护区位于宁夏固原市原州区，主要保护对象为黄土高原半干旱区典型草原生态系统。地理坐标：36°10′～36°17′N，106°21′～106°27′E，南北长 13.18km，东西宽 8.4km，总面积 6660hm^2，其中核心区面积 1700hm^2，缓冲区面积 1400hm^2，实验区面积 3500hm^2。保护区共有种子植物 51 科 131 属 182 种，其中裸子植物 1 科 1 属 1 种，被子植物 50 科 130 属 181 种。中国特有种有文冠果和虎榛子 2 种。保护区植物地理成分较为复杂，全国 15 个种子植物属的分布区类型在保护区均有分布。从生活型看，保护区内以草本成分为主；从水分生态类型看，保护区内植物以旱生或中旱生为主。草本植物多数为旱生或中旱生型，木本植物中生或旱中生型多于旱生或中旱生型。保护区植被的建群种和优势种主要有长芒草、百里香、白莲蒿、华北米蒿等。

（四）宁夏贺兰山国家级自然保护区

宁夏贺兰山国家级自然保护区位于宁夏贺兰山山脉东坡的北段和中段，主要保护对象为干旱山地自然生态系统。地理坐标：38°19′～39°22′N，105°49′～106°41′E。南北长 170km，东西宽 20～40km。总面积 193 535.68hm^2，其中核心区面积 86 238.71hm^2，缓冲区面积 43 309.99hm^2，实验区面积 63 986.98hm^2。保护区野生维管束植物有 84 科 329 属 647 种 17

变种。其中，蕨类植物 10 科 10 属 16 种；裸子植物 3 科 5 属 7 种；被子植物 71 科 314 属 624 种 17 变种。被子植物中有双子叶植物 61 科 248 属 476 种 17 变种；单子叶植物 10 科 66 属 148 种。保护区有苔藓植物 26 科 65 属 142 种，大型真菌 259 种，隶属于 16 目 32 科 81 属。保护区有脊椎动物 5 纲 24 目 56 科 139 属 218 种，其中鱼纲 1 目 2 科 2 属 2 种，两栖纲 1 目 2 科 2 属 3 种，爬行纲 2 目 6 科 9 属 14 种，鸟纲 14 目 31 科 81 属 143 种，哺乳纲 6 目 15 科 45 属 56 种。

（五）宁夏南华山国家级自然保护区

宁夏南华山国家级自然保护区位于宁夏海原县，主要保护对象为山地森林生态系统和山地草原与草甸生态系统。地理坐标：36°20′～36°33′N，105°31′～105°44′E，呈西北-东南走向，南北宽 19.2km，东西长 26.4km。总面积 20 100hm^2，其中核心区面积 6182hm^2，缓冲区面积 5235hm^2，实验区面积 86 831hm^2。保护区共有野生维管束植物 426 种，隶属 58 科 203 属。其中，蕨类植物 2 科 2 属 4 种，裸子植物 2 科 5 属 6 种，被子植物 54 科 196 属 416 种。国家一级重点保护植物有发菜。

在中国动物地理区划上，保护区位于蒙新区西部荒漠亚区边缘。从动物区系成分组成看，蒙新区成分占有优势，华北区与蒙新区物种混杂程度大，带有明显的过渡特征。保护区有脊椎动物 5 纲 26 目 57 科 126 属 173 种（含 116 亚种）。其中，鱼纲 2 目 3 科 8 属 9 种，两栖纲 1 目 2 科 2 属 3 种，爬行纲 2 目 5 科 6 属 10 种（含 1 亚种），鸟纲 15 目 33 科 80 属 115 种（含 80 亚种），哺乳纲 6 目 14 科 30 属 36 种（含 35 亚种）。以鸟类占优势，哺乳类次之，两栖类最少。

（六）宁夏六盘山国家级自然保护区

宁夏六盘山国家级自然保护区地处宁夏南部，横跨固原市泾源县、隆德县和原州区，是森林生态系统类型的自然保护区，主要保护对象为水源涵盖林牧野生动物。地理坐标：35°15′～35°41′N，106°09′～106°30′E。总面积 6.78 万 hm^2，主峰米缸山海拔 2942m。保护区有高等植物 123 科 382 属 1000 种。保护区内有脊椎动物 25 目 61 科 128 属 226 种，其中陆生脊椎动物 24 目 59 科 123 属 220 种，鱼类 1 目 2 科 5 属 6 种。脊椎动物中有国家一级保护动物 3 种，即华北豹、林麝和金雕；国家二级保护动物 14 种，包括红腹锦鸡、勺鸡、大鵟、燕隼等（常保华，2013）。昆虫有 17 目 123 科 905 种。

（七）宁夏灵武白芨滩国家级自然保护区

宁夏灵武白芨滩国家级自然保护区地处宁夏灵武市东部荒漠区，属于荒漠生态系统类型的自然保护区。地理坐标：37°49′05″～38°20′54″N，106°20′22″～106°37′19″E。南北长 61km，东西宽 21km。总面积 70 921hm^2。保护区集中分布有干旱沙地、干草原和流动沙丘等独特的荒漠地貌景观。以保护天然柠条锦鸡儿、猫头刺、沙冬青植物群落，珍稀濒危动植物和极端脆弱的荒漠生态系统及黄河上中游的生态环境为宗旨。保护区有野生植物 53 科 170 属 306 种；野生动物 23 目 47 科 115 种。有国家一级保护动物黑鹳、大鸨 2 种，国家二级保护动物鸢（*Milyus korschun*）、大天鹅、鸳鸯等 20 种；列入濒危野生动物国际贸易公约保护的有绿翅鸭、白琵鹭、猎隼（*F. cherrug*）等 23 种；列入中日保护候鸟及其栖息环境协定的有凤头䴙䴘（*Podiceps cristatus*）、草鹭（*A.purpurea*）等 39 种；列入中澳保护候鸟及其栖息环境协定的有普通燕鸥、白眉鸭（*A. querquedula*）、琵嘴鸭（*A. clypeata*）等 8 种。

（八）宁夏罗山国家级自然保护区

宁夏罗山国家级自然保护区位于宁夏同心县，主要保护对象是以青海云杉、油松为建群种的典型森林生态系统及珍稀野生动植物及其栖息地和区内特有的自然景观。地理坐标：37°11′～37°25′N，106°04′～106°24′E。总面积 33 710hm^2，其中核心区面积 9645hm^2，缓冲区面积 8787hm^2，实验区面积 15 278hm^2。保护区内有高等植物 65 科 170 属 275 种，野生动物 22 目 114 种 82 个亚种，其中有 22 种属于国家重点保护野生动物，20 种属于自治区重点保护动物，22 种属于《濒危野生动植物种国际贸易公约》名录的保护物种，25 种鸟类属于中日候鸟保护协定规定的保护物种，3 种鸟类属于中澳候鸟保护协定规定的保护物种。

（九）宁夏沙坡头国家级自然保护区

宁夏沙坡头国家级自然保护区位于宁夏中卫市西部腾格里沙漠的东南缘，主要保护对象为人工-自然复合生态系统、野生沙地珍稀动植物等。东起二道沙沟南护林房，西至头道墩，北接腾格里沙漠，沙坡头段向北延伸 1000～2000m，沿三北防护林二期工程基线向东北延伸至定北墩外围 300～500m，南临黄河，东西长约 38km，南北约 5km，海拔 1300～1500m。地理坐标：37°25′58″～37°37′24″，104°49′25″～105°09′24″E。总面积 14 043hm^2，其中核心区面积 3961hm^2，缓冲区面积 5421hm^2，实验区面积 4661hm^2。保护区共有裸子植物 4 科 8 属 14 种（包括种下阶元），被子植物 75 科 220 属 426 种（包括种下阶元），合计种子植物 79 科 228 属 440 种，占宁夏种子植物的 24.30%。其中栽培植物共 176 种；自然分布的野生植物 262 种，包括双子叶植物 190 种，单子叶植物 72 种。被列入国家一、二级保护植物的有裸果木（*Gymnocarpos przewalskii*）、沙冬青和胡杨。阿拉善地区特有植物有阿拉善碱蓬（*S. przewalskii*）、宽叶水柏枝（*Myricaria platyphylla*）和百花蒿（*Stilpnolepis centiflora*）。有经济价值的资源植物共计 63 种，占保护区种子植物的 14.32%。湿地植物共有 114 种植物，占保护区植物种类的 25.91%。

五、青海省国家级自然保护区

（一）青海大通北川河源区国家级自然保护区

青海大通北川河源区国家级自然保护区位于青海省西宁市大通县境内，湟水河一级支流——北川河的源头，是以保护森林生态系统及其生物多样性，集物种与生态保护、水源涵养、科普宣传、科学研究、自然资源可持续发展等多功能于一体的森林生态系统类型自然保护区。地理坐标：37°03′～37°28′N，100°52′～101°47′E。总面积 107 870hm^2，其中核心区面积 40 156.6hm^2，缓冲区面积 38 447.4hm^2，实验区面积 29 266hm^2。保护区内有维管束植物 77 科 282 属 612 种，其中，国家二级保护植物有冰沼草（*Scheuchzeria palustris*）、山莨菪（*Anisodus tanguticus*）和冬虫夏草（*Cordyceps sinensis*）3 种。保护区内有兽类 4 目 14 科 37 种，鸟类 16 目 30 科 125 种，两栖类 2 目 2 科 2 种。其中，国家一级保护动物有雪豹、白唇鹿、马麝等 6 种，国家二级保护动物有马鹿、荒漠猫、猞猁、猎隼、蓝马鸡等 22 种。青海省重点保护动物有沙狐、狼、环颈雉等 9 种。

（二）青海孟达国家级自然保护区

青海孟达国家级自然保护区位于青海省循化撒拉族自治县，2000 年 4 月批准为国家级自然保护区，是以森林生态系统、湖泊为主要保护对象的自然保护区。总面积为 17 290hm^2。孟达国家级自然保护区的生态系统和野生物种，对于研究植物的进化、群落的演替有着非常重要的意义，同时对黄河上游的水源涵养也具有重要作用。保护区有野生植物 90 科 287 属 509 种，其中苔藓类 3 种、蕨类 10 种、木本植物 159 种、草本植物 337 种。保护区有野生动物 43 种，其中兽类 7 种、鸟类 35 种。属于国家一级保护动物的有斑尾榛鸡，属于国家二级保护动物的有林麝、岩羊、蓝马鸡等。

六、山西省国家级自然保护区

（一）山西灵空山国家级自然保护区

山西灵空山国家级自然保护区位于山西省沁源县西南部与古县、霍州市交界处的太岳山脉中段，主要保护对象为以油松为主的典型暖温带针阔叶森林生态系统体系和以褐马鸡、华北豹等为代表的珍稀动物。地理坐标：36°33′28″～36°42′52″N，111°59′27″～112°07′48″E。南北长 17km，东西宽 12.5km，总面积 10 117hm^2，其中核心区面积 4623hm^2，缓冲区面积 2180hm^2，实验区面积 3289hm^2。保护区内有种子植物 95 科 407 属 816 种，其中裸子植物 2 科 3 属 5 种，被子植物 93 科 404 属 811 种。孢子植物 2 门 21 科 33 属 47 种，其中苔藓植物 7 科 14 属 15 种；蕨类植物 14 科 19 属 32 种。保护区内有动物 42 目 224 科 965 种，其中昆虫 16 目 153 科 737 种。国家一级保护动物有褐马鸡、黑鹳、金雕、华北豹、原麝，国家二级保护动物有 27 种。

（二）山西芦芽山国家级自然保护区

山西芦芽山国家级自然保护区地处山西省吕梁山脉的北端，宁武县、五寨县、岢岚县三县交界处。地理坐标：38°35′40″～38°45′N，111°50′～112°05′30″E。总面积 21 453hm^2，其中核心区面积 6122hm^2，缓冲区面积 1260hm^2，实验区面积 14 071hm^2。保护区有大型真菌 31 科 103 属 275 种、地衣植物 17 科 26 属 38 种、藻类植物 25 科 36 属 101 种、苔藓植物 28 科 46 属 71 种、蕨类植物 8 科 11 属 16 种和种子植物 91 科 415 属 1002 种。保护区内森林类型多样且保存完好，有林地面积 5634.2hm^2，占总面积的 26.3%，森林覆盖率高达 36.1%。灌木林地面积 1449.9hm^2，占总面积的 6.8%。保护区内的国家二级保护植物有野大豆，山西省重点保护植物有刺五加、宁武乌头（*Aconitum ningwuense*）、山西乌头（*Aconitum smithii*）、红景天（*Rhodiola rosea*）和党参（*Codonopsis pilosula*）等。保护区有昆虫 5 目 48 科 618 种，蜘蛛 17 科 41 属 77 种，鱼类 3 目 5 科 15 种，两栖类 1 目 3 科 5 种，爬行类 2 目 4 科 13 种，鸟类 17 目 46 科 249 种，哺乳动物 6 目 15 科 44 种。被列为国家一级保护动物的有褐马鸡、华北豹、原麝（*Moschus moschiferu*）等 8 种，被列为国家二级保护动物的共 37 种，被列为山西省重点保护野生动物的共 22 种（王洪亮和张峰，2017）。

（三）山西庞泉沟国家级自然保护区

山西庞泉沟国家级自然保护区地处吕梁山脉中段，位于山西省交城县西北部和方山县东北部交界处，是以保护世界珍禽褐马鸡及华北落叶松、云杉天然次生林为主的森林和野生动物类型自然保护区。地理坐标：37°45′～37°55′N、111°22′～111°33′E。南北长15km，东西长14.5km，总面积10 444hm^2，其中核心区面积3543hm^2，缓冲区面积1308hm^2，实验区面积5593hm^2。海拔1600～2831m。1980年建立山西庞泉沟省级自然保护区，1986年晋升为山西庞泉沟国家级自然保护区，1993年成为“中国人与生物圈”保护区网络首批成员。

庞泉沟地区位于褐马鸡现今最大分布区的中心位置，是我国褐马鸡的主要产地，极具保护价值。区内森林植被保持完好的自然状态，森林覆盖率高达86%，活立木蓄积130万m^3，被誉为黄土高原上的“绿色明珠”；华北落叶松天然次生林在区内集中分布，素有“华北落叶松故乡”之称。保护区有高等植物88科828种，其中国家重点保护植物有刺五加等4种。保护区有鸟类38科189种，兽类15科32种，两栖爬行类8科17种，昆虫1000余种。其中，属于国家一级保护动物的有褐马鸡、金雕、华北豹、原麝、黑鹳5种；属于国家二级保护动物的有鸳鸯、鸢、红角鸮（*Otus scops*）、黄喉貂等25种；山西省重点保护动物有苍鹭、金眶鸻、小杜鹃、普通夜鹰等14种（李世广和张峰，2014）。

（四）山西五鹿山国家级自然保护区

山西五鹿山国家级自然保护区地处吕梁山脉南端，位于山西蒲县境内，主峰海拔1961.6m。2006年2月经国务院批准为国家级自然保护区，属森林生态系统类型的自然保护区，主要保护对象是世界珍禽褐马鸡和我国特有树种白皮松。地理坐标：36°23′45″～36°38′20″N，111°2′～111°18′E。总面积20 617.3hm^2，其中核心区面积8185.06hm^2，缓冲区面积5216.18hm^2，实验区面积7216.06hm^2。森林覆盖率68%。保护区内共有种子植物928种，隶属于91科429属，其中，裸子植物4科9属13种，被子植物87科420属915种（毕润成，2004）。

保护区有脊椎动物有252种，其中两栖动物7种，爬行动物11种，鸟类199种，哺乳动物35种。其中，属于国家一级保护动物的有金钱豹、原麝、水獭、林麝、黑鹳、褐马鸡、金雕；属于国家二级保护的动物有大天鹅、猎隼、游隼、灰背隼、燕隼、红隼、鸢、苍鹰、雀鹰、大鵟、普通鵟（*Buteo buteo*）、白尾鹞等；属于山西省重点保护动物的有苍鹭、池鹭、金眶鸻、四声杜鹃、普通夜鹰、蓝翡翠、星头啄目鸟、黑卷尾、褐河乌等（毕润成，2004）。

（五）山西蟒河猕猴国家级自然保护区

山西蟒河猕猴国家级自然保护区位于山西省东南部，中条山东端的阳城县境内。1998年8月经国务院批准晋升为国家级自然保护区。地理坐标：35°12′30″～35°17′20″N，112°22′10″～112°31′35″E，东西长约15km，南北宽约9km，总面积5573hm^2，其中核心区面积3397.5hm^2，缓冲区面积419.2hm^2，实验区面积1756.3hm^2。

保护区有种子植物874种，隶属于103科318属，分别占山西省种子植物总科数的75.9%，总属数的62.3%，总种数的52.4%。种子植物中，有裸子植物3科5属6种；被子植物100科313属868种（双子叶植物90科802种，单子叶植物10科66种）。此外，苔藓植物门15科39种，其中苔类5科5种，藓类10科32种及2变种；蕨类植物门3科3属6种；真菌类32科94种。列为国家一级保护植物的有南方红豆杉；列为国家二级保护植物的有山白树、连香树等7种；列为山西省重点保护植物的有青檀（*Pteroceltis tatarinowii*）、领春木（*Euptelea pleiospermum*）、蝟实（*Kolkwitzia amabilis*）、刺五加、暖木（*Meliosma vaitchiorum*）、蒙古黄耆（*Astragalus mongholicus*）、木姜子（*Litsea pungens*）、天麻、老鸹铃（*Styrax hemsleyana*）

等 26 种。区内有我国特有植物 5 种，分别为青檀、山白树、猬实、双盾木（*Dipelta floribunda*）、弯齿盾果草（*Thyrocarpus glochidiatus*）。还有许多在山西省分布极为稀少的植物，如匙叶栎（*Q. dolicholepis*）、柘（*Cudrania tricuspidata*）、异叶榕（*Ficus heteromorpha*）、中华猕猴桃（*Actinidia chinensis*）、竹叶椒（*Zanthoxylum planispinum*）、猫乳（*Rhamnella frangulaides*）、多花勾儿茶（*Berchemia floribunda*）、玉铃花（*Styrax obassis*）、宽叶重楼（*Paris polyphylla* var. *latifolia*）、蕙兰（*Cymbidium faberi*）等 40 余种。保护区地处暖温带落叶阔叶林的南部，植物区系南北渗透现象非常明显，许多亚热带区系植物成分在本区的分布已达其全国自然分布的最北限，如南方红豆杉、竹叶椒、异叶榕、玉铃花、山胡椒（*Lindera glauca*）、柘、八角枫（*Alangium chinense*）、络石（*Trachelospermum jasminoides*）、四照花等（张殷波等，2003）。

保护区有野生动物 285 种，分属 26 目 70 科。其中，鸟类有 16 目 43 科 214 种，兽类有 7 目 16 科 43 种，两栖爬行类有 3 目 11 科 28 种，分别占山西省鸟类、兽类、两栖爬行类总物种数的 65.9%、60.6%、84.9%。属于国家一级保护动物的有金雕、黑鹳、华北豹、原麝 4 种，属于国家二级保护动物的有猕猴、勺鸡、大鲵、水獭、猛禽类、鸮类等 28 种，属于山西省重点保护动物的有普通刺猬（*Erinaccus europaeus*）、鼬獾（*Melogale moschata*）、苍鹭、星头啄木鸟（*Picoides canicapillus*）、黑枕黄鹂（*Oriolus chinensis*）、褐河乌（*Cinclus pallasii*）、四声杜鹃（*Cuculus micropterus*）、普通夜鹰（*Caprimulgus indicus*）等 23 种。此外，这里是我国猕猴自然地理分布的最北限，常见的有 6 个猕猴种群，总量约 680 只。

区内奇峰异石、飞瀑流泉形状各异，星罗棋布，映衬出如诗如画的蟒河风光，秀美别致的自然景观，在华北地区首屈一指，被誉为“华北一绝，山西桂林”。

（六）山西黑茶山国家级自然保护区

黑茶山国家级自然保护区位于吕梁山中段兴县东南部。地理坐标：38°10′03″～38°24′05″N，111°11′39″～111°26′30″E。南北长约 26km，东西宽约 24km。总面积 24 415.4hm^2，其中核心区面积 9568.9hm^2，缓冲区面积 4761hm^2，实验区面积 10 085.5hm^2。

保护区分布有陆生脊椎动物 219 种，其中两栖类 1 目 3 科 5 种，爬行类 3 目 5 科 14 种，鸟类 17 目 41 科 157 种，兽类 6 目 15 科 43 种。属于国家一级保护动物的有褐马鸡、白鹳、黑鹳、金雕、华北豹、原麝、林麝等；属于国家二级保护动物的有斑嘴鹈鹕（*Pelecanus philippensis*）、黄嘴白鹭（*Egretta eulophotes*）、大天鹅、鸳鸯、鸢、苍鹰、雀鹰、松雀鹰（*Accipiter virgatus*）、大鵟（*Buteo bemilasius*）、普通鵟（*B. buteo*）、毛脚鵟（*B. lagopus*）、草原雕（*A. rapax*）、乌雕（*A. clanga*）、白尾鹞、鹊鹞（*C. melanoleucos*）、白头鹞（*C. aeruginosus*）、鹗（*Pandion haliaetus*）、猎隼、游隼、燕隼、红脚隼（*F. vespertinus*）、红隼、小杓鹬（*Numenius borealis*）、领角鸮（*Otus bakkamoena*）、雕鸮（*Bubo bubo*）、纵纹腹小鸮（*Athene noctua*）、长耳鸮（*Asio otus*）、短耳鸮（*A. flammeus*）、豺、黄喉貂等。保护区是山西省褐马鸡分布区的最西端，同时也是褐马鸡种群数量最多的栖息地之一，有褐马鸡 3350 多只。

保护区有维管束植物 89 科 377 属 725 种，其中蕨类植物 7 科 8 属 11 种，种子植物 82 科 369 属 714 种。裸子植物 3 科 7 属 10 种，被子植物 79 科 362 属 704 种，其中双子叶植物 70 科 303 属 600 种，单子叶植物 9 科 59 属 104 种。大型真菌 30 科 101 种。

保护区有国家二级保护植物野大豆，山西省重点保护野生植物山西乌头、文冠果、党参。保护区是国家濒危植物山西特有树种——青毛杨（*P. shanxienesis*）的唯一分布区。

（七）山西历山国家级自然保护区

山西历山国家级自然保护区位于山西省中条山脉的东段，地处垣曲、阳城、沁水、翼城四县毗邻地界，是以保护暖温带森林植被和珍稀野生动物猕猴为主的森林和野生动物类型自然保护区。地理坐标：36°43′5″～36°50′10″N，110°36′15″～111°40′25″E，主峰舜王坪海拔2321.8m。东西长约27km，南北宽约11km。总面积24万hm^2，其中核心区面积8830hm^2，缓冲区面积5123hm^2，实验区面积2685hm^2。

历山保护区共有野生种子植物1250种，隶属于502属111科，其中裸子植物8种5属4科，被子植物1242种497属107科（双子叶植物1044种402属93科，单子叶植物198种95属14科）（张建民等，2002）。国家一级保护植物有南方红豆杉，国家二级保护植物有连香树和野大豆，山西省重点保护植物有冬瓜杨（*P. purdomii*）、铁木（*Ostrya japonica*）、青檀、脱皮榆（*Ulmus lamellosa*）、领春木、山胡椒、山橿（*Lindera reflexa*）、木姜子、红景天、山白树、泡花树（*Meliosma cuneifolia* var. *glabriuscula*）、暖木、软枣猕猴桃（*Actinidia arguta*）、刺楸（*Kalopanax septemlobus*）、刺楸（*Kalopanax septemlobus*）、竹叶椒、四照花、老鸹铃、郁香野茉莉（*Styrax odoratissima*）、流苏（*Chionanthus retusa*）、漆树（*Toxicodendron vernicifluum*）、窄叶紫珠（*Callicarpa japonica* var. *angustata*）、蝟实、党参、桔梗（*Platycodon grandiflorum*）等（郝少英和张峰，2014）。

保护区有两栖动物10种，隶属于2目4科，爬行动物21种，隶属于3目5科，鸟类64种，隶属于16目8科，其中属于国家一级保护动物的有黑鹳（*Ciconia nigra*）、金雕、胡兀鹫（*Gypaetus barbatus*）、丹顶鹤、大鸨5种，属于国家二级保护动物的有角䴙䴘（*Podiceps auritus*）、黄嘴白鹭、白琵鹭、大天鹅、鸳鸯、鸢、苍鹰、雀鹰、松雀鹰、大鵟、普通鵟、毛脚鵟、草原雕、乌雕、秃鹫（*Aegypius monachus*）、白尾鹞、鹊鹞、白头鹞、鹗、猎隼、游隼、燕隼、灰背隼、阿穆尔隼、红隼、黄爪隼（*F. naumanni*）、勺鸡、灰鹤、蓑羽鹤（*Anthropoides virgo*）、小杓鹬、红角鸮、领角鸮、雕鸮、纵纹腹小鸮、长耳鸮、短耳鸮共36种。

哺乳动物共42种，隶属于7目16科，其中属于国家一级保护动物的有华北豹、原麝等，属于国家二级保护动物的有猕猴和黄喉貂2种。

《世界自然保护联盟濒危物种红色名录》收录的濒危接近于极危（CR/EN）的动物有梅花鹿；濒危（EN）动物有华北豹、复齿鼯鼠（*Trogopterus xanthipes*）；近危（NT）动物有猕猴；易危（VU）动物有原麝。《中国物种红色名录》（汪松和解焱，2004）列为濒危（EN）的物种有华北豹；列为易危（VU）的物种有狼、豹猫、猕猴、猪獾（*Arctonyx collaris*）；列为近危（NT）几乎符合易危（VU）的物种有赤狐（*Vulpes vulpes*）、鼬獾、黄鼬（*Mustela sibirica*）、狗獾（*Meles meles*）、花面狸（*Paguma larvata*）、黄喉貂。

山西省重点保护动物有普通刺猬、小麝鼩（*Crocidura suaveolens*）、隐纹花松鼠（*Tamiops swinhoei*）、复齿鼯鼠。

国家颁布的有益的和有重要经济、科学研究价值的陆生野生动物（三有动物）有普通刺猬、隐纹花松鼠、复齿鼯鼠、林猬（*Hemiechinus hughi*）、达乌尔猬（*H. dauricus*）、狼、赤狐、黄鼬、艾虎（*Putorius eversmanni*）、狗獾、猪獾、鼬獾、豹猫、花面狸、狍（*Capreolus capreolus*）、野猪（*Sus scrofa*）、草兔（*Lepus capensis*）、花鼠（*Eutamias sibiricus*）、岩松鼠（*Sciurotamias davidianus*）、社鼠（*Rattus niviventer*）共20种。

（八）山西太宽河国家级自然保护区

山西太宽河国家级自然保护区位于中条山中端，行政区划属于山西省夏县。地理坐标：34°57′15″～35°7′00″N，111°20′0″～111°33′00″E。总面积 24 276.7hm²，其中核心区面积 8 519.5hm²，缓冲区面积 7159hm²，实验区面积 8598.2hm²。2018 年 5 月 31 日经国务院批准晋升为国家级自然保护区。

保护区共有维管束植物 119 科 464 属 887 种，其中蕨类植物 9 科 11 属 17 种，裸子植物 4 科 7 属 9 种，被子植物 106 科 448 属 861 种。国家二级保护植物有野大豆 1 种。山西省重点保护野生植物有异叶榕、山胡椒、山橿、木姜子、竹叶椒、漆树、省沽油、膀胱果、暖木、泡花树、软枣猕猴桃、狗枣猕猴桃（*Actinidia kolomikta*）、刺楸、四照花、野茉莉、老鸹铃（*Styrax hemsleyanus*）、流苏树、络石、窄叶紫珠、党参、桔梗等，约占山西省重点保护植物总数的 60%。

区内脊椎动物共有 128 种。其中，两栖动物 6 种，爬行动物 6 种。鸟类 86 种，其中国家一级保护动物有金雕 1 种；国家二级保护动物 22 种，包括红腹锦鸡、勺鸡、红脚隼、燕隼、黄爪隼、红隼、雕鸮、纵纹腹小鸮、长耳鸮、鸢（*Milvus korschun*）、秃鹫 、苍鹰、雀鹰、赤腹鹰（*Accipiter soloensis*）、大鵟、普通鵟、毛脚鵟、乌雕、白尾鹞、鹊鹞（*Circus melanoleucos*）、灰鹤、鸳鸯等。山西省重点保护野生动物 9 种，分别为冠鱼狗（*Megaceryle lugubris*）、四声杜鹃、小杜鹃（*C. poliocephalus*）、普通夜鹰、星头啄木鸟、灰卷尾（*Dicrurus leucophaeus*）、发冠卷尾（*D. hottentottus*）、黑枕黄鹂、反嘴鹬（*Recurvirostra avosetta*）。其中，红腹锦鸡为我国特产鸟类。哺乳动物 30 种，其中国家一级保护动物 2 种，即华北豹、原麝（*Moschus moschiferus*）；国家二级保护动物 1 种，为豺；山西省重点保护动物 1 种，为刺猬（*Erinaceus europaeus*）。

七、陕西国家级自然保护区

（一）陕西韩城黄龙山褐马鸡国家级自然保护区

陕西韩城黄龙山褐马鸡国家级自然保护区位于陕西省韩城市境内，地理坐标：35°33′～35°45′N，110°07′～110°27′E。总面积 37 756hm²，其中核心区面积 14 081.6hm²，缓冲区面积 13 226.6hm²，实验区面积 10 447.8hm²。共有种子植物 97 科 408 属 762 种（詹兴中，2007），其中属于国家二级保护植物的有野大豆。保护区共有森林野生脊椎动物 194 种，隶属于 27 目 61 科 137 属，占陕西野生动物种的 26.25%，其中鱼类 17 种（不含养殖种类），隶属 14 目 31 科 76 属；哺乳动物 41 种（亚种），隶属于 6 目 16 科 34 属。这些野生动物种，有国家一级保护动物 4 种，即褐马鸡、华北豹、黑鹳、金雕；国家二级保护动物 15 种，即黄喉貂、水獭、大天鹅、黑鸢、白尾鹞、普通鵟、大鵟、红脚隼、燕隼、灰背隼、灰鹤、纵纹腹小鸮、长耳鸮等（解超杰等，2014）。

（二）陕西延安黄龙山褐马鸡国家级自然保护区

陕西延安黄龙山褐马鸡国家级自然保护区位于陕西省黄龙、宜川两县交界处的黄龙山林区，是关中盆地与陕北黄土高原的过渡地带，是陕北黄土高原和关中平原之间重要的生态屏障。地理坐标：35°31′53″～35°53′29″N，109°55′09″～110°19′32″E。保护区总面积 81 753hm²，其中核心区面积 21 269hm²，缓冲区面积 24 028hm²，实验区面积 36 456hm²。森林面积 65 000hm²。共有种子植物 96 科 392 属 729 种。保护区有鸟类 14 目 32 科 139 种。国家一级保护鸟类4种，包括褐马鸡、金雕、黑鹳和白鹳，国家二级保护鸟类18种，包括鸳鸯和17种猛禽。被列入CITES（2004）的共有22种。

陕西延安黄龙山褐马鸡是我国褐马鸡在西部分布的一个独立种群。完整有效地保护和管理褐马鸡种群及其栖息地生境，无疑具有十分重要的保护意义和科研价值（王仁合等，2011）。

（三）陕西周至国家级自然保护区

陕西周至国家级自然保护区位于陕西省周至县南部的秦岭主梁北坡，南以秦岭主脊与佛坪、宁陕两县相接，西邻太白林业局，西北与太白山国家级自然保护区相连，东接宁西林业局（罗羽中，2010）。陕西周至国家级自然保护区属森林和野生动物类型国家级自然保护区，主要保护对象为金丝猴（*Rhinopithecus roxellana qinlingensis*）等珍稀动物及其生存环境。陕西周至地理坐标：33°41′～33°53′N，107°39′～108°19′E。总面积56 393hm^2，其中核心区面积5578hm^2，缓冲区面积3263hm^2，实验区面积3770hm^2。

保护区种子植物121科522属1088种，木本植物465种，草本植物623种。珍稀濒危保护植物46种。其中，国家一级保护植物有红豆杉（*T. chinensis*）、西藏红豆杉（*T. wallichiana*）、云南红豆杉（*T. yunnanensis*）、南方红豆杉、东北红豆杉（*T. cuspidata*）、独叶草（*Kingdonia uniflora*）等，国家二级保护植物有银杏（*Ginkgo biloba*）、太白红杉、秦岭冷杉、水曲柳、大果青扦（*P. neoveitchii*）、水青树（*Tetracentron sinense*）、连香树和野大豆等；陕西省第一批重点保护植物15种（孟军政等，2014；蔡靖等，2002）。野生脊椎动物有24目71科179属267种，其中兽类74种，鸟类160种，两栖类8种，爬行类20种，鱼类5种。属于国家一级保护动物的有大熊猫（*Ailuropoda melanoleuca*）、金丝猴（*Rhinopithecus roxellanae*）、扭角羚（*Budorcas taxicolor*）、华北豹等；属于国家二级保护动物的有林麝、大鲵、秦岭细鳞鲑、红腹锦鸡等24种。

（四）陕西牛背梁国家级自然保护区

陕西牛背梁自然保护区于1987年建立，1988年经国务院批准为国家级自然保护区，1997年10月正式成立管理局，局址设在西安国家民用航天产业基地。牛背梁保护区是以保护国家一级保护动物羚牛及其栖息地为主的森林和野生动物类型的自然保护区。保护区位于秦岭山脉东段，横跨秦岭主脊南北坡，地处柞水、宁陕、长安三县（区）交汇处，沿秦岭主脊呈东西狭长分布，是“秦岭自然保护区群”的重要组成部分，是秦岭东段生物多样性最为丰富的地区，是羚牛秦岭亚种的模式产地，在“中国生物多样性保护行动计划”中被确定为40个最优先的生物多样性保护地区之一。保护区总面积16 418hm^2，其中核心区面积5725hm^2，缓冲区面积4119hm^2，实验区面积6574hm^2。

区内有兽类60种，隶属于6目23科；鸟类123种，隶属于13目36科；两栖动物7种，隶属于2目5科7属；爬行类20种，隶属1目6科16属。有国家重点保护动物25种，其中属于国家一级保护动物的有扭角羚、华北豹、黑鹳、林麝；属于国家二级保护动物的有黑熊、林麝、鬣羚、血雉、金鸡、红腹角雉（*Tragopan temminckii*）、大鲵等。扭角羚是本区的重点保护对象。

保护区有种子植物113科525属1268种。其中有国家一级保护植物红豆杉，国家二级保护植物太白红杉、连香树、水曲柳、山白树、星叶草和野大豆6种，陕西省重点保护植物10多种。

保护区蕴藏着众多的珍稀动植物资源，是物种遗传的基因库。对于秦岭而言，它具有一定的典型性及代表性，被誉为秦岭东部的绿色明珠，具有很高的保护和研究价值。保护区内分布有旬河、石砭峪河、乾佑河等，是长江、黄河两大水系的分水岭，是汉江、渭河支流的重要源头，支撑着沿岸数十万人民的生产生活用水，也是西安市的重要水源涵养地。

（五）陕西太白山国家级自然保护区

陕西太白山国家级自然保护区位于秦岭西部，地处宝鸡市的太白县、眉县和西安市周至县三县交界处，主要保护对象为森林生态系统和自然历史遗迹。地理坐标：33°49′30″～34°05′35″N，107°22′25″～107°51′30″E。主峰拔仙台海拔 3767.2m。保护区东西长 45km，南北宽 34.5km，总面积 56 325hm^2，其中核心保护区面积 32 378hm^2，一般控制区面积 23 947hm^2。

区内有种子植物 1783 种，苔藓植物 325 种，蕨类植物 110 种，其中太白山特有种子植物 23 种，国家重点保护植物 51 种，如国家一级保护植物独叶草、红豆杉等；国家二级保护植物有连香树、水青树、星叶草、太白红杉、秦岭冷杉等，这些植物大多是古老的科属和孑遗植物。太白山的植物区系是秦岭植物区系的典型代表，既具过渡性质，又具独特性，是中国特有植物重要的分布中心和起源地。太白山种子植物科、属、种分别占秦岭的 76%、63% 和 55%，占全国的 40%、33%和 6%。第四纪太白山主峰仅受到冰川的侵蚀，所以植物区系中含有单、少种属 104 个，中国特有属 23 个。研究表明太白山包括了中国全部种子植物属的 15 个分布类型，其中热带属有 130 个，温带属 436 个和中国特有属 23 个（何晓军等，2008）。

太白山自然保护区现共有脊椎动物 5 纲 28 目 79 科 334 种（亚种），其中兽类 7 目 25 科 72 种（亚种），鸟类 14 目 40 科 218 种（亚种），两栖类 2 目 5 科 10 种，爬行类 3 目 6 科 26 种，鱼类 2 目 3 科 8 种，昆虫 22 目 161 科 1991 种。太白山是秦岭生物多样性最丰富的地区，是野生动物的天然乐园。

太白山自然保护区现有国家重点保护野生动物 39 种，其中国家一级保护动物 6 种：金丝猴、大熊猫、华北豹、扭角羚、金雕、林麝；国家二级保护动物 33 种：豺、黑熊、黄喉貂、水獭、鬣羚、斑羚、雀鹰、松雀鹰、大鵟、鸢、黑鸢、燕隼、游隼、红脚隼、红隼、灰背隼、血雉、红腹角雉、勺鸡、红腹锦鸡、领角鸮、雕鸮、黄脚鱼鸮（*Ketupa flavipes*）、领鸺鹠（*Glaucidium brodiei*）、斑头鸺鹠（*G. cuculoides*）、纵纹腹小鸮、灰林鸮（*Strix aluco*）、长耳鸮、东方角鸮（*Otus sunia*）、大鲵、秦岭细鳞鲑、中华虎凤蝶（*Luehdorfia chinensis*）、三尾褐凤蝶（*Bhutanitis thaidina*）；陕西省重点保护野生动物 26 种，分别是狼（*Canis lupus*）、狐、豹猫、猪獾、狗獾、花面狸（*Paguma larvata*）、小麂（*Muntiacus reevesi*）、毛冠鹿（*Elaphodus cephalophus*）、狍、苍鹭、白鹭、夜鹭、红翅凤头鹃（*Clamator coromandus*）、画眉（*Garrulax canorus*）、红嘴相思鸟（*Leiothrix lutea*）、酒红朱雀（*Carpodacus vinaceus*）、白眉朱雀（*C. thura*）、赤胸灰雀（*Pyrrhula erythaca*）、黄喉鹀（*Emberiza elegans*）、太白壁虎（*Gekko taibaiensis*）、王锦蛇（*Elaphe carinata*）、秦岭蝮（*Gloydius qinlingensis*）、秦巴北鲵（*Pseudohynobius tsinpaensis*）、中国林蛙、玉带凤蝶（*Papilio polytes*）、金凤蝶（*P. machaon*）。

（六）陕西子午岭国家级自然保护区

陕西子午岭国家级自然保护区位于陕西省富县境内，主要保护对象是黄土高原稀有的天然次生林生态系统及野生动植物资源。地理坐标：35°45′～36°01′N，108°30′～108°41′E。子午岭国家级自然保护区总面积 40 621hm^2，其中核心区面积 13 814hm^2，缓冲区面积 8479hm^2，实验区面积 18 328hm^2。

保护区植被区划属于暖温带半湿润落叶阔叶林带的北部西段，是森林草原向草原植被的过渡地带。植被类型可分为森林、灌丛、草地、湿地等，共有 20 个群系。维管束植物共 104 科 344 属 633 种。脊椎动物共 27 目 59 科 188 种。国家一级保护动物有华北豹、黑鹳和金雕等；国家二级保护动物有豺、水獭、鸳鸯、灰鹤、大天鹅、红脚隼、燕隼、红隼、长耳鸮等 16 种。

（七）陕西陇县秦岭细鳞鲑国家级自然保护区

陕西陇县秦岭细鳞鲑国家级自然保护区是以保护秦岭细鳞鲑及其生境为主的水生野生动物类型的自然保护区，地处陇县境内，地理坐标：106°26′32″～107°06′10″E，34°35′17″～35°08′16″N，总面积 6559hm^2，其中核心区面积 1376hm^2，缓冲区面积 3197hm^2，实验区面积 1986hm^2。保护区分布的脊椎动物有 189 种，其中鱼类多达 18 种，藻类植物包括蓝藻、绿藻、裸藻、金藻、黄藻、硅藻、甲藻共 7 类 37 属；苔藓植物共 2 科 2 种；蕨类植物共 21 科 130 种（变种）；裸子植物共 5 科 14 种；被子植物 108 科 908 种（含变种）；水生昆虫共 4 目 8 科 8 属；鱼类共 3 目 4 科 17 属 18 种（含亚种）；两栖纲共 1 目 2 科 2 属 5 种（含亚种）；爬行纲共 3 目 4 科 9 属 11 种（含亚种）；鸟纲共 9 目 28 科 61 属 109（含亚种）种；哺乳纲共 6 目 21 科 41 属 46 种（含亚种）。

推荐阅读文献

蒋志刚，马克平，韩兴国，1997. 保护生物学［M］. 杭州：浙江科学技术出版社.

马敬能，孟沙，张佩珊，等，1998. 中国生物多样性保护综述［M］. 北京：中国林业出版社.

KRISHNAMURTHY K V，2006. 生物多样性教程［M］. 张正旺，等译. 北京：化学工业出版社.

PRIMACK R B，马克平，2009. 保护生物学简明教程［M］. 4 版，中文版. 北京：高等教育出版社.

PULLIN A S，2005. 保护生物学［M］. 中文版. 贾竞波，译. 北京：高等教育出版社.

第七章　黄土高原土壤生态

土壤生态系统由土壤、生物及环境因素构成。土壤生态学的研究早已超越其传统的研究内容，即以土壤为核心的土壤生态系统研究，分别向宏观和微观发展，小到土壤微团聚体内，大到包括地圈、生物圈、大气圈在内的各类系统，均展开了广泛深入的研究，使土壤生态学有了更进一步的发展。

土壤生态学主要包括：①成土因素与土壤性质的关系。主要研究土壤因素与土壤性质的相互关系，分析成土因素，特别是气候因素与土壤类型的变化规律。②土壤与生物的关系。研究土壤生物与环境的关系，进而揭示土壤生物活动对土壤发生与土壤肥力的影响，以及从宏观或历史角度研究植物群落演替与土壤发生或历史演变的关系，以及土地利用方式改变和人类活动与土壤演变的关系。③物质循环。以土壤为核心的农田生态系统、森林生态系统和草原生态系统等陆地生态系统物质循环的研究，一直是土壤生态学主要的研究内容之一。④ 能量流。主要包括土壤发生过程中能量转化、土壤中生物食物链能量的传递、农业生态系统能量的转化。

第一节　土壤生物的生存环境

土壤是土壤生物主要的生存环境，是生命密度最大的环境介质，由矿物质、有机化合物和生命物质组成，具有多孔性、吸附性和多层性，并不断受到外界因素的影响而产生变化。在不同气候、地形等成土因素的作用下，成土母质及生物经过长时间的演化和相互作用形成土壤。土壤生态系统主要由土壤、土壤生物构成，并通过相互作用展现出特定的系统功能；不同地域的土壤生态系统的构成及功能类似，但各具特色。黄土高原土壤生态系统在长期演化过程中形成了特有的结构、性质及功能。

一、成壤过程及土壤类型

成壤过程即土壤形成过程。成壤因素是土壤形成过程中控制土壤形成、决定土壤发生学性质的因子，主要包括气候、地形、成土母质、生物、时间和人为活动等（龚子同，1999）。土壤是多个成壤因素共同作用的产物，成壤因素通过影响成壤过程的方向、速率与强度决定土壤的形态和性质，最终形成特定的土壤类型（熊毅和李庆逵，1987）。

（一）成壤过程

成壤过程有多种类型，主要包括自然和人为两类。黄土高原土壤的形成过程主要包括钙积、黏化、均腐殖质和硅化等自然过程，以及灌淤、土垫、肥熟化、砂石造田和引水拉沙等人为过程。

1. 钙积过程

钙积过程是黄土高原土壤的主要成壤过程之一，主要指碳酸盐在土壤剖面中的淋溶和移动沉积的过程。黄土高原钙积过程有生物富钙、钙的淋溶淀积、复钙淋溶作用等。

黄土高原碳酸盐的来源有降尘、母质、植物残体与人为活动等，其中降尘、母质等是土壤碳酸盐的主要来源。土壤碳酸盐的移动有随水分的渗透淋溶和毛管水的季节性上移两种形式。淋溶淀积受降水、母质和成壤年龄等因素影响差异很大，如有的受毛管水上移，蒸发而使在剖面均匀分布。碳酸盐在干旱、半干旱地区除了淋溶淀积外，还有季节性的上移或返回。随着土壤温度上升，从土壤水中释放出原来溶解的 CO_2，使重碳酸盐变为 $CaCO_3$，部分随毛管水上升。黄土高原土壤 $CaCO_3$ 淋溶淀积随着降水、土壤质地不同而有所差异，但一般而言，黄土高原土壤 $CaCO_3$ 淋溶的深度为 80～150cm。由于人为作用或坡积、淀积等作用而使土壤有复钙作用，黄土高原的土垫旱耕人为土和堆垫干润均腐土都有复钙作用，其中以土垫旱耕人为土的强度、面积最大（龚子同，1999）。

2. 黏化过程

黏化过程是土壤中黏粒经过淋溶、淀积而使土壤黏粒增加的过程。土壤黏粒除了一些晶体和非晶体氧化物和氢氧化物外，主要矿物成分是层状硅酸盐。黏化过程不仅在土壤中普遍存在，而且是一些土壤在特定条件下发生的一种成壤过程。土壤黏化是矿物风化等成壤过程的产物，也是在一定土壤水热状况下土内风化与黏粒迁移的结果。黄土高原的土壤黏化过程不仅是土壤黏粒增加，矿物元素的聚集，而且使易溶性盐类淋溶降低（龚子同，1999）。

3. 均腐殖质过程

在黄土高原暖温带半湿润-半干旱气候和森林草原向草原过渡的植被下形成了暗色的腐殖质层，有黏化特征，二价盐类有一定淋溶，$CaCO_3$ 在局部有明显累积，全剖面有石灰反应。腐殖质层是在草甸草原植被下，经长期的生草作用形成的。有机物质残体腐解后所形成的腐殖质与土壤钙离子结合，并以薄膜形式包被于土粒和微团聚体表面，或富集于孔隙壁上，因而形成干润均腐土深厚的暗灰色的腐殖质层。但由于黄土母质疏松，孔隙率高，通透性好，加之春季干旱少雨，升温快，土体干燥，有利于好气性微生物活动，使有机质分解快。草本植物残体腐殖化与降尘的共同作用，使有机质层逐渐增厚（龚子同，1999）。

4. 硅化过程

硅化过程是生物小循环的主要特征，也是土壤成壤过程的重要标志。从原始成壤过程起，植物或藻类从根系可以达到的地方吸收富集 Si，形成部分 Si 含量较高的物种，这些物种死亡、降解后，残留下大量的 SiO_2 会导致土壤的硅化。据研究，在不同生态环境中 Si 元素均占总灰分的 1/3～1/2，甚至更高，其 SiO_2/R_2O_3、SiO_2/Fe_2O_3 和 SiO_2/Al_2O_3 的比值是 3.75～471.44、3.47～858.02 和 7.39～1046.27，黄土高原蒿属、长芒草和百里香中 SiO_2 含量分别为 9.40～13.8g/kg、21.3～54.4g/kg 和 15.6～28.38g/kg，它们均属于硅含量较高的植物（龚子同，1999）。

5. 灌淤过程

黄土高原部分地区的河流泥沙含量较高，在长期引浑灌淤、落淤、耕作栽培、施肥等多重作用下，逐渐形成灌淤熟化的土壤。在此成壤过程中，引浑灌淤、落淤是主导因素。黄土高原引浑灌淤历史悠久，汾渭平原、宁夏银川平原和内蒙古河套平原的灌淤均始于千年之前。因各地泥沙的含量、灌淤水量、次数等不同，导致灌淤土的形成速度也各不相同，而灌淤的落淤量也有明显差异。据观测，一年落淤厚度在 0.017～0.629cm，有的达 1cm 左右。若是高秆作物，落於厚度可达 2～5cm（龚子同，1999）。

6. 土垫过程

黄土高原南部汾渭盆地的褐土是人们长期施用土粪耕作栽培和熟化而叠加形成的农业土壤，是中国古老耕种土壤之一，其形成主导因素是使用土粪。在原自然土壤上耕作、施用土粪使自然土壤的腐殖质层初步分化为耕作层。随着时间和强度的增加，使熟化层段叠加上移，可形成具有耕作层、犁底层、老耕层及古耕作层的土垫表层，土垫表层的厚度不低于 50cm。在土垫旱耕人为土表层所有层次中都可见人为活动的痕迹，如炭屑、瓦片、瓦渣、瓷片、碎砖块等（龚子同，1999）。

7. 肥熟化过程

厚熟土是长期种植蔬菜，大量施用人畜粪尿、有机垃圾及土杂类肥料，以及精耕细作的结果，是在频繁灌溉和集约化经营等条件下形成的古老的耕种土壤类型之一。将畜禽粪便、枯枝落叶等有机物施于土壤表层，通过精耕细作，使大量有机质和营养物质在表层富集，最终形成高度熟化的堆积土壤。一般来讲，肥熟后表层厚度在 25cm 以上，有机碳平均值高于 6g/kg，0～25cm 土层内 0.5mol/L $NaHCO_3$ 浸提磷平均值大于 35mg/kg（龚子同，1999）。

8. 砂石造田过程

砂田是半干旱地区为了抗旱、保墒、增温和压减而直接覆盖 8～12cm 砂石形成的田地，是一项独特的创造，适宜于经济作物或瓜果蔬菜的种植，如兰州白兰瓜就产于砂田。砂田主要分布在陇中、河西和宁南地区，约有 9.3 万 hm^2。砂田是半干旱地区广大农民群众根据当地气候、砂石资源丰富等条件，通过人为作用而形成的特殊土壤类型。砂田建造程序，首先是土壤深耕，施足底肥，耙平踏实，然后在土壤上铺粗砂、卵石和片石混合体。旱砂田的厚度为 8～12cm，水砂田的厚度为 6～9cm。每铺一次可有效利用 30a 左右。砂田老化后可重新起砂、铺砂，实行更新（龚子同，1999）。

9. 引水拉沙过程

引水拉沙是陕西榆林地区人民在长期同风沙斗争中的伟大创造，利用河流、湖泊、水库、海子等水源，自流或抽水造成水位落差，使水流冲击沙丘并输送到预计的地方而落淤。该方法具有技术简便、投资少、功效高等优点。水是引水拉沙造地的关键因素，因此在引水拉沙之前，先要勘察水源、计算水量，还需要引水渠道或者机械提水工程等，以满足需要。根据不同的地形，必须考虑引水渠、冲砂壕、退水口等。田块布设根据地形范围要做到兴利与除害结合，做到田、渠路、电、林统一规划（龚子同，1999）。

（二）土壤类型

我国土壤系统分类为多级分类制，共 6 级，即土纲、亚纲、土类、亚类、土族和土系，其中共 14 个土纲、39 个亚纲、138 个土类。黄土高原土壤主要包括人为土、干旱土、淋溶土、均腐土、雏形土和新成土 6 个土纲（表 7.1）。此外，黄土高原还有一种独特的农田类型——砂田（龚子同，1999）。

表 7.1 黄土高原主要土壤类型及其分布区域（龚子同，1999）

土纲	亚纲	土类	亚类	主要分布区域
人为土	旱耕人为土	土垫旱耕人为土	弱盐土垫旱耕人为土	主要分布在关中平原的交口灌区和洛惠灌区
			肥熟土垫旱耕人为土	广泛分布于土垫旱耕人为土区
			斑纹土垫旱耕人为土	主要分布在山前倾斜平原前缘，河流的一级阶地等
			钙积土垫旱耕人为土	主要分布在关中平原东部
			石灰性土垫旱耕人为土	主要分布在秦岭北坡的眉县东部至西安市西部的山麓扇形台地和临山的阶地上及邻近黄土塬地
			普通土垫旱耕人为土	主要分布在关中平原的西部及东部沿秦岭山麓的阶地、豫西黄土高原与阶地上和其他地区黄土覆盖的阶地
		灌淤旱耕人为土	肥熟灌淤旱耕人为土	主要分布在宁夏平原的中部和南部
			水耕灌淤旱耕人为土	零星分布于大中城市的城郊
			斑纹灌淤旱耕人为土	主要分布在洪积扇下部或平原的低阶地
			普通灌淤旱耕人为土	广泛分布于各灌淤土地区的较高阶地，洪积冲积平原的上中部
干旱土	正常干旱土	钙积正常干旱土		广泛分布于黄河河套、鄂尔多斯高原中西部、华家岭以西的黄土高原等
		简育正常干旱土		主要分布在干旱区的新沉积物上，或者轻度侵蚀地区
淋溶土	干润淋溶土			主要分布于半干旱的低山丘陵和山麓平原，如豫西、晋南和关中等地
均腐土	干润均腐土	堆垫干润均腐土		主要分布在陕西的洛川塬、长武塬、彬州塬到甘肃陇东的十字塬、邵寨塬、永和塬和三嘉塬等塬面
		简育干润均腐土	堆垫简育干润均腐土	主要分布于宁夏南部黄土丘陵的阶地
			堆积简育干润均腐土	主要分布在泾、洛河的河源地区边缘
			斑纹简育干润均腐土	主要分布在宁夏南部黄土丘陵区的排水不畅的阶地和长城沿线的凹形集水低洼地上
			普通简育干润均腐土	主要分布在陕西宜川、富县，甘肃董志塬以北、长城以南地区，甘肃河东及宁夏地区的黄土丘陵的墚峁顶部
雏形土	干润雏形土	暗沃干润雏形土		主要分布在秦岭、吕梁山、子午岭、宜川和黄龙等地黄土覆盖的次生林区和草地
		简育干润雏形土		主要分布于塬地的塬边梯地、塬中的沟壕等
新成土	正常新成土	黄土正常新成土	暗沃黄土正常新成土	零星分布于黄土丘陵区的次生林区或保护好的森林
			灰黄土正常新成土	主要分布在陕北、宁夏南部和甘肃河东黄土丘陵的草地上
			普通黄土正常新成土	主要分布于黄土高原的丘陵沟壑区的墚峁顶、坡及沟坡，在泾、洛河的河源地区与干润均腐土呈镶嵌分布
	砂质新成土	潮湿砂质新成土		主要分布在鄂尔多斯台地的库布齐沙地、毛乌素沙地、宁夏河东沙地、乌兰布和沙地与腾格里沙地南部
		干旱砂质新成土		
		干润砂质新成土		
		湿润砂质新成土		

二、土壤生态循环

作为全球生态系统中的主要环境介质之一，土壤生态循环是生态系统循环中的重要一环，其中生态系统元素循环是生态系统稳定运行的关键。在众多的元素循环中，土壤的碳循环和氮循环是最基本也是最重要的循环。

（一）碳循环

地球上主要有四大碳库，即大气碳库、海洋碳库、陆地生态系统碳库和岩石圈碳库。碳元素在大气、海洋和陆地等各大碳库之间不断地循环和变化。大气中的碳主要以 CO_2 和 CH_4 等气体形式存在，在水中主要为碳酸根离子，在岩石圈中是碳酸盐岩石和沉积物的主要成分，在陆地生态系统中则以各种有机物或无机物的形式存在于植被和土壤之中。

在全球碳库中，岩石圈碳库是最大的碳库（表 7.2），但碳的周转时间极长，约在百万年以上，因此做碳循环研究时，可把岩石圈碳库近似看作处于静态。海洋碳库是除岩石圈碳库外最大的碳库，但深海碳的周转时间也较长，平均为千年尺度。陆地生态系统碳库主要由植被碳库和土壤碳库组成，内部组成和各种反馈机制最为复杂（曹志平，2007）。

表 7.2　地球各主要碳库（$1Gt=1\times10^{15}g$）

碳库	大小/Gt C	碳库	大小/Gt C
大气圈	720	陆地生态圈	2 000
海洋	38 400	活生物量	600～1 000
总无机碳	37 400	死生物量	1 200
总有机碳	1 000	植被碳库	500～950
表层	670	土壤碳库	850～1 200
深层	36 730	水圈	1～2
岩石圈	＞75 000 000	化石燃料	4 130
沉积碳酸盐	＞60 000 000	煤	3 510
油母原质	15 000 000	其他	620

（二）氮循环

土壤氮循环是整个生态系统氮循环的核心，构成土壤氮循环的环节包括生物体内有机氮的合成、氨化作用、硝化作用、反硝化作用和固氮作用。

植物从土壤中吸收铵盐和硝酸盐，进而将这些无机氮同化成植物体内的蛋白质等有机氮。动物直接或间接以植物为食物，将植物体的有机氮同化成动物体的有机氮，这一过程为生物体内有机氮的合成。动植物的遗体、排泄物和残落物的有机氮化合物被微生物分解后形成氨，这一过程被称作氨化作用。在有氧条件下，土壤中的氨或铵盐在硝化细菌的作用下最终氧化成硝酸盐，这一过程被称作硝化作用。氨化作用和硝化作用产生的无机氮，都能被植物吸收利用。在氧气不足的条件下，土壤中的硝酸盐被反硝化细菌等多种微生物还原成亚硝酸盐，并且进一步还原成分子态氮返回到大气，这一过程被称作反硝化作用。固氮作用是分子态氮被还原成氨和其他含氮化合物的过程。自然界中氮的固定有两种方式：一种是非生物固氮，即通过闪电、高温放电等形式固氮，这样形成的有机氮很少；二是生物固氮，即分子态氮在生物体内还原为氨的过程。大气中90%以上的分子态氮都是通过固氮微生物的作用将分子氮还原为氨（艾应伟，2008）。

三、影响生物生存的土壤性质

植物、微生物依托土壤而生存，不同类型土壤的性质差异很大，对植物、微生物的作用也不同。在考量土壤是否适宜植物、微生物生存和生长时，除了可用土壤类型来评价外，还可用一些更加直接的理化指标来评判土壤的优劣，这些指标主要包括土壤粒径分布、团聚体、含水率、pH值、阳离子交换量、有机质含量、总氮、碳氮比及土壤养分含量等。

（一）土壤粒径分布

土壤粒径分布是指土壤固相中不同粗细级别的土粒所占的比例，是最基本的土壤物理性质之一。根据土壤粒径分布，可以得出土壤质地。土壤质地与土壤通气、保肥、保水状况及耕作的难易有密切关系，土壤质地是拟定土壤利用、管理和改良措施的重要依据。肥沃的土壤不仅要求耕层的质地良好，还要求有良好的质地剖面。虽然土壤质地主要取决于成土母质类型，有相对的稳定性，但耕作层的质地仍可通过耕作、施肥等活动进行调节。国际上较为流行的土壤质地分类标准是美国土壤质地分类标准，由美国农业部制定，采用三角坐标图解法（熊毅和李庆逵，1987）。

（二）土壤团聚体

土壤团聚体是土粒经各种作用形成的直径为0.25～10mm的单元，是土壤中各种物理、化学和生物作用的结果。土壤团聚体是土壤结构组成的基础，影响土壤的各种理化性质；其稳定性直接影响土壤表层的水、土界面行为，特别是与降雨入渗和土壤侵蚀关系十分密切。按团聚体抵抗水分散力的大小，可分成水稳性团聚体和非水稳性团聚体。水稳性团聚体较多的土体，保水性较好，有利于抗旱、保墒，不易产生地表径流；非水稳性团聚体构成的土体，雨后被分散的细小土粒易堵塞土壤孔隙，不利于渗水、保水，地面径流大，易引起水蚀。但在干旱地区，通过适宜的耕作所形成的非水稳性团聚体，在一定时间内也能起抗旱、保墒作用。因此，在干旱地区，雨后要勤锄地，使被雨打板的表土重新形成一层非水稳性团聚体，切断由下向上引水的毛管，利于保水保墒（关连珠，2016）。

（三）土壤含水率

土壤含水率的高低不仅决定了土壤微生物和植物的生存质量，同时也决定了土壤生物圈的群落结构。土壤水常被吸附在土粒表面，或储存于土壤孔隙之中。土壤水的类型大致可分为化学结合水、吸湿水和自由水三类。化学结合水要在600～700℃下才能脱离土粒。吸湿水是土粒表面水分子力所吸附的单分子水层，须在105～110℃下转变为气态，才能脱离土粒表面分子力的吸附而逸出。自由水可以在土壤颗粒的孔隙中移动，它主要有：

①膜状水，吸湿水的外层所吸附的一层极薄水膜，呈液态，受土粒表面的分子力的束缚，仅能作极缓慢的移动；②毛管悬着水，由于毛管力保持在土壤层中的水分，它与地下水和土层间的悬着水无压力上的联系，但能作足够快的移动，以供植物生长吸收；③毛管支持水，地下水随毛管上升而被毛管力所保持在土壤中的水分；④重力水，受重力作用而下渗的土壤水，重力水只能短时间存在于土壤中，随着时间的延长，它将会逐渐下降，补充到地下水中（邵明安等，2006）。

（四）土壤 pH 值及阳离子交换量

土壤 pH 为土壤酸度和碱度的总称，通常 pH 值在 6.5～7.5 的为中性土壤，pH 值在 6.5 以下为酸性土壤，pH 值在 7.5 以上为碱性土壤。土壤酸碱度一般分 7 级。我国土壤 pH 值大多为 4.5～8.5，由南向北 pH 值递增，长江以南的土壤多为酸性和强酸性，如华南、西南地区广泛分布的红壤、黄壤，pH 值大多为 4.5～5.5；华中、华东地区的红壤，pH 值为 5.5～6.5；长江以北的土壤多为中性或碱性，如华北、西北的土壤大多含 $CaCO_3$，pH 值一般为 7.5～8.5，少数强碱性土壤的 pH 值高达 10.5（黄昌勇，2000）。

土壤阳离子交换量是指单位土壤胶体所能吸附各种阳离子的总量，其数值以每千克土壤中含有各种阳离子的物质的量来表示，即 mol/kg。土壤是环境中物质迁移、转换的重要场所，土壤阳离子交换性能对于研究物质的环境行为有重大意义，它能调节土壤溶液的浓度，保证土壤溶液成分的多样性，进而保证土壤溶液的“生理平衡”，同时还可以保持养分免于被雨水淋失。此外，阳离子交换量的大小，基本上代表了土壤可保持的养分数量，可以作为评价土壤保肥能力的指标。阳离子交换量还是土壤缓冲性能的主要来源，是改良土壤和合理施肥的重要依据（黄昌勇，2000）。

第二节　土 壤 生 物

土壤中的动物、植物和微生物统称为土壤生物。土壤生物参与岩石的风化和原始土壤的形成，对土壤发育、土壤肥力的形成和演变及高等植物营养供应有重要作用。土壤的物理性质、化学性质和农业技术措施等对土壤生物的生命活动影响极大。

土壤动物可分为脊椎动物和无脊椎动物，其中无脊椎动物的种类和数量对土壤的影响占绝对优势。土壤中的植物组织是根系，根系可分为细根和粗根。细根在小尺度时空中周转变化，在土壤碳与土壤养分循环中起重要作用；而粗根在宏观尺度上才能观察到周转信息，这是因为粗根的寿命很长，并且可能在距离树干 30m 的距离上分枝。土壤微生物包括土壤中的细菌、放线菌、真菌和藻类等类群。由于无脊椎动物中的原生动物个体很小，许多学者将其视为土壤微生物的一个类群。有关黄土高原微生物群落的内容在本书第三章已有叙述，本节不再赘述。

一、土壤动物

土壤无脊椎动物的功能类群可依据其体型进行分类，如体长 20～200μm 的微型动物，体长 0.2～10mm 的中型动物，体长大于 10mm 的大型动物。在生态学特性研究中，这种分类方法也会考虑这些动物的生境、在生境中所能利用的营养资源及个体形态等方面的统计学特征。这样做的优势在于能够从群落的角度对生境中影响该群落世代过程的因素进行评估，而不需要考虑独立的个体。本部分基于此分类标准对土壤无脊椎动物进行论述。

（一）微型动物

1. 原生生物

（1）基本生物学特性

土壤原生生物属于原生生物界的三个门：根足类（或原肉足类），包括裸变形虫和原虫（通过抗性试验或外壳保护的变形虫）、动物原虫（原虫目或鞭毛虫）和纤毛虫。

土壤原生生物占据微团聚体之外的孔隙。当孔隙因压实而变小时，土壤原生生物的生长速率也随之降低。然而，那些拥有流体身体形态的原生生物，如卡斯特拉尼变形虫的伪足可能会渗透到微聚集物中。

土壤原生生物通常比水生生物小得多，其大小从几微米到一百微米不等。较大的种类仅限于凋落物层，个体的平均大小往往随深度而减小。土壤原生生物的生长可能很快，在有利条件下，大多数种类的繁殖时间为 2～48h。

大多数原生生物主要以细菌性饲料为食。当细菌性饲料耗尽时，可将其他食物资源用作专供食物或替代营养来源，包括真菌、藻类、酵母、原生生物、小型后生动物，以及腐殖质和纤维素。大多数原生生物的群落密度估计值为 10～1000 个/m^2，生物量为 50～3000mg/m^2，且在有机质含量高的土壤中，群落密度最高。森林土壤中种皮变形虫占优势，而栽培土壤中裸变形虫占优势。

（2）群落结构

温带土壤中原始种群有时表现出明显的季节变化模式。对耕作土壤中的每日种群计数显示，秋季种群密度最高，夏季最低。种群数量的短期变化与季节性变化具有相似的幅度。

2. 线虫

（1）基本生物学特性

在土壤环境中，线虫生活在土壤水形成的水膜中，或是寄生在土壤植物的表面和活根的体内。栖息在土壤中的线虫体型小。

生殖方式为双性生殖或单性生殖。大多数幼虫在 4 个阶段的角质层蜕皮后约 20d 达到成虫阶段，发育期长短可能受到温度条件的显著影响，发育期不同的线虫差别较大。

线虫基本上以活原生质为食，包括植物、细菌、微藻、原生生物、小型后生动物或植物汁液的细胞内容物，其消化系统简单，通常通过几丁质的花柱、矛或口腔电枢，刺穿活细胞，细胞内容物被肌肉发达的咽部吸收。

根据取食方式的不同，可将线虫分为五类：植食性线虫、细菌性线虫、真菌性线虫、食肉线虫和其他饲料线虫。大多数线虫具有世界性的分布，囊和活动线虫通过风和水传播。在土壤剖面，线虫可被分解的有机残留物、根和细菌所吸引。

（2）群落特征

线虫群落在热带森林记录到 400 多种，在温带森林记录到 30～40 种，在冻土带土壤最少。人类活动会对其丰富度有影响，如对陇东黄土高原长庆油田调查发现，土壤线虫共 22 科 43 属，其中食细菌线虫 26 属、食真菌线虫 2 属、植物寄生线虫 9 属、杂食/捕食线虫 6 属，优势类群为小杆属和孔咽属。随着距井基距离增加（3m、6m、10m、20m 和 50m），线虫总数显著增加。

线虫种群内营养类群的分布在不同的生态系统中变化不明显，跨生物群落和位点间的变化通常不如位点内的变化显著。植被类型和耕作方式等的变化可能会改变土壤中的细菌、真菌、藻类和细根等线虫的可用食物资源，从而影响线虫数量和群落结构。线虫群落通常显示出一定程度的季节性变化，呈现出较大的年际变化。在中尺度水平上，线虫种群的水平分布非常不均匀。

（二）中型动物

小型节肢动物是叶际和土壤间隙的常住生物，主要起分解作用。迄今为止，无论是在数量上还是在生物量上，无翅类弹尾虫和蜱螨都占主导地位，其他无翅类（原尾目、双尾目和缨尾目）、多足类（多足纲、寡足纲和倍足纲）或小型双翅目幼虫和鞘翅目数量较少。

1. 弹尾虫

（1）基本生物学特性

弹尾虫有 21 科和 2 万多种，在地表居住的种完全发育时，可快速跳跃。弹尾虫生活于凋落物中或土壤上部 10～15cm 的孔隙之中，为腐生动物，主要以真菌、细菌或藻类为食。

根据弹尾虫的形态、生态和生理特征，可分为三个主要类群：表栖类群、半土生类群和真土生类群。表栖性弹尾虫生活在植物表面和上层凋落物层，通常是大型的种，有长腿、触角和皮毛。这类弹尾虫使用高质量的营养资源，有明确的季节活动和繁殖模式。

（2）群落结构特征

弹尾虫种群主要局限于地表的全有机层，具有垂直分布的季节性变化，冬季明显向深层迁移。大多数真土生类群和半土生类群可在全年任何有利时期繁殖，在其占优势地位的土壤中丰度可能高度变化，季节格局清晰。弹尾虫具有特定性和功能多样性，是演替环境中生态系统变化的明确指标，真土生类群比表土类群更容易恢复。

2. 蜱螨

（1）基本生物学特性

蜱螨属于节肢动物门蛛形纲广腹亚纲的一类体型微小的动物，体长一般小于 1mm。与大多数土壤动物一样，土壤中的蜱螨主要是表栖动物，生活在落叶层和孔隙中，具有高度多样的食性，通过各种生态策略利用凋落物和土壤中营养源进行取食。蜱螨是土壤节肢动物中数量最多的一类，对干旱和极端温度的抵抗力较强，从南极（−30～−25℃）到沙漠（33～42℃）均有分布。

（2）群落结构特征

蜱螨群落的物种丰富度很高。蜱螨丰度分布具有明显的纬度梯度，在苔原较低，在亚北极苔原和温带针叶林较高，而在热带反而降低。甲螨亚目（又称隐气门亚目）通常是土壤中最丰富的类群，其相对丰度在单一植被类型中差异很大；中气门亚目（蜱螨亚纲）丰富度仅次于甲螨亚目。

许多广布种，如甲螨亚目的一些种类，在世界范围内广泛分布于各种生境，只有南极极端栖息地的蜱螨才有高的特有性。在中尺度上，蜱螨种群分布受种群聚集和植被凋落物输入的异质性影响。在温带森林中，蜱螨通常栖息在有机表层和土壤表层；在热带和沙漠环境中，蜱螨可分布于土壤深处。

（三）大型动物

蚯蚓、白蚁和蚂蚁是土壤中主要的大型动物，是土壤生态系统的“工程师”。大型节肢动物和软体动物通常是凋落物的常住者，只有少部分是土壤的常住者，通常具有特殊的生态作用。

1. 蚯蚓

（1）基本生物学特征

蚯蚓属于环节动物门寡毛纲，包括20科693属，估计有约6000种。蚯蚓是半水生动物，不断地从环境中吸收水分，保持角质层处于湿润状态，以促进气体交换。土壤水分状况是蚯蚓活动和分布的主要限制因素。为了在长时间的干旱环境中生存，某些物种已经发展出诸如静止甚至滞育的适应能力。蚯蚓肠道中的消化功能是由肠壁产生的酶和被摄入土壤微生物产生的酶的混合物所介导的。

（2）群落特征

蚯蚓群落很少超过8～10种，沿纬度梯度的多样性没有明显变化，低的物种丰富度是由于种群内较强的功能可塑性。由于幼虫和成虫的体型大小差异，以及种群对多变环境的适应性，个体在特定种群中的生态作用不同，幼虫生活在浅层土壤，而成虫生活在较深土壤中，在潮湿的土壤中活动性更好。在全球尺度上，β多样性从最冷到最温暖气候呈增加趋势。物种功能多样性随着温度的升高而显著增加，与物种多样性不同。在样地尺度上，蚯蚓种群可能在特定区域内不同程度地集中。大多数蚯蚓种群都有明显的季节性活动或繁殖模式，这些季节性和繁殖周期通常主要受微环境参数，即水分、温度和食物供应变化的影响。

2. 蚂蚁

（1）基本生物学特征

蚂蚁属于昆虫纲膜翅目细腰亚目，在许多环境中起着控制草食动物和腐食性动物种群的作用。

蚂蚁大量出现在土壤及其表面，可在土壤和地表建造了各种各样的结构，但在调节土壤功能方面的重要性不如白蚁和蚯蚓。蚂蚁多样性和丰富度导致其群落稳定性高和生态策略的多样性和灵活性。蚂蚁作为有效的食肉动物，影响着草食动物的数量，从而影响植物生产力。蚂蚁的腺发育是其适应土壤居住的主要原因，腺是产生抗生素分泌物的器官，这些分泌物遍布蚂蚁的巢穴，以保护它们免受潮湿土壤环境中致病微生物的侵扰。蚂蚁和植物之间关系多样，从互惠共生到草食，如某些植物（共生植物）为蚂蚁的常住种群提供庇护所或食物，以换取对食草动物的保护。

（2）群落特征

蚂蚁在纬度上的分布范围很广，从北极一直延伸到热带，世界上除了最极端的生态系统之外都有蚂蚁分布，其中热带森林的蚂蚁物种丰度最高。蚂蚁物种丰富度受隔离和干旱的限制。影响蚂蚁群落分布的主要驱动力是种间和种内的资源竞争，这种竞争导致蚂蚁种群的组成和群落结构及其空间分布的不断变化。保护资源领域是蚂蚁内部的普遍现象，在蚂蚁种内和种间均有发生，通常表现为干扰，可能包括捕食和其他竞争性相互作用，导致其他蚂蚁被排除在食物资源和筑巢地点等之外。

许多蚂蚁在土壤上和土壤内建造表观丘，并建造廊道、筑巢室和其他空隙系统。地面蚂蚁，尤其是土丘建筑蚂蚁可以调节资源的可用性，并以影响其他生物的方式改变土壤和地表环境。蚂蚁的活动也会影响土壤的化学性质，特别是增加土壤中的有机质、磷、钾和氮的含量。

二、植物根系

植物根系是土壤生态系统的主要生物组分，也是土壤生物的最大组分，对土壤有机质、养分和水分动态等过程起着主要的控制作用。在土壤系统中，根系是真正的异养生物，其碳和能量来自植物的地上部分，而养分和水分来自土壤。作为交换，活根向土壤中分泌化合物和土壤调节剂（如生长因子、激素和化感物质），而死根向土壤提供能量和归还养分。从生态学的角度讲，其“源”“汇”特征明显。

植物根系作为成土剂的重要性已被广泛认可，它们在土壤加固和结构维护中具有重要作用。根系与自由生活的微生物和动物群落有密切的关系，在广泛的自然和农业生态系统中，经常与固氮菌、真菌（菌根）或放线菌等形成共生体。由于根系是植物和土壤进行物质和能量交换、地球生物化学循环的中心环节，它们在土壤中的时空生长格局尤为重要。植物根系与土壤之间进行物质与能量交换的主要器官是细根。

（一）细根与细根动态

通常依据直径对根系进行划分，直径＜2mm 的根在很多研究中被定义为细根（Vogt et al.，1986），但也有许多根系研究者将细根定义为直径＜1mm 或 0.5mm 的根。依据直径为标准对根系划分的方式也遭到了很多研究者的质疑，Pregitzer 等（2002）认为细根的划分应该依据其功能，如同一物种在不同生境下，相同直径的根系木质化程度不一，从而导致其在植物生理过程中所行使的功能各异，但该划分方法在实际研究中操作难度较大，所以大部分细根研究仍以直径划分为主。

细根动态包括细根生产、细根死亡及细根现存量，这三者的关系可以用物质流动的平衡来解释。植物根系在一段时间的生长后，得到的现存量等于这段时间的初始现存量加上这段时间的生产再减去这段时间的死亡。通常以年为单位来作为研究细根动态的一个周期，这样有利于比较地上生产量与地下生产量，进而估计净初级生产力的分配；同时，将年内细根动态的变化与环境因子的变化联系起来，对了解细根生长过程中的环境控制机制很有裨益。

（二）细根动态研究进展

1. 细根的空间分布

根系的地下分布对植物从土壤中获取养分和水分有重要意义，对细根地下分布特征的研究一直是地下生态学工作者研究的热点。已有研究表明，在大部分森林生态系统中，细根生物量随着土壤深度的增加而减少。林木细根的空间分布受很多因素影响，如地表枯落物归还到土壤中的营养、冠层淋溶物、茎流、有机物的定向运动及林木生长状态等；另外，土壤组成、有机质分布及通气性也对细根分布有一定影响。Zewdie 等（2008）对埃塞俄比亚南部地区 *Enset ventricosum* 两个无性系种群的细根分布研究发现，一年中雨季超过 70%的细根生物量集中在 0～20cm 的土层，且 0～10cm 土层中的细根含量显著高于深层土壤，但在旱季这一情况发生了明显的变化，表层土壤中的细根含量明显降低。这种现象在西班牙东北部 *Quercus ilex* 细根分布表现得更为明显，其 0～10cm 土层中的细根含量少于深层土壤。细根的这种分布格局多见于干旱与半干旱地区，这些地区夏冬两季干旱严重，即使表层土壤含有较丰富的营养物质，但表层土壤植物可利用的水分低于深层土壤，这就限制了细根在表层土壤的分布。

Chang 等（2012b）对黄土高原不同林龄刺槐林细根的研究发现，所有刺槐林样地细根生物量均随土壤深度的增加而减少。Ma 等（2014）在对不同林龄矮枣的细根研究中也发现了类似的结果。而在其他研究中，结果有一定差异，Gan 等（2010）发现 3 年生苹果树的最大细根生物量分布于 10～20cm 的土层，而 10 年、15 年和 20 年生苹果树的最大细根生物量分布于 20～30cm 的土层。Xu 等（2013）发现大豆和胡桃的细根有向深层土壤分布的趋势。苟俊杰等（2009）发现，幼龄柠条锦鸡儿细根主要分布在 40～90cm 土层，而张帆等（2012）则发现幼龄柠条锦鸡儿细根在 80～100cm 土层出现最大值。这些不同的细根分布格局可能是由于植物种类、年龄及土壤资源的空间异质性所致。

2. 细根的季节动态

细根生长具有明显的季节性，在不同的生态系统中季节动态并不一致。在黄土高原，细根生长最佳时期一般为春季或夏季，有的植物细根一年出现夏秋两次生长高峰，如晋西北的柠条锦鸡儿细根会随着季节的变化呈现两次生长高峰（陈建文等，2016）。有人认为这种生长格局主要受土壤水分影响，如秋季出现细根生长高峰是由于干旱的夏季过后土壤水分条件的改善，但也有人认为土壤温度的升高才是细根快速生长的主要原因。细根死亡的季节性与细根生长的季节性并不一致，在大部分的落叶植物中，细根死亡的高峰一般会紧随着落叶，这可能是当根系来自叶片的碳供应降低时，细根通过大量死亡来降低呼吸消耗（Eissenstat et al., 1997）。

3. 影响细根动态的因素

（1）其他“汇”的竞争

细根的死亡受有效光合产物的影响，光合产物的减少会使细根大量死亡，Eissenstat 和 Duncan（1992）发现，当西班牙巴伦西亚柑橘冠层叶片减少 1/3 时，细根会损失至少 20%的根长。植物在生长季内对光合产物的大量需求也会导致较高的细根死亡率，如在一年生作物的花期和果实期，大量的光合产物会被作物的果实所利用，作物的根系就会大量死亡。在农业生产中，大量根系的死亡通常伴随着农产品的收获。

（2）菌根

大约有90%的植物会伴生菌根。一般认为，菌根对细根起到保护作用。菌根会保护植物根系免受病原菌的侵染，如VA菌根（vesicular arbuscular mycorrhizas）会促进植物对磷的吸收，进而避免植物根系因磷缺乏而受到病原菌的侵扰。菌根也会对细根起到直接的保护作用，当遇到干旱胁迫或土壤植食动物的侵扰等不利因素时，有外生菌根的细根寿命会比无外生菌根的细根要长。

（3）土壤植食动物

细根通常会受到根际生物的影响，有的土壤生物会直接觅食细根，有的则通过与根际微生物（如外生菌根）等竞争有限的土壤资源来影响细根动态。人们对根际土壤植食动物影响细根动态的方式所知甚微，在许多情况下，根系也许并非主动脱落，而是被根际植食动物或寄生物侵害而死亡。但也有例外，如柑橘根际有一种真菌，该菌只有在柑橘根系中淀粉枯竭的时候才会生长，而此时通常是柑橘落叶期或者果实成熟期，这就意味着我们无法判定细根的死亡是因为净初级生产力分配的减少，还是因为微生物的侵蚀所致。目前，黄土高原地区土壤植食动物与细根的定量关系研究还较少。

（4）土壤水分

细根结构与功能受土壤水分的影响。土壤水分条件的改变可能会影响细根对营养的获取效率。例如，当经历两周干旱后，分配到柑橘根系的净初级生产力明显降低，同时根呼吸仅为正常水分条件下的10%。这是因为在干旱情况下，植物茎流和蒸腾拉力的降低，会影响土壤对植物根系的营养供应，且表层土壤对磷的获取会下降95%～98%。而当水分供应恢复正常时，植物根系会立即恢复对磷和水分的获取。Eissenstat等（1999）对酸橙（*Citrus aurantium*）幼苗的研究也得出了类似的结论，当酸橙幼苗根系干旱40余天后恢复正常供水，其在24h内对水分和磷的获取能力得到了完全恢复。Eissenstat和Yanai（1997）由此提出了一个假说，即遭遇干旱时植物根系会在很大程度上降低对水分和养分的获取，同时也会降低对净初级生产力的消耗，其活性仅能维持植株最基本的生理需求。

为了抵御干旱胁迫，一些耐旱植物侧向细根因具有发育良好的外皮层起到抗旱作用，而没有外皮层的草本细根在干旱胁迫下死亡率偏高，如须芒草（*Andropogon yunnanensis*）和许多农作物等。另外，一些植物的细根对土壤水分表现出高度的敏感性，会在出现干旱胁迫的土壤中快速脱落，而当土壤水分条件好转时迅速重新生长，以维持植物体对水分和养分的获取，这种应对干旱的策略常见于沙漠多肉植物，如仙人掌科、大戟科、藜科的若干种。

对黄土高原地区的常见造林树种柠条锦鸡儿与刺槐细根的研究中，并未观测到土壤水分与细根现存量间存在正相关关系，甚至发现二者之间存在负相关，但土壤水分与细根现存量间的关系并不能用简单的相关关系来衡量。黄土高原特殊的土壤水肥条件及不确定的降水等，决定了要从多角度、多层次地来考虑土壤水分与细根动态之间的关系。

（5）土壤温度

土壤温度对细根动态影响的重要性不言而喻，但其与细根动态的响应目前尚未形成定论。一般来说，土壤温度会低于气温，但也有例外，一些沙漠表层土壤温度会等于甚至高于气温。人们设计了许多控温实验来验证土壤温度对根系生长的影响。King等（1999）在美洲山杨（*P. tremuloides*）的控温实验中，将土壤温度从大致20℃降低到13℃左右，发现细根累计生产量和累计死亡量降低，但细根寿命并无显著变化。Fitter等（1999）发现当2cm土层深度的土壤温度增加 2.88℃后，草地的细根寿命并无明显变化。细根对土壤温度的另一种响应也在 Forbes 等（1997）对多年生黑麦草（*Lolium perenne*）的根系研究中观察到，当该种在土壤温度 15℃生长 35d 后，根系死亡率达到 30%；而在 27℃下生长后，根系死亡率会达到 84%。

Gill 和 Jackson（2000）通过分析 190 篇已发表的细根研究文献的数据，发现年均温对细根周转变化的影响比其他因子更大。当土壤年均温增加 10℃，细根寿命会降低 40%～90%，这可能是由于土壤温度的增加使根呼吸增加的比例高于根对养分的获取，加快了根活性随着林龄增加而老化的速度，从而导致细根寿命的降低。然而，通过温度对根呼吸影响的模拟研究发现，当温度增加 10℃时，细根寿命的降低仅维持了 15d，而后又恢复正常，这显然和 Gill 和 Jackson 的研究结果相悖。

（6）土壤养分

土壤养分会影响细根的生产、死亡与周转，但根系生长对养分的响应方式并不明确，不同研究的结论并不一致。有研究发现，增加有效氮会缩短细根寿命，从而增加细根周转，然而在其他的研究中却发现增加有效氮会延长细根寿命，降低细根周转。在气候条件相似的地区，根系寿命在肥力较差的地区要比肥力适中的地区要长。有人用氮平衡法对 14 块森林样地根系动态的研究结果发现，在肥沃的土壤中，橡树、樱桃和枫树的细根寿命为 167d，远低于极度贫瘠土壤中的松树细根寿命（1223d）。

不同植物细根对不同土壤养分含量响应也不同。Burton 等（2000）对糖槭（*Acer saccharum*）细根寿命随土壤养分梯度的变化研究发现，糖槭细根寿命随土壤肥力增加而增加。Alexander 和 Fairley（1983）对美国西加云杉（*Picea sitchensis*）的研究中也得到类似的结果，然而在对其他树种的研究中却得出了相反的结论。另外，同一物种在不同养分条件下，其细根动态也可能表现出相同的反应，如花旗松（*Pseudotsuga menziesii*）无论在肥沃还是贫瘠的土壤中，其细根的死亡非常相似。

综上所述，关于细根对土壤养分响应的研究所得结论不尽一致。实验方法的不同及一些影响细根获取养分的间接因素均会使细根动态发生变化。只有严格控制实验条件并进行长期的定位实验才能更好地了解二者之间的相互关系及动态规律。

第三节　黄土高原土壤养分管理

土壤生态系统是作物吸收养分的贮存库和释放库，是提高农业生产力和粮食产量的重要基础。土壤不仅是植物吸收各种养分的载体和媒介，而且是一系列生理生化反应的重要场所。土壤本身各种理化性质的变化对养分的吸收产生有重要影响，而且土壤理化性质受环境因子的影响较大，特别是受肥料的影响较为突出。本节以长期定位施肥试验和土壤养分流失定量模拟为例来说明黄土高原土壤养分管理。

一、长期定位施肥试验

长期定位施肥试验信息量丰富、数据准确可高、解释力强，能系统地研究不同施肥制度对土壤物理、化学性质等因子的影响，并得到科学的评价，为农业可持续发展提供决策依据。

英国洛桑试验站于 1843 年开始进行土壤肥料长期定位施肥试验，是迄今世界上历史最悠久的长期试验，取得了一系列重要成果，为现代农业发展做出了重大贡献，被称为“现代农业科学发源地”。此外，法国、美国、德国、日本等国也先后建立了肥料长期定位试验站，为合理施肥和提高作物产量奠定了科学基础，丰富了实践经验。据不完全统计，全世界持续60 年以上的长期定位施肥试验有 30 多个，其研究成果对世界化肥工业的兴起和发展、科学施肥制度的建立、农业生态和环境保护、农业生产可持续发展等起到了至关重要的决策和推动作用（林治安等，2009）。1949 年以后，我国陆续建立了长期定位施肥研究试验站，其中多数试验站建立于 20 世纪 80 年代，包括中国科学院、中国农业科学院及各省的研究机构建立的长期肥料研究站（聂胜委等，2012）。

山西大学黄土高原研究所自 1986 年以来，为建设高效稳定的土壤-作物生态系统，在山西河曲县黄土高原砖窑沟流域进行了土壤肥力变化与施肥管理试验研究，包括有机无机肥料对土壤培肥作用的长期定位试验、农田土壤水量平衡试验、糜子高产施肥数学模型试验、马铃薯高产施肥数学模型试验、新修梯田当年受益与快速培肥措施试验和多点基础肥力对比试验等（王改兰等，2005），取得了显著成果。其中，从 1988 年开始的长期定位施肥试验，持续研究有机肥和无机肥对栗褐土的培肥增产效应，寻求适合该区特点的培肥途径，为全国长期定位施肥试验做出了应有的贡献。

（一）砖窑沟流域长期定位施肥试验

国家“七五”科技重点项目“黄土高原综合治理”，是跨部门、多学科联合攻关的重大项目，设立了 11 个试验示范区，砖窑沟流域试验区编号为 75-04-03-14，由山西大学黄土高原研究所负责。砖窑沟流域是黄河中游晋陕峡谷北段、由东向西直接入黄河的一级支流，有15 个村，土地利用方式主要是耕地和未利用地。砖窑沟流域试验区所代表的晋西北黄土丘陵区，位于黄河中游晋陕蒙三角区，以水土流失严重著称，土壤贫瘠，农作物产量低，直接制约着环境的改善和经济的发展，是迫切需要治理的区域。因此，改良土壤、提高土地生产力是该区域综合治理的关键问题。

砖窑沟流域长期定位施肥试验始于 1988 年，研究样地位于砖窑沟流域的沙坪村窑家嘴梁顶平地上，供试土壤为轻壤黄土质淡栗褐土。1988 年作物播种前测得试验地耕层（0～20cm）土壤基本理化性状：有机质、全氮、全磷含量分别为 5.64g/kg、0.45g/kg、1.23g/kg，碱解氮、速效磷含量分别为 13.95mg/kg、2.85mg/kg，pH 值为 8.06，$CaCO_3$ 含量为 135.5g/kg。试验设 8 个处理：①不施肥（CK）；②单施氮肥（N）；③氮磷同施（NP）；④单施低质量有机肥（M1）；⑤低质量有机肥与氮肥配合施用（M1N）；⑥低质量有机肥与氮磷肥配合施用（M1NP）；⑦高质量有机肥与氮肥配合施用（M2N）；⑧高质量有机肥与氮磷肥配合施用（M2NP）。所有肥料均作基肥一次性施用，各处理施肥量见表 7.3。

表 7.3 各处理的施肥量 （单位：kg/hm^2）

处理	有机肥	氮肥	磷肥
CK	0	0	0
N	0	120	0
NP	0	120	75

续表

处理	有机肥	氮肥	磷肥
M1	22 500	0	0
M1N	22 500	120	0
M1NP	22 500	120	75
M2N	45 000	120	0
M2NP	45 000	120	75

试验设 3 次重复，随机区组排列，小区面积 4m×6m，每年试验小区的处理不变。氮肥用含 N 46%的尿素，磷肥用含 P_2O_5 14%的过磷酸钙，有机肥使用当地圈肥（N 含量 0.364%，P_2O_5 含量平均为 0.246%）。本试验施用低、高质量有机肥带入的氮元素分别为 81.9kg/hm^2 和 163.8kg/hm^2，带入的磷元素分别为 55.38kg/hm^2 和 110.77kg/hm^2。种植作物为糜子-马铃薯轮作（第一年的前茬为马铃薯），玉米单作，种植制度为一年一熟制，耕作管理措施与大田相同。

（二）长期施肥对土壤理化性质的影响

长期施用有机肥可提高土壤有机质含量，对保持和改善黄土丘陵区栗褐土物理性质有重要作用（王改兰等，2006）。1988～2005 年的试验结果表明，与对照相比，5 个有机肥处理的各项物理性质指标均有增加。以 M2N 和 M2NP 处理增加幅度较大，其次是 M1 处理，M1N、M1NP 处理增加幅度较小。但与初始测定值相比，5 个有机肥处理对土壤物理性质的影响则表现出不同的发展趋势。就孔隙度而言，单施低质量有机肥（22 5000kg/hm^2）呈稳定态势；高质量有机肥（45 000kg/hm^2）与化肥配合施用，显著上升趋势（$P<0.05$），总孔隙度增加了 0.67%～1.35%；低质量有机肥与化肥配合施用，则是先稳定后下降，1988～1999 年基本保持原有水平，2005 年后下降了 2.03%。长期施用有机肥对提高氮、磷水平的影响：1988～2015 年土壤全氮增加了 51.37%～104.11%，增加效果为 M2N≥M2NP＞M1N＞M1NP＞M1；碱解氮增幅为 46.4%～154.4%，增加效果为 M2N≥M2NP＞M1NP＞M1N＞M1；全磷增幅为 8.59%～40.63%，增加效果为 M2NP＞M1NP＞M2N＞M1N≥M1；速效磷增幅为 204.97%～789.18%，增加效果为 M2NP＞M1NP＞M2N＞M1＞M1N。

单独施用化肥与对照相比所测物理指标均有所增加，但与初始值相比，容重和孔隙度则有下降趋势，单施氮肥和氮磷同施处理的容重分别增加了 3.42%和 4.27%，孔隙度降低了 2.70%和 3.38%。单施氮肥对土壤有机质、氮和磷含量均无明显影响（$P>0.05$），氮磷同施对土壤有机质、氮素、全磷含量无显著影响（$P>0.05$），但可显著提高速效磷含量（$P<0.05$）。

有机肥与化肥配合施用可减轻化肥对土壤物理性质的不良影响，以高质量有机肥与化肥配合施用效果更佳。与 N 和 NP 处理相比，M2N 和 M2NP 处理土壤容重分别降低了 4.13%和 5.74%，孔隙度、＞0.25mm 水稳性团聚体含量、水分渗透系数、田间持水量、饱和持水量分别增加了 4.17%、4.90%、30.48%、28.39%、23.0%和 22.0%、14.7%、1.4%、13.9%和 15.1%。

（三）长期施肥条件下土壤有机质变化特征

土壤生态系统中有机肥养分循环的平衡协调状况，直接影响土壤肥力水平、投入和产出效益、环境和健康等问题。砖窑沟流域长期定位施肥试验（1988～2000 年）表明，不同施肥处理对表层土壤有机质含量的影响极显著（$P<0.01$），对亚表层土壤有机质含量的影响不显

著（$P>0.05$）（王改兰等，2003）。按差异显著性将不同处理分为3组，即不施有机肥的处理为一组，3个低质量有机肥为一组，2个高质量有机肥为一组，各组1988～2000年0～20cm和0～40cm的土壤有机质含量变化见表7.4和表7.5。

表7.4　1988～2000年0～20cm土壤有机质含量　（单位：g/kg）

时间	CK	N	NP	M1	M1N	M1NP	M2N	M2NP
1988年	6.1	5.9	5.1	5.3	5.7	5.5	6.2	5.3
1990年	4.3	5.8	4.2	5.8	7.2	6.0	8.6	7.2
1992年	5.2	5.8	6.6	7.3	7.0	8.4	11.0	10.8
1994年	5.0	6.0	7.2	8.0	7.8	9.2	10.4	11.0
1997年	4.6	5.9	6.6	7.5	8.0	10.5	12.6	12.3
1998年	5.3	6.1	6.6	8.6	9.5	10.0	10.5	8.9
2000年	4.6	6.5	6.6	8.9	9.3	9.0	12.3	12.3
增减值	−1.5	0.6	1.5	3.6	3.6	3.5	6.1	7.0

表7.5　1988～2000年20～40cm土壤有机质含量　（单位：g/kg）

时间	CK	N	NP	M1	M1N	M1NP	M2N	M2NP
1998年	4.1	4.6	4.5	4.2	4.0	4.8	4.1	3.9
1990年	3.1	3.6	3.5	3.0	3.3	3.4	4.0	3.6
1994年	3.4	4.8	3.6	3.4	3.8	4.4	3.6	3.6
1997年	3.0	3.5	3.4	3.5	3.3	3.5	3.6	3.6
1998年	3.1	3.7	3.3	3.1	3.8	4.3	5.7	3.5
2000年	3.3	3.1	3.0	3.0	2.9	2.9	4.1	3.2
增减值	−0.8	−1.5	−1.5	−1.2	−1.1	−1.9	0.0	−0.7

不同施肥处理土壤有机质含量的动态（1988～2000年）可分为对照下降型、相对平稳型和上升型三种类型：①对照呈下降型，下降了25%；②相对平稳型包括2个无机肥处理，分别增加了10%和29%；③上升型包括5个有机肥处理，其中的3个低质量有机肥处理，增加幅度比较平缓，增加了65%左右；2个高质量有机肥处理，呈十分明显的增加态势（$P<0.05$），土壤有机质含量成倍地增加。这说明长期施用有机肥不仅有利于土坡有机质的积累，而且有利于有机肥对培肥地力的效应。

除M2N可维持平衡外，其他处理对亚表层土壤有机质含量的影响总体上呈相似的略为下降趋势，下降幅度为0.7～1.9g/kg。方差分析结果表明，各处理间差异不显著（$P>0.05$）。

（四）长期施肥条件下土壤腐殖质组分变化

张亮等（2010）对砖窑沟流域长期定位试验（1988～2007年）的结果表明，栗褐土长期施用有机肥和化肥及有机肥与化肥配合施用，对耕层腐殖质普遍都有积累，其中有机肥积累效果更明显（$P<0.01$）。连续施肥20年后，M2N和M2NP处理较对照处理土壤腐殖质含量分别提高了172.08%和168.28%，M1、M1N、M1NP处理分别提高了107.44%、97.40%和114.51%，N、NP处理分别提高了28.95%和32.73%。

栗褐土耕层土壤腐殖质以胡敏素为主（占 75%左右），其次是富里酸和胡敏酸。长期施用不同肥料对耕层土壤腐殖质的 3 个组分都有显著影响（$P<0.05$），对富里酸和胡敏素含量的影响与腐殖质的积累相似（$P<0.01$）。与对照相比，各施肥处理均呈增加趋势（$P<0.05$），其效果为高质量有机肥处理（M2N、M2NP）＞低质量有机肥处理（M1、M1N、M1NP）＞单施化肥处理（N、NP）。而对胡敏酸的影响则不完全相同，单施化肥的两个处理对胡敏酸含量无显著影响（$P>0.05$），施用有机肥对提高胡敏酸含量有显著作用（$P<0.05$）。

与对照相比，长期单施化肥使栗褐土耕层 HA/FA 有降低趋势，不利于维持和改善土壤腐殖质品质，而有机肥或有机肥与化肥配施均可提高栗褐土耕层的 HA/FA，有利于提高土壤腐殖质品质。

（五）长期施肥条件下土壤-作物系统氮素特征

1. 土壤-作物系统氮素平衡状况

试验区主要作物为糜子和马铃薯，多年平均生物量分别为 6153kg/hm^2 和 3675kg/hm^2。从表 7.6 可以看出，砖窑沟流域 13 年（1988～2000 年）施肥试验平均生物量，糜子为 6061.1kg/hm^2、马铃薯为 3762.5kg/hm^2，平均经济产量分别为 2462.0kg/hm^2 和 2220.5kg/hm^2，经济系数分别为 42%和 60%（王改兰等，2005）。

表 7.6 试验作物不同施肥处理平均产量和经济系数

项目	作物	处理								平均产量/(kg/hm^2)
		CK	N	NP	M1	M1N	M1NP	M2N	M2NP	
经济产量/(kg/hm^2)	糜子	956.3	2341.3	2697.8	2087.3	2849.0	2993.3	2957.5	2814.0	2462.0
	马铃薯	1087.2	1874.5	2278.9	1719.4	2636.5	2673.0	2775.2	2719.2	2220.5
生物产量/(kg/hm^2)	糜子	2094.0	5053.1	6580.1	4425.3	7274.0	7774.8	7681.8	7605.4	6061.1
	马铃薯	1630.8	3186.0	4181.4	2625.1	4722.1	4455.1	4677.3	4621.9	3762.5
经济系数/%	糜子	46	46	41	47	39	39	39	37	42
	马铃薯	67	59	55	66	56	60	59	59	60

除对照处理的土壤氮素呈亏缺外，其余所有施肥处理的土壤氮素皆为盈余。在轮作周期中，糜子所有施肥处理每年都有盈余，而马铃薯所有施肥处理虽基本保持平衡或略有盈余，但有些年份单施化肥和单施有机肥的处理（N、NP、M1）出现亏缺现象，主要发生在作物收成好的年份。由此可见，氮素盈亏主要取决于施肥量、作物生物产量及不同作物的养分吸收特性。例如，马铃薯的土壤氮素输入输出比多年平均为 1.16，而糜子为 3.70，说明糜子对土壤氮素的吸收利用比马铃薯要少。因此在氮素施肥管理中，应根据轮作周期中前茬作物的收成情况和需氮特性，以及当季作物的需氮特性，调节氮肥施用量。

2. 氮素管理建议

砖窑沟试验区土壤氮素水平低，供氮能力差，为改善土壤肥力，提高耕地生产力，应采取有机无机肥配合的施肥策略，尤其是低产土壤应采取连续重施有机肥的措施。在马铃薯与糜子的轮作周期中，马铃薯比糜子消耗氮素多，不同年景作物消耗氮素差异较大。因此，应根据前茬作物的需氮特性和收成，确定当季作物的氮肥合理施用量，以保证氮肥施用的经济效益和生态环境效应。

根据糜子和马铃薯高产施肥数学模型试验结果，不同肥料对糜子和马铃薯的增产效应均为氮肥＞有机肥＞磷肥。因此，糜子和马铃薯的施肥重点都是氮肥和有机肥。通过模拟选优，推荐糜子高产优化施肥方案为有机肥 51～57t/hm^2，氮（N）126～132t/hm^2，磷（P_2O_5）66～93t/hm^2，N∶P_2O_5为 1∶0.5～0.7t/hm^2。实施此方案，丰水年糜子单产可达 3.4t/hm^{2}以上，肥料对于糜子的增产效应分别为有机肥增产 0.5～0.9kg/100kg，氮（N）增产 8.5～12.9kg/100kg、磷（P_2O_5）增产 6.3～8.4kg/100kg。一般干旱年份糜子单产可达 3t/hm^{2}以上，肥料效应分别为有机肥增产 1.2～1.3kg/100kg、氮（N）增产 5.4～9.3kg/100kg、磷（P_2O_5）增产 2～3kg/100kg。中等肥力土壤种植马铃薯的高产优化施肥推荐方案为有机肥 44～56t/hm^2，氮（N）127.5～157.5t/hm^2，磷（P_2O_5）87～111t/hm^2（N∶P_2O_5为 1∶0.7 左右），实施此方案马铃薯（块茎）产量可达 24t/hm^{2}以上，肥料对马铃薯（块茎）的增产效应分别为有机肥增产 5.8～8.0kg/100kg，氮（N）增产 28.2～40.3kg/100kg、磷（P_2O_5）增产 3.3～15.2kg/100kg。

（六）长期施肥条件下土壤钾素含量及有效性变化

栗褐土是晋西北的地带性土壤，是褐土向栗钙土过渡的土类，主要发育于黄土母质，含有较多的长石和水云母，因而钾含量比较高，土壤全钾含量平均为 20g/kg。长期以来当地施肥以氮肥为主，配施少量的磷肥或有机肥，忽视钾肥的施用，土壤钾素主要靠少量的有机肥来补充。砖窑沟流域长期定位施肥试验（1988～2005 年）说明，栗褐土全钾含量比较稳定，经过 18 年的不同施肥处理，其土壤全钾含量差异不显著（P＜0.05）（王改兰等，2008）。经过长期不同施肥处理，表层土壤速效钾含量可明显分为 3 组：第一组为施高质量有机肥的 2 个处理（M2NP、M2N），其土壤速效钾含量较高，其在 2006 年是对照处理的 3 倍左右，是土壤速效钾含量极高水平指标的 1.45 倍多；第二组为施低质量有机肥的 3 个处理（M1、M1N、M1NP），其土壤速效钾含量低于施高质量有机肥的处理，而高于未施有机肥的处理，在 2006 年分别较对照高出 126.2%、90.2%和 88.7%；第三组为未施有机肥的 3 个处理（NP、N、CK），该组的土壤速效钾含量较低，2006 年为 78～90mg/kg，已接近中等水平的下限。不同处理对 20～40cm 土壤速效钾含量也产生一定影响，不同处理的差异表现为施高质量有机肥的处理显著高于其他处理（P＜0.05），其他处理间差异不显著（P＞0.05）。因此，坚持施用适量有机肥是维持和提高栗褐土供钾能力的有效途径。

不同处理对土壤缓效钾含量的影响与土壤速效钾含量相似，以施高质量有机肥的处理＞施低质量有机肥的处理＞未施有机肥的处理，但处理的变化幅度明显低于土壤速效钾含量的变化幅度。2006 年 M2NP、M2N、M1、M1N、M1NP、NP、N 处理表层土壤缓效钾含量依次较对照高出 27.95%、25.23%、19.22%、12.60%、9.80%、5.68%和−3.27%，20～40cm 土层依次较对照高出 17.48%、16.34%、4.45%、7.54%、5.78%、−1.48%和 3.43%。这说明长期施用有机肥对维持和提高栗褐土供钾潜力有一定作用。

（七）长期施肥条件下土壤有机碳含量及其有效性变化

土壤有机碳是地球陆地生态系统中最大、最活跃的碳库，也是土壤肥力的基础，与土壤结构、持水性、缓冲性和作物养分的有效性高度相关，直接影响着耕地的生产力和作物的产量。

通过 25 年的长期定位施肥试验发现，长期施用不同肥料不同程度地提高了栗褐土总有机碳、游离态颗粒有机碳、闭蓄态颗粒有机碳含量，其中有机肥与化肥配施，尤其是高质量有机肥与化肥配施的作用更加明显（王朔林等，2015）。与不施肥相比，高质量有机肥和无机肥（M2N、M2NP）使土壤的总有机碳含量分别增加了 121.1%、166.8%，游离态颗粒有机碳增加了 239.2%、359.2%，闭蓄态颗粒有机碳含量分别增加了 288.4%、289.9%。单施氮肥（N）及有机肥与氮磷肥配施（M1NP、M2NP）可显著提高矿物结合态有机碳含量，增幅分别为 27.8%、34.8%和 33.3%。不施肥条件下，栗褐土有机碳中颗粒有机碳与矿物结合态有机碳所占的比例相当，长期施肥提高了颗粒有机碳，特别是闭蓄态颗粒有机碳含量的比例，降低矿物结合态有机碳所占的比例，使闭蓄态颗粒有机碳含量成为栗褐土有机碳的主要贮存库。相关分析表明，长期施肥条件下，栗褐土游离态与闭蓄态颗粒有机碳含量相关不显著（$P>0.05$）。化肥与有机肥配施能够提高栗褐土游离态颗粒有机碳、闭蓄态颗粒有机碳和总有机碳含量。高质量有机肥与化肥配施更有助于栗褐土游离态、闭蓄态颗粒有机碳的积累，有利于土壤养分有效性的提高和有机碳品质的改善。氮肥单施、有机肥与氮磷肥配施则是提高矿物结合态有机碳含量的有效措施。

（八）长期施肥对土壤各形态磷之间关系的影响

土壤磷素主要以有机磷和无机磷的形式存在，它们既相互协同，又相互制约。砖窑沟流域 20 多年的长期施肥定位试验（杨艳菊等，2012）表明，Ca_2-P 是土壤速效磷的主要来源，Ca_8-P、O-P 和 Ca_{10}-P 对速效磷也有一定的贡献，Al-P 和 Fe-P 对速效磷是负效应；中活性有机磷对速效磷的直接贡献最大，有效性最高。无机磷组分中的 Ca_2-P 是栗褐土土壤速效磷的主要来源，有机磷组分中的活性有机磷可作为土壤速效磷的主要来源。在农业生产中重视无机磷的同时，应更加重视土壤有机磷的研究，以提高磷肥肥效，达到高产目的。

（九）长期施肥对可培养微生物的影响

经过长期定位施肥后，栗褐土可培养微生物的总量得到了显著提高，其中有机肥配施无机肥对提高微生物数量的效果最为显著。这是因为栗褐土可培养的微生物以细菌为主，放线菌次之，真菌最少，细菌数量的多少决定着微生物总数的多少；解磷细菌中以有机磷细菌为主。有机肥与无机肥长期配施可以提高土壤速效养分的含量；细菌、真菌、放线菌和无机磷细菌与碱解氮、速效磷和速效钾相关性显著（$P<0.05$）或极显著（$P<0.01$）。这是因为微生物的活跃程度会影响物质循环的速度，从而影响养分积累的速度，说明施用有机肥可以提高微生物菌群数量（杨艳菊等，2013）。

（十）长期施肥条件下土地生产力和土壤肥力的变化

土壤肥力是土地生产力的核心，土地生产力是农业可持续发展的物质基础。砖窑沟流域长期施肥试验（1988～2000 年）表明，要提高黄土丘陵土地生产力，必须改善土壤水肥条件。由于当地作物产量有“随雨而动”的特征，有机与无机肥料配施，不但可以提高作物产量，而且有助于土壤肥力的提高，形成良好的土壤环境，提高土地生产力（段建南等，2002）。连续施肥有极显著的培肥效应（$P<0.01$），特别是在 1990 年遭受特大雹灾和 1991 年遭遇严重旱灾的情况下，施肥处理比对照处理的增产幅度较前 2 年有递增的趋势，说明连续施肥提高了土壤的

抗逆性能。施肥处理的土壤有机质均有不同程度的增加。土壤全氮除对照处理及单施化肥（N、P）处理降低外，其余施肥处理的全氮变化与土壤有机质变化一致，各处理的土壤全磷含量均呈增加趋势。方差分析和多重比较表明，各施肥处理表层土壤有机质、全氮、全磷、速效养分碱解氮、速效磷差异显著（$P<0.05$），20～40cm 土壤肥力变化差异不显著（$P<0.05$）。

根据土地生产力和土壤肥力变化特征，针对试验区土壤有机质含量低，氮磷养分缺乏的特点，为达到提高土地生产力与培肥土壤同步，实现土地资源可持续利用的目的，应采取有机肥与氮肥配合为主的施肥方案，磷肥在有机肥不足时配合氮肥施用。对肥力较低的土壤，为快速培肥，可采用高质量有机肥与氮肥合施方案。

（十一）长期施肥对土壤-作物系统可持续性的影响

经过 26 年（1988～2015 年）的长期定位施肥后，砖窑沟流域施肥处理的土壤养分指数、土壤微生物指数、作物指数及可持续性指数比对照处理平均增加 108.9%、49.3%、58.3%和200.0%，说明施肥具有提高农业生产系统的可持续性作用。单施氮肥（N）和单施有机肥（M1）的可持续性指数分别为 0.61 和 1.16，均低于可持续性临界值（1.30），是不可持续的施肥模式。氮磷同施（NP）的可持续性指数虽然较单施氮肥（N）提高了 62.3%，但仍未达可持续水平，也是不可持续的施肥模式，需要通过增加其他措施来提高土壤养分指数和土壤微生物指数，这样才能实现系统的可持续性。有机无机肥配施（M1N、M1NP、M2N 和 M2NP）的可持续性指数（1.38、1.77、1.83 和 2.32）均高于临界值，说明土壤-作物系统具有较好的可持续性。结合过量施肥可能造成的潜在环境风险，低质量有机肥与无机氮肥配合施用（M1N）是该区域农田土壤-作物系统可持续生产的较佳施肥模式（黄学芳等，2018）。

二、土壤养分流失定量模拟

AnnAGNPS 模型（Annualized Agricultural Non-Point Source Pollution Model，农业非点源污染模型）是由美国农业部开发的一种连续的、分布式参数的流域模型，可用于估算农业流域内的径流量、土壤侵蚀量及物质的迁移转化等。模拟的流域面积最大可达 3000km^2，输入参数包括 8 大类、31 小类，500 多个参数，用来描述流域和时间变量，主要有气象、地形、土壤、土地利用和管理等。流域可划分为适合水文边界的不规则形状作为模拟单元，研究水分、沉积物、营养物质、农药等的产生、输入和输出状况。模型实现了与 GIS 的紧密结合，可利用共用的 AnnAGNPS-ArcView 界面完成模拟的全部过程，包括数据库建立、模拟和结果输出，地形、土壤和土地利用数字化图层的建立是模型模拟的基础。该模型在密西西比三角洲已作为其管理系统评价区域工程的有效工具，用来全面评价流域的径流量、沉积物量、氮负荷及最佳管理措施效益（Yuan et al.，2001，2002，2003）。

2004 年开始，贾宁凤等（2006a，b）采用 AnnAGNPS 模型，以砖窑沟流域为例开展了土壤侵蚀、养分流失定量及最佳管理措施的研究，为合理土地利用、控制水土流失提供科学依据。

（一）数据库的建立

基于 3S 技术（遥感技术、地理信息系统、全球定位系统）的地形（图 7.1）、土壤（图 7.2）和土地利用数字化图层的建立是模型模拟的基础，可用来分析流域的地形、地貌、土壤、植被、土地管理等信息，是模型数据库建立的基础条件。贾宁凤等（2006a，2007）详细论述了气候、地形、土壤、土地利用等相关参数的确定过程，使用了 GIS、RS、农田调查等技术和方法，建立了地形、土壤和土地利用管理数据库。

图 7.1 砖窑沟流域数字高程模型（DEM）

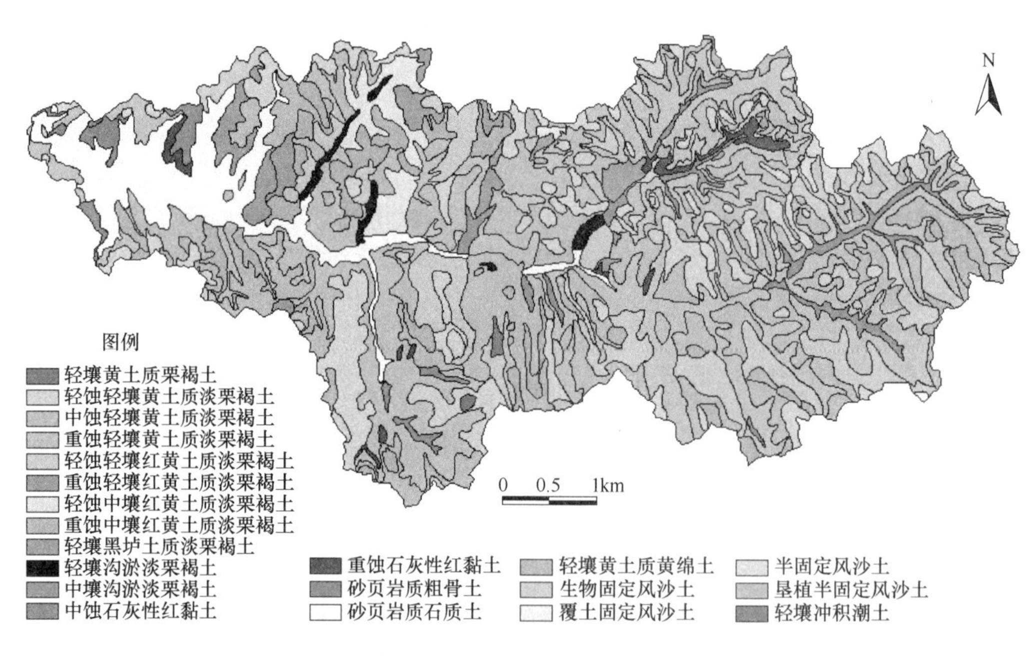

图 7.2 砖窑沟流域土壤分布图

土地利用类型有耕地、果园、刺槐和杨树地、疏林地、灌木林地、未成林地、天然草地、人工草地、居民点、荒地、黄土沟壑地、水面和裸岩，其中耕地包括沟坝地、梯田和坡地，又按照作物类型和施肥水平进行了细化，并确定了各种土地利用类型的管理特征，包括作物轮作、施肥、耕作措施、径流曲线（CN）等参数（表 7.7）。

表 7.7 砖窑沟流域土地利用管理特征与径流曲线值

作物类型	日期/月-日	管理措施	CN	作物类型	日期/月-日	管理措施	CN
糜子	05-15	犁地-等高耕作-施肥	87	豆类	08-30	无	75
	06-08	楼种-等高耕作	87		10-02	收获	78
	06-28	锄草	82	玉米	05-02	条播-施肥	87
	08-30	无	74		05-17	锄草	82
	09-29	收获	75		08-30	无	74
马铃薯	05-10	条播-等高耕作-施肥	87		10-01	收获	75
	06-28	锄草	82	蓖麻	04-20	条播-等高耕作-施肥	87
	08-30	无	78		05-30	锄草	82
	10-07	收获	87		07-25	无	74
豆类	05-05	条播-等高耕作-施肥	87		10-20	收获	75
	05-19	锄草	82				

（二）模型检验

本试验在流域出口建立了卡口站，2004 年进行了洪水期的径流量和沉积物量的监测，共获得 5 次有效监测数据；同时，考虑到降雨的代表性，增加了 1988 年和 1989 年的 3 次监测数据，构成了 8 次径流事件的监测数据系列；从降雨量来看，包括 3 次暴雨、4 次中雨和 1 次小雨，具有较强的代表性。由于 AnnAGNPS 模型为长期的径流事件的模拟，模型检验使用 8 次径流事件的总观测值和总模拟值进行比较，计算方法采用洪水预报相对误差（*RE*）：

$$RE=[(\sum S_i-\sum M_i)/\sum M_i]\times 100\% \tag{7.1}$$

式中，S_i 为模拟值；M_i 为观测值。

依据水文情报预报规范，径流量的许可误差为 20%；由于沉积物量的许可误差无规范可循，参照径流量来检验。计算结果表明，径流量和沉积物量的相对误差分别为 10%和−10%，均在许可误差范围内（表 7.8）。由此可见，AnnAGNPS 模型能够比较理想地模拟流域长期的径流量和沉积物量，可应用于黄土丘陵沟壑区的多年径流流失和土壤侵蚀定量评价。

表 7.8 径流量和沉积物量模拟值和观测值比较

项目		数值	相对误差/%
径流量/m^3	观测值	942 969	10
	模拟值	1 039 969	
沉积物量/t	观测值	113 582	−10
	模拟值	102 724	

（三）土壤侵蚀特征及空间分析

土壤侵蚀模拟结果包括片蚀和细沟侵蚀、离开单元进入沟道的侵蚀、沟道中沟床和沟壁侵蚀，以及流域出口的沉积物负荷，分别从不同侧面反映了土壤侵蚀程度。年平均片蚀和细沟侵蚀强度为 3508t/km^2，离开单元进入沟道系统的年平均土壤侵蚀强度是 2651t/km^2，为片蚀和细沟侵蚀强度的 75.57%；沟道（包括冲沟和切沟）中沟床和沟壁的年平均侵蚀强度是 10 330t/km^2，为片蚀和细沟侵蚀强度的 2.94 倍；沟道中的物质（包括来自单元和沟道本身的侵蚀）被进一步侵蚀运移到单元出口的沉积物负荷年平均为 4457t/km^2。由此可见，由于流域沟道存在严重的沟床和沟壁侵蚀，显著增加了运移到流域出口的泥沙量，使流域出口的沉积物负荷大于片蚀和细沟侵蚀。因此，黄土高原沟道侵蚀量不可忽视，在计算土壤侵蚀时，要同时考虑片蚀和细沟侵蚀量与沟道中的沟床和沟壁侵蚀量，才能真实反映土壤侵蚀状况及对黄河的输沙量。

将单元中的片蚀和细沟侵蚀量作为流域土壤侵蚀量计算，将流域土壤侵蚀强度划分为 6 级（图 7.3），平均土壤侵蚀强度属中度侵蚀等级。其中，中度以上的侵蚀面积约占总面积 1/3，却几乎占全部土壤侵蚀量，并且集中在强度和极强度两个等级上。

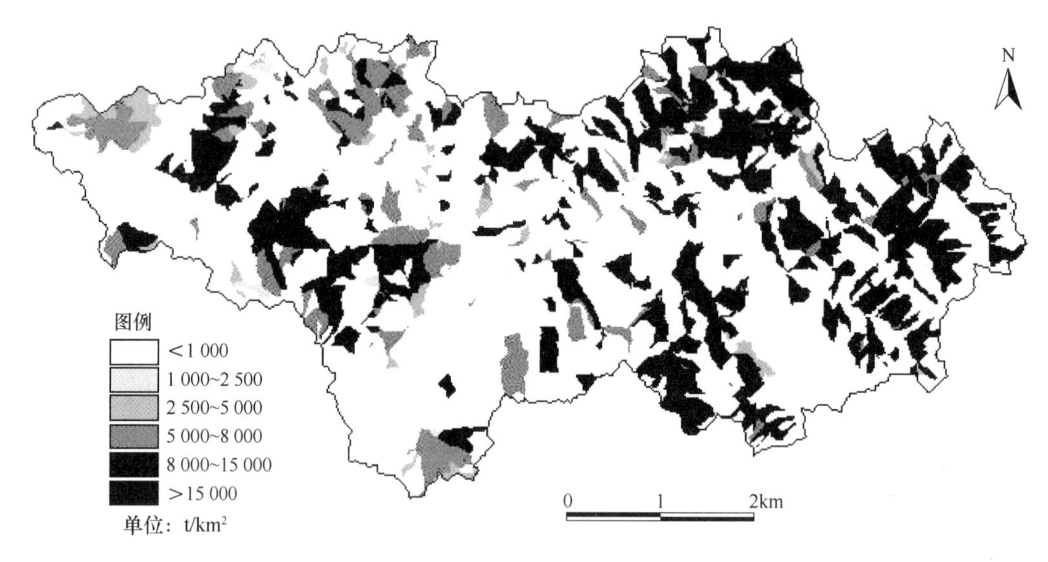

图 7.3　砖窑沟流域 2004 年土壤侵蚀分布

推荐阅读文献

GALLOWAY J N, DENTENER F J, CAPONE D G, et al., 2008. Transformation of the nitrogen cycle: recent trends, questions, and potential solutions[J]. Science, 320: 889-892.

LAVELLE P, SPAN A V, 2001. Soil ecology[M]. Dordrecht: Kluwer Academic Publishers.

VITOUSEK P M, ABER J D, HOWARTH R W, et al., 1997. Technical report: human alteration of the global nitrogen cycle: sources and consequences[J]. Ecological Applications, 7: 737-750.

WAISEL Y, ESHEL A, KAFKAFI U, 2002. Plant roots, the hidden half[M]. 3rd Edition. New York: Marcel Dekker Inc.

第八章　黄土高原产业生态

黄土高原是我国重要的能源重化工基地。随着煤炭、铝土、石油等矿产资源的大规模开采，产业化进程不断加快和深化，在经济快速增长的同时，也带来了植被破坏、环境污染、土地退化等一系列生态环境问题，严重威胁着人类的生存与发展。“高消耗、高污染”的传统产业发展模式已严重制约社会经济发展，亟须寻求一条可持续发展的产业化道路。

产业生态化是在生态系统承载能力内，对两个或两个以上的生产体系或环节进行耦合优化，达到物质和能量的多级利用、高效产出和持续利用（Korhonen，2001）。环境污染和生态破坏问题的实质是资源代谢在时间、空间尺度上的滞留或耗竭，系统耦合在结构、功能关系上的破碎和板结，社会行为在经济和生态管理上的冲突和失调（王如松，2003）。传统的分散型产业经济发展模式亟须优化调整，产业生态可以为该发展模式的优化调整提供整体性的思路，为工业化以来高耗能的传统产业转向可持续发展的生态产业提供理论范式，从根本上解决长期以来环境污染与产业发展相冲突的问题。

第一节　产业生态学基础

一、产业生态学的发展与内涵

产业生产是一种消耗资源、生产消费品并形成废弃物的过程。随着产业的发展，产业系统在满足人类社会经济和生活需求的同时，对区域乃至全球自然环境产生巨大的影响。面对产业生态系统与自然生态系统的矛盾及其对环境造成的危害，亟须系统地协调产业系统与自然环境的相互关系，使人类社会发展的需求与自然生态系统的发展达到动态平衡，在这种背景下诞生了产业生态学。

产业生态（industrial ecology）的概念最初由 Ayres 和 Kneese 于 1969 年提出。Frosch 和 Gallopoulos（1989）将产业生态学定义为：获取原材料、生产产品、排出废弃物的传统产业活动模式应当转型为更综合的产业生态系统模式，产业生态系统包括生产者、消费者、再生者和外部环境 4 个基本组分，其能源和物质消耗得以优化，废物排放量最小化，而且一个生产过程的排放物将变为另一个生产过程的原材料。

20 世纪 90 年代以后，在自然科学、社会科学和经济学相互交叉和综合的基础上，产业生态学受到越来越多的学者和产业部门的关注，得到了迅速发展。1997 年，《产业生态学》主编 Lifset 在发刊词中指出，“产业生态学是从局部、地区和全球三个层次上系统地研究产品、工艺、产业部门和经济部门中的能流和物流，其焦点是研究降低产品生命周期过程中的环境压力”。王如松和杨建新（2000）从“社会-经济-自然复合生态系统”的理论出发指出，产业生态学是研究社会生产活动中自然资源从源、流到汇的全代谢过程，组织管理体制及生产、消费、调控行为的动力学机制、控制论方法及其与生命支持系统相互关系的系统科学。Graedel 和 Allenby（2004）进一步完善了产业生态学的概念，将其定义为：既是一门包括对工业生产工序、产品和服务（兼顾产品和环境影响）设计的技术，也是一门包括人类文化、个人活动及社会制度（决定技术社会和环境相互作用）的社会科学。这是一种试图从整个物质周期过程——从天然材料、加工材料、零部件、产品、废旧产品到产品的最终处置，不断优化的系统方法。Harper 和 Graedel（2004）提出了更广泛的产业生态系统方法，不仅包括制造业的改变，而且包括人类需求和消费模式的改变，以及产品购买使用后的处理方法和政府规制。Norman（2004）认为，产业生态研究是从系统科学中吸取、分析、综合而来的系统研究，其方法是把产业系统和生态系统的相互作用（从区域到全球）作为整体，通过重新设计产业活动，把人类活动对生态系统的影响减至可持续发展的水平。

综上所述，产业生态学是研究产业生态系统中减少原料消耗、改进生产程序、缓和产业活动对环境的影响和废物资源化的应用生态学分支学科，是理论与方法高度统一的实践性学科。

二、产业生态学的原理与思想

产业生态学的主要理论包括：开拓适应原理、竞争共生原理、连锁反馈原理、乘补协同原理、循环再生原理、多样性主导性原理、生态发育原理、最小风险原理。

经过多年的发展，产业生态学的理论和实践内容正在丰富和日臻完善，产业生态学思想主要体现在以下几个方面。

（1）闭路循环生态产业是模拟生态系统而建立的生产工艺体系，在生产过程中物质和能量在各个生产企业和环节之间进行循环、多级利用，污染零排放。

（2）充分利用每一个生产环节的废弃物，将其作为下一个生产环节或另一部门的原料，以实现物质的循环使用和再利用。

（3）从技术经济的角度考虑废弃物回收利用的产品设计，减少和防止消耗性污染，消除污染物的扩散。采取能够预防和防止消耗性废物排放的原材料，替代或禁用有毒材料。

（4）产品与服务的非物质化是指用同样的物质或更少的物质获得更多的产品与服务，提高资源利用率。通过功能设计产品，努力做到在生产、使用、维护、修理、回收和最终弃置的过程中减少物质和能量的消耗。

（5）使用含碳矿物能源会产生温室效应、烟雾、酸雨等环境问题，解决方法就是减少利用含碳较多的能源物质，采用非矿物燃料。例如，用天然气替代煤炭，利用水能、太阳能等清洁能源，减少对环境的不利影响（张金屯，2003）。

三、生态产业的基本类型

生态产业是在可持续发展理念下形成的产业类型，其本质是实现物质与资源充分合理的循环利用。类似于自然生态系统结构与功能的划分，生态产业可分为以下 5 类。

（1）第一产业。以光合资源和矿产资源等生产为目的的自然资源业，包括生态农业、生态养殖、有机农业、生态林业和资源开采等。

（2）第二产业。以制造物质、能源产品为目的的有形加工业，包括生态工业、绿色化学、原子经济、生态工程、生态建筑、清洁生产和能源替代等。

（3）第三产业。以提供社会服务为目的的人类生态服务业，包括生态旅游和自然保护区建设等。

（4）第四产业。以研究、开发、教育与管理为目的的智力服务业，包括生态设计、风险评估、生态评价、景观规划、生态产业教育和生态文化建设等。

（5）第五产业。以物资还原、环境保育和生态建设为目的的自然生态服务业，包括污染治理、生态修复、物资回收与再生、微生物生态技术和生物控制等（胡荣桂，2010）。

四、产业生态学方法

系统分析是产业生态学的核心方法，在此基础上发展起来的产业代谢分析和生命周期评价是产业生态学中普遍使用的研究方法。

（一）产业代谢分析

产业代谢（industrial metabolism）是依据质量守恒定律，把原料、能源及劳动在一种（或多种）稳态条件下转化为最终产品和废物的所有物理过程的集合，是模拟生物和自然生态系统代谢功能的系统分析方法。其研究目的在于：①建立物质结算表，估算物质流动与储存的数量；②描绘物质行进的路线和复杂的动力学机制及其物理和化学状态；③揭示产业活动全部物质与能量流动与储存及其对环境的影响，寻找产业体系与生态系统保持和谐发展的途径（于秀娟，2003）。

1. 产业代谢分析思路

产业代谢分析一般以环境为最终考察目标，追踪产品从提炼、产业加工和生产，直至消费后变成废物的整个生产过程中的物质与能量的流向，得到产业系统造成污染的总体评价，并力求找出造成污染的主要原因。通常采用的方法有“供给链网”（类似“食物链网”）分析和物质平衡核算（杨建新和王如松，1998）。

2. 产业代谢分析的过程

产业代谢分析的研究，主要包括以下过程。

（1）根据前期的调研，明确研究问题和预期目标。

（2）结合研究目标，明确系统的时间、空间范围及研究的主要物质类型。

（3）研究物质在系统中的输入、储存、转换及输出等的方式与过程。可以在有限区域内追踪某些污染物，或有针对性地分析和研究某一类物质，也可以仅限于某种物质成分，以确定物质不同形态的特性及其与生物地球化学循环的相互影响。

（4）研究系统中与产品相联系的整个过程的物质流与能量流。

3. 产业代谢的度量

如何表征产业系统的原料与能量流动是产业代谢研究的重要问题。产业系统是否能够维持稳定状态，可采用再循环或再利用率和原料生产力两个指标来表征和度量（李素芹等，2007）。

（1）再循环或再利用率

在产业系统运行过程和最终阶段，物质以废弃物的形式返回自然环境。废弃物最终有两个归宿：再循环或再利用，或者耗散损失。再循环的物质越多，排放到环境的就越少。物质再循环或再利用率是产业体系是否为持续稳定体系的度量，可以用如下公式计算：

$$再循环或再利用率（\%）=再循环或再利用量/资源消耗总量\times100\% \quad (8.1)$$

（2）原料生产力

原料生产力是每单位原料输入的经济输出，可用来度量经济整体或部门产业代谢效率，也可对营养元素的代谢效率进行度量。原料生产力等于目的产物总量与原料输入总量之比。

（二）生命周期评价

一种产品从原料开采开始，经过原料加工、产品制造、产品包装、运输和销售，然后由消费者使用、回用和维修，最终再循环或作为废弃物处理和处置，这个过程称为产品的生命周期（李素芹等，2007）。生命周期评价（life cycle assessment，LCA）是对产品、生产工艺及活动对环境的压力进行评价的客观过程，通过对能量和物质利用及由此产生的环境废物排放进行辨识和量化。根据国际环境毒理学和化学学会（The Society of Environmental Toxicology and Chemistry，SETAC）的定义，生命周期评价是对某种产品系统或行为相关的环境负荷进行量化评价的过程，包括产品原材料的提取与加工、产品制造、营销、产品的使用、再利用和维护、废物循环和最终废物弃置，以及所涉及的所有运输过程（Heijungs et al.，1992；王寿兵等，2006）。其目的在于评估能量和物质利用，以及废物排放对环境的影响，寻求改善环境影响的机会及如何利用这种机会。这种评价贯穿于产品、工艺和消费活动的整个生命周期（杨建新，1999）。

1. 生命周期评价基本框架

根据国际标准化组织 ISO14040 标准，生命周期基本框架由 4 个相互关联的部分组成，即确定研究目的与系统范围、清单分析、影响评价和结果解释与改进（International Organization for Standardization，2006；刘文忠，1998；王如松和杨建新，2002）。具体如下：

（1）确定研究目的与系统范围。生命周期评价研究目标需要明确陈述其应用意图，包括开展研究的理由及沟通对象（研究结果的接收者）。一般确定研究范围，需要回答如下问题：①为什么要开展该项研究；②研究结果将如何运用；③谁将使用该研究结果；④是否需要研究具体环境问题；⑤研究需要具体到什么程度。理论上，生命周期评价应考虑产品系统的整个生命周期，但由于时间和精力所限，可以根据研究目的，界定产品系统的研究范围和深度、数据要求和结果的可能应用领域等，及时修正研究目标，最终削减原材料和能源的投入，减少对环境的排放。

（2）清单分析。清单分析是对产品、工艺或活动在其整个生命周期阶段的资源、能源消耗和排放（包括废气、废水、固体废物及其他环境释放物）进行量化分析，其核心是建立以产品功能单位表达的产品系统的输入和输出（建立清单）。生命周期影响评价清单分析对产品整个生命周期内的环境交换（全部输入和输出）进行清查，具体步骤包括：①制作生命周期全图；②数据收集；③数据核实；④进一步完善系统边界；⑤数据处理和汇总。

（3）影响评价。影响评价是基于清单分析的结果对产品生命周期的环境影响进行评价。这一过程将清单数据转化为具体的影响类型、指标参数和特征化模型，以便认识产品生命周期的环境影响，并为生命周期结果解释提供必要的信息。

（4）结果解释与改进。结果解释是对清单分析和影响评价结果进行辨识、量化、核实和评价，识别产品生命周期中的问题，并对结果进行评估，进而提出产品设计结论或存在的局限及改进建议等。

产业代谢方法和生命周期评价方法本质上是统一的，目标均是着眼于人类和生态系统的长远利益，保证在对整个产品系统环境影响最小的前提下，尽可能满足人类需求。但是前者强调产业生态系统的代谢机理和系统结构，而后者则强调产品的生命周期（杨建新，1999）。实际工作中为精确评估生态产业效率，两种方法常常交叉使用。

2. 产品生命周期设计

产品生命周期设计，又称产品生态设计，是通过产品和工艺的设计改进，改善产品对环境的影响。由传统产品设计与产品生命周期设计对比表（表 8.1）可以看出，产品生命周期设计在生态环境、功能多样性、材料的再加工与循环利用、产品环境管理、影响评价等方面具有明显的优势。

表 8.1　传统产品设计与产品生命周期设计对比表（苗泽华和董莉，2011，略修改）

项目	传统产品设计	产品生命周期设计
产品设计目标	满足产品功能要求，符合产品质量要求，符合市场需求，符合人体健康和安全要求，符合法律法规文化要求	除传统产品设计目标外，增加符合生态与环境要求
参加设计人员	产品设计工程师、生产技术工程师、市场营销人员、财务管理人员、政策法规人员等	除传统产品设计人员外，增加环境管理工程师
产品性能规范	产品性能符合质量标准，产品适用性、产品功能适合市场需求，产品质量的可靠性等	除传统产品性能规范外，增加产品功能的多样性，产品功能适合市场需求与环保要求，产品易于维修和修复，易于再加工制造与循环利用
材料选择	材料质量可靠性，材料供应商的质量认证	除传统产品材料选择要求外，增加可回收的包装，使用对人体和环境无害的材料，避免使用枯竭和稀有的原材料，尽量采用可回收再生的原材料，采用易于提取、可循环利用的原材料，使用环境可降解的原材料等
产品制造与使用过程设计	产品工艺与过程设计要求，工艺技术的先进性，节能且物料转化效率高；设备选型合理，过程控制尽可能自动化，产品包装材料和包装方式应保证产品质量，包装储存和运输方式应保证质量，产品售后的质量追踪与反馈等	除传统产品制造与使用过程设计外，增加考虑环境影响最小、废物最少及包装材料的回收设计，考虑防止环境污染，废弃产品的回收途径和处理方法等
生产管理设计	原材料的接收与检验，工序间的检验和控制，成品的接收与检验，文件控制与管理，不合格产品的纠正与预防	除传统产品生产管理设计外，增加文件的计算机管理，生产现场的管理设计（主要包括合理的生产周期设计，节能节水减排措施，产品的定量管理设计，安全、预防污染的生产环境设计）
人员培训设计	操作工人的上岗技术培训，质量管理培训教育	除传统产品人员培训设计外，增加产品环境管理知识培训、产品影响评价方法的培训、产品生命周期分析和设计培训等

产品生命周期设计一般分为四个阶段。

（1）产品生态辨识。首先根据产品的用途、功能、性质、成本及原材料选择等建立产品参照模型，然后对该参照产品进行生命周期评价，即对产品在整个生命周期内的相关生态环境影响进行定量化识别，对各种环境因子的影响大小及产品的总体潜在环境影响进行科学评估，从而对产品的生态环境影响有了定量和定性的初步结论。

（2）产品生态诊断。通过产品生态诊断，综合评估产品潜在的生态环境影响及影响产生的主要原因，获得产品生命周期或结构对环境影响的结果。根据生态诊断结果，进行替代数据模拟，比较替代设计方案与原方案对环境影响的差异，为进一步进行生态产品设计提供科学基础。

（3）产品生态定义。根据生态辨识和生态诊断结果，在确定影响产品竞争能力的生态环境参数后，制定产品的生态规范，目的在于确定产品的生态环境属性，确保整个产品的商业价值中包含生态环境价值。

（4）生态产品评估。根据产品生态诊断结果，参考产品生态指标体系，提出改善现有产品环境特征的技术方案，设计对环境友好的新产品，对其设计方案重新进行生命周期评价和生命周期工程模拟，并对该方案的生命周期评价结果与参照产品的生命周期评价结果进行对比分析，提出进一步改进的途径与方案。

第二节 黄土高原清洁生产

随着经济工业化和社会城市化的发展，“先污染后治理”的末端治理方法难以从根本上解决工业污染和环境恶化问题。如何协调好经济增长与资源日益短缺、生态环境恶化之间的关系，已成为全球普遍关心的重大课题。

联合国环境规划署工业与环境中心（United Nations Environment Programme Industry and Environment Centre，UNEPIE）于1989年提出“清洁生产（cleaner production）”，并启动了清洁生产计划。1992年，联合国在巴西里约热内卢举行了“环境与发展大会”，大会通过的《21世纪议程》首次正式提出“清洁生产”的概念，强调指出“实行清洁生产是取得可持续发展的关键因素”。1994年我国的《中国21世纪议程》把清洁生产作为优先实施的重点领域。1996年国务院发布了《国务院关于环境保护若干问题的决定》，推动了全国清洁生产工作的广泛开展。1997年国家环境保护局发布了《关于推进清洁生产的若干意见》，要求将清洁生产纳入已有的环境管理政策中，编制了《企业清洁生产审计手册》，为企业开展清洁生产工作提供了指导。2003年《中华人民共和国清洁生产促进法》的实施，标志着清洁生产进入了法制化和规范化的新阶段。2004年《清洁生产审核暂行办法》和2005年《重点企业清洁生产审核程序的规定》为全面推行清洁生产、规范清洁生产审核提供了实质性的法规和政策依据。2007年，国务院发布了《节能减排综合性工作方案》，明确提出全面推行清洁生产。2008年环境保护部发布了《关于进一步加强重点企业清洁生产审核工作的通知》，要求开展重点企业清洁生产审核评估验收工作。截至2009年10月，我国已发布石油炼制、钢铁、印染、煤炭采选等50个行业的清洁生产标准。2010年，环境保护部发布《关于深入推进重点企业清洁生产的通知》，明确了重点企业清洁生产的近期目标、任务和要求，将重点企业清洁生产制度与中国现行各项环境管理制度紧密衔接。2012年修订的《中华人民共和国清洁生产促进法》增加了法规的内容，加大了对污染严重企业的处罚，加强了对清洁生产促进工作的投入等。2016年《清洁生产审核办法》和2018年《清洁生产审核评估与验收指南》的实施，为科学规范推进清洁生产审核，以及评估和验收工作提供了依据。

一、清洁生产的内涵

UNEPIE将清洁生产定义为“清洁生产是将综合预防的环境策略持续地应用于生产过程、

产品和服务之中，以便增加生态效率和减少对人类和环境的风险性。”对生产过程而言，要求节约原材料，淘汰有毒原材料，降低所有废弃物排放量和毒性；对产品而言，要求减少产品在整个生命周期中（包括从原材料提炼到产品的最终处置）对人类和生态环境的影响；对服务而言，要求将环境因素纳入设计和所提供的服务中。清洁生产不包括末端治理技术，如空气污染控制、废水处理、固体废弃物焚烧或填埋。清洁生产通过应用专门技术，改进工艺技术和改变管理态度来实现（UNEP，1994；周中平等，2002）。

《中国21世纪议程》指出：“清洁生产是指既可满足人们的需要又可合理使用自然资源和能源，并保护环境的实用生产方法和措施，其实质是一种物料和能源消耗最少的人类生产活动的规划和管理，将废物减量化、资源化和无害化，或消灭于生产过程中。同时对人体和环境无害的绿色产品的生产，也随着可持续发展进程的深入而日益成为今后产品生产的主导方向。”

清洁生产与末端治理的主要区别在于：末端治理与生产过程脱节，先污染后治理，且为“点源治理”和“达标排放”，侧重点是“治”，投入多、运行成本高、治理难度大，只有环境效益，没有经济效益，企业没有积极性；清洁生产则是从源头抓起，实行生产全过程控制，使污染物消除在生产过程中，对产生的废物实行综合利用，侧重点是“防”。清洁生产从产品设计、原材料选择、工艺路线、设备选用、废物利用等各个环节入手，通过加强管理和技术进步，提高资源利用效率，减少污染物排放量等措施，将污染物尽可能地消除在生产过程中，大大减轻了末端治理费用，降低了治理技术开发的难度；确保实现经济与环境的“双赢”，调动了企业防止污染的积极性和主动性（王秋艳，2009；赵玉明，2005）。总之，清洁生产是主动的、积极的环境治理方式，是实现可持续发展的必经之路；而末端治理是被动的、消极的环境治理方式，是不可持续的（王秋艳，2009）。

清洁生产是人类在实现生态环境和经济增长协调发展实践中创造的全新性生态经济战略目标，是具有开拓性的新观念、新概念和新技术。美国、加拿大等国家都已兴起了清洁生产浪潮，并实现了生态效益和经济效益的双赢。

二、清洁生产的内容

开发清洁产品、对产品进行全新设计，对推动清洁生产具有显著的推动作用。清洁生产主要包括以下内容（主沉浮等，2003；张金屯，2003）。

（一）自然资源和能源利用的最合理化

自然资源和能源利用包括常规能源的清洁利用、可再生能源的利用及各种节能技术的开发等。常规能源的清洁利用即提高能源利用效率，减少能源在开采、加工转换、储运和终端利用过程中的损失和浪费。例如，洁净煤生产，既减少了环境污染，又提高了煤炭的利用效率。

（二）经济效益最大化

只有不断提高生产效率，降低生产成本，增加产品和服务的附加值，才能获得最大的经济效益。具体方法是进行生产全过程严格管理、技术革新和工艺创新，采取合理的措施减少能源、原材料的损失和浪费，回收可再利用的物料和能源。同时，调整优化产业结构和产品结构，采用新工艺、新设备和新技术，最终达到节能的目的。

（三）对人类和环境的危害最小化

清洁产品要求在生产及其预期消费环节对环境的影响减至最小，强调产品在生产及使用后不含危害人体健康和生态环境的因素，易于回收、复用和再生，具有合理的使用功能和使用寿命。

为了实现上述目标，工业企业应在生产和服务环节最大限度地减少有毒有害物料的使用，采用少废和无废的生产技术和工艺，减少生产过程中的危险因素，实现废物循环利用。使用可回收利用的包装材料，合理包装产品。采用可降解和易处置的原材料，合理利用产品功能，延长产品寿命。尽量少用、不用有毒有害的原料/中间产品，减少或消除生产过程中的各种危险因素，采用高效率设备和无（少）废工艺，进行简洁、可靠的操作和控制，回收再利用物料中间产品，改善企业管理等。

三、清洁生产的方法

（一）源消减

加强管理和改进生产过程，即在废物产生之前最大限度地减少或降低废物的产生量和毒性。其中，加强管理是指规范例行检测，分析物料流向、产品状况和废物损耗等，科学调整生产计划，合理安排生产进度，不断改进操作程序等。改进生产过程主要是指重新定位、设计产品，改造、替代落后生产工艺，调整原料、能源使用，优化生产程序等（张金屯，2003）。

（二）现场循环回收利用

现场循环回收利用包括现场循环利用和现场回收利用，其中现场循环利用是指在原生产工艺流程中增设物料、能流闭路循环回用系统，使生产过程中先期损失的物料和能量得以在后续环节重复利用。现场回收利用指厂（场）内某一生产线利用从其他生产线回收利用的物料和能量（张金屯，2003）。

四、山西煤炭产业清洁生产实践与案例分析

煤炭产业是黄土高原的主导产业之一。近 40 年来，煤炭产业走出了一条矿区资源开发与环境保护相协调、经济社会发展与生态效应相统一的发展道路。尤其是党的十八大以来，煤炭产业积极落实生态文明建设战略部署，大力推进生态矿山、美丽矿山建设，建成一批“花园式”绿色矿山，煤炭清洁高效转化利用，为促进能源生产和消费革命，推动煤炭产业由传统能源向清洁能源转变和煤炭行业健康、科学、可持续发展做出了突出贡献。山西省煤炭产业在清洁生产实践方面取得了显著成果。

（一）山西煤炭产业清洁生产现状

近年来，山西省以“清洁、高效、低碳、绿色”发展为重点，运用组织管理、科技支撑、产业转型等手段，着力转变煤炭产业发展方式，煤炭清洁生产取得了一定成效。

1. 煤炭绿色开采初具规模

2008 年以来，山西省进行了煤炭资源整合和煤炭企业兼并重组，煤炭产业集中度显著提

升，全省煤矿数量减少到 1078 座，平均单井规模达 135.4 万 t/a。装备水平大幅提高，全省煤矿综采机械化程度接近 100%，综掘机械化程度达到 90%以上，均高于全行业规划目标。煤炭绿色开采趋于成熟，部分缺水矿区开发了保水采煤技术和工艺，取得良好效果。设立了国家能源充填采煤技术重点实验室山西工作站，在晋煤王台铺、焦煤新阳、柳林大庄等煤矿进行试点。与此同时，煤炭洗选加工成为煤炭清洁利用重要前置环节，2015 年山西省煤炭全行业入洗（选）原煤 6.7 亿 t，入洗（选）率达 69%（王云珠等，2017）。

2. 确立了煤炭产业园循环经济发展模式

2015 年，山西省大宗工业固体废物综合利用率达到 65.2%，形成了一批发展循环经济的典型模式。山西潞安集团建设了煤焦、煤电、煤油、电化等循环经济园区，形成以煤基多联产、产品多元化为特点的煤炭企业循环经济发展模式。同煤塔山煤矿构建了煤炭-电力-建材、煤炭-电力-化工等产业链，形成大型煤炭产业园循环经济发展模式。山西加快煤层气开发利用步伐，现已建成全国最大的煤层气抽采利用基地（王云珠等，2017）。

3. 全循环的现代煤化工产业系统基本形成

山西建成了世界上首条投入商业运行的交流特高压工程——1000kV 山西至湖北特高压交流试验示范工程，大力提升煤转电比重。阳煤集团的世界首台商业规模水煤浆水冷壁气化炉开发成功，开辟了煤炭气化新途径。以潞安集团、晋煤集团、阳煤集团、晋能集团、山西焦煤集团等大型煤炭企业为依托，围绕低质煤高效清洁利用，发展煤制天然气、煤制油、煤制烯烃、煤制乙二醇为主导产品，构建了全循环的现代煤化工产业系统。2016 年，通过参加国家级绿色矿山试点单位建设，潞安集团屯留煤矿、同煤集团青磁窑煤矿、晋华宫煤矿、朔州朔煤王坪煤矿、长平煤矿等煤矿通过试点评估，达到国家级绿色矿山基本条件，被命名为“国家级绿色矿山”（王云珠等，2017）。

（二）山西煤炭产业链的重建与优化

实行清洁生产的关键是要求工业生产提高能效，开发更清洁的技术，更新、替代对环境有害的产品和原材料，实现对环境和资源的保护与有效管理。重建、优化产业链是实现煤炭产业清洁生产的基础，需要将相互联系、循环利用的产业进行横向和纵向的耦合，对煤炭主导产业进行产业链的延伸。可通过如下几种形式构建煤炭产业链。

1. 煤化工产业链的延伸

对煤炭进行深加工，将煤合成煤质气、甲醇、烯烃等化工产品，同时发展煤-气-化联产、煤-焦-化联产产业链。

2. 煤电一体化产业链

将煤矿和电厂紧密结合，实现煤向电的转化，形成煤电产业链，努力打造煤、电、化、焦、冶一体化的全产业链。

3. 高附加值载能产业链

进一步加强对煤炭工业副产品和废弃物的循环和再利用，可以衍生出煤矸石（煤泥）-

热电厂-热电、煤矸石-充填、复垦-土地资源（旅游资源）、煤矸石（灰渣）-建材厂-建材产品（水泥等）和矿井排水-污水处理-供水等多条共生产业链。这样不仅可以进一步提升煤炭产业的附加值，而且可以大大减轻煤炭生产各个环境废弃物对环境的影响。

（三）山西煤炭企业清洁生产实例

1. 中煤平朔集团有限公司

中煤平朔集团有限公司（简称平朔集团）自20世纪80年代创造了“高科技、高效益、高效率”和“快节奏”的模式后，于1999年成功建成全国第一个“露井联采”的安家岭矿，创造出“投资减半，产能翻番”的成绩，将中国煤炭工业开采提升到21世纪水平（李留澜，2008）。平朔集团建立了世界先进的洗选工艺，原煤全部入洗，提高了商品煤的发热量，减少了灰分、硫分，为国家提供了清洁的能源；建立了完善的防污体系，矿区及生活区所有供暖系统均实行集中供热，所有锅炉配备高效防尘器；建立了废水复用系统，全部矿井排水经处理后用于生产和生活，基本做到了矿区用水闭路循环利用；采用煤泥压滤机使洗煤厂煤泥全部实现了回收，填补了国内同类洗煤工艺中煤泥回收利用技术和设备的空白。建立了煤-电-化产业链，建成合成氨、多孔硝酸铵的生产装置，满足矿区爆破需要；建成中水系统，用于道路洒水防尘和绿化，有效减少洁净水的消耗量；建成以粉煤灰为原料的砖厂，以地层中伴生的高岭石、黏土、砂岩、风氧化煤等资源为原料的高岭土厂、石材厂等。平朔集团将土地复垦资金纳入生产成本，形成了采矿、排土、种植一条龙生产作业方式，开创了我国矿山土地复垦工作的先河（李留澜，2008）。

2. 大同煤矿集团有限责任公司

大同煤矿集团有限责任公司（简称同煤集团）从提高矿井机械化水平和采煤工作面单产水平入手，采用“精采细采”方式，最大限度地提高了煤炭资源回收率；为了破解薄煤层和特厚煤层开采的世界难题，开发应用了“两硬”条件下特厚煤层综合机械化放顶煤一次全高采煤技术（北京现代循环经济研究院，2007）。同煤集团塔山工业园以“减量化、再利用、资源化”为原则，通过兼并、控股等方式，形成了以焦炭、甲醇、乙酸、尿素、蒽醌、咔唑为主导产品的煤化工发展平台，组成“一矿六厂一条路”的完整产业循环链，实现资源的跨产业循环利用。矿井生产的原煤，从工作面直接运至洗煤厂，经过洗选后，精煤直接装车外输，中煤、尾矿、煤矸石和煤泥等废弃物，输送到电厂和电站进行发电，电力供园区使用或外输；采煤过程中伴生的高岭矿岩石，深加工后作为化妆品、陶瓷等产品的原材料；电厂排放的粉煤灰作为水泥厂的生产原料；水泥厂排放的废渣作为砌体材料厂的原料；矿井排放的工业废水、生活排放水，全部集中回收至污水处理厂，净化处理后进入电厂使用，整个工业园区共同组成循环生态工业链（北京现代循环经济研究院，2007；石锐钦，2007）。

3. 山西潞安矿业（集团）有限责任公司

山西潞安矿业（集团）有限责任公司建立了煤-电-化、煤-焦-化、煤-油-化产业链。屯留煤油园区生产的原煤，一部分加工洗选后外销，一部分进入油厂制油；矿井生产及洗选产生的中煤、煤矸石和煤泥等废弃物，全部用于发电，供给园区企业使用；废水经过处理后为电厂和油厂提供水源；瓦斯为煤变油提供氢原料；开采的下组高硫煤也用于煤变油，形成四大循环经济工业园区（北京现代循环经济研究院，2007）。

第三节　黄土高原生态产业建设重点

黄土高原的支柱产业是能源、冶金、化工和机械，工业重型化特征突出，其中陕西、山西、内蒙古尤为突出，重工业占工业总产值的80%左右，属于典型的资源型产业，加工制造业和高新技术产业较为落后，产品附加值低，市场竞争能力弱，对生态环境的破坏严重（李素清，2004）。应依靠科技建设生态产业，发挥区域资源优势，加快产业结构调整，促进传统产品的升级换代和深加工产业的发展，积极推行清洁生产，减少环境污染，强化煤电铝综合开发和绿色能源重化工基地建设，大力开发市场前景好、附加值高、无（低）污染的高精尖产品，提高工业经济整体实力。

从黄土高原自然资源禀赋与产业现状出发，生态产业的发展目标应该为以传统产业的升级为核心，通过技术改造、污染治理和高新技术产业发展，大力推行清洁生产，延长产业链，提高资源利用效率，积极发展技术含量高的产品，进一步强化能源重化工基地的地位，朝着高效、低污染的绿色能源重化工基地方向发展。

一、煤炭产业

黄土高原作为我国最大的煤炭生产基地，煤炭产业以煤炭采掘业为主体，原煤生产规模巨大，大型煤田主要分布在山西大同、阳泉、朔州、太原、晋城、潞安、汾西，内蒙古准格尔、东胜，陕西神木、府谷、铜川，河南义马、渑池等地。

黄土高原煤炭产业发展中要重视实施洁净煤战略，包括煤炭洗选、加工型煤、水煤浆、转化（煤炭气化、液化、发电）等过程。发展煤炭洗选加工转化技术，积极开发与引进先进技术，加强政策引导，推进洁净煤技术产业化。加强煤炭洗选企业的配套建设与资源共享，提高原煤洗选率和资源利用率。减少煤炭运输过程中的能源消耗，尽可能地提高煤炭资源的利用和转化效率。积极开展煤系共生、伴生矿物及副产品和废弃物的综合利用，倡导就地开采、就地加工、就地处理、就地利用，以达到低开采、低投入、低排放、再利用的目的，实现经济效益与环境效益的有机统一。例如，以煤炭产业为中心，形成电网、路网、管网等多层次的立体式能源输送体系，实现原材料的多级利用，减少资源浪费，降低污染物排放，建立资源综合利用型产业生态系统。

二、电力产业

黄土高原是我国最大的火电工业基地之一（李素清，2004）。火电站主要分布于山西神头、大同、太原、漳泽、娘子关、霍州、阳城，甘肃兰州、平凉，陕西宝鸡、咸阳、府谷及河南洛阳等地。水电站主要有刘家峡、盐锅峡、八盘峡、青铜峡、万家寨、三门峡等。从区域生态恢复与可持续发展的角度看，由于黄土高原缺水严重，为保证区域生态用水安全，应严格控制水电站和火电站的建设规模，在现有基础上，利用绿色技术，加快电力设施技术改造，提高发电能力与效率，减少环境污染。

三、冶金产业

黄土高原发展冶金产业的区位条件优越，资源优势突出，发展前景广阔。黄土高原冶金产业主要包括钢铁、铝、铜、镍等有色金属和稀有金属等，在全国冶金产业具有重要地位。其中，钢铁产业主要分布在太原、长治、临汾、包头、洛阳、西安、宝鸡和兰州等地；铝产业主要分布在河津、兰州和西宁等地；有色金属和稀有金属产业主要分布在包头、白银、宝鸡、西宁、太原等地。要加快冶金产业的技术改造和结构调整，强化深加工工业，大力发展清洁生产和绿色环保产品，提高产品的市场竞争力和经济效益。以铝土矿资源为例，在氧化铝主矿中还存在着 Fe_2O_3、SiO_2、TiO_2 等有价值的共生或伴生矿物，经过冶炼和分离技术可将它们分离出来，成为宝贵资源。在利用资源生产一种主产品时，同时要充分利用生产过程中的剩余资源，发展相关副产品产业。

四、石油和天然气产业

黄土高原油气资源丰富，陕西延长石油（集团）有限责任公司是继中国石油天然气集团有限公司、中国石化集团有限公司和中国海洋石油集团有限公司之后，具有石油勘探、开采资质的我国第四大石油开采炼化企业。中国石油天然气股份有限公司长庆油田，是我国第一大油气田，拥有石油总资源量 85.88 亿 t，天然气总资源量 10.7 万亿 m^3，2019 年在甘肃庆城发现国内最大的 10 亿万 t 级大油田；陕西靖边天然气田，为我国最大的陆上整装气田；山西、陕西还有大量的煤层气。利用绿色技术，加快这些资源的开发，对改善区域能源结构和生态环境，促进经济发展具有十分重要的意义。

五、有机食品产业

发展有机食品产业必须以高标准的生态农业或可持续农业为基础，其原料产地生境等必须符合有机食品生态标准，农作物种植、禽畜和水产养殖过程不施化肥、农药、激素、杀虫剂、调节剂，而用有机肥料、生物农药、微量元素；加工过程不使用人工防腐剂、保鲜剂和色素等添加剂，产品的农药残留、有害重金属、有害细菌的检测必须符合有机食品的质量和卫生标准（张金屯，2003）。有机食品的生产基地以远离大城市和工矿区为佳，特别是它的原料生产基地，以地广人稀的山区为佳（李素清，2004）。因此，发展有机食品产业将为工业欠发达、污染轻、植被覆盖率高、自然生态环境保护好的区域经济发展带来良机。目前，天然饮料（矿泉水、纯净水、果汁等）生产、绿色小杂粮加工、无污染的肉蛋奶加工、有机蔬菜、保健食品等有机食品产业发展迅速，市场潜力巨大，发展前景广阔。在生态产业建设过程中，对一些水热条件较好的偏远地区，应积极建设有机食品工业原料基地，促进农民增收致富和区域经济的进一步发展。

第四节　黄土高原生态产业园区

生态产业园（eco-industrial park，EIP）是指模拟自然生态系统，使园区内企业按照“生产者—消费者—分解者”的生态链连接起来，建立共生网络，合理、有效地利用当地资源（信息、物质、水、能量、基础设施和自然栖息地），实现物质闭路循环和能量梯级利用，以达到增加经济效益、改善环境质量和提高人力资源为目标的区域，是根据清洁生产要求，循环经济理论和产业生态原理，建立的与生态环境和谐共存的产业园区（Kaiser et al.，1999；张秀娥等，2007）。建设生态产业园的目的是在不超过自然生态系统承载力的条件下，充分利用自然资源，发展产业生态项目，最大限度地实现产业和环境的可持续发展。随着产业规模的不断扩大和技术的进步，现代产业的组织模式也应随之发生转变。因此，生态产业园模式实际上是以生态发展与循环经济为理论依据，以清洁生产作为技术支持，强化产业链的一种生态系统。

一、生态产业园区建设理论基础

黄土高原生态产业园区应遵从循环经济的减量化（reducing）、再利用（reusing）和再循环（recycling）的3R原则，尽可能实现本地生产过程中的物质循环与能量梯级利用；通过与本地生产生活系统的有机结合，减少系统内外的物质能量交换。生态产业园的生态产业链建设应以所有成员包括企业、政府和社区为主体，进行密切合作为基础，以减少废物和增加经济效益为目标，实现高效的物质循环、能量和信息流动。生态产业园区的组成主要包括以下几个方面。

（一）产业园运行动力

不同企业间形成相互利用副产品和废品产业生态链（网），通过企业间副产品、废品的交换，能量和废水的阶梯利用，实现区域资源利用的最大化和废物排放的最小化，实现生态环境与经济的双重优化和协调发展。企业之所以愿意加入产业生态链（网），主要以市场、公众环保要求及经济利益等为驱动力，合作和互动是自愿甚至是自发的，成员有着较高的积极性以保证生态产业园的效率。

（二）生态基础设施

生态产业园建设的目标在于资源的高效利用与回收，因此它们都应具有一体化的资源再生体系作为园区运转的基本条件，称为生态产业园区的生态基础设施。

（三）废弃物流动

废弃物流动的本质在于市场机制的供需关系（张金屯，2003）。生态产业园区的核心企业主要包括输出原材料或加工物资的公司，这类企业向其他相关企业供给废弃物，包括生活、城市和商业等废弃物，这样就形成了废弃物流。

（四）成员间的合作网络

生态产业园区成员通过废弃物交换、市场营销、产品开发，以及信息、硬件、基础设施、技术、人力资源等方面的合作与共享，使企业之间、企业与社区之间、企业与政府之间逐渐形成互惠互利的网络，达到降低生产成本、提高资源利用效率的目的。

二、生态产业园区管理和运行模式

为了高效灵活地进行招商引资和生态产业园区建设，需要根据黄土高原实际情况，采用“政府支持、企业管理和经营”的方式，建立以市场机制为主的园区管理和运行模式，主要包括以下方面。

（一）以生态产业为导向，树立循环经济理念

生态产业园区建设要不断丰富产业生态系统的多样性，在区域层次实现物质、信息、能量的交换，降低系统物质、能量的消耗，建设并持续运行产业共生与产业一体化生态链，形成不同产业之间，以及与自然生态系统之间的生态耦合和资源共享（张金屯，2003；张秀娥等，2007），高效利用物质和能量，建立资源节约型生态经济体系，构造新型生态产业园区。

（二）依靠科技进步，提升产业发展水平

通过高新技术发展，提高物质转换与再生，以及能量的多层次分级利用，实现资源利用的最大化和废物排放的最小化，达到经济效益与生态效益的共赢（张秀娥等，2007）。在以企业为中心的技术创新体系建设中，形成以高新技术为先导，基础产业和制造业为支撑的产业格局。跟踪国际高新技术的发展，重点突破高新技术产业亟须解决的关键和共性技术问题，逐步建立技术引进-消化吸收-自主开发的运行机制，健全高新技术与产品的推广和技术转让网络，为企业产业升级和发展提供必要的技术支撑。

要充分利用产业结构调整的有利时机，以市场为导向，以企业为主体，通过上市、兼并、联合、重组等形式，培育若干拥有著名品牌和自主知识产权、主业突出、核心竞争能力强的高新技术优势企业，扶持培养高新技术骨干企业，发展企业集群，提高自主创新能力和竞争力，打造高新技术企业航母群（张金屯，2003；张学礼等，2007）。积极引导中小型高新技术企业向专、精、新的方向发展，设立高科技风险基金，加大财政对园区高新技术产业风险投资、科技研发的投入和支持力度；制定优惠政策和奖励机制，完善科研条件，吸引国内外优秀人才进入园区进行科学研究和技术开发。

（三）实施优惠政策，扶持生态产业

选择具有优势和特色的重点产业领域，制定优惠政策，在政策、资金等方面给予积极支持，促进高新技术产业的发展。制定鼓励、扶持园区生态产业发展的优惠政策（张金屯，2003），主要包括：①在不影响构建产业生态链的前提条件下，根据“谁污染，谁付费”的原则，制定合理的污染治理和排污收费政策；②根据园区企业的“生态表现”，开展排污交易，征收或减免环境保护税；③对生态产业建设有贡献的企业实行信贷和金融倾斜政策。

（四）大力推进数字园区建设

建设数字园区，搭建国际交流平台，推行电子政务、园区地理信息系统、电子商务、电子物流系统是提高产业园区信息流、物质流效率的主要途径（张学礼等，2007）。依托地区信息网络优势，构建数字园区系统，形成以高新技术产业网、废弃物交换网、远程教育网、园

区内部局域网等为主体的数字园区系统，并由园区信息网络中心作为园区内外信息交流的管理枢纽（张金屯，2003）。依托数字园区系统，形成消费市场信息体系、调查资讯体系和信息整合体系，在网上实现客户调查、产品交易和市场信息搜索。同时，建立相关的制度，及时维护数字化系统，积极通过技术和产品推介、合作研究、联合开发等方式，借鉴国际经验，搭建国际交流平台，大力开展国际高科技产业和生态产业领域的交流与合作，不断提高园区的国际知名度和影响力。

（五）重视生态文化建设，提倡绿色消费

加强生态产业园区生态文化建设，提高公众对生态产业园区建设的认识。在园区创建生态文明社区，逐步形成社区民众积极参与园区生态文化建设的自觉行动，形成社区民众支持园区生态文化建设发展的良好氛围。在生态产业园区内提倡和鼓励民众绿色消费。注重对生态环境的保护，减少对生态环境的污染与破坏，在追求生活舒适的同时节约资源，实现可持续发展。

评价生态产业园成功与否不应仅看环境影响的绩效，而且应该重视其市场竞争能力。如果市场不接受生态园区的产品或服务，再好的产品和服务也没有影响力和生命力。生态产业园能否适应市场经济的发展规律，提供既环保、绿色又受市场欢迎的产品或服务，是判断生态产业园区建设的唯一标准。

目前黄土高原企业之间、部门之间存在条块分割、相互封闭的问题，没有系统的配套合作，对于推广生态产业园的生产组织形式十分不利。比较可行的做法是从较小规模的区域层次做起，从新工业区做起，或者在工业区的规划改造中部分引入产业生态的企业，建设适合当地实际的生态产业园区。

三、火电厂生态产业园区规划案例

火电厂生态产业园是将产业生态学理论与能源工业的理论方法相结合，形成的新型工业发展模式——生态产业模式，是降低发电成本，使污染最小化，实现经济、环境和社会协调发展的有效途径。

以朔州火电厂生态产业园建设为例，详述火电厂生态产业园建设方案（王灵梅，2004）。根据黄土高原的区域特点，运用生态位理论，朔州火电厂生态产业园定位目标为建设资源能源综合利用型生态产业园。该园区具有资源能源优势，可以通过高新技术的运用提高园区产品的功能层次和竞争力，将资源优势充分转化为经济优势。朔州火电厂生态产业园规划包括产业生态系统规划、景观生态建设规划、生态管理规划和评价指标体系，其中产业生态系统规划包括园区成员构成、系统集成、非物质化和园区产业生态链网的设计。

朔州火电厂生态产业园由生产者、消费者、分解者和外部环境组成（图 8.1）。生产者为神头火电厂。引入高新技术企业作为“新生产者”，主要包括碳酸钙厂、生态包装膜厂、天然防腐剂厂等企业。引入的“分解者”企业包括垃圾处理厂、废水处理厂、轮胎破碎厂、堆肥厂、养殖场、石膏制品厂等。引入科技信息中心和设备清洗维修业等“消费者”产业，提高园区生产力水平和整体功能。园区生产者、消费者、分解者通过交换物质、能量和信息，实现了园区经济、社会效益最大化和废物排放最小化。

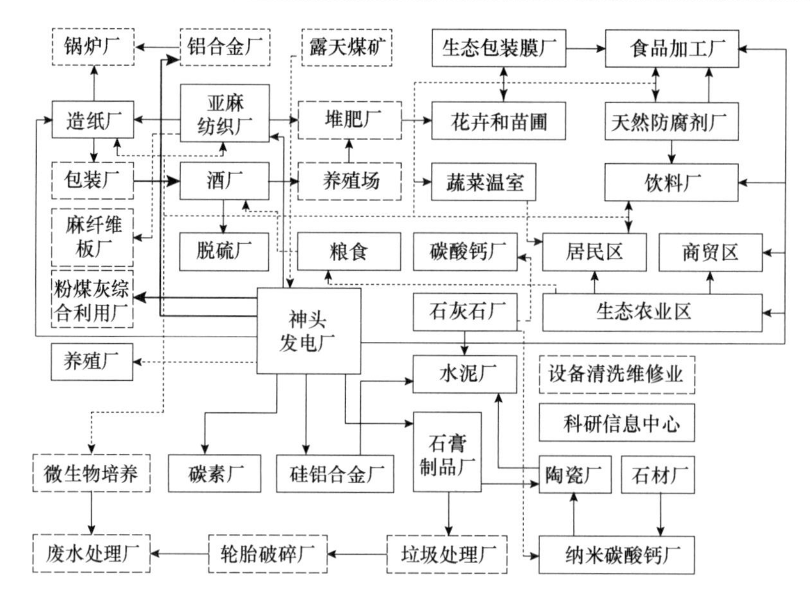

图 8.1 朔州火电厂生态产业园区总体产业生态链规划示意图（王灵梅，2004，有修改）

该园区内包含以下 6 条生态产业链。

1. 煤-电-碳素-铝-建材产业链

神头发电厂的电能直接供给碳素厂和硅铝合金厂，有利于电厂经济运行，降低了碳素和铝制品的生产成本。建材业包括粉煤灰综合利用厂、水泥厂、石膏制品厂，这些企业可以将神头发电厂的粉煤灰、煤渣、煤矸石等副产品进行分级利用，实现废物资源化；发电厂可利用该地区丰富的石灰石资源，采用石灰石-石膏法脱硫生产石膏，作为生产原料送往石膏制品厂、水泥厂或陶瓷厂。

2. 生态农业及其加工业产业链

生态农业及其加工业产业链由亚麻产品产业链、农产品加工产业链、三禾酿酒产业链组成。

亚麻产品产业链改进了原生产模式（外地购买原材料），通过亚麻的种植与加工一体化，可有效利用土地资源，同时也可降低麻产品的生产成本，增加农民收入，增加市场竞争能力。

朔州火电厂生态产业园中，利用生态农业区的玉米、马铃薯、豆类等原料生产生态包装膜，然后用于食品加工厂；生产天然防腐剂用于食品加工厂、饮料厂等，其废渣堆肥后用于生态农业区农田。这样不但能提高农业资源的利用率，还能净化或重复利用园区废物，并为城市居民提供丰富的生态食品。

在村镇附近建设酒厂，减少粮食深加工的成本，制造的酒产品直接送往包装厂，其副产品送往养殖场或进行堆肥处理，依据产业优化、高效利用与净化建立三禾酿酒产业链，节省生产成本，增加市场竞争能力。

3. 高新技术产业链

高新技术产业链由石灰石多种经营产业链组成，石灰石厂可生产 $CaCO_3$ 和纳米 $CaCO_3$。其中 $CaCO_3$ 广泛用于功能性食品、化妆品及药品等的生产环节，纳米 $CaCO_3$ 可用于橡胶、造纸和涂料的填充物，提高了石灰石的附加值。

4. 能量梯级利用链

神头发电厂的电直接输送至硅铝合金厂和碳素厂，可降低这些企业的生产成本，发电产生的热能可用于亚麻纺织厂、造纸厂、食品加工厂、生态包装膜厂、微生物培养等，也可用于居民区的集中供热，减少了污染和能源浪费。

5. 水循环利用链

所有企业产生的废水经处理后用于清洁、灌溉和工业循环。通过分级、循环利用水资源，提高水的利用率。

6. 远程循环产业链

平朔露天煤矿、锅炉厂、铝合金厂作为远程企业与园区内企业进行物质和能量交换。平朔露天煤矿向神头发电厂供应燃料，锅炉厂和铝合金厂可充分利用神头发电厂的电能进行生产，以神头发电厂为中心，形成物质和能量循环、阶梯利用的产业生态系统。

生态产业园区各企业发挥其区位优势，能充分利用火电厂的电能、热能和副产品，形成整体优势，是实现区域经济、环境和社会协调发展的可行性方案，对当地产业升级、地区功能升级有显著促进作用。

推荐阅读文献

鲍建国，张莉君，周发武，2018．清洁生产实用教程［M］．3 版．北京：中国环境出版集团.

温宗国，胡赟，罗恩华，等，2018．工业园区循环化改造方法、路径及应用［M］．北京：中国环境出版集团.

杨建新，宋小龙，徐成，等，2014．工业固体废物生命周期管理方法与实践［M］．北京：中国环境科学出版社.

袁增伟，毕军，2010．产业生态学［M］．北京：科学出版社.

AYRES R U, AYRES L W, 2002. A handbook of industrial ecology[M]. Northampton, Massachusetts: Edward Elgar Publishing Ltd.

第九章　黄土高原的污染生态

随着环境污染的加剧，一系列公害病和环境污染事件的相继发生已成为影响社会经济发展的重要问题。为了揭示污染物在生态系统的迁移、富集等问题，污染生态学应运而生。污染生态学是研究污染情况下，生物系统与环境系统之间的相互作用规律及采用生态学原理和方法对污染环境进行管控和修复的一门科学，属于应用生态学范畴。污染生态学研究的内容主要包括：污染生态过程，环境污染的生物指示、监测和评价，以及污染控制与污染修复生态工程。污染生态学研究的目的包括：明晰环境污染对生态系统中各种生物的影响，阐明污染物在生物体内的生物过程；建立科学的生物监测评价体系，评估环境污染水平；探索治理和修复环境污染问题的生态学途径。黄土高原是中华文明的发源地，有着悠久的人类活动历史。随着人口的增加和工业化的推进，黄土高原环境污染问题日渐凸显，已成为影响黄土高原社会经济可持续发展的主要制约因素。因此，对黄土高原污染生态进行研究，对于改善环境、实现碧水蓝天的战略目标、促进社会经济与生态环境协调发展具有重要的战略意义。

第一节　环境污染及其生态过程

一、环境污染物

（一）定义

从污染生态学的角度出发，环境污染物是进入环境后能够改变环境的正常组成和性质，直接或者间接有害于生物正常成长和繁殖的物质（王焕校，2012）。污染物来源有自然来源，但是大部分来源于人类活动和生产（Mielke et al.，1999）。在环境科学和污染生态学的研究中仅研究由人类生活和生产所排放的污染物。

（二）污染物的性质

一种物质成为污染物，必须在特定的环境中达到一定数量和浓度，并且持续一定的时间（洪坚平，2011）。某一物质数量或浓度低于某一水平（如低于环境标准容许值或不超过环境自净能力）或只是短暂的存在，不会造成环境污染。环境的物质特点和元素组成能够反映在生物体组分中，并且生物与环境的物质组成有共存关系，少量的污染物质可能有益于生物体的正常生长（郭春梅和赵朝成，2007）。如铬是人体必需的微量元素，土壤中氮和磷在一定浓度下可以为植物的成长提供营养，低剂量的双对氯苯基三氯乙烷（dichlorodiphenyltrichloroethane，DDT）可以延长雄性老鼠的生命。但是如果污染物超过环境的承受能力，特别是在环境中存在较长时间，便会影响生物体的正常生长和生活，成为环境污染物。

污染物进入环境后，通过物理化学反应或在生物作用下，会形成新的物质，其危害性可能更大，也可能无害，即污染物质具有易变性（刘建奇，2015）。例如，人体内的硝酸盐在微生物的作用下可还原为强致癌物质——亚硝酸盐；农药在进入生物体之后，会发生一系列的降解作用，使其毒性降低。不同污染物同时存在时，可能会因为发生拮抗或协同作用使本身的毒性降低或升高。

二、生物在污染生态过程中的作用

污染物在环境中的空间位移及其所引起的富集、分散和消失的过程称为污染物的迁移（侯洪刚，2012）。在环境中通过物理、化学或生物的作用，污染物改变形态或转变为另一种物质的过程称为污染物的转化（戴树桂，2016）。污染物的迁移和转化行为相伴发生。污染物进入环境会发生一系列迁移转化行为，包括机械迁移、物理-化学迁移及生物迁移，其中物理-化学迁移是最重要的迁移方式。无机污染物可以通过溶解-沉淀、吸附-解吸等实现迁移，而有机污染物可以通过化学分解、光化学分解等实现迁移。物理-化学迁移的结果决定了污染物在环境中的存在形式、富集和潜在危害程度。

从污染生态学的角度看，人们更关注污染物在植物、动物和微生物等类群中的吸收和迁移行为（图 9.1）。

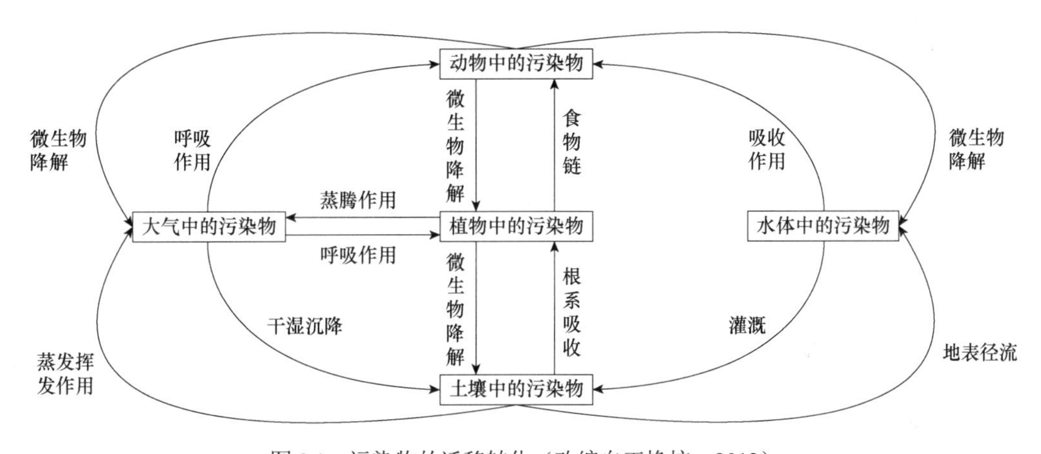

图 9.1　污染物的迁移转化（改编自王焕校，2012）

（一）植物对污染物的吸收和迁移

植物通过光合作用、根系吸收等过程获得营养物质和能量供其自身生长。土壤中的污染物可通过根系吸收进入植物体内，大气污染物则通过呼吸作用由叶片、茎、果实等吸收进入植物体内。

1. 叶片吸收过程

植物通过叶片表面的角质层黏附和吸收气态污染物，如 SO_2、NO_x 或光化学烟雾等。这部分吸收主要取决于植物叶片的分泌物、表面积大小及粗糙程度，如油松、云杉等枝叶可以分泌油脂的植物，或者草莓、杨梅等表面非常粗糙的植物都具有非常强的吸滞粉尘的能力。污染物透过角质层的速率和污染物的种类和浓度有关，与植物种类也密切相关。通常情况下，较厚的角质层有利于一些污染物的吸附，但也延长了污染物的传输时间，进而阻碍了污染物进入植物体。叶片吸收污染物的能力与植物本身年龄有一定关系。随着年龄的增长，植物角质层不断加厚，污染物累积越来越多，这会影响植物正常的呼吸作用和光合作用，也会影响植物对污染物的吸附。

在多种污染物复合污染的情况下，植物吸附污染物的能力会产生较大分化。如存在表面活性剂的情况下，活性剂不仅可以增大沉积物表面积，对污染物的溶解有促进作用，而且也可以溶解甚至破坏角质层，大幅度降低植物对外来污染物的抵抗能力。在剂量较大的情况下，表面活性剂对植物的生长有不利影响。

植物可以通过蒸腾拉力将污染物排出体外，同时大量的污染物可以通过呼吸作用经气孔进入植物体。DDT、多氯联苯（polychlorinated biphenyls，PCBs）等疏水性较强的有机污染物进入植物的途径主要靠叶片吸收（林庆祺等，2013）。SO_2首先通过叶片进入植物体内，之后经叶肉吸收，高浓度的SO_2可以影响叶片气孔的正常张开和关闭功能。O_3也是通过叶片气孔进入植物体，并伤害植物的栅栏组织（刘荣坤，1982）。Pb 主要通过叶片气孔进入植物体，比例可超过 80%（Deng et al.，2016b）。

为了准确评估植物通过叶片吸收污染物的总量，研究人员试图将污染物的理化性质与叶片吸收量联系起来对污染物累积量进行定量预测，但综合看只能对所研究的污染物累积量进行预测，无法对所有植物和污染物进行准确系统的预测。表 9.1 为几种常见针、阔叶树种截获的粉尘数量。

表 9.1　几种常见针、阔叶树种截获的粉尘数量（王焕校，1990）

项目	橡树	山毛榉	白蜡	白桦	杨	刺槐	松	落叶松	云杉	鹅耳枥
粉尘数量/%	7.15	5.90	8.68	10.59	12.80	17.58	2.32	4.05	5.42	7.92

2. 根系吸收

根系吸收是化学污染物进入植物的主要方式之一。水溶态的污染物到达根系表面主要依靠质体流途径，即污染物随蒸腾拉力，在植物吸收水分的同时，与水一起到达植物的根系；另一条途径就是扩散途径，即通过扩散到达植物根部。

到达根系表层的污染物不会全部被植物吸收，首先是根系表层的选择吸收作用，这决定何种污染物及多少污染物进入植物体。除了土壤特性、污染物理化性质和浓度以外，植物特性也起决定性作用。

含有污染物的土壤水溶液首先被吸收到根系表皮或表层组织，然后进入根系内表皮组织。根系内表皮含有一层浸满木栓质的不透水硬组织带。水溶解性污染物的疏导通道从根系向上分布一直到达木质部。污染物要进入内表皮，必须先通过硬组织带，进而到达导管细胞。由于硬组织带的疏水特性，污染物的理化性质决定其能否通过内皮层上的小孔。污染物的溶解性越强，辛醇-水分配系数越低，越不容易通过硬组织带；反之，污染物的溶解性越低，辛醇-水分配系数越高，越容易通过硬组织带。例如，艾氏剂和七氯都可以被萝卜根部大量吸收，但是 PCBs 却只能存留在胡萝卜的表皮部分。

污染物进入内皮层后，继续向上迁移的能力则与污染物进入根系的条件相反，溶解性较好的、辛醇-水分配系数较低的污染物更容易随植物体内的蒸腾流和植物体内汁液向上迁移，而溶解性较差的、辛醇-水分配系数较高的污染物则更多地残留在植物根系部分。这就是为什么有的污染物更多地聚集在植物的根系而不是植物的枝叶果实部分，而有的污染物则更倾向于向上迁移。

污染物可能会在植物体内积累，也可能会降解转化，还可以通过叶片的气孔排入大气。这些取决于污染物的类型和分子结构，其中部分污染物可能会吸附在植物的内表皮层被逐渐消化降解，失去在植物体内迁移的机会。

（二）动物对污染物的吸收和迁移

污染物进入动物体内主要有呼吸作用、摄食和表皮吸收三种途径，与机体吸收氧气和营养物质的过程伴随发生（Ferreira-Baptista and de Miguel，2005）。

1. 皮肤吸收过程

皮肤在与环境介质接触的同时，也与污染物接触。通常情况下，动物表皮对污染物的通透性较差，能够在一定程度上防止污染物的侵入。对于哺乳动物来说，污染物通过皮肤进入生物体内相对困难，污染物需要通过角质层、基底层及真皮组织才能进入生物体内，但仍有污染物可通过皮肤进入生物体，如部分有机磷农药可以通过皮肤吸收进入生物体内引起全身毒性。对于一些腔肠动物、节肢动物和两栖动物等，其皮肤屏障作用较差，抵抗外来污染物侵入的能力也较低，污染物可以较轻易地进入它们的体液或组织细胞。

对于哺乳动物，污染物先需要以简单扩散的方式通过皮肤角质层，而扩散速率取决于污染物性质、浓度及角质层厚度等。对于非极性的污染物，分子量越小、脂溶性越高则越有利于污染物通过脂质双分子层；而对于极性污染物，一般通过角蛋白纤维渗透。有的污染物可以破坏角质层的结构和屏障作用，增加皮肤的通透性，如酸、碱等污染物。通过角质层后，污染物面对的第二道防线是皮肤的真皮组织。真皮组织较为疏松，其抵御污染物的能力不如表皮组织，但血浆是水溶性液体，所以脂溶性大，容易透过表皮的污染物却不易通过真皮。一般认为，脂-水分配系数为 1 左右的污染物最容易通过皮肤的吸收而进入生物的全身循环。

2. 呼吸吸收过程

呼吸作用主要是针对一些高等动物而言的，而用皮肤呼吸的低等动物，则没有污染物皮肤吸收和呼吸吸收的差异。呼吸吸收的污染物首先附着在肺部。肺泡上皮细胞层极薄，而且表面积很大，大气中存在的一些挥发性气体、颗粒物及气溶胶等污染物可以直接穿透肺泡上皮细胞进入毛细血管。这一过程的主要机理是肺泡和血浆中污染物浓度不同引起的扩散作用，扩散速率依赖污染物的浓度和化学性质。通常情况下，气体、小颗粒气溶胶和脂-水分配系数高的物质更容易被吸收。肺的通气量和血流量也对污染物的吸收有很大作用，二者的比值越大，污染物的吸收速率也越高，所以在高温和运动的情况下，污染物通过呼吸作用进入生物体的量会明显增加。大气中的颗粒物和飘尘等污染物进入肺部后，会沉积在肺泡和气管表面。易溶于水的污染物被扩散吸收，而难溶于水的污染物将通过吞噬作用被吸收。

3. 摄食吸收过程

摄食吸收过程是污染物进入动物体内的主要途径。许多污染物可随同消化作用一起被动物吸收，其主要机理是由消化道壁内的体液和消化道内溶物间的浓度差引起的简单扩散作用。也有一些污染物可以通过动物吸收营养物质的专用转运系统进行主动吸收，如 Pb 就是通过

Ca 的转运系统被消化道吸收的（石年，2003）。

在哺乳动物不同的消化道器官中，口腔黏膜也可以吸附部分污染物，但口腔黏膜的吸收能力较差。胃是众多污染物进入动物体内的主要场所，其吸收污染物的能力主要取决于污染物的性质。有机酸多以分子结构出现，相比于有机碱，其更容易被吸收。小肠是动物体内吸收污染物的又一主要场所，在小肠内有机碱更容易被吸收。因为小肠的表面积巨大，所以对污染物的吸收量非常可观。另外，小肠上皮还可以通过饮液吸收一些颗粒物质，颗粒物质被包裹成一个泡囊并被携带通过细胞质，再被排放到黏膜固有层间隙，进入黏膜毛细淋巴管。

摄食途径吸收污染物受多种因素影响，如胃肠蠕动速率加快会加速污染物的吸收，胃肠内大量微生物对污染物产生降解作用，也会影响污染物的结构和性质产生变化。另外，污染物与食物在消化道中发生反应可能会使污染物变得更易吸收，也可能使污染物成为不易吸收的更大物质，从而阻碍其被动物吸收。

三、污染生态效应及其评价

（一）污染生态效应

到目前为止，生态效应也没有统一的定义。生态效应的定义主要包含两个方面（图 9.2）：①有利于生态系统中生物生存和发展，即良性的生态效应。例如，两个有毒污染元素共存的时候，发生拮抗作用，使整个生态系统中生物所受到的有害影响降低，如在缺 Na 的植物生态系统中，加入 Na 可使植物系统的生产量上升，这属于有益的生态效应。②不利于生态系统中生物生存和发展，即不良的生态效应。例如，重金属 Cd、As 或 Cr 等元素进入生态系统会使动物致癌、致畸、生理不适等，严重的会影响动物生命（汪雅各和章国强，1985）。通常把不利于生态系统中生物生存和发展的现象统称为生态效应。

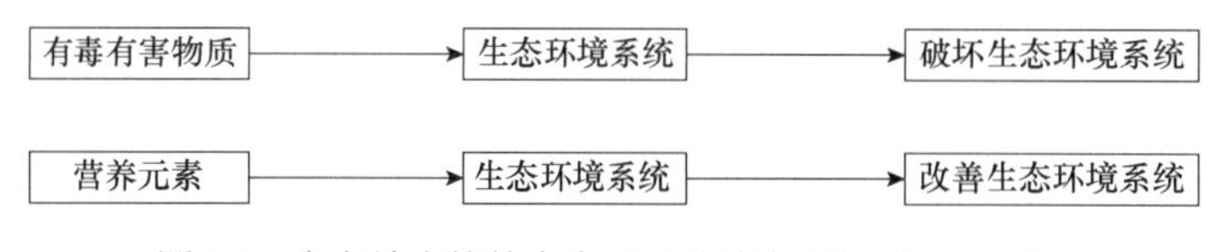

图 9.2　生态效应的基本内涵（改编自王焕校，2012）

污染物进入生态系统不可避免地会参与生态系统的物质循环，势必对生态系统的组成、结构等产生影响，而生态系统对这种影响的响应即为污染生态效应。通常将污染生态效应分可为以下三个层次。

第一，生物个体污染效应，指环境污染对生物个体的影响，是对生理生化过程影响的体现。常用的指标包括植物株高、生物量、产量，以及根、茎、叶的形态，动物体长和体重等。

第二，生物群体污染效应，指环境污染对生物种群的影响。如污染物的长期暴露对动植物分布、物种形成、生态型分化，以及植被组成、结构和演替的影响。

第三，生态系统污染效应，指环境污染对整体生态系统结构和功能的影响，包括生态系统组分、结构，以及物质循环、能量流动、信息传递等影响。

污染物进入生态系统后，污染物与污染物、污染物与环境间会发生相互作用，并使之成为生物的有效状态，有效状态的污染物才可被生物吸收利用，并在生物系统内循环（胡霞林等，2009）。污染物种类非常多，生态系统与生物个体又千差万别，因此生态效应的发生及其机制也较为复杂，包括：①物理机制，即污染物在生态系统内会发生众多物理过程，伴随这些过程，某些因子的物理性质也发生变化。例如，黄土高原一处热电站向水体排放冷却水会导致水体温度上升，这种情况称为“热污染”。②化学机制，即污染物与生态系统中各环境要素间发生化学反应，导致污染物的存在形式发生变化，进而改变其生物有效性和生态效应。例如，黄土高原每年燃烧化石燃料产生大量的 As 离子，As 进入土壤之后会形成亚砷酸盐和砷酸盐（Jiang et al.，2015）。③生物学机制，即污染物进入生物体后，对生物的生长、代谢、生理生化过程所生产的各种影响，其中污染物通常会在生物体内累积和富集，污染物量的不同会影响其对生物的毒性。例如，当 Cd 在蚕豆种子中的含量从 1.15mg/kg 上升到 2.16mg/kg，蚕豆种子的蛋白质含量会从 25.22%下降到 23.48%（张云孙和王焕校，1986）。又如，很多污染物会被生物体吸收降解，转化成为无毒物质。④综合机制，即污染物进入生态系统产生的污染生态效应，综合了很多物理、化学和生物学过程，并且往往是多种污染物共同作用，形成复合型污染效应。例如，在污染处理后的淤泥中，往往含有多种重金属，若处理不当，将导致重金属的复合污染效应。

污染生态效应从时间尺度上可以分为短期效应和长期效应。短期效应是指污染物对生物生理、生化过程的影响，使生物生长发育受阻，最终导致生物死亡。例如，一些重金属可影响植物根系对营养元素的吸收，进而影响植物根系的呼吸作用，并对植物细胞、种子活力，以及生长发育和生理生化等都产生影响；重金属也可以黏附在鱼类的鳃表面，造成鳃上皮和黏液细胞的营养失调，影响鱼类对氧气的吸收。又如，在陕西宝鸡市凤翔区发生的 Pb 污染事件，即 Pb 进入儿童体内，阻碍其智力发展（Deng et al.，2016a）。

长期效应是指污染物对生物多样性丧失和遗传多样性丧失的影响。污染物对遗传多样性产生的破坏，会使已有的遗传多样性减少，并使新的遗传变异降低，进而影响物种多样性。污染还会使生态系统结构简单化、物质循环路径减少或者不通畅，能量供给渠道减少，供给程度降低，信息传递受阻等。

（二）污染生态效应评价

污染生态效应评价是用各种定性和定量的方法来评估污染物对生态环境可能造成的风险，是生态风险评价的组成部分（王长友等，2009）。评价污染物在生态系统中的污染程度及所引起的生态系统质量变异时，应以生态环境条件及其组分变化为基础，以污染物质对人体、动物、植物，以及微生物的个体、种群的健康效应和相关效应为依据。此外，生物与地球环境化学组成的同一性、污染物质在生物组织中分布的选择性及生物对化学物质的必需性是衡量环境物质对生物体健康产生效应的重要依据，也是污染生态效应评价的重要依据。

污染生态效应评价主要包括以下 4 个方面的内容。

（1）污染生态效应的多样性。污染物对环境的影响有的呈线性关系，有的呈非线性关系。通常污染物对生态环境的影响有时滞效应、反馈效应、复合污染生态效应等。

（2）污染生态效应分析的全面性。污染物生态效应的产生包括三个阶段：①污染物的释放；②污染物在生物体内的迁移转化；③在适当条件下，污染物对生物体产生危害和影响。所以在评价污染生态效应的时候，要考虑污染物的产生和释放机理，污染物在不同环境条件下的存在形态和转化规律，污染物在不同环境介质中的迁移转化规律及毒害机理等。

（3）污染生态效应的综合性。污染生态效应往往是众多污染物与环境要素综合作用的结果，即复合型污染生态效应，包括污染物的协同作用、毒理作用、拮抗作用等。因此，污染生态效应评价应当关注复合型污染生态效应的分析。

（4）生态系统抗冲击能力的有限性。生态系统对污染物的抵抗能力都有阈值。当污染物浓度或者数量超出生态系统或者生物适应能力的阈值时，才可能产生污染生态效应，极端情况下表现为整体生态系统完全崩溃。

（三）污染生态效应评价的类型

生态系统类型复杂多样，污染物种类也多种多样，污染生态效应作用机制非常复杂，所以污染生态效应的评价方法也丰富多样。污染生态效应评价大致可分为短期效应评价和长期效应评价。

短期效应评价是指污染物对生物个体毒害作用的评价，包括生物生理和生化过程受阻，生产发育停滞，最后可能导致死亡。长期效应评价是指污染物对群落和生态系统影响的评价，包括遗传多样性的丧失、物种多样性的丧失、生态系统结构的简单化等。

污染生态效应评价方法包括生物学评价法和综合评价法。生物学评价法，按照一定标准对一定范围内的环境质量进行评定和预测，具体方法包括指示生物法、生物指数法和物种多样性指数法等。综合评价法包括重叠法、列表清单法、相关矩阵法和网络法等。

污染生态效应评价的基本内容包括污染物的毒害效应、遗传多样性的丧失、物种多样性的丧失和生态系统结构的变化（图 9.3）。

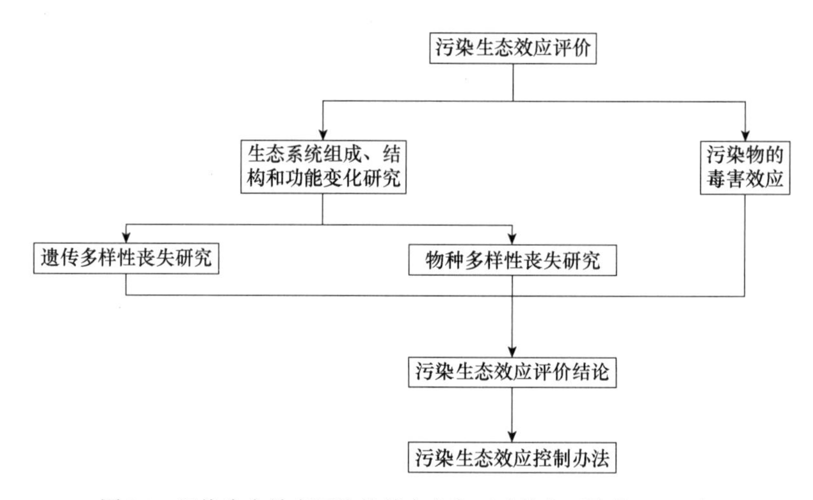

图 9.3　污染生态效应评价的基本内容（改编自王焕校，2012）

污染生态效应评价过程包括以下几个方面。

第一，分析生态系统组成、结构与功能的变化。主要利用生态学的方法，对生态系统中的各个种及非生物环境进行分析，确定评价生态系统能量流动和物质循环的规律及信息传递模式。

第二，分析污染物的物理化学性质及生态毒理学效应。主要对生态系统污染物的物理、化学与生物学特性进行研究分析，计算或者推测污染物的毒性；也可通过生态毒理学实验，直接确定污染物对生物个体的急性和慢性毒性效应（表 9.2）。

表 9.2　污染生态毒理学效应等级体系（孟紫强，2009）

时间等级	作用机制	典型毒性效应
急性	物理作用	动物或人体皮肤、呼吸道显著敏感；植物叶片损伤
	化学反应	动物或人体皮肤受腐蚀
	生理反应	酶活性下降，身体不适、疼痛
	分子反应	对遗传基因有破坏性作用
慢性	物理作用	动物或人体皮肤、呼吸道不舒服；植物叶片变黄，脱落，生长受抑制
	化学反应	污染物显著积累效应
	生理反应	导致疾病，对生殖能力有影响；植物光合作用下降
	分子反应	后遗症或疾病遗传给下一代，对生物体有强烈的致癌作用

第三，布设监测网点和建立模拟系统。根据生态系统组成、结构和功能及污染物的理化特性，确定需要监测的环境要素，为评价提供参考。必要情况下，建立微宇宙、中宇宙等模拟研究系统，明晰在不同情况下可能会出现的污染生态效应。

第四，获得生态系统污染数据。按质量保证要求进行分析测试，获得污染物在生态系统或生物体内的可靠污染数据。

第五，运用数学模型预测污染生态效应。模拟污染物对生态系统、生物个体、种群和群落生态效应的动态影响。

第六，提出污染生态效应控制对策，根据污染物的分布与危害程度评价结果，制定控制污染生态效应的综合方案。

（四）污染生态诊断

污染生态诊断是污染生态学的一项重要的基础性工作，用于判断生态系统质量的优劣。国外从 20 世纪 20 年代开始，已有污染生态诊断相关研究出现；我国自 20 世纪 70 年代开始污染生态诊断研究，已成为污染生态学的重要前沿领域和研究方向（林育真，2004）。

生态系统污染诊断按照一套综合会诊程序和行之有效的方法（包括物理、化学、生物学及生态毒理学等方法）对生态系统质量进行说明、评价和预测。目的是通过对污染源的全面检查，确定主要污染源、主要污染物及其排放特征，了解主要污染物的污染程度及范围，研究污染物的分布和运动规律，探讨污染发生的机制，掌握生态系统质量的变化规律，为制定区域污染物排放标准、生态规划等提供依据。

生态系统污染物主要包括人类生产和生活过程中产生的有害物质，其种类多、数量大，包括重金属元素、工业废气、废水、农业生产的化肥农药等（表 9.3）。

表 9.3　危害生态系统的主要污染物

类型	种类	主要污染物
大气污染物	大气污染物	飘尘、SO_x、NO_x、CO、总氧化剂
水体污染物	无机污染物	酸、碱和一般无机盐，以及 N、P 等植物营养物质
	无机有毒物	各类重金属、氰化物和氟化物
	有机无毒物	碳水化合物、脂肪和蛋白质
	有机有毒物	苯酚、多环芳烃、多氯联苯、有机农药等

续表

类型	种类	主要污染物
土壤污染物	营养性无机污染物	氨根离子，磷酸根离子，硝酸根离子
	重金属与无机毒物	As、Cr、Pb 等
	放射性毒物	Cs、Sr
	有机污染物	酚类、多环芳烃、油类等
	有害微生物	肠道细菌、结核杆菌等

污染生态诊断的前提是明确污染的产生原因、时空分布，以及污染物浓度与危害的关系。污染物进入生态环境，破坏生态系统的平衡，最终通过食物链进入人体，危害人类健康。例如，某火电站，随季节不同其排放的污染物种类和浓度也不同；同时，其烟囱排放的污染物在不同高度和距离的分布也不同。

污染生态诊断的主要方法有敏感植物指示法、敏感动物指示法、发光细菌诊断法、物理诊断法和遥感诊断法。

（五）污染生态监测

污染生态监测是以生态系统为对象，运用物理、化学和生物技术手段，对污染物及其有关组分进行定量和系统综合分析，以探索生态系统质量及其变化规律。

污染生态监测的目的：①根据污染物或者其他影响生态系统质量因素的分布，追踪污染路线，寻找污染源；②确定污染物对生态系统造成的影响，记录污染物在时空的分布特征、迁移转化情况；③研究污染物的扩散规律，模拟和预测污染物的迁移路径，为环境治理提供依据；④收集生态系统的本底值及其动态数据，积累长期的监测数据，为污染生态诊断和环境质量评价提供数据支持（罗文泊和盛连喜，2011）。

污染生态监测和分析方法与环境监测相似，监测过程包括现场调查、样品分析、生态实验、室内毒性试验、数据统计和分析、编写报告。所有监测过程都需要按照一定的技术规范进行，确保监测的质量。

第二节　黄土高原土壤污染生态

一、土壤组成

土壤是地球表面的一层疏松的物质，是由各类颗粒状矿物质、有机物、水分、空气和微生物组成的三项多孔体系。土壤不仅是陆地生态系统的基础，对陆地生态系统的生物多样性、稳定性和生产力起着极其重要的作用，更是人类赖以生存的场所，为人类提供物质基础和生产资料，与此同时也深受人类活动的影响（Chen et al.，2012）。

土壤固相包括土壤矿物质和土壤有机质。土壤矿物质占土壤的绝大部分，占土壤固体质量的 90%以上。土壤有机质占土壤固体质量的 1%～10%，一般在可耕性土壤中占 5%，绝大部分有机质存在于土壤表层（戴树桂，2006）。土壤液相是土壤水分及其水溶物。典型土壤约有 35%体积为充满空气的孔隙。土壤的典型结构见图 9.4。

典型土壤随深度呈现不同的层次（图 9.5）。最上层为覆盖层，由枯枝落叶组成。第二层为淋溶层，是土壤中生物活动最活跃的一层，有机质大部分在这一层。第三层是沉积层，接纳来自上一层的淋溶有机物、盐类和黏土颗粒类物质。第四层是母质层，是由风化的成土母岩构成。母质层下面为未风化的基岩。

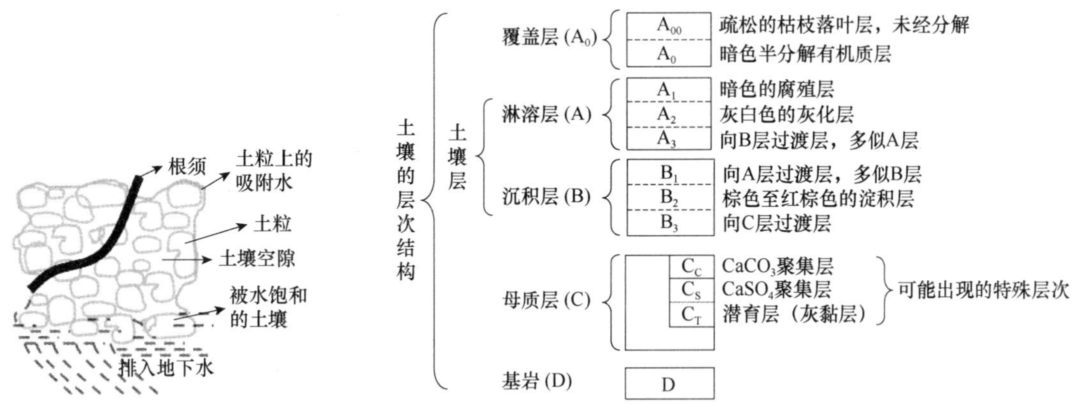

图 9.4　土壤中固、液、气相结构图（Manahan，1984）

图 9.5　自然土壤的层次结构（南京大学地理系等，1980）

二、土壤类型

黄土高原黄土覆盖厚度大多在 100m 以上，最大厚度超过 200m。黄土高原土壤类型和分布面积见表 9.4，其中黄绵土和褐土占优势。

表 9.4　黄土高原主要土壤类型及分布面积（徐香兰等，2003）

土类	土类面积/万 km^2	土类面积百分比/%
黄绵土	14.328	33.34
褐土	10.640	24.76
灰钙土	3.098	7.21
黑垆土	2.705	6.29
塿土	2.373	5.52
棕壤	2.205	5.13
栗钙土	1.809	4.21
灰褐土	1.671	3.89
合计	38.83	90.34

黄绵土是黄土母质经直接耕种而形成的一种幼年土壤，主要特征是剖面发育不明显，土壤侵蚀严重，广泛分布于黄土高原，其中以甘肃东部和中部、陕西北部和西部面积较广。黄绵土全剖面呈强石灰性反应（pH 为 7.5～8.5）。土壤主要由 0.25μm 以下的颗粒组成，细砂粒和粉粒占总重量的 60%。黄绵土疏松多孔，总孔隙度为 55%～60%，通气孔隙最高可达 40%，

透水性良好，有机质含量低（邹年根和罗伟祥，1997）。

褐土主要分布于山西中南部和陕西关中平原。褐土呈中性至微碱性。褐土的淋溶程度不太强烈，矿物质和有机质都积累较多，腐殖质层较厚，肥力较高。

三、土壤污染特点和污染物类型

由于土壤的结构和特性，污染物进入土壤之后会发生一系列物理化学反应，改变了污染物的毒性和形态，以缓冲土壤污染的发生。随着污染物进入土壤的时间延长及浓度增加，控制和影响污染物形态和毒性的土壤过程也会改变其方向、性质和速度。不同于其他类型的污染，土壤污染具有如下特征（顾继光等，2003；吴瑞娟等，2008）。

第一，土壤污染具有隐蔽性和潜伏性。不同于其他环境媒介（空气和水）中的污染问题，土壤污染需要通过对土壤样品进行测定，甚至通过对人畜健康状况的长期监测才能确定。因此，土壤污染一般不容易及时发现和处理，具有滞后性。例如，在日本发生的土壤镉污染，经过了10～20年之后才被人们发现。

第二，土壤污染具有累积性。污染物质在大气和水体中往往比较容易迁移，而在土壤中较难扩散和稀释，容易在土壤中不断累积而超标。例如，宝鸡市凤翔区铅锌冶炼厂周边发生的铅污染事件，冶炼厂于2006年投产，到2009年发现周边农村中数百名儿童血液中铅含量超标。经检测发现，冶炼厂周边土壤中铅含量呈现逐年递增的趋势（张丽慧，2011）。

第三，土壤污染具有不可逆转性。例如，重金属污染基本是一个很难逆转的过程，很多其他物质的污染也需要较长时间才能降解。

第四，土壤污染具有长期性和难治理性。土壤本身具有净化污染物的能力，但当污染物浓度超过土壤本身自净能力时，累积在土壤中的污染物很难靠稀释和降解作用而消除。一旦发生土壤污染，不能简单靠切断或减少污染物排放来治理，只能通过工程或物理化学等措施来治理。因此，治理土壤污染的成本较高，周期较长。例如，有机农药DDT在土壤中的半衰期为2～4年，若消解土壤中含量的95%的DDT则需要10～30年。虽然DDT早已经全面禁止使用，但对环境和生物的危害仍会存在较长时间。

按照污染物类型，土壤污染物可分为化学污染物和生物类污染物。其中，化学污染物主要包括有机污染物和无机污染物，有机污染物主要指农药化肥、多环芳烃等，无机污染物主要是重金属元素，也包括N、P、S等营养元素及一些放射性元素。

重金属污染、农药化肥污染和有机矿物油污染是黄土高原污染的主要问题。

重金属污染是指重金属元素，如Cd、Cr、Pb、Zn和一些类金属元素As、Se等在土壤中超标造成的污染。重金属在土壤中不会被微生物分解，易于在生物体内积累，对生物的生存和成长造成极大危害，是土壤最重要的污染物之一（Adriano，2001）。

农药包括杀虫剂、除草剂和植物生长调节剂。长期和过量地使用农药会促进害虫的抗药性不断增强，破坏农业生态平衡；更重要的是农药结构稳定，不易在土壤中被降解，最终会通过食物链进入人类体内，危害人类健康。合理科学地使用化肥一般不会造成土壤污染，但是长期以来，我国农业生产过度依赖化肥来提高农作物产量，对土壤、植物和环境造成了污染，其中化肥中的N、P、硝酸盐等会对土壤及地下水造成不良影响。

有机矿物油污染主要包括多环芳烃、各类烷烃、芳烃混合物等有机类化合物及石油对土壤的污染。

四、黄土高原土壤污染现状

黄土高原土壤面上污染并不严重，局部工业城市及矿区土壤污染较为严重。由于黄土高原沟壑纵横，工业城市多位于盆地之中，能源结构又以燃煤为主，大气粉尘和有害气体溶液在土壤中聚集；大气扩散能力较差，往往造成局部地区重金属污染严重。黄土高原油气储量丰富，部分地区存在石油污染。此外，随着农业产量的上升，农业化肥滥用加剧，威胁农田土壤生态系统安全。据统计，2006年山西全省耕地土壤重污染面积达到8000hm^2，污染比较严重的有6.7万hm^2，占全省耕地面积的1.7%（冀宪武等，2007）。

五、主要污染物及来源

第一，重金属污染。黄土高原是中国最重要的煤炭和矿业产区，能源结构以燃煤为主，工业结构以重化工业为主，这极易造成土壤中重金属含量超标。张锂（2007）对甘肃兰州红古窑街矿区的土壤调查发现，矿区土壤整体属于重金属中度污染，个别重金属达到重度污染，重金属主要来源于煤矸石和煤粉。2017年内蒙古和陕西居全国煤炭产量的第一位和第三位，榆林和鄂尔多斯两市分别是两省区最重要的产煤区。随着煤炭产量的不断增加，土壤污染日趋严重。鄂尔多斯东胜矿区多个煤田周边农田土壤受到了采矿行为产生的重金属不同程度的污染，其中采矿时间较短则污染较轻，采矿时间较长则污染较严重（李冬梅，2014）。山西大同某煤矿周边土壤中的Pb、Zn和一部分Cu来自采煤和选煤过程（刘玥等，2016）。除了对典型煤炭矿区，研究人员也对黄土高原部分工业园区土壤污染进行了研究，如陕西省宝鸡市凤翔区铅锌冶炼厂周边土壤和农作物Pb含量超标，土壤中Pb达到中度污染水平；运用同位素地球化学方法揭示冶炼厂是土壤Pb污染的主要来源（Deng et al.，2016b）。

除了工矿区，科技工作者还研究了黄土高原区域内主要城市土壤中重金属污染情况。太原市土壤中重金属潜在生态危害处于轻微状态，市区污染较重，农田污染较轻，整体可控，污染来源主要是居民日常生活和工业生产（刘勇等，2011）。西安市二环内市区土壤重金属潜在生态危害也处于轻微状态，重金属对居民健康造成的风险较小，重金属主要来自交通和工业排放（Chen et al.，2012）。兰州市土壤中重金属Pb、Zn和Cu的含量均超过背景值，说明城市表层土壤已经受到重金属的污染，其中Pb污染程度较重，属于中度污染，Zn和Cu属于轻度污染，污染来源主要是工业生产活动、交通运输和商业活动（Wang et al.，2013）。

现代生活和工业生产产生的“三废”往往被排出到农业用地，造成农地污染；另外，农药和化肥也带有大量重金属元素，极易在农业土壤中累积。黄土高原大规模农用地重金属污染的研究报道较少，主要集中于小区域的农田调查。例如，关中平原农业土壤中重金属处于轻微污染状况（邓文博等，2017），其中Pb、Zn和Cu主要来源于交通排放，Zn和Cu的其他来源是农业生产化学物质的使用，Mn、V、Co和As主要来自工业排放。陕西渭北黄土高原已成为世界上最大的苹果产区，但农药化肥的大量使用给果园土壤生态平衡带来威胁，如福美胂农药的大量使用，使果园土壤中As含量日趋上升，已经超过相关土壤标准，需要及时防控（刘子龙等，2009）。

第二，化肥和农药污染。农业污染主要是滥用化肥、农药对农业用地造成的污染。残留在土壤中的化肥农药不仅会通过食物链危害人畜健康，而且还能通过水土流失迁移到水体或其他区域造成二次污染。化肥通常在土壤中残留 10%～15%，40%～65%进入水体。据统计，2017 年山西省化肥施用量为 120 万 t，由此估算，山西省 2017 年氮肥流失量约 60 万 t，残留化肥已成为巨大的污染暗流（山西省统计局，2017）。2004 年山西省农药施用量为 2.07 万 t，比 1995 年增加 60.2%。但农药利用率普遍偏低，喷洒的农药一般仅有 20%～30%附着在植物体上，70%～80%的农药直接进入环境，其中 40%～60%的农药残留在土壤中，对生态环境和农产品造成污染，对农田土壤生态系统造成巨大的污染威胁。以临汾市为例，临汾市位于山西省南部，有比较丰富的土地资源，肥沃土壤分布相对集中，是山西省重要的棉麦和苹果生产基地，由于长期使用农药和农药残留，土壤污染严重。临汾市 20 世纪 70 年代后期至 20 世纪 80 年代初期，每年农药使用量均超过 1000t；进入 21 世纪后，每年农药使用量约 3000t，已导致部分区域土壤严重污染，土地生产力明显下降（钱秀杰等，2008）。陕西省果园也存在类似的情况。甘肃省 1993 年化肥和农药消耗量为 153.94 万 t 和 0.56 万 t，到 2007 年已分别增加到 273.47 万 t 和 3.53 万 t，累计年平均增产率为 5.2%和 35.4%。大量施用化肥使甘肃省农田化肥 TN、TP 流失量年均值高达 12.22 万 t 和 3.3 万 t，并且呈逐年增长的趋势；同时，农药的流失也相当严重（甘肃省统计局，2007）。陕西省 2017 年农药施用量超过 232 万 t，同样造成大量 TN、TP 的流失，严重威胁土壤生态环境（陕西省统计局，2017）。

第三，土壤石油污染。黄土高原油田遍布陕甘宁等地，石油开采历史超过 90 年。横跨多省的长庆油田目前已成为我国第一大油田，累计探明油气储量超过 5 亿 t。随着石油开采和加工的发展，土壤石油污染也随之产生并日趋加剧。据调查，陕西北部地区石油污染土壤面积超过 708.16 万 hm^2，土壤中总油烃（TPHs）含量为 5000～60 000ppm（$1ppm=10^{-6}$）（王国锋和王金成，2017）。安塞区一处油井附近土壤（0～4cm）TPHs 含量均超过 60 000ppm，地表以下 12～16cm TPHs 含量超过 21 000ppm，均远远超过临界值（200ppm）（张妍，2008）。自 20 世纪 70 年代以来，甘肃省陇东地区已成为长庆石油公司重要的石油产区，造成该地区的石油污染较为严重。据统计陇东地区石油污染面积已达 500～1000hm^2，在污染较重的区域，土壤原油含量高出临界值 7 倍以上（王金成等，2012）。

第三节　黄土高原大气污染生态

一、大气污染概述

大气是人类赖以生存的基本环境要素。大气污染是指当大气中某种气体异常增多或有新的成分增加并达到足够的滞留时间，进而危害生物正常生存的现象。按照国际标准化组织（International Organization for Standardization，ISO）定义：大气污染通常指由于人类活动和自然过程引起某些物质介入大气中，呈现出足够的浓度，达到足够时间，并因此危害了人体健康或危害了环境。20 世纪 30～60 年代，马斯河谷事件、洛杉矶光化学烟雾事件、伦敦烟雾事件等公害事件引起了全世界对大气污染的广泛关注。据初步统计，已产生危害或引起科学界关注的大气污染物有 100 种左右，其中影响范围广、对人类威胁较大的主要有气溶胶状态污染物和气体状态污染物。

气溶胶状态污染物，或被称为大气颗粒物，指大量液态、固态微粒在大气中的悬浮胶性体，主要包括粉尘、烟液滴、雾、降尘、飘尘、悬浮物等，其直径为 0.002～100μm。根据其类型不同，可分为沙尘气溶胶、碳气溶胶、硫酸盐气溶胶、硝酸盐气溶胶、铵盐气溶胶和海盐气溶胶。其中，沙尘气溶胶是对流层气溶胶的主要成分，每年春季大量沙尘气溶胶随沙尘暴天气进入大气，并在一定的大气环流背景下输送到上千公里外的人口密集区，从而危及和影响人类赖以生存的自然环境。大气气溶胶中各种粒子按其粒径大小又可以分为总悬浮颗粒物（total suspended particulate，TSP）、降尘、飘尘、可吸入颗粒物 PM_{10}（particulate matter）和细颗粒物 $PM_{2.5}$。TSP 是悬浮在空气中空气动力学当量直径在 100μm 以下的颗粒物；降尘一般指用降尘罐采集到的大气颗粒物，其直径一般大于 30μm，单位面积降尘可作为评价大气污染程度的指标之一；飘尘指能在大气中长期漂浮的悬浮物质，其直径通常小于 10μm； PM_{10} 一般指直径在 10μm 以下的颗粒物；$PM_{2.5}$ 一般指直径小于或等于 2.5μm 的颗粒物。粒子由自然过程和人类活动产生。人类生产和生活过程中不断有微粒进入大气，大气通过物理、化学过程也会产生一些微粒。

气体状态污染物主要包括硫氧化合物、氮氧化合物、碳氧化合物及碳氢化合物。大气中不仅含无机污染物，而且含有机污染物。硫氧化合物主要是 SO_2 和 SO_3。大气中的 SO_2 主要源于含硫燃料的燃烧过程，以及硫化矿物石的焙烧、冶炼过程，包括火力发电、有色金属冶炼、硫酸生产、炼油和燃煤或油、炉灶等。氮氧化物种类很多，造成大气污染的氮氧化物主要是 NO 和 NO_2。大气中氮氧化物主要来自燃料燃烧过程，其中 2/3 来自汽车等流动源的排放。另外，自然界中有机体腐烂也可产生 SO_2；碳氧化物主要是 CO，主要由燃料不完全燃烧产生，80%由汽车排出，此外还由森林火灾、农业废弃物焚烧等过程产生。CH_4 转化、海水挥发、植物排放物转化、植物叶绿素的光解等自然过程中也会产生 CO。CO_2 浓度增加会引发全球性气候变化，进而成为大气污染问题中的关注点。碳氢化合物（HC）又称烃类，是形成光化学烟雾的前体物，分为 CH_4 和非 CH_4 烃两类，其中 CH_4 是在光化学反应中呈惰性的无害烃，非 CH_4 烃（NMHC）主要有萜烯类化合物，主要来自汽油燃烧、焚烧、溶剂蒸发、石油蒸发和运输损耗、废物提炼。

大气污染可使植物生理活动受到抑制，使其生长不良，抗病虫害能力减弱，甚至导致植物死亡。对人体的危害主要是使人患呼吸道疾病，有急性中毒和慢性中毒，严重可致癌。大气污染还对工农业生产造成影响，如酸性污染物对工业材料、设备和建筑设施的腐蚀，以及飘尘增多对精密仪器、设备生产、安装调试和使用带来的不利影响。大气污染也可对气候产生不良影响，如大气污染降低能见度，从而减少太阳辐射，导致城市佝偻病的发病率增加。大气污染可给农业生产带来损失，少量 SO_2 就能影响植物的生理机能。

大气污染类型主要取决于污染物的化学反应特性，气象条件，如光照、风速、温度、湿度等也起着重要的作用。根据污染物的化学性质及大气环境状况，可分为烟雾（伦敦型、光化学型）、酸雨、温室效应、臭氧层破坏、扬沙及沙尘暴等。近年来我国多地雾霾频发，国内学者对于大气中可吸入颗粒物 PM_{10} 及细颗粒物 $PM_{2.5}$ 污染开展了大量研究。

二、黄土高原大气污染特点

黄土高原自然条件复杂多样，生态系统脆弱。受地形和气候条件影响，黄土高原大部分地区容易发生大范围的沙尘天气，是我国主要的沙尘源区之一。另外，每年 11 月至翌年 3 月是当地集中采暖期，燃煤为主要的取暖手段，采暖期燃煤排放对当地的空气质量和气溶胶成分有重要影响。

黄土高原城市冬季采暖期较长，静风和逆温天气较多，大气污染呈现区域性、复合型特点，如太原、西安、兰州等城市以重工业为主，能源结构不尽合理，以煤炭为主，并且随着经济社会的发展，城市化进程的不断加快，汽车尾气、工业生产等排放的污染物不断增加，由煤烟型污染逐渐演变为机动车尾气复合型污染。黄土高原城市大气颗粒物的污染越来越严重，灰霾天气日渐增加，其成分非常复杂，含有多种污染物，包括多环芳烃、Pb、Zn、SO_4^{2-}、NO_3^-、NH_4^+、元素碳、有机碳等。$PM_{2.5}$ 直接反映了空气污染程度，决定了人们赖以生存的大气环境质量，因此备受社会各界高度关注。虽然 $PM_{2.5}$ 在大气组分中占比很小，但其持久地存在于大气中，对人类生命健康危害最大。$PM_{2.5}$ 浓度与肺炎、支气管炎等呼吸系统疾病的发病率有显著关系，长期吸入将引发急性呼吸道和心血管疾病。

三、黄土高原沙尘暴特征

自 21 世纪以来，黄土高原频繁发生大规模的扬沙及沙尘暴天气，给人们日常生活带来严重影响。

沙尘天气分为浮尘、扬沙和沙尘暴，其共同特点是能见度下降，天空混浊，多在冷空气过境或雷雨影响时出现，发生在干旱的春季。扬沙天气发生时，风较大，水平能见度为 1～10km。沙尘暴使空气混浊，水平能见度小于 1km，天空呈现沙褐色，甚至红褐色。浮尘使水平能见度小于 10km，多为远处尘沙经上层气流传播而来，或为沙尘暴、扬沙出现后尚未下沉的细粒悬浮空中而成。沙尘气溶胶对城市地区造成了严重的空气质量污染，空气中粗模态的矿物气溶胶粒子明显增加，同时沙尘天气还伴随着大风、降温的发生。

（一）成因

沙尘暴的形成及其大小直接取决于风力、气温、降水及与其相关的土壤表面状况。土壤气温升高，可加速土壤解冻，加速土壤水分的蒸发，使疏松沙土极易被大风扬起。沙尘暴颗粒以地壳元素为主，粒径主要在 2.1μm 以上。黄土高原典型气候特点是春季干旱，降水少。解冻后大面积的表层土壤干燥、疏松，植被尚未形成，极易产生扬沙。冷空气活动频繁，大风持续出现，会导致沙尘暴出现。此外，全球气候变化会使降水模式发生改变，极端气候事件增多，有利于沙尘暴天气的频繁发生。植被破坏和土地沙化也加剧了沙尘暴的发生频率和强度。沙尘暴是各种天气尺度及其特殊地形（如地形狭管效应）和下垫面条件共同作用的结果，并会形成形似原子弹爆炸后的蘑菇状烟云。沙尘暴使空中沙尘粒子大量增多，光学厚度可增加 20 多倍，TSP 超过国家空气污染浓度规定二级标准的 40 倍。沙尘暴过境前后，气象要素变化十分剧烈，过境前温度很高，气压很低，天气晴好，风速很小，沙尘暴一到，顿时狂风大作、沙尘飞扬，温度剧降、气压猛升。

（二）季节变化及影响

黄土高原风沙活动和降雨主要由季风引起。有关沙尘发生的季节变化和年变化特征研究表明，华北地区沙尘天气存在明显的季节变化，主要发生在 3 月和 4 月（叶笃正等，2000；王锦贵和任国玉，2003）。张小玲和王迎春（2001）认为，降水量持续偏少，年平均气温偏高，最高气温偏高，造成土壤水分蒸发强烈，土壤干燥疏松，容易引起沙尘天气。气温回暖后，强对流天气与高空环流的有机配合，满足了沙尘暴发生的条件，使沙尘暴存在着明显的季节变化特点，75%的沙尘天气发生在春季，尤以 4 月的沙尘暴发生次数为全年最高，且以扬沙为主；5 月以后沙尘暴发生次数急剧下降，9 月和 10 月为最低（王锦贵等，2003）。因此，干暖的气候背景、前冬气温偏低、频繁的冷空气和气旋活动及各种原因导致的荒漠化扩大趋势是我国黄土高原春季沙尘天气较频繁的主要原因（叶笃正等，2000；张莉和任国玉，2003；陆均天，2003；韩忠辉，2010）。

在全球变暖背景下，粉尘源区气候趋于暖湿化，可能导致黄土高原沙尘暴减少，使粉尘堆积的速率减小，因而，黄土高原将进入成壤相对强的时期。国内已有研究发现，强的东亚冬季风有助于冬季及下一个春季沙尘天气的发生，反之亦然。而强的夏季风则会抑制年际间沙尘天气的发生。

（三）时空分布特征

刘国梁和张峰（2013）研究表明，黄土高原沙尘天气主要发生在西部，东部偏少（图 9.6）。年平均出现沙尘暴日数超过 10d 的有甘肃景泰，内蒙古包头、临河、鄂托克旗和东胜，宁夏盐池和同心，陕西横山，最高值在盐池，平均每年有 19.2d 出现沙尘暴；除了上述 8 个站扬沙日数超过 38d 外，还有陕西榆林和宁夏中宁，最高值也出现在盐池，平均每年有 86.1d 出现扬沙天气；浮尘日数超过 38d 的有景泰、盐池和青海民和，最大值出现在景泰，平均每年有 45.7d 出现浮尘天气。沙尘暴和扬沙天气具有相同的极值中心，反映了沙尘暴和扬沙均是由强风将当地沙尘吹起而引起的天气现象，浮尘日数的分布反映了沙尘颗粒物的传输路径。

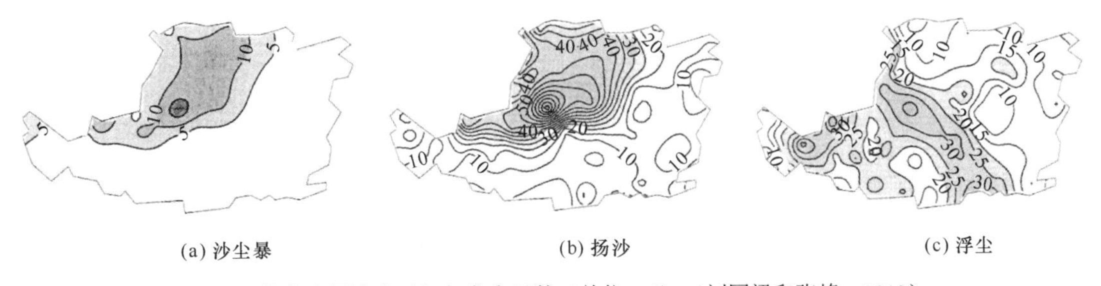

图 9.6　黄土高原沙尘天气年发生日数（单位：d）（刘国梁和张峰，2013）

黄土高原沙尘天气的年变化如下，以 1958～1980 年沙尘天气较多，1990～2000 年沙尘天气大约是 1958～1980 年的 1/5。1966 年为扬沙和浮尘天气最多的一年，1958 年为沙尘暴天气最多的一年，1966 年是沙尘暴天气次多的一年（图 9.7）。沙尘天气整体上呈现减少趋势，黄土高原沙尘天气的下降趋势与全国沙尘天气下降趋势一致。该地区年降水量的减少趋势和年平均气温的上升趋势没有导致该地区沙尘天气的增加。

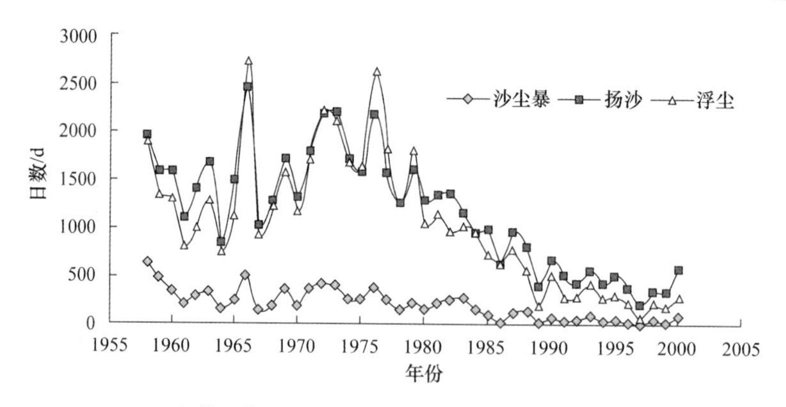

图 9.7 1958～2000 年黄土高原沙尘天气年发生日数年变化（刘国梁和张峰，2013）

（四）沙尘暴与降水关系

风沙活动和降水是引发干旱-湿润过渡区水土流失等环境问题的主要根源（颜明等，2013）。黄土高原是冬春季风引起的风沙输移和夏季风带来湿润空气形成的强降雨两者活动的交汇区。风沙活动提供了大量的黄土，同时也造成土地沙化，影响空气质量。从西北带来的沙尘也会沉降在黄河中游干旱-半湿润过渡区，成为降雨的作用对象。黄土高原位于中国第二级阶梯，水流的高势能是本区的松散堆积物易侵蚀和易输移的潜在条件，植被破坏后在暴雨的冲刷下成为世界著名的高强度侵蚀区，导致黄河下游淤积严重，形成地上悬河，对人民的财产和生命安全构成巨大威胁。

黄土高原沙尘暴日数和降水量在空间上都具有地带性，降水量从西北向东南递增，气候由干旱、半干旱向半湿润过渡。地表物质由风成沙、沙黄土向典型黄土和黏黄土过渡，自然植被类型依次为荒漠、草原、森林草原、森林，自然地理因子的地带性分异导致了沙尘暴的频率按同一方向递减（图 9.8）。沙尘暴和降雨这种整体格局的反向渐变式分布由海陆大气压力差格局所决定。

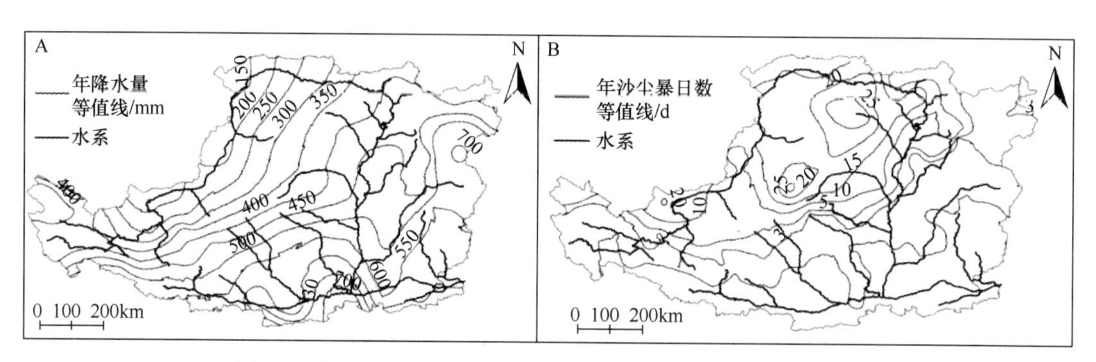

图 9.8 黄土高原降水量和沙尘日数空间分布（颜明等，2013）

降水和沙尘暴在 20 世纪 80 年代前后发生了明显的变化，这可能源于气候周期变化和全球变暖的双重影响。近半个世纪来，包括中国北方在内的北半球中高纬度地区明显变暖，且欧亚大陆高纬度比中低纬度增温明显，后果之一就是改变了中纬度大气的温压结构和对流层中上层平均西风环流特征，减弱温带气旋锋生作用，使冬、春季寒潮势力减弱（Qian et al., 2002）。由于海陆面积比例和热容的差异使陆地在升温时更容易产生响应，由此使冬季的寒潮势力明显减弱。受夏季的高温和高热容海洋能量的输出变化影响，气温升高对处于中低纬度夏季风的影响却要小得多。另外，气温升高导致全球风场变化，沙尘源区平均风速和大风日数的长期下降才是导致黄土高原沙尘暴天气生成所必需的起沙动力条件弱化的根本原因。在全球升温的背景下，气温和风速都产生了显著的变化，但由于风沙活动和降水的产生机制不同，风是沙粒启动的必要条件，但对于降水来说却未必有完全的限制性。从 350mm 年降水等值线的伸缩来看，20 世纪 80 年代后风速降低可能部分地导致了夏季暖湿气团移动速度降低，最终致使西进距离缩短。随着沙尘暴日数的减少，大气气溶胶含量降低，成云致雨的凝结核减少，这可能对后期降水量减少起到了一定作用。

四、黄土高原大气颗粒物污染特征

黄土高原大气气溶胶来源比较复杂，且大气气溶胶造成的大气污染较为严重。其中，当春季出现沙尘天气条件时，大气气溶胶主要以矿物气溶胶为主。大风可以导致空气中 NO_x 和 SO_2 等污染物很快扩散，使 NO_x 和 SO_2 浓度降低，同时沙尘在传输过程中不易吸附 NO_x 和 SO_2 等。

（一）黄土高原 PM_{10} 和 $PM_{2.5}$ 研究概况

PM_{10} 在空气中持续的时间很长，对人体健康和大气能见度影响极大，人体吸入后会在呼吸系统累积并诱发多种疾病。$PM_{2.5}$ 在 PM_{10} 中占质量的 50%～75%。和 PM_{10}、TSP 相比，$PM_{2.5}$ 的比表面积比较大，易于富集重金属、硫酸盐、多环芳烃、多环苯类、病毒和细菌等有毒物质，能直接深入呼吸道和肺部，并存留数星期、数月乃至更长的时间，能诱发肺病、心脏病、呼吸道疾病等，降低肺功能，对于老人、儿童和心肺病患者等敏感人群风险更大。

城市中大气颗粒物的排放源种类很复杂。通常根据大气颗粒物的生成机理将大气颗粒物的排放源分成两类：①一次颗粒物排放源类，又可以分为天然源类和人为源类；②二次颗粒物排放源类，是指能将环境空气中的气态污染物转化成颗粒物质的源类。

细颗粒物和超细颗粒物主要来自燃烧源（如机动车与工厂），而粗颗粒物主要来自机械过程（如土壤、扬尘、建筑工程和机械加工）。燃烧过程是 $PM_{2.5}$ 的主要一次来源，包括以燃煤和生物质为主的固定源和以燃油为主的移动源。$PM_{2.5}$ 的物质组成主要是硫酸盐、硝酸盐、铵盐、氢离子、元素碳、有机化合物，以及 Pb、Cd、Ni、Cu、Zn、Fe 等金属元素。$PM_{2.5}$ 在大气中的滞留时间长，输送距离长达几百千米到几千千米。

城市大气细颗粒物浓度由排放源、区域输送和大气扩散能力等共同决定。短时间内，在污染源变化不明显的情况下，后两者起主要作用。尤其是城市环境下持续性重污染事件，主要由不利于扩散的气象条件决定。2013 年 12 月，陕西西安、咸阳、宝鸡、渭南、铜川 5 个城市的 $PM_{2.5}$ 浓度日均值全部超过国家空气质量一级标准（日均值阈值为 $35\mu g/m^3$，GB3095—2012），5 个城市分别有 21d、26d、24d 和 18d 日平均 $PM_{2.5}$ 浓度超过国家空气质量二级标准（日均值阈值为 $75\mu g/m^3$）。特别是 12 月 16～26 日关中地区多站出现了持续性重霾污染过程，其中西安站 24 日 $PM_{2.5}$ 浓度日均值达 $598.8\mu g/m^3$，超过国家空气质量六级标准（日均值阈值为 $350\mu g/m^3$），$PM_{2.5}$ 污染非常严重（黄少妮等，2016）。

黄土高原大气颗粒物中 PM_{10} 和 $PM_{2.5}$ 的污染较为严重，加之地形地貌、气象条件、排放源不同等，其污染具有明显的季节性。西安市某城郊 2014～2015 年 PM_{10} 和 $PM_{2.5}$ 的变幅较大，而且趋势具有相似性；PM_{10}和$PM_{2.5}$的季节差异均较明显，冬季高于春季，而秋、夏季较低，且时间变化趋势较平稳。$PM_{2.5}/PM_{10}$为0.38～0.87，季节平均比值呈现秋季（0.73）＞冬季（0.68）＞ 夏季（0.66）＞春季（0.62）（王亚虹等，2017）。由此可见，秋、冬季受$PM_{2.5}$影响更明显（图9.9）。

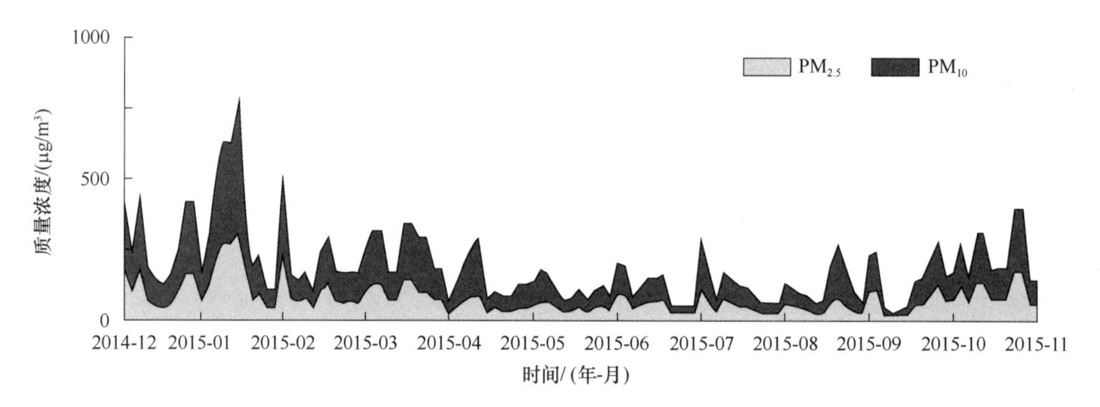

图9.9 西安市城郊某地2014～2015年$PM_{2.5}$和PM_{10}时间序列（王亚虹等，2017）

大气颗粒物质量浓度呈现季节性变化，其主要受季节主导排放源影响。机动车尾气污染是持续的污染源，加上冬季燃煤等能源消耗远远大于其他季节和扩散条件差，因此冬季颗粒物的污染往往最严重。黄土高原大部分城市春季除了机动车尾气污染外，还多发大风和沙尘天气，造成大气颗粒物浓度增加，因此春季颗粒物质量浓度相对较高；秋季秸秆燃烧和农业活动也会造成当季颗粒物质量浓度的偏高；夏季由于能源消耗量减少，污染排放量减轻，并且气象条件有利于污染物扩散，因此颗粒物质量浓度最低。

（二）黄土高原$PM_{2.5}$中水溶性离子动态

西安市 $PM_{2.5}$中水溶性各离子质量浓度顺序为 SO_4^{2-}＞NO_3^-＞NH_4^+＞ Cl^-＞K^+＞Na^+＞Ca^{2+}＞Mg^{2+}（表9.5）。其中，冬季$PM_{2.5}$中各离子的质量浓度均最高，夏季最低，说明西安市冬季$PM_{2.5}$污染最严重，夏季污染最轻。但在秋季NH_4^+的质量浓度最低，为2.727μg/m³。Mg^{2+}、Na^+在各个季节变化不明显，呈现浓度小并且变化趋势平缓。Ca^{2+}的质量浓度在夏、秋季变化不明显，但是在春季 Ca^{2+}质量浓度高于其他季节，可能是因为 Ca^{2+}为地壳元素，多来自土壤，而春季多扬尘天气，故其浓度偏高。K^+的质量浓度在秋季高于春夏季，可能因为秋季秸秆燃烧等造成空气中 K^+质量浓度增加。Cl^-的质量浓度在冬季最高，主要是因为燃煤会释放出氯化氢（李芳等，2012）。

表9.5 西安市2011年PM2.5中水溶性离子浓度不同季节变化特征（李芳等，2012）（单位：μg/m³）

季节	Cl^-	NO_3^-	SO_4^{2-}	NH_4^+	Ca^{2+}	Mg^{2+}	Na^+	K^+
春季	1.95	5.48	12.18	5.02	0.44	0.11	0.70	0.97
夏季	1.32	2.77	6.38	5.96	0.18	0.11	0.37	0.44
秋季	3.04	7.61	15.28	2.72	0.24	0.15	0.82	1.04
冬季	7.51	18.24	23.81	12.26	0.62	0.17	1.71	2.08
年平均值	3.60	8.91	14.95	5.92	0.38	0.14	0.94	1.18

（三）黄土高原 $PM_{2.5}$ 中重金属污染

$PM_{2.5}$ 的化学成分，尤其是吸附于颗粒物表层的有害成分很大程度上决定了细颗粒物干扰生化反应的程度和速度，也直接决定了沉积到器官的细颗粒物对健康的伤害水平及其致病类型。大气中 Cd、Pb、Ni 等大多数存在于 $PM_{2.5}$ 中，很容易进入肺部，甚至血液中，对人体健康的危害很大。

黄土高原大中城市大气 $PM_{2.5}$ 中重金属来源、成分、潜在生态和健康风险是重要的环境问题。王燕等（2016）发现山西晋城市扬尘受人类活动影响较大，Pb、As、Cr、Ni、V、Zn、Cu 显著富集，其中 Pb 的富集程度最高。李丽娟等（2014）的研究表明，太原市采暖季大气 $PM_{2.5}$ 中 Mn、Cu、Zn、As、Pb、Cr、Ni、Co、Cd、Hg 等潜在生态风险表现为极强，并存在非致癌风险。

太原市某城区四季 $PM_{2.5}$ 中 Pb、Cr、Ni、Cu、Cd 的平均质量浓度分别为 0.28μg/m^3、0.20μg/m^3、0.11μg/m^3、0.10μg/m^3、0.007μg/m^3。太原市城区 $PM_{2.5}$ 中 Cr^{6+}的浓度为 0.03μg/m^3，远高于环境空气质量标准（GB3095—2012）提出的大气颗粒物 Cr^{6+}的浓度（0.000 025μg/m^3）（图 9.10）。可见，太原城区 $PM_{2.5}$ 中重金属 Cr 和 Cd 污染相当严重。太原市 $PM_{2.5}$ 中大多数重金属含量表现为冬季明显高于其他季节，可能是由于冬季取暖燃煤量激增，与冬季容易出现逆温层相互叠加所致。Pb、Cu 和 Cd 等的浓度均为冬季最高，与 $PM_{2.5}$ 浓度冬季最高较一致，这可能与冬季燃煤有关。Ni 与 Cr 四季浓度变化趋势基本一致，说明这两种重金属主要污染来源基本相同，但与 $PM_{2.5}$ 浓度变化趋势明显不同，说明燃煤可能不是这两种污染物的主要来源，存在其他污染来源，有可能是汽车尾气排放所致（崔井红等，2016）。

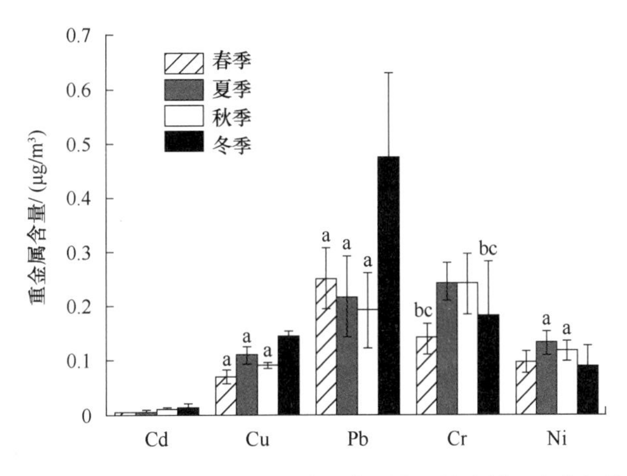

图 9.10　太原市某城区采样期间 $PM_{2.5}$ 中重金属的平均含量（崔井红等，2016）

注：a 表示与冬季相比 $P<0.05$；b 表示与夏季相比 $P<0.05$；c 表示与秋季相比 $P<0.05$。

五、温室气体排放

（一）全球气候变化

全球气候变化是 21 世纪人类所面临的严峻和深远的挑战之一。自 18 世纪工业革命以来，人类社会的发展过度地依赖煤炭、石油、天然气等化石燃料的消耗，向大气排放了大量的温室气体，导致温室效应不断加剧。现有大量证据表明，由于人类活动的影响，大气中 CO_2 浓度已由工业革命前的 280ppm 增加到 20 世纪 90 年代初期的 350ppm，与此同时，地球表面的年平均温度近一个多世纪以来上升了 0.6℃。联合国政府间气候变化专门委员会（Intergovernmental Panel on Climate Change，IPCC）第四次评估报告指出，最近 50 年地表线性增温速率为 0.3℃/10a，约是过去 100 年的两倍。若不采取有效措施，预计到 21 世纪末全球温度将上升 1.1～6.4℃，人类社会将陷入生态灾难。随着全球性的气候变暖，会出现海平面上升，影响陆地生态系统，进而影响农林牧业生产等。

（二）农田生态系统温室气体排放及其影响因素

农业是主要的温室气体排放源。农业生态系统对全球变化的影响主要通过改变 3 种温室气体：CO_2、CH_4 和 N_2O，在土壤-大气界面交换实现。农业 CH_4 和 N_2O 排放量分别占全球总排放量的 50%和 60%。2014 IPCC 第五次评估报告指出，2000～2010 年农业生产所带来的温室效应（CO_2 当量）高达 5.8Gt/a。人类为使农田系统维持较高的生产力水平，必须通过多种途径投入人力、水、化肥、农药及用于各种农业机械的化石燃料等，以补偿产品输出后所出现的亏损，这必然增加有机碳的消耗。我国拥有约 $1.33\times10^6km^2$ 的农田，其耕种、施肥、灌溉等不仅长期改变着农田生态系统的化学元素循环，而且会影响全球气候变化。

黄土高原农田面积约 $14.58\times10^5km^2$，70%的农田属于雨养农业。小麦和玉米是黄土高原主要的粮食作物。其中，小麦播种面积达 $4.3\times10^6hm^2$，占农作物总播种面积的 32%；玉米种植面积已经达到 $1.9\times10^6hm^2$，占粮食作物种植面积的 17.9%。但由于黄土高原土壤贫瘠，其土壤总氮含量较低（仅为 0.06%～0.08%），又受到水分的限制，小麦产量仅为 $2.8Mg/hm^2$，玉米产量为 $4.7～7.5Mg/hm^2$。因此为了获得较高的产量，自 20 世纪 80 年代以来，大量的氮肥被投入使用，冬小麦施氮量已达 $200kg/hm^2$，春玉米施氮量为 $230kg/hm^2$。过量的氮肥使土壤剖面累积了大量的硝态氮，存在潜在的环境污染问题。

黄土高原农田中的过量施氮、地膜覆盖、轮作措施、冻融和干湿交替，以及降水的季节和年际间的差异都会对 CH_4、N_2O 和 CO_2 的排放产生重要的影响。

1. 农田土壤 CH_4 排放

黄土高原土壤 CH_4 排放通量为负值，说明该地土壤对大气 CH_4 有一定的吸收作用。旱地一般土壤是大气 CH_4 的弱吸收汇。旱地是目前人类发现的唯一的 CH_4 生物吸收库。水分、氮肥施用是旱区农田 CH_4 吸收的主要影响因素。

除降水后，黄土高原土壤一般没有 CH_4 的产生过程。相反，好气的土壤条件有利于 CH_4 氧化菌的活动，因此土壤对 CH_4 有一定的吸收作用。不同农业生产活动对 CH_4 排放有不同影响。覆膜增加了土壤对大气 CH_4 的吸收，施肥对 CH_4 通量无明显影响；氮肥对土壤 CH_4 产生的影响受控于土壤的性质，尤其是土壤活性有机碳的含量。当土壤有机碳和全氮含量较高时，$(NH_4)_2SO_4$、NH_4NO_3 和尿素对土壤 CH_4 的产生无明显影响。当土壤有机碳和全氮含量中等时，对 CH_4 的产生表现为促进作用。此外，黄土高原土壤中 CH_4 浓度都随土层深度的增加而减小，即表层（0～10cm）土壤的 CH_4 浓度最高。黄土高原土壤 CH_4 通量强度并非由某个单因子调控，而是多个环境因子综合调控的结果。

2. 农田土壤 N_2O 排放

土壤中 N_2O 的产生主要是硝化作用和反硝化作用共同作用的结果。旱区农田土壤多为石灰性土壤，N_2O 的排放主要来源于硝化作用。旱区农田尿素施入后可以迅速转化为铵态氮（NH_4-N），继而转变成硝态氮（NO_3-N），为硝化作用和反硝化作用提供了大量的底物，促使 N_2O 的排放。降水的季节和年际间的差异会影响尿素的分解，以及硝化和反硝化作用的速率，从而影响 N_2O 的排放。

影响黄土高原干旱半干旱区农田 N_2O 排放的主要因素有水分、氮肥施用、轮作、温度等。

3. 农田土壤呼吸 CO_2 的产生

黄土高原旱区土壤呼吸主要受水分、氮肥施用和轮作措施的影响。水分不仅直接影响微生物和根系的呼吸（Ilstedt et al，2000），而且通过影响作物的生长进而影响土壤呼吸（Lohila et al.，2003）。施氮影响土壤微生物的活动和作物的生长，而在轮作系统中，不同作物类型及作物所处的温度和水分的变化都会影响土壤的呼吸作用。

土壤呼吸速率的变化受土壤温度和含水量的影响，因此越来越多的研究利用水分和温度两因素共同拟合土壤呼吸，并取得了很好的拟合关系（Wang et al.，2008；高会议等，2011）。在不同的环境条件下，土壤温度和含水量对土壤呼吸的影响会发生相互转化。当温度较低时，土壤微生物和根系的活动受到抑制，温度的微小变化都会剧烈地影响土壤呼吸，此时温度是限制因子；而随着温度升高，低温的限制得到解除，如此时土壤含水量较低，那么水分可能会取代温度成为主控因子。

第四节　黄土高原水污染生态

黄土高原地域辽阔，发源或分布在此区域的河流有 200 多条。其中，黄河流域是黄土高原的主要水系，面积约 52.27 万 km^2，占 84.1%；海河流域部分水系分布在黄土高原东北部，面积约 5.91km^2，占 9.3%；另外，鄂尔多斯、毛乌素沙地，以及陕、宁、蒙三省交界处也有部分封闭流域约 4.2 万 km^2，占 6.6%。近年来，在社会经济发展的同时，黄土高原生态系统也承受了巨大的压力。在气候条件和人为因素的共同影响下，黄河流域水系长期以来水害严重，区域水资源分布不均匀、水土流失严重等问题较为突出，局部支流水体污染问题已刻不容缓。因此，开展黄土高原水污染生态问题的研究，对我国经济社会发展和区域生态环境保护具有重要意义。

一、水体污染物、指标及来源

（一）胁迫与污染

胁迫是指由于各种不利的环境生态因子对生物体引起的生理变化过程，也可以是在种群、群落等生态系统层次上的生态变化过程，通常也称之为胁迫效应。

在水生生态系统中，胁迫过程分为自然和人为两类。自然胁迫是正常条件下的环境因子变化而引起的胁迫过程，如季节变化过程中光照强度、光照周期、湿度、温度、降水强度的变化，以及水体营养、溶解氧等变化对水生生物结构和功能的影响。人为胁迫是指由于人为原因导致生活废水、工业废水、有毒化学物质、热、农田退水、富营养化等对水生生物的影响。

水体污染是指人为胁迫下超过了水质本底含量和自净能力，导致水体原有生态功能丧失，对水生生物及人体健康产生的危害。水生生态系统污染包括水体污染、水体底泥污染及水生生物污染。

（二）水污染指标

水体污染程度通常用一系列水质指标来反映，常见的水质评价指标包括：悬浮物、有机污染物、生物化学需氧量（biochemical oxygen demand，BOD）、化学需氧量（chemical oxygen demand，COD）、总有机碳（total organic carbon，TOC）、总需氧量（total oxygen demand，TOD）、总氮（TN）、氨氮（NH_3-N）、总磷（TP）、pH 值、细菌污染指标。

（三）水体污染物来源

水体中污染物的来源十分广泛，通常可以分为内源性污染和外源性污染。内源即来自水体内部动植物产生或释放的有害物质；外源指来自水体以外的人为释放的污染物质，常见的有工业及生活污水等点源排放，以及施用农药、过量施肥后农田退水等面源排放过程。

不同的水体污染物来源途径也多种多样，常见的水体污染物包括需氧污染物、植物营养物、重金属、农药、石油、酚类化合物、氰化物、一般无机盐类等。其中，酸碱废水的来源主要包括：①矿山排水，是酸性废水的主要来源，有硫化矿物的氧化作用；②冶金和金属加工酸洗废水；③酸雨，由雨水淋洗含 SO_2 气体后形成。碱性废水来源主要包括：碱法造纸、人工纤维、制碱、制革等工业废水。放射性物质来源主要包括：放射性同位素随污水和地表径流造成水体污染及核电站、核武器的实验过程中向大气中排放产生的放射性尘埃的沉降。微型病原体生物及致癌物、病原微生物来源主要包括：生活废水、畜牧污水、医院废水、制革、屠宰和工业废水等。致癌物来源主要包括：炼焦废水的焦油含有多种致癌芳香烃、印染废水中有多种芳香胺类致癌物（联苯胺、2-萘胺、亚硝基化合物、有机氯化合物、Cr、Ni 等）。

二、水体污染物现状

为了阐明黄土高原水体污染状况，本章从时间和空间尺度分析了主要水系流域的污染状态，系统地分析了近年来黄土高原地表水环境质量的水质类别，以及不同年份中的主要污染物类型。

1. 黄河流域水污染现状

（1）时间尺度水质变化

根据水利部黄河水利委员会（2011）记载的监测数据，利用 1990 年和 1993 年年平均水质监测资料进行水质评价，结果对比显示：1990 年黄河干流和部分支流水体中Ⅰ、Ⅱ类水质河流长度约为 4912.4km，占 34.4%；Ⅲ类水质河流长度约为 2309.2km，占 16.1%；Ⅳ类以上水质河流长度约为 7104.2km，占 49.6%。1993 年，黄河整体水质下降明显，Ⅰ、Ⅱ类水质河流长度下降为 1867km，仅占 17.7%，III类水质河流长度大幅增加，达 3016.0km，占 28.6%，IV类以上水质河流占 53.7%。

1994 年、2003 年黄河流域主要水体污染物为氨氮、COD、重金属、挥发酚等。1994 年污染物超标河段占总评价河段的 57.4%，这一指标在 2003 年升至 78.1%。“十一五”期间，国家水污染防治工作将黄河中上游保护列入全国重点保护流域。“十二五”期间，流域污染物排放总量得到有效控制，黄河流域水质指标（COD、NH_3-N）呈下降趋势，较“十一五”期间分别下降了 14.5%和 11.4%，黄河水体污染状况得到逐渐改善。

根据生态环境部黄河流域重要水质断面监测数据（表 9.6），2004～2015 年，I～III类水质达标断面数量整体上逐年提高，达标率由 48.5%（2004 年）上升到 77.4%（2015 年），达标断面数由 182 个（2004 年）上升到 353 个（2015 年）（吕振豫和穆建新，2017）。其中 I 、II类水质上升较为明显，V类、劣V水质下降趋势明显。

表 9.6　黄河流域 2004～2015 年水质达标情况（吕振豫和穆建新，2017）

年份	各类水质断面数/个						达标断面数/个	达标率/%
	I	II	III	IV	V	劣V		
2004	1	98	83	86	27	80	182	48.5
2005	0	147	99	59	32	103	246	55.9
2006	3	166	115	48	14	109	284	62.4
2007	6	162	129	46	16	101	297	64.6
2008	9	154	120	41	24	94	283	64.0
2009	13	174	120	39	14	82	307	69.5
2010	10	200	99	47	17	68	309	70.1
2011	1	214	86	38	18	78	301	69.2
2012	6	232	106	31	8	74	344	75.3
2013	9	269	83	29	9	73	361	76.5
2014	9	269	77	43	8	59	355	76.3
2015	10	296	47	57	10	36	353	77.4

2016 年黄河流域水质由中度污染改善为轻度污染，国控断面 I～III类比例提高了 20.2%，劣V类比例降低了 15.7%。其中，干流 I～III类比例升高了 37.7%，消除了劣V类。2016 年 COD、NH_3-N 浓度较 2006 年分别降低 19.1% 、54.1%（王东，2018）。

此外，根据历年 BOD 中国生态环境公报，2016～2018 年黄河流域主要污染指标为 COD、NH_3-N 和五日 BOD。2016 年监测的 137 个水质断面中，I类占 2.2%，II类占 32.1%，III类占 24.8%，IV类占 20.4%，V类占 6.6%，劣V类占 13.9%。2017 年监测的 137 个水质断面中，I类占 1.5%，II类占 29.2%，III类占 27.0%，IV类占 16.1%，V类占 10.2%，劣V类占 16.1%。与 2016 年相比，I类水质断面比例下降 0.7%，II类下降 2.9%，III类上升 2.2%，IV类下降 4.3%，V类上升 3.6%，劣V类上升 2.2%。2018 年监测的 137 个水质断面中，I类占 2.9%，II类占 45.3%，III类占 18.2%，IV类占 17.5%，V类占 3.6%，劣V类占 12.4%。与 2017 年相比，I类水质断面比例上升 1.4%，II类上升 16.1%，III类下降 8.8%，IV类上升 1.4%，V类

下降6.6%，劣Ⅴ类下降3.7%。从以上数据可以看出，2016、2017和2018年黄河流域水质达标率分别为59.1%、57.7%和66.4%，总体上呈改善趋势。

（2）水质空间异质性

黄河干流大部分河段天然水质良好，pH值一般为7.5～8.2，呈弱碱性，部分支流呈现一定程度的污染状态。流域内河川径流的矿化度、总硬度由东南向西北呈递增趋势。黄河以全国2%的水资源，承纳了全国约6%的废污水和7%的化学需氧量，受纳污染物总量超出自身水环境承载能力，带来严重的河流水污染问题。黄河流域水质状况的空间变化见表9.7。

表9.7 黄河流域主要检测断面水质类别（吕振豫和穆建新，2017）

行政区	断面	各类水质断面数						达标断面数	达标率/%
		Ⅰ	Ⅱ	Ⅲ	Ⅳ	Ⅴ	劣Ⅴ		
兰州市	新城桥	29	506	91	4	1	0	626	99.2
中卫市	新墩	17	558	44	3	0	0	619	99.5
乌海市	海勃湾	5	197	265	97	25	41	467	74.1
包头市	画匠营子	1	208	278	81	37	25	487	77.3
忻州市	万家寨水库	10	296	151	83	36	12	457	77.7
运城市	河津大桥	0	0	1	5	14	524	1	0.2
渭南市	潼关吊桥	0	0	24	143	51	360	24	4.2
济源市	小浪底	3	275	171	143	35	4	449	71.2

黄河流域水质达标情况在空间尺度上存在异质性，其上游、下游的水质状况优于中游。中游水质污染状况相对严重，主要是由于该流域范围内61%的面积多为黄土堆积区，黄土层相对较厚，水土流失及土壤侵蚀严重。黄河92%的泥沙来自中游地区，而且中游地区分布了山西省和陕西省诸多煤炭工矿企业。例如，运城市河津大桥断面、渭南市潼关吊桥断面的统计数据显示，其水质达标率仅0.2%和4.2%。山西省2008年水资源公报显示，全省废污水总排放量为7.608亿t，其中城镇居民生活污水排放量2.3 亿t，占总排放量的30.23%；工业废污水排放量4.4亿t，占总排放量的57.83%。其中，运城市废水排放量0.948亿t，以工业废污水排放为主。陕西省2013年水资源公报显示，全省废污水总排放量为11.251亿t，工业排放量占总排放量的49.6%，城镇生活废污水排放量占总排放量的40.2%。这说明工业生产过程中的废水排放和城市生活废水排放等人为因素加剧了该区域黄河水质的恶化。从黄河流域水质的空间格局变化看，黄河上游和下游整体达标率在77%以上，上游地区水质达标率从西南向东北呈逐步递减趋势，基于小浪底库区对水体的调蓄作用，下游泺口断面水质良好，多为Ⅱ类水质（吕振豫和穆建新，2017）。

2. 海河流域水质现状

黄土高原东部区域分布了海河流域的部分水系，其中包括永定河、子牙河、漳卫南运河等12条部分河流、19个代表河段，共计44个监测断面，河流长度约为1381km。参考1997年黄土高原海河流域水质统计数据，结果见表9.8。

表 9.8 黄土高原海河流域水质结果（程浙，2002）

时段	河长/km	Ⅱ类		Ⅲ类		Ⅳ类		Ⅴ类		劣Ⅴ类	
		河长/km	比例/%	河长/km	比例/%	河长/km	比例/%	河长/km	比例/%	河长/km	比例/%
全年	1381	316	22.9	552	40.0	112	8.1	114	8.2	287	20.8
枯水期	1381	360	26.1	412	29.8	79	5.8	124	9.0	406	29.4
丰水期	1381	271	19.6	342	24.8	201	14.6	158	11.0	415	30.1

黄土高原海河流域达标水质（Ⅱ类和Ⅲ类水质）河长约 868km，占 62.9%，未达标水质（Ⅳ、Ⅴ类，劣Ⅴ类水质）约 513km，占 37.1%；枯水期和丰水期达标水质表现出一定程度的差异，枯水期达标水质比例高于丰水期达标水质，而枯水期Ⅳ、Ⅴ类水质所占比例要低于丰水期Ⅳ、Ⅴ类水质所占比例，枯水期和丰水期的劣Ⅴ类水质没有表现出显著差异（程浙，2002）。海河流域主要污染物类型为 NH_3-N、COD、五日 BOD 和酚类污染物。海河流域水系水质现状见表 9.9。

表 9.9 海河流域水系水质表（程浙，2002）

河段	河长/km	Ⅱ类		Ⅲ类		Ⅳ类		Ⅴ类		劣Ⅴ类	
		河长/km	比例/%	河长/km	比例/%	河长/km	比例/%	河长/km	比例/%	河长/km	比例/%
永定河	615	263	42.8	233	37.9	14	2.3	28	4.6	77	12.5
子牙河	468	—	—	139	29.7	98	20.9	39	8.3	192	41.0
漳卫南运河	298	53	17.8	180	60.4	—	—	47	15.8	18	6.0

永定河水系主要评价了 4 条河流，8 个代表河段，共计 18 个监测断面，枯水期和丰水期水质变化较小，总体水质良好。其中，达到Ⅱ、Ⅲ类水质标准的河流长度占 80.7%，Ⅳ、Ⅴ和劣Ⅴ类水质共占 19.3%，局部河流断面污染严重。从永定河全水系的资料来看，有 4 个断面低于达标水质标准，其中以桑干河的固定桥、御河的艾庄和利仁皂两河段污染程度较为突出，主要污染物为氨氮、化学需氧量和酚类污染物。

子牙河水系主要评价了 5 条河流，7 个代表河段，共计 15 个监测断面。整体水系污染相对较为严重，Ⅲ类达标水质仅占 29.7%，枯水期水质污染程度比丰水期水质污染程度更为突出。其中，滹沱河各河段主要污染物为氨氮，水体成为Ⅳ、Ⅴ类污染水质，而其他项目均符合Ⅱ、Ⅲ类水质标准。贯穿阳泉市的桃河，枯水期时主要水体为阳泉市的污水排放，水体中主要污染物为氰化物、氨氮、化学需氧量，白羊墅、温池两断面的水体污染程度极为严重。

漳卫南运河水系主要评价了 4 个河段，共计 9 个监测断面。Ⅱ、Ⅲ类水质的河长共计 233km，占比 78.2%，Ⅴ类水质污染河长 47km，占 15.8%，劣Ⅴ类水质的河长 18km，仅占整个污染河长的 6%。丰水期水质优于枯水期水质，丰水期达标河长的比例比枯水期高 16.7%，而污染河长的比例比枯水期低 19.8%（程浙，2002）。

三、污染物在水生生态系统中的迁移与积累

污染物在水生生态系统中的迁移与积累过程可分为 3 个层次：①污染物在生物个体内的

转移；②生物对污染物的吸收、累积；③污染物在生物个体不同部位、组织或器官的转移及排出。污染物在水生生态系统中迁移和积累与生物的生理生化特性密切相关。污染物在食物链上的转移，是污染生态学的关键问题。污染物在生态系统中的迁移和积累，既包括微观上从分子水平阐明吸收、积累机制方面的内容，又包括宏观上阐明污染物在水生生态系统中的格局和过程。

（一）水生生物对污染物的吸收

水生微生物和浮游植物主要吸收水中的污染物，其对污染物的吸收，可以分为主动吸收和被动吸收。

水生动物既可以直接从水中吸收各种污染物，又可以通过取食的途径摄取被污染的食物、悬浮物和沉淀淤泥中的污染物。污染物主要经过动物的体表、鳃和肠道被吸收。

（二）迁移和积累

生物能吸收环境中的有毒物质，并能把这些有毒物质储存在体内，这种储存毒物量随时间的推移而不断增加，这个过程称为生物富集。

1. 生物富集机制

生物富集取决于物种的生物学特性、毒物的性质及环境特点。

水生生物富集主要取决于生物本身特性，特别是取决于生物体内存在与毒素相结合的某种物质活性强弱和数量。生物体内凡是能和毒物形成稳定结合物的物质，都能增加生物富集量。

水生生物富集量的大小，还取决于污染物的性质，即污染物的物质结构、元素价态、存在形态、溶解度及环境因子的影响。

2. 影响生物富集的因素

影响水生生物富集污染物的因素很多，主要包括以下几个方面。

（1）污染物浓度。一般来说，水体中污染物的浓度越高，生物体对污染物的积累量越多。

（2）不同器官富集的差异。生物不同部位器官富集的污染物有所不同。

（3）污染物性质。污染物性质是决定植物体内分配差异的主要原因。

（4）污染物浓度。生物体内污染物含量与污染物浓度相关显著，但富集系数与环境中污染物浓度相关不显著。

（5）环境因子。温度、盐度和光照等因素能明显影响海洋生物对污染物的吸收和积累。

（6）生物本身因素。包括生物龄、体重、不同发育阶段、性别等。

（7）食物链。食物链和食物网是污染物在生态系统迁移和转化的重要途径。污染物在食物链的积累取决于其在环境中是否比较稳定，能够被吸收，并且不易被生物体在代谢过程中所分解。

四、污染物在水生生态系统中的转化与降解

污染物进入水生生态系统后，直接或间接地接触各类水生生物，就会发生生物降解和生

物积累。生物降解是指生态系统中的生物能对天然的、合成的有机物质进行破坏和矿化作用的过程，主要包括：①污染物和生物体某些成分结合（络合、螯合），不再参加代谢活动，使污染物失去或减轻毒性；②污染物在酶的作用下通过氧化、还原、水解、脱卤、芳环羟基化和异构化等过程，使污染物毒性降低，甚至彻底失去毒性；③生物通过分泌和排泄，将污染物排出体外。

（一）微生物的降解作用

微生物对有机化合物进行生化分解，通过矿化作用和转化作用形成无机物（碳水化合物、水、硝酸盐、磷酸盐、金属氧化物等）。微生物在转化过程中能够把所有的有机物转化为基础化合物（氨基酸、嘌呤碱、嘧啶碱、细胞基础代谢循环中的基质等），并从中获得能量。通过转化作用改变和简化了有机质的结构，实现了微生物对污染物的降解。

（二）重金属的生物转化

重金属污染进入生物体后，在有关酶系统的催化下，改变其原来的理化性质，这一过程被称为生物转化作用。金属汞和二价离子汞等无机汞在微生物和其他生物的作用下，转化成甲基汞和二甲基汞。

（三）有机氯农药的生物降解

已有研究结果表明，微生物、藻类、浮游生物、脊椎动物和人都能不同程度地对 DDT 进行代谢。DDT 的主要代谢机制是还原去氯，通过去氯 DDT 转化成 DDD。Patil 等（1970）从海水、水表层膜和沉积物中分离出 100 株微生物，经试验其中有 35 株微生物能够降解 p,p′-DDT，主要产物是 p,p′-DDT。此后，不断有实验发现一些藻类、浮游生物、水生无脊椎动物和鱼类也能够代谢 DDT。

六六六在环境中的稳定性比 DDT 差，较易分解，主要是由于微生物作用的结果。

五、污染物对黄土高原流域水生生态系统中的影响

（一）水体富营养化的概念

水体富营养化是指水体接纳过量的氮、磷等营养物质，使藻类及其他水生生物异常繁殖，水体透明度和溶解氧降低，造成水质恶化，加速水体老化，从而使水生生态系统和水功能受到影响和破坏。由于水体富营养化，加上适宜的温度和光照，水体中浮游植物的快速繁殖增长，某些藻类短时间内成为优势种群，甚至大爆发，大面积覆盖在水体表面，称为水华现象。

水体中蓝藻和绿藻大量繁殖，浮游植物个体数剧增，产生有异味的有机物质，水体 pH 值上升，深层溶解氧降低，这是水体出现水华的共同特征。水华往往发生在富营养化比较严重的湖泊。

（二）典型水体污染

1. 乌梁素海典型水体富营养化

内蒙古河套灌区是黄河水主要灌溉的农业区域，其农田退水、生活污水及工业废水经排水

渠汇集，进入乌梁素海，其中各种营养物质加速了乌梁素海湿地的沼泽化。以 2006 年乌梁素海水质数据为例（任春涛等，2007），中营养状态区域分布于南部，占湖面的 6.79%～41.03%；轻富营养状态分布于东北部，占湖面的 21.44%～42.70%；中富营养化状态分布于北部，占湖面的 8.81%～33.89%；重度营养状态分布于西北部，占湖面的 0.55%～49.46%。灌溉过程产生的农田退水，导致乌梁素海水体的有机物、TN、TP 超标严重，TN 达到Ⅴ类和劣Ⅴ类的水体占 91.47%～100%，TP 达到Ⅴ类和劣Ⅴ类的水体占 59.89%～85.15%，导致乌梁素海水环境功能破坏严重，水体富营养化情况十分严峻（表 9.10）。

表 9.10 乌梁素海总氮和总磷营养状态与地表水质等级对照表（任春涛等，2007）

指标	营养状态等级			
	中营养	轻富营养化	中富营养化	重富营养化
TN	Ⅱ	Ⅲ	Ⅳ+Ⅴ	劣Ⅴ
TP	Ⅲ	Ⅳ	Ⅴ	劣Ⅴ

2. 汾河流域太原河段水华现象

汾河是黄河的一级支流，是山西的“母亲河”，在社会经济和人民生活方面发挥着重要作用。随着社会经济的发展及人口的增长，与之而来的环境污染问题导致汾河水质不断下降。汾河太原河段处于汾河流域的中游，全长约 30km，贯穿太原城区。近年来，汾河两岸居民未经处理的生活污水、沿线工业和农业废水、汛期地表径流及雨污合流污染物，不断排入汾河，其污染程度大大超出了水体的自净能力，富营养化日益严重，导致水质恶化，为水华发生创造了主要条件。2011 年，太原汾河段暴发了大规模的蓝藻水华现象，被污染的水体达数公里，给水生动植物及人类健康带来严重威胁（王捷等，2017）。淡水水体中藻类产生和释放的次生代谢产物蓝藻毒素（cyanotoxin），其化学性质相当稳定，自然降解缓慢，且具有强耐热性，加热煮沸也很难破坏其结构，自来水厂常规的消毒处理不能完全去除藻毒素，对人类和牲畜有大的致毒作用（张庭延，2014）。

（三）富营养化的危害

1. 水质恶化

水体中接纳过量的 N、P 等营养物质，使藻类及其他水生生物异速繁殖，水体透明度和溶解氧降低，造成水质恶化，加速水体老化，从而使水生生态系统和水功能受到影响和破坏，严重的甚至发生水华现象。

2. 影响水厂供水

作为自来水水源的湖泊、水库，由于藻类过度繁殖，造成自来水过滤池的堵塞和过滤效率的降低。

随着水体富营养化的发展，在湖泊底层将会出现缺氧层，致使底层中 Fe、Mn 等溶出而释放到水中，导致饮用水水质下降，洗涤物变色。这种富含铁的水即所谓的“红水”。

3. 影响水产养殖

由于藻类的大量繁殖，引起水中缺氧，导致鱼类等水生动物面临窒息死亡的威胁。

4. 对旅游业的影响

湖泊、水库等水体均是人们休闲娱乐的理想场所，一旦发生富营养化，会使水体透明度下降，臭味弥漫，使水体旅游观光的价值大减，甚至丧失旅游功能。

推荐阅读文献

陈吉宝，2018．水生态学理论及其污染控制技术［M］．北京：中国水利水电出版社．

戴树桂，2006．环境化学［M］．2版．北京：高等教育出版社．

洪坚平，2011．土壤污染与防治［M］．3版．北京：中国农业出版社．

王焕校，2012．污染生态学 ［M］．3版．北京：高等教育出版社．

王文杰，蒋卫国，房志，等，2017．黄河流域生态环境十年变化评估：中国生态环境演变与评估［M］．北京：科学出版社．

第十章　黄土高原农业生态

农业生态学是生态学在农业上的分支，是运用生态学的理论和方法将农业生物与其自然环境作为一个整体，研究其中的相互作用、协同演变，以及社会经济环境对其调节控制规律，促进农业全面可持续发展的学科，其特别侧重于研究农作物与环境在农业生态系统水平上的发展规律。目前，人类通过合理的作物栽培管理、选育优良作物品种、合理施用化肥和农药等技术，使农业系统生产力得到巨大提高，为日益增长的人口提供了必要的生活保障，为社会经济持续发展奠定了坚实的基础。但农业生态系统是在自然生态系统的基础上建立的人工生态系统，其生态系统内部结构简单，生物多样性较低，自我调节能力较弱，易受自然环境的制约，如干旱、滞涝、病虫害、杂草、土壤盐碱化、沙化等，在很大程度上限制了农业生态系统生产力。不同的气候、土壤和作物区域面临不同的农业生态环境问题，黄土高原因其独特的气候、土壤因素，其农业生态具有独特的特点，如在草业、畜牧、林果、杂粮，以及旱作和集水农业管理方面皆有所体现。本章旨在通过系统了解黄土高原农业生态分区和农业生态系统的特点，以期为进一步调整和优化区域农业生态系统的结构和功能，建立更合理、高效、稳定的农业生态系统，促进区域农业现代化建设提供科学依据。

第一节　农业生态学基础

一、农业生态学的发展

（一）农业生态学的概念与内涵

农业生态学（agricultural ecology）的定义：运用生态学和系统论的原理和方法，研究农业生物与自然、社会环境间的相互关系、作用机理、协同演变、调节控制和持续发展规律的学科（骆世明，2001）。其目标是实现农业生产的高产、高效、优质，实现农业生态系统经济效益、社会效益和生态效益的协调增长，并最终实现农业生态系统的可持续发展（黄国勤，2009）。

广义上，人类为作物生产所塑造的环境包括多种生物，农业生态学也可理解为研究这些生物生存条件的科学（Martin and Sauerborn，2011），即农业生态学更侧重于研究作物与环境在农业生态系统水平上的发展规律。

（二）我国农业生态学的发展

我国是世界农业起源中心之一，在长期的农业生产活动中，劳动人民累积了丰富的农业生态经验和知识。1949 年以来，农业生态学在中国得到长足发展，已形成以农业生态系统为核心的稳定学科体系，同时在教学、科研、学术交流、学科建设与人才培养、机构设置与科研平台等方面取得了巨大成就（黄国勤，2009）。

当前中国农业生态学发展也面临一系列问题，主要表现在：①对实际推广应用弱的专业、成果重视度不够；②对重视度不够的专业、方向投入的人力、物力、财力不足；③许多高等院校的学科队伍不稳定；④实验条件总体不先进，且各地发展不平衡；⑤部分科研成果缺少推广、应用；⑥与其他学科相比，许多高等院校对农业生态学学科管理不够科学和规范（黄国勤，2009）。

二、农业生态系统

（一）农业生态系统的定义

农业生态系统（agroecosystem）是指以农业生物为主要组分，受人类调控，以农业生产为主要目标的生态系统（骆世明，2001），它以有规律的、主要包括播种、收获和土壤耕作的经营措施为标志（Martin and Sauerborn，2011）。因此，农业生态系统有别于其他由人类建立和利用的生态系统，如草地生态系统、森林生态系统。例如，珠江三角洲地区的桑基鱼塘就是典型的农业生态系统，农民在池埂上或池塘附近种植桑树，以桑叶养蚕，以蚕沙等作鱼饵料，再以塘泥作为桑树肥料，形成池埂种桑-蚕沙养鱼-塘泥肥桑的农业生态系统，达到鱼蚕兼得的效果。

农业生态系统可分为农田生态系统、林业生态系统、渔业生态系统、牧业生态系统、农牧生态系统、林牧生态系统等。根据系统所处的地理位置特点，农业生态系统又可分为旱地生态系统、水田生态系统、低洼地生态系统、庭院生态系统等。

根据农业生产方式的差异，又可将农业生态系统分为传统农业生态系统、石油农业生态系统、刀耕火种生态系统等（骆世明，2001）。

（二）农业生态系统的特点

农业生态系统也可称为经过人工驯化的生态系统（骆世明，2001）。农业生态系统除具有自然生态系统的特点外，还有很多独有的特点，主要表现在：①人工驯化和培育的农作物是最主要的组分，人不仅是农业生态系统最重要的调控力量，还是系统的重要消费者；与自然生态系统相比，环境因子包括人工环境因子，如地膜、排灌渠等。农业生态系统里的自然环境也受人类活动的干扰。②农业生态系统的输入包括自然输入（如降水、光照）和社会经济输入（如农药、化肥）。③农业生态系统的输出也受人类活动的影响，包括非目标性的自然输出（如 CO_2、CH_4）和目标性农产品输出。④农业生态系统与外界有更多的物质、能量和信息流动，系统更加开放；同时，系统内部组分间的能量流和物质流可能由于人为干扰而削弱。⑤农业生态系统包括自然调控和人工调控等直接调控，同时还受社会工业、交通、科技、经济、政治的间接调控（图 10.1）。

三、农业生态学的研究内容

农业生态系统是农业生态学的研究对象。农业生态学的基础研究是揭示农业生态系统各种内外组分及相互关系，包括系统的结构组成、功能运转、输入输出、系统调控、系统演变等。农业生态学应用研究主要为生态农业建设和农村可持续发展服务，包括现状调查、评价、诊断和预测，协调农业发展的社会效益、经济效益和生态效益，为农业的可持续发展提供科学依据。

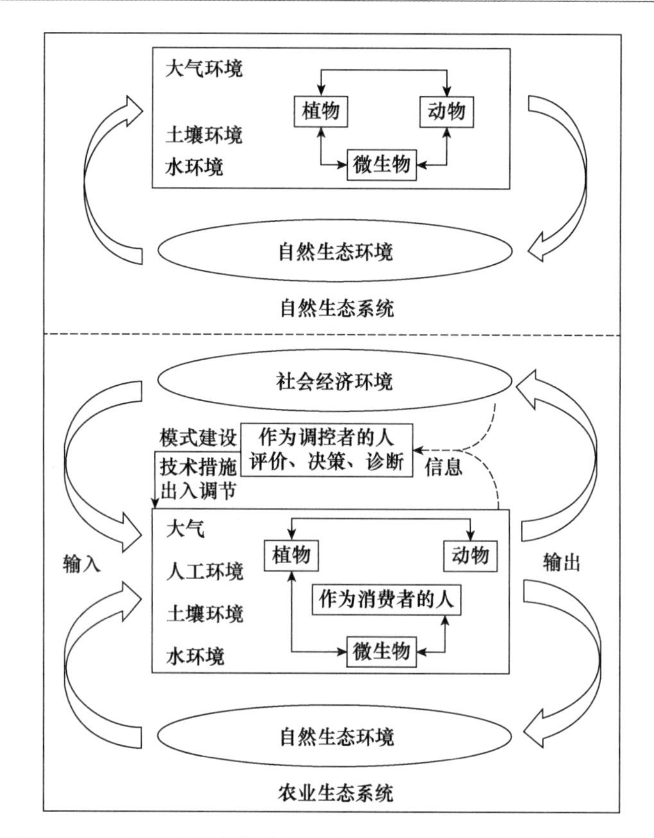

图 10.1 自然生态系统与农业生态系统的比较（骆世明，2001）

第二节 黄土高原农业区划

一、农业区划的基础理论

（一）农业区划的概念和特点

农业区划是研究农业地理布局、空间分布的重要方法，是农业合理布局和制定农业发展规划的科学基础和依据。广义上讲，农业区划是按农业地域分异规律，科学地划分农业区。狭义上讲，农业区划是在农业资源调查的基础上，根据各地不同的自然条件、社会经济条件、农业资源和农业生产特点，遵循保持一定行政区界完整性的原则，按照区内相似性与区间差异性，把一定地域范围划分为若干不同类型或等级的农业区域；并分析研究各农业区的农业生产条件、特点、布局现状和存在的问题，阐明各农业区的生产发展方向及其建设途径。

农业区划的特点主要有地域性、综合性和宏观性，这三个特点是统一并相互结合的。地域性是指农业生产具有强烈的地域性，地区差异十分明显。综合性是指农业区划涉及自然、经济、技术等多方面的综合研究，在进行区划时要考虑各种条件、措施的联系和影响，并区分主次。宏观性是指农业区划是对较大范围的宏观研究，具有较大的概括性，对局部细节不作为研究重点（包菁，2011）。

（二）农业区划的内容和原则

1）农业区划的内容

农业区划包括农业资源条件区划、农业部门区划、农业技术改造区划和综合农业区划。

（1）农业资源条件区划。包括农业气候、地貌、土壤、水文、植被、自然生态等区划。根据农业生产的自然条件和社会经济条件，按照分布规律划分区域，评价其对农业生产的有利和不利影响，提出因地制宜、趋利避害、扬长避短、合理利用和保护农业资源、改善或改造农业生产条件的方向和途径。

（2）农业部门区划。包括农、林、牧、渔等各生产部门和各主要作物的区划，分析各个生产部门和主要农作物、林、畜、渔等对自然条件的适应性及对社会经济技术条件的要求，并从国民经济发展需要和经济效益出发，按照综合农业区划分区体系，提出合理调整生产结构和布局，以及增产关键措施等科学依据和建议。

（3）农业技术改造区划。包括农业机械化区划、农业水利化区划和化肥、土壤改良、农作物品种、植物保护等区划。根据发展农业水利化、机械化、化学化等目标，分析其特定条件，按生产发展的需要和可能，对不同农业区实行技术改造的步骤和方法提出科学对策。

（4）综合农业区划。是整个农业区划的主体和核心。四级区划称为农业区划的横向体系，包括全国农业区划、省（自治区、直辖市）级农业区划、地（市）级农业区划和县级农业区划（全国农业区划委员会，1994）。

2）农业区划的原则

农业区划的原则主要包括：①农业自然条件和经济条件的类似性；②农业生产特征和发展方向的类似性；③农业生产存在问题和关键措施的类似性；④保持一定的行政区界的完整性。

二、黄土高原地区的农业分区

根据《中国综合农业区划》的结果，黄土高原属于黄土高原农林牧区，是我国重要的一级农业区之一。黄土高原大部分地区年降水量为400～600mm，但变率大，春旱严重，夏雨集中。本区近70%的土地覆盖着深厚的黄土层，且黄土颗粒很细，土质松软，在地面缺乏植被和暴雨的侵蚀下，地面被分割得支离破碎，形成塬、墚、峁和沟壑交错的地形。无霜期120～150d，长城以南、六盘山以东大部分地区农作物可以复种，山西、陕西的汾渭谷地是小麦、棉花的集中产区。此外，黄土高原大部分坡耕地适宜种植抗旱耐瘠的谷子、糜子。长期滥垦陡坡造成水土流失加剧，燃料、饲料、肥料三料俱缺，形成“越穷越垦，越垦越穷”的恶性循环。黄河每年经陕州区下泄的泥沙约90%来自本区（全国农业区划委员会，1994）。

黄土高原农林牧区共包括4个二级农业区：①晋东、豫西丘陵山地农林牧区；②汾渭谷地农业区；③晋、陕、甘黄土丘陵沟谷牧林农区；④陇中、青东丘陵农牧区（全国农业区划委员会，1994；刘玉兰，2009）。

晋东、豫西丘陵山地农林牧区包括山西的阳泉、长治、晋城、晋中、运城、忻州、临汾，河南的郑州、洛阳、平顶山、三门峡等市所辖的全部或部分区县，由太行山、五台山、太岳山、中条山、伏牛山所环绕的高原丘陵山地组成。本区大部分海拔为1000～1500m，土石山区与丘陵山区所占比例大（80%～90%），坡地比例高，耕地面积约191.45万hm^2，占本区总面积的16.09%，耕地狭窄、破碎（康钦俊，2019）。地势起伏较大，气候较湿润，但降水量年际变化较大，雨量年内分布不均匀，季节性干旱频发，水土流失严重（张金鑫，2009）。农业区耕地质量总体较好，优等地与中等地相间分布，中等地较多（康钦俊，2019）。农业生产结构以单一种植业为主，林牧业比重小。区内北部以秋粮为主，南部以夏粮为主，适宜种植小麦、玉米、谷子、杂粮、马铃薯、向日葵等。除晋东南盆地（包括长治、晋城两市及其所辖县市）生产条件较好，可实行套作二熟或复种二熟外，其他地区均以冬小麦、春玉米等单作一熟为主（张金鑫，2009）。

汾渭谷地农业区包括山西的太原、晋中、运城、忻州、临汾和吕梁，陕西的西安、铜川、宝鸡、咸阳和渭南等市所辖的全部或部分区县，属半湿润气候区，地形平坦，耕地集中连片，土质肥沃，水土流失轻微，是整个黄土高原地区光热水土资源匹配最好的区域。本区传统农业经验丰富，农业现代化水平较高，水利灌溉发达，农业生产水平高，是重要的农业区（张金鑫，2009）。农业区耕地面积约 343.62 万 hm^2，占本区总面积的 28.89%。农业区耕地质量总体较优，优等地与中等地相间分布，优等地较多（康钦俊，2019）。农业以种植业为主，种植业以粮食作物为主，包括冬小麦、玉米等。经济作物也占一定比重，主要以棉花、花生、烟草为主。在临汾以南地区，灌溉地可满足一年两熟的需要，粮田大部分实行小麦和夏玉米一年两熟的耕作制度，棉区以棉花一年一熟为主（张金鑫，2009）。

晋、陕、甘黄土丘陵沟壑牧林农区包括山西的忻州、临汾和吕梁，陕西的铜川、延安和榆林市，甘肃的平凉和庆阳，宁夏的吴忠、固原和中卫等市所辖的全部或部分区县（康钦俊，2019）。本区为典型的黄土高原半干旱区，黄土沉积深厚，地形起伏，沟壑纵横，缺乏灌溉条件，土壤质地差，养分贫瘠，地形复杂多样。区内光能资源丰富，热量资源可满足晚秋作物正常生长发育和产量形成的需要，但水资源匮乏，90%以上耕地为旱地。干旱和瘠薄的土壤，严重影响光热资源潜力的发挥。本区农业结构失衡，种植业占农业总产值的 60%以上，实行一年一熟耕作制；牧业比重约为 20%。其中，种植业以粮食作物为主，主要有玉米、谷子、马铃薯、小麦、糜子等，林、牧资源优势还未充分发挥。总体上，本区水土流失剧烈、生态环境条件差、生产力水平低、农村经济贫困（张金鑫，2009）。

陇中、青东丘陵农牧区包括甘肃的兰州、白银、天水、平凉、定西和临夏，青海的西宁、海东、黄南、海南等市（州）所辖的全部或部分区县。耕地面积约 286.72 万 hm^2，占本区总面积的 24.10%，其中旱地占总耕地面积的 70%以上，且多分布在塬峁缓坡丘陵地。农业区耕地质量中等偏低，低等耕地较多，中等地与低等地相间分布，表现出耕地质量由西北向东南逐渐变差的趋势（康钦俊，2019）。本区气候较寒冷，热量偏低。年降水量 250～600mm，≥10℃年积温 890～3200℃，无霜期 75～200d，作物以一年一熟制为主。粮食作物以夏粮为主，主要以小麦、青稞和燕麦为主；而秋粮作物主要有马铃薯、豌豆、糜子和谷子等。经济作物多样，南部寒冷，适宜种植油菜，而北部干旱，适宜种植胡麻（张金鑫，2009）。

第三节　黄土高原草业和畜牧业

一、黄土高原草地资源及利用现状

（一）主要天然草地类型及分布

黄土高原草地类型及分布见本书第二章第三节、第四章第四节，不再赘述。

（二）天然草地利用现状

随着人口的增加，黄土高原大面积的草原已逐步被开垦，残留的陡坡草地成为羊的主要放牧地，这些草地长期处于只利用、不投入、不维护、不建设的掠夺式利用状态。由于超载过牧，致使草地退化，水土流失加剧，导致生态环境恶化，草地生产力和生态、经济效益均处于低水平。目前黄土高原地区大部分天然草地 0.66～1.30hm^2 才能饲养 1 个羊单位。荒漠草原地带生态环境更加脆弱，植被破坏后极易导致土地荒漠化，目前大部分草地因超载过牧而严重退化，土地荒漠化趋势加剧（刘建宁和贺东昌，2011）。

二、黄土高原草种区划

与《中国综合农业区划》相对应，黄土高原区内可将草种分为 4 个亚区，即晋东、豫西丘陵山地亚区，汾渭河谷地亚区，晋、陕、甘、宁高原丘陵沟壑亚区和陇中、青东丘陵沟壑亚区。

（一）晋东、豫西丘陵山地亚区

本亚区主栽草种为紫苜蓿（*Medicago sativa*）、斜茎黄耆（沙打旺）、绣球小冠花（*Coronilla varia*）、苇状羊茅（*Festuca arundinacea*）、无芒雀麦（*Bromus inermis*）等高产牧草，此外还有驴食草（*Onobrychis viciifolia*）、白车轴草（*Trifolium repens*）、草木犀、鸭茅（*Dactylis glomerata*）等。适宜栽培的灌木品种有紫穗槐（*Amorpha fruticosa*）、连翘、胡枝子等。一年生饲料作物以青贮玉米、黑麦（*Secale cereale*）、高粱（*Sorghum bicolor*）为主。建立人工草地时应以紫苜蓿和青贮玉米为主。补播良草时应以斜茎黄耆为主，搭配部分草木犀、披碱草（*E. dahuricus*）。治理水土流失时，应采用紫穗槐、无芒雀麦、绣球小冠花搭配斜茎黄耆、披碱草（刘建宁和贺东昌，2011）。

（二）汾渭河谷地亚区

本亚区适宜种植的牧草主要有紫苜蓿、驴食草、绣球小冠花、斜茎黄耆、无芒雀麦、鸭茅、苇状羊茅等。建立人工草地时应以紫苜蓿、黑麦、青贮玉米为主，搭配部分驴食草、鸭茅。补播良草时应以斜茎黄耆为主，搭配部分草木犀、白羊草。治理水土流失时，应采用紫穗槐、无芒雀麦、绣球小冠花搭配斜茎黄耆、兴安胡枝子（张清平，2015）。

（三）晋、陕、甘、宁高原丘陵沟壑亚区

本亚区历史上以放牧为主，有种植紫苜蓿的习惯。本亚区干旱缺水、土壤贫瘠，应选择抗旱、耐贫瘠的牧草和灌木品种，北部以斜茎黄耆、蒙古莸（*Caryopteris mongholica*）等为主，其他地区可种植紫苜蓿、斜茎黄耆、驴食草、绣球小冠花、无芒雀麦、老芒麦、柠条锦鸡儿等优良牧草（刘建宁和贺东昌，2011）。

（四）陇中、青东丘陵沟壑亚区

本亚区适宜种植的牧草主要有紫苜蓿、驴食草、冰草、草木犀、无芒雀麦、斜茎黄耆等。在环境较好的地方可以加大青贮玉米、高粱、燕麦（*Avena sativa*）等一年生饲料作物的种植面积（师江澜，2002）。

三、黄土高原草业发展方向与途径

草地建设主要是用于畜牧业的发展，黄土高原的草地建设可从以下 3 个途径来实施（刘建宁和贺东昌，2011）。

（一）保护和合理利用天然草地，维持生态系统平衡

草原是黄土高原干旱半干旱地区天然植被的主体，是该区生态系统的主要生产者，是维持生态系统能量流动和物质循环的基础。草原植被在防止黄土高原土壤荒漠化、沙化等方面有着不可替代的作用。黄土高原草原和荒漠草原地带属于生态脆弱区，且由于水、热条件的限制，该区植被建设必须以草和一些灌木、半灌木为主（王得祥，2001）。

在黄土高原草原和荒漠草原地带，目前存在的突出问题是草地的掠夺性利用（高阳，2014）。天然草地因滥牧、过牧而严重退化，而人工草地建设又十分薄弱，不仅导致生态环境恶化，而且大大降低了草地的生产力和经济效益。因此，目前很多地方推行封山禁牧，这是恢复天然草地简单而有效的措施。随着草地植被的恢复，合理确定载畜量、实施科学轮牧等措施，也可维持天然草地植被的正常发育，维持草地生态系统的平衡，提高草地生态系统的生态、社会、经济效益（刘建宁和贺东昌，2011；谢双红，2005）。

（二）加强天然草地改良，提高草地的质量和畜牧业的生产能力

黄土高原天然草地类型多样，如白羊草、长芒草、兴安胡枝子、糙隐子草、地椒、冷蒿等，都是适宜放牧的重要优良牧草。黄土高原地区的大部分草地由于过度放牧而退化，优良牧草的比重不断减少，草地生产力下降。应采取有效措施如围栏封育、科学轮牧、补播优良牧草等，改良天然草地，提高草地的质量和生产力（阎子盟等，2014）。

（三）发展多元化人工草地，提高草地经济效益

长期以来，黄土高原草地畜牧业主要依靠天然草地的掠夺式自由放牧，草地退化和人工草地建设薄弱又制约着草地畜牧业的可持续发展。黄土高原大部分地区适宜多年生牧草生长，特别是在粮食作物生产不稳定的半干旱地区，种植多年生牧草不仅可以生产饲草，发展养殖业，而且可以有效防止土壤侵蚀，保护和培肥土壤（孙兆敏，2005）。

发展草牧业是人工草地建设的主要方向之一。因此，可选用高产优质牧草，利用较好的农田，把人工草地纳入种植业的三元结构中，如把豆科牧草纳入农田轮作系统，实现草-粮-畜的有机结合，实现农业、草业、畜牧业的协调可持续发展（刘建宁和贺东昌，2011；裴晓菲，1999）。

多年生人工草地按利用方式可分为割草草地、放牧草地和割草放牧兼用草地。国外在调制干草时，割草草地多为优良禾本科牧草，且常与豆科牧草混播。黄土高原地区和国外不同，人工草地以豆科牧草为主，品种主要有紫苜蓿、驴食草、斜茎黄耆等，混播成功的模式较少（王建光，2012）。

四、黄土高原畜牧业发展方向

草地畜牧业是黄土高原传统的主导产业之一，畜牧业产值约占农业总产值的25.98%（刘建宁和贺东昌，2011；胥刚，2015）。目前在恢复草原植被建设中，很多地方采取了封山禁牧、退牧还草、舍饲圈养等措施，但从长远考虑，黄土高原草地畜牧业可从以下几个方面发展。

（一）加强草地建设，建立有偿利用草地资源制度

草地建设是草原畜牧业发展的基础，优质、高产、稳定的草地资源是草地畜牧业发展的前提。卢良恕指出，西部地区脆弱的生态环境很大程度上是由于资源的无价或无偿使用造成的，加快西部发展，必须改变“资源无价”的传统观念，建立正确的资源价值观（刘建宁和贺东昌，2011）。建立草地资源科学定价和有偿使用新制度，可以解决天然草地滥牧、过牧，对草地只利用、不保护、不建设等掠夺性利用问题，可以调动农民积极性来保护、建设和科学利用草地，从而提高草地的生态效益和经济效益（包庆丰，2006）。

（二）优化畜群结构，提高出栏率和商品率

黄土高原草地畜牧业过去主要沿袭了自给性小农经济模式和生产方式，经营方式也以小农式掠夺性自由放牧为主，不重视草地建设。历史上受计划经济的影响，畜牧业发展以追求存栏数量为主要目标，出栏率和商品率比较低。随着现代化农牧业的发展，黄土高原畜牧业必须面对市场，根据市场需求改变以追求存栏数量为目标的做法，以提高出栏率、商品率和牧业产值为目标和方向；调整、优化畜群结构和养殖规模，引进、培育适应当地的优良畜禽品种，如牛、羊、兔等；改变饲养方式，提高饲草转化率和生产效率；建立现代化畜牧业经营方式和机制（刘建宁和贺东昌，2011）。

（三）以草定畜、划区轮牧、舍饲育肥

以草定畜、划区轮牧、舍饲育肥是黄土高原草地合理利用、畜牧业持续发展的科学途径。以草定畜是指根据草地的产量、利用率等确定适宜的家畜饲养量。相关资料表明，为了维持草地正常生长，草地的允许啃食量为草地年净初级生产量的50%左右（蒙荣，2004）。黄土高原发展畜牧业的主要地区为中部的森林草原地带和典型草原地带。据估算，该地区每公顷草地的适宜载畜量为2.5～3.3个羊单位（刘建宁和贺东昌，2011）。

划区轮牧是指根据草原生产力和放牧畜群的需要，将放牧场划分为若干个小区，规定放牧时间、周期和顺序的放牧方式（盖志毅，2005）。在黄土高原由于地形起伏、沟壑纵横，很难像平坦地区那样划分为规则的轮牧小区，因此，小区划分一般以地貌单元为基础，根据家畜数量和小区的放牧天数，确定面积相当的一个地貌单元。轮牧周期应考虑不同季节牧草的生长速度和发育阶段，从而制定适宜的周期。

舍饲育肥是指对牛羊等实行圈养的肥育方式。在黄土高原，养羊以天然草地放牧为主，加之盲目追求存栏数量，超载、滥牧现象严重，从而导致草地退化，形成“秋肥、冬瘦、春乏”的现象。因此，应采用放牧与补饲相结合的育肥方式，即夏秋季进行放牧育肥，冬春季对牛羊等进行舍饲育肥，提高牛羊等的出栏率和商品率，从而提高草地畜牧业的生产效率和产值。

第四节 黄土高原林果业

一、黄土高原林果业发展概况与布局

（一）林果业发展现状

黄土高原的林果业发展历史悠久，源于其独特的生态特征。黄土覆盖量居全球第一，水土流失与干旱严重，导致该区域经济发展缓慢。林果业发展充分考虑了生态环境与经济发展之间的关系，对黄土高原的建设和经济发展具有重要意义。近年来，黄土高原林果业产量稳步增长，产业体系逐步形成，成为黄土高原农村经济的支柱产业。以甘肃中东部苹果产业为例，逐步形成苹果优势产业带，苹果种植面积由 2006 年 20.74 万 hm^2 增至 2015 年 29.48 万 hm^2，年均增长率为 2.09%（梁硕等，2017）。此外，管理与种植技术、优良树种引进等的推广与应用，在黄土高原地区也取得了显著的成效，林果业布局逐步形成。

（二）林果业品种特征与布局

黄土高原林果业品种主要有苹果、梨、杏、桃、红枣、核桃、柿、花椒、葡萄等，各品种生长特性与布局情况如下（刘秉正和吴发启，2003）。

（1）苹果。苹果树适宜冷凉而干燥的气候，年平均气温 11℃，其中 4～10 月的月均温为 16℃。该树种喜光，要求日照长、温度高，日照时数 2600～2800h，年均降水量 750mm 为适中。海拔在 1000m 左右为宜，最好不超过 1500m。苹果适宜土层深厚、肥力大、疏松度高的土壤，较耐旱，但不宜长期干旱。主要分布于 34～36°N 的区域，包括山西南部运城、临汾、晋城、吕梁等 16 县，陕西渭北、关中及延安南部，甘肃平凉、庆阳、天水、定西、白银、兰州等地，宁夏固原南部。品种有红富士、秦冠、新红星、嘎拉、北海道 9 号、金冠、新乔纳金和国光等。总面积 71.6 万 hm^2。

（2）梨。梨树适宜生长在年均气温在 8.5℃以上，极端低温不低于−25℃，无霜期＞140d，年均降水量 550mm，海拔 1200m 以下的环境。分布于山西的晋中、忻州、运城、隰县，陕西的西安、咸阳、渭南等地，甘肃的定西、临洮、陇西、皋兰、渭源、岷县、临夏、泾川、天水、泰安等地，宁夏的彭阳、固原、西吉、同心等地。品种有酥梨、早酥、雪花、锦丰等。总面积 9.2 万 hm^2。

（3）杏。杏树喜温耐寒，年均气温 9℃适宜，开花期和幼果期对低温敏感，海拔 800～1000m 适宜种植，年均降水量 500mm。杏耐旱度高，对土壤要求不高，以中性或微碱性轻质土为宜。在山西集中分布于永济、万荣、隰县、清徐等地，在陕西集中分布于大荔、华县、泾阳、兰田、绥德、延安等地，甘肃以定西、兰州、庆阳等地为主；在宁夏集中分布于固原。品种有红梅杏、大接杏、曹杏、龙王帽等。总面积 6.5 万 hm^2。

（4）桃。桃树喜温耐寒，生长条件与杏树基本一致，对土壤和气候的要求不高，适应性强。山西的太原、晋中、晋南各地最多，吕梁地区次之，北部地区较少；陕西的西安、咸阳较多；在甘肃集中分布于兰州、天水、平凉等地；在宁夏分布于黄河南部及同心等。品种有白凤桃、春雷、庆丰、油桃、蟠桃、黄桃等。总面积 8.7 万 hm^2。

（5）红枣。枣树抗逆性较强，年均气温＞8℃，无霜期＞120d，年均降水量 500mm 为宜。

枣树喜温喜光，产量与光照时长成正比。在山西分布于黄河、汾河河谷及沁河沿岸等地，在陕西集中分布于黄河、泾河河谷等地，在甘肃集中分布于黄河及马莲河沿岸等地，在宁夏分布于黄河南部沿岸等地。品种有油枣、板枣、冬枣、木枣、晋枣、疙塔枣等。总面积 7.1 万 hm^2。

（6）核桃。核桃树为喜温树种，分布广，年均气温要求 8～15℃，无霜期＞150d，年均降水量 850mm，在土质疏松、含钙微碱性土壤生长良好。在山西主要分布于汾阳、孝义、离石的低山丘陵区；在陕西分布于宝鸡、咸阳北部及延安等地；在甘肃分布于天水、庆阳、平凉、定西等地；在宁夏分布于隆德、泾源、彭阳等地。品种有香玲、辽核、陕核等。总面积 25.0 万 hm^2。

（7）柿。柿子树喜温，对温度要求较高，年均气温＞10℃才可种植，生长平均温度 17℃。果实产量与质量与光照时长成正比，年均降水量 600mm 为适。在山西集中分布于运城、临汾、晋城及晋中部分地区，在陕西以渭北塬区和骊山塬区为主，在甘肃集中分布于平凉、天水等地。品种有牛心柿、尖柿、鸡心黄、火晶等。总面积 1.0 万 hm^2。

（8）花椒。花椒喜温喜光，耐干旱，要求年均气温 8～16℃，极端气温应＞−18℃，年均降水量 400～600mm。花椒对光照要求高，日照数应在 1800～2000h 或以上。除黄土高原北部和西部高寒区外均有分布，以山西晋南、吕梁山中南部、陕西渭北地区的东部、甘肃祖厉河沿岸及定西等地较为集中，其中陕甘两省面积达 13.8 万 hm^2。品种多为大红袍、小红袍等。

（9）葡萄。葡萄年均气温要求＞9.0℃，极端低温＞−18.5℃，喜光照，日照时数 3000h 左右，年均降水量 550mm 为宜。在山西分布于清徐、太原、阳高、永济、临猗、河津、交城、榆次、祁县等地，在陕西集中分布于西安、咸阳等地，甘肃以兰州、天水、白银近郊最多，在宁夏集中分布于西吉、彭阳等地。

二、黄土高原林果业区划

不同的树种对区域环境有不同适应性，因此根据气候环境特征，将黄土高原区域划分为 4 个林果适生区地带（刘秉正和吴发启，2003）。

（一）风沙草原地带沙丘生态区

本区气候寒冷干燥，风沙危害严重，年均气温 7℃左右，年均日照＞2700h，年均降水量 400mm。由于风沙运动剧烈，植被稀疏，近年来，为防风固沙，以种植杨、柳及柠条锦鸡儿等为主。土壤包括淡栗钙土、灰钙土、棕钙土和风沙土。本区日照较长，温差大，宜选择耐寒耐旱树种，部分地区需要注意耐盐。适宜本区生长的林果主要有红枣、杏、桃。

（二）草原地带

本区包括 3 个生态区。

（1）东部晋陕丘陵生态区。气候温凉寒冷，年均气温 6℃，年均日照 2875h，年均降水量 450mm，植被稀疏，土壤有栗钙土、风沙土、黄绵土和淤墡土，适宜该区生长的林果主要为红枣。

（2）中部陕北丘陵生态区。气候寒冷干燥，年均气温 8.5℃，年均日照 2600h，年均降水量 500mm，土壤有黄绵土、黑垆土和红胶土，适宜该区生长的林果主要为红枣和杏。

（3）西部甘宁丘陵生态区。气候夏季凉爽冬季寒冷，年均气温 7℃，年均日照 2600h，年均降水量 375mm，山地海拔 1800～2950m，土壤包括黄绵土、黑垆土和灰钙土，适宜该区生长的林果为杏、核桃、葡萄、花椒、梨、苹果、红枣。

（三）森林草原地带

本区气候总体温和湿润，分为 7 个生态区。

（1）东部晋南、豫西山丘生态区。气候温暖湿润，年均气温 22℃，年均日照 2450h，年均降水量 565mm，海拔多在 800～1000m，土壤类型多样，适宜该区生长的林果为核桃、杏、花椒、红枣、柿、苹果、梨、葡萄。

（2）晋中汾河盆地生态区。气候温凉，年均气温 8.5℃，年均日照 2700h，年均降水量 475mm，海拔 1000m，土壤类型多样，适宜该区生长的林果为苹果、梨、葡萄。

（3）南部汾渭河平原生态区。气候温暖湿润，年均气温 22℃，年均日照 2350h，年均降水量 575mm，海拔 400～550m，土壤以塿土为主，适宜该区生长的林果为苹果、红枣、柿、梨、杏、葡萄、桃、核桃。

（4）沿黄晋陕塬丘生态区。气候温和干燥，年均气温 10.4℃，年均日照 2670h，年均降水量 550mm 左右，海拔 1000～1300m，土壤包括红胶土和淤墡土，适宜该区生长的林果为红枣、核桃、杏。

（5）中部陕甘塬沟生态区。气候温暖湿润，年均气温 9℃，年均日照＞2200h，年均降水量 550mm，海拔 1000～1200m，土壤包括黑垆土、黄墡土，水资源缺乏，适宜该区生长的林果主要为苹果。

（6）吕梁、子午岭及六盘山生态区。气候较寒冷湿润，年均气温 8.5℃，年均降水量 750mm，海拔多在 2000m 以上，土壤包括褐土和淤墡土等，适宜该区生长的林果为花椒、梨、桃、红枣、柿、核桃、杏。

（7）西部陇中丘陵生态区。气候温和干燥，年均气温 8℃，年均日照＞2500h，年均降水量 500m，土壤包括黑垆土、黄绵土等，适宜该区生长的林果为梨、杏、核桃。

（四）青藏高原草甸草原森林地区

本区气候寒冷，年均气温 4.6℃，年均降水量 300mm，土壤包括栗钙土、灰钙土，适宜该区生长的林果为梨、桃、葡萄、苹果。

三、黄土高原林果业发展存在的主要问题

黄土高原地区林果业发展速度快，发展过程中也面临新的挑战问题（刘秉正和吴发启，2003）。

（一）认识与定位问题

黄土高原有着悠久的了林果业种植历史，并积累了丰富的种植和经验，取得了显著的经济效益。改革开放以来，林果业成为推动农村经济发展的主要产业之一，其中陕西、山西、甘肃等省林果业收入已分别占农村收入的 27.6%、21.0%和 14.2%（刘秉正和吴发启，2003）。

但个别地区对林果业在国民经济中占有的重要地位认识不足，存在基地规模较小、生产布局与品种结构不合理、优质品种产量小等问题（孙庆来和李薇，2012）。因此，充分认识林果业存在的问题，对于黄土高原社会经济发展有重要意义。

（二）科学技术问题

黄土高原果品质量存在个小、着色差、风味淡、农药残留超标、出口创汇率低、名特优新产品较少等问题。从加工角度来看，果汁加工年产量超过 200 万 t，但加工量仅占到果品产量的 4%～5%，低于世界平均值 23%，附加值较低。

（三）产业布局与树种和品种结构问题

近年来，黄土高原林果业发展迅速，产量增加，出现了部分区域产量过剩，导致价格下滑、地方财政增幅缓慢、农民收入减少等问题。鲜果与干果发展不均衡，难以适应市场需要。

（四）林果产业化问题

许多地区林果业分布复杂，销售季节会出现脱节情况，实现林果业产业化是黄土高原林果产业的优先发展方向，特别是发展林果业的深加工产业（王风光和薛丽敏，2019）。

四、黄土高原林果业的持续发展

林果业已成为黄土高原传统的主导产业之一，随着西部大开发的推进，应该以更加长远的目光来看待林果业发展（刘秉正和吴发启，2003；孙庆来和李薇，2012）。

（一）建设规模与布局

若干地区为发展经济，在不宜种植区域发展林果业，导致林果面积大、产量低、品质差、收入低等问题。因此，应依据不同区域的气候与土壤等条件，在不同树种、品种的适生区发展林果业，形成集群产业规模，提高林果业的经济效益，这对林果业的发展与管理至关重要。

（二）名特优新果品的发展方向

随着人民生活水平的逐步提高，对食用高品质农产品的需求意识越来越强，对果品需求量越来越大。因此，应根据不同区域的自然环境特性，增加名特优新果品的种类，提高果品质量；同时，根据市场需求调整干果与鲜果之间的比例，满足人民生活需求。

（三）提高林果业科技水平

对于林果业产业区进行优化，实现规模化，减少品种优劣混杂问题。在规划等方面，大力推进土壤施肥、树苗培育、病虫防治、栽培等先进技术，提高林果业管理的科技含量。采用低残留农药，避免农药残留超标；大力发展节水灌溉技术，确保果品产量和质量（李天星，2019）。果品储藏要逐渐将传统的土窑洞储藏转变为工业化储藏，走工业化、产业化道路。广泛开展农民及专业科技人员培训，向果农推广科学技术，提高果农的管理水平（庞应龙，2016）。

第五节　黄土高原特色农业——小杂粮

黄土高原是中国农业的发源地之一，也是旱地农业的发源地。随着全球气候变暖，黄土高原气候暖干化趋势越来越明显，主要表现在水资源日益短缺、多地旱情加剧，使农业生产受到严重的影响。因此，大力发展旱作农业，推进杂粮特色产业是黄土高原的必然选择（谢永生，2014）。

一、杂粮的概念

杂粮通常指除了玉米、水稻、大豆、小麦等大宗粮食作物以外的其他小宗粮豆作物的总称，其共同特征是生长期较短、种植面积较小、栽培区域特殊、耐旱耐贫瘠等。黄土高原的杂粮种类主要包括马铃薯、谷子、荞麦、燕麦、糜子及各种豆类（如菜豆、绿豆、小豆、蚕豆、豌豆、豇豆、小扁豆、黑豆等）（段碧华等，2013）。

二、主要杂粮种类

（一）马铃薯

马铃薯主要分布于甘肃定西、西海固、陕北和长城沿线、山西晋西北、雁北等地，通常产量在1.5万kg/hm^{2}左右，是民众喜爱的粮菜兼用作物。黄土高原马铃薯总面积约110万hm^2（张雄等，2007）。

（二）谷子

谷子主要分布在山西太行山区、晋西、陕北、甘肃定西及宁夏西海固等地。产量为800～2250kg/hm^2。面积约45万hm^2（张雄等，2007）。

谷子含有多种微量元素、蛋白质和胡萝卜素，具有较高的营养和经济价值；成熟秸秆比其他作物的秸秆营养价值高，是优等饲料。谷子作为食疗保健的粮食作物，有健脾养胃、清热解渴和防止反胃、呕吐等功效（段碧华等，2013）。

（三）荞麦

荞麦在中国分布广泛，有甜荞和苦荞两个栽培品种。黄土高原以种植甜荞为主，面积约20万hm^2，主要分布于宁夏南部、晋西北和雁北等地及长城沿线，产量为800～2250kg/hm^2。荞麦生育期短，耐贫瘠，适于高海拔、低气温、土层薄的地区种植。当主栽作物绝收情况下，迅速补种荞麦能挽回部分经济损失，是重要的备荒救灾作物之一（赵钢和邹亮，2012）。

荞麦的营养价值高，有“五谷之王”的美称。作为食药同源的谷物，富含蛋白质（8.5%～18.9%）、淀粉、脂肪、维生素、矿物质和微量元素等营养成分。此外，荞麦含有生物黄酮类活性成分，有降血压、降血脂和预防心血管疾病等作用（郑殿升和方嘉禾，2009）。

（四）燕麦

燕麦为耐旱、耐寒作物，在黄土高原的种植历史较为悠久。主产区在晋西北、雁北、内蒙古河套东部、甘肃定西和宁夏西海固等地。面积约 7 万 hm^2，其产量为 1500～3000kg/hm^2（张雄等，2007）。

燕麦中的蛋白质、脂肪、维生素、矿物元素、纤维素等含量均优于其他谷物（郑殿升和方嘉禾，2009），其中高水溶性胶体的蛋白质和多种人体必需的氨基酸对降血脂效果显著且无副作用。此外，燕麦还含有所有谷类食粮中都缺少的皂苷。

（五）绿豆

绿豆耐旱耐贫瘠，用途广泛，种植历史悠久。在陕北、晋西北和长城沿线集中分布。产量为 750～1050kg/hm^2。面积约 15 万 hm^2（郑殿升和方嘉禾，2009）。

绿豆的蛋白质含量（平均为 24.1%）比小麦、小米、大米高 2 倍。我国栽种的绿豆品种冀绿 9 号、中绿 1 号、安 072、中绿 5 号和内蒙古明绿豆的蛋白质含量均超过了 25%。绿豆中膳食纤维含量达 12.62%，其中可溶性膳食纤维产生能量较低，因此具有控制体重，降低血糖和治疗便秘的作用。绿豆皮中含有 0.05%左右的鞣质，能凝固微生物原生质，故有抗菌、保护创面和局部止血作用（张雄等，2007）。

第六节　黄土高原旱作农业技术及应用

一、黄土高原保护性耕作技术

（一）保护性耕作技术

FAO 对保护性耕作的定义：保护性耕作是一种可以维持或改善生产力，增加收益，保障粮食安全，能够保护自然资源、对环境较为友好的农业生产系统。完整意义的保护性耕作必须满足：①对土壤的扰动范围不能大于耕地面积的 30%；②要使用有机质对土表进行永久性覆盖；③要使用包含豆科作物的多样化轮作体系（FAO，2015）。保护性耕作技术研究源自 20 世纪 30 年代的美国，因其友好的生态环境效应和良好的经济效益等长效机制，已在全球得以推广和应用。截至 2015 年，全球保护性耕作面积最大的 12 个国家，其保护性耕作总面积达 15 214.7 万 hm^2，占全球保护性耕作总面积的 97%。保护性耕作技术已从普通耕地逐步扩展到传统意义上无法耕种的区域，体现了生态环境友好和经济回报良好的明显优势。

（二）主要保护性耕作技术

黄土高原干旱、半干旱雨养农业区常年以传统耕作方式对土壤进行翻耕和耙耱，作物秸秆大量移出后常常导致土壤侵蚀和养分流失，使耕地质量日趋下降，作物产量低而不稳（张仁陟等，2013）。多年来，陡坡开荒种地、广种薄收的种植模式不仅未能有效地提高广大农民的收入，反而进一步加剧了水土流失和土地退化，而且随着人口增加和土地退化，陡坡地开垦未能得到有效控制，局部地区还在进一步加剧。因此，在黄土高原推广、应用和发展保护性耕作，对保护水土流失、防风固沙、农村振兴意义重大。

在过去的近半个世纪，黄土高原保护性耕作技术已经从单纯的效仿国外的保护性耕作体系逐渐过渡到集鲜明特色、因地制宜、传承改革为一体的保护性耕作技术体系（孔维萍等，2015）。黄土高原主要保护性耕作技术有免耕秸秆覆盖、秸秆还田、传统地膜覆盖、免耕地膜覆盖、免耕不覆盖（表 10.1）。

表 10.1　黄土高原主要保护性耕作技术（孔维萍等，2015）

保护性耕作技术	覆盖物类型	具体方法
免耕秸秆覆盖	前茬作物秸秆	田间全年不翻耕，播种时用免耕播种机一次性完成施肥、农药和播种工作，并将作物秸秆用于地表覆盖
秸秆还田	前茬作物秸秆	前茬作物收获后进行多次耕耱，并将作物秸秆翻埋入土
传统地膜覆盖	聚乙烯地膜	前茬作物收获后进行多次耕耱，在最后一次耕耱后立即用地膜进行地表覆盖，生长季每年翻耕后重新覆膜
免耕地膜覆盖	聚乙烯地膜	前茬作物收获后进行耕耱，在最后一次耕耱后立即用地膜进行地表覆盖；生长季土地全年不翻耕，播种时用免耕播种机一次性完成施肥、农药和播种工作
免耕不覆盖	—	田间全年不翻耕，播种时用免耕播种机一次性完成施肥、农药和播种耕作，移除前茬作物的秸秆

近年来，以发展中小型机械化、半机械化农具等配套设施为思路的农机创新，融秸秆粉碎、破茬、旋耕、施肥、播种一体化的中小型免耕播种机的研制和推广，对促进保护性耕作技术的高产高效发挥了至关重要的作用。

（三）保护性耕作技术的作物增产效应

粮食生产的高产高效是国家粮食安全和可持续发展的关键。耕作措施的改变和覆盖物的添加会显著影响作物产量。与传统耕作相比，使用秸秆覆盖的少免耕是增加旱作粮食产量的良好生产方式。杨晶等（2010）在陇东黄土高原旱作农业区，经过 3 个完整的轮作周期，以传统耕作为对照，研究了 3 种保护性耕作（耕作＋秸秆覆盖、免耕、免耕＋秸秆覆盖）对玉米-大豆-小麦轮作系统产量的影响，结果表明 10 茬作物的总产量以耕作＋秸秆覆盖处理最高，免耕＋秸秆覆盖处理次之，分别比传统耕作处理高 3.63t/hm^2 和 1.62t/hm^2；免耕处理产量最低，比传统耕作处理低 2.48t/hm^2（表 10.2）。另外，在保护性措施实施 2 年 3 茬后，作物产量在各处理间差异不显著（$P>0.05$），实施 7 年后则可见免耕＋秸秆覆盖对作物产量有显著的促进作用。

表 10.2　黄土高原陇东玉米-小麦-大豆轮作系统的产量动态（杨晶等，2010）　（单位：t/hm^2）

年份	作物	处理				$LSD_{0.05}$
		传统耕作	耕作＋秸秆覆盖	免耕	免耕＋秸秆覆盖	
2001	大豆	1.99±0.18	2.01±0.22	1.73±0.11	2.11±0.21	0.41
2002	玉米	9.05±0.17	9.27±0.42	9.40±0.24	9.25±0.29	0.60
2003	小麦	3.36±0.17	2.90±0.25	3.33±0.26	3.07±0.48	0.50
	大豆	1.01±0.08	1.24±0.14	0.78±0.09	1.18±0.10	0.22
2004	玉米	7.47±0.25	8.67±0.40	6.66±0.21	7.73±0.30	0.60

续表

年份	作物	处理				$LSD_{0.05}$
		传统耕作	耕作＋秸秆覆盖	免耕	免耕＋秸秆覆盖	
2005	小麦	3.55±0.15	3.91±0.26	3.23±0.21	3.64±0.36	0.42
	大豆	1.17±0.08	2.07±0.10	1.25±0.08	1.50±0.07	0.16
2006	玉米	3.92±0.24	4.41±0.28	3.51±0.26	3.97±0.21	0.50
2007	小麦	3.86±0.28	4.09±0.19	2.91±0.28	3.73±0.28	0.52
	大豆	0.97±0.06	1.40±0.05	1.07±0.04	1.79±0.09	0.13
总产量		36.35	39.98	33.87	37.97	2.09

注：试验位于兰州大学草地农业科技学院庆阳试验站。

王改玲等（2011）在黄土高原南部长期定位试验表明（表 10.3），1996～2007 年，11 年免耕覆盖和 15 年免耕覆盖均表现出增产效果，其中 11 年免耕覆盖较传统耕作处理增产 5.2%～85.0%；15 年免耕覆盖增产 11.7%～97.6%。同一年份（除 1997 和 1998 外），11 年免耕覆盖处理的增产率大于 15 年免耕覆盖外，其他年份均表现 15 年免耕覆盖＞11 年免耕覆盖；11 年免耕覆盖、15 年免耕覆盖分别比传统耕作处理增产 566kg/hm^2 和 810kg/hm^2，增产率为 19.2%和 27.6%。干旱年、常态年和丰水年，小麦产量均表现为 15 年免耕覆盖＞11 年免耕覆盖＞传统耕作。免耕覆盖时间越长，小麦产量越高，增产效果越明显。3 种处理中小麦产量均表现为丰水年＞常态年＞干旱年，小麦的增产率则是干旱年＞常态年＞丰水年，表现为干旱年份，保护性耕作措施的增产效果非常明显。

表 10.3 黄土高原南部保护性耕作对小麦产量的影响（王改玲等，2011）

处理	1996～2007 年平均产量		干旱年		常态年		丰水年	
	产量/（kg/hm^2）	增产率/%	产量/（kg/hm^2）	增产率/%	产量/（kg/hm^2）	增产率/%	产量/（kg/hm^2）	增产率/%
TC	2940	—	1905	—	3188	—	4635	—
11y-NTS	3506	19.2	3525	85.0	3610	13.3	4875	5.2
15y-NTS	3750	27.6	3765	97.6	3967	24.5	5175	11.7

注：TC 为传统耕作；11y-NTS 为 11 年免耕覆盖；15y-NTS 为 15 年免耕覆盖。

李舟（2018）采用文献调研结合 Meta 定量分析，通过对黄土高原多个保护性耕作研究的数据分析，从“面”尺度上研究黄土高原保护性耕作措施下主要作物的产量效应（图 10.2），结果发现黄土高原区域内免耕（NT）、免耕覆盖（NTS）和传统耕作配合秸秆覆盖（TS）等耕作措施对小麦、玉米、大豆、豌豆的产量的影响不尽相同。

在 TS、NTS、NT 等保护性措施下，小麦产量分别为 666～2988kg/hm^2、944～6956kg/hm^2 和 611～6563kg/hm^2；与传统耕作相比，TS 平均增产 139kg/hm^2，NTS 平均增产 447kg/hm^2，NT 平均增产 132kg/hm^2，产量分别提高了 9.7%，14.3%和 5.7%。玉米产量分别为 5560～11 365kg/hm^2、2574～9462kg/hm^2 和 2112～10 613kg/hm^2；与传统耕作相比，TS 平均增产 609kg/hm^2，NTS 平均增产 184kg/hm^2，NT 平均增产 68kg/hm^2，产量分别提高 8.2%、3.3% 和 1.1%。大豆产量分别为 1060～1451kg/hm^2、426～2090kg/hm^2 和 409～1882kg/hm^2；与传统

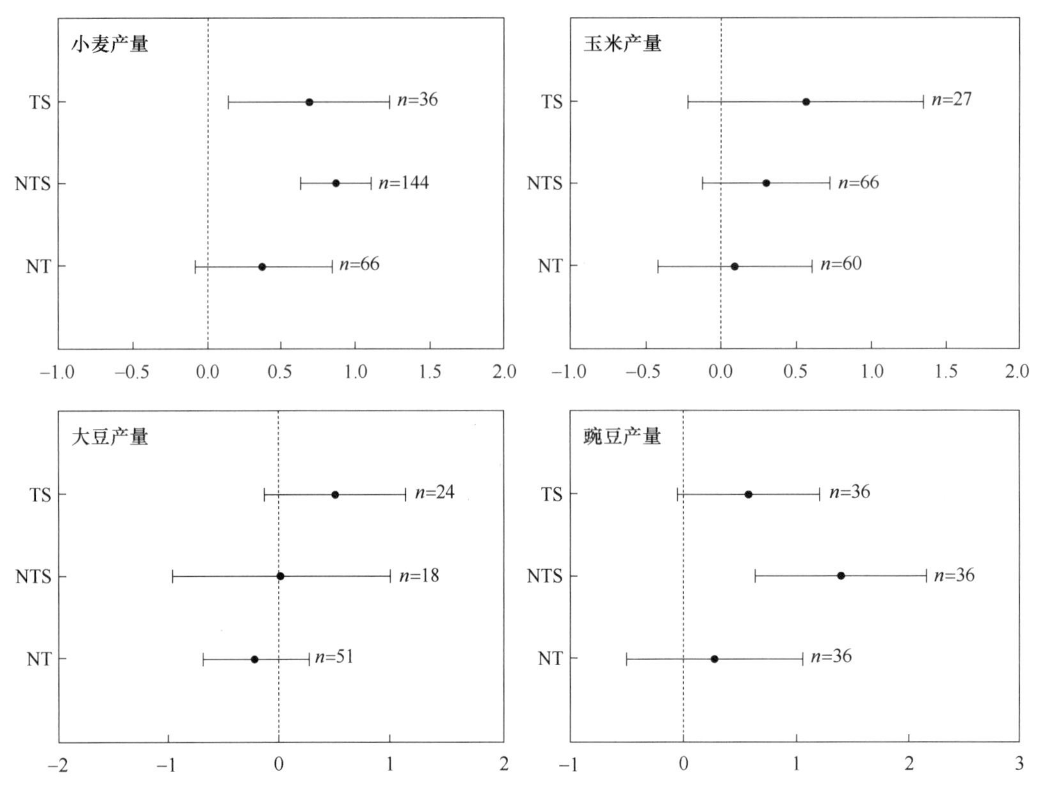

图 10.2 黄土高原区域免耕和秸秆覆盖措施下玉米、小麦、大豆和豌豆产量效应值（李舟，2018）

注：TS 为传统耕作配合秸秆覆盖处理；NTS 为免耕配合秸秆覆盖处理；NT 为免耕处理。下同。

耕作相比，TS 平均增产 99kg/hm²，NTS 平均减产 34kg/hm²，NT 平均增产 76kg/hm²，分别提高了 8.9%、−3.2%和 7.0%。豌豆产量分别为 342～1911kg/hm²、553～2119kg/hm² 和 277～1816kg/hm²；与传统耕作相比，TS 平均增产 105kg/hm²，NTS 平均增产 312.58kg/hm²，NT 平均增产 40kg/hm²，分别提高了 9.9%，29.5%和 3.8%。综合来看，免耕配合秸秆覆盖处理相较于传统耕作、传统耕作配合秸秆覆盖和免耕处理在提高作物产量等方面更优，是黄土高原最佳的保护性耕作措施。

（四）保护性耕作技术的生态环境效应

1. 土壤物理性质

保护性耕作不仅可以增加作物产量，而且也可以改善土壤生态环境。大量研究表明，保护性耕作可以增加土壤养分和有机质含量，保持土壤水分，改善土壤结构，缓解土壤紧实度等。免耕和秸秆覆盖的保护性耕作措施在改善土壤结构、提高土壤各级水稳性团聚体含量、增加土壤持水性和通透性等方面效果明显。此外，保护性耕作能够增加地表粗糙度，减轻土壤水蚀，从而更有利于土壤物理质量的维持和提高，防治土壤质量退化。

张仁陟等（2011）对陇中黄土高原半干旱丘陵沟壑区实施 7 年保护性耕作措施的土壤物理特性进行了系统研究（表 10.4），结果表明以免耕和覆盖为主的保护性耕作有利于降低土壤容重，并可显著提高土壤孔隙度、团粒结构，改善土壤的保水持水性能。免耕在初始阶段可使表层土壤容重增大，但随着时间的推移，连续免耕2～3年以后，土壤容重开始维持稳定不再持续上升；免耕（NT）、传统耕作秸秆还田（TS）、免耕秸秆覆盖（NTS）、传统耕作地膜覆盖（TP）和免耕地膜覆盖（NTP）等处理的总孔隙度分别比传统耕作（T）处理提高4.81%、4.54%、4.63%、2.14%和5.01%；毛管孔隙分别提高3.92%、2.02%、1.04%、3.45%和4.73%；NT、NTS和NTP处理≥0.25mm的团粒结构分别比T处理提高7.89%、41.52%和9.16%；NT和NTS处理的饱和导水率分别比T处理提高9.11%（P<0.05）和24.47%（P<0.05）。除传统耕作地膜覆盖外，其余4种不同方式的保护性耕作措施均有利于土壤物理质量的改善，以NTP的效果最为明显。因此，在黄土高原实施免耕的基础上进行秸秆覆盖，有助于形成良好的土壤结构，提高土壤渗透性能，降低地表径流，减少土壤侵蚀，促进土壤物理质量提高。

表10.4 黄土高原几种保护性耕作措施下土壤物理性质（张仁陟等，2011）

轮作	处理	容重/(g/cm^3)	总孔隙度/%	毛管孔隙度/%	团粒结构/%	田间持水量/%	饱和导水率/(mm/h)	土壤温度/℃
W→P	T	1.25	52.67	46.67	10.52	25.12	72.67	23.09
	NT	1.17	55.86	49.65	11.34	26.13	72.47	23.33
	TS	1.17	56.03	49.68	9.47	25.56	76.04	22.93
	NTS	1.15	56.64	48.53	15.26	26.73	87.50	22.03
	TP	1.22	53.90	48.72	8.39	26.86	63.12	22.37
	NTP	1.16	56.36	49.69	10.81	25.51	54.88	22.27
	F值	4.54*	4.54*	3.03	45.03**	0.70	9.20**	2.63
P→W	T	1.27	51.95	48.07	9.77	26.21	62.97	22.50
	NT	1.22	53.80	48.77	10.55	26.54	74.57	22.58
	TS	1.24	53.35	47.94	10.75	26.67	55.63	22.54
	NTS	1.25	52.84	47.15	13.48	26.05	80.89	22.29
	TP	1.25	52.96	49.27	7.80	25.68	44.93	22.16
	NTP	1.23	53.52	49.51	11.29	26.05	46.16	22.16
	F值	2.08	2.08	3.86*	68.49**	0.83	7.33**	0.59

注：W→P为小麦→豌豆轮作，P→W为豌豆→小麦轮作，下同。

* P<0.05。

** P<0.01。

孙利军等（2007）研究发现，免耕秸秆覆盖与其他处理相比，具有降低表层土壤容重、增加土壤总孔隙度、提高土壤有机质的作用。蔡立群等（2008）对不同麦-豆轮作的研究表明，NTS、TS及NT处理均能不同程度地提高各土层土壤水稳性团聚体含量和团聚体稳定性。由此可见，保护性耕作下土壤结构得到明显改善，覆盖措施抑制了地表蒸发，防止了表土板结，使土壤通透性变好，改善了肥力条件，为土壤良好结构的形成奠定了基础。

2. 土壤化学性质

罗珠珠等（2010）对陇中6年保护性耕作土壤的肥力性状变化进行了研究，结果表明，与 T 处理相比，TS 和 NTS 处理的土壤有机质含量分别提高 11.61%～12.21%和 12.13%～16.99%，全氮分别提高 7.29%～8.42%和 11.58%～12.95%，全磷分别提高 10.35%～14.63%和 13.79%～18.29%，全钾分别提高 7.32%～7.51%和 8.78%～9.15%，速效磷分别提高 11.10%～12.41%和 16.29%～20.99%，速效钾分别提高 25.11%～43.26%和 31.62%～44.22%，pH 值分别降低 0.11～0.17 和 0.09～0.16（表 10.5）。通过加乘法则和加权综合法两种模型评价了不同耕作方式下的土壤肥力质量，结果表明豌豆→小麦轮作中土壤肥力质量指数排序为 NTS＞TS＞NTP＞NT＞T＞TP，小麦→豌豆轮作中土壤质量指数排序为 TTS＞TS＞NT＞NTP＞TP＞T。

表 10.5 黄土高原几种保护性耕作措施下土壤肥力指标（罗珠珠等，2010）

轮作	处理	有机质/（g/kg）	全氮/（g/kg）	全磷/（g/kg）	全钾/（g/kg）	速效氮/（g/kg）	速效磷/（g/kg）	速效钾/（g/kg）	pH 值
W→P	T	13.27	0.95	0.82	17.32	37.83	10.48	189.27	8.41
	NT	13.58	0.99	0.84	17.00	34.26	10.57	200.11	8.38
	TS	14.89	1.03	0.94	18.62	38.77	11.78	236.80	8.24
	NTS	14.88	1.06	0.97	18.84	36.81	12.68	249.11	8.22
	TP	13.03	0.96	0.86	16.74	35.57	10.59	185.67	8.40
	NTP	13.79	0.98	0.90	16.98	34.68	10.54	192.18	8.36
	F 值	21.16**	11.82**	9.36**	38.54**	19.36**	13.43**	23.35**	21.44**
P→W	T	12.83	0.96	0.87	17.48	38.07	10.99	173.96	8.36
	NT	13.47	0.98	0.91	17.57	34.82	10.81	190.12	8.32
	TS	14.32	1.03	0.96	18.76	40.07	12.21	249.21	8.25
	NTS	15.01	1.08	0.99	19.08	38.50	12.78	250.88	8.23
	TP	13.00	0.95	0.85	17.45	37.82	10.14	186.83	8.37
	NTP	13.40	0.97	0.90	17.09	35.21	10.51	190.49	8.32
	F 值	28.06**	9.19**	5.97**	15.24**	9.05**	14.42**	28.60**	14.78**

* $P<0.05$。

** $P<0.01$。

3. 土壤微生物学性质

土壤微生物在生态过程中起着重要的作用，并直接或间接地影响作物生长和产量、土壤养分循环及土壤生产力的可持续性。土壤酶是土壤代谢的动力，其活性与作物产量和土壤管理措施之间有一定关系，与土壤肥力关系更为密切。杨招弟等（2008）对黄绵土的研究发现（表 10.6），与 T 处理相比，NT、NTS 和 TS 处理均可使土壤酶活性增加，0～5cm 土层的增加效应最为明显。0～5cm 土层，土壤蔗糖酶在不同保护性措施下表现为 NTS＞TS＞NT＞T，NTS、TS、NT 处理的土壤蔗糖酶分别比 T 处理提高了 59.4%、18.8%、11.0%。NTS 和 NT 处理的土壤脲酶分别比 T 处理提高了 56.1%和 16.4%；土壤碱性磷酸酶、过氧化氢酶、多酚氧化酶均表现为免耕秸秆覆盖最高，免耕和传统耕作秸秆还田处理居中，传统耕作最低。

表 10.6　保护性耕作对土壤酶活性的影响（杨招弟等，2008）

土层	处理	蔗糖酶/（mg 葡萄糖/g）	脲酶/（mg NH_4-N/g）	碱性磷酸酶/（mg 酚/g）	过氧化氢酶/（mL/g）	多酚氧化酶/（mg/100g）
0～5cm	T	16.14Da	2.32Cb	0.85Ca	5.03Ca	24.55Ca
	NT	17.92Ca	2.70Ba	1.10Ba	5.18Ba	26.55ABa
	NTS	25.73Aa	3.02Aa	1.39Aa	5.40Aa	29.62Aa
	TS	19.18Ba	2.50Ca	1.05Ba	5.23Ba	27.24Ba
5～10cm	T	16.57Ba	2.58Aa	0.86Ba	4.93Ba	15.49Cb
	NT	17.30ABa	2.65Aa	1.00Aab	5.10Aa	22.40ABab
	NTS	19.45Ab	2.74Aab	1.03Aa	5.14Ab	26.09Aab
	TS	19.49Aa	2.68Aa	1.03Aab	5.12Ab	19.64BCb
10～30cm	T	13.97Bb	2.39Ab	0.86Aa	4.89Ca	13.18Bb
	NT	16.80Aa	2.58Aa	0.90Ab	4.96ABb	18.10ABb
	NTS	17.34Ac	2.37Ab	0.92Ab	4.99Ab	23.78Ab
	TS	17.11Ab	2.45Aa	0.93Ab	4.96BCc	17.95ABb

耕作措施影响土壤结构，改变了土壤微生物群落的多样性。与传统耕作相比，保护性耕作会形成不同的土壤微生物群落结构、多样性和丰度。何玉梅（2006）研究了不同保护性耕作措施下土壤微生物数量及多样性的变化，发现免耕处理 0～30cm 土层的微生物数量均高于翻耕处理，其中免耕秸秆覆盖处理显著高于传统耕作（$P<0.05$）。王梓廷（2018）对关中平原旱地作物的研究发现，与传统耕作措施相比，保护性耕作措施使土壤细菌群落多样性指数增加了 378%。深松耕和免耕措施增加了芽孢杆菌属（占厚壁菌门的 85%）的丰度，增加了 α 变形菌纲根瘤菌的相对丰度。保护性耕作通过影响土壤氮素含量和颗粒（机械）组成，增加了有益功能细菌种群的丰富度，并通过改变土壤有机碳含量和土壤物理结构进而影响土壤真菌多样性和系统发育结构。深松耕和翻耕下土壤真菌群落结构组成具有较高的相似性，而免耕作为扰动较少的耕作措施，较好地保持了土壤真菌的多样性。

（五）保护性耕作技术在黄土高原的发展

随着政府支持力度的逐步加强，越来越多的黄土高原农民开始尝试保护性耕作，并获得了较好的经济效益，相应的理论研究和技术路线均得到发展，但仍有诸多不足。例如，部分农机农艺措施的不配套，保护性耕作的配套施肥技术、杂草病虫害防治技术的研究仍难以适应农业生产发展的需求，不能有效指导生产。免耕技术在一些降雨有限、土壤水分有效性差的地区和田块能够发挥良好的生态经济效益，然而在降水量大、土壤含水率高，特别是土壤黏性强的地区应用保护性耕作易发生土壤板结现象。免耕和秸秆覆盖为耕作层土壤提供了相对温湿的微环境，这种适宜的环境在促进作物生长发育的同时，也为地面杂草滋生、病虫害繁殖提供了有利的场所，引发病虫害问题。保护性耕作技术是对传统耕作技术的变革，必然会带来作物栽培制度、施肥和杂草防除等农田管理措施的改变，进而影响传统农耕习惯与管理模式。因此，需要针对各地具体的自然条件、种植制度等，建立适应不同地区不同作物的保护性耕作技术模式，并加以应用和实践推广。

保护性耕作的核心是实施对土壤的少干扰和秸秆覆盖还田来换取土壤环境和农业生产的可持续发展，这与传统的耕作方式反差较大，农户对保护性耕作技术在认识和理解上还有一定差距，要完全实现这种技术措施的全面推广仍任重道远。

二、培肥施肥技术

（一）农田土壤肥力状况

由于受特殊的地理、地质及气候等自然条件影响，黄土高原土壤较为贫瘠，加之长期过度垦殖使农、林、牧结构失调，水土流失严重，导致农业生态系统物质循环不畅，加剧了土壤肥力的下降，农田肥力不足是黄土高原普遍存在的问题。中国北方大部分旱地土壤有机质含量不足 10g/kg，山西省只有 1/4 的耕地土壤有机质含量在 10g/kg 左右，其余 3/4 的耕地土壤有机质含量为 3～8g/kg。在陇东与宁夏南部，土壤有机质含量为 5～10g/kg。陕西省虽然土壤中速效钾含量多在 50～100mg/kg 或以上，但大约 3/4 的耕地土壤有机质含量仅为 6～7g/kg；耕层土壤一般含氮量只有 0.6～0.8g/kg，全磷的含量一般为 1～2g/kg，80%的耕地有效磷含量低于 10mg/kg，缺磷现象十分严重（上官周平等 1999）。

黄土高原土壤养分差异悬殊（表 10.7），土壤有效磷含量为 0.3～35.0mg/kg，相差 116.7 倍；全磷与全钾变幅较小，分别为 9.4 倍和 5.0 倍。全区土壤养分以氮含量较低，全氮含量为 0.50～2.15g/kg，平均为 0.57g/kg，全区几乎所有农田土壤都需要补充氮素。

表 10.7　黄土高原土壤养分含量分级指标（上官周平和马来，1999）

分级名称	有机质/（g/kg）	全氮/（g/kg）	碱解氮/（mg/kg）	有效磷/（mg/kg）	速效钾/（mg/kg）
很高	＞40	＞2.00	＞200	＞30	＞200
高	20～40	1.00～2.00	100～200	10～30	100～200
中	10～20	0.75～1.00	50～100	5～10	50～100
低	6～10	0.50～0.75	30～50	2～5	30～50
极低	＜6	＜0.50	＜30	＜2	＜30

黄土高原水土流失区土壤全磷含量为 0.20～1.96g/kg，较全氮含量高 1.09 倍（表 10.8）。黄土台塬区需要补充磷的粮田面积不少于 1/2，黄土丘陵区不少于 1/3。水土流失区土壤钾素含量为 9.3～46.4g/kg，速效钾含量为 21～398mg/kg，属中等水平。

表 10.8　黄土高原土壤养分含量（上官周平和马来，1999）

地区	有机质/（g/kg）	全氮/（g/kg）	全磷/（g/kg）	全钾/（g/kg）	碱解氮/（mg/kg）	有效磷/（mg/kg）	速效钾/（mg/kg）
水土流失区	8.6（1665）/3.1～34.4	0.57（1665）/0.03～2.15	1.19（1019）/0.20～1.96	20.4（839）/9.3～46.4	45.1（1665）/4.6～150.0	4.8（1119）/0.3～35.0	100.2（755）/21～398
黄土台塬区	11.6（512）/3.1～34.4	0.72（512）/0.20～2.15	1.36（296）/0.52～2.34	19.7（188）/10.8～24.5	55.7（512）/12.7～138.9	6.1（296）/1.0～35.0	136.5（188）/37～398

续表

地区	有机质/(g/kg)	全氮/(g/kg)	全磷/(g/kg)	全钾/(g/kg)	碱解氮/(mg/kg)	有效磷/(mg/kg)	速效钾/(mg/kg)
黄土丘陵区	6.6（722）/1.2～29.3	0.49（722）/0.09～1.82	1.23（392）/0.20～1.96	21.0（320）/9.9～46.4	41.4（722）/4.6～117.2	4.6（392）/0.6～24.0	89.4（320）/22～296
风沙丘陵区	8.4（413）/2.6～33.9	0.54（431）/0.03～1.98	0.99（331）/0.44～1.87	20.2（331）/9.3～32.9	38.7（431）/10.0～150.0	4.1（431）/0.3～23.0	87.6（296）/21～265
非水土流失区	13.1（224）/3.1～37.4	0.86（224）/0.14～2.31	1.53（153）/0.26～2.38	22.9（148）/10.4～41.9	61.1（224）/15.0～271.0	8.5（153）/1.0～48.5	162.2（149）/25～477

数据格式：平均含量（测定土壤样品数）/（最低含量～最高含量）。

（二）土壤肥力提升的主要途径

旱薄相济、土壤肥力不高，一直是制约黄土高原旱作农田可持续发展的重要环境因子，因此加大农田的土壤培肥具有重要意义。旱作农田土壤培肥的关键是增加有机质还田量，扩大土壤碳库；通过生物固氮、施用氮肥和有机肥等扩大土壤库的氮循环；合理深施、多施磷肥，增加土壤磷循环。

黄土高原土壤肥力提升的途径主要包括：①强化农牧结合。黄土高原水土流失十分严重，草地严重退化，制约了牧业的发展。应根据种植业为畜牧业提供的饲料量，以及作物秸秆和天然草场产草量，确定适宜的载畜量和最佳畜群结构，增加土地投入强度和有机肥投入量，体现以牧促农，实现旱区生态经济良性循环。②提倡科学配方施肥和平衡施肥。按照有机无机相结合，氮磷配施的旱地施肥基本原则，在施肥技术上趋向合理化、规范化、定量化。③推广生物养田技术，实现“用养”结合。合理的轮作倒茬不但可提高作物产量、改善作物品质，而且可以改善土壤结构，提高土壤肥力，减少病虫害，大大降低生产消耗。黄土高原旱农区在长期的实践中形成了一系列轮作模式。例如，甘肃中部形成了一年一熟的轮作倒茬类型：豌豆（或扁豆）→春小麦→秋作物（主要包括糜、莜麦、荞麦、亚麻、马铃薯等）；豌豆（或扁豆）→春小麦→春小麦→秋作物。甘肃陇东形成了一年二熟或二年熟的轮作倒茬类型：冬小麦、糜子→玉米→冬小麦；冬小麦→油菜→冬小麦；冬小麦、马铃薯→大豆→冬小麦；冬小麦、绿肥→马铃薯→冬小麦。

（三）合理培肥施肥对作物产量的影响

土壤肥力是农业可持续发展的基础资源，土壤培肥是增加作物产量、提高质量和维持土壤肥力水平不可或缺的农业措施。施肥是作物增产最关键、最活跃和最易调控的因素，也是作物高产和稳产最重要的措施之一。合理施肥是在综合考虑土壤供肥能力、作物需肥特点、肥料特性、气候条件和栽培措施等因素的基础上，以实现培肥地力、增加产量、改善品质、提高效益和保护环境相统一为目的，以调节作物-土壤复合生态系统物质循环调控的重要措施。在长期的经营和发展中，黄土高原旱作农田形成了有机与无机相结合的培肥施肥措施。

黄土高原黑垆土的长期定位施肥培肥试验结果表明（表 10.9）（俄胜哲等，2018），氮磷配施（NP）、秸秆与氮磷配施（SNP）、农家肥施用（M）、农家肥与氮磷配施（MNP）对玉米平均产量影响极显著（$P<0.01$）（表 10.9）。NP、SNP、M 和 MNP 处理玉米平均产量较对

表 10.9 甘肃省平凉市长期施肥对黄土高原黑垆土作物产量的影响（俄胜哲等，2018）

施肥处理	玉米平均产量/（kg/hm²）	小麦平均产量/（kg/hm²）
不施肥（CK）	3678±1033b	1567±668d
单施氮肥（N）	4382±1000b	2138±1254c
氮磷配施（NP）	7073±1602a	3868±1166b
秸秆与氮磷配施（SNP）	7226±2102a	4132±1061b
农家肥施用（M）	7089±2298a	3747±1132b
农家肥与氮磷配施（MNP）	8856±2568a	4916±1339a

注：不同小写字母表示处理间差异显著（$P<0.05$）。

照分别显著增加 92%、97%、93%和 141%，单施氮肥对玉米平均产量影响不显著（$P>0.05$）。NP、SNP、M 和 MNP 处理玉米平均产量之间差异不显著（$P>0.05$）。所有施肥处理的小麦平均产量均较对照显著增加（$P<0.05$），N、NP、SNP、M 和 MNP 处理的小麦平均产量分别较对照增加 36%、147%、164%、139%和 214%，其增幅明显高于玉米，MNP 处理的小麦平均产量最高，显著高于其他处理（$P<0.05$），NP、SNP、M 处理间差异不显著（$P>0.05$）。黄土高原小麦-玉米轮作体系，施 N 90kg/（hm^2·a）和 P_2O_5 75kg/（hm^2·a）能够满足作物生长发育的需要，且土壤肥力质量稳中有升。施用有机肥和秸秆还田，并结合隔年施磷可以获得与常规施用化肥相当的产量。秸秆和氮磷配施（隔年施磷）、施用有机肥、化肥和有机肥配施是黄土高原黑垆土区比较适宜的土壤培肥施肥技术，特别是秸秆还田＋隔年施磷不但可以降低 50%的磷肥施用量，还可以有效处置作物秸秆。

俄胜哲等（2016）对黄土高原黄绵土区长期施肥（25a）对小麦产量影响的研究表明，不同年际间所有施肥处理小麦籽粒产量有较大的波动，仅施用化肥处理的波动幅度明显大于化肥有机肥配施处理（图 10.3）。无论单施氮肥（N）或肥料配施（NP 和 NPK），小麦产量均较对照有显著增加，化肥配施的增产效果明显高于单施氮肥（N）。N、NP、NPK、M、NM、NPM 和 NPKM 处理的平均产量分别为 3096kg/hm^2、4054kg/hm^2、4158kg/hm^2、3321kg/hm^2、4036kg/hm^2、4414kg/hm^2 和 4431kg/hm^2，分别较对照增产 32.9%、74.1%、78.5%、42.2%、73.3%、89.5%和 90.3%。N、NP、NPK、M、NM、NPM 和 NPKM 处理的平均产量贡献率分别为 24.8%、42.6%、44.0%、29.7%、42.3%、47.2%和 47.4%。氮肥、磷肥、钾肥的平均小麦增产效应分别为 5.8g/kg、22.9g/kg 和 1.6g/kg，增产效应为磷肥＞氮肥＞钾肥。施用有机肥和化肥都能提高黄土高原黄绵土区小麦产量，以化肥和有机肥配施的增产效果最佳，氮肥的平均增产效果高于磷肥和钾肥。

（四）合理培肥施肥对土壤环境的影响

1. 增加土壤养分库容量

充足的养分是维持植物生理代谢和生长发育的重要基础。大量研究表明，合理的培肥施肥技术可以有效地改善土壤养分状况，增加土壤养分库容量，改善土壤肥力，为实现高产稳产奠定基础。俄胜哲等（2016）对黄土高原黄绵土的研究结果表明，连续 29a 施用化肥及有机肥显著提高了土壤有机碳和全氮含量，化肥配施及化肥与有机肥配施处理的土壤有机碳和全氮含量增幅显著高于单施氮肥处理（N）（$P<0.05$）。施磷肥和有机肥可显著提高土壤全磷

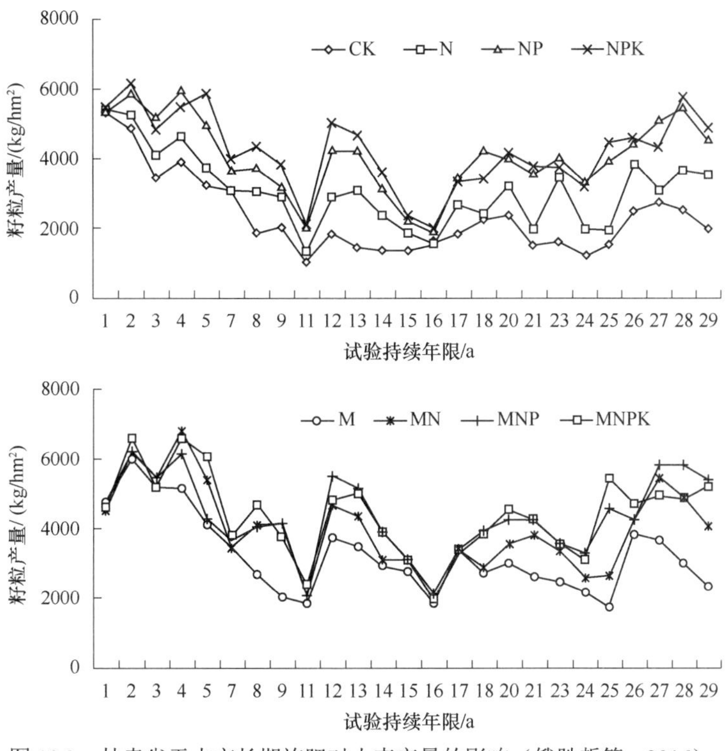

图 10.3 甘肃省天水市长期施肥对小麦产量的影响（俄胜哲等，2016）

和速效磷含量，其中施有机肥处理的土壤全磷含量较不施有机肥处理提高 10.5%，而速效磷含量较不施有机肥提高 66.5%（表 10.10）。在不施有机肥条件下，氮磷配施处理（NP）的土壤全磷和速效磷含量较对照分别提高 19.7%和 116.6%；施有机肥处理的土壤全磷和速效磷含量较对照分别提高 27.9%和 229.6%，长期施钾肥和有机肥对土壤全钾含量无明显影响（$P>0.05$），但显著提高了土壤速效钾含量（$P<0.05$），施有机肥处理的土壤速效钾含量比不施有机肥处理提高 9.0%。

表 10.10 黄土高原黄绵土区长期施肥对土壤养分的影响（俄胜哲等，2016）

处理	有机碳/（g/kg）	全氮/（g/kg）	全磷/（g/kg）	全钾/（g/kg）	碱解氮/（mg/kg）	速效磷/（mg/kg）	速效钾/（mg/kg）
CK	9.8±0.1	1.17±0.02	0.61±0.02	16.6±0.1	57.9±0.9	9.9±0.4	171.7±4.4
N	10.1±0.1	1.19±0.01	0.59±0.02	16.6±0.6	76.6±2.2	12.3±0.7	163.3±6.5
NP	10.6±0.2	1.27±0.01	0.73±0.02	16.3±0.2	67.8±0.9	21.5±1.1	163.7±6.8
NPK	10.6±0.2	1.27±0.02	0.74±0.02	16.7±0.1	70.8±0.5	22.3±1.2	198.5±2.2
M	10.3±0.2	1.28±0.01	0.67±0.02	16.6±0.1	67.4±1.5	21.2±0.8	194.0±3.1
MN	10.6±0.2	1.34±0.02	0.69±0.01	16.5±0.2	71.3±0.9	22.7±0.3	181.3±0.7
MNP	10.9±0.1	1.37±0.01	0.78±0.03	16.3±0.3	72.9±0.7	32.7±1.4	178.3±3.7
MNPK	11.2±0.1	1.36±0.01	0.79±0.03	16.9±0.6	72.6±1.2	33.6±1.3	211.7±7.3
有机肥	**	**	*	NS	*	**	*
化肥	***	***	***	NS	***	***	***
化肥×有机肥	NS	**	NS	NS	***	NS	NS

注：*为 $P<0.05$，**为 $P<0.01$，***为 $P<0.001$。

陕西省长武县的长期施肥结果表明（何晓雁等，2010），单施氮肥和不施肥处理的土壤有机碳、全氮和碱解氮含量无显著差异（$P>0.05$），氮磷配施、单施有机肥、氮肥有机肥配施和氮磷有机肥配施的土壤有机碳含量比不施肥处理分别增加了 21.3%、40.4%、38.9%和 44.0%，土壤全氮含量分别增加了 17.3%、42.0%、42.0%、39.5%，土壤碱解氮含量分别增加了 26.4%、67.2%、71.4%、78.7%（表 10.11）。单施氮肥、单施有机肥、氮肥有机肥配施处理的土壤全磷含量与不施肥处理差异不显著（$P>0.05$），氮磷配施和氮磷有机肥配施的全磷含量分别为不施肥处理的 1.2 和 1.3 倍。氮磷有机肥配施、单施有机肥、氮磷配施和氮肥有机肥配施的土壤速效磷含量是不施肥处理的 7.5 倍、5.0 倍、3.0 倍和 2.5 倍。单施氮肥、氮磷配施对土壤速效钾含量提高作用不显著，有机肥处理的土壤速效钾含量是不施肥处理的 2.3～3.5 倍。可以看出，长期单施氮肥不利于土壤养分平衡，氮磷配施有一定的改善土壤养分状况的作用；单施有机肥或有机肥与化肥配施能显著增加土壤中各养分的含量，提高养分有效性，培肥土壤。

表 10.11　黄土高原中南部小麦连作施肥对土壤养分的影响（何晓雁等，2010）

处理	有机碳/（g/kg）	全氮/（g/kg）	全磷/（g/kg）	碱解氮/（mg/kg）	速效磷/（g/kg）	速效钾/（g/kg）
不施肥（CK）	6.66C	0.81C	0.68B	42.02C	6.25D	159.0D
单施氮肥（N）	7.17BC	0.82C	0.61B	44.24C	4.08D	138.9D
单施有机肥（M）	9.35A	1.15A	0.80AB	70.26A	31.52B	562.7A
氮磷配施（NP）	8.08B	0.95B	0.83A	53.12B	15.39C	137.7D
氮肥有机肥配施（NM）	9.25A	1.15A	0.78AB	72.02A	18.65C	373.0C
氮磷有机肥配施（NPM）	9.59A	1.13A	0.91A	75.07A	46.58A	454.4B

注：不同大写字母表示 $P<0.05$。

2. 改善土壤结构

合理的施肥培肥措施在改善土壤养分的同时，也能改善土壤物理性质，主要表现在降低土壤容重、增加孔隙度和团粒结构等。土壤团聚体作为土壤结构的重要组成部分，起着保证和协调土壤中的水肥气热、影响土壤酶的种类和活性、维持和稳定土壤疏松熟化等作用，是影响土壤肥力和土壤质量的重要因素之一。土壤团聚体的形成、特性及功能十分复杂，既受土壤本身物质组成的影响，还受人为活动等因素的影响。

长期不同施肥方式下，黄土高原黑垆土水稳性团聚体含量的变化也不相同（霍琳等，2008）。湿筛后 0～10cm 土层各粒级团聚体含量在不同培肥处理间的变化规律为>5mm 团聚体含量为 0%～0.45%，2～5mm 团聚体含量为 0.38%～0.77%，1～2mm 团聚体含量为 1.30%～2.97%，0.5～1.0mm 团聚体含量为 10.67%～19.91%，0.25～0.5mm 团聚体含量为 12.53%～23.21%（表 10.12）。与不施肥处理相比，长期施肥主要增加了土壤中大粒级水稳性团聚体含量。其中，2～5mm 水稳性团聚体含量增加最多，除施化肥处理（N、NP）差异不显著（$P>0.05$）外，其他施肥处理均差异显著（$P<0.05$），其次是>5mm 的水稳性团聚体含量。有机肥与氮磷肥及秸秆与氮磷肥配施处理的>0.25mm 土壤水稳性团聚体含量均较不施肥处理明显增加，增幅分别为 16.83%和 12.68%。施用有机肥或有机肥与化肥、秸秆与化肥配施均能增加土壤水稳性团聚体含量，提高土壤团聚体的稳定性，改善土壤结构，体现出土壤培肥的作用与效果，施用有机肥或有机肥与化肥配施的处理效果明显好于单施化肥，这可能与有机肥分解过程中形成的腐殖质胶结有关。

表 10.12 黄土高原黑垆土不同施肥处理土壤水稳性团聚体含量（霍琳等，2008）

土层深度	处理	团聚体粒级分布/%					
		＞5mm	2～5mm	1～2mm	0.5～1.0mm	0.25～0.5mm	＞0.25mm
0～10cm	CK	0.00B	0.19C	2.68A	16.78AB	15.76B	35.41B
	N	0.15B	0.39BC	2.78A	18.16A	15.61B	37.09AB
	M	0.45A	0.77A	2.19A	10.67C	12.53C	26.61C
	NP	0.07B	0.38BC	1.30B	15.25B	16.96B	33.96B
	MNP	0.09B	0.70A	2.18A	15.19B	23.21A	41.37A
	SNP	0.00B	0.47B	2.97A	19.91A	16.54B	39.90AB
10～20cm	CK	0.09BC	0.29BC	1.86B	9.94AB	14.72A	26.90A
	N	0.00C	0.14C	1.51B	5.72C	8.29C	15.66B
	M	0.35A	0.42AB	2.89A	10.57A	11.92B	26.14A
	NP	0.00C	0.09C	1.04B	6.64C	7.81C	15.58B
	MNP	0.23AB	0.58A	1.81B	9.09B	13.20AB	24.91A
	SNP	0.02C	0.26BC	1.41B	11.98A	13.72AB	27.39A

注：不同大写字母表示 $P<0.05$。

3. 增加土壤微生物数量和酶活性

施肥改变了土壤的理化性质，使土壤微生物类群和种群数量发生变化。施用有机肥或者有机无机肥配施可大幅度提高土壤中细菌、真菌和放线菌的数量。臧逸飞（2016）在黄土高原中南部对苜蓿连作、小麦连作和粮豆轮作中不同施肥措施土壤可培养微生物的数量研究发现，与不施肥相比，苜蓿连作单施磷肥的土壤细菌、放线菌数量显著降低了 61.86%和 42.05%（$P<0.05$）；氮磷有机肥配施增加了苜蓿连作土壤的细菌、真菌和放线菌数量，其中真菌增加率最高，达到 340.71%，放线菌最低，仅 16.98%（表 10.13）。小麦连作单施氮、磷肥较不施肥降低了土壤细菌、真菌数量；氮磷肥配施较单施氮、磷肥提高了细菌、真菌和放线菌数量，其中细菌增长量最大，分别为 5.86×10^6CFU/g 和 2.94×10^6CFU/g；与单施氮、磷肥相比，有机肥的施用提高了土壤三种菌群数量，其中氮磷有机肥配施达到了显著水平（$P<0.05$）。粮豆轮作中单施磷肥较不施肥的土壤细菌、放线菌数量降低 44.06%和 23.69%，真菌数量增加 32.56%；氮磷有机肥配施使粮豆轮作细菌、真菌和放线菌数量均显著高于单施磷肥（$P<0.05$），增长量分别为 20.83×10^6CFU/g、3.53×10^3CFU/g 和 1.50×10^6CFU/g。与不施肥相比，氮磷有机肥配施细菌、真菌数量显著增加 2.03 倍和 1.07 倍（$P<0.05$）。

表 10.13 黄土高原中南部不同施肥措施土壤可培养微生物数量（臧逸飞，2016）

轮作/连作	施肥	处理	细菌/（10^6CFU/g）	真菌/（10^3CFU/g）	放线菌/（10^6CFU/g）
苜蓿连作	不施肥	CK	7.84±1.82B	8.99±3.28B	3.71±0.86A
	单施磷肥	P	2.99±1.07C	6.93±1.19B	2.15±0.76B
	氮磷有机肥	NPM	11.58±1.56A	39.62±5.24A	4.34±0.62A

续表

轮作/连作	施肥	处理	细菌/（10^6CFU/g）	真菌/（10^3CFU/g）	放线菌/（10^6CFU/g）
小麦连作	不施肥	CK	11.24±1.15AB	5.83±1.77BC	4.36±0.99C
	单施氮肥	N	5.82±1.62C	3.18±1.02C	4.13±1.84C
	单施磷肥	P	8.74±2.97BC	3.45±0.35C	4.55±0.33C
	氮磷配施	NP	11.68±1.44AB	5.00±1.77BC	7.05±2.37B
	单施有机肥	M	13.33±3.91A	7.83±2.11AB	10.08±1.75A
	氮有机肥	NM	12.99±1.93AB	7.87±1.01AB	4.63±0.63C
	磷有机肥	PM	12.65±2.37AB	6.79±0.68B	4.99±0.56BC
	氮磷有机肥	NPM	13.45±1.53A	10.38±2.30A	6.95±0.82B
粮豆轮作	不施肥	CK	8.42±0.96B	4.76±0.95B	4.98±0.79A
	单施磷肥	P	4.71±2.29B	6.31±0.85B	3.80±0.15B
	氮磷有机肥	NPM	25.54±1.66A	9.84±1.07A	5.30±0.74A

注：不同大写字母表示 $P<0.05$。

在苜蓿连作中，单施磷肥较不施肥分别提高了土壤蔗糖酶和碱性磷酸酶活性 35.81%和 28.72%（表 10.14）。氮磷有机肥配施的土壤蔗糖酶活性分别较不施肥和单施磷肥降低 12.20%和 35.35%；脲酶和过氧化氢酶较不施肥略有增加，但均低于单施磷肥，且没有显著差异（$P>0.05$）；碱性磷酸酶活性较不施肥显著提高 50.01μgP_2O_5g/2h（$P<0.05$），较单施磷肥提高 17.37μgP_2O_5g/2h。在小麦连作中，与不施肥相比，单施氮肥和单施磷肥对不同土壤酶活性没有显著提高（$P>0.05$）；氮磷肥配施的蔗糖酶活性较不施肥显著提高 50.07%（$P<0.05$），脲酶、碱性磷酸酶和过氧化氢酶活性分别提高 5.45%、39.49%和 3.16%；单施有机肥比不施肥显著提高了土壤脲酶和碱性磷酸酶活性（$P<0.05$），蔗糖酶活性则降低了 3.76mg $C_6H_{12}O_6$/g/24h。氮有机肥配施、磷有机肥配施和氮磷有机肥配施对土壤蔗糖酶、过氧化氢酶活性影响不显著（$P>0.05$），碱性磷酸酶活性显著提高了 0.68～1.16 倍。在粮豆轮作中，施肥对土壤酶活性的影响主要体现在碱性磷酸酶上，氮磷有机肥配施的土壤碱性磷酸酶活性比施肥显著提高了 74.68%（$P<0.05$）。

表 10.14 黄土高原中南部不同施肥措施土壤酶活性（臧逸飞，2016）

轮作/连作	施肥	处理	蔗糖酶/（mg$C_6H_{12}O_6$/g/24h）	脲酶/（mgNH_4-N/g/24h）	碱性磷酸酶/（μgP_2O_5/g/2h）	过氧化氢酶/（mL/g）
苜蓿连作	不施肥	CK	52.89±8.62b	3.82±0.37A	113.66±13.60b	5.61±0.39A
	单施磷肥	P	71.83±9.99A	4.23±0.29A	146.30±16.29A	5.98±0.16A
	氮磷有机肥	NPM	46.44±9.56B	4.00±0.45A	163.67±10.63A	5.67±0.62A
小麦连作	不施肥	CK	29.42±5.25B	2.57±0.13CD	43.53±2.88CD	5.07±0.89A
	单施氮肥	N	27.09±5.31B	2.38±0.19CD	40.56±12.67D	5.02±0.85A
	单施磷肥	P	35.52±4.20AB	2.22±0.33D	48.84±4.29CD	4.80±0.94A
	氮磷配施	NP	44.15±8.68A	2.71±0.53ABCD	60.68±6.93BC	5.23±0.53A
	单施有机肥	M	25.66±2.63B	3.18±0.39A	76.50±11.55AB	5.54±0.43A

续表

轮作/连作	施肥	处理	蔗糖酶/（$mgC_6H_{12}O_6$/g/24h）	脲酶/（$mgNH_4$-N/g/24h）	碱性磷酸酶/（μgP_2O_5/g/2h）	过氧化氢酶/（mL/g）
粮豆轮作	氮有机肥	NM	35.77±0.10AB	2.82±0.67ABC	93.98±8.57A	5.90±0.40A
	磷有机肥	PM	33.32±9.88B	3.11±0.14AB	73.21±9.40B	4.79±0.27A
	氮磷有机肥	NPM	29.25±4.67B	2.64±0.37BCD	93.21±16.05A	5.55±0.37A
	不施肥	CK	27.21±1.83A	2.18±0.25A	45.18±7.69B	5.29±0.48A
	单施磷肥	P	31.43±5.88A	2.13±0.18A	42.54±4.86B	5.06±1.35A
	氮磷有机肥	NPM	34.49±7.74A	2.69±0.61A	78.92±2.02A	6.06±0.67A

注：不同大写字母表示 P<0.05。

臧逸飞（2016）应用细菌数量、真菌数量、放线菌数量、微生物生物量碳、微生物生物量氮、微生物熵、蔗糖酶、脲酶、碱性磷酸酶、过氧化氢酶共 10 个生物肥力因子作为评价指标，采用累积频率法确定隶属度函数阈值，利用加权和法对土壤生物肥力进行评价，分析了长期轮作施肥对土壤生物肥力的影响，认为在不施肥、单施磷肥和氮磷有机肥配施条件下，苜蓿连作较其他轮作方式有较高的生物肥力水平，玉米连作则降低了生物肥力水平。与不施肥相比，单施磷肥对生物肥力影响很小；有机肥施用则较不施肥和单施磷肥提高了土壤生物肥力水平，其中在苜蓿连作、小麦连作中，氮磷有机肥配施的土壤生物肥力指数仅较不施肥增加约 0.1，粮豆轮作则增加 0.2～0.4，反映了氮磷有机肥对于粮豆轮作土壤微生物活性的刺激作用更强。

4．促进农田可持续发展

施肥是影响土壤质量及可持续利用的农业措施之一。马露洋（2018）研究了坡耕地农田系统不同养分管理下的可持续性指数，结果表明长期施肥处理下（单施氮肥除外）坡耕地农田系统的养分指数、生物指数、作物指数及可持续性指数相比于对照均有不同程度增加，增幅分别为 18.01%～33.54%、2.67%～66.40%、61.22%～411.07%和 48.74%～352.13%，表明长期施肥下的坡耕地农田系统具有较高的持续性（表 10.15）。陕北黄土丘陵区坡耕地长期施用有机肥（M、MN 和 MNP）能使农田系统可持续发展，而长期施用化肥（N、P、NP）的农田系统则不可持续。在有机肥与氮磷肥配施（施有机肥 7500kg/（hm^2·a）、N114kg/（hm^2·a）、P240kg/（hm^2·a））处理下，土壤质量指数、养分指数、生物指数、作物指数和可持续性指数较对照分别提高了 43.46%、33.54%、66.40%、411.07%和 352.13%。

表 10.15　陕北黄土丘陵区不同施肥农田可持续性指数（马露洋，2018）

处理	养分指数	生物指数	作物指数	可持续性指数
CK	0.85	0.79	0.30	0.51
N	0.81	0.70	0.30	0.44
P	1.04	0.81	0.49	0.75
NP	1.01	1.11	0.81	1.22
M	1.13	1.12	1.15	1.66
MN	1.02	1.17	1.24	1.69
MNP	1.04	1.31	1.55	2.29

（五）土壤施肥培肥技术在黄土高原的发展

近 20 年来，随着农民对土地投入的增加，农民更加重视化肥的投入，忽视有机肥的投入，使土壤质量面临严峻的考验。黄土高原地区降水量少且大部分地区无灌溉条件，属典型的旱作农业。由于长期的农业耕作和水土流失，旱地农田土壤有机质含量普遍偏低，供肥和保肥能力通常较差，特别是有机氮含量低、磷固定作用强，影响对作物的氮磷供应。合理施肥可提高旱地作物产量及水分利用效率，而当施肥量超过作物养分需求时，则不会继续提高产量，反而易造成肥料损失并威胁环境安全。因此，协同水分和养分高效利用是黄土高原旱地农业可持续发展面临的重要挑战。

在黄土高原全面推进化肥减量增效的背景下，高产高效、节本增效、环境友好的可持续发展农业战略是必然的选择。曹寒冰（2017）对渭北旱塬小麦产区的研究发现：产量和施肥量间相关性不显著（$P>0.05$），主要问题是低产和产量偏低迫使农户施氮和磷过量，因此需要减氮和磷，继续加强钾肥的施用。以“以水定产、因产定需、量需施肥、水肥高效”为目标，建立了基于产量的农户施肥评价方法，提出了基于小麦播前的夏闲期降水预测产量来确定基肥用量、由夏闲期和拔节前降水来确定追肥用量的定量施肥技术，该技术避免了通过测定土壤水分与养分进行施肥推荐的复杂操作，直接基于“已知降水”确定肥料用量，更简便实用。

第七节　黄土高原集水农业技术及应用

黄土高原降水总量约 2750 亿 m^3，但时空分布不均匀，多集中于 7～9 月，且瞬时降雨强度较大，导致干旱、洪涝及水土流失等自然灾害频发，尤其造成雨养农业区域农作物减产、农产品质量降低等问题。集水农业是指基于传统径流农业逐渐发展起来，具备现代集水农业技术的结构体系，又称微集水农业。集水农业的核心内容：基于自然降水收集积蓄技术体系，利用节水限量补偿灌溉和高效农艺集成技术，加之合理的经济管理和技术服务，使被动抗旱型的雨养农业转型为主动抗旱型，保证农业实现稳产高产，实现农业和农村经济的可持续、健康和稳定发展。集水农业体系具有投资少、效益明显的特点，已广泛应用于全球干旱和半干旱区域（胡觉恒等，2002）。但黄土高原地区在集水农业技术和应用过程中仍存在若干问题，如传统技术占据主导地位，先进技术的推广和应用进展缓慢，多数集雨利用模式仍处于试验示范阶段，且传统和先进技术都缺乏统一的技术标准和规范。黄土高原集水农业主要技术见图 10.3。

一、雨水收集技术

雨水集蓄利用是指在干旱、半干旱及其他缺水地区（如季节性缺水），将该区及周边地区的降雨进行汇集、存储，并加以有效利用的水资源利用方式（图 10.4）。黄土高原地区目前对于雨水的集蓄利用技术分为雨水收集、积蓄和集约高效的利用技术（崔灵周等，2001；肖国举和王静，2003）。黄土高原雨水收集技术包括以下几种方式。

（一）庭院集水方式

利用屋面、庭院的固定场地将雨水收集并储存于水窖。

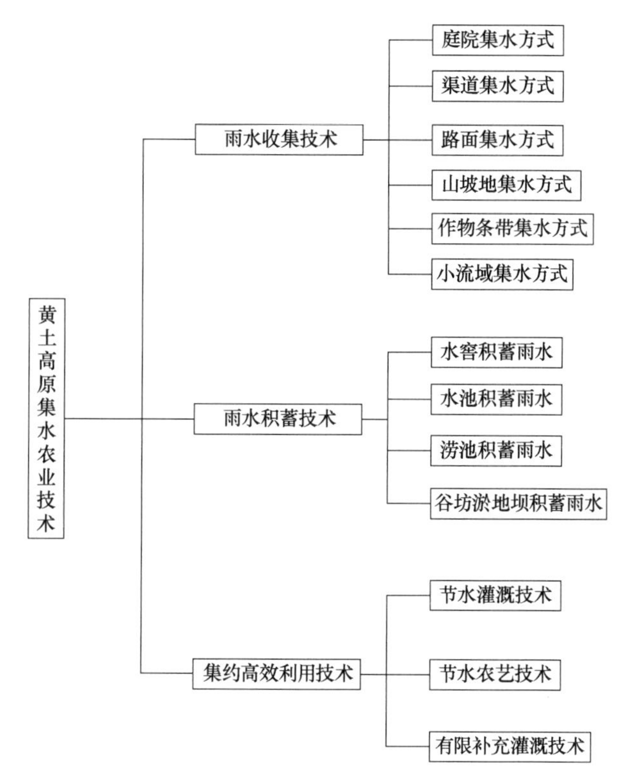

图 10.4　黄土高原集水农业技术

（二）渠道集水方式

依据地形条件，以山场或荒坡为集水区域，建造 V 形或矩形的土渠、明渠等，将雨水在屋面、道路、场院及荒坡上产生的径流，存储于水窖（崔灵周等，2001）。

（三）路面集水方式

路面集雨是雨水收集工程的主要部分和方式，多采用两种地面进行雨水收集：一种为硬质地面，如院、场及土石材质路面；另一种为农田道路及路旁空闲地带，降雨在路面上形成径流，流入田间（唐国玺，2004）。

（四）山坡地集水方式

在坡地表面设置水土保持工程措施，以消除雨水在地表形成径流，进一步收集径流或增加土壤水分入渗，达到收集雨水的目的。消除径流的工程方法多为坡耕地改为梯田，修筑水平的梯田，将坡地变为平地，保证降水完全渗入农田。

（五）田间作物条带集水方式

按照种植作物与否，将农田分为种植作物的条带和不种植作物的条带，两带间隔进行排列，其中不种植作物的条带向种植区倾斜，使径流进入种植作物的条带，提高雨水的利用效率。

（六）小流域集水方式

以小流域为基本单元，对雨水进行收集。小流域面积多为 $10km^2$，集雨面包括坡面和沟道等下界面，水资源包括降雨、下潜流和泉域等。小流域集水的主要特点是将雨水集蓄利用技术与传统水利、水土保持工程技术相结合，合理规划沟、渠、管、道网络，收集坡面、道路、人工集流场的径流，集蓄在水窖、塘坝等，用于补灌周围农田或林地（董锁成和王海英，2005）。经过多年研究和实践已证明小流域集水方式是行之有效的集水措施，不但可有效地集蓄雨水，还可降低土壤侵蚀和养分流失，提高生态效益和经济效益（王应刚和白建国，1998；贾宁凤，2005）。

二、雨水积蓄技术

雨水积蓄技术主要通过修建储水窖、储水池和涝池等蓄水设施，将汇集的雨水积蓄起来以备利用。要求所修建的蓄水设施具有较好的防渗性能，有足够大的容积以容纳足够的雨水，同时具有坚固和耐用的特点。

（一）水窖积蓄雨水

水窖一般分为翁窖、瓶窖、罐窖等，在建筑结构上一般分为采用水泥砂浆建造的薄壁窖、用砖建造的砖拱窖及直接用土建造的土窖等。为方便引水和取水，建造的水窖应选在农田附近，水窖的集水场适宜建在可形成一定集流面积的庭院、屋顶、场院、山坡和道路等场所。此外，应选择土质较好的区域进行建造，远离沟边、陡坡及易于塌陷的地点（唐国玺，2004）。

（二）水池积蓄雨水

与水窖不同，黄土高原水池多建造在土质条件较差，用水量较少且具备一定集流面的低洼地。水池的容积为 20～$300m^3$，多采取地下或半地下的形式。水池较浅（小于 3m），多使用砖砌筑，少数使用塑料棚膜衬砌。

（三）涝池积蓄雨水

涝池又称塘坝，多用于人口集中、用水量大的地方，用来拦蓄较大的雨水（唐国玺，2004）。容积为 500～$2000m^3$，拦蓄的雨水多用于牲畜饮用、农业灌溉和水窖补充。

（四）谷坊和淤地坝积蓄雨水

谷坊和淤地坝主要用于小流域集水方式下的雨水积蓄，结合水土保持工程建设共同进行，可用于拦蓄水质较差和泥沙含量较多的暴雨和洪水，缺点是使用年限较短（唐国玺，2004）。

三、雨水高效利用技术

（一）节水灌溉技术

黄土高原已采用的节水灌溉技术有地面节水灌溉、点浇点灌、地膜穴灌、膜下沟灌和注水灌等技术。

（1）地面节水灌溉技术

地面节水灌溉技术是黄土高原地区主要的节水灌溉技术之一，是农业灌溉技术的主要方式之一，占主导地位。地面节水灌溉技术主要通过渠道和管道将水引到田间。地面节水灌溉技术主要包括沟灌、波涌灌、畦灌、地膜覆盖灌水、隔沟交替灌（王小花，2015）。

（2）点浇点灌技术

点浇点灌技术主要有担水点浇和坑施肥水方法（唐国玺，2004）。

（3）地膜穴灌技术

地膜穴灌技术是作物播种后在地表覆盖地膜，当幼苗生长至快接触到地膜时，将地膜十字形划破，再将孔穴扩大为灌水孔，以便灌水（崔灵周等，2001；唐国玺，2004）。

（4）膜下沟灌技术

膜下沟灌技术是沿着垄纵向中线挖掘一定宽度和深度的灌溉小沟，将作物种于灌溉小沟两侧。灌溉时，直接将送水管置于灌溉小沟内即可。该技术最初主要用于大田作物和温室蔬菜栽培，现已应用于玉米和马铃薯等的生产（崔灵周等，2001）。

（5）注水灌技术

注水灌技术是采用特制的灌水器，直接在作物根系附近土壤注水或水肥溶液的一种灌溉技术。优点是灌水、追肥、施药可同时进行，并可定量灌溉（唐国玺，2004；张平山，2009）。

（6）注水下种技术

注水下种又称坐水下种，是黄土高原春旱下种时常采用的抗旱方法，具体方法为开沟或刨穴→注水→播种→施肥→覆土→镇压。此法可以保证作物的正常和适时播种，并保证作物的出苗率及幼苗的生长（韩骏飞，2010）。

（7）喷灌节水技术

喷灌节水技术比传统的喷灌、沟灌和畦灌更省水、省地和省工，并且具有保水和保肥的优点（王小花，2015）。喷灌节水技术可节水约 50%，能够较好地控制土壤的湿润深度，尤其适用于盐渍化区域。

（8）滴灌节水技术

滴灌节水技术与地面节水灌溉技术和喷灌节水技术相比，可分别提高 50%～70%和15%～20%的节水率。以色列是滴灌节水技术十分发达的国家，不仅广泛应用于农作物、果蔬等灌溉，而且广泛应用于园林灌溉，取得了良好的生态效益和经济效益。膜下滴灌技术已逐渐成为黄土高原旱区主要的滴灌节水技术，它可降低蒸发，提高和保持土壤墒情，为作物的高产优质奠定良好的物质基础（王小花，2015）。

（9）涌泉灌节水技术

涌泉灌又称小管出流灌溉，是通过从开口小管涌出的小水流，将水灌入土壤的灌水方式（王卓，2006）。该方法进行灌水的压力较低，不易堵塞，但田间工作量较大，适合地形较平坦和较为复杂的丘陵地区。

（二）节水农艺技术

黄土高原目前所采用的节水农艺技术主要包括沟垄种植技术、覆盖保墒技术、抗旱品种筛选应用技术和化学试剂节水技术等（崔灵周等，2001）。

（1）沟垄种植技术

沟垄种植技术是通过对微地形的改变，形成沟和垄及粗糙不平地面，用来收纳、积蓄降水，以增加土地入渗的技术，主要包括双垄沟、三垄沟、侧膜沟播等。其特点为沟深垄高且宽，适用于5°～10°缓坡地，以及川、台、塬、坝地（胡觉恒等，2002）。

（2）覆盖保墒技术

覆盖保墒技术是在土壤表面覆盖材料，如塑料地膜、绿色植物和秸秆等，用来降低土壤蒸发，减小地表径流，可提高土壤温度，改善土壤理化性质（崔灵周等，2001）。塑料地膜覆盖技术已在黄土高原的玉米、蔬菜等栽培中广泛应用。

（3）抗旱品种筛选应用技术

根据黄土高原降水时空分布、干旱频发及作物需水规律，科学选育抗旱的农作物品种，大力发展雨热同期的秋熟作物，提高农作物产量。

（4）化学试剂节水技术

化学试剂节水技术是指合理施用保水剂等化学制剂，降低土壤蒸发和作物蒸腾，同时可促进作物的根系生长，提高根系对水分的利用能力。目前该技术在黄土高原地区正处于试验示范阶段。

（三）有限补充灌溉技术

有限补充灌溉技术指在作物生长期内，根据土壤水分状况、作物生长需水规律，将收集积蓄的雨水进行最佳的分配，以提高作物对水分的利用效率。有限补充灌溉技术在黄土高原地区正处于试验推广阶段，该技术主要包括：

（1）补灌时期

作物对水分胁迫的敏感期，即生理需水关键时期及易受干旱期，此时补充灌溉的效益最佳，如玉米最佳灌溉期为播种到拔节期（胡觉恒等，2002）。

（2）灌溉定额

灌溉定额按照充分灌溉定额的40%～80%为准；注重水资源利用效率提高，不过分追求达到最高产量，以求最大平均产量（胡觉恒等，2002）。

（3）补灌作物

大力发展节水集水型温室蔬菜、果品种植等设施农业，是提高黄土高原农业生产经济效益的重要途径。胡觉恒等（2002）研究表明将施肥、高效灌溉、温室结合起来，可使干旱地区高效经济作物达到高产出的效果（表10.16）。

表10.16 日光温室高效经济作物栽培效益分析（胡觉恒等，2002）

作物	补水量/（m^3/hm^2）	单产/（t/hm^2）	吨水产量/kg	单价/（元/kg）	产值/（万元/hm^2）	吨水产值/元
黄瓜	3600	110	30.5	3.0	33.0	91.5
番茄	1950～3750	92～122	47.2～32.5	1.8	16.6～21.9	85.0～58.5
西瓜	750	30	40.0	6.0	18.0	240.0
甜瓜	900	30	33.3	6.0	18.0	199.8

（四）雨水高效利用技术的作物增产效应

集水农业和集水补灌技术的广泛应用，对黄土高原水土保持和提高作物产量起到了明显的效果。胡觉恒等（2002）研究了地膜覆盖＋不同灌溉方式对春小麦和玉米产量影响，结果表明，在地膜覆盖下，滴灌和渗灌对于春小麦和玉米都具有明显的增产效应。要实现作物的增产，灌溉期应与作物的生理需水期同步，这样才能最大限度地发挥灌溉的最大效益（鄢珣和王俊，2001）。

李凤民等（1995）对甘肃省农业科学院定西试验站两年的春小麦补充灌溉试验研究表明，灌溉处理的产量均比不灌溉处理高，并且随着补充灌溉水量的增加而增加；从不同补灌量的增产效果看，补灌 1 次的增产幅度最大；从补灌的关键期看，1993 年因前期雨水较多，6 月降水偏少，补灌 1 次水以孕穗的产量最高；而 1994 年由于前期雨水较少，三叶期补灌的产量最高（表 10.17）。

表 10.17　两年试验各处理产量比较（李凤民等，1995）

年份	处理[a]	01	11	12	13	14	21	22	23	24	25	26	31	32	33	34	41
1993	1	3600	4028	4748	5310	5423	4028	5085	5198	5490	5513	4658	5940	5490	6120	5400	6390
	2	3308	4208	4253	3780	4298	4883	5063	4118	4680	4253	4140	6098	5153	5063	4028	4613
	3	4095	4365	4118	4973	4140	4478	4883	4973	4590	4523	4433	5535	4973	4973	5108	5468
	平均	3668	4208	4388	4703	4613	4455	5018	4770	4928	4770	4410	5490	5153	5378	4838	5490
	平均[b]	3668			4478					4725				5215			5490
	增长率/%				22.1					5.5				10.4			5.2
1994	1	500	954	675	558	623	1186	875	1033	720	702	560	1006	986	961	725	1062
	2	619	990	754	610	738	916	1105	945	779	941	515	925	1244	934	821	1370
	3	893	1312	909	671	774	1121	1049	1096	1060	936	632	1321	1213	1343	900	1177
	平均	670	1080	781	614	704	1080	1006	1019	855	855	569	1080	1154	1080	810	1199
	平均	670			795					897				1031			1199
	增长率/%				18					12.8				14.9			16.3

注：a 代表不同补灌处理，其中 01 代表无补灌，11~14 代表补灌 1 次，21~26 代表补灌 2 次，31~34 代表补灌 3 次，41 代表补灌 4 次；b 代表同一补灌量各处理的产量平均值。

李小光和孟彤彤（2017）对甘肃中东部地区集水农业的灌溉模式（表 10.18）研究表明，小麦幼苗期对干旱和缺水反应最敏感，玉米播种至拔节期、谷子拔节至灌浆期、油葵苗期和胡麻起身至现蕾期是生育需水关键期。春旱年坐水种 45～75m^3/hm^2 或带水机播 3～5m^3/hm^2，需水关键期点灌 2～3 次，灌溉 75～90m^3/hm^2 或地膜穴灌 1～2 次，灌溉 45～90m^3/hm^2；有条件时进行膜下滴灌或微喷灌 1～2 次，灌溉 180～300m^3/hm^2，产量有大幅度提高。

表 10.18　甘肃中东部主要作物不同灌溉模式（李小光和孟彤彤，2017）

项目	小麦	玉米	谷物	马铃薯	果树	温室蔬菜
生育期	播种、三叶、抽穗	播种、大喇叭口期	播种、拔节、灌浆期	苗期	全生育期	全生育期
灌溉配套设施	注水播种机、滴灌、小型移动式喷灌	注水枪、点浇机具、滴灌	注水播种机、滴灌、移动式喷灌	滴灌、注水枪	滴灌管＋滴头	膜下滴灌
配套农业技术	地膜穴播、配方施肥	全膜垄作沟播、配方施肥	地膜穴播、配方施肥	地膜穴播、配方施肥	配方施肥	全膜覆盖、配方施肥

（五）雨水高效利用技术的水分提升效应

李敏敏等（2011）对陕西白水苹果园不同灌溉方式的水分提升效果研究表明，随着灌溉后天数增加，各层次土壤含水率呈降低的变化趋势，土层越深，土壤含水率随时间的变化越不明显（表 10.19）。同一土层土壤的含水率表现为膜下滴灌＞滴灌，膜下沟灌＞沟灌，且膜下沟灌、滴灌的土壤水分变化率小于常规沟灌、滴灌；不同土壤层次之间比较，膜下沟灌、膜下滴灌的不同层次土壤水分的差异小于常规沟灌、滴灌，说明覆膜能降低土壤水分的蒸发速率，起到保水的作用。5 月膜下滴灌的土壤储水量比滴灌高 11.61%，膜下沟灌比沟灌高 18.57%；8 月膜下滴灌的土壤储水量比滴灌高 8.53%，膜下沟灌比沟灌高 7.46%（表 10.20）。

表 10.19 不同灌溉方式的灌水量（李敏敏等，2011）

灌溉处理	阶段灌溉量/mm				灌溉总量/mm
	03-20	04-18	06-15	11-10	
CK	0	0	0	0	0
沟灌	18.9	29.9	74.2	49.8	172.8
膜下沟灌	18.9	29.9	74.2	49.8	172.8
滴灌	12.3	17.8	51.8	29.6	101.5
膜下滴灌	12.3	17.8	51.8	29.6	101.5

表 10.20 不同灌溉方式的储水量（李敏敏等，2011）

灌溉处理	土壤储水量/mm	
	5 月	8 月
CK	147.61±6.12d	255.57±4.51b
沟灌	216.46±5.13c	258.64±3.23b
膜下沟灌	256.65±0.89b	277.93±2.19a
滴灌	249.28±2.21b	260.04±3.12b
膜下滴灌	278.21±0.78a	282.22±1.03a

注：不同小写字母表示处理间差异显著（$P<0.05$）。

四、雨水集蓄利用发展的对策

（一）加强相关技术的基础研究

加强相关技术的基础研究，如针对不同作物生长发育特征，确定其需水规律、灌溉的关键时期和不同时期的灌溉水量，科学规划与设计雨水收集和存储设施。将工程节水、农艺节水及管理节水有机结合，提高雨水集蓄利用技术的科技水平（董锁成和王海英，2005）。

（二）促进新节灌技术的研发

应从土壤墒情、作物生长和作物产量等出发，综合 3S 技术与计算机控制系统，对实时监测数据进行系统分析，制定科学的灌水量和灌水时间，逐步实现灌溉的自动化、精准化（王小花，2015）。

（三）推动集水农业产业化发展

想要进一步发展农业并提高效益，必须走产业化发展的模式，黄土高原不同地区应积极探索适宜于集水农业产业化建设的模式，在机制和体制方面上进行突破，形成区域支撑产业，带动其他相关产业的开发和发展（董锁成和王海英，2005）。

（四）保证足够的资金投入

实行“政府补一点，群众集一点，企业投一点”的方针，除充分利用银行的小额贷款及相关政府部门的专款外，要发动群众的积极性，鼓励建设集雨水窖、发展集雨灌溉。此外，还应鼓励龙头企业积极投资雨水集蓄灌溉事业，促进该技术的发展和推广（陈爱侠和于法，2002）。

（五）加大相关技术的推广

应该加大有关技术的推广和培训的力度，使适用技术能及时被群众所掌握，为雨水集蓄利用技术的推广和应用提供有利的条件。

推荐阅读文献

段碧华，刘京宝，乌艳红，等，2013．中国主要杂粮作物栽培［M］．北京：中国农业科学技术出版社．

胡恒觉，张仁陟，黄高宝，等，2002．黄土高原旱地农业：理论、技术、潜力［M］．北京：中国农业出版社．

刘秉正，吴发启，2003．黄土高原经济林（果）建设与开发［M］．郑州：黄河水利出版社．

刘建宁，贺东昌，2011．黄土高原牧草生产与加工利用［M］．北京：中国农业出版社．

骆世明，2001．农业生态学［M］．北京：中国农业出版社．

第十一章　黄土高原退化生态系统的生态修复

退化生态系统是指在自然或人为干扰下形成的偏离自然状态的生态系统。与自然生态系统相比，退化生态系统的种类组成、群落或系统结构发生改变，生物多样性减少，土壤及其微环境恶化，生态系统服务功能降低。主要原因是人类活动的干扰，其次是自然灾害或者两者叠加的作用。据估计，全球约有 50 亿 hm^2 退化土地，约有 43%的陆地植被系统的服务功能受到影响。全球每年进行生态修复投入的经费达 100 亿～224 亿美元，中国的退化生态系统面积约占国土总面积的 1/4（任海等，2019）。生态修复是通过调整、配置和优化等有效措施，改良退化生态系统，逐步使生态系统恢复到合理的结构、高效的功能和协调的关系，向良性循环方向发展。

第一节　黄土高原主要生态退化问题

黄土高原是我国生态环境破坏最严重的区域之一。黄土高原生态条件恶劣，严重的水土流失危害了当地农林牧业生产，使生态失调，经济破坏，土壤荒漠化、盐渍化和矿山废弃地等问题严峻，造成生态系统退化，生态环境建设任重而道远。

一、水土流失

水土流失（soil erosion）是指地表土壤及母质、岩石受到水力、风力、重力和冻融等外力的作用，使之受到各种破坏和移动、堆积过程及水本身的损失现象（华东水利学院，1981）。根据外力的不同，水土流失可分为水力侵蚀、重力侵蚀和风力侵蚀。水力侵蚀是黄土高原水土流失的主要原因，分布最广。暴雨时，在山区、丘陵区和一切有坡度的地面都可能产生水力侵蚀，特点是在降水或径流的作用下，土壤、土体或地面其他组分遭到破坏、侵蚀、搬运或沉积。重力侵蚀主要分布在山区和丘陵区的沟壑和陡坡上，在陡坡和沟的两侧，其中一部分土体下部被水流淘空，由于土壤及其成土母质自身的重力作用，使其不能保持在原来的位置而发生塌落。风力侵蚀主要分布在中国西北、华北和东北的沙漠、沙地和丘陵地区，其次是东南沿海沙地，再次是河南、安徽、江苏等省的“黄泛区”，特点是风沙离开原来的位置，随风飘浮到另外的地方降落（甘枝茂，1990；王浩等，2010），如河西走廊和黄土高原。此外，还可以分为冻融侵蚀、冰川侵蚀、混合侵蚀、风力侵蚀、植物侵蚀和化学侵蚀。

（一）黄土高原水土流失现状

水土流失是黄土高原最大的生态问题，也是区域生态环境恶化、生产力低下、经济发展缓慢的重要原因。黄土高原的 70%由黄土覆盖，高塬沟壑区和丘陵沟壑区的黄土厚度大多在 100～300m。黄土具有垂直节理发育、富含钙质、有机质少、土壤结构差、抗侵蚀力极弱和植被覆盖率低等特点（中国科学院黄土高原综合科学考察队，1988；李宗善等，2019），在内外应力作用下，极易发生破坏和移动，遇水崩解分散，产生水土流失。水土流失造成土地生产力下降，严重影响和破坏农业生产。黄土高原坡耕地每年因水力侵蚀损失土层厚度 0.2～1.0cm，严重的可达 2～3cm，流失土壤高达 75～150t/（hm^2・a）（储诚山和刘伯霞，2019）。

黄土高原是我国乃至世界上水土流失最严重的区域，水土流失总面积 39.08 万 km^2，占该区总面积的 60.47%，其中水力侵蚀面积 33.41 万 km^2，风力侵蚀面积 5.62 万 km^2，冻融侵蚀面积 0.05 万 km^2，是黄河泥沙的主要来源区（高海东等，2015）。黄河进入黄土高原后接纳了许多支流，特别是在内蒙古托克托县河口镇以下的晋陕峡谷汇入了陕西的窟野河、秃尾河、无定河、延河、洛河、泾河、渭河和伊洛河，山西的汾河、湫水河、三川河等，这些支流携带大量泥沙下泄入黄河。黄土高原土壤侵蚀模数平均为 3355t/（hm^2・a），依据地形地貌等自然条件和侵蚀特点，黄土高原可划分为土石山区、河谷平原区、风沙区、丘陵沟壑区、高塬沟壑区及土石丘陵林区 6 个类型区，土壤侵蚀模数最大的区域集中在黄土高原腹地的丘陵沟壑区［4997t/（hm^2・a）］和高塬沟壑区［5417t/(hm^2・a)］，其次为土石山区［3824t/(hm^2・a)］和土石丘陵林区［3436t/(hm^2・a)］，河谷平原区［1377t/（hm^2・a）］和风沙区最小［465t/（hm^2・a）］（高海东等，2015）。

根据《土壤侵蚀分类分级标准》（SL190—2007），风力侵蚀强度分级可按植被覆盖度、年风蚀厚度、侵蚀模数三项指标来划分（表 11.1）。严重的风力侵蚀主要发生在黄河流域东北部地区，包括陕北、宁夏和内蒙古等地区，其中强度、极强度和剧烈的风力侵蚀面积占总风力侵蚀面积的 48.97%。冻融侵蚀主要发生于黄土高原西部山地，由于地势偏高，冬春季气温较低，冻融侵蚀较为活跃（袁晓波等，2015）。

表 11.1　风力强度分级（中华人民共和国水利部，2008）

强度分级	植被覆盖度/%	年风蚀厚度/mm	侵蚀模数/［t/（hm^2・a）］
微度	＞70	＜2	＜200
轻度	70～50	2～10	200～2 500
中度	50～30	10～25	2 500～5 000
强烈	30～10	25～50	5 000～8 000
极强烈	＜10	50～100	8 000～15 000
剧烈	＜10	＞100	＞15 000

黄土高原以强烈以下等级的水土流失为主，其中山西、内蒙古、陕西和甘肃的水土流失面积最大（国家发展和改革委员会等，2010）。陕西在黄土高原的面积占全国面积不足 1%，但水土流失量却占全国总量的 10%，水土流失面积 7.5 万 km^2，其中，轻、中度流失面积 3.6 万 km^2，强烈、极强烈流失面积 2.7 万 km^2，剧烈流失面积 1.2 万 km^2（储诚山和刘伯霞，2019）。

黄土高原水土流失控制和治理历来受到人们的关注。20 世纪 50～70 年代，国家主要开展了植树造林、梯田和淤地坝建设、三北防护林工程；80～90 年代后主要开展小流域治理；2000 年以来重点开展退耕还林还草工程、坡耕地整治和治沟造地工程；2016 年黄土高原作为国家第一批山水林田湖生态保护修复工程试点，逐步开展山水林田湖草系统治理工作（李宗善等，2019）。2000～2015 年，黄土高原的平均土壤侵蚀模数由 47.37t/(hm^2・a) 下降到 18.77t/（hm^2・a），输沙量呈现显著下降趋势（傅伯杰，2019）。

（二）黄土高原水土流失成因

黄土高原北部风沙肆虐，西缘地区冻融灾害严重，其余地区水蚀严重，在自然因素和人为因素双重作用下，水土流失十分严重。影响水土流失的因素包括地质、地形、地貌、气候、水文、植被、土壤、人类活动等，这些因素互相影响、相互叠加。水土流失则是这些因素在某一地区的集中表现（张宗祜等，1981；盛海洋，2006），其成因可分为自然因素和人为因素。

自然因素包括：①地质因素。黄土高原出露的泥质粉砂岩、粉砂质泥岩，风化后常形成0.1～0.5m的黏土层，透水性差，这层隔水层，往往成为滑坡床，使覆盖其上的黄土发育成滑坡体、滑塌体。第四纪黄土颗粒组成以粉土为主，粒径为0.01～0.05mm，由于颗粒细、孔隙小、透水慢，其表面容易形成径流，造成侵蚀（盛海洋，2006；中国科学院黄土高原综合科学考察队，1988）。从地质构造看，黄土高原多为第三纪或中生代晚期形成的一些构造盆地，早期接受沉积，新构造运动尤其是第四纪以来的垂直上升运动，将那些容易风化的岩土物质不断抬升，成为受侵蚀地区（盛海洋，2006）。因此，影响水土流失强度的岩石性质和新构造运动是水土流失的主要内力。②地表植被覆盖因素。植被是控制水土流失的主要因素之一，几乎在任何条件下植被都有阻缓水蚀和风蚀的作用。黄土高原植被稀少，全区天然次生林、天然草地占总面积的16.6%，其中林地仅占总面积的6%，其余大部分地区属于荒山秃岭。③降雨因素。黄土高原具有降水集中、强度大、暴雨集中的特点。大部分地区年降水量400～600mm，但分布极不均匀，6～9月占全年降水量的60%～70%。暴雨形成的径流是黄土高原水土流失不断发展的主要动力。④地形因素。黄土深厚，疏松多孔，富含$CaCO_3$，在外力作用下，地表剥蚀切割严重，山区、丘陵区和塬区占总面积的2/3，长度在0.5km以上的沟道有27万条，形成地形破碎、坡陡沟深、沟壑纵横的景观。地面坡度越陡、坡长越长，降水对土壤的冲刷侵蚀就越强。⑤土壤因素。黄土高原深厚的黄土土层与其明显的垂直节理，遇水极易崩解，抗冲抗蚀能力差。从南到北，土壤颗粒逐渐变粗，土壤侵蚀模式逐渐加大。

人为因素主要有：①陡坡开荒破坏森林植被；②过度开发造成水土流失；③采矿、筑路弃土，随意倾倒废土、矿渣；④过度放牧、草场沙化等。这些掠夺性的开发利用，与地形、降水、土壤、植被等自然因素相互叠加，必然导致水土流失的发生。

二、土地荒漠化

根据《联合国关于在发生严重干旱和/或荒漠化的国家特别是在非洲防治荒漠化的公约》，土地荒漠化（desertification）是由于气候变化和人类活动在内的多种因素造成的干旱、半干旱甚至亚湿润干旱区的土地退化。朱震达（1998）将土地荒漠化定义为人类不合理经济活动和脆弱生态环境相互作用造成土地生产力下降，土地资源散失，地表呈现类似荒漠景观的土地退化过程。按照其形成原因和地表物质可分为风蚀荒漠化、水蚀荒漠化、盐渍质荒漠化和冻融荒漠化等。

（一）黄土高原土地荒漠化和沙化现状

土地荒漠化在任何类型的气候条件下均可发生，但以干旱区受影响最为严重，约占全球陆地面积的30%。由于长期干旱，干旱区自然环境持续退化，几乎达到了不可逆转的程度，其作为极为重要的环境和社会经济问题困扰和威胁着人类的生存和发展。根据国家林业和草原局第五次《中国荒漠化和沙化状况公报》（2015），截至2014年，黄土高原荒漠化和沙化土地主要分布在内蒙古、青海和甘肃，荒漠化土地面积分别为60.92万km^2、19.04万km^2和19.50万km^2，占全国荒漠化土地面积的23.33%、7.29%和7.47%；沙化土地面积分别为

40.79 万 km^2、12.46 万 km^2 和 12.17 万 km^2，分别占全国沙化土地面积的 23.70%、7.24%和 7.07%；具有明显沙化趋势的土地面积分别为 17.40 万 km^2、4.13 万 km^2 和 1.78 万 km^2，分别占全国具有明显沙化趋势的土地面积的 57.94%、5.93%和 1.38%。与 2009 年相比，2014 年内蒙古、甘肃和陕西荒漠化和沙化土地面积变化较大，荒漠化土地面积分别减少了 4169km^2、1914km^2 和 1443km^2，沙化土地面积分别减少了 3432km^2、742km^2 和 593km^2；内蒙古和甘肃具有明显沙化趋势的土地面积减少最多，分别为 3989km^2 和 3978km^2，占全国沙化趋势土地面积减少量的 74.3%。

由于黄土质地疏松、胶结力弱，在失去天然植被的保护后，风蚀和水蚀的危害作用显著。冬春季盛行的西北风吹走土壤黏粒，留下颗粒较大的沙粒，使土地沙化；夏季暴雨形成的地表径流对地面造成强烈的水蚀作用，特别是在坡耕地，严重的土壤侵蚀带走黏粒和有机质，留下质量重的沙粒，造成土地沙化。土地沙化的后果是土地贫瘠化、植被退化。在黄土高原东部，大致以河曲、府谷、神木、鱼河堡、横山连线为界，该线以东属于沙漠化发展区，以西属于沙漠化严重区。

在黄土高原西部，沿着一些风口，如靖边的杨桥畔、同心的清水河谷地，强烈发展的沙漠化土地沿一些沟谷两岸呈条带状分布。土地沙漠化主要分布在鄂尔多斯草原和毛乌素沙地、宁夏河东沙地，在晋西北地区也有一定面积的分布（李鑫，2006）。按沙化程度划分，黄土高原以轻度沙化土地为主，占沙化面积的 60.8%；中度及以上沙化土地占沙化面积的 39.2%，内蒙古乌审旗、鄂托克旗、鄂托克前旗和杭锦旗地处毛乌素沙地腹地，风蚀剧烈，沙尘暴频繁，危害也很严重（国家发展和改革委员会等，2010）。

（二）土地荒漠化成因

人们对土地荒漠化成因认识不一，土地荒漠化的成因主要有“以自然因素为主，人为因素为辅”“人的活动为主导作用”“气候变化为主导作用”“自然变化和人类活动的综合作用”等观点。土地荒漠化的主要原因是特殊的自然环境所致，尤其是春季干燥、多风和夏秋季降水集中且多暴雨等气候条件，加之人为不合理的经济活动，导致了水土流失和土地荒漠化在时间上相互交替、补充和加剧，在空间上相互交错与叠加，使全年土壤侵蚀过程连续不断，交替发生（张希彪等，2013）。土地荒漠化的人为因素包括：①水资源利用不合理。黄土高原地处干旱半干旱气候区，蒸发量大，降水稀少，水面蒸发量为降水量的 2 倍多，在部分特别干旱的地区蒸发量达到降水量的 10 倍以上，水资源极其贫乏。另外，水资源开发利用不合理，缺乏有效监管和调控，水资源浪费严重，用水效率不高；地下水过度开采，导致地下水水位下降，造成地表植被生态需水不足，导致植被退化，荒漠化加剧。②土地利用方式及强度不合理。过度开垦、放牧和采樵等人类活动的干扰，导致黄土高原植被破坏，地表覆被降低，土壤失去保护，极易引起严重风蚀，导致富含有机质的表土被吹走形成沙丘。③开发建设活动剧烈。黄土高原开发建设活动快速发展，对生态环境产生了严重的影响。从沙化土壤的特征看，造成荒漠化的自然因素（干旱多风、暴雨疏松的表土物质、坡度、植被等）仅是土壤荒漠化的条件，而人类活动及对土地的不合理利用是土壤荒漠化的诱发因子，加速了土壤退化的进程（田红卫和高照良，2013）。

三、土壤盐渍化

（一）土壤盐渍化定义与分类

土壤盐渍化（soil salinization），又称盐碱化，是指土壤底层或地下水的盐分随毛管水上升到地表，水分蒸发后，使盐分在土壤表层积累的现象或过程。土壤盐渍化包括：①土壤盐化过程，是指可溶盐类在表层及土体中积累的过程；②土壤碱化过程，是指土壤胶体被钠离子饱和的过程，又称钠质化过程。盐碱土的可溶性盐主要包括 Na、K、Ca、Mg 等的硫酸盐、氯化物、碳酸盐和重碳酸盐。硫酸盐和氯化物一般为中性盐，碳酸盐和重碳酸盐为碱性盐。根据含盐量、氯化物含量和硫酸盐含量，土壤可分为非盐渍土、弱盐渍土、中盐渍土、强盐渍土和盐土（张崇国，1987；表 11.2）。

表 11.2 土壤盐渍化标准（张崇国，1987）

土壤盐渍化程度	土壤含盐量/（干土重%）	氯化物含量/（以 Cl^- %计）	硫酸盐含量/（以 SO_4^{2-} %计）
非盐渍土	＜0.3	＜0.02	＜0.1
弱盐渍土	0.3～0.5	0.02～0.04	0.1～0.3
中盐渍土	0.5～1.0	0.04～0.1	0.3～0.4
强盐渍土	1.0～2.0	0.1～0.2	0.4～0.6
盐土	＞2.0	＞0.2	＞0.6

根据盐渍化成因可分为：①原生盐渍化，是由于自然环境条件（气候、地质、地貌、水文和土壤条件等）变化引起的土壤盐渍化；②次生盐渍化，是由于人类对土地资源和水资源等不合理利用引起的区域水盐失调，所导致的土壤表层不断积盐的过程（陈晓飞等，2006）。

根据土壤盐渍化过程的特点，土壤盐渍化可分为：①现代盐渍化，是在现代自然环境下，积盐过程是主要的成土过程；②残余盐渍化，是指土壤中某一部位含一定数量的盐分而形成积盐层，但积盐过程不再是目前环境条件下主要的成土过程；③潜在盐渍化，是指心底土存在积盐层，或处在积盐的环境条件下（如高矿化度地下水、强蒸发等），有可能发生盐分表聚的情况。

（二）土壤盐渍化现状

我国盐碱地（又称盐渍化土壤）分布范围广、面积大、类型多，总面积近 66 700km²，其中西北内陆有 5930km²，占耕地面积的 15.2%；黄淮海平原有 13 000km²，占耕地面积的 50.4%；黄土高原有 5200km²，占耕地面积的 4.4%；东北山丘平原有 7330km²，占耕地面积的 4%（漆智平，2007）。

黄土高原盐碱地分布于沿河冲积平原、冲积扇缘、河滩地、盆地、河间洼地及湖泊边缘等地。从各省区的分布来看，盐渍化土壤集中分布于内蒙古河套平原、宁夏黄灌区、甘肃黄灌区等地。其中，内蒙古河套平原盐碱地面积最大，为 12 000km²，宁夏黄灌区盐碱地面积约 4600km²（张佩华，2017），甘肃黄灌区盐碱地面积约为 1000km²（杨思存等，2014），其余分布在山西大同盆地（包括应县、山阴、朔州、怀仁、阳高、天镇与大同市）、晋中盆地、陕西渭河下游（大荔、蒲城）低洼地、榆林河川地（定边、靖边）。地形为山间、丘间盆地的低洼地、冲积扇末端的交接洼地、冲积平原封闭洼地及湖泊、水库周围与渠道、河流两岸的低平地，土壤类型主要为草甸盐土、苏打盐土及部分盐化草甸土和部分龟裂碱土（丁光伟和赵存光，1991）。

根据 2011 年农业部在全国 18 个省（自治区、直辖市）开展的盐碱地治理调查，2000～

2010年，调查区盐碱地累计治理面积313.28万hm^2，累计治理投入511.05亿元，平均投入约16 312.9元/hm^2，新增粮食生产能力1017.24万t，亩均新增粮食生产能力216.58kg（王勇和赵为，2014）。

（三）土壤盐渍化成因

土壤盐渍化主要受气候、排水、地下水位、矿化度的制约，同时受地形、母质、植被等自然条件综合影响。

1. 物质来源

充分的盐类物质来源是形成盐渍土的基础条件（孙英杰等，2011）。黄土高原盐类物质的主要来源包括岩石风化物、含盐地层的风化和再循环、风蚀风积盐类、生物累积的盐分等。

2. 气候条件

气候干旱是发生土壤盐渍化的主要外界因子（孙英杰等，2011），蒸发量与降水量的比值与土壤盐渍化密切相关。随着蒸降比值递增，土壤盐渍化面积和积盐程度会大大增加。黄土高原气候干旱少雨，蒸发量远远高于降水量，造成土壤底层或地下水的盐分随毛管上升到地表，盐分在表层土壤累积。特别是内蒙古、宁夏等地，年降水量仅为100～350mm，有些地区还不到100mm，而年蒸发量却达到2000～3000mm，蒸降比值远大于10，尤其每年3～5月，气温回升且多风，空气相对湿度小，成土母质风化释放的可溶性盐分无法淋溶，随水搬运至排水不畅的低平地区，在蒸发作用下聚积于表层（孙英杰等，2011）。

3. 成土母质

黄土高原成土母质有洪积物、冲击物、灌水淤积物、湖积物及风积物，皆来自干旱的山地和丘陵地且含有一定的盐分，其中在灰钙土分布区，部分成土母质中含盐量达到3～7g/kg或更高，成为土壤盐分的重要来源。一般灌水淤积物的盐分含量较低，全盐含量为0.27～1.14g/kg。质地剖面不同会影响土壤水分的运行，土壤盐渍作用也有差异。一般土壤质地越黏，则毛管水上升越高，而上升速度越慢，盐分积累也越慢，但不易被淋溶。若质地偏沙，毛管水上升则较低，但上升速度较快，盐分积累也越快，但在灌溉条件下，盐分易被淋溶。同一剖面的心底土，质地黏重的层次盐分含量较多，质地轻的层次盐分含量较少（包长征等，2015）。

4. 地形条件

土壤盐渍化总伴随着特殊的地形地貌而发生，即土壤盐渍化是在一定地形部位发育（孙英杰等，2011）。黄土高原地势西北高东南低，存在许多塬墚峁，使降水形成的地面和地下径流发生通畅或滞缓等差异，这对于水盐的重新分配起着决定性作用，直接关系土壤盐渍化的发生条件。此外，盐分的迁移是以水作为载体，水的运移沿着地形从高处流向低处，盐分含量随着地形高低的变化而变化。地形地貌直接影响地表水和地下水的径流，低洼地区地下水的出流条件不好，成为地下水和地表水的汇集地，土壤盐渍化程度表现为随地形从高到低、从上游向下游逐渐加剧的趋势。平原地区由于河床淤积抬高或修建水库，使沿岸地下水位升高，造成土壤盐渍化。灌渠附近地下水位升高，也会导致盐渍化，形成盐渍土（孙英杰等，2011）。

5. 水文条件

盐渍土中的盐分主要通过地下水的水分运动带到土壤中，所以土壤盐渍化的成因还有地下水位和矿化度等。当蒸发量大于降水量时，地下水位越浅，矿化度越高，随蒸发作用而供给土壤表层的水盐越多，地表积盐越重，土壤盐渍化程度越大。通常地下水位埋藏深度浅于3m，土壤易发生盐渍化（孙英杰等，2011）。

6. 生物条件

植被直接影响着地面蒸发（孙英杰等，2011）。在植被稀疏或裸地条件下，地面蒸发强烈，极易形成盐渍化；而植被覆盖度较高的条件下，盐渍化程度相对较低。有些植物，如多枝柽柳（*Tamarix ramosissima*）和胡杨（*Populus euphratica*），能忍耐较高的渗透压，耐盐力很强，且根系发达，能从深层土壤或地下水中吸收大量的水溶性盐类，提高表层土壤的盐渍化水平。

7. 人为因素

在灌区，由于人们无计划引水、大量漫灌、有灌无排、土地不平、有机肥料施用不足等不合理的活动，以及大型水库和引河灌区建设，灌排系统不配套、设计水位偏高、渠道渗漏、大水漫灌、田间灌溉渗水量大等，都会造成或加剧土壤盐渍化（孙英杰等，2011）。

四、矿山废弃地

矿山废弃地（mining wasteland），又称矿业废弃地，是指矿山开采过程中产生的大量破坏的未经处理而无法再利用的土地，包括露天采场、排土场、尾矿场和其他废弃地。在矿山开采过程中，占用土地和塌陷破坏土地是矿山废弃地的主要形式。土壤结构破坏、养分流失、植被丧失是矿山废弃地的共同特征（李洪远和鞠美庭，2005）。

（一）矿山废弃地类型

矿山废弃地按照采集类型可分为露天开采区和非露天开采区。根据形成原因，矿山废弃地可分为：①排土场废弃地，即由采矿活动剥离的表土、开采的岩石碎块和低品位矿石堆积形成的废弃地；②采空区废弃地，即由矿物开采造成的采空区或塌陷区所形成的废弃地；③尾矿废弃地，即由矿物分选出精矿后的剩余物堆放形成的废弃地；④其他废弃地，包括采矿作业面、机械设施、矿山辅助建筑物等先占用而后废弃的土地（赵永红等，2014）。

（二）矿山废弃地现状

截至2018年，我国已发现矿产173种，探明储量的矿种162种，矿区面积2581万hm^2（中华人民共和国自然资源部，2019），随着矿产资源开采能力的不断加大，毁坏或占有良田、环境污染、水土流失、废弃矿与采矿塌陷区等已成为危害环境的严重问题。我国国有矿山8000多个，废弃矿山达几十万个，采矿业破坏的土地面积140万～200万hm^2，而且仍以4万hm^2/a的速度不断增加，但复垦率仅为13.3%，这与发达国家75%的复垦率仍有很大差距（朱兵权和袁露露，2016）。

为了实现矿山废弃地的综合治理，我国积极推进了矿山生态修复工程。截至 2018 年，全国新增矿山修复治理面积约 6.52 万 hm^2，新增损毁土地约 4.8 万 hm^2，净增矿山恢复治理面积约 1.72 万 hm^2；累计治理矿山 7298 个，主要集中在内蒙古、山西、陕西等地。2001 年至今，累计修复治理面积约 100.46 万 hm^2（中华人民共和国自然资源部，2019）。

黄土高原是我国最大的煤炭生产基地，煤炭资源极其丰富，占全国煤炭总储量的 2/3，而且大型、特大型煤田特别集中，主要分布在山西、内蒙古、陕西和河南，具有代表性的有平朔安太堡露天矿、黑岱沟露天煤矿、神府东胜煤田和阳泉矿区等。全国 16 个 10Gt 以上的大煤田，黄土高原就占 10 个，全国 4 个 50Gt 以上的特大型煤田全部集中在黄土高原，煤炭产量占全国 70%，这意味着黄土高原将会更大规模、快速地产生大量的废弃地（白中科等，2003）。

山西平朔矿区，作为我国最大的露天煤炭生产基地之一，矿区总面积 380km^2，保有地质储量 112.21 亿 t（白中科和郧文聚，2008）。平朔矿区采用大型露天开采和露井联采的方式，废弃地主要有内排土场、外排土场、采矿坑、采矿区塌陷地和尾矿废弃地。其中，内排土场分布在安太堡采矿坑周围和安家岭矿采掘区西侧；外排土场有南排土场、二铺排土场、西排土场、南寺沟排土场；采矿坑主要分布在安太堡矿坑（占地 466.46hm^2）和安家岭矿坑（占地 253.99hm^2）；采矿区塌陷地主要发生在井工开采区，主要包括安家岭 1 号和 2 号井工矿、井东矿等；尾矿废弃地主要是由煤矸石的大量堆放形成的，一般一吨煤排放约 200kg 的煤矸石（张文岚，2011）。自建矿以来，平朔矿区一直坚持边开采边复垦的理念，截至 2018 年，中煤平朔集团有限公司投入生态环境治理资金 20 亿元，其中 10 亿元用于土地复垦，完成复垦面积约 2600hm^2，排土场植被覆盖率达到 90%以上。

内蒙古黑岱沟露天煤矿是我国自行设计、自行施工的特大型露天煤矿。煤层近水平分布，平均厚度 28.8m，设计开采范围 42.36km^2，可采原煤储量 14.98 亿 t，设计年生产能力为 3500 万 t。该矿区自 1989 年开工建设以来，由于基建工程的大面积开挖，土地受到严重破坏。从 1992 年开始实施生态修复工程。截至 2012 年，北排土场、东排土场、东沿帮排土场和西排土场生物复垦任务全部完成，内排土场完成生物复垦面积 79.6hm^2，工业广场绿化率 89.47%（郑海峰，2012）。

阳泉矿区是我国最大的无烟煤生产基地，有阳泉煤业一矿、二矿、平舒公司、开元公司、新景矿公司和景福公司等生产矿井，年生产能力达 3000 多万 t。从 1998 年开始治理废弃矸石山，至 2016 年年底累计投资约 3.4 亿，治理完成 26 座总面积达 400hm^2 的废弃矸石山。目前，阳泉市矿山废弃地总面积 2091hm^2，其中郊区矿山废弃地 434.99hm^2，主体数量 42 个；平定县矿山废弃地 770.54hm^2，主体数量 232 个；盂县矿山废弃地 85.47hm^2，主体数量 214 个（乔利军等，2020），矿山生态修复任务仍十分艰巨。

（三）矿山废弃地生态环境问题

伴随着矿产资源的开发，矿山废弃地对环境的影响主要表现为以下 5 个方面。

1. 生态景观破坏

矿山开采会使地表植被遭受严重破坏，矿渣与垃圾堆置形成尾矿库，最终形成与周围环境完全不同或极不协调的人造景观。露天开采时，采掘剥离对自然景观的破坏尤其严重，整个山体千疮百孔，表现为表层土壤的剥离，森林、灌丛和草地完全消失，原本优美的自然景观不复存在，进而产生大面积的次生裸地。井工开采会导致地表产生裂缝甚至塌陷，影响植物的正常生长，造成生态系统的不断退化，进而改变当地的景观。曾经林木葱郁的山坡被夷为平地，绿色植被破坏殆尽。例如，平朔安太堡露天矿剥离岩土 8600 万 m^3/a，1985～2016 年大约累计剥离岩土 257 761 万 m^3，其中土为 63 291 万 m^3，约占总排弃物的 25%；岩为 196 470 万 m^3，约占总排弃物的 75%，形成数座不同形状的人造山，破坏了原有植被及地貌（周妍等，2016；寇晓蓉等，2017）。

2. 土地占用与破坏

矿山开采活动、基础设施建设、道路用地及产生的废石和尾矿等都会占用大面积的土地。我国大部分露天矿均采用外排土场方式开采。露天开采外排土压占的土地为挖掘土地量的 1.5～2.5 倍，每生产 1×10^4t 煤，其排土场压占土地 0.04～0.33hm^2。我国露天外排土场压占土地面积达 163km^2，矸石堆存于地面，破坏大量土地资源。全国有煤矸石山 1900 座，储有 3.8×10^9t 煤矸石，占地约 $2\times10^4hm^2$。例如，安太堡露天煤矿矿坑的剥离物排放已近 15 亿 t，占地 528hm^2（岳建英等，2002）。1986～2013 年，安太堡露天煤矿土地损毁主要体现在矿业用地上，露天采坑、剥离区、排土场、工业场地的利用面积整体呈现上升趋势，分别较开采前增加了土地总面积的 7%、4%、6%和 7%（周妍等，2016；寇晓蓉等，2017）。

3. 环境二次污染

采矿过程会产生物理或化学污染物，有的直接进入水体，对环境产生二次污染。露天堆放的矿山固体废物（煤矸石等），经雨水淋溶、地表水冲刷极易将其中的有毒和有害成分渗入土壤并进入河流和湖泊，造成土壤和水体污染，抑制水生生物和陆生植物生长，进而影响矿区生态系统的健康和人类与动植物的生存。废石堆场、尾矿库在氧化、风蚀等作用下，成为周期性的尘暴源。煤矸石中含有硫铁矿、煤粉等，极易引起矸石山自燃，释放出大量的有害气体，如 SO_2、CO、H_2S 等，严重污染大气环境，给人类健康造成危害（Luan et al.，1992）。其中，重金属污染是矿区废弃地普遍存在的严重环境问题，不仅会造成地表及地下水体污染，而且还会在矿区及其周边土壤中积累，使当地土壤受到污染、退化，使农产品产量与质量下降，并会通过食物链等途径侵入人体，从而对人体健康产生不利影响。此外，尾矿场的废渣、酸性废水、粉尘及矸石堆自燃产生的大气污染物是周围环境的严重污染源（李明顺等，2005）。

4. 影响动植物生境

矿山开采活动破坏了土壤原有的结构，造成砾石含量高、极端 pH 值、养分贫瘠、重金属污染严重等问题的发生，导致乡土植物群落的生境受到严重破坏，植物正常生长受阻，进而影响动物栖息和繁衍，最终使生物多样性降低，生态系统结构和功能遭到破坏。

5. 诱发自然灾害

由于地下采空、地面及边坡开挖影响了山体的稳定性，会诱发地表沉陷、滑坡、泥石流等地质灾害的发生，而矿区排放的废渣堆积在山坡或沟谷，废石与泥土混合堆放，使废石的摩擦力减小、透水性变小而出现渍水，在暴雨下也极易诱发泥石流。例如，在开采闭坑后形成的巨大采空区，地下水浸入后会使围岩体内软弱夹层的力学强度降低，从而造成边坡的大规模滑坡，并在周围地区诱发一系列地质活动和规模不等的地震。（刘志斌，2003；师雄等，2007）。

第二节　黄土高原植被恢复

植被是陆地生态系统的重要组成部分，是生态系统中物质循环与能量流动的中枢。由于自然地理条件和人类活动的影响，黄土高原原始植被已破坏殆尽，植被覆盖率不足20%。植被的严重破坏，导致生态系统受损或退化，引起物种多样性明显减少、群落结构简单化、生产力降低、系统稳定性差等一系列问题。因此，黄土高原的植被恢复（vegetation restoration），对于实现黄土高原经济社会可持续发展至关重要，但较为恶劣的生态环境条件，给植被恢复工作带来了巨大的挑战。长期以来，如何进行植被恢复，使植被与生态环境协同发展，并实现生态系统服务功能的最优化，是黄土高原退化生态系统修复和重建的首要任务。

植被恢复是指通过保护现有植被、封山育林或营造人工林、灌、草植被，修复或重建被毁坏或被破坏的自然生态系统，恢复其生物多样性及其生态系统功能的工程（余作岳和彭少麟，1996），其涉及众多学科，包括植物生态学、植物生理学、植物分类学、植物营养学、毒理学、土壤化学，环境科学、环境工程等，是一项庞杂的系统工程。

一、植被恢复研究进展

植被恢复研究可追溯到恢复生态学诞生阶段。由于人口增长和经济发展，对自然资源的掠夺性开发，导致生态退化和环境不断恶化。为了保护自然生态系统，恢复退化的生态系统，以及重建可持续的人工生态系统，恢复生态学应运而生。20世纪50年代，国外开始了对采矿业和地下水开采所造成的各种塌陷环境及其生态恢复的研究。20世纪60～70年代，开始了北方阔叶林和混交林等生态系统的恢复试验研究，探讨采伐破坏及干扰后系统生态学过程的动态变化及其机制（Jenkins et al.，1998）。1975年3月，在美国弗吉尼亚理工大学暨州立大学（Virginia Polytechnic Institute and State University）召开了“受损生态系统的恢复”的国际会议，第一次讨论了受损生态系统恢复重建的生态学问题和生态恢复的原理、概念与特征，提出了加速生态系统恢复重建的初步设想、规划和展望（李良厚，2007）。1980年，Bradshaw和Chadwick发表了*The restoration of land*：*the ecology and reclamation of derelict and damaged land*的论文，对受损生态系统生态恢复过程中的重要生态学问题进行了研究。1983年，在美国召开了“干扰与生态系统”（disturbance and ecosystem）学术会议，系统探讨了人类干扰对生物圈、自然景观、生态系统、种群和生物种的生理学特性的影响。20世纪90年代开始佛罗里达大沼泽的生态修复研究与试验（赵晓英等，2001）。

前欧洲共同体特别是中北欧各国（如德国）对大气污染（酸雨等）胁迫下的生态系统退化研究较早，从森林营养健康和物质循环入手开展了深入研究，形成了独具特色的欧洲森林退化和研究分享网络，并开展了大量的恢复试验研究。英国对工业革命以来遗留的采矿地及欧石楠（*Erica* sp.）灌丛地的生态恢复研究、北欧国家对寒温带针叶林采伐迹地的植被恢复研究都取得良好效果。澳大利亚对采矿地的生态恢复研究历史较长，包括干旱土地退化及其人工重建。美国、德国等国学者对南美洲热带雨林，英国和日本学者对东南亚的热带雨林采伐后的生态恢复也有较深入的研究（Aber et al.，1985；Rapport，1998；Towns and Atkinsons，

1993；Palmer et al.，1997）。Mishra 等（2017）利用自然植被成功地对由于赤泥堆积而造成污染的土壤进行生态恢复。Klopf 等（2017）通过比较经常火烧和很少发生火烧的草地，发现对植物多样性的恢复和管理可以增加地下生态系统的恢复速度。

我国是世界上生态系统退化类型最多、退化最严重的国家之一，也是较早开始生态重建实践和研究的国家之一（包维楷等，2001）。从 20 世纪 50 年代开始，我国就开展了退化环境的长期定位观测试验和综合整治工作，包括 50 年代末在华南地区退化坡地开展的荒山绿化植被恢复；70 年代末三北防护林工程建设；80 年代长江中上游地区的防护林工程建设、水土流失工程治理等一系列的生态恢复工程；80 年代末，在农牧交错区、风蚀水蚀交错区、干旱荒漠区、丘陵山地、干热河谷和湿地等区域实施退化或脆弱生态环境及其恢复重建的生态工程，取得了良好效果（李良厚，2007）；90 年代后，许多学者提出了很多切实可行的生态修复与重建技术与模式，如《中国退化生态系统研究》（陈灵芝和陈伟烈，1995）、《退化环境植物修复的理论与技术实践》（王庆海等，2012）。中国科学院建立了 50 余个长期野外试验研究站，形成了初具规模的植被恢复和生态建设试验基地，基本上形成了我国主要自然条件下的退化植被恢复研究学科齐全、研究队伍力量集中的良好格局，为开展全国各主要生态环境区的植被恢复重建打下了良好的基础（卜耀军，2009）。

我国的植被恢复重建技术与应用研究取得了显著成果，包括不同自然条件下的物种筛选技术、退化生态系统的恢复与重建的关键技术体系、生态系统结构与功能的优化配置与重构及其调控技术、物种与生物多样性的恢复与维持技术、生态工程设计与实施技术、水土保持技术、典型退化生态系统恢复的优化模式等（马世骏，1990），为退化生态系统的修复提供了科技支撑。

二、植被恢复理论基础

（一）植被恢复原则

根据黄土高原自然环境特征及退化生态系统的特点，生态恢复应宜林则林、宜草则草，分区域规划，因地制宜，采用多种单项技术或技术组合，实施全面科学的植被修复。黄土高原植被恢复应遵循以下原则。

1. 地带性原则

自然植被依照水热条件有规律地呈地带性分布，如黄土丘陵沟壑区，随水热条件的变化，由东南向西北依次分布着森林带、森林草原带、典型草原带、荒漠草原带、荒漠带等。这些植被类型是植被与环境经过长期相互适应、相互作用，而形成与当地水热条件组合相适应的结果。因此，在植被恢复时，植被类型的选择必须与相应的地带性植被类型相符合（卜耀军，2009）。

2. 非地带性原则

除植被分布的地带性外，黄土高原地形地貌类型多样，包括墚、峁、塬、沟壑、盆地及山地等，在局部地区表现出特殊的自然和水热条件，因而植被类型也表现出一定的非地带性规律。例如，渭河两岸分布的湿生植被、五台山分布的亚高山草甸。因此，在黄土高原植被恢复时，也应充分考虑部不同区域生态环境特点和历史背景（卜耀军，2009；袁晓波等，2015）。

3. 可行性原则

可行性原则包括技术可行性原则和经济可行性原则。由于退化生态系统的类型、退化阶段、退化程度、退化过程及退化机理的差异性和复杂性，其植被恢复技术也应不同。同时，实施植被恢复工程中，在保证效益的前提下，应将技术成本和运行成本尽量控制在合理范围内。在黄土高原生态恢复长期定位试验研究的基础上，总结出具有可操作性的技术体系和建设范式（王庆海等，2012）。

4. 风险最小化与效益最大化原则

由于生态系统的复杂性、效益的长期性、某些环境要素的突变性及人类认识的局限性等原因，植物恢复具有一定的潜在风险（王庆海等，2012）。因此，需要充分认识生态系统退化的原因，综合评估植物恢复的潜在风险，拟定应对各种潜在生态风险的恢复对策，将其风险控制在可接受的范围。此外，在现有资金和技术条件下，依靠对植被恢复要素的优化配置和科学管理，实现综合效益最大化。

5. 可持续发展原则

植被恢复是一项长期的生态工程，既要考虑长期的生态环境改善效益，又要兼顾当前的经济需求；既要有短期安排，又要有长期打算。在植被恢复和重建过程中，应根据其结构、功能和演替规律，分步骤、分阶段、循序渐进地实施植被恢复措施，最大限度地激活植被的自我恢复功能，实现生态系统服务功能的最大化（盛连喜等，2002；王庆海等，2012）。

（二）植被恢复的主要理论

植被恢复应用了许多学科的理论（任海等，2019），具体如下。

1. 限制因子原理

决定生物正常生长、发育、繁殖和分布的因子是限制因子。任何一种生态因子只要接近或超过生物的耐受范围，就会成为限制因子，限制因子原理包括 Liebig 最小因子定律和 Shelford 耐性定律，这两个定律对退化生态系统的恢复具有重要指导意义。对于黄土高原而言，水分是该区域植被恢复的主要限制因子，决定着生态修复的潜力及适宜区。（卜耀军，2009；刘广全，2005；高海东，2017）。因此，在黄土高原实施植被恢复时，应首先选择对水分等生态因子耐受幅度广的种类作为先锋植物。然后，依据限制性因子原理，寻找植被恢复的关键因子，结合植物生物学属性，选择适宜的物种和种植模式（任海等，2019）。

2. 密度效应原理

合理的密度是物种生存和发展的基础。当种群密度小于最小生存种群密度时，种群难以充分利用环境资源，生产力低下，不利于自我更新；当种群密度过大，超过环境承载力时，种内竞争会导致自疏现象发生。在植被系统构建过程中，应遵循密度效应原理，同时还要统筹兼顾定向培育目标、立地条件、树种特性等因素，确定合适的种植密度和模式（任海等，2019）。例如，当黄土高原 15 年林龄的人工油松林密度分别为 1755 株/hm^2、4305 株/hm^2 和 5955 株/hm^2 时，地上生物量分别为 20 160kg/hm^2、33 800kg/hm^2 和 20 960kg/hm^2，根量分别为 2660kg/hm^2、

$5040kg/hm^2$、$2260kg/hm^2$，林分生物量分别为 $22\,820kg/hm^2$、$38\,830kg/hm^2$ 和 $20\,960kg/hm^2$（刘广全，2005）。黄土高原半湿润区和半干旱区刺槐林地密度（1500～6000 株/hm^2）越高，早期逐年生物量越高；随着个体逐渐长大，由于密度制约和自疏效应的显现，单位面积密度会逐渐降低，因此，随着时间的推移，年际间生物量差异会逐渐缩小（李军等，2007）。

3. 生态适应性理论

生态适应是生物随着环境生态因子变化而改变自身形态、结构、生态和生理生化特性，以便与环境相适应的过程，是长期自然选择的结果。

由于长期适应和自然选择，使植物形成了一定的生物气候适应区。分布于不同区域的植物，有与其适应的水、热、土壤条件和与之相适应的生长发育规律，因此在生态恢复中应以乡土植物为主，避免无序引入外来物种。这样既能大大减少建设成本，又能充分体现地域特色，充分发挥其应有的生态功能。黄土高原土壤水分的差异与年均降水量关联性明显，直接影响着植物的生长。黄土高原南部为半湿润地区，即在太原、离石、吉县、延安、志丹、庆阳和天水一线以南的地区，土壤的稳定湿度为 14%～16%，年均降水量 550mm 等值线以南，乔木都能正常生长；半干旱至半湿润过渡区即上述一线以北至岢岚、临县、米脂、吴旗、环县、固原、陇西一线，土壤的稳定湿度为 9%～11%，年均降水量 450～550mm 等值线之间，森林生长发育不良，容易形成“小老树”，这一现象在黄土高原中部非常普遍；而半干旱的砂壤区，即岢岚、陇西一线以北地区土壤的稳定湿度为 8%～9%，松砂土为 2%～3%，稳定湿度只是稍高于凋萎湿度（6.7%），松砂土已低于凋萎湿度，即年均降水量 450mm 等值线以北的大部分地区，即使耐旱的乔木树种能够成活，但长期来看，其生长前景堪忧，特别是阔叶树绝大多数会发育为“小老树”（景可和郑粉莉，2004）。

4. 生态位原理

根据生态位理论，在恢复和重建退化森林生态系统时，就应考虑各物种在时间、空间的生态位分化，合理选择植物，将深根系植物与浅根系植物、阔叶植物与针叶植物、耐阴与喜阳植物、常绿与落叶植物，乔木、灌木和草本植物等进行科学组合，充分利用各空间层次的生态位，使有限的光、热、水、肥资源得到合理利用，促进植被恢复工程的生态效益，形成具有物种多样化、群落结构合理、稳定的生态系统（陈灵芝和陈伟烈，1995；李良厚，2007）。适于黄土丘陵的森林群落，有油松-沙棘-长芒草群落、侧柏＋油松-黄刺玫-白羊草群落、臭椿-柠条锦鸡儿＋胡枝子白羊草群落交林、山杏-沙棘混交林等（刘广全，2005）。

5. 生态演替理论

生态演替的过程和方向取决于外界因子对植物群落的作用、植物群落自身对环境作用的响应变化、植物组成、植物繁殖体的散布及植物种间的相互作用等因素。生态演替理论是退化生态系统恢复最重要的理论基础（李良厚，2007）。在黄土高原退化生态系统恢复过程中，应遵循生态演替规律，逐步调整、配置和优化群落结构，提升群落的生产力、可持续性和稳定性。

6. 物种共生理论

物种共生现象普遍存在于各种类型的生态系统中，分为偏利共生和互利共生两种。例如，菌根是真菌菌丝与多种高等植物根的共生体，真菌帮助植物吸收营养，同时它也从植物中获得营养，属于互利共生（任海等，2019）。例如，松科植物与真菌菌丝相结合形成的菌根，不仅可以供给高等植物氮素和矿物质，而且真菌也能从高等植物根中吸取碳水化合物和其他有机物或利用其根系分泌物，二者在合作中同时获益。因此，在黄土高原利用松科植物造林时，使用生根粉会加速松科植物菌根的形成，有利于提高造林的成活率。

7. 生物多样性原理

生物多样性是决定群落稳定性的关键因子。植被恢复的主要目标是群落结构合理，物种多样性增加，食物网和食物链结构趋于完善，从而使生态系统更加稳定，生态系统服务功能逐渐增强，植物群落演替趋向于顶级群落（地带性植被类型）（任海等，2019）。在植被恢复过程中，植物群落的生物多样性越丰富，其自我调节能力越强，生态系统的抗逆性越强。

8. 干扰理论

干扰是指作用于生态系统的自然的或人为的外力，它使生态系统的结构发生改变，使生态系统动态过程偏离其自然的演替方向和速度，其效果可能是建设性的——优化结构、增强功能；也可能是破坏性的——劣化结构、削弱功能，这决定于干扰的强度和方式（周晓峰，1999）。中度干扰是物种多样性研究中的重要假说之一（Connell et al.，1978），对植被恢复研究具有重要意义。在植被恢复过程中，可采用整地、施肥、灌溉、除草、林地清理、间伐等人工干预措施，改善土壤的理化性质，提高土壤养分状况，改善生长环境，优化植物群落结构，提高群落生产力，防止有危害的自然干扰发生，促进生态系统的健康发展。

9. 斑块-廊道-基底理论

斑块-廊道-基底理论是景观空间形态的理论（傅伯杰等，2001）。重建植被斑块，因地制宜地增加绿色廊道，连接分散的自然斑块，可补偿和恢复景观的生态功能（傅伯杰等，2001），从而通过生态系统物质循环和能量流动使生态效益最大化。大面积连续的植被景观在干扰下被分割成很多面积小的斑块，斑块之间被性质不同的斑块隔离，造成植被景观破碎化，将影响物种扩散和迁移速率、种群的大小和灭绝速率。因此，应加强植被斑块间的廊道建设，减少景观斑块数量，增加斑块间的连通性，对于保护破碎化生境中存在的物种库具有重要意义（傅伯杰等，2001），且有助于提高植被恢复的生态效益。

三、植被恢复中存在的主要问题

20 世纪 50 年代以来，黄土高原退化生态系统植被恢复已有不少成功的模式，如利用刺槐、油松在年降水量大于 550mm 的黄土高原地区造林；利用柠条锦鸡儿、沙棘在黄土高原不同地区营造水保林等已取得成功（张文辉和刘国彬，2007），但仍有许多地方以低产林或“小老树”而告终，获得的效益甚微。植被恢复中存在的主要问题包括以下几方面。

（一）忽视植被分布的地带性规律

黄土高原由南向北形成多条斜向的年降水量和干燥度的等值线，气候类型多样，自然地理条件复杂、空间组合变异明显。年均降水量自东南部的 650mm，逐渐减少到中部的 525mm，西北部降低到 200mm 左右；干燥度由东南部的 1～1.5 至中部为 2，西北部达 4 以上。造成地带性土壤和相应的植被类型也呈现一定的变化规律（程积民和万惠娥，2002），这就要求不同地区采取的植被恢复技术必须符合植被地带性规律。而实际中，常常忽视植被分布的地带性规律，营造的人工植被难以达到事半功倍的效果。例如，20 世纪 80 年代的三北防护林建设，在黄土高原西北部的典型草原和荒漠草原地带种植的 20 多年小叶杨高仅 4～5m，胸径小于 4cm，而且病虫危害严重，难以发挥其生态效益和经济效益；宁夏盐池大片的榆树（*Ulmus pumila*）固沙林带，生长 25 年树高仍不足 5m，胸径仅 3～5cm。20 世纪 90 年代中期建设的以斜茎黄耆为主的人工草地，由于高大茂密的枝叶，促使大量土壤水分的消耗，结果建立不到 10 年的人工草地便出现严重衰退（程积民和万惠娥，2002）。

（二）忽视小环境影响

黄土高原的地形复杂多样，同一分布地带的植被，所反映的生态条件或小环境也存在较大异质性。因此，在选择树种时，既要考虑植被地带性规律，又要考虑小环境的差异，否则可能对造林产生严重影响。如在黄土丘陵区有阳坡、阴坡，又有沟坡、墚峁坡，还有坡位（上部、中部、下部）的不同。小叶杨可以生长在森林草原地带的沟道和阴坡下部，但不少地方在包括阴坡上部以至阳坡、墚峁顶部集中成片营造小叶杨林，结果造成很大损失；沙棘适宜生长在沟坡和墚峁阴坡，栽植在墚峁阳坡会生长不良（邹厚远等，1995）。

（三）树种单一

黄土高原气候、地形的复杂性及小环境的异质性，加大了黄土高原造林树种选择的难度，致使该区多年来造林树种单一，植被生长缓慢，难以抵御各种自然灾害（大风、干旱、病虫害等）（程积民和万惠娥，2002）。树种单一造成的不良后果是，由于不能完全适应而部分或大部分生长不良以至死亡；病虫害蔓延，严重影响树木生长，造成大面积衰败死亡现象。例如，黄土塬区的水土保持刺槐林、杨树（*Populus* spp.）农田防护林，以及用于四旁绿化的杨树林等，常因病虫害危害而造成严重损失（邹厚远等，1995）。刺槐只能生长在海拔 1500m 以下，若在海拔大于 1500m 的区域种植，往往因冻梢死亡或形成灌丛。

（四）大量采用外来种

黄土高原林龄 20～30 年的刺槐林、杨树林下几乎没有自然更新的实生苗，其土壤含水量多处于田间持水量的 30%以下，个别地段土壤含水量甚至接近或低于凋萎湿度（侯庆春和韩蕊莲，2000）。刺槐（原产于美国）、杨树包括北京杨（*P.*×*beijingensis*）、小钻杨（*P.*×*xiaozhuanica*）等，均不是黄土高原自然植被的建群种和优势种。大量应用这些外来的阔叶树造林，加速了土壤水分的散失，导致土壤水分下降，土壤干层出现，进一步恶化了植物自然更新的环境。

（五）重乔轻灌草

由于黄土高原大部分属半干旱地区，年均降水量为 400mm 左右，加之水土流失和不同坡向对水热因子的重新分配，使丘陵地区的墚峁阳坡和顶部只能适宜耐旱性强的灌木生长（邹厚远等，1995）。黄土高原由东南向西北，适宜建造高大针、阔叶人工林的宜林地面积占总面积的不足 30%，而大多数区域适宜灌草植被的发展（程积民和万惠娥，2002）。在水分不足的地区营造阔叶林，会使土壤干层加剧，并进一步制约植被恢复（高海东等，2017）。20 世纪 50 年代以来，重乔轻灌草的结果是形成了较大面积的“小老树”林，如山西雁门关外大面积营造的小叶杨“小老树”人工林就是例证。

（六）忽视生态功能建设

虽然越来越多的人认识到黄土高原植被恢复的第一目标是生态效益，但急功近利的思想在植被恢复工程中仍表现突出。国务院规定在陡坡退耕还林中，生态林应占 80%以上，经济林一般不应高于 20%，但实际上人工植被多以经济林草为主（张文辉和刘国彬，2007）。例如，晋陕 6 个县 81%的农户退耕地种植了经济林木或者紫苜蓿；为了减少水肥消耗，枣（*Ziziphus jujuba*）、花椒（*Zanthoxylum bungeanum*）、苹果（*Malus pumila*）等经济林下没有灌草配置（张文辉和刘国彬，2007）。丰富的乡土树种没有被充分利用，退耕后一般营建了经济林木和经济草本植物，种类单一，晋陕两省被利用的木本乡土植物仅有枣、花椒、仁用杏（*Armeniaca* spp.）、油松、侧柏、柠条锦鸡儿、沙棘等，草本植物仅限于紫苜蓿和斜茎黄耆。

四、植被恢复技术

植被恢复对构建退化生态系统初始植物群落具有重要作用，可改善土壤结构，提高土壤肥力，促进土壤微生物与土壤动物的繁殖，从而增加生态系统的生物多样性，促进整个生态系统结构、功能的恢复与重建。在自然条件下，退化生态系统的恢复取决于特定的环境条件，包括气候、土壤等，并与退化生态系统的退化程度（如所处的演替阶段、不同阶段的发育程度、演替方向等）密切相关。森林植被自然恢复速度比较缓慢，往往需要几十年甚至上百年时间，但辅以合理的人工抚育措施，可大大促进恢复进程。黄土高原植被恢复技术主要包括以下几项内容。

（一）立地条件分析评价

立地条件包括气候条件（太阳辐射、日照时数、无霜期、年气温、年降水量、年蒸发量、风向、风速等），地形条件（海拔、坡向、坡度、坡位、坡型等）和土壤条件（粒级、结构、水分、养分、温度、pH 值、毒性物质等）。

（二）植物种类选择

植物种类选择是黄土高原植被恢复技术的关键环节。由于黄土高原干旱少雨，在造林种选择上应优选根系发达、能固持土壤、适应性强、具有较强的抗旱、耐瘠薄和具有抗病、抗虫等能力的植物。在进行植被恢复时，应严格遵循造林规划，根据立地条件，选择乡土树草种和外来树草种，经过长期的定位试验和种植模式的比较后，在不同的气候区域内规划不同的植物种类，做到“因地制宜，适地适树”（袁晓波等，2015；何兴东等，2016）。例如，在黄土丘陵沟壑区的沟坝川水地和石砾河滩地，主要适生树种有河北杨（*P.*×*hopeiensis*）、新疆杨（*P. alba* var. *pyramidalis*）、小青杨（*P. pseudo-simonii*）、槐（*S. japonica*）、白榆、臭椿、沙枣（*E. angustifolia*）；在黄土残塬、台旱地、黄土梁间低地，主要适生树种有油松、河北杨、新疆杨、小青杨、小叶杨、白榆、刺槐、臭椿、柠条锦鸡儿、沙棘、沙枣等；在黄土梁阴坡，主要适生树种有河北杨、小叶杨、白榆、臭椿、柠条锦鸡儿、沙棘、山桃、山杏（*Armeniaca sibirica*）、油松、侧柏；在黄土墚阳坡、黄土墚顶，主要适生树种有侧柏、白榆、臭椿、山杏、沙棘、文冠果、沙柳、柠条锦鸡儿；在盐碱河滩地，主要适生树种有沙枣、柽柳、紫穗槐（何兴东等，2016）。

（三）合理的植被配置模式

依据植被地带性分布规律，确定不同地带的植被类型，并选择相应地带性植被的优势种或建群种作为造林种草的主要种，辅以伴生种，模拟天然植被结构模式建造乔灌草复层混交，是黄土高原植被恢复的重要途径（梁一民等，1999）。例如，在黄土丘陵沟壑区森林地带，以针阔混交和乔灌混交配置模式为主，主要树草种有油松、刺槐、辽东栎、侧柏、沙棘、连翘、胡枝子、虎榛子，辅助树种有山杨、白榆、元宝槭（*Acer truncatum*）、白蜡、臭椿；在黄土丘陵沟壑区森林草原带，以乔灌混交、稀树灌草丛为主，主要树草种有油松、刺槐、侧柏、辽东栎、沙棘、山杏、胡枝子、连翘、小叶锦鸡儿（*C. microphylla*）、白刺花、紫穗槐、斜茎黄耆、白羊草、兴安胡枝子，辅助树草种有小叶杨、河北杨、白榆、臭椿、虎榛子、元宝槭、白蜡；在黄土丘陵沟壑区典型草原带，主要树种有沙棘、小叶锦鸡儿、柠条锦鸡儿、山杏、斜茎黄耆、兴安胡枝子，辅助树草种有小叶杨、白榆、臭椿、河北杨（卜耀军，2009）。在土石山区造林树种应选择油松、侧柏、圆柏、山杨、白桦等，形成针阔混交林模式（朱丹等，2007）。

（四）合理的植被恢复措施

根据影响水分集存与流失的坡度及其他地貌因子，可将黄土高原划分为山区、川源区、墚峁缓坡区、沟壑陡坡区和沟谷区（何兴东等，2016）。山区地下水位高，在植被恢复中以自然修复为主，人工造林为辅；川源区地势平坦，土壤肥沃，水分较为充足，自然条件好，应以农田防护林建设为主；沟壑陡坡区坡度一般大于25°，土壤贫瘠，水分不足，自然条件差，以建立稀树草地为主，应进行水平沟、水平阶等带状整地，林木沿等高线带状布设，在带间、林间及林下种植禾本科、豆科等牧草植物；墚峁缓坡区坡度较小，可以建设水平梯田，发展生态型复合农林业（何兴东等，2016；张金屯，2003）。

黄土高原造林和管理主要有封禁、种草及造林等植被恢复措施。在年降水量＜375mm的地区，恢复速度较缓，适宜以封禁措施为主。在年降水量375～575mm的地区，该区草本植物的快速恢复，植被恢复速度最快；为了避免大面积造林带来的土壤干化，植被恢复主要以种草为宜，而在坡度较缓的阴坡地带，可以种植灌木，在部分河滨地带和地下水位较高的沟谷，可以种植乔木（高海东，2017）。在人工植树种草过程中，应尽量减少对原地表植被的扰动或破坏，避免大规模工程整地，防止人工植树种草过程引起新的水土流失（卜耀军，2009）。对于坡耕地，25°以上的坡地必须退耕还林（草）（赵光耀等，2008）。

五、植被恢复研究实例

植被恢复是区域退化生态系统恢复重建的主要措施。1949年以来，国家高度重视黄土高原的治理工作，先后实施了水土保持重点建设、三北防护林建设、天然林资源保护等一系列生态建设工程，使黄土高原的景观发生了显著变化，其中植被恢复在该区环境治理中占有举足轻重的地位，其生态恢复成果具有显著的全国示范效应。

皇姑梁小流域位于山西省汾河上游岚县，地理坐标：38°17′57.3″～38°19′26.8″N，111°40′01.8″～111°41′17.4″E，属于典型的黄土丘陵沟壑区。该小流域在治理前地形破碎、沟壑纵横、荒墚秃峁，植被极为稀疏，水土流失严重，土壤年侵蚀模数高达 9600t/km^2 以上，进行植被恢复重建是实现皇姑梁小流域综合治理可持续发展的关键。通过近 30 年的连续治理和植被恢复，皇姑梁小流域植被覆盖率达到 80%，水土流失基本得到控制，自然环境明显改善，生态系统处于相对稳定阶段，已初具小流域生态公园的雏形。

土壤含水量、坡向、海拔、物种组成及其配置模式是影响人工植物群落分布和变化的主要环境因子，不同物种配置模式对皇姑梁小流域群落演替和物种多样性动态有重要影响。油松＋华北落叶松-沙棘群落、小叶杨＋油松群落、油松-沙棘群落、油松-柠条锦鸡儿群落的物种多样性皆高于柠条锦鸡儿灌丛，并且油松＋华北落叶松-沙棘群落物种多样性高于小叶杨＋油松群落，不同乔木混交林的生态恢复效果优于纯林。华北落叶松适合在该小流域海拔较高的墚坡顶、半阳坡、半阴坡和阴坡生长，小叶杨适合在其海拔较低的沟底、半阳坡和半阴坡生长，而油松、沙棘、柠条锦鸡儿的生态适应性较强，可在不同海拔和坡向生长。人工植物群落的演替进程，基本遵循地带性植物群落的演替规律。

第三节　黄土高原矿山生态修复

一、矿山生态修复概论

生态破坏是人类面临的重大社会问题之一，近年来世界各地连续发生各种的自然灾害，是环境破坏给人类的警钟。工程建设和环境保护兼顾是可持续发展的重大课题，是建设资源节约型、环境友好型和谐社会的要求。矿产资源的开发利用主要集中在黄土高原中西部典型生态环境脆弱地区，对区域生态系统的扰动具有影响范围广、持续期长及驱动过程复杂等特点。矿产资源开采不仅造成水土流失、山体坍塌等地质灾害，而且大量的废石、尾矿等固体废弃物的堆积，占用大量土地，污染水体和土壤，导致生态系统破碎化、功能低下、生物多样性降低等问题，对人类社会经济发展影响严重，已成为制约我国经济社会发展的瓶颈之一，亟须进行生态治理。因此，对矿山进行生态修复，对于改善区域生态环境和促进经济社会的可持续发展具有重要意义。

（一）矿山生态修复的定义、目标和意义

矿山生态修复是指基于恢复生态学理论基础，通过工程措施，对矿山废弃地进行生态修复，使矿山废弃地恢复到自然的原始状态或实现土地资源的再次利用。

矿山生态修复的目标包括：①实现地表地质地貌稳定，减少地质灾害发生；②恢复植被和土壤；③提高生物多样性；④增强生态系统功能；⑤提高生态环境效益；⑥构建合理景观。

对矿山废弃地进行生态修复，可以带来巨大的生态效益，主要表现为先锋物种的生长发育改变了群落的生态环境，为其他物种的自然入侵、定居及种群扩大创造良好的条件，从而提高生物多样性；同时，系统生产力也随着植被生物量的不断积累和恶劣生境逐渐被改善而

不断提高。相关研究表明，随着矿山废弃地恢复年限的增加，土壤理化性状逐年改善，土壤生产力逐年提高。矿山废弃地植被恢复对减缓地表径流、减少风蚀粉尘污染及保持水土涵养水源发挥着重要的生态效益。矿山废弃地进行生态修复之后进行复垦，可以增加耕地面积，实现土地资源再利用，并有助于区域旅游产业的开发和满足城市居民旅游的需要，并产生良好的社会效益和经济效益。

（二）矿山对生态环境的危害

矿山开采对生态环境造成的危害主要表现为以下几个方面。

1. 严重的环境污染问题

环境污染问题主要包括：①水污染。由于采矿、选矿活动，地表水或地下水被含酸性、含重金属和有毒元素的矿渣等固体废弃物污染，从而危及矿区周围河道、土壤，甚至破坏整个水系，影响生活用水、工农业用水；而有毒元素、重金属进入食物链会给人类带来潜在的威胁。②大气污染。露天采矿及地下开采工作面的钻孔、爆破，以及矿石、废石的装载运输过程中产生的粉尘，废石场废石（特别是煤矸石）的氧化和自然释放出的大量有害气体，废石风化形成的细粒物质、粉尘及尾矿风化物等，在干燥气候与大风作用下会产生尘暴等，造成空气污染。③固体废弃物污染。矿山随意倾倒固体排弃物导致沟壑、河道淤塞，泄洪不畅，水患不断，固体废弃物中的重金属、多环芳烃等造成土壤污染、耕地退化等环境问题。

2. 土地破坏及耕地资源浪费

矿山开采，特别是露天开采的表层土剥离使原来的农田、地表植被等遭受严重破坏，矿渣和固体废弃物堆置造成了大面积的土地遭到破坏或被占用，土地生产能力丧失，大量耕地资源被浪费，原有自然生态系统被破坏。

3. 增加地质灾害隐患

矿山开采中地面及边坡开挖影响山体的稳定，导致岩（土）体变形诱发崩塌和滑坡等地质灾害，矿山排放的废石（渣）常堆积于山坡或沟谷，在暴雨等极端天气下极易引发泥石流等自然灾害。采矿对地质结构产生强烈的扰动，有产生地表塌陷甚至诱发地震的危险。

4. 生态系统破坏

矿山开采过程中表土剥离、占压土地对原有生态环境造成了巨大的扰动，对周围生态系统造成了极大的危害，造成生物多样性锐减，生态系统功能严重退化。我国大型露天矿山多处于干旱、半干旱的生态脆弱区，如平朔矿区位于黄土高原水土流失严重区，矿山开采对于黄土高原生态脆弱区造成了灾难性的破坏。

二、矿山生态修复的原则和步骤

矿山废弃地占压大量耕地，浪费土地资源而且破坏生态环境和景观，因此亟须对矿山废弃地进行生态修复，这不仅可以恢复被破坏的土地资源，使其重新得到利用，而且有助于人与自然和谐发展，恢复生态系统平衡。对矿山废弃地生态修复必须遵循一定的原则和方法，有组织、有计划地进行。

（一）矿山生态修复的原则

（1）生态系统学原则。生态修复应在生态系统层次上展开，按生态系统自身的演替规律，依据原有生态系统的物种组成、结构和生态功能，分步骤、分阶段进行，做到循序渐进，尽量恢复到原有的自然状态。

（2）区域差异性原则。不同区域具有不同的自然环境，如气候、水文、地貌、土壤条件等，区域条件差异性和特殊性要求在生态修复时要因地制宜，具体问题具体分析。依据研究区的具体自然情况，找到合适的生态修复方案和技术。

（3）社会经济技术原则。对矿山废弃地生态修复应该从区域经济资源的适宜性出发，结合区域社会经济特征，生态修复方案必须符合经济可行性，应有一定的物力、人力和财力保证；要求生态修复工程的实施，必须保障人民群众的生产和生活，并符合修复区广大人民群众的愿望；生态修复技术措施要求具有可操作性和无害化。

（4）自然修复和人为措施相结合原则。生态修复应遵循人与自然和谐相处的原则，不仅要依靠大自然的力量实现自我修复，更重要的是控制人类活动对自然的过度干扰，充分发挥生态系统自然修复的功能。

（5）生态修复的景观美学原则。景观美学原则是指退化生态系统的恢复重建应给人以美的享受，具有生态景观效益。矿区废弃地生态景观建设在保证自然资源的可持续利用的前提下，要追求生态、经济和社会相统一的整体效益。通过整形和绿化、人文景观的挖掘与修缮等措施进行综合整治，从而营造新型农村田园景观，为休闲农业、观光农业、假日农业奠定基础，为生活水平日益提高的民众休憩娱乐等活动提供生态旅游资源。

（二）矿山生态修复的步骤

1. 矿山废弃地生态环境现状调查与分析

现状（本底）调查包括生态环境条件（土壤、水文、地质、地貌等）、生物资源（植物、动物、微生物等）、人文遗产、社会经济情况等调查；基于调查结果分析矿山废弃地类型及其生态环境特征，分析矿山退化生态系统特征，包括退化主导因子、退化过程、退化类型、退化阶段与强度的诊断与辨识；基于对矿山退化生态环境现状的分析，进行生态退化的综合评判，明确生态修复重点，确定修复目标。

2. 生态修复与重建可行性分析

根据矿山生态修复与重建的主要问题，进行生态修复和重建的自然、经济、社会和技术可行性分析，开展修复与重建的生态风险综合评价，优化技术方案和技术路线。

3. 生态修复总体规划和方案

结合开采范围和地质条件，编制生态修复和重建总体规划和设计方案，确定规划区范围及规划时间，选择土地利用与生态修复工程措施，明确生态工程的位置、范围、面积、特征等，制定分类、分区、分期恢复技术方案和实施计划，设计工艺流程、措施等。实施计划安排包括物料来源、资金来源，以及施工起止日期安排，工程投入与收益的预算。

4. 审批实施、工程验收与评估

在生态修复工程实施后，土地管理部门应该对修复工程进行验收，土地的使用者对修复后的土地进行动态监测管理。

三、矿山废弃地生态修复技术

采矿活动造成了大量废弃地，因此植被恢复是矿区废弃地生态修复的重要环节，对改善矿区的生态环境、治理废弃土地具有重要作用。矿山废弃地生态修复技术主要包括对修复区域的立地条件分析、土地平整、植物树种选择与配置、植物栽植、施肥与管理技术，以及植被恢复效果的监测。

1. 矿山废弃地立地条件分析

立地条件分析包括：①矿山开采和建设导致的地形地貌条件改变的分析；②地质条件结构、质地和稳定性分析；③矿山开采导致生物多样性条件退化程度的分析，包括生物类群、种群密度、群落类型和结构、生态系统结构、功能、生产力和稳定型等分析；④地下水条件分析，包括矿山疏干排水导致地下水位变化的情况分析，矿山废弃地堆放对地下水污染的范围和程度分析。

2. 整地措施

应重视边坡的稳定性治理工程，对超过 15m 的岩质边坡或超过 10m 的土质或类土质边坡进行削坡，削坡后坡度应小于 35°。对于相对稳定的岩质边坡，大规模削坡易造成二次生态破坏，因此，必须对削坡后的岩体进行边坡加固，或者在确保边坡安全稳定的前提下，可以进行局部削坡或危岩清理。整地措施还包括对酸碱土壤的中和、树木种植时提前挖穴等。当露天采场底面高度低于地下水位，或者因开采、沉陷而形成集水坑时，可根据水坑深度和实际需要保留集水坑或设计成蓄水池。

3. 植物选择与配置

矿山废弃地植物物种选择要坚持“因地制宜，适地适树、乔灌草相结合”的原则，选择适宜的先锋植物有助于植被的快速恢复。同时，要注重不同树种的合理配置，以增强植物群落的多样性和稳定性。

植被恢复适宜选择刺槐、落叶松、油松、侧柏、山杏、紫穗槐、荆条、丁香等稳定性好、抗旱耐瘠薄、抗病虫害能力强的植物；对于无法进行削坡的岩质边坡可在坡脚和坡顶栽种藤本植物，如三叶地锦、五叶地锦、杠柳等，进行裸露边坡的绿化。排土场、废石堆因有机质含量极低，应按照《土地复垦质量控制标准》（TD/T 1036—2013）要求进行客土覆盖，并种植宜以乔灌木为主，辅以草本植物，如刺槐、侧柏、油松、紫穗槐、沙棘、柠条锦鸡儿等乔灌木树种，并在株间播撒紫苜蓿、早熟禾、高羊茅、无芒雀麦、冰草等。排土场面积较大时，应考虑采用多个树种带状或块状混交方式种植，减少和防止病虫害的发生。

4. 植物培育栽植技术

应根据不同的地形地质条件、不同的植被破坏程度选择科学的栽植方法，高陡边坡宜选择挂网客土喷播模式，缓坡宜选择生态植被毯模式，坡脚宜选择垂直绿化遮挡模式，采石场开采平台宜选择穴状客土种植模式，矿区周边植被破坏区宜选择原生植物造林模式等。木本植物常用的栽植技术有覆土栽植技术、无覆土栽植技术、抗旱栽植技术（保水剂技术、覆盖保水技术）、容器苗造林技术、ABT 生根粉技术等。对于森林人工林的营造宜采用播种的方法，在梯田化后的排弃场和采矿场边坡上，采用山地、沟壑造林技术；在排弃场顶面平地和较宽的梯级宜用机械化造林技术；在排土场坡面上及毗邻的地段营造防蚀林。草本植物栽植大多采用喷播技术，有利于提高草种的发芽率。

5. 植被抚育管理

“三分栽植、七分管理”体现了抚育管理是植物栽培能否成功的重要技术环节。矿山废弃地植物抚育管理技术主要包括土壤管理（灌溉、施肥等）、植被管理（平茬、修枝等）、植被保护（防止病虫害、火灾和人畜对植被的破坏）等。抚育管理的目的是通过对林地、植被的管理与保护，为植物的成活、生长、繁殖、更新创造良好的条件，迅速提高植被覆盖率，加速郁闭成林的进程。种植后第一年是抚育维护管理最重要的阶段，需要较高强度的灌溉、追肥、养护等工作，此后管理强度可逐年降低，以便充分发挥植物群落自我调节、自我维持、自我更新的功能，逐步形成适应矿山废弃地生境的植物群落。

6. 植被恢复的监测

矿山植被恢复工作监测是保证植被重建效果的重要手段。对重建植被的环境效益和生态效益进行监测，不仅对总结、推广和发展植被恢复技术具有重要意义，而且可为矿山废弃地生态修复的过程与机制研究提供重要理论依据。在植被恢复初期，充足的土壤养分条件、科学的抚育管理，有助于先锋植物快速生长，迅速提高植被覆盖率。随着土壤养分的消耗和管理强度的降低，植被生长的速率会降低，植物群落演替进入自我维持状态。矿山废弃地植被重建在取得初步恢复效果后，应通过监测适时地进一步引进适宜目标树种，最终建立自我维持、近自然的矿山生态系统。因此，应制定植被恢复的监测方案和实施细则，通过监测发现植被恢复中的问题，及时采取有针对性的管理措施，确保人工植物群落朝着顶级群落的方向进行演替。

7. 山西平朔安太堡露天矿生态修复案例

案例 11.1：山西平朔安太堡露天煤矿的生态修复。山西平朔安太堡露天煤矿是中国第一个开发投产的现代化大型露天煤矿，地处黄土高原晋陕蒙接壤的黑三角地带。该矿位于山西省朔州市境内，属宁武煤田北部区域，面积 380km^2。地理坐标：112°45′58″～110°53′E，39°3′45″～39°58′29″N。地貌为黄土低山丘陵，属黄土高原典型的生态脆弱区。煤炭地质储量127.5 亿 t。平朔矿区建设规模为 6500 万 t，其中，国家大型露天煤矿 4500 万 t，地方煤矿2000 万 t。国家大型露天煤矿划分为 3 个矿田，即安太堡露天煤矿（服务年限 92 年，1985～2077 年）、安家岭露天煤矿（服务年限 97 年，1998～2095 年）和东露天煤矿（服务年限 74年，2006～2080 年）。由于位于典型的生态弱区，在国家“八五”“九五”重点攻关课题支持下，山西平朔安太堡露天煤矿较为全面、系统地开展了矿山废弃地生态修复。主要生态修复措施包括以下几个方面。

(1) 排土场建设。平朔安太堡露天煤矿排土场的边坡设计成岩土的最陡安息角（35°左右），排土场相对高度100～150m，台阶高20～30m。固体废弃岩土的排放采用平地起堆、充填沟壑、回填采坑相结合的方式。该矿区设计优先充填沟壑和回填采坑，以使新造地的平地面积比原地貌更大；对坡度大和光滑的基地，进行了缓坡处理，且体积大、难风化的岩石堆放在底部，以增加排土场的稳定性；岩土排弃逐层推平压实，以减轻非均一沉降，利于后续覆土。

（2）植物种类筛选与配置。废弃地恢复的植物配置采取草、灌、乔的合理种植模式，并与工程措施联合实施。此外，还设立防风林带、防护林带、绿篱和等高草带等可减轻风蚀灾害的生态工程。引种的植物有71种，包括乔木13种、灌木5种、草本植物53种（其中，中草药6种、农作物9种），种植的先锋植物主要有草本植物，如斜茎黄耆、红豆草、紫苜蓿、白花草木樨、无芒雀麦等；灌木，如柠条锦鸡儿、沙棘、枸杞、沙枣等；乔木，如油松、刺槐、小黑杨、小钻杨、新疆杨、旱柳。

矿山生态修复彻底改善了矿山的生态环境，现有各类植物213种，昆虫600余种，动物30余种，矿区生物多样性日益凸显。已修复治理的2000hm^{2}土地，每公顷土地平均升值18万元，土地升值达3.6亿元；矿山现有刺槐林200hm^2，约150万株，价值达600万元。矿区在做好生态环境治理工作的同时，还开展了牛、羊、鸡、猪养殖，马铃薯、食用菌栽培、中药材种植等试验，并发展现代农业，排土场建设了日光温室130座和年出栏4000只肉羔羊的养殖场1座，取得了良好的社会效益和经济效益。

通过多年的不懈努力，山西平朔安太堡露天煤矿矿山生态修复取得了显著成效。矿区以复垦土地为核心，以植被恢复为主线，以生态产业链建设为抓手，积极探索以工哺农、资源型企业转型、生态产业建设绿色矿山的产业生态道路，走出了一条煤炭开发和环境保护的可持续发展的新型道路。（引自白中科等，2000；李洪远和鞠美庭，2005。）

第四节　黄土高原水土流失治理

从西周的“平治水土”、战国时期的“土反其宅，水归其壑”（《礼记·郊特性》），到明朝周用提出的“使天下人人治田，则人人治河”的思想，再到清代梅曾亮《书棚民事》中森林植被抑制流速、固结土壤、涵养水源的理论，我国有着水土流失治理的悠久历史并积累了丰富的经验。1941年，黄瑞采首先提出“水土保持”一词（王礼先，1995），随后被普遍采用。水土保持泛指针对自然因素和人为活动造成的水土流失所采取的预防和治理措施，实质是在合理利用水、土、地资源的基础上，通过运用林草、工程和农业等措施，实现保持水土，提高土地生产力，改善生态环境的目的。1949年以来，黄土高原的水土保持由试验、示范、推广到全面发展，取得了显著的成绩，在减少河流泥沙淤积、改善生态环境和可持续发展等方面发挥了重要作用。

一、林草措施

通过造林种草，在保持水土、防止侵蚀的同时，起到涵养水源、调节小气候、保护农田、渠道和河岸（滩）的效果，获取木材、林副产品和饲草等农林产品。根据地貌、立地条件和防护目的不同，王礼先（1995）将黄土高原林草措施分为分水岭防护林草措施、塬面防护林草措施、坡面防护林草措施、侵蚀沟道防护林草措施和水库、河川防护林草措施。

林草措施的生态效应表现在利用林冠截留降低径流量和径流速度，推迟产流时间。通过枯枝落叶拦截雨水，保护地表免遭雨滴击溅。枯枝落叶层通过增加地表粗糙度不仅分散水流，拦滤泥沙，增加入渗，进一步调节径流，而且增加了土壤孔隙度，增加土壤有机质和营养物质，具有改善土壤理化性质等重要作用。此外，林草植物的根系在固持土体，提高土壤抗蚀性和抗冲性，减轻或防止重力侵蚀等方面有显著作用（王治国等，2000）。

首先，造林前应对影响林木成活与生长的环境因子如海拔、坡向、坡位、坡度等地形因子，土壤类型、土层厚度、土壤侵蚀程度、石砾含量、pH 值等土壤因子，以及地下水位、病虫害等进行调查。其次，进行整地。常见的整地方式有鱼鳞坑整地、高垄整地、水平沟和水平阶整地等。最后，针对立地条件选择造林树种，确定造林密度、配置方式、整地和造林方法。造林树种的选择应坚持以乡土树种为主，乡土树种与引进外地种相结合，适地适树的原则。树种搭配尽量做到针阔结合，乔木和灌木搭配。造林方法主要包括植苗造林、播种造林和分殖造林。

人工植被管理技术包括封禁管护、补植补播、浇水施肥、松土除草、修枝平茬、间伐更新、病虫害防治等，其中密度直接影响植被的水分平衡，进而影响植被持续稳定发展，通过间伐、刈割平茬等密度调控措施，保持合理密度，促进植物生长，提高植物群落的稳定性。

草种的选择应遵循适地适草、因地制宜的原则，结合需求考虑畜牧发展和管理成本，适量播种，合理密植。播种方式根据草种、土壤条件和栽培条件选择，一般采用条播、撒播、带肥播种、犁沟播种。根据生物学特性和栽培地区的水热条件、杂草危害及利用目的确定播期。

封育禁牧是通过对植被恢复的地段设施围栏，保护现有植被免遭干扰与破坏，利用植被的自然恢复力，适当辅以人工补植、补种，改良树草种和群落结构等培育措施，提高植被盖度，达到恢复植被的目的。封育禁牧可以增加群落物种多样性，改善区域生态环境，促进林草地生态系统恢复，是行之有效的管理方法。

二、工程措施

工程措施是指通过修筑各种工程设施实现保持水土、合理利用水土资源的措施，可分为山坡防护工程、山沟治理工程、山洪导排工程和小型水利工程等（王礼先，2000）。

山坡防护工程包括修筑梯田、拦水沟埂、水平沟、水平阶、鱼鳞坑、山坡截流沟等，可以改变小地形，将降水就地拦蓄，使其渗入农地或林地，减少或防止坡面径流形成，增加土壤水分并稳定山坡。通过修筑水窖（旱井）和蓄水池，将未能就地拦蓄的坡地径流进行拦蓄，可用于旱农生产或补充灌溉。在可能发生重力侵蚀危险的坡地，修筑排水工程或支挡建筑物，如挡土墙，防止滑坡等灾害的发生。

山沟治理工程包括修筑沟头防护工程，谷坊、淤地坝及沟道护岸工程，可防止沟头前进和沟床下切，减缓沟床纵坡，调节洪峰流量，减少山洪或泥石流的固体物质含量，使山洪安全排泄。山洪导排工程包括修筑排洪沟、导流堤和泄水建筑物等，防止山洪或泥石流危害沟口的房屋、工矿企业、道路、农田等。小型水利工程包括修筑小水库、塘坝等，将坡地径流及地下潜流拦蓄，在减少水土流失危害的同时，灌溉农田，提高作物产量。

工程措施设计建造前应考虑流域内的自然和工程地质条件，结合土地利用目标，灌溉、排水、蓄水或引水需求，以及农业生产需要。针对斜坡岩土体运动可能引发的水土流失，采取斜坡固定工程，如挡土墙、抗滑桩、削坡和反压填土等保证斜坡稳定；在有地表水或地下水影响的地方，设置渗沟、明暗沟、排水孔、排水洞和截水墙等阻断渗透水对坡体的不利影响。为防止崩塌，在坡面修筑护坡工程，如干砌片石、浆砌片石和混凝土砌块护坡、格状框条护坡等。在基岩裂隙小，没有大崩塌发生的地方，为防止基岩风化剥落，适当进行喷浆或混凝土护坡。在有裂隙且坚硬的岩质斜坡，为了增大抗滑力或固定危岩，可采用锚固法用钢筋防护。

在斜坡上每隔一定距离，于平行等高线或近平行等高线修筑山坡截流沟，通过截断坡长、阻截径流，减免径流冲刷，将分散的坡面径流集中起来，输送到蓄水工程或直接输送到农田、草地或林地。山坡截流沟与等高耕作、梯田、涝池、沟头防护及引洪漫地等措施相配合，对保护其下部的农田，防止沟头前进，防治滑坡，维护村庄和道路交通安全有重要作用。

三、农业措施

农业措施包括通过改变小地形增加地面糙率（如等高耕作、等高沟垄耕作、区田、圳田等），增加植物被覆（如草田轮作、间作、套种与混作等），以及改善土壤物理性状（如深耕、少耕、免耕等）等措施实现水土保持的目的。残茬与秸秆覆盖是免耕法的重要环节。草田轮作植物主要有禾本科与豆科两大类，多年生牧草有紫苜蓿、斜茎黄耆、红豆草等，其中多年生豆科牧草对改良土壤和控制水土流失具有重要作用。实行草田轮作时，为了使作物和牧草的生物产量最高且控制土壤侵蚀作用最大，应优化作物与牧草种的选择和配置。

四、综合措施

1949 年以来，黄土高原水土流失治理坚持山水田林路统一规划，因地制宜，分区施策，工程措施、植物措施、耕作措施有机结合，从重点治理为主到治理与预防监督并重。经过多年持续治理，黄土高原土壤侵蚀强度显著下降，黄河输沙量降低至历史低值水平，林草植被面积大幅增加，生态环境明显好转，与此同时，黄土高原地区社会经济发展情况处在连续向好的态势，生态修复工程带来的社会经济效益显著（刘国彬等，2017）（案例 11.2）。随着生态建设工程的深入实施和区域经济社会的快速发展，黄土高原水土流失治理面临水资源不足、坝体淤满、优质耕地不足、塬面侵蚀破碎化等问题，水土保持工作依然任重道远。

案例 11.2：黄土高原水土流失综合治理示范研究效果。砖窑沟位于山西省河曲县中西部，毛乌素沙地前缘，由东向西直接流入黄河。地理坐标：39°11′06″～39°13′47″N，111°12′03″～111°19′28″E，主沟长 14.15km，流域面积 28.7km^2。流域内以峁状黄土丘陵为主，黄土沙性大，土质疏松，垂直节理发育，崩解性强，抗蚀力差。流域内降水集中，多暴雨（7 月、8 月），加上盲目开荒、破坏自然植被、陡坡耕作、广种薄收等不合理的经济活动，风蚀、水蚀十分严重，属于水土流失极强烈侵蚀区，侵蚀模数达 12 000t/（km^2·a）。1985 年砖窑沟流域内 15 个行政村的粮食总产量为 81.6 万 kg，人均产量只有 204.5kg，不能自给。人均年收入仅 136 元，低于 150 元的贫困县标准，经济非常落后。在国家科学技术委员会（现科学技术部）支持下，“河曲砖窑沟流域综合治理试验研究”课题被批准列入国家科技攻关计划，成为“七五”期间国家 11 个综合治理试验示范区之一。

山西大学黄土高原研究所教师和科研人员于 1986～1990 年在砖窑沟流域科学考察和

试验，在摸清流域主要问题的基础上，将建设基本农田、造林种草和经济开发扶贫作为主要突破口，采取水土保持措施、造林种草植被建设措施、土壤改良培肥措施、农业增产配套措施和扶贫等相结合的综合治理措施，进行了砖窑沟流域综合治理研究。主要技术措施如下。

（1）水土保持技术措施体系。总体思路是梁上建设水平田，坡面掏沟（水平沟）或挖坑，沟底打坝造良田，因地制宜上草林。具体包括梁峁工程、沟头防护工程、坡面工程、沟道工程、道路庭院蓄水工程。

梁峁工程措施：①削平梁峁，建成水平梯田，最大限度拦截天然降水；②对土质较差的梁峁（特别是沙梁）修水平沟或水平阶种植刺槐或柠条锦鸡儿。

沟头防护措施：①填沟造地并造林，彻底改变沟头地貌，改变地表径流方向；②修沟头防护埂并营造沟头防护林、垛塔沟等；③沟头修谷坊，拦截径流，谷坊内造林，做到以水养树，以树护沟；④在沟头修建水窖，用以固沟和拦蓄径流和灌溉树木。

坡面工程措施：①在 30°以下的坡面修筑水平沟；②在较陡的坡面修鱼鳞坑；③在过陡的山坡修建窄条水平阶梯；④对沟坡下部缓坡区修建水平梯田，或结合果园修卧牛坑。

沟道工程措施：在支毛沟、较大支沟下游或主沟打坝，做到径流和泥沙全部拦蓄，水土不出沟。同时，与造林措施紧密结合，以工程养生物，以生物护工程。

道路庭院蓄水措施：建设水窖和建蓄水池。

（2）植被建设技术体系。采取适地适树、整地保墒、适当深栽、苗条保水、截干造林等措施建设人工林并加强抚育管理，对灌丛和草地引进优良品种、适当密植、严格整地、适时平茬复壮、增施化肥等，提高植被恢复效益。

（3）农业技术体系。采取建设基本农田和生土培肥、深耕蓄水、地膜覆盖、增施有机肥等农田蓄水保墒措施，合理轮作倒茬和优化配方施肥，引进优良品种和提纯复壮传统品系，改进栽培管理技术等，提高粮食产量。

此外，还采取调整土地利用结构和产业结构、改善交通、疏通渠道等措施，改善农业生产基础条件。

砖窑沟流域经过 5 年的综合治理，新增人工林 456.6hm^2、灌丛 422.3hm^2、草地 286.7hm^2，果园 222.0hm^2、零星树 10.6 万株。利用荒山造林种草 1101.8hm^2，退耕还林还草 319.0hm^2。水土流失治理度达到 58.6%，年输沙模数较治理前减少了 50%。粮食平均产量由 1985 年的 577.5kg/hm^2，提高到 1989 年 1710kg/hm^2，增加了近 2 倍，人均纯收入翻了两番（张维邦和姚启明，1992）。该项目荣获 1993 年国家科技进步一等奖。

第五节 黄土高原沙漠化治理

20 世纪 50 年代“西北和内蒙古六省区治沙规划”的实施，揭开了我国沙漠治理、改造利用和研究的序幕。1978 年中国科学院兰州沙漠研究所成立，对土地沙化变化趋势与预测及沙化土地的综合整治措施进行了大量研究（朱震达，1989）；同年，三北防护林建设工程启动实施。1991 年《1991～2000 年全国治沙工程规划要点》的发布，标志着我国大规模防沙治沙生态工程的启动。经过多年探索，目前黄土高原沙漠化治理已形成以生物措施为主，多种措施并举，人工治理与自然恢复相结合，集中连片综合治理的模式，林草植被率和防风固沙能力明显提高。

一、生物措施

生物措施又称植物措施，主要通过建植人工植被或保护现有植被，利用植被降低风速，削弱风沙灾害。植物措施防风蚀效应主要表现在植被能够提高沙地表层起动风速的临界值，拦截运动沙粒促其沉降。植物根系可以固定流沙，枯枝落叶有利于沙层中有机质积累，促进松散流沙结皮。此外，植物还能为资源匮乏的风沙灾害地区提供燃料、饲料、药材等。

植物固沙包括在流动沙丘上造林、营造防风阻沙林、营造防风固沙林带和林网。沙地造林种草的关键是提高成活率和保存率，核心是抗旱造林种草。具体包括植物种选择、模式配置、造林种草技术及抚育管理等技术环节。造林种草方式主要有植苗、扦插、播种（包括飞播和喷播）。飞播能快速实现大面积播种，但容易受天气、协作等因素的影响，一般适用于大规模沙区治理。流动沙丘造林，应选择耐干旱和贫瘠，生长迅速，萌蘖能力强，不怕沙埋，沙埋后能很快发出不定根和长出侧枝，根系发达，尤其是水平侧根分布范围广，固沙能力强，种源丰富，繁殖容易，经济利用价值高的灌木，如沙柳、柽柳、细枝岩黄耆（*Hedysarum scoparium*）、梭梭（*Haloxylon ammodendron*）、柠条锦鸡儿、沙棘、蒙古山竹子（*Corethoodendron fruticosum* var. *mongolicum*）、苦豆子（*Sophora alopecuroides*）等。随着植物生长，植被覆盖率提高，土壤风蚀减弱，流动沙丘逐渐被固定下来，形成半固定或固定沙丘，直到向稳定沙地转化。

沙地边缘防风固（阻）沙林是抵抗风沙的主要措施。我国已在三北地区营造了东西长约700km，南北宽400～1700km的防风固（阻）沙林。不同植被类型和植被特征，如覆盖度、高度、配置模式等防风蚀效应不同，需要根据立地条件和沙地土壤水分条件，进行乔灌木结合，深根系与浅根系合理搭配，提高物种多样性。常见的乔木树种有油松、樟子松、旱柳、新疆杨等，灌木有细枝岩黄耆、紫穗槐、柠条锦鸡儿、沙棘、沙柳等。

农田防护林带（网）在抵御沙区农田的自然灾害，改善农田小气候，促进作物生长发育，提高作物产量和质量等方面有重要作用。不同的林带密度、宽度和树种组成的防护林，其防护效能不同。防护林带结构可分为紧密结构、疏透结构和通风结构。一般来说，越接近外来沙源，栽植耐沙埋的灌木比重应越大，形成的紧密结构可以把前移的流动沙丘和远方来的风沙流阻挡在林带外缘。远离沙源的区域可以营造针阔混交、乔灌混交，片、网、带相结合的疏透结构（如2～3行乔木组成）和稀疏结构（多行乔木或单行间灌组成）防护林体系。林带间距以降低空旷地的风速25%为标准，林带在迎风面的有效防护距离为林带高的5～10倍，在背风面为20～30倍。

草畜不平衡，尤其是季节不平衡是沙区的主要问题。解决草畜矛盾的关键是建设人工草地，保护自然草地，提高草地生产力和载畜量。对天然草地，采取以草定畜，实行轮牧和禁牧等措施，使天然草地得以休养生息，逐渐恢复生产力和载畜量。在有条件的地方，大力发展草牧业，建设人工草地，考虑选择紫苜蓿、斜茎黄耆、披碱草、新麦草（*Psathyrostachys juncea*）、沙米、油蒿等建设人工草地。

生物土壤结皮（biological soil crust），又称生物结皮，是由细菌、真菌、藻类、地衣、苔藓等菌丝和分泌物与土壤颗粒相互作用形成的特殊层状结构。生物土壤结皮能够影响植物种子萌发，对降水入渗、地表蒸发及凝结水的捕集等水文过程和循环有重要影响；对提高水稳性土壤团聚体及有机质的含量，提高土壤吸湿性和可塑性，保持土壤含水量，加速沙漠土壤形成、矿物风化和物质循环，增加表层土壤中的碳、氮、磷含量，提高沙面抗风蚀能力等有积极作用（李新荣等，2016）。通过人工措施将生物土壤结皮接种到沙表层可用于固沙，或者从生物土壤结皮中分离出可用于固沙的生物，经过人工培养、增殖、制成菌剂，可用于固沙工程。

二、工程措施

工程固沙又称物理固沙或机械固沙，是通过在流动沙面上设立沙障或覆盖物，增大风沙流的运动阻力和沙面粗糙度，控制风沙运动的方向、速度和结构，改变风蚀状况，从而达到阻沙和固沙的目的。固沙工程通过增大地表粗糙度，将贴地层风速控制在临界起沙风速之下，或通过增加表层沙面的紧实度，提高沙面抗风蚀能力。

沙障是黄土高原荒漠化地区主要的固沙工程措施之一。把固沙材料覆盖或以一定高度立于沙面，可以增加下垫面的粗糙度，有效降低近地表风速，减弱输沙强度。沙障形成的风积环境有利于增加细粒物质，促进沙面紧实，形成地表结皮，增加有机质。此外，沙障还可拦截风沙流中携带的植物种子，将夜间空气中凝结的水分和微弱的降水蓄积在沙层表面，为种子萌发和生长提供短暂水分供应，促进植物定居生长（李生宇和雷加强，2003）。此类方法施工简单、技术要求低、不污染环境、见效快、防风固沙效益显著。缺点是容易造成流沙堆积，被沙掩埋后失去效用。常设置于生物措施前期，起固定流沙、保护植物的作用。

沙障材料的选择主要考虑取材容易、价格低廉、固沙效果良好、副作用小等因素，常用的有卵石、砾石、黏土、柴草、秸秆、树枝、尼龙网等。草、秸秆等材料柔软易折，适于疏松沙面，经风吹日晒容易腐烂变质，使用年限短，且对施工时间有要求。尼龙网在自然条件下老化速度慢，运输和施工便利，且不受季节影响，被风蚀或沙埋后可多次下插或上提，防护周期长，是传统防风固沙材料的理想替代品。

按高度和设置方法，沙障分为平铺式和立式沙障。根据风沙流的运动规律及特点，沙障通常在沙丘迎风坡设置，与主风方向垂直。沙障按孔隙度大小，可以分为透风结构、紧密结构和不透风结构。沙障材料、孔隙大小和排列疏密不同，积沙现象也会发生不同的变化。沙障孔隙度越小，沙障越紧密，积沙范围越窄；孔隙度越大，积沙范围延伸越远，积沙量多，积沙作用越大，防护时间越长。沙障配置形式主要根据优势和次优势风的出现频率和强弱，以及沙丘地貌类型等确定，通常分为行列式、格状、羽状、人字形和不规则形沙障。一般沙障孔隙度采用25%～50%的透风孔隙，沙障高度在30～40cm效果较好，如宁夏沙坡头1m×1m、1.5m×1.5m和2m×2m的半隐蔽格状麦草方格沙障（出露高度10～20cm）固沙效果较好（屈建军等，2005）。

阻沙工程是通过工程措施阻滞风沙流，切断沙源与被保护物体或场所间的风沙移动路径，使防护区不受沙埋、沙蚀影响。阻沙工程主要有阻沙墙、截沙沟、阻沙栅栏等。阻沙墙是在沙体迎风面设置护墙或挡沙堤。距离视输沙量和道路的弯转情况而定，形成的沙堤以不影响通视为准。一般阻沙墙为干打垒或土坯垒砌而成，也可就地取材，用编织袋就地装沙，垒砌成挡沙堤。阻沙墙的设置高度应根据风沙流的离地风速而定，常见挡沙墙（堤）高1m左右，厚35～50cm。阻沙栅栏也称高立式沙障，是半湿润沙区普遍采用的固沙造林的先行措施和极端干旱沙区关键的防沙措施，如塔克拉玛干沙漠公路尼龙网和芦苇阻沙栅栏、包兰铁路柳条树枝阻沙栅栏、敦煌莫高窟“A”字形阻沙栅栏已成为沙害成功治理的典范（康向光等，2013）。

输沙工程是通过工程措施改变风沙流速度，使原来的饱和风沙流在通过防护设施时处于非饱和状态，从而不产生风沙流挟沙的停积。输沙工程措施包括加速堤、加速坡、加速墙、路边加速栅栏及导输兼用工程。输沙堤较为常用，适于沙源丰富、对公路威胁较大的地区。

导沙工程是通过工程设施改变气流方向，引导风沙流挟持的沙改变沉积部位，从而使防护对象免受风沙危害。最常用的导沙设置有导风栅板、羽毛苇排、导沙栏等。导风栅板做成下部开口的导风栅栏形式，下导风栅板由栅板、横撑木与立杆等组成。羽毛排导沙工程是我国风沙防治工作者在20世纪50～60年代创造发明的，采用“羽毛苇排”导走风沙流，保护路堑和隧道口。实施羽毛排导沙要有两个基本条件：一是地形比较开阔，形成的风比较稳定，二是有比较集中的主风向，且主风向与公路的走向成较小的锐角（凌裕泉等，1984）。

三、化学固沙

化学固沙是采用化学制剂或工艺，在流动沙丘或沙质地表表面喷洒胶结物质，构造一层抗风蚀能力强，防止松散沙粒进入空气的固结层，达到固定松散沙面、集水保水、改变土壤结构的目的。固沙固结层表面一般比较光滑，能对流动沙丘表面形成保护层，阻碍气流对松散沙层的直接作用，还能形成输沙面，使沙粒不易堆积。化学固沙除了可以防止风力对沙层的侵蚀，减少有机质等土壤肥力的随风散失，还能增加含水量，减少蒸发，抑制沙漠表层盐分的积聚（铁生年等，2013）。化学固结层还能够减弱沙面的温差变化，减弱昼夜温差对植物的生长影响，有利于植被恢复。

化学固沙虽能固结沙土表层，吸水保水，改良沙化土地，但因不能提高防护高度、无法防止过境流沙和根治土地沙化，治沙周期短，加上材料成本高，目前多用于严重风沙危害地区的短期防护，尚未大规模推广使用。根据化学组分可将其分为水泥浆类、硅酸钠类等无机固沙材料，石油产品类、高分子类等有机固沙材料和无机-有机复合固沙材料等。

无机固沙材料中以水泥浆类和硅酸钠类较为常见。水泥浆是最早应用的无机类固沙材料之一，由于硬化的水泥浆在炎热干燥的气候作用下容易发生龟裂、干缩，失去固沙和保水能力，目前已很少单独作为固沙材料使用。硅酸钠类由硅酸钠与酸性反应剂构成，其优点是廉价无毒，缺点是胶凝时间短、渗透性较差，固化反应不完全导致固结层强度不高，容易被外力破坏。当受到较强碱性影响时，生成的二氧化硅胶体会逐渐溶出，使耐久性降低，抗水性变差。

在无机材料基础上，添加高分子吸水性树脂等具有特殊三维空间网络结构的有机组分后，形成无机-有机复合化学固沙材料。这种材料具有优越的吸水保水性能和络合作用，在提升固结层的抗压强度、抗老化性、抗冻融稳定性和抗风蚀等方面比无机和有机材料均有优势，是未来固沙化学材料主要研究方向。

四、农业措施

保护性耕作是沙区农田管理的重要环节。与传统耕作措施相比，保护性耕作是通过减少土壤体系破坏，增加地表残茬，以较低的能量和物质投入，维持作物相对高产的农业措施。保护性耕作包括用凿型犁、圆盘耙代替传统翻压垡的基础耕作、起垄耕作、带状耕作、覆盖耕作、少耕和免耕等。科学合理地实行作物与牧草之间的轮作，也有利于提高沙区农牧业生产和改善土壤理化性质。

五、综合措施

无论是工程治沙和化学固沙措施，还是生物措施，采取单一措施进行沙漠化治理很难取得理想的效果。因此，应将多种治沙措施相结合，即依据不同立地条件，采取工程、化学、生物等科学组合，固、阻、导、输合理搭配，实现各措施间的优势互补，从而达到防风固沙，减轻直至消除风沙灾害的目的。根据陕西省和山西省第五次沙化监测结果，2014 年与 2009 年相比，陕西省和山西省沙化土地面积分别减少了 44 395.31hm^2 和 37 609.94hm^2，减幅为 3.17%和 6.1%。沙化状况明显好转，沙化程度减轻，呈现整体遏制、持续缩减的良好态势（辛娟和俞靓，2017；侯德恒，2016）。

第六节　黄土高原盐碱地治理

高地下水位和高蒸发量是盐碱地形成的主要因素。我国大规模的盐碱地改良利用始于 1949 年以后，20 世纪 50 年代末～60 年代在盐碱地治理上侧重水利工程措施，以排为主，重视灌溉、洗盐和排盐；70 年代后，盐碱地治理采用工程措施、农业措施和生物措施相结合的综合治理方法，取得了良好效果。盐碱地治理措施主要有以下几种。

一、生物措施

通过在盐碱地种植具有抗盐碱和聚盐能力的植物，增加地表覆盖率，减少地表蒸发，抑制盐分在上层土壤中的聚集和扩散。利用灌溉水与植物根系的作用，将土壤盐分控制在植物大量根系土层以下的土体；或通过植物的蒸腾作用（尤其是高大乔木）蒸发水分的同时带走一部分盐分，或通过植物收获带走一部分盐分，可在一定程度上降低地表盐分的含量。汉朝时期的“以稻洗盐法”就是生物措施改良盐碱地的雏形。

植物根系对于调节土壤酸碱性、改善土壤理化性质有较大的作用。首先，植物根系活动可以激活土壤中 $CaCO_3$ 并加速其溶解，提供充分的 Ca^{2+}以替代 Na^+，从而改善土壤理化性质并加速脱盐（Zhao et al.，2004）。其次，植物根系向土壤中释放的有机酸、酶等物质有利于土壤微生物活动，促进营养物质溶解，起到提高土壤肥力的效果。最后，耐盐植物定居后可抑制盐碱化的发生。生物措施改良盐碱地的优点是成本低，对环境扰动小，环境美学价值高，因而被普遍应用。缺点是对土壤肥力、地理气候、盐度、酸碱度及灌排系统等条件有一定要求，且所需时间较长。

盐碱地生物修复的关键是耐盐碱植物的筛选、配置及与之相配套的管理技术。盐碱地造林树种选择的一般原则是选择深根系、抗旱抗涝能力强、易繁殖、生长快、具有改良土壤的能力，重点是耐盐碱的树种。在地下水浅、重盐碱地宜种植喜湿耐盐植物，如白花马蔺（*Iris lactea*）、柽柳、盐角草（*Salicornia europaea*）等；经济林植物如白刺、枸杞和沙枣等。在中度盐碱地上造林可选枣、梨、桃、葡萄、枸杞等；绿化观赏树可选白蜡、槐等；防护用材树种有白榆、柠条锦鸡儿和白蜡等；经济作物有玉米、大麦、高粱、油葵、向日葵、棉花、苏丹草、甜菜、大豆、罗布麻（*Apocynum venetum*）、甘草、马蔺、紫苜蓿等。

采用磷酸钙泥浆蘸根、用锯末和炉灰搅拌放在树穴底部作隔盐层等方法有利于树种成活

（李冬梅，2008）。合理密植和混交造林可使林地提早郁闭，增加地表覆盖，减少地面蒸发，防止土壤返盐，对幼林的成活和生长均有促进作用。

二、工程措施

利用客土法（又称换土法或微区改土法）改良盐碱土可以实现降低土壤盐分、增加土壤有机质、改善土壤肥力的目的，但缺点是工程量大、成本高，不利于大面积推广。

灌排工程是盐碱地治理的有效方法，其中开沟排水是改良盐碱地的基本措施之一。开沟排水方法常用的有明沟排水、暗管排水、竖井排水等。20 世纪 50～60 年代，宁夏银北地区主要采取以明沟为主的灌排技术改良盐碱荒地，内蒙古河套灌区也多用明沟排水系统；随后，竖井强制抽排技术，包括井灌井排、抽咸换淡、强排强灌等方法逐渐被采用。在我国北方多有应用暗管排水法改良盐碱地，能够降低地下水位，提高脱盐效果，防止土壤次生盐渍化（于淑会等，2012）。尽管排水法有很好的脱盐效果，但盐碱地分布区往往水资源短缺，这种方法不利于节水灌溉，因而不适宜大面积推广。

在地下水位较低且水源丰富的地区，淡水淋洗是工程措施改良盐碱地常用的方法。与排水措施相结合，将含有盐分的水排掉可以达到洗盐、降低地下水位的目的，实现较快改良盐碱地。这种方法在黄河灌区更为常用，又称“放淤压盐”，即结合黄河清淤，把含有泥沙的黄河水抽入筑好堤埂的田块，水分排出过程可将原来土壤中的盐分溶解、淋洗，使含有丰富有机质和矿物质的泥沙沉积下来，有利于增加土壤肥力。

针对传统灌溉方式改良盐碱地存在的问题，喷灌、滴灌、渗灌等技术的发展对盐碱地治理具有良好的效果，其优点包括点水源扩散、流量小、频率高、时间长，不仅可以实现土壤盐分的长期淋洗，还可以维持较高的土壤水势，使植物根系分布层的总水势维持在较高的水平，有利于植物根系吸水和生长发育。但由于盐分并未排出土体，只能暂缓土壤盐分危害，随着土壤水盐运移发生改变，可能会造成区域性集中突发盐渍化（田长彦等，2000）。

三、农业措施

农业措施也是盐碱地改良中的重要措施之一。平整土地和深耕细耙对盐碱地淡水灌溉后压盐和后期排水防涝具有重要作用，可以防止土壤板结，改善土壤结构，增强透水透气性和田间持水量，达到保水保肥、抑制土壤返盐、降低土壤含盐量的目的。免耕覆盖法可以保护有机质层免受破坏，减少水分蒸发，降低土壤返盐碱速度。此外，植物残留部分覆盖在土壤表面，一定程度上降低了风速，降低了土壤水分散失速度。植物死亡的根系在土层中留下孔隙，不仅给空气和水分提供通道，疏松土壤，改善土壤“三相比”，而且死亡的根系提高了有机质含量。土质黏重的地区掺沙或炉渣，可提高土壤的渗透性，有效增加脱盐层和脱碱层的深度，也可提高渗透率，加速和其他可溶性盐分的去除。调整作物结构，轮、间、套作，也有助于改善土壤结构和水热状态，提高渗透率，切断土壤毛管，抑制土壤返盐。

四、化学措施

盐碱地虽不能根治但可进行调控。针对不同的盐碱地类型和盐碱化程度，选用不同的土壤改良剂、施用量和施用时间对盐碱地进行改良，是主要的化学措施，常用的改良剂包括石膏、无水钾镁矾、沸石、黄铁矿、聚丙烯酸酯、工业废酸、氯化钙、青乳剂等。通过施用改良剂，可以降低盐碱地的土壤 pH 值，改善土壤团粒结构，降低土壤容重和紧实度，提高土壤渗透性，减少地表蒸发，促进淋溶，有利于盐分下移。农家肥、秸秆、干草、农作物枯落物、糠醛渣、柠檬酸渣、沼渣沼液等联合施用，对盐碱地有培肥作用，可增加土壤有机质，增加盐土的矿化能力，加速难溶养分的分解。土壤改良剂的优点是见效快，缺点是容易引入新的离子，加上成本和技术方面的要求，难以大面积实施。

五、综合措施

单项措施改良盐碱地的效果存在一定的局限性，且容易出现反复。植物措施可以提高土壤肥力，降低盐碱化威胁；但要巩固改良效果，防御土壤返盐，配合适当的农业措施（培肥土壤等）十分必要，如石元春和辛德惠（1983）提出“排、灌、平、肥、林”综合运用改良盐碱地。宁夏经过多年实践已形成“排（开沟排水）、稻（种稻洗盐）、淤（放淤改良）、平（平整土地）、洗（冲洗改良）、灌（合理灌溉）、轮（稻旱轮作）、肥（施有机肥）、翻（伏秋翻晒）、松（及时松土）、种（耐盐品种）、换（铺沙换土）”十二字盐碱地改良技术措施，把改善生产条件、降低地下水位、减少土壤盐分、培肥土壤、引进先进技术、推广现有成果、调整作物布局及发展林木生产作为治理盐碱地的重要举措，取得了良好的生态效益、经济效益和社会效益（宁夏水利新志编撰委员会，2004）。

推荐阅读文献

李生宝，蒋齐，赵世伟，等，2011．半干旱黄土丘陵区退化生态系统恢复技术与模式［M］．北京：科学出版社．

任海，刘庆，李凌浩，等，2019．恢复生态学导论［M］．3 版．北京：科学出版社．

于洪波，陈利顶，蔡国军，等，2011．黄土丘陵沟壑区生态综合整治技术与模式［M］．北京：科学出版社．

PALMER M A, ZEDLER J B, FALK D A, 2016. Foundations of restoration ecology [M]. Second edition. Washington: Island Press.

VAN ANDEL J, ARONSON J, 2012. Restoration ecology: the new frontier [M]. Second edition. New York: Blackwell Publishing.

第十二章　黄土高原生态系统服务与管理

生态系统服务是人类从生态系统获得的各种惠益，它不仅提供了人类所需求的食物、淡水及其他工农业生产原料，还提供了地球的生命支撑系统，维持了生物地球化学循环、物种多样性及大气平衡，是人类赖以生存和发展的基础。联合国《千年生态系统评估报告》发现，在评估的24项生态系统服务中，有15项（约占60%）正在退化，生态系统服务能力的丧失和退化对人类福祉产生重要影响，直接威胁着人类的安全与健康，对区域乃至全球的生态安全造成重要的影响；生态系统服务研究已经成为国际生态学和相关学科研究的前沿和热点。长期的生态系统开发利用和巨大的人口压力使我国生态系统和生态系统服务严重退化，生态系统呈现出结构性破坏和功能性紊乱，引起水资源短缺、水土流失、沙漠化、生物多样性减少等生态问题，对我国生态安全造成严重威胁。生态系统服务评估对于认识生态系统服务形成与调控机制，发展生态系统服务评估方法，挖掘生态系统服务时空动态及驱动机制，进行生态系统功能分区，保障生态安全具有重要意义。

第一节　黄土高原生态系统服务变化

一、生态系统服务基础

（一）生态系统服务概念的提出及内涵

生态系统对人类生存所起的重要作用可以上溯到远古时期。早在古希腊时期，柏拉图就认识到雅典人对森林的破坏导致了水土流失和水井的干涸。在古代中国，风水林的建立与保护也反映了人们对森林保护村庄与居住环境作用的认识。20世纪70年代，生态系统服务成为一个科学术语及生态经济学与生态学研究的分支，Holdren和Ehrlich（1974）、Ehrlich和Ehrlich（1983）、Westman（1977）等学者相继开启了生态系统服务的科学表达及其系统化的定量研究。从经济和社会角度来看，生态系统服务具有外部性和公共商品的特征；作为公共商品，它所提供的生命支持系统服务于区域，甚至有益于全人类，具有社会资本的特点，如涵养水源、改善环境等；因为具有公共产品性质，也即具有“灯塔效应”和“免费搭车”现象，所以没有市场交换的可能，造成了生态系统服务评价的困难。作为公共产品，生态系统服务的外部经济效益不能通过市场进行交换，影响了市场经济对资源的合理分配。对于具有外部性的产品要实现价值评价，最有效方法是对外部经济进行评价，再把外部经济内部化。

生态系统服务的概念一经提出，不同的研究者就基于各自的研究进行了不同的定义。Daily（1997）将生态系统服务定义为支持和满足人类生存的自然生态系统及其组成物种的条件和过程，是通过生态系统功能直接或间接得到的产品和服务。Costanza等（1997）年将生态系统服务定义为人类从生态系统中直接或间接获得的各种利益，包括生态系统的产品（如食物）和公益价值。千年生态系统评估（MA，2005）对生态系统服务给出了一个综合性的定义，即生态系统服务是人类从生态系统获得的惠益。人类真正认识到生态系统服务退化是生态危机的根源，并作为科学问题进行研究始于20世纪70年代国际环境问题研究组（Study of Critical Environmental Problems，SCEP），其讨论了生态系统对人类提供的服务，并在《人类对全球环境的影响（Man's impact on the global environment）》报告中列举了自然生态系统对人类的“环境服务”功能，包含了害虫防治、昆虫传粉、渔业、土壤形成、水土保持、气候调节、洪水控制、物质循环与大气组成等。1990 年，美国生态学会发表了生态系统服务研究论文集 *Nature's service：societal dependence on natural ecosystem*，提供了详尽的生态系统服务的描述、测算及评估的纲要。Costanza 等（1997）在 Nature 发表的 *The value of the world's ecosystem services and natural capital* 论文对全球生态系统服务进行了划分和评估，首次以货币形式估算出全球生态系统服务价值。2000 年世界环境日，联合国启动了千年生态系统评估（millennium ecosystem assessment，MA），首次对全球生态系统的过去、现代及未来进行了评估和预测，极大地推动了全球生态系统服务的研究。此外，世界各国生态学会的工作纲领也都将生态系统服务相关研究当作其重要任务。

（二）生态系统服务基本理论

1. 生态系统服务与人类福祉的关系

人类福祉（human wellbeing）包括维持高质量的生活所需要的基本物质条件，自由权与选择权，健康、良好的社会关系及安全等（MA，2005）。生态系统所具有的供给功能、调节功能、文化功能及支持功能，都是人类福祉不可或缺的重要方面，它们从不同的角度影响了人类福祉状况。生态系统对人类福祉的影响是多方面的。人类福祉中的安全受生态系统供给功能和调节功能的共同影响；前者如生态系统对粮食和其他物品的供应，以及由于资源减少而可能引发的冲突；后者则主要影响洪水、干旱、山体滑坡，以及其他灾难发生的频率和规模。在实际研究中，一般采用各种综合指标来表征人类福祉，如联合国提出的人类发展指数（human development index，HDI），该指数包括收入分配、寿命预期、知识教育三部分（Anand，1992）。HDI 能够在一定程度上反映生态系统服务与人类福祉的整体状况和相关程度，大量生态系统服务和人类福祉与 HDI 密切相关。Vemuri 和 Costanza（2006）的研究表明自然资本对人类福祉有显著影响，并在 HDI 指标的基础上加入自然资本的内容，形成了国家福祉指数（NWI）的概念。此外，美国国家环境保护局提出了人类福祉指数（IWB），实现了跨尺度人类福祉对服务变化的响应（Jordan et al.，2010）；IWB 由四个层次构成，分别基于人类基本需求、环境需求、经济度量、幸福感，解释了健康、财富、主观感受等福祉是如何随着环境变化而改变的。

2. 生态系统服务分类

生态系统具有多种多样的服务，对其进行分类是生态系统服务研究的关键。SCEP（1970）将自然生态系统对人类的“环境服务”分为害虫控制、昆虫传粉、渔业、土壤形成、水土保持、气候调节、洪水控制、物质循环、大气组成等。Costanza 等（1997）将全球生态系统分为 16 个类群和 17 种生态系统服务。Daily（1997）将全球生态系统分为 12 种，并归纳为五大类：产品生产、再生产过程、稳定性维持过程、生态实现功能、多样性保护。欧阳志云和王如松（1999）从宏观生态学的角度出发，将生态系统服务分为九大类：有机质的生产与生态系统产品、生物多样性的产生与维持、调节气候、减少洪涝与干旱灾害、营养物质贮存与循环、土壤的生态系统服务功能、传粉与种子扩散、有害生物的控制、环境净化。

Turner 等（1994）将生态系统服务分为使用价值和非使用价值，并进一步将使用价值分为直接使用价值、间接使用价值、选择价值；非使用价值分为遗产价值、存在价值、非需求价值。参照 Turner 等的分类法，Hawkins（2003）将生态系统服务价值分为五大类：①直接价值，指生态系统服务中可以直接计算的价值；②间接价值，指生态系统提供的生命支持系统，通常作为一种生命支持系统而存在；③选择价值，体现为将来能利用的某生态系统服务的支付意愿（willing to pay，WTP），是一种未来价值或潜在价值，其值难以计量；④遗产价值，指为后代能受益于某种自然物品和服务而自愿支付的维护费用；⑤存在价值，指人们为确保生态系统服务的继续存在而自愿支付的费用，与人类的开发利用无关。最为广泛接受的分类方法是 MA 提出的四分法：①物质提供服务，指从生态系统获得的各种产品，包括食物、纤维、燃料、淡水、基因资源等；②调节服务，指从生态系统过程的调节作用中获得的收益，如对空气质量、气候、水分、侵蚀、水质、疾病、害虫、授粉、自然灾害等的调节；③文化服务，指通过精神满足、发展认知、思考、消遣和体验美感而使人类从生态系统获得的非物质收益；④支持服务，指对于其他生态系统服务的生产所必需的服务，它对人类的影响常常具有间接性和持续性，如土壤的形成、光合作用、初级生产、养分循环、水循环等。不同分类方法存在着重叠的可能，如选择价值与非需求价值有一定的重叠，间接（使用）价值与 MA 的调控价值又具有一定的重叠。不同分类方法的重叠导致评估中存在重复计算的风险（Fu et al.，2010）。

3. 生态系统服务关系

生态系统服务之间存在着复杂的关系。探讨生态系统服务关系是生态系统管理的主要内容，也是实现生态、社会、经济可持续发展的重要条件。权衡（trade-off）和协同（synergy）是多重生态系统服务关系的集中体现。空间上的权衡是指某些生态系统服务的增加会导致同一区域其他服务的衰退，如农业生产提供农产品的同时，也减少下游的用水量，施肥增产的同时使水质下降。时间上的权衡表现为生态系统服务在时间上的滞后性，一些生态过程所受的影响要经过一段时间积累到阈值时才能表现出来（Gordon et al.，2008）。理解空间上的权衡能让管理从全局着眼，兼顾整个区域的平衡发展，理解时间上的权衡则能让管理的目标不被短期需求所主导，而是充分顾及子孙后代的福祉。Raudsepp-Hearne 等（2010）提出了"生态系统服务簇"（ecosystem services bundle）的思路来分析生态系统服务间的关系。服务"簇"利用统计聚类方法（如 *k*-means）寻找多种服务形成的相对固定的分布模式。基于此思路，Raudsepp-Hearne 等（2010）分析了加拿大魁北克地区生态系统服务的关系，结果表明供给服务与调节服务和文化服务存在着权衡关系，如农业生产会对土壤磷截留和水质保护服务造成影响。另一些研究者则基于生态系统服务驱动因素来分析不同生态系统服务之间的消长，Pretty（2008）研究发现某些农业生产活动可同时驱动多项生态系统服务，如水平衡、碳固定、水质提高等。随着人类活动对生态系统服务的选择性加强，生态学家试图从景观水平上找到一种多重生态系统服务协同共赢的管理策略，结果表明某些生态系统服务之间的协同或权衡与景观有密切的关系。Bennett 等（2009）提出三个假说：①在管理多重生态系统服务方面，综合社会、生态系统的手段要比单一的方法更有效；②不同生态系统服务对同一驱动因子的反应机制是管理多重生态系统服务的核心；③加强对生态系统关系的调控是增强生态系统弹性、强化多重服务提供、避免生态系统服务机制性灾难的有效方法。

4. 生态系统服务尺度特征

生态系统服务依赖于不同空间和时间尺度上的生态与地理系统过程，具有尺度效应。生态系统过程和服务功能只有在特定的时空尺度上才能充分表达其主导作用和效果，而同一生态系统服务的不同提供者能够在一系列时空尺度范围内表征。总体来说，大尺度、长期的现象约束着小尺度、短时间的现象，而后者的联合作用又可以驱动前者的发展（Limburg et al.，2002）。生态系统服务尺度特征研究包括：①生态系统过程和服务功能的特征尺度；②不同尺度上生态系统服务的转换与关联；③同一尺度下不同生态系统服务的相互关系；④扰动情形下生态系统服务及其脆弱性的多尺度特征（Petrosillo et al.，2010）及管理措施与生态系统服务的尺度匹配（Gabriel et al.，2010）。特定生态系统的管理都要与特定尺度下生态系统的特点相一致。全球性或地区性生态过程所提供的服务、物质、能量经常是跨区输送，仅强调某一个特定生态系统或特定尺度的评估难以反映生态系统在更高尺度上的要求。

5. 生态系统服务形成与驱动机制研究

驱动机制研究对于揭示生态系统服务变化原因和过程、预测未来趋势、制定应对策略等至关重要。目前对大多数生态系统服务驱动机制尚不十分清楚，对生态系统结构-过程与服务功能之间的定量关系研究仍处于起步阶段，导致为生态决策提供依据的生态学信息较少。狭义的驱动力研究一般指主导驱动因子的辨识，而广义的驱动力研究不仅包括驱动因子的辨识，还包括驱动机制的分析和驱动过程的模拟，以及生态系统服务的调控及情景预测。区域尺度上，土地利用变化是生态系统服务的重要驱动因素之一，其驱动作用主要通过三条途径实现：①改变生物生境和资源的时空分布，进而改变生态系统服务产生、传递和表达的时空格局；②通过改变植物特征（如功能多样性）影响生态系统服务；③通过改变生态系统过程影响生态系统服务功能，如过度放牧、农作物栽培和灌溉等农业开发导致景观连接性破坏，对水文过程及有机质与营养物质的再循环等产生影响，生态过程的破坏或中断影响了生态系统水分和养分的保持能力，从而导致生态系统的不断退化。

二、黄土高原生态环境问题及生态系统服务研究现状

（一）黄土高原生态环境问题

黄土高原位于我国黄河中上游地区，是我国水土流失最为严重的地区。水土流失导致土地退化，制约了当地的经济发展；大量泥沙进入黄河，在下游形成悬河。水土流失使地带性黑垆土荡然无存，裸露在地表的多为黄土母质上发育的幼年黄绵土，土壤严重退化，难以形成土壤养分富集层，生产力较低。黄土高原脆弱生态环境是与自然、社会、经济紧密联系的，是自然环境、人类生产及历史发展进程紧密联系和作用的结果。从土壤质地因子来看，黄土土质疏松，易受侵蚀下切形成峡谷。从水文因子来看，黄土高原地区水资源严重短缺、时空分布不均，降水变率大，干旱与洪涝频发；暴雨强度大，水土流失严重。从气候因子来看，黄土高原冬季干旱寒冷，夏季则较为湿润。黄土高原地表干燥疏松，锋面气旋活动频繁，沙尘暴时有发生。气候暖干化是黄土高原生态环境脆弱化的主要驱动因子。在过去的半个世纪里，黄土高原及其毗邻荒漠草原的气候呈现出暖干化趋势，作为东南季风与西北季风交锋的半湿润、半干旱地区，光、热、水、土、生物要素的特殊组合，

使黄土高原对环境变化极为敏感。人类对自然资源开发往往由于不合理利用和违反自然环境的内在规律，使生态环境逆向演替，导致脆弱生态环境的产生、恶化。长期以来过度的人类活动对当地的土地利用格局产生剧烈的影响。毁林开荒和广种薄收不仅未能使当地农民脱贫致富，反而更加破坏了植被，加剧了水土流失，导致土壤肥力下降，粮食生产能力降低。20 世纪 50 年代末至 60 年代初，在粮食供给不足的压力下强调以粮为纲，大量的天然草地被有计划开垦，对草地造成破坏，土地质量大大下降。70 年代后，草地作为畜牧业的承载主体，超载过牧导致草地大面积退化，草地生态功能下降，草地退化与荒漠化加剧（肖兴媛和任志远，2002）。

黄土高原生态环境问题一直是国家关注的焦点之一，先后实施了土地利用结构调整、防护林营造、退耕还林还草、小流域治理等生态工程。国务院于 1999 年提出了“退耕还林（草），封山绿化，个体承包，以粮代赈”的生态建设战略方针，通过多种补偿措施，改变不合理的土地利用方式，达到改善生态环境，实现农村富裕。退耕还林还草工程实施以来，黄土高原地区土地利用格局发生了显著的变化，植被覆盖得以恢复（图 12.1），水土流失得到扼制。黄土高原地区社会经济也得到了一定的发展，人均粮食产量、居民收入都有了大幅度的提高，人民生活水平得到改善。这一时期的大量专题性和综合性研究，为黄土高原地区生态环境恢复与重建提供了丰富的科学基础和依据。虽然黄土高原综合治理取得了一定的成就，但整体情况仍不容乐观，人口、经济社会发展的不平衡、利益驱动机制、管理效率低下等一系列问题仍制约着黄土高原社会经济可持续发展（肖兴媛和任志远，2002）。

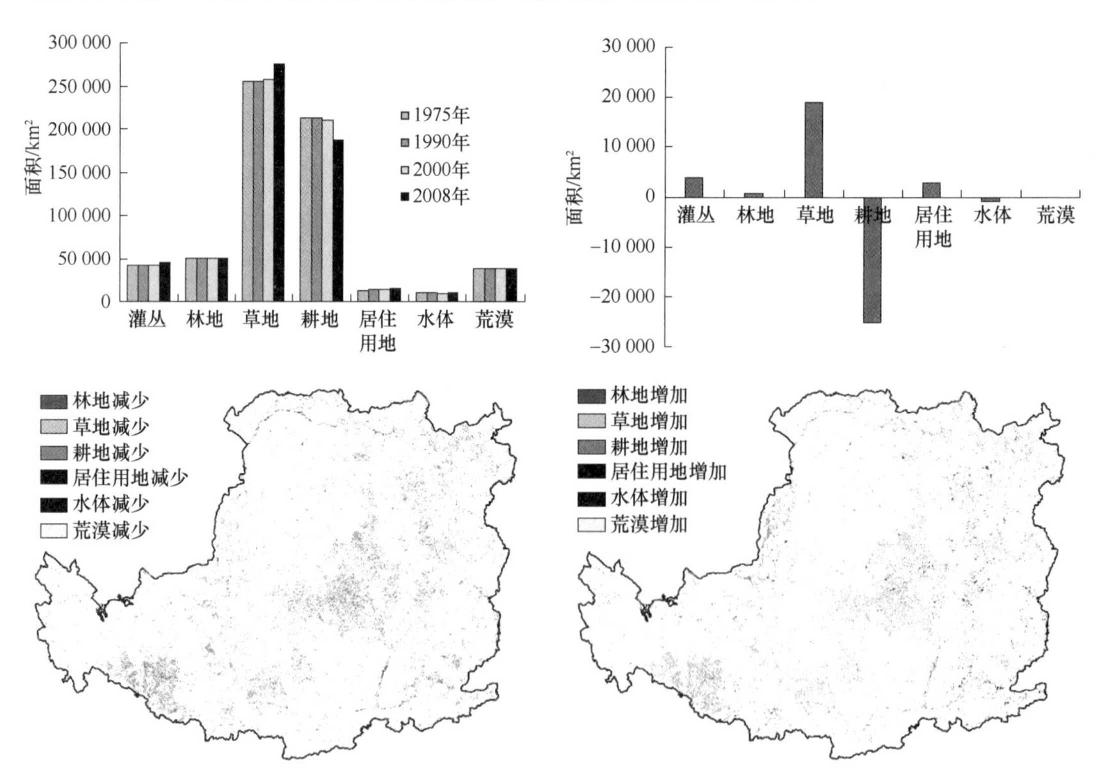

图 12.1　黄土高原过去 30 年来土地利用变化（Su and Fu，2013）

（二）黄土高原生态系统服务研究现状

早期黄土高原生态系统服务评估以经济价值为主，许多研究参照了 Costanza 等（1997）和谢高地等（2003）的生态系统服务当量进行经济价值评价。例如，张彩霞等（2008）以安塞纸坊沟流域 1938～2000 年土地利用变化为基础，计算了该流域不同时期的生态服务价值，并分析了导致流域生态系统服务变化的人类活动及政策原因。结果表明，在受人类干扰极少的 1938 年，流域生态系统服务价值最高；此后由于人口增长及生态保护意识淡薄，生态系统服务持续降低，在 1958 年降到最低点。1978 年后的流域综合治理，使生态系统服务有所增强，但仍低于 1938 年，表明退耕还林等生态工程仍有一定的提升空间。此外，研究人员还探讨了多种生态经济学方法在生态系统服务评估中的应用，如高旺盛和董孝斌（2003）综合采用市场价值法、替代工程法、影子价值法、机会成本法等对安塞不同生态类型农业生态系统的土壤保持、水源涵养、固碳释氧、营养物质维持等进行核算。刘秀丽等（2013）基于物质量与价值量相结合的方法，综合采用市场价值法、成本避免法、工业制氧法、替代工程法、重置成本法、旅行费用法等对黄土高原土石山区生态系统服务进行了研究，结果表明土地利用程度与供给服务和文化服务相关性较强，而与调节服务和支持服务的相关性较弱。随着研究的深入，特别是 GIS 技术的发展和多重生态系统服务模型的开发，基于机理的生态系统服务评价在黄土高原逐渐增加。Su 等（2012）基于模型、GIS 等手段对陕北延河流域退耕还林还草以来土壤保持、水源涵养、固碳释氧三项服务变化及其人文驱动进行了分析。在研究尺度上，随着 GIS 技术的发展和大尺度遥感信息的容易获取，以整个黄土高原为对象的生态系统服务研究也不断增多。Lü 等（2012）采用遥感、模型模拟、多元统计分析的方法定量评估了黄土高原 2000～2008 年退耕还林还草工程的生态效益和主要生态系统服务的变化，结果表明在林草地增加和农田减少的情况下，生态系统服务获得提升，固碳和土壤保持得以加强，而产水服务减少，后者与前者呈现一定的权衡关系；并提出了基于人与自然耦合系统动态反馈关系的适应性管理是区域生态恢复可持续性的关键。

生态系统服务作为联系生态系统与人类活动的纽带，是制定生态保护政策的基础。Fu 和 Gulinck（1994）基于通用土壤流失方程（Universal Soil Loss Equation，USLE）对黄土高原土壤侵蚀进行了研究，结果表明退耕还林工程带来的植被恢复，使黄土高原土壤侵蚀情况显著降低，占黄土高原面积 45.5%的 8°～35°的坡地是黄土高原主要的土壤流失源，占到了总土壤流失量的 82%。Su 等（2012）基于土壤保持、水源涵养、固碳释氧三项生态系统服务及人类活动对黄土高原延河流域丘陵沟壑区进行了分区，并针对分区提出生态系统管理政策建议。高旺盛等（2003）基于生态系统服务对黄土高原农户、流域、区域三个尺度提出生态系统恢复与重建的建议。王飞等（2013）研究表明，1985～2000 年森林面积增加和农地面积减少，总的生态系统服务价值增加了 5 亿元，并据此得出了国家每年支付农民生态补偿费 8175 万元。

生态系统服务权衡研究是黄土高原生态系统管理的关键，生态系统服务权衡有很强的尺度效应。Lü 等（2012）的研究表明，在黄土高原尺度上固碳、土壤保持与粮食生产呈现一定的协同作用，而 Su 等（2012）在黄土高原延河流域的研究则表明固碳释氧、土壤保持与粮食生产呈现权衡作用。目前对黄土高原生态系统服务驱动机制的研究还较少，对其尺度研究更是少之又少。早期的遥感影像难以获取，影像质量不高，与现有的模型精度不匹配等限制了黄土高原生态系统服务长时间尺度的研究。

三、黄土高原生态系统服务时空动态变化

（一）土壤保持

Su 和 Fu 采用生态系统服务和权衡评估模型（Integrated Valuation of Ecosystem Services and Trade-offs，InVEST）中 USLE 模块对黄土高原土壤保持服务进行评价，用泥沙输出量的变化来表征泥沙截持服务。黄土高原 1975 年、1990 年、2000 年和 2008 年四年泥沙输出都呈现西北低、东南高的空间格局（图 12.2）。从时间变化来看，泥沙输出量从 1975 年的 7.31t/hm^2 到 1990 年的 7.49t/hm^2，略有增加。1990 年后，泥沙输出明显降低，从 1990 年的 7.49t/hm^2

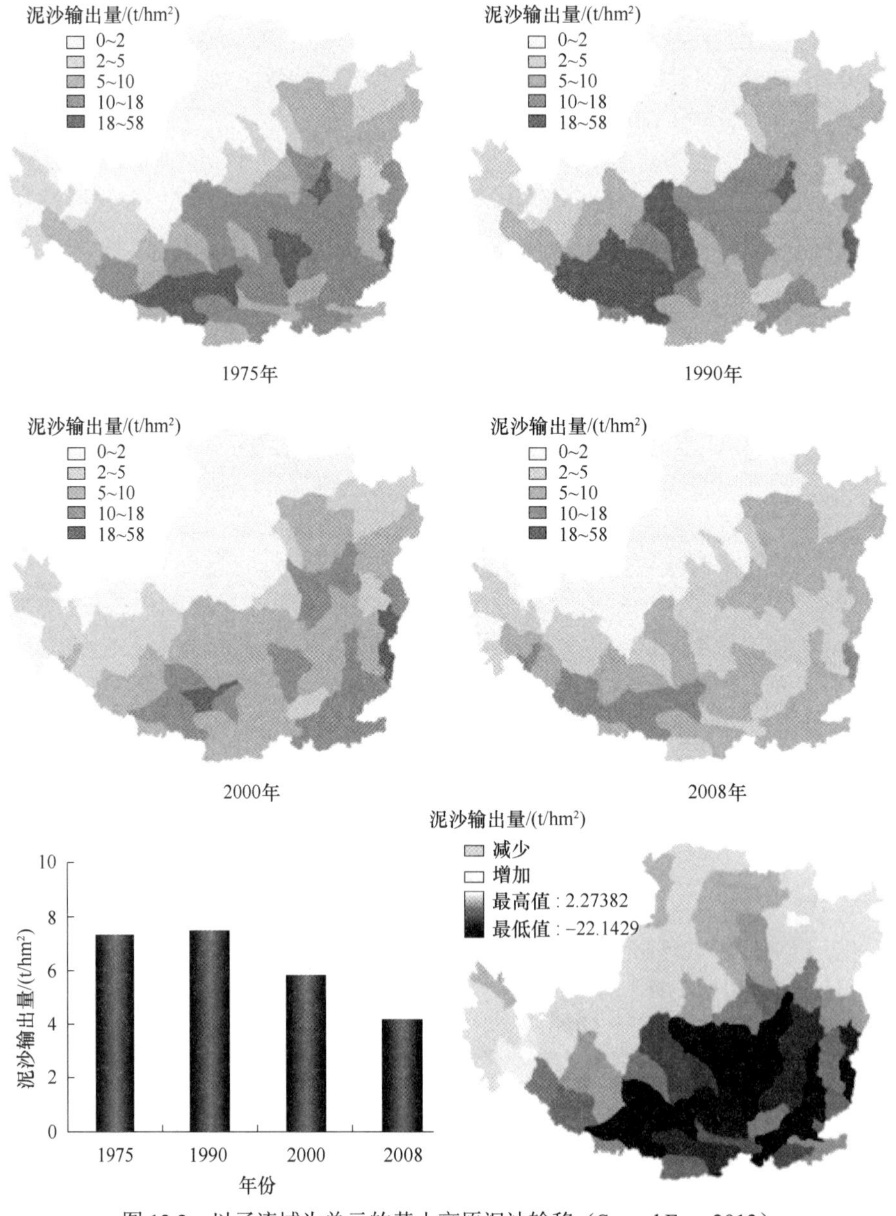

图 12.2 以子流域为单元的黄土高原泥沙输移（Su and Fu，2013）

降到 2000 年的 5.78t/hm²，又降至 2008 年的 4.16t/hm²。总体上看，1975～2008 年泥沙输出呈减少态势，表明泥沙截持服务得到加强。泥沙输出变化呈现出复杂的空间格局：占整个黄土高原 63.2%的南部区域表现出泥沙输出减少的态势；与此同时，在黄土高原东北和西北区域泥沙输出仍有加剧的现象。从空间现状及变化情况来看，泥沙输出具有一定的“空间均值化”的态势，即泥沙输出的空间差异有随时间消减的趋势。

（二）产水服务

产水服务用 InVEST 产水模块进行计算，其基本理念是水量平衡法，即产水量就是降水量减去蒸散发后的剩余部分。1975 年、1990 年、2000 年和 2008 年黄土高原产水量呈现出相似的西北低、东南高的空间格局（图 12.3）。平均产水量从 1975 年的 869.4t/hm² 降低到了 1990 年的

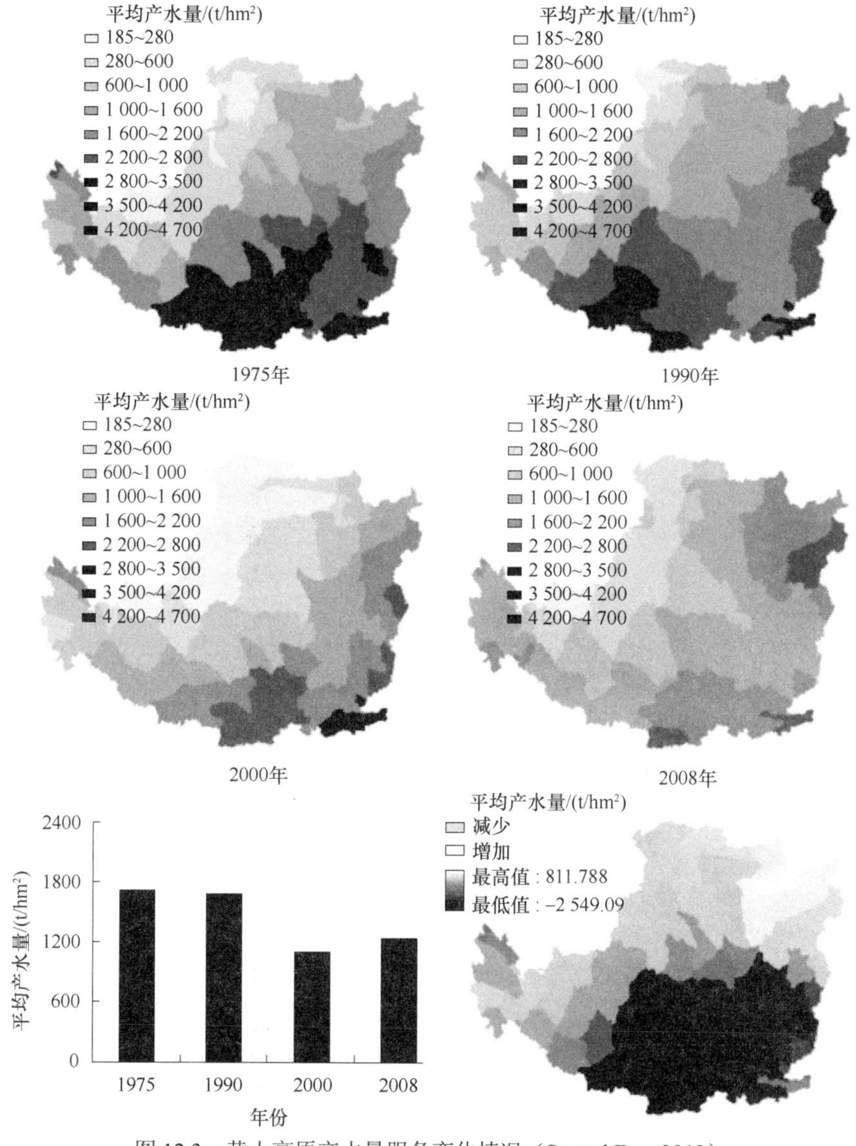

图 12.3　黄土高原产水量服务变化情况（Su and Fu，2013）

846.0t/hm^2，进而降到了 2000 年的 546.0t/hm^2，2008 年为 609.2t/hm^2。产水量增加的区域占 41%，主要分布在黄土高原北部；剩余 59%的区域产水量下降，主要分布在黄土高原南部。与泥沙截留类似，产水量的时空分布也呈现出空间差异性减少的趋势。

（三）NPP 生产服务

净初级生产力（net primary production，NPP）生产服务采用 CASA 模型进行计算，即植物固碳能力与植物的实际光能利用率密切相关，而后者受温度和水分等因子的胁迫。环境因子如气温、土壤水分状况及大气水汽压差等会通过影响植物的光合能力，进而影响植被的生物量。不同类型的植被及同一植被在不同的环境条件下，其光能利用率不同。涉及的影响因素包括温度、蒸散量、日照时数、植被指数、反照率等。黄土高原 1990 年、2000 年、2008 年 NPP 生产呈现出西北低、东南高的空间格局（图 12.4）。与 1990 年和 2000 年 NPP 剧烈变化相比，

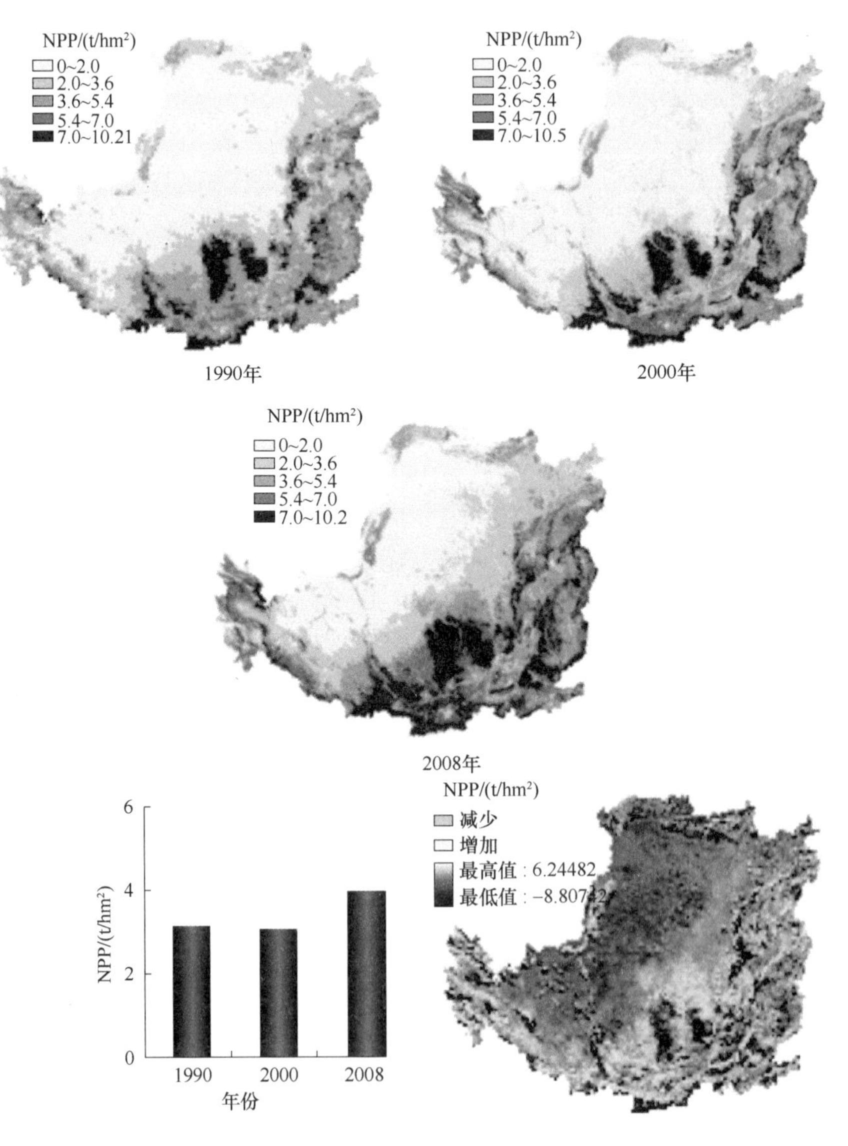

图 12.4 基于栅格的黄土高原 NPP 生产服务（Su and Fu，2013）

2008 年黄土高原 NPP 变化较缓和。1990 年和 2000 年 NPP 平均值保持基本恒定，为 7t/(hm^2·a)，2008 年增加至 8.72t/(hm^2·a)。1990～2008 年，黄土高原 76.7%的地区 NPP 增加，剩余的 23.3%地区零星分布着 NPP 减少的区域。

（四）不同生态系统服务之间关系

对泥沙输出、产水量、NPP 和时间进行相关性分析，结果表明泥沙输出量与产水量无论是各年现状值还是多年变化量都呈正相关（$P<0.05$ 或 $P<0.01$）。NPP 与泥沙输出量和产水量在各年现状值呈正相关，但 NPP 多年变化量与后二者则呈现负相关（$P<0.05$ 或 $P<0.01$）。

多年变化量可以有效地剔除各生态系统服务本底值的影响，能客观反映不同服务的相互关系。此外，泥沙输出量与泥沙截持量是相反的关系。综上所述，产水量与泥沙截持量呈现一定权衡的关系，NPP 与泥沙截持量呈现一定的协同关系，NPP 与产水服务也呈现一定的权衡关系（表 12.1）。

表 12.1　黄土高原不同生态系统服务的相关分析结果（Su and Fu，2013）

项目	时间/年	产水量				
		1975	1990	2000	2008	1975～2008
泥沙截持量	1975	0.735**	—	—	—	—
	1990	—	0.726**	—	—	—
	2000	—	—	0.659**	—	—
	2008	—	—	—	0.530**	—
	1975～2008	—	—	—	—	0.776**
项目	时间/年	NPP				
		1975	1990	2000	2008	1990～2008
泥沙截持量	1975	—	—	—	—	—
	1990	—	0.525**	—	—	—
	2000	—	—	0.552**	—	—
	2008	—	—	—	0.646**	—
	1990～2008	—	—	—	—	−0.422**
项目	时间/年	NPP				
		1975	1990	2000	2008	1990～2008
产水量	1975	—	—	—	—	—
	1990	—	0.742**	—	—	—
	2000	—	—	0.811**	—	—
	2008	—	—	—	0.668**	—
	1990～2008	—	—	—	—	−0.240*

** $P<0.01$。

* $P<0.05$。

（五）生态系统服务驱动因素分析

生态系统服务的产生、状态、变迁受到多重因素的驱动，如土地利用/覆盖，CO_2 浓度，生物群系的变化，气候变暖，氮沉降，大气、土壤、水体中的污染物和有毒物质的积累等。MA（2005）将生态系统服务驱动因素大体分为直接因子（自然因素）和间接因素（人文因素）。在大的时空尺度上，气候变化和土地利用变化是主要的物理因素和人文因素。

1. 降水和温度

降水和温度对泥沙截留、水文过程、NPP 生产有显著的影响。在全球气候变暖的大背景下，黄土高原也呈现出气候暖干化的趋势；过去 30 多年来，黄土高原气温每年升高 0.0514℃；而降水量则以每年 1.287mm 的速率降低（图 12.5）。皮尔逊相关性检验表明降水量降低与产水量降低和泥沙输出量减少有显著的关系（r^2 分别为 0.980^{**} 和 0.791）。类似研究也表明降水量是影响产水量和泥沙控制的关键因素（McFarlane et al.，2012；Fang et al.，2011）。温度升高与 NPP 增长呈显著正相关（$r^2=0.253^{*}$）；Peng 等（2009）认为温度升高促进养分分解，增强营养物的供给，促进光合代谢和固碳速率。对黄土高原的研究表明温度升高与产水量呈负相关（$r^2=-0.350^{**}$）。Tang 等（2012）采用 VIC（variable infiltration capacity）水文模型模拟河川径流随温度升高的变化，结果表明温度升高降低了年平均径流量。

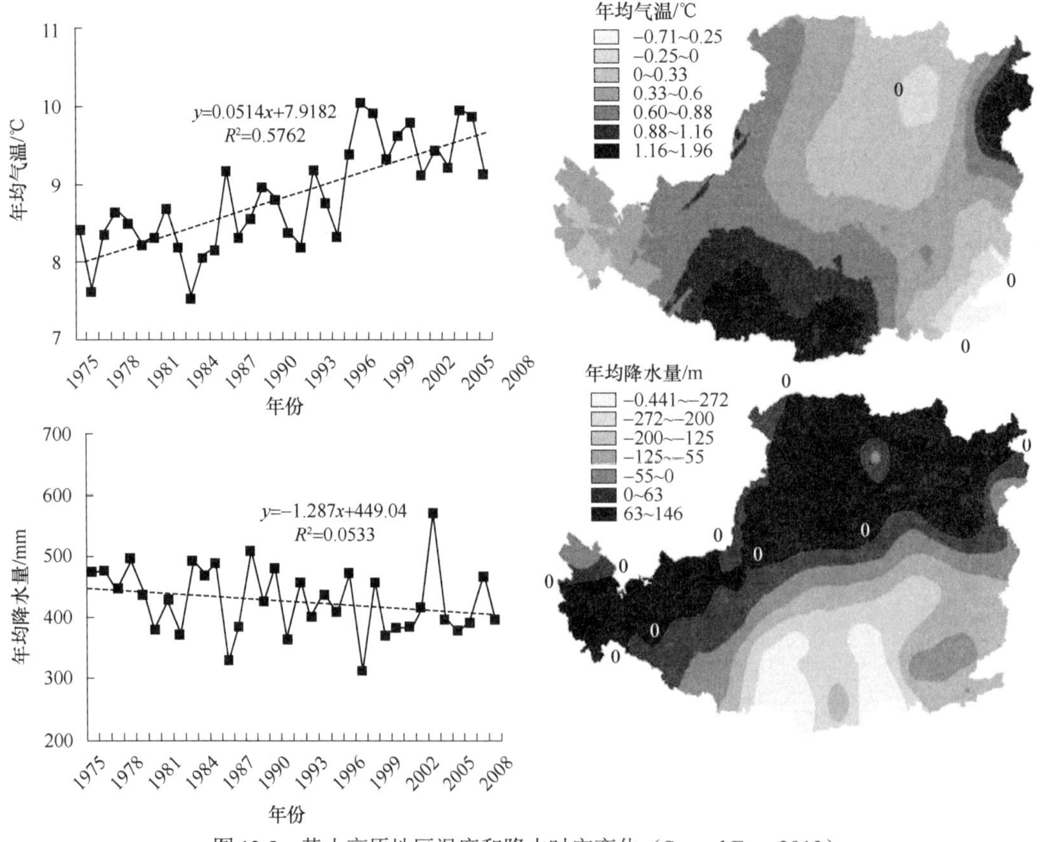

图 12.5 黄土高原地区温度和降水时空变化（Su and Fu，2013）

2. 土地利用/覆盖变化

土地利用是长期生态学研究中人类对地球系统改造的最直观体现（Vitousek et al.，1997）。20 世纪 70 年代以来我国实行了一系列的生态保护工程，如三北防护林工程、流域综合治理工程、退耕还林还草工程等，包括土地资源优化配置、坡改梯、坡耕地还林还草、封山禁牧、水库建设、基本农田建设等措施。黄土高原土地利用/覆盖发生了剧烈变化，1975～2008 年，林地和草地分别增加了 4695km^{2}和 19 027km^2，同时耕地减少了 25 221km^2。通过对土地利用/覆盖转移变化和生态系统服务变化相关分析表明，耕地向林草地的转换与泥沙截持和 NPP 生产在空间上具有显著的相关性（r^2分别为 0.313**和 0.488**）。类似研究也表明土地利用变化，尤其是农地向林草地的转变有效地增强了水土流失控制能力（Zheng，2006；Feng et al.，2010；Deng et al.，2012）。

第二节　黄土高原生态功能区划

一、生态功能区划的发展历程及内涵

生态功能区划指用生态学的理论和方法，根据生态环境特征、生态环境敏感性和生态服务功能在不同地域的差异和相似性，将区域空间划分为不同生态功能区的过程。生态功能区划对于确定区域生态系统特征和生态系统服务功能重要性、制定生态环境保护与建设规划、维护区域生态安全、促进社会经济可持续发展都有重要的理论指导意义。生态功能区划的作用主要表现在：①科学认识各生态功能区的生态环境特征、主要生态问题，明确各功能区生态环境保护、建设与管理的主要内容；②根据各生态功能区内当前人类活动的规律及生态环境的演变过程和恢复技术的发展，预测未来生态环境的演变趋势；③根据各生态功能区的生态资源和环境特点，对资源的开发利用和工农业生产布局进行合理规划，使资源得到充分利用，持续地发挥区域生态环境对人类社会发展的服务支持作用。

（一）生态功能分区的发展历程

早期的区划理论主要停留在对自然界表观的认识上，区划指标以气候、地形、地貌等为主。随着人们对自然界生态因素的深入研究，区划的理论也日臻全面科学，相继确立了一系列自然生态系统区划的指标体系，同时对生态区划原则、依据以及区划的指标、等级和方法进行了大量研究。在全球尺度上，Bailey（1996）提出了生态系统地理学（ecosystem geography）概念，从整体观点出发，对全球的陆地和海洋生态地域进行了划分，编制了陆地和海洋的生态区划图。Omemik（1987）构建了生态区划框架，包括：①全域分析和资源管理评价；②环境资源调查和评估；③资源管理目标确定；④湿地管理与划分；⑤水质生物评价标准等。Wiken（1982）提交了按生态地带（eozone）、生态省（ecoprovince）、生态地区（ecoregion 或 ecolandscape region）和生态区（ecodistrict）4 个等级划分的加拿大全国生态区划方案，并进行了修订和制图。

国内生态区划起步较晚，竺可桢于 1931 年发表了《中国气候区域论》，标志着我国现代自然区划工作的开始。20 世纪 40 年代黄秉维在《中国之植物区域（下）》中首次对中国的植被进行了区划，划分为 26 个区。1959 年中国科学院自然区划工作委员会出版了《中国综合自然区划》，涵盖了地貌、气候、水文、土壤、植被、动物和昆虫等。侯学煜和马溶之于 1956 年提出了中国植被土壤分区。刘慎谔于 1959 年提出了中国植被区划的原则（侯学煜，1960）。20 世纪 80 年代初，我国自然工作者开始在区划中引进生态系统观点，应用生态学原理和方法，陆续开展了区域性的生态区划工作，大致可分为四个阶段：①引进生态系统的观点，应用生态学的原理和方法，对生态区划的指标和原则进行分析，进行区域性的农业生态区划工作（傅伯杰，1985a；1985b）；②以国务院2000年发布的《全国生态环境保护纲要》为代表，提出在大江大河源头、重要水源涵养区、重点水土保持区等重要生态功能区，建立不同类型生态功能保护区，有效地保持区域内生态平衡（肖寒等，2001；史作民等，1996）；③2003年出台了《生态功能区划暂行规程》，在各省市开展生态功能区划编制与研究；④针对城市化进程快速发展，提出“生态红线”和“多规合一”等要求（李增加等，2015；杨玲，2016）。

（二）生态功能区划内涵

生态功能区划是根据区域生态系统格局、生态环境敏感性与生态系统服务功能空间分异规律，将区域划分成不同生态功能的地区。生态退化、环境资源破坏等问题成为经济发展的主要问题。环境问题的凸显其实就是人与自然关系的不协调和生态系统结构紊乱的表现。生态功能区划在充分考虑区域生态环境特征的前提下，明确生态系统在结构和功能方面的差异，以生态环境敏感性和生态服务功能重要性空间分异为依据进行分区（刘国华和傅伯杰，1998）。

生态功能区划考虑了人类活动及生态恢复能力、生态承载力、生态敏感性等问题，具有以下特点：①协同性。不同生态要素单元具有密切的关联性和次序性，通过不同生态要素单元的协作过程形成具有完整生态功能的系统。②单一性。生态系统内生态单元的空间分布和相互作用都是相对单一和客观的，针对不同特征、不同区域、不同构成过程的生态系统要区别分析与研究，避免分区中的重复。③科学性。考虑到不同生态要素间的相互作用所构成的区域空间特征，针对水资源承载力、土地承载力、环境资源承载力等关键要素进行评价。④层级性。生态系统的协同作用和功能的单一作用决定了生态功能区划过程中的层级性。需要充分考虑不同构成要素的特征和组合方式来确定发展模式和层级。⑤人类影响。在生态系统划分过程中，不同区域人口规模、构成、开发程度和对自然环境保护的认识程度不同，有必要考虑人类影响的差异。⑥产业结构。不同地区环境资源的差异性导致对自然环境的依赖程度不同。此外，不同的发展模式对于环境影响也不同，在进行生态系统区划中，要考虑产业发展的差异。

生态功能区划一般应遵循以下原则：①生态环境、社会经济平衡发展原则。依据生态学和生态经济学的基本原理，保持资源开发利用方式与生态环境保护方向一致。②发生学与主导性原则。综合分析区域生态环境要素相互作用与生态系统功能、结构、过程、格局的区域分异关系。③区域共轭性原则。生态功能区划中的任何一个生态功能区必须是组成、结构、功能完整的单元，不能存在彼此分离的部分。④相似性原则。根据区划指标的一致性和差异性进行分区，注意功能特征的相对一致性，不同等级的区划单位一致性标准。⑤可持续发展及前瞻性原则。结合区域社会经济发展方向，结合区域未来社会经济发展及生态系统服务功能的变化趋势进行生态区划。⑥方便管理原则。综合考虑生态系统功能可恢复性、有效管理一致性、生态问题与建设途径类似性，便于综合管理措施的实施。

二、生态功能区划的方法

生态功能区划步骤可分为：①明确区域生态系统类型的结构与过程及其空间分布特征；

②评价不同生态系统服务类型及其对区域社会经济发展的作用；③明确区域生态敏感性与生态高敏感区；④提出生态功能区划，明确重点生态功能区。生态功能区划包括以下几种方法。

（一）基本方法

基本方法是指对各类区划都通用的方法，即顺序划分法和合并法。顺序划分法又称“自上而下”的区划方法，即根据区域分异因素的大、中尺度差异，按照区域的相对一致性原则和区域共轭性原则，从划分高级区域单元开始，逐级向下进行划分。合并法又称“自下而上”的区划方法，即从划分最低等级区域单元开始，然后根据相对一致性原则和区域共轭性原则将它们依次合并为高级区域单元。在实际应用中，合并法是与类型制图法结合，以类型图为基础进行区划的。这种方法在部门自然区划中普遍应用，如地貌区划、土壤区划、植被区划等，都是以其类型图为基础的。例如，地貌区域是各种不同地貌类型的结合，土壤区域是一定的土类或土种的有规律结合。

（二）一般方法

一般方法，又称地理相关法，即运用专业地图、文献资料和统计资料，在对区域生态要素进行分析的基础上进行区划。要求将选定的各种资料、图件统一标注在具有坐标的底图上，进行相关性分析，按相关程度编制综合性的生态要素组合图，进行不同等级的区域划分与合并。首先将选定的资料、数据和图件的有关内容等标注或转绘在带有坐标网格的工作底图上，然后进行地理相关分析，按相关关系大小编制综合性的自然要素组合图，逐级进行自然区域划分。

（三）空间叠置法

以部门区划（气候区划、地貌区划、植被区划、土壤区划、农业林业区划、综合自然区划、生态地域区划、生态系统服务功能区划等）为基础，通过空间叠置，在充分分析比较各部门区划轮廓的基础上，以相重合的网格界线或它们之间的平均位置作为区域单位的界线。随着电子计算机和GIS的发展，基于GIS的空间叠置分析方法在区划工作中得到广泛的应用。

（四）主导标志法

通过综合分析选取反映地域分异主导因素的标志或指标作为划定区界的主要依据，在进行分区时按照统一的指标划分。每一级区域单位都存在自己的分异主导因素，但反映这一主导因素的往往是一组相互联系的标志和指标。当运用主要标志或指标（如某一气候指标等值线）划分区界时，还需要参考其他自然地理要素和指标（如其他气候指标、地貌、水文、土壤、植被等）进行订正。

（五）景观制图法

应用景观生态学原理编制景观类型图，按照景观类型的空间分布及其组合，在不同尺度上划分景观区域。不同的景观区域其生态要素的组合、生态过程及人类干扰各有差异，因而反映着不同的环境特征。例如，在土地分区中，景观既是一个类型，又是最小的分区单元，以景观图为基础，按一定的原则逐级合并，形成不同等级的土地区划单元。

（六）定量分析法

针对传统定性区划分析中存在的主观性和不确定性缺陷，一些数学分析的方法如聚类分析、主成分分析、相关分析、对应分析、逐步判别分析等已引入区划工作。此外，定性与定量相结合的专家集成方法正在成为主要区划方法。

三、黄土高原相关生态功能分区

黄土高原作为我国人口、资源、环境矛盾集中区，是世界水土流失最严重的地区，水土流失面积占全区面积的 81.8%。水土保持功能是黄土高原主要的生态系统服务功能，水土保持功能重要性评价针对区域典型生态系统，分析区域水土保持功能分异规律，对明确水土保持功能重要区域具有重要作用，是生态系统科学管理、确定生态保护重要区域、制定生态保护政策的重要依据。冯磊等（2012）根据生态服务价值理论，借鉴《生态功能区划暂行规程》、联合国千年生态系统评估和中国西部生态系统综合评估的方法，结合黄土高原自然条件、水土保持及社会经济条件建立黄土高原水土保持功能评价体系，基于 ArcGIS 软件，采用叠置法，进行黄土高原水土保持功能分区。

单因子分析结果表明，水源涵养功能极重要和中等重要区的面积为 27.37 万 km^2，占总面积的 47.7%，主要分布在吕梁山和陇中高原地区；土壤保持功能重要性大部分处于中等重要以上，面积为 37.25 万 km^2，占总面积的 65%；蓄水保水功能均处于比较重要以上，极重要区的面积为 16.93 万 km^2，占总面积的 30%，主要分布在黄土高原的中部，呈带状分布；防灾减灾功能重要性只分为中等重要和比较重要 2 级，中等重要区的面积为 26.87 万 km^2，占总面积的 46.9%，主要分布在毛乌素沙地、陇中高原和山西大同地区；防风固沙功能绝大部分处于中等重要以上，极重要区和中等重要区分布比较集中，主要分布在毛乌素沙地，面积为 20.90 万 km^2，占总面积的 36.4%；农田防护功能极重要区主要分布在汾渭平原、河套平原和银川平原，面积为 2.92 万 km^2，占总面积的 5.1%，中等重要区主要分布在大同、朔州、晋中、汾阳、临汾、固原、铜川等地，面积为 17.79 万 km^2，占总面积的 31%（图 12.6）。

利用 ArcGIS 空间叠置功能，将各单因子功能重要性评价图进行叠加，结合黄土高原自然环境特征和其他生态要素分区方案，采用集中连片和自下而上的方法归并，以市县行政单元完整性进行修正，确定黄土高原水土保持功能分区的基本界线，分为 9 个生态功能区（图 12.7），并针对分区结果，提出生态管理策略（表 12.2）。

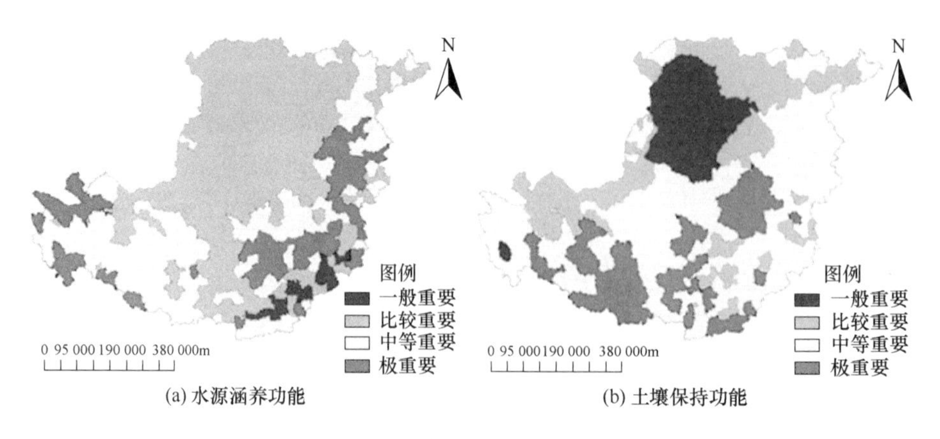

图 12.6 黄土高原各单因子水土保持功能重要性评价图（冯磊等，2012）

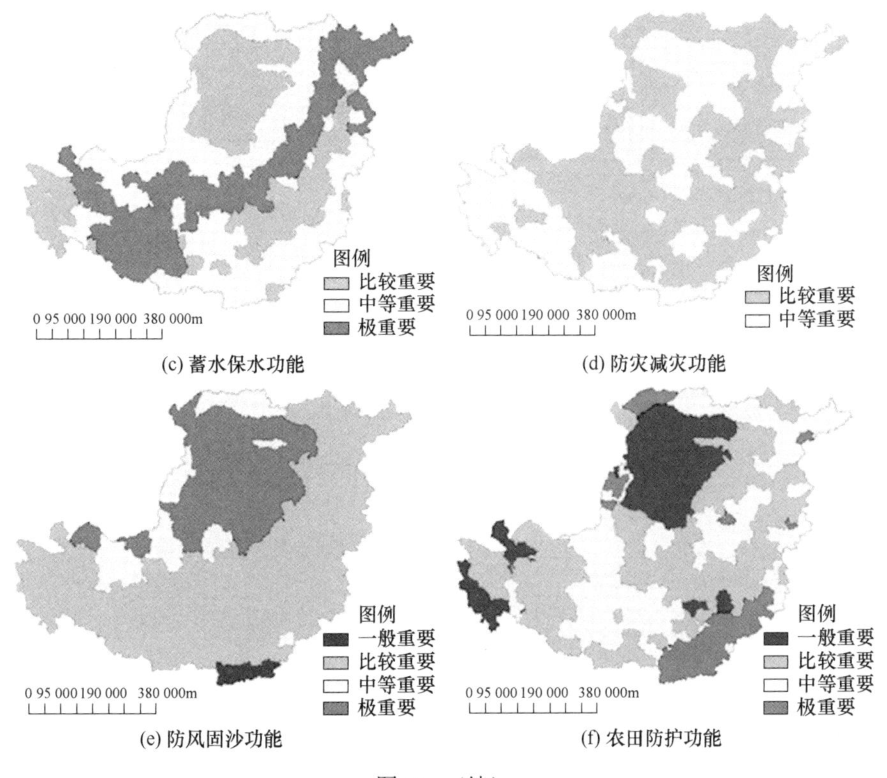

图 12.6（续）

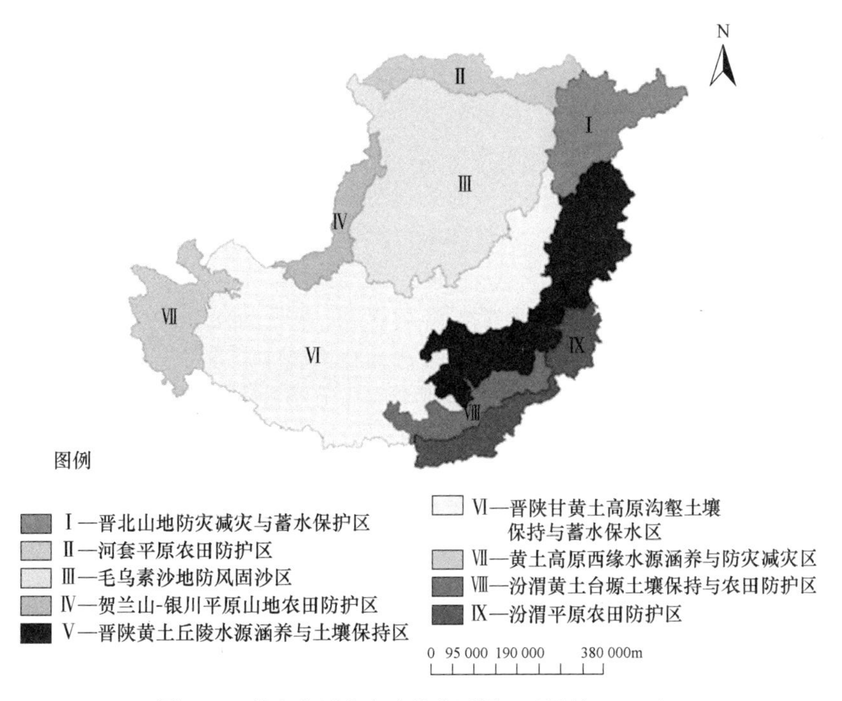

图 12.7　黄土高原生态功能分区图（冯磊等，2012）

表 12.2 黄土高原生态功能分区表及生态保护策略（冯磊等，2012）

区号	生态功能区	生态保护策略
Ⅰ	晋北山地防灾减灾与蓄水保水区	做好工矿区防灾减灾工作，加强地质灾害的预防，建立地质灾害防护体系，建立生态功能保护区，保护和恢复天然植被
Ⅱ	河套平原农田防护区	建设平原农区的防护林体系，注重排灌工程配套，防止土地盐碱化，合理调整农业经济结构，有效防治环境污染
Ⅲ	毛乌素沙地防风固沙区	建立防风林体系，加强流动沙丘固定，改变粗放的生产经营方式，减少人类活动的干扰
Ⅳ	贺兰山-银川平原山地农田防护区	加强农田防护林建设，改善耕作措施，改良土壤，完善现代农业产业体系，发展生态农业
Ⅴ	晋陕黄土丘陵水源涵养与土壤保持区	强化资源开采监管，加大环境治理，消除对黄河支流的污染，营造水土保持林
Ⅵ	晋陕甘黄土高原沟壑土壤保持与蓄水保水区	实施退耕还林还草，推行节水灌溉技术，调整农业结构，加大林业和饲料种植，减少人为开发，保护水资源
Ⅶ	黄土高原西缘水源涵养与防灾减灾区	加强天然林、湿地和高原野生动植物保护，实行退耕还林还草，强化生态移民，加强对矿产资源开采的监管
Ⅷ	汾渭黄土台塬土壤保持与农田防护区	营造水土保持林，控制开发强度，强化小流域治理，发展生态旅游
Ⅸ	汾渭平原农田防护区	营造农田防护林，做好农田灌排设施建设，稳粮增产，优化品种，提高单产

第三节　黄土高原区域生态安全

一、生态安全的内涵

（一）生态安全的理解

广义生态安全是指人的生活、健康、安乐、基本权利、生活保障来源、必要资源、社会秩序和人类适应环境变化的能力等不受威胁的状态，包括自然生态安全、经济生态安全和社会生态安全；而狭义的生态安全是指自然和半自然生态系统的安全，即生态系统完整性和健康的整体水平（肖笃宁等，2002）。李玉平和蔡运龙（2007）认为生态安全是一个相对的、动态的和综合的概念，生态安全是指一种资源环境状态，一方面要求生态环境自身处于良性循环之中，环境不出现恶化；另一方面，资源、环境状态要能满足社会经济发展需要。生态安全评价的核心是最大可能达到自然资源乃至整个生态系统的可持续利用，为实现可持续发展提供生态安全保障。

（二）生态安全的理论基础及特点

1. 生态安全与可持续发展理论

生态安全对社会经济发展，尤其是对经济发展具有一定的约束作用，但对发展又具有引导、调控和促进作用，科学合理的生态安全标准是引导、控制发展的依据，稳定的生态与环境对经济具有加速作用（王志琴，2003）。可持续发展能动地调控自然-经济-社会复合系统，使人类在不突破资源和环境承载力的条件下，促进经济发展，保持资源永续利用，提高生活质量。生态安全是可持续发展的基础，没有生态安全，系统就不可能实现可持续发展。

2. 生态安全与生态系统理论

生态系统健康是指生态系统稳定且持续发展，即生态系统随着时间进程有活力并且能维持其组织及自主性，在外界胁迫下容易恢复。生态系统构成人类社会系统的环境，支撑人类社会经济与生产可持续发展。生态与环境系统的服务功能反映了生态与环境系统与人类活动和社会需要的密切关系。生态系统安全的核心就是通过维护与保护生态与环境系统服务功能来保护人类需求，评价区域生态与环境系统安全就是要评价自然生态系统服务功能对人类需要的满足程度，或者说是为满足人类需求生态与环境系统服务功能的实现情况（左伟，2003）。生态安全的显性特征之一是生态系统服务功能的状态：当一个生态系统服务功能出现异常时，表明该系统的生态安全受到了威胁，处于生态不安全状态（郭中伟，2003；任志远，2003）。

3. 生态安全的特点

生态安全具有以下特点：①基础性。生态安全作为整个安全体系的载体，与经济安全、政治安全、军事安全密切联系，具有基础性的作用。②自然性和社会性。生态安全以自然条件和自然资源状态来表征，而生态破坏的实质是人的问题，表现为对人和社会利益的损害，最终由人类社会加以解决。③根本性和综合性。生态安全是最深层次的安全，是人类和其他生命存在的基础。同时，生态安全涵盖了全部自然要素——森林、海洋、草原和农田四大生命系统，是大气、水源和能源等资源安全性的综合。④相对性。生态安全由众多因素构成，其对人类生存和发展的满足程度各不相同，不同地区的生态安全系数也有差异。⑤区域性和层次差异性。区域生态系统在组分和功能上具有差异性，导致生态安全具有区域差异。生态系统可以大到全球，小到立地、生境，有一定层次性。⑥滞后性和不确定性。生态安全的不良后果往往一段时间后才表现出来，具有滞后性和不确定性。

二、黄土高原生态安全评价

黄土高原山丘区作为北方典型地貌类型区和国家重要能源基地，随着社会经济的高速发展、城镇化和工业化大力推进，正面临着水资源枯竭、水土流失、土地退化和土壤污染等生态环境问题。因此，评价黄土高原生态安全具有重要意义（荣联伟，2015）。目前对于生态安全评价方法主要有层次分析法、综合系数法、灰色关联度法、景观生态法、均方差法、模糊综合评价法、极差标准化法、主成分投影法等，多种方法单独或综合运用。建立完善的指标体系是进行生态安全评价的基础。指标体系的建立涉及众多学科，构建过程复杂。

近年来，科学家们设计了一些评价指标体系的概念框架，其中联合国经济合作与发展组织建立的压力-状态-响应（Pressure-State-Response，PSR）框架模型（图 12.8）得到广泛承认和应用。该框架模型具有：①综合性，同时面对人类活动和自然环境；②灵活

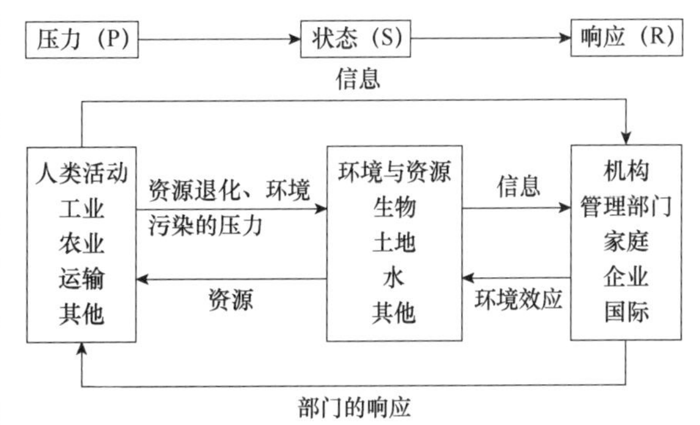

图 12.8　压力-状态-响应（PSR）框架模型

性，可以适用于大范围的环境现象；③因果关系，强调了经济运作及其对环境的影响之间的联系（左伟，2003）。

（一）黄土丘陵沟壑区生态安全案例分析

1. 生态安全评价指标体系

曾翠萍等（2010）以黄土丘陵沟壑区的庆阳市为例，基于PSR模型，采用层次分析法（AHP）和综合指数法对其生态安全进行评价。在PSR模型的基础上，综合考虑区域特点，构建了庆阳市生态安全评价指标体系，指标体系包括3个分系统，9个子系统，25个指标（表12.3）。在利用指标时，对参评因子进行标准化处理。

表12.3 庆阳市生态安全评价指标体系及权重（曾翠萍等，2010）

<table>
<tr><th rowspan="2">目标层</th><th colspan="2">项目层</th><th colspan="2">因素层</th><th colspan="2">指标层</th></tr>
<tr><th>内容</th><th>权重</th><th>内容</th><th>权重</th><th>内容</th><th>权重</th></tr>
<tr><td rowspan="25">生态安全评价（A）</td><td rowspan="11">系统压力（B1）</td><td rowspan="11">0.3333</td><td rowspan="2">人口压力（C1）</td><td rowspan="2">0.0238</td><td>人口密度（D1）</td><td>0.0119</td></tr>
<tr><td>人口自然增长率（D2）</td><td>0.0119</td></tr>
<tr><td rowspan="2">土地压力（C2）</td><td rowspan="2">0.0715</td><td>人均耕地（D3）</td><td>0.0536</td></tr>
<tr><td>区域开发指数（D4）</td><td>0.0179</td></tr>
<tr><td rowspan="4">污染压力（C3）</td><td rowspan="4">0.0716</td><td>化肥施用强度（D5）</td><td>0.0179</td></tr>
<tr><td>农膜施用强度（D6）</td><td>0.0179</td></tr>
<tr><td>SO_2排放强度（D7）</td><td>0.0179</td></tr>
<tr><td>NO_x排放强度（D8）</td><td>0.0179</td></tr>
<tr><td rowspan="3">水源压力（C4）</td><td rowspan="3">0.1664</td><td>人均水资源拥有量（D9）</td><td>0.0778</td></tr>
<tr><td>年均降雨量（D10）</td><td>0.0778</td></tr>
<tr><td>年均蒸发量（D11）</td><td>0.0108</td></tr>
<tr><td rowspan="9">系统状态（B2）</td><td rowspan="9">0.3334</td><td rowspan="4">资源状态（C5）</td><td rowspan="4">0.2000</td><td>森林覆盖率（D12）</td><td>0.0875</td></tr>
<tr><td>≥15°坡耕地面积指数（D13）</td><td>0.0375</td></tr>
<tr><td>土壤侵蚀强度指数（D14）</td><td>0.0625</td></tr>
<tr><td>建成区绿化覆盖率（D15）</td><td>0.0125</td></tr>
<tr><td rowspan="3">环境状态（C6）</td><td rowspan="3">0.0667</td><td>水质达标率（D16）</td><td>0.0424</td></tr>
<tr><td>空气质量综合指数（D17）</td><td>0.0182</td></tr>
<tr><td>环境噪声（D18）</td><td>0.0061</td></tr>
<tr><td rowspan="2">社会经济状态（C7）</td><td rowspan="2">0.0667</td><td>万人拥有高中以上文化（D19）</td><td>0.0167</td></tr>
<tr><td>经济发展水平（区位熵）（D20）</td><td>0.0500</td></tr>
<tr><td rowspan="5">系统响应（B3）</td><td rowspan="5">0.3333</td><td rowspan="2">自然响应（C8）</td><td rowspan="2">0.2500</td><td>自然灾害面积（D21）</td><td>0.0625</td></tr>
<tr><td>水土流失率（D22）</td><td>0.1875</td></tr>
<tr><td rowspan="3">社会经济响应（C9）</td><td rowspan="3">0.0833</td><td>人均GDP（D23）</td><td>0.0357</td></tr>
<tr><td>人民人均纯收入（D24）</td><td>0.0357</td></tr>
<tr><td>城镇化率（D25）</td><td>0.0119</td></tr>
</table>

2. 指标权重的确定

采用 AHP 来确定各指标的权重。此方法将决策者对复杂系统的决策思维过程模型化、数量化。运用此方法，决策者通过将复杂问题分解为若干层次和若干因素，各个因素之间进行简单的比较和计算，就可以得出不同因素的重要性程度。

3. 综合评价方法

采用区域生态安全程度（安全度）综合指数对研究区生态安全进行评价。综合指数法注重以下两个方面：一是考虑多个影响因子之间的协同效应；二是各因子对综合指数的贡献相等。

4. 黄土丘陵沟壑区生态安全结果

按照庆阳市生态安全评价的指标体系和综合评价模型，计算出各指标的权重，得出庆阳市各县生态安全综合指数、生态安全状态及生态安全度（表 12.4）。

表 12.4 庆阳市生态安全评价结果（曾翠萍等，2010）

地区	综合指数	状态	生态安全度
合水	0.66	良好	较安全
华池	0.57	一般	预警
宁县	0.42	一般	预警
正宁	0.4	一般	预警
西峰	0.4	一般	预警
镇原	0.34	较差	危险
庆城	0.3	较差	危险
环县	0.22	较差	危险

从整体上看，庆阳市的生态安全状态较差，各县生态安全度不平衡，其中合水县的生态安全状态为良好，华池、宁县、正宁和西峰的生态安全状态为一般，其余三县的生态安全状态为较差。针对各县不同生态安全状态，制定生态环境管理和建设政策，减少影响因素对不同区域生态安全的影响。

（二）黄土高原生态安全格局识别

生态安全格局（ecological security pattern）是指针对特定的生态环境问题，以生态效益、经济效益、社会效益最优为目标，依靠一定的技术手段，对区域内的各种自然和人文要素进行安排、设计、组合与布局，得到由点、线、面、网组成的多目标、多层次和多类别的空间配置方案（刘洋等，2010）。区域生态安全格局构建能够将生态系统管理对策落实到空间地域上，是解决生态脆弱区生态环境问题的重要途径（Reynolds，2007）。俞孔坚（1999）依据“基质-斑块-廊道”的理论，认为景观生态安全格局是由对控制或维护某种生态过程非常关键的局部、点和空间关系所构成的，通过建立针对生物或者景观要素扩张的阻力面，并根据扩张趋势来确定不同要素和不同等级的安全格局，从而有效地控制景观空间结构（Yu，1995）。

最小累积阻力（minimum cumulative resistance，MCR）模型，即最小费用距离模型，是建立生态安全格局的重要基础，根据此模型建立有效距离阻力面，然后根据阻力面来判别建立生态安全格局。最小累积阻力是指从“源”斑块到达最近目标斑块的过程中穿过不同阻力的景观时克服阻力所做的功或耗费的费用，是可达性（也称可接近性）的度量。综合考虑研究区源地、费用距离和景观基面特征3个因素，景观阻力根据最小累积阻力模型建立阻力面，计算公式为

$$MCR = f\ \min \sum_{i=n}^{i=m} (D_{ij} \times R_i) \tag{12.1}$$

式中，f 为未知的单调递增函数，反映空间中任一点的最小阻力与其所穿越的某景观基面 i 的空间距离和景观基面特征的正相关关系；D_{ij} 为空间某一点到源 j 所穿越的某景观基面 i 的空间距离；R_i 为景观 i 对某跨越运动的阻力值。其中，从所有源到该点阻力的最大值被用来衡量该点的易达性。

杜世勋和荣月静（2017）结合山西省生态环境现状，应用水源涵养、水土流失、生物多样性、防风固沙生态系统服务功能与水土流失、土地沙化生态敏感性评价划定生态保护红线的方法，利用最小累积阻力算法的思想，通过确定生态保护红线为“生态源地”，进而得出缓冲区、生态廊道、辐射通道和生态战略节点识别生态安全格局。

1. 生态源地与建设用地选取

源地的识别直接影响生态安全格局空间识别的结果。针对山西省主要动物（两栖、爬行与哺乳类）栖息地分布，源地主要是受人类干扰较少或不受干扰的较大成片自然景观斑块。选取山西省生态保护红线区作为源地，充分考虑到自然保护区、风景名胜区、湿地公园等现有边界与未划入相关生态保护区的大片林地和水体等生态敏感区域。城镇建设用地选取《全国生态环境十年变化（2000—2010年）调查评估报告》中山西省2010年土地利用类型数据中大于1km^{2}的居住地、工业用地、采矿用地、交通用地等。

2. 建立阻力面与缓冲区

不同地理条件和社会经济作用对生态源地扩张和城镇用地扩张具有不同的影响。参考山西省生态环境现状，依据不同目标选择与生态源地和城镇用地扩张过程相关程度高的影响因子创建阻力面。将各评价因子的原始数据进行标准化后对阻力进行赋值，依据各评价因子影响程度大小采用AHP确定其权重，最后利用ArcGIS对各评价因子进行加权求和计算，得到生态源地扩张过程和城镇用地扩张过程阻力面；运用ArcGIS的费用距离工具进行缓冲区分析，得到生态源地与城镇用地的累积阻力面。

3. 黄土高原生态安全格局

生态安全格局包括源地、缓冲区、生态廊道、辐射通道和关键生态战略节点等（徐德琳，2015）。基于最小累积阻力模型对山西省生态安全格局进行空间识别，依据分位法进行分级，得到高、中、低3种水平的生态安全格局缓冲区。缓冲区分布在各生态源地的外围，大部分是低山区林地和灌草地，其中高、中、低水平的生态安全格局面积分别为38 320.29km^2、40 204.60km^{2}和47 382.96km^2，分别占山西省土地面积的24.45%、25.66%和30.24%（表12.5）。

表 12.5　山西省生态安全格局分布面积与比例（杜世勋和荣月静，2017）

项目	高生态安全格局缓冲区	中生态安全格局缓冲区	低生态安全格局缓冲区	其他区域	合计
面积/km^2	38 320.29	40 204.60	47 382.96	30 792.15	156 700
比例/%	24.45	25.66	30.24	19.65	100

生态廊道作为生态源地间的低累积阻力区，是相邻两个源地最容易联系的低阻力生态通道。参考蔡青等（2012）提出的基于不确定理论的生态廊道识别方法确定生态廊道空间分布，设定生态廊道宽度为 800m，得到山西省生态保护区之间的生态廊道面积为 9790.26km^2。由于山西省南北长、东西短的形状特征，东部和西部的生态屏障需要与周边省市联合识别，在省市之间留出一定的生态保育带，确保区域生态安全。

辐射通道是源地生态流向外扩散的低阻力谷线，是除生态廊道以外的低阻力路线，也是物种运动的潜在路线，能够为生态廊道提供补充。综合使用坡向变率和水文分析方法提取最小累积阻力面的谷线区域，将其作为辐射通道区域，设定辐射通道宽度与生态廊道相同为 800m，得到山西省生态保护区之间的辐射通道面积为 12 143.67km^2（杜世勋和荣月静，2017）。

生态战略点包括生物迁徙的踏脚石、生物廊道交会处、生物廊道与城市道路的交叉点，在这些关键性节点上进行生态恢复，设立动物廊道。生态战略节点是源地间相互联系且具有重要意义的节点，对维持区域生态功能可持续发展具有关键意义，此次所提取的生态战略节点主要是生态廊道之间的交点、生态廊道与道路及最大累积阻力路径的交点。

推荐阅读文献

杜世勋，荣月静，2017. 山西省生态安全格局空间识别研究［J］. 水土保持研究，24（6）：147-153.

冯磊，王治国，孙保平，等，2012. 黄土高原水土保持功能的重要性评价与分区［J］. 水土保持科学，10（4）：16-21.

刘国华，傅伯杰，1998. 生态区划的原则及其特征［J］. 环境科学进展，6（6）：67-72.

SU CH, FU BJ, 2013. Evolution of ecosystem services in the Chinese Loess Plateau under climatic and land use changes [J]. Global and Planetary Change, 101: 119-128.

第十三章 黄土高原可持续发展

1987 年 4 月 27 日，世界环境与发展委员会发表了题为《我们共同的未来》的报告，正式提出了可持续发展（sustainable development）的战略，确定了可持续发展的概念和内涵。所谓“可持续发展”就是“既满足当代人的需要，又不对后代人满足其需要的能力构成危害”的发展战略思想。1992 年 6 月在巴西里约热内卢召开的联合国环境与发展大会（地球峰会），标志着可持续发展理论与实践进入新阶段。随着时间的推移和社会的发展，有关可持续发展的概念及其含义得到了广泛的延伸与拓展。可持续发展包含两个基本要素：满足需求和对需求的限制。如何做到既能保障满足需求，又能做到对需求的限制是可持续发展的关键所在。满足需求和对需求的限制体现在许多方面：①从整个社会看，既要达到发展经济的目的，又要保护好人类赖以生存的自然资源和自然环境，使子孙后代能够永续发展和安居乐业。②发展与保护是矛盾的两个方面，二者既相互联系、互相依存但又完全不同。可持续发展要求在严格进行保护环境、资源永续利用的前提下进行经济和社会的发展。因此，可持续的长久发展才是真正意义上的发展。③人类在向自然界索取、创造人类福祉的同时，不能以牺牲人类自身的生存环境，特别是不能以牺牲后代人的生存环境作为代价。④人类只有一个地球，必须全人类共同关心、爱护和一起解决人类共同面临的环境问题，才能做到可持续发展。

人口、资源、环境与发展问题是可持续发展所要解决的核心问题。可持续发展的核心思想是通过协调人口、资源、环境和发展之间的相互关系，在不损害子孙后代利益的前提下使社会经济不断发展、人们的福祉不断改善。保证世界上所有的国家、地区、个人及子孙后代都拥有平等的发展机会和条件是可持续发展的最终目的，其内涵主要概括为共同发展、协调发展、公平发展、高效发展和多维发展等方面（李龙熙，2005）。

为履行国际承诺，1994 年中国政府组织编制了《中国 21 世纪议程——中国 21 世纪人口、环境与发展白皮书》（1994 年国务院第 16 次常务会议讨论通过），从可持续发展总体战略与政策、社会可持续发展、经济可持续发展和资源的合理利用与环境保护等方面对中国 21 世纪的可持续发展进行了阐述，是中国政府第一部关于人口、环境可持续发展实施的指导性、纲领性文件。1996 年 3 月，在第八届全国人民代表大会第四次会议上，通过了《中华人民共和国国民经济和社会发展“九五”计划和 2010 年远景目标纲要》，提出了我国 21 世纪初可持续发展的总体目标：可持续发展能力不断增强，经济结构调整取得显著成效，人口总量得到有效控制，生态环境明显改善，资源利用率显著提高，促进人与自然的和谐，推动整个社会走上生产发展、生活富裕、生态良好的文明发展道路。2003 年，中国政府发布了《中国 21 世纪初可持续发展行动纲要》，提出了我国 21 世纪初可持续发展的目标、重点领域和保障措施。2015 年 9 月，在联合国可持续发展峰会上，通过了由 193 个会员国共同达成的成果文件《改变我们的世界——2030 年可持续发展议程》，提出了改变世界的 17 项可持续发展目标和 169 项具体目标，标志着人类社会第一次就发展的概念达成了共识。正如会上联合国秘书长潘基文指出的那样：“这 17 项可持续发展目标是人类的共同愿景，也是世界各国领导人与各国人民之间达成的社会契约。它们既是一份造福人类和地球的行动清单，也是谋求取得成功的一幅蓝图。”

党的十八届五中全会以来，可持续发展的理念更是深入人心，形成全社会的共识。从“绿水青山就是金山银山”的理念到“创新发展、协调发展、绿色发展、开放发展、共享发展”的实践，都贯彻了可持续发展的内涵。

几十年来，可持续发展的理念已经深入社会发展的各个层面。但由于不同研究领域的学术界和政策制定者对“可持续发展”内涵界定的侧重点不同，有关可持续发展的内涵也有所不同，但是其内涵的主旨并未改变。从人口、资源、环境的关系延伸出的社会可持续发展、经济可持续发展、环境可持续发展，逐渐衍生出区域可持续发展、资源可持续发展、能源可持续发展、农业可持续发展、林业可持续发展等内容。

作为中国第二大地形阶梯和特殊的自然地理单元，黄土高原自古有“中华民族的摇篮和古文化发祥地”之美誉，但是黄土高原特殊自然环境造就的生态环境问题一直没能彻底解决（中国科学院黄土高原综合科学考察队，1990）。尽管黄土高原具有我国乃至世界上少有的煤炭等能源资源，具有非常重要的战略地位，但依然是我国经济相对贫困的地区之一（惠泱河，2000；刘艳华等，2012）。改革开放 40 多年来，与其他地区一样，黄土高原经历了从早期的资源大开发，特别是煤炭资源的大开发，到 20 世纪 80 年代早期的“小流域治理”，以及 90 年代末期的“退耕还林还草”的治理和保护的生态工程。无论是早期的开发、后期的保护，还是现在的“易地搬迁脱贫”等政策，这些行动对黄土高原的生态环境已经或将产生较为深刻的影响。这些工程和政策的实施充分体现出我国社会经济发展，特别是黄土高原的经济发展从早期忽视可持续发展到越来越重视可持续发展的思想和理念的根本转变。

第一节　黄土高原可持续发展的资源条件

黄土高原南北跨越 4～5 个纬度、东西跨度 10～13 个经度（张宗祜，1981）。有关黄土高原的界线有许多不同的研究结果和观点（杨勤业等，1988；山西大学黄土高原地理研究所，1992），本章所论述的黄土高原范围以本书第一章内容为准，即太行山以西、日月山—贺兰山以东、秦岭以北、阴山以南，面积约 63 万 km^2。在黄土高原如此大的范围内势必呈现出自然环境的巨大变化，如降水量从东南界的秦岭、伏牛山北麓及太行山南端的约 650mm 到内蒙古河套地区的 150mm；同样，由东南至西北年平均气温从 14℃降为 4.5℃。随之产生的自然、生物、气候等条件也发生明显改变。因此，进行黄土高原可持续发展研究首先需要对不同区域的影响因素进行甄别，了解黄土高原不同区域的自然环境特点和制约因素，根据自身的特点因地制宜地制定出可持续发展的对策。

一、黄土高原自然环境分区及其特点

为客观、准确地反映一个区域的自然生态和环境状况，并且根据区域生态环境的特点提出对自然资源进行合理开发利用的策略和具体方案，使区域社会经济做到可持续发展，需要对区域进行区划研究。研究者根据自己研究领域侧重点、自然地带性和区域分异规律提出社会经济可持续发展的规划及合理利用、保护生态环境的科学建议或对策（高江波等，2010）。国家层面上的生态区划主要有傅伯杰等（2001）提出的中国生态区划方案，以大区、地区和

生态区的三级分类方法，将中国生态区划划分为东部湿润、半湿润生态大区（Ⅰ）、西部干旱、半干旱生态大区（Ⅱ）和青藏高原高寒生态大区（Ⅲ）。黄土高原分别属于第Ⅰ生态大区的暖温带湿润、半湿润落叶阔叶林生态地区（$Ⅰ_3$），第Ⅱ生态大区的半干旱草原生态地区（$Ⅱ_1$）及半干旱荒漠草原生态地区（$Ⅱ_2$）。黄土高原在第Ⅰ生态大区有3个生态区：华北山地落叶阔叶林生态区（$Ⅰ_{3(1)}$）、黄土高原水土流失敏感生态区（$Ⅰ_{3(6)}$）和汾渭河谷农业生态区（$Ⅰ_{3(7)}$）；在第Ⅱ生态大区内有4个生态区：半干旱草原生态地区（$Ⅱ_1$）内的内蒙古高原东南缘农牧交错带脆弱生态区（$Ⅱ_{1(3)}$）和半干旱荒漠草原生态地区（$Ⅱ_2$）内的河套平原灌溉农业生态区（$Ⅱ_{2(1)}$）、毛乌素沙地荒漠生态区（$Ⅱ_{2(2)}$）及鄂尔多斯高原荒漠草原生态区（$Ⅱ_{2(3)}$）。杨勤业和李双成（1999）则以大区、生态区和生态地区的三级分类对中国的生态区划进行过研究，黄土高原的分区结果与上述结果基本一致。这说明黄土高原自然生态环境的差异较大，有必要进行详细的分区研究。

有关黄土高原的自然区划、生态区划及生态经济区划的研究较多（唐芳明等，1987；蒋定生等，1994；景可，2006；李锐等，2008；徐勇等，2009；张甜等，2015）。各种区划基于研究目的、内容的差异，指标选取的类型、数量不同，以及所使用方法、研究区域范围的不同，划分的结果不尽完全一致。根据黄土高原的自然生态环境，张青峰和吴启发（2009）以县域为单元，把黄土高原划分为4个生态经济带：南部暖温带半湿润农林生态经济带（Ⅰ）、中部暖温带半湿润半干旱农林牧生态经济带（Ⅱ）、西北部温带半干旱农牧生态经济带（Ⅲ），北部温带干旱半干旱农牧生态经济带（Ⅳ）和18个生态经济区。景可（2006）将黄土高原划分为4个生态经济带：高原半湿润农林生态经济带、高原半湿润半干旱农林牧生态经济带、高原半干旱农牧生态经济带和高原干旱半干旱农牧生态经济带，并将4个经济带进一步分为42个生态经济区。

肖蓓等（2017）利用1961～2014年黄土高原73个气象站点的降水数据，对其时空变化进行了研究，将黄土高原从东南到西北分为半湿润区、半干旱区、干旱区和寒旱区4个气候区。

王费新和王兆印（2007）以植被-侵蚀动力学理论为基础，利用植被-侵蚀动力学参数并结合流域的自然特性参数，将黄土高原水土流失区从西北向东南划分为4个分区：长城沿线区（Ⅰ）、黄土丘陵沟壑东区（Ⅱ）、黄土丘陵沟壑西区（Ⅲ）和黄土高原沟壑区（Ⅳ）。

蒋定生等（1994）用21个环境因子，对黄土高原水土流失严重地区［长城以南、甘肃秦岭和渭北台垣以北、吕梁山以西、甘肃黄河以东区域，包括黄河流域100个水土保持重点县（旗）中的91个，面积约28万km^2（约占黄土高原面积的43.86%）］进行了开发模式分区，将该区域分为8个治理类型区：①长城沿线风沙滩地及丘陵区；②长城以南宁陇干旱半干旱丘陵区；③晋陕黄河峡谷丘陵区；④陕北、陇东、宁南丘陵沟壑区；⑤宁南陇中丘陵沟壑区；⑥晋陕黄河峡谷高原沟壑区；⑦渭北旱塬黄土高原沟壑区；⑧陇东黄土高原沟壑区。

李强（2012）利用气象因子，应用综合指数模型法将黄土高原从东南到西北划分为3个自然区：Ⅰ级自然区、Ⅱ级自然区和Ⅲ级自然区。宋富强等（2007）针对黄土高原的退耕还林（草）要求、区域自然生态条件及生态环境恢复的生境要求，选取气候、土壤、植被和水文4类28个指标，利用黄土高原不同生态类型区退耕还林（草）综合效益评价指标体系将黄土高原划分为4个一级区，10个亚区：①黄土丘陵沙地退耕还林区，包括陕北长城沿线风沙地退耕还林亚区和盐同香山丘陵沙地退耕还林亚区；②黄土高原丘陵沟壑退耕还林区，包括陕北晋西北黄土丘陵沟壑退耕还林亚区、陇中北部亚干旱退耕还林区和宁南西海固黄土高原退耕还林亚区；③黄土高原沟壑退耕还林区，包括渭北晋南黄土高原水土保持林亚区、陇东高原水土保持林亚区；④黄土高原河谷阶地林网建设区，包括关中平原农田林网建设亚区、银川平原农田林网建设亚区及汾河谷地农田林网建设亚区。舒若杰等（2006）用地理位置-气候-植被三段命名法，把黄土高原划分为7个一级生态区：①黄土高原南部半湿润气候森林类型区；②黄土高原中部半湿润气候森林-森林草原类型区；③黄土高原北部半干旱气候草原-森林草原类型区；④黄土高原西北部干旱气候荒漠类型草原区；⑤黄河上游山地垂直气候高原森林-草原类型区；⑥鄂尔多斯高原干旱气候荒漠草原-草原类型区；⑦河套平原干旱气候荒漠草原-绿洲类型区。

张甜等（2015）利用热量、水分、地形和植被覆盖4类指标，在对这些指标进一步分类的基础上，利用“温度带（Ⅰ：中温带、Ⅱ：暖温带、Ⅲ：高原温带）＋干湿地区（A：半湿润、B：半干旱、C：干旱）＋自然区”的命名原则，将黄土高原从西北至东南分为6个生态地理区（图13.1）：①中温带半干旱平原草原区（ⅠB1）；②中温带干旱荒漠及荒漠草原区（ⅠC1）；③暖温带半湿润落叶阔叶林耕作区（ⅡA1）；④暖温带半干旱平原草原耕作区（ⅡB2）；⑤暖温带半干旱坡面平原耕作区（ⅡB2）；⑥高原温带半干旱高山亚高山草甸区（ⅢB1）（张甜等，2015）。尽管分区的命名结果不同，这一划分方案与郑度（2008）的划分结果类似。根据不同学者的研究结果，我们将黄土高原的生态地理分区和生态经济分区的主要生态环境特征总结如下（表13.1和表13.2）。

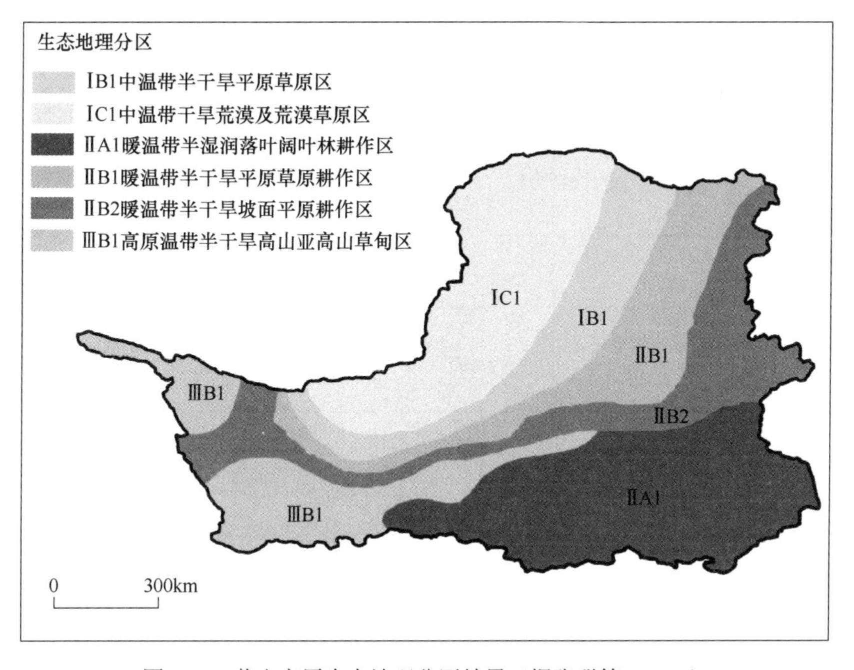

图13.1　黄土高原生态地理分区结果（据张甜等，2015）

表 13.1 黄土高原的生态地理和生物气候分区

分区类型	分区结果		气候指标				地带性土壤、植被	
	大区或带	亚区	年降水量/山地年降水量	干燥度	＞10℃积温/日数	1月均温/7月均温	土壤	植被
生物气候分区（据张厚华和黄占斌，2001）	暖温带湿润半湿润区（Ⅰ）	暖温带湿润半湿润森林区（ⅠA）	550～650/700～800			12/8.5	褐土	落叶阔叶林
		暖温带半湿润半干旱森林草原区（ⅠB）	450～550/600			10/7.5	黑垆土、灰褐土	草本为主、山地森林
	中温带干旱半干旱区（Ⅱ）	中温带半干旱典型草原区（ⅡA）	300～450/500～600			7.5/6	轻黑垆土、淡栗钙土	典型草原
		中温带干旱半干旱荒漠草原区（ⅡB）	200～300/400～500			7.5/5.5	棕钙土、灰钙土	草原荒漠植被
		中温带干旱草原化荒漠区（ⅡC）	＜200/～400			8.5/3.5	漠钙土	荒漠性旱生灌木
生态地理分区（据张甜等，2015）	中温带（Ⅰ）B半干旱C干旱	中温带半干旱平原草原区（ⅠB1）	325.68/	3.46	/179	−0.83/23.36	沙壤质普通黄绵土	平原草原、草甸
		中温带干旱荒漠及荒漠草原区（ⅠC1）	239.68/	5.09	/185	−0.86/23.84	普通灰钙土	荒漠草地
	暖温带（Ⅱ）A半湿润B半干旱	暖温带半湿润落叶阔叶林耕作区（ⅡA1）	546.82/	1.8	/209	−2.41/24.56	普通塿土、壤质黄绵土	落叶阔叶林及耕地
		暖温带半干旱平原草原耕作区（ⅡB1）	385.95/	2.78	/183	−8.52/23.36	壤质普通黄绵土	平原草原
		暖温带半干旱坡面平原耕作区（ⅡB2）	423.92/	2.32	/179	−7.36/21.86	壤质普通黄绵土	坡面草原
	高原温带（Ⅲ）	高原温带半干旱高山亚高山草甸区（ⅢB1）	459.61/	1.81	/146	−7.31/17.26	普通寒毡土	高山、亚高山草甸
生态分区（据舒若杰等，2006）	半湿润气候	黄土高原南部半湿润气候森林类型区（Ⅰ）	550～750/	1.3～1.5	3200～4800/		褐土、塿土	温带阔叶林
		黄土高原中部半湿润气候森林-森林草原类型区（Ⅱ）	450～600/	1.4～1.8	2500～3200/		重黑垆土、黄绵土	温带阔叶林、干草原
	半干旱气候	黄土高原北部半干旱气候草原、森林草原类型区（Ⅲ）	300～500/	1.8～2.2	2200～3300/		轻黑垆土、黄绵土、淡栗钙土	干草原
		黄土高原西北部干旱气候荒漠草原类型区（Ⅳ）	200～400/	2.0～3.5	2500～3500/		灰钙土、栗钙土	干草原、荒漠灌丛
		黄河上游山地垂直气候高原森林、草原类型区（Ⅴ）	250～630/	2.4～3.5	350～3070/		栗钙土、黑钙土、灰钙土、灰褐土	暗针叶林、高山草原草甸
	干旱气候	鄂尔多斯高原干旱气候荒漠草原-草原类型区（Ⅵ）	150～400/	＞3.5	2500～3500/		栗钙土、棕钙土	干草原、荒漠灌丛
		河套平原干旱气候荒漠草原-绿洲类型区（Ⅶ）	150～350/	＞3.5	2600～3500/		栗钙土、棕钙土	干草原、荒漠灌丛

表 13.2　黄土高原生态经济分区

分区结果	位置/气候区	生态经济带分区结果	分区数/个	分区因素			面积/万 km^2
				降水量/mm	年均干湿度	年均气温/℃	
张青峰和吴启发（2009）的分区结果	南部	南部暖温带半湿润农林生态经济带	6	439.20～599.66	1.22	10.40	14.52
	中部	中部暖温带半湿润半干旱农林牧生态经济带	5	431.46～533.49	1.58	8.25	18.38
	西北	西北部温带半干旱农牧生态经济带	3	349.67～395.73	2.87	7.73	16.25
	北部	北部温带干旱半干旱农牧生态经济带	4	165.58～393.13	4.57	6.97	14.39
景可（2006）的分区结果	半湿润（Ⅰ）	高原半湿润农林生态经济带（Ⅰ$_{1\sim10}$）	10	＞550	＜1.50	12.50	
	半湿润、半干旱（Ⅱ）	高原半湿润半干旱农林牧生态经济带（Ⅱ$_{1\sim12}$）	12	450～550	1.65	9.50	
	半干旱（Ⅲ）	高原半干旱农牧生态经济带（Ⅲ$_{1\sim11}$）	11	300～450	2.00	8.50	
	干旱、半干旱（Ⅳ）	高原干旱半干旱农牧生态经济带（Ⅳ$_{1\sim9}$）	9	＜300	＞2.20	9.50	

二、黄土高原区域生态环境与可持续发展

作为生态环境脆弱、自然灾害频发的区域，黄土高原的治理一直受到各级政府的重视。经过多年来的治理，黄土高原的生态环境得到了一定程度的改善，但黄土高原的生态环境还相当脆弱，经济发展仍然相对滞后。因此，可持续发展依然是黄土高原生态环境综合治理的主要任务。

可持续发展具有明显的区域性特点，即不同区域的可持续发展策略不同。黄土高原生态环境存在明显的地域差异，生态环境建设或社会经济发展模式应该根据区域环境资源特点，因地制宜探讨适合各自区域环境条件的发展模式。为了探讨不同区域的可持续发展策略，学者们从不同角度、用不同的指标体系对黄土高原的自然地理和生态经济进行了划分，根据不同自然区的生态环境特点提出了综合治理和经济社会发展的总体目标。在这些分区中，把自然生态环境与经济条件相结合的生态经济区主要有景可（2006）、张青峰和吴发启（2009）的划分结果。

景可（2006）将自然环境特点与社会经济学相结合、经济区划单元与地貌类型单元相结合，编制了黄土高原 1∶1 000 000 生态经济区划图，并给出了不同生态经济区的所辖县（市、区、旗）（表 13.3）。缺点是关于豫西、晋东南中山区丘陵农林牧综合（Ⅰ$_2$）和汾渭平原台地高技术农业区（Ⅰ$_3$）等的命名和划分不尽合理。分区结果具有较好的操作性，对黄土高原生态建设和农业经济区域发展战略布局和流域管理具有指导和借鉴意义。

表 13.3　黄土高原生态经济区划结果（景可，2006）

生态经济带	生态经济区	所辖县（市、区、旗）
高原半湿润农林生态经济带（Ⅰ）	秦岭亚高山水源及旅游休闲观光森林区（Ⅰ$_1$）	天水、宝鸡、周至、西安（鄠邑区）、蓝田、潼关、灵宝、陕州区等
	豫西、晋东南中山丘陵农林牧综合区（Ⅰ$_2$）	渑池、垣曲、济源、永济、运城、浮山、古县、霍州
	汾渭平原台地高技术农业区（Ⅰ$_3$）	西安、宝鸡、渭南、运城、侯马、临汾等
	吕梁中山水源保护林、牧区（Ⅰ$_4$）	交口、隰县、吉县、乡宁、洪洞等

续表

生态经济带	生态经济区	所辖县（市、区、旗）
高原半湿润农林生态经济带（Ⅰ）	黄河两岸黄土塬墚农林牧区（$Ⅰ_5$）	石楼、隰县、吉县、宜川、延安等
	子午岭、黄龙中山水源水保林、牧区（$Ⅰ_6$）	黄龙、甘泉、宜君、富县、黄陵、合水、正宁等
	董志、洛川黄土塬农果区（$Ⅰ_7Ⅰ_8$）	洛川、富县、黄陵、宜君、西峰、合水、泾川、灵台、长武等
	渭北低山墚塬农果区（$Ⅰ_9$）	铜川、耀州区、淳化、永寿、麟游等
	天水、张家川黄土墚峁丘陵农牧林果区（$Ⅰ_{10}$）	张家川、清水、天水、秦安等
高原半湿润半干旱农林牧生态经济带（Ⅱ）	西秦岭亚高山水源林、牧区（$Ⅱ_1$）	甘谷、武山、漳县、渭源
	西秦岭山前黄土山地林、牧区（$Ⅱ_2$）	甘谷、武山、陇西、渭源、临洮、下河、和政等
	临洮、通渭黄土缓墚宽谷农牧区（$Ⅱ_3$）	临夏、东乡、和政、临洮、陇西、甘谷、通渭、静宁、庄浪等
	六盘山亚高山水源林、牧区（$Ⅱ_4$）	隆德、泾源、平凉、固原
	平凉、镇原黄土墚塬农牧区（$Ⅱ_5$）	平凉、镇原、彭阳、庆阳、环县等
	志丹、安塞黄土长墚农牧区（$Ⅱ_6$）	华池、吴旗、志丹、靖边、延安等
	绥德、米脂黄土峁墚农牧区（$Ⅱ_7$）	绥德、米脂、子洲、吴堡、子长等
	晋陕黄土墚峁特色林果农牧区（$Ⅱ_8$）	柳林、中阳、离石、临县、佳县、兴县、保德、河曲、府谷等
	芦芽、云中亚高山水源林、牧区（$Ⅱ_9$）	中阳、离石、方山、娄烦、岢岚、五寨、神池等
	静乐、岚县土石丘陵农牧区（$Ⅱ_{10}$）	岚县、静乐、娄烦
	汾河平原台地高技术农业区（$Ⅱ_{11}$）	孝义、汾阳、介休、平遥、交城、清徐、榆次、阳曲等
	太岳中山林牧区（$Ⅱ_{12}$）	平遥、祁县、太谷、榆次、寿阳等
高原半干旱农牧生态经济带（Ⅲ）	拉脊亚高山林、牧区（$Ⅲ_1$）	临洮、循化、民和等
	永靖、榆中中山、土石丘陵农牧、特色林果区（$Ⅲ_2$）	民和、循化、临夏、东乡、永靖、兰州、榆中等
	陇中黄土墚塬宽谷农牧区（$Ⅲ_3$）	定西、会宁、静宁、西吉等
	海原、环县墚塬农牧区（$Ⅲ_4$）	海原、西吉、固原、同心、环县等
	靖边、横山黄土涧地牧业区（$Ⅲ_5$）	靖边、横山、定边、吴旗等
	神木、横山黄土墚峁丘陵农牧区（$Ⅲ_6$）	榆林、横山、神木等
	榆林、定边沙盖高平原以牧为主农牧区（$Ⅲ_7$）	定边、榆林、神木、横山
	晋陕蒙土石丘陵工矿型农牧区（$Ⅲ_8$）	神木、东胜、府谷、伊金霍洛、准格尔、清水河、和林格尔等
	右玉、和林格尔以牧为主的农牧区（$Ⅲ_9$）	偏关、右玉
	河套平原、台地特色农业区（$Ⅲ_{10}$）	呼和浩特、达拉特、托克托、土默特等
	阴山亚高山林牧区（$Ⅲ_{11}$）	呼和浩特、达拉特等
高原干旱半干旱农牧生态（经济带Ⅵ）	大坂山高山水源林、牧区（Ⅵ1）	民和、乐都、湟中、湟源、大通、永登等
	青东河谷、黄土墚状丘陵农牧区（Ⅵ2）	民和、乐都、湟中、湟源、西宁、大通、民和、平安、互助、永登等
	景泰、靖远中山丘陵台地灌溉农牧区（Ⅵ3）	景泰、靖远、中卫等
	同心高原平原灌溉农牧区（Ⅵ4）	同心、海原、中卫、中宁等
	黄河套平原、台地特色农业区（Ⅵ5）	中卫、中宁、青铜峡、吴忠、灵武、银川、石嘴山、临河、五原、磴口等

续表

生态经济带	生态经济区	所辖县（市、区、旗）
高原干旱半干旱农牧生态（经济带VI）	贺兰山高山林牧保护区（VI6）	青铜峡、银川、平罗、石嘴山等
	乌兰布和沙漠观光旅游区（VI7）	磴口、乌海等
	鄂尔多斯高平原牧业区（VI8）	盐海、定边、鄂托乌、乌审、榆林、抗锦
	阴山西段中山林牧区（VI9）	临河、抗锦后旗、五原、乌拉特前旗等

尽管不同学者对黄土高原自然环境或生态经济分区的结果不完全相同，但这些方法均考虑了不同区域农业发展的制约因素，通过科学分区提出了不同区域的生态环境治理方案。从20世纪50年代开始，黄土高原实施了一系列的水土保持工程、生态建设项目，如“七五”期间的黄土高原综合治理项目、“八五”期间的黄土高原中、低产田改造项目以及之后实施的天然林保护工程、退耕还林还草工程等，对黄土高原的生态建设起到了积极作用。

第二节 黄土高原农业可持续发展

可持续农业是通过管理、保护和持续利用农业自然资源，通过调整农作制度和应用先进技术，使之成为既能满足当代人类对农产品的质量和数量需求，又能不损坏后代利益的农业（周健民，2013）。农业可持续发展的内涵是农业资源的可持续利用、农业经济效益的持续提高和农业生态效益的不断提高。可持续发展的目的是能维护和合理利用土地、水和动植物资源，而又不会造成环境退化，同时在技术上可行、经济上有活力，能够被社会广泛接受。也有学者认为，可持续农业是一种不造成环境退化，技术上适当，经济上可行，社会上能接受的农业，其发展既能满足当代人的需求，又不对满足后代人需求的能力构成危害。简单地说，可持续农业强调生产持续性、经济持续性与生态持续性三者的统一（刘巽浩，1995）。黄土高原农业可持续发展是黄土高原社会经济可持续发展的基础，没有农业的可持续发展就谈不上其他行业或部门的可持续发展。

一、农业可持续发展的资源条件及制约因素

黄土高原从东南至西北气候呈现湿润、半湿润、半干旱、干旱的变化，这种变化趋势决定了影响其农业持续发展的自然和生态环境条件的梯度变化和多样性，如光热、水资源、植被及土壤资源从东南向西北明显的梯度变化。

（一）光热资源

黄土高原的光热资源非常丰富，从东南向西北由暖温带、中温带向温带区过渡。黄土高原太阳辐射总量为 50×10^8～63×10^8J/（$m^2\cdot a$）。日照时数 2000～3100h/a，日照百分率50%～70%，北部多于南部。≥10℃的积温为2500～4500℃/a。整体来看，除西部个别地区热量相对不足外，黄土高原热量非常丰富，利于植物生长，是黄土高原的农业可持续发展的有利因素。

（二）土地资源

受地形影响导致的土地资源开发利用难度增加，极大地影响了黄土高原农业的可持续发展。黄土高原土地资源丰富，人均土地资源较多，但土地类型丰富多样，开发利用方式多样。受地貌类型的影响，如塬、墚、峁、沟、涧、坪等，土地类型有山地丘陵、河谷平原、黄土台地、风沙草地等。黄土丘陵约占全区总土地面积的40%，主要分布在甘、陕、晋三省，分别占黄土丘陵的32.8%、32.6%和17.1%（合计82.5%），其中3°～7°的平坡地占丘陵面积的16.2%，7°～15°的缓坡地占27.3%，15°～25°的斜坡地占33%，＞25°的陡坡地占23.5%。

黄土高原土地资源大体可以分三类：①黄土丘陵（坡度＞3°）；②平地（坡度＜3°）；③土石山丘地，共计0.24亿hm^2。黄土高原平地面积约0.187亿hm^2，占总土地面积的30%，其中川平地占58.7%，高平地占41.3%。川平地的土壤水土条件和灌溉条件较好，在内蒙古河套平原和宁夏平原尚有较大面积连片盐渍化土地，多具灌溉条件，只需要解决好灌溉问题，均可变为农田。高平地干旱严重，其中塬地、台地及顶部平地因沟壑蚕食作用面积日趋缩小，亟待保护。土石山地面积约0.134亿hm^2，占总土地面积的22.3%，其中坡度＞15°的土石山地面积占总土地面积的16.6%。土石山地主要分在山西省5大盆地的东西两山地区，占全省面积的52.5%；其次分布在青海省，占全省面积的18.1%；其余零星分布。土石山地主要为林业用地。

（三）水资源

黄土高原降水量少和时空分布不均是导致水资源不足和利用困难的主要因素。受地理位置及地形的影响，黄土高原的降水量表现为东南大于西北，山区大于平原。多年平均降水量从东南部局部的750mm逐渐减少到西北部的175mm。400mm降水量等值线把黄土高原划分为干旱、湿润两大部分。根据降水量大小，黄土高原可分为湿润区、半湿润区、半干旱区和干旱区4个气候区（中国科学院黄土高原综合科学考察队，1990）。湿润区主要位于黄土高原南部地区及山地区，如六盘山、五台山等地，年降水量大于800mm，这些地区大部分为亚高山；向北，年降水量以600～800mm为界，是半湿润区，约占黄土高原土地总面积的60%，包括豫西北、晋东南等地，水资源条件相对较好，具有旱作农业条件，在地形条件有利的地区适宜发展灌溉农业，是黄土高原的粮仓地区。向西北，年降水量400～600mm，包括晋西、晋西北、陕北大部、陇东等地，大部分为黄土丘陵沟壑区，约占黄土高原土地总面积的30%，区内是黄土高原水土流失最严重的地区，农业以糜谷杂粮为主。在地形条件较好的区域可适当发展灌溉。半干旱区年降水量为200～400mm，即东胜、靖边、洪德、海源、兰州一线以北地区，是黄土高原的主要牧区。黄土高原的最西北地区也是最干旱地区，除部分灌区以外，如河套灌区，不适宜发展农业生产。

（四）水土流失

水土流失仍然是制约黄土高原农业生产可持续发展的主要因素。受降水、土壤、植被及地形等自然条件和人为活动因素的影响，黄土高原成为世界上水土流失较为严重的地区之一。黄土高原水土流失面积为34万～43万km^2，占土地总面积的54%～64%（张天曾，1993；李锐等，2008），侵蚀模数大于5000t/（$km^2 \cdot a$）的严重水土流失面积为14.5万～28万km^2（中国科学院，1999；蒋定生等，1994）。黄土高原农业可持续发展的基础是从根本上解决或基本解决水土流失问题。自20世纪50年代开始，国家及各级地方政府一直关注水土流失治理，建立了许多科学研究机构，在国家、省、市层面上对黄土高原进行过许多科学考察及科学研究。特别是“七五”期间国家把“黄土高原综合治理”列为重点攻关科技项目，取得了丰硕的科研成果。黄土高原的水土流失治理，从20世纪80年代早期的小流域治理、荒山荒沟承包责任制及2000年前后的“退耕还林还草”等措施，使黄土高原的林草覆被得到明显改善（孙智慧等，2010；Zhou et al.，2012），对黄土高原的生态环境改善起到了至关重要的作用。

尽管如此，黄土高原水土流失的窘迫局面一直没有得到根本扭转。虽然彻底解决黄土高原的水土流失问题，使黄河达到“黄河水清”的目标非常困难，但如何做到因势利导，使黄土高原水土流失减少到最低程度，最大限度地为农业生产及社会经济发展提供良好的生态环境，真正做到“绿水青山”，仍然任重道远。

二、农业可持续发展的对策

（一）水土流失治理是黄土高原农业可持续发展的长期策略

水土流失一直是黄土高原农业可持续发展的最大制约因素（白志礼，2001）。水土流失治理一定要坚持根据自然环境分区的原则，从生态环境条件、资源环境和水土流失现状进行分区治理。蒋定生等（1994）将黄土高原严重水土流失区（面积28.0734万km^2）分为8个不同的治理区域。

（1）长城沿线风沙滩地及丘陵区。本区可分为三种地貌类型：毛乌素沙漠的流动沙丘或半沙丘地貌、中部的风沙滩地和南部丘陵。土壤侵蚀以风力侵蚀为主，水土流失的治理重点应该以大力营造沙柳、柠条锦鸡儿、沙蒿、斜茎黄耆等耐旱的灌草植被为主。水土流失治理的主要任务是防风固沙。在条件较好、具有水资源的河谷区域适度发展生态牧业。

（2）长城以南宁陇干旱半干旱丘陵区。本区地貌以黄土丘陵为主，风蚀、水蚀均较强烈。长期干旱缺水是制约农业发展的主要问题。在风沙滩地，水土流失的治理应以治沙为主，通过大力种植沙柳、沙蒿、沙米和斜茎黄耆等防治滩地沙漠化。丘陵区要充分利用有限的降水资源，通过雨水蓄积发展旱作农业和庭院经济；同时，加强基本农田建设，通过修建反坡梯田，发展径流农业。在有条件的地方适度、合理开发利用地下水，发展节水型灌溉，通过滴灌和喷灌发展庭院经济等。

（3）晋陕黄河峡谷丘陵区。本区包括皇甫川、无定河、三川河、昕水河等黄河一级支流，是黄土高原水土流失极为严重的地区，土壤侵蚀模数2500～24 700t/($km^2·a$)，是黄土高原水土流失国家重点治理区，也是典型的农业低产区和经济贫困区。本区水土流失的治理历史悠久，取得了许多水土保持的成功经验。水土流失的治理应该坚持“治沟治坡结合、工程生物措施结合”的治理方针。在农业水资源利用上，以雨养农业为主，通过分级梯田建设和雨水“就地拦蓄、就地利用”，发展庭院经济、集约农业、设施农业和建设商品性蔬、果、枣等基地。

（4）陕北、陇东、宁南丘陵沟壑区。本区为土壤侵蚀较严重区域，土地资源丰富，地貌类型以丘陵沟壑为主。应结合光温、水肥等资源进行水土流失的综合治理与开发利用，并通过不同水土保持措施的配置，以小流域为单元进行综合治理。

（5）宁南陇中丘陵沟壑区。本区地貌类型以丘陵沟壑为主，降水量差异较大，植被覆盖率较低，水土流失较为严重，农业以种植业为主。水土流失治理模式为：山顶林草戴帽、坡上梯田缠腰、沟底打坝穿靴。本区天然降水量不足，水源条件好的地方应以乔木为主，坡顶、坡面应以灌木为主，同时通过修建旱井积雨、反坡梯田拦水提高水资源利用率。

（6）晋陕黄河峡谷高原沟壑区。本区主要包括山西昕水河流域及陕西宜川、韩城等地，年降水量大于500mm，水土流失严重，但光温资源丰富。本区应当充分利用光、温、水及土地资源，建立立体集约生态农业模式，发展设施农业和庭院经济，同时结合水资源开发工程，适度发展节水灌溉农业。

（7）渭北旱塬黄土高原沟壑区。本区地貌以塬、墚为主，地势相对平坦，是黄土高原水土流失相对较轻的区域，也是农业开发强度较大的区域。水土流失治理应以“固沟保塬、沟底开发”为主，同时结合人畜饮水工程，高效利用沟底有限的地下水资源，利用滴灌、喷灌技术发展经济作物。

（8）陇东黄土高原沟壑区。本区的地貌类型以黄土塬、残塬丘陵沟壑和丘陵沟壑为主，水土流失比较严重。本区水土流失治理度较高，积累了许多成功的经验，形成了不同的治理模式。同时，在发展庭院经济、立体种植、地埂利用方面取得了较大进展。

除水土流失的严重地区外，其他地区在水土流失治理等方面也积累了许多成功经验，提出了不同的开发模式（陈见影，2014）。常欣等（2005）把黄土高原农业可持续发展范式总结为一体化农业、立体农业、坝系农业、特色农业和节水农业。经过几十年的努力，一大批高标准、清洁型、有创新的小流域综合治理精品工程和模式已经或将出现，对黄土高原农业可持续发展将起到推动作用。

（二）立足雨养农业、因地制宜发展灌溉农业是黄土高原农业可持续发展的保障

除黄土高原东南部局部年降水量大于600mm外，黄土高原大部分为干旱半干旱地区，年降水量偏小，季节分配不均，主要集中在6～9月，可占年总降水量的60%～70%，春季降水量一般只有年降水量的10%左右。降水量的年内分布表现为夏季雨热同期，有利于夏季植物生长，但是经常出现春季干旱少雨现象。春旱影响作物春播和出苗，造成农业生产的大幅减产，而夏雨则极易造成严重的水土流失。黄土高原也是降水量年际变化、区域变化非常大的区域，从东南向西北，最大降水量与最小降水量的比值从1.7～2.5上升到4.5～7.5，给降水利用带来极大困难。就年蒸发量而言，西北地区蒸发量是降水量的5～7倍。因此充分利用当地降水资源、发展雨养农业是解决黄土高原水资源不足的战略方针（陈国良和徐学选，1995）。如何利用黄土高原有限的降水资源，改善土壤水分条件，促进农业生产的旱涝保收，前人进行了相当多的研究和示范工作（王健和朱兴平，1996；朱兴平和李永红，1997；张琼华和赵景波，2006）。可概括如下：第一，通过水土保持工程、耕作技术收集雨水就地入渗，通过增加积雨面积、减少无用地面径流，改善土壤水分条件，通过修建反坡梯田或隔坡梯田，积水鱼鳞坑、水平沟等设施增加汇水面积，将雨水就地拦蓄水、入渗，达到改善土壤水分条件的目的。研究表明，与坡地相比，水平梯田能拦蓄径流35～100mm/a，隔坡梯田能拦蓄25～65mm/a，水平沟能拦蓄15～57mm/a（陈国良和徐学选，1995；王文龙和穆兴民，1998）。但是由于这些措施没有储水调节功能，往往不能达到降雨季节或年际调节的目的。第二，通过村庄、道路、庭院雨水利用技术进行雨水高效集约利用。与雨水的就地拦渗相比，利用村庄、道路、庭院雨水可以弥补以上措施的不足。原因

之一是村庄、道路或庭院具有较大的汇流面积，能存储相对较多的水量，且水的含沙率较低，利用的保证率较高。据测定，单位面积年集流量可达 0.3m^3/m^2，均高于自然状态下的集流量（王健和朱兴平，1996）。黄土高原有修建水窖的传统。据统计，黄土高原有水窖150 万眼，总容量约 5800m^3，平均容积约 40m^3（王文龙和穆兴民；1998）。如果黄土高原农村每户能修建一个存贮 100m^3 的雨水收集池，存储的水量能保证每户有 0.03～0.06hm^2 面积发展庭院经济，其经济效益和生态效益会得到较大改善。此外，结合河道拦洪坝、小型水库、池塘等建设，可把雨季的径流收集起来，统一管理、统一利用。但是雨水集约利用工程投资较大，需要地方政府的大力支持才能实施。第三，加强雨水高效、集约利用技术的推广。对各种措施收集的雨水，通过滴灌、喷灌、沟灌等技术做到雨水集约利用。同时，根据实际情况，应用地膜覆盖等技术，减少不必要的水分损耗。与旱作农业相比，灌溉农业具有很大优势，能保证农业生产稳产丰收。尽管在黄土高原大规模发展灌溉农业比较困难，但是在黄土高原的半湿润和湿润地区及水资源有充分保障的部分地区，根据水资源分布条件（或创造条件）和地形条件最大限度地发展灌溉农业非常必要。目前黄土高原有许多灌区，如河套灌区、山西汾河流域的汾河灌区、潇河灌区、文峪河灌区等，这些灌区是黄土高原的粮仓，也是解决当地粮食问题的主要措施。由于大多数灌区运行时间悠久，水利工程严重老化失修，配套程度大幅度降低，同时由于水库的淤积，造成来水量的严重不足，许多灌区的灌溉面积大幅度缩小，已经严重影响农业生产的发展。因此，对现有水库进行除险加固改造，并适当修建新的水库，对现有灌区进行升级改造，提升现有水利工程的供水能力和保证率非常必要。此外，对现有灌区的灌溉方式进行改造，改变大水漫灌的传统灌溉方式，通过喷灌、滴灌等节水灌溉方式，充分发挥灌溉农业的优势，真正促进黄土高原的农业可持续发展。

（三）加强基本农田（淤地坝、梯田）建设，发展生态农业是改善农业生态环境的唯一出路

淤地坝是在水土流失地区的各级沟道中，以拦泥淤地为目的而修建的坝工建筑物，其拦泥淤成的地称为沟坝地。淤地坝建设具有相当长的历史，最早的记载可追索到明万历年间，在《汾西县志》中就有“涧河沟渠下湿处，淤漫成地易于收获高田，值旱可以抵租，向有勤民修筑”的记载。淤地坝是黄土高原人民群众在长期治理水土流失的生产实践中总结出的一项行之有效的既能拦截泥沙、保持水土、减少入黄泥沙、改善生态环境，又能淤地造田、增产粮食、发展区域经济的水土保持工程措施（鄂竟平，2003；郭索彦，2003；胡建军等，2002；刘晓燕等，2018）。随着小流域水土流失治理和淤地坝的建设，出现了诸如内蒙古准格尔旗川掌沟、山西汾西县康和沟及离石王家沟等一批生态系统相对稳定的坝系建设典型，对流域内水土流失治理和粮食安全生产起到了积极作用（郭文元等，1995）。

淤地坝具有很多优点，有利于水土流失治理。①淤地坝建设抬高了侵蚀基点，阻止了沟底继续下切，使沟道比降变缓，延缓了溯源侵蚀和沟岸扩张，对减轻滑坡、崩塌、泻溜等重力侵蚀和稳固沟床等都具有积极意义。②坝地是肥力高、水分条件好、能实现高产稳产的良田。据山西省水土保持研究所的研究结果，坝地土壤有机质含量是坡耕地的 3～5 倍，粮食产量是坡耕地的 4～5 倍，通过坝地建设可以大幅度提高粮食产量，保证地区的粮食生产安全（陈乃政和苏乃平，1995）。因此，淤地坝的大量建设既能有效增加粮食产量、有效减少坡耕地的面积，又能使更多的坡耕地用于退耕还林还草，而且不会威胁区域粮食安全。③淤地坝拦洪

蓄水，减轻了下游灾害、合理利用了水资源。黄土高原的水土流失主要由每年汛期为数不多的几场大雨或暴雨所致，控制了这几场降雨造成的水土流失就解决了全年的水土流失问题。在较大的小流域，通过淤地坝与骨干坝建设，做到水库蓄水与坝地保土相结合，即上游修坝拦土、下游修库取水，保土与蓄水科学结合，真正发挥淤地坝的作用。此外，可以利用库水发展农业灌溉实现水沙资源的合理利用。只有这样才能彻底改变小流域的生态环境，使小流域的农业发展具有持续性。

梯田是黄土高原先民在坡地耕作中沿等高线留地界使坡面逐步形成的阶梯状农田。历史上遗留下来的梯田至民国时期还有数十万 hm^2（高荣乐，1996）。为解决黄土高原的水土流失问题，1949 年以来建设了大量样板梯田。黄土高原梯田面积为 380 万～400 万 hm^2（高荣乐，1996）。梯田具有较好的保肥、保水能力和单位面积产量高的特点，是解决黄土高原粮食问题的主要途径之一（马博虎等，2007；霍云霈和朱冰冰，2013；苗润吉，2016）：第一，梯田是水土保持的一项重要工程措施，其水土保持效果是其他措施所不具备的；第二，梯田是雨水资源化利用行之有效的途径之一。通过梯田的雨水资源化利用，将降水就地入渗拦蓄，增大土壤储水的能力，形成“土壤水库”，最大限度地使雨水资源化利用。

梯田和淤地坝建设是保证黄土高原退耕还林、改善生态环境、保证粮食自给和维护社会安定的基础。

（四）政策引导

黄土高原农业可持续发展需要政策引导。黄土高原农业生态环境脆弱，人口众多，土地退化严重，因此黄土高原应坚持分类开发的原则，通过区内的适度调节，把基本解决本地区人口的粮食自给问题作为农业发展的基本定位（中国工程院咨询项目组，2001）。也有研究将黄土高原农业发展的战略定位概括为：①以水土保持、防治荒漠化、改善生态环境为新世纪的主要战略任务；②在生态环境明显改善的基础上实现粮食自给、区内调剂，西北部实行农牧结合，重点发展畜牧业，东南部实行农果、特产相结合，重点发展干鲜果及特产；③黄土高原自然与经济差异较大，须因地制宜、分区划片、分类指导，形成具有市场开拓能力的拳头项目，相应发展与产前产后密切结合的二、三产业（中国科学院生物学部，2000）。

控制黄土高原的水土流失，改善生态环境，维持区域生态平衡还需要政府继续给予政策和财政的大力支持。第一，黄土高原经济水平低下、农民收入低，也是造成环境恶化的原因之一。因此，如何把生态环境建设和农民增收结合起来，是需要迫切考虑的实际问题。如在退耕还林还草的同时，在条件许可的地方，通过资金倾斜，鼓励农民发展经济林以提高他们的收入。第二，发挥生态补偿作用。易地搬迁是增加农民收入的手段之一，具有明显的生态效果。应当把移民工作与生态恢复紧密结合起来，把移民搬迁融入退耕还林还草保护生态环境的战略举措。第三，建立有利于农民和社会力量参与的生态建设激励机制。

第三节　黄土高原林业可持续发展

森林在黄土高原生态环境建设和保持中扮演着非常重要的作用。有关黄土高原历史时期的自然面貌有两种截然不同的看法。部分学者认为，黄土高原自然植被很少，水土流失自古以来就很严重。这种状况是自然规律决定的，而非人为破坏自然生态环境造成的结果（洪业汤，1989）。但大部分学者认为，黄土高原在历史时期多属森林和森林草原地带，当时植被茂盛，水土流失较轻，而黄土高原严重的水土流失问题主要是由于人们长期盲目无知地砍伐森林所致，是人类违背自然规律，不合理利用自然资源而导致的后果（山西大学黄土高原研究所，1992）。持后一种观点的大部分为地理、林业、水土保持工作者。在此，暂且不评论两种观点的正确与否，因为两者的评定标准没有可比性，如植被分布面积的多少如何衡量、水土流失严重程度如何量化、量化的可靠性有多大、量化的指标是否一致等。因为这些问题非常复杂，除人为因素外，气候因素，如降水量、温度等的年际、年内分布变化也是引起水土流失的主要原因之一。但不可否认的是，人类活动，诸如历史时期的森林砍伐、土地开垦毫无疑问地会对植被产生非常大的影响，进一步加剧水土流失，这从历史考证得以证实（史念海，1988；山西大学黄土高原研究所，1992）。黄土高原历史时期的确存在大面积森林，特别是在部分山区，如六盘山、子午岭等地。历史上的各种战乱，以及战乱之后的人口增加带来的生存压力导致的开荒毁林，广种薄收的轮荒行为也是导致黄土高原植被破坏的原因之一（马雪芹，1999）。中国有5000年的耕垦历史，耕垦对黄土高原植被的破坏引起的水土流失尤为突出（唐克丽，1999）。此外，20世纪70年代前，黄土高原的“三料”缺乏问题也是导致植被破坏和生态恶化的原因之一。

黄土高原植被和土壤类型从东南向西北受气候地带性影响，地带性土壤依次为褐色土、黑垆土、栗钙土、棕钙土和漠钙土。地带性植被类型由森林地带、森林草原地带、典型草原地带逐渐向荒漠地带过渡（中国科学院黄土高原综合科学考察队，1991）。因此，黄土高原林业应该在森林地带、森林草原地带进行，而典型草原地带及荒漠地带则应以发展林草业为主。

林业可持续发展应满足：①不损害森林生态系统的生产力、可更新能力和生物多样性；②对森林综合开发利用，发挥其多种功能；③满足当前及未来社会经济发展对木质、非木质林产品和良好生态环境服务功能的需要；④森林可持续经营是林业可持续发展的物质基础（林剑锋，2001）。林业可持续发展的内涵包括生物多样性保护、森林生态系统固碳能力的提高、森林生态系统生产力的维持、森林生态系统稳定性和活力的维持、森林经营保护作用的维持和适度发展，以及社会发展和经济效益的长久维持和促进等（陈继红，2003）。因此，林业可持续发展就是综合开发、培育和利用森林，发挥其生态和经济功能，并且保护土壤、空气和水的质量，以及森林动植物的生存环境的林业，最终达到既能满足当代社会经济发展的需要，又不损害子孙后代满足其未来需求能力的林业。

一、黄土高原林业发展的资源条件与制约因素

（一）林业资源破坏严重、发展林业的地理空间和潜力巨大

黄土高原土地资源丰富，耕地面积1691万km^2，人均耕地0.21hm^2，是全国的人均耕地面积的2倍多（李锐等，2008）。坡耕地是黄土高原粮食生产的主体，占土地总面积的50%以上，在水土流失严重的黄土丘陵沟壑区，坡耕地占总耕地面积的70%～90%，其中＞25°的坡耕地占10%～20%（查轩和黄少燕，2000）。适宜发展林牧业生产的土地资源相当可观，为林业发展提供了广阔的空间。1985年黄土高原宜林地面积1678万hm^2，占黄土高原土地总面积的26.9%，具有很大的发展林业的潜力。由于长期以来的滥垦乱伐，使黄土高原林业资源破坏严重。40年来，子午岭、六盘山林区天然林面积减少了52万hm^2，占原有面积的

24%，平均每年损失 1.3 万 hm^2，林线平均后退 15km（李锐等，2008）。尽管森林的破坏严重影响了生态环境，但却为今后造林提供了较大空间。总体来看，黄土高原的“山多川少、宜农地少、宜林宜牧地多”的特点非常有利于发展林牧业。

（二）全社会生态理念的转变为林业可持续发展提供了机遇

以尊重和维护自然环境为前提，以人与自然、人与社会和谐共生为宗旨，建立可持续的生产方式和消费方式，引导人们走上持续、和谐的发展道路为着眼点，已经成为人们共同的生态理念。生态文明建设已经提升到与经济建设、政治建设、文化建设、社会建设并列的战略高度。生态文明建设强调人的自觉与自律，强调人与自然环境的相互依存、相互促进、共处共融。这些社会环境为黄土高原生态建设提供了非常有利的机遇。黄土高原发展林业具有许多有利因素，首先，是黄土高原生态建设的需要。建立以森林植被为主体、林草植被结合的国家生态安全体系，是全面建成小康社会、实现“绿水青山”生态理念的需要。其次，社会经济和生态观念的改变为林业发展提供了机遇。在实施“退耕还林还草”工程、“绿水青山就是金山银山”生态文明理念的大背景下，国家对林业发展的投入会不断加大，这将对林业可持续发展将起到促进作用。

二、黄土高原林业可持续发展的对策

（一）继续加强天然林保护封育，发挥自然恢复的主要作用

黄土高原的天然林大部分位于黄土高原海拔较高、降水量较大的土石山和石质山区，如太行山、中条山、吕梁山、六盘山、子午岭、黄龙山等，是黄土高原植被覆盖度较高的区域，分布着不同类型的森林、灌丛和草地，形成了黄土高原的绿色岛屿，也是黄土高原最主要的植物物种基因库，在生态环境保护、水源涵养、水土流失防治、固碳减排和应对气候变化等方面起着重要作用。与黄土高原的其他区域相比，这些区域土壤水分和养分条件良好，水源涵养功能好，水土流失很轻，森林生长条件良好。据笔者在黄土丘陵沟壑区和土石山区近 10 年的野外观测，通过封山育林措施，减少人为破坏，在适当人工抚育的前提下，森林资源或林草植被经过 10 年的自然恢复，共生态保护功能基本可以实现，再经过 10 年的恢复完全可以恢复到目前天然林的生态功能水平。这些地区林业可持续的方向应该是“大封禁、小治理”，把自然恢复放到首位，辅之以适当的人工抚育和管理，可以收到事半功倍的效果（周万龙，2002；田均良，2002）。2000 年国家启动了天然林资源保护工程，近期目标是现有天然林资源初步得到保护和恢复，缓解生态环境恶化趋势；中期目标是基本实现木材生产以采伐利用天然林为主向经营利用人工林方向的转变，人口、环境、资源之间的矛盾基本得到缓解；远期目标是天然林资源得到根本恢复，基本实现木材生产以利用人工林为主，林区建立起比较完备的林业生态体系和合理的林业产业体系，充分发挥林业在国民经济和社会可持续发展中的重要作用。经过多年的实践，目前已经产生明显效果（范琳，2019），相信在不远的将来，我国一定可以扭转森林面积缩小、环境退化的局面，使林区林业资源得以很好保护，实现可持续发展的战略目标。

（二）把林业建设与退耕还林放到同等重要位置，因地制宜发展林业

退耕还林（草）工程是我国为应对区域生态环境恶化而开展的重大生态工程，其特点是规模大、投资多、群众参与积极性高。退耕还林（草）工程自 2000 年实施以来，对黄土高原生态

恢复起到了非常重要的作用，使黄土高原的生态环境得到一定程度的改善，水土流失得以缓解。尽管人们对“宜林则林、宜灌则灌、宜草则草”的原则早已达成共识，但是如何科学合理退耕还林还草还值得深入思考，特别是对于管理部门，不能急功近利。退耕还林还草主要应该放到降水量相对较少的黄土丘陵沟壑区，而半湿润地区则应以自然封育为主。田均良（2002）在陕北对黄土高原退耕还林还草 2 年后植被保存率的调查发现，退耕还林还草的效果并不理想，普遍存在成活率、保存率低下的问题，普遍缺乏补种补栽。此外，要根据具体情况制定出退耕还林还草的具体模式。朱丹等（2007）以农户为基础把黄土高原的退耕还林还草模式从生态经济的角度分为 7 类，其中与林业发展有关的有生态恢复型、林-经型、林-蔬-灌型和林-草-畜-沼型等模式。黄土高原林业生态工程同样要充分考虑区域的生态环境、社会经济及林业资源等要素，根据其环境条件确定适合其发展特点的模式。范忠兴等（2014）提出了黄土高原的生态工程模式：在黄土高原丘陵区和残垣沟壑区实施山杏-柠条锦鸡儿混交造林模式；在西北黄土高原丘陵防风固沙区大量推广油松-沙棘或樟子松-柠条锦鸡儿混交模式；在黄土丘陵和残垣沟壑区营造侧柏、刺槐为主的水土保持林；在海拔 1200m 以下的黄土丘陵和残垣沟壑区或者黄河沿岸采用红枣经济林模式。李锐等（2008）也提出了黄土高原各种植被带主要的混交林和混合草地的营造模式。这些模式从不同角度体现了因地制宜和可持续发展的思想，值得认真总结并加以推广。

（三）正确处理林业发展与经济林建设及水土保持的关系

黄土高原林业建设不单纯是林业的可持续发展问题，也是黄土高原水土流失治理，以及改善当地人民群众的经济和生活水平的重要举措。退耕还林还草是水土保持和改善区域自然生态环境的重要举措。但在个别地方，其进展和效果还不明显，究其原因是当地群众参与度不高，二者的争地矛盾比较突出，民众还存在后顾之忧。因此，如何解决民众关切的生计问题，各级政府需要予以极大的关注。随着新时代脱贫攻坚目标任务的如期完成，农村贫困人口实现脱贫和贫困县全部脱贫摘帽，这一矛盾有望得以缓解。

正确处理退耕还林还草和保证粮食自给关系。中国是一个农业大国，首先必须解决的是温饱问题。吃饭问题是头等大事，不能因为环境问题威胁到生存问题。如何做到二者的统一还需要进行大量的工作。例如，把退耕还林还草与基本农田建设相结合，首先退掉那些大于 25°的坡耕地，保留坡度较小的缓坡地，保证足够的粮食生产用地；同时，通过基本农田建设将缓坡地建设为基本农田，通过培肥增水提高单位面积粮食产量，做到减地不减产。力争农户有基本农田 0.13～0.20hm^2，使农户达到粮食自给有余。此外，有条件的地方要把建设经济林放在提高农民经济收入的首位。黄土丘陵沟壑区光热资源充足，昼夜温差大，除中高山的石质山外，大部分地区的热量能够满足果树生长。黄土高原降水主要集中在夏季、雨季，大多数年份可以满足果树生长的需水要求。在水资源条件较好的地区，通过适当的水分调节，如通过雨水集流工程、小泉小水供应工程、集水鱼鳞坑工程等措施，通过集约灌溉（滴灌、渗灌等措施），可以建成经济林基地，如晋陕峡谷沿黄两岸的红枣，山西吉县、临猗、渭北高原的苹果等，从而最大限度地提高农民收入，提高农民退耕还林草的积极性。

小流域治理是黄土高原水土流失防治的精神财富，在黄土高原生态修复中起到了非常重要的作用。小流域治理有利于贯彻坚持综合治理方针和生态优先的指导思想。实践证明，以小流域为治理单元，以修建基本农田和发展经济果木林为突破口，进行“山、水、田、林、路、沟”综合治理已获得巨大成功。今后黄土高原生态修复与治理重点放在退耕还林还草和荒山绿化的同时，必须坚持以小流域为主体的综合治理的方略。

（四）重视植被地带性与水分生态的关系，进行林业建设的科学布局

降水量或土壤水分是决定黄土高原植被地带性的主要因素之一。黄土高原植被、土壤和水分都具有明显的地带性分布特点。土壤水分是制约黄土高原林业发展的主要因素，忽视自然生态条件盲目发展林业会产生许多负面效应，黄土高原的“小老树”就是违背自然规律的结果（韩蕊莲和侯庆春，1996）。因此，根据黄土高原的水分生态环境适地适树发展林业才是根本之举。根据土壤林地系统水分的平衡状况及降水量对水分的补偿状态，杨文治等（1994）将黄土高原从东南到西北划分为6个造林土壤水分生态分区：Ⅰ．暖温带半湿润区土壤水分均衡补偿人工乔林适生区；Ⅱ.暖温带半湿润区土壤水分准均衡补偿人工乔灌林适生区；Ⅲ.暖温带半干旱区土壤水分周期亏缺人工乔灌林适生区；Ⅳ．温带半干旱区土壤水分低耗人工乔灌林适生区；Ⅴ．温带半干旱区土壤水补偿失调人工灌林适生区；Ⅵ．温带干旱区土壤强烈干旱林木非适生区。根据土壤水分的循环补偿特征可以确定适宜的乔灌木树种及其建设地点和模式，宜林则林、宜灌则灌、宜草则草，不可违背自然环境的地带性变化规律。

李锐等（2008）将黄土高原植被的地带性分布规律与土壤水分的循环补偿特征相结合，分析了地带性植被与水分生态的关系（表13.4），认为黄土高原退耕还林工程要彻底扭转年年“造林不见林”的窘境，提高造林生存率和造林的质量，需要重视以下问题：①要重视植被地带性分布规律与土壤水分分区的关联性；②要重视沟谷生态系统的微域环境特征，确定立地条件类型；③退耕还林既要符合植被地带性规律，又要重视群落结构原理。在此基础上，还提出了黄土高原的造林配置模式：落叶阔叶林地带是发展森林植被的主要区域，可形成近似于天然的针阔、乔灌混交的结构模式；森林草原地带适合发展乔灌混交的人工林体系，形成沟谷以乔灌为主、墚峁坡以灌草为主的结构模式；典型草原地带则适合发展灌林为主的人工林体系，形成稀疏灌草丛模式；荒漠草原带（或风沙草原带）只能营造以耐旱沙生植物为主的耐旱小灌木。

表13.4　黄土高原植被地带性与土壤水分生态分区（李锐等，2008）

植被带	热量带	土壤水分生态分区	地域范围	土壤水分循环补偿特征
落叶阔叶林带	暖温带	半湿润区土壤水分均衡补偿生态区	晋东中部黄土丘陵、汾渭盆地、黄土覆盖的子午岭-桥山-黄龙山林区、晋南和豫西黄土丘陵区及秦岭北麓	年降水量600～750mm，以200cm土层作为土壤水分循环补偿层，经雨季水分恢复期达到或接近田间持水量水平，土壤水分状况处于良性循环状态
森林草原带	暖温带	半湿润区土壤水分准均衡补偿生态区	晋陕中部黄土丘陵区、陇东南黄土丘陵区、陇东和渭北黄土塬区	年降水量510～550mm，经雨季水分恢复期，土壤水分循环补偿层的土壤湿度可恢复田间持水量的土层深度为100～150cm，丰水年可延伸到200cm。因为多数年份可得到基本补偿，称为准均衡补偿
典型草原带	暖温带-温带	半干旱区土壤水分周期亏缺与补偿失调生态区	晋陕北部黄土丘陵区、陇中南部黄土丘陵区和晋中北部黄土丘陵区、内蒙古黄土丘陵区、鄂尔多斯草原东部、宁夏盐池和甘肃白银-皋兰-兰州一线	年降水量400～510mm和250～300mm，在土壤水分周期亏缺区，经雨季水分恢复期，200cm土层的湿度仅恢复到田间持水量的70%～80%；在土壤水分补偿失调区，土层常年处于水分亏缺状态，补偿失调土壤湿度难以得到较好补偿
荒漠草原带	温带	干旱区土壤强烈干旱生态区	宁夏内蒙古黄河沿岸地带、鄂尔多斯高原西部，甘肃靖远-景泰-永登一线	年降水量<250mm，蒸发强烈，土壤湿度难以得到补偿而处于强烈干旱状态

山西大学黄土高原研究所承担了国家“七五”科技攻关计划“黄土高原综合治理”的子项目，对晋西北河曲县砖窑沟流域进行了综合治理的科技攻关（山西大学黄土高原研究所，1992）。通过对林地土壤水分动态和树木水分关系、树种的光合水分关系，以及树种对干旱的适应规律等方面的研究，提出了许多对黄土高原林业可持续发展有指导意义的建议（王孟本和李洪建，2001）。根据对人工林土壤水分的长期定位测定结果，提出了黄土高原地区的土壤水分循环模式、土壤水分循环水平、土壤水分在剖面的分层特征及方法（王孟本和李洪建，2001）。同时，研究表明，林分的立地条件、林种及密度，如坡向、坡位、造林密度对土壤水分均有较大的影响。

总之，黄土高原林业可持续发展必须与生态分区相结合，尊重自然植被的地带性规律，适地适种、科学发展。

第四节 黄土高原畜牧业可持续发展

黄土高原畜牧业具有非常悠久的历史，在农业可持续发展中具有非常重要的战略地位（谢正川，1989a，b；王国宏和张新时，2003）。黄土高原草地资源十分丰富，既能有效保持水土、防止土地荒漠化，也是畜牧业发展的可再生资源。但长期以来，为解决黄土高原农民的温饱问题，大量开垦草地使黄土高原的草地资源遭到严重破坏；同时，由于掠夺式过度放牧等原因，导致草地资源的严重退化，严重制约了畜牧业的发展。以退耕还林还草为契机，发展草牧业，是提高当地农业生产力水平的战略决策，是增加民众收入实现脱贫致富的主要措施，也是黄土高原畜牧业可持续发展的必然之路。

一、黄土高原畜牧业发展的资源条件与制约因素

（一）草地资源丰富，发展畜牧业潜力巨大

黄土高原畜牧业区主要位于我国北方农牧交错带的西段和中段，呈东北-西南的带状分布。黄土高原农牧交错区包括内蒙古和林格尔、清水县、准格尔、晋北15县、陕北6县、甘肃环县和宁夏盐池等县（孙鸿烈，2011）。黄土高原的畜牧区基本沿400mm等雨量线两侧、鄂尔多斯高原东部向东南延伸至兰州，在气候分区上基本与黄土高原的中温带干旱半干旱区相对应（张厚华和黄占斌，2001；赵哈林等，2000；2002），面积为15万～20万km^2。

黄土高原草地主要位于西部、西北部的草原区，加上区内其他不连续分布的石质山地、丘陵等地的草地，草地面积约为20.5万km^2（中国科学院黄土高原综合科学考察队，1991），分为平原-丘陵草地和山地草地两大族共13类。其中，平原-丘陵草地包括草甸草原类、典型草原类、荒漠草原类、灌丛草原类、草原化荒漠类、典型荒漠类、沙生灌木和半灌木类、低湿地草甸类，共8类；山地草地包括高山芜原类、亚高山草甸类、山地草甸和草原草甸类、灌丛草甸类、疏林草地类，共5类。由此可见，黄土高原的草地资源丰富、类型广泛，发展畜牧业具有极大潜力。

（二）土地沙化、草场质量退化，严重制约畜牧业发展

黄土高原草原区大部分地区为干旱、半干旱地区，也是典型的生态脆弱区。植被为草灌

类，盖度较低，年降水量 300～450mm，干旱年份降水量更少，而蒸发量为降水量的 4～5 倍；春季往往干旱缺水，时值黄土高原的大风季节，很容易造成土地沙化。此外，本区多以沙黄土为主，土壤质地较粗，0.005～0.25mm 粒径沙粒大于 5%，极易发生土地沙化现象。例如，晋西北强度沙化土地面积占全区土地面积的 24%，中度沙化土地面积占 36.8%（吴攀升和秦作栋，2009）。根据土壤侵蚀的动力学特点，秦作栋等（1995）将晋西北的土地荒漠化分为 4 个等级：①潜在荒漠化土地，占土地总面积的 6.8%；②正在发展中荒漠化土地，占 32.7%；③强烈发展中荒漠化土地，占 39.2%；④严重荒漠化土地，占 21.3%。可以看出，晋西北 11 个县（市）土地沙漠化面积占土地总面积的 99.8%。尽管 2000 年国家实施退耕还林（草）生态工程建设以来，黄土高原大部分地区的植被得到了一定程度的恢复，但部分地区土地沙化现象依然严重。利用 1999～2010 年的归一化植被指数（normalized difference vegetation index，NDVI）数据对陕甘宁黄土高原区的 13.4 万 km^2 荒漠化空间特征的分析表明（韦振峰等，2014），植被呈极显著改善的区域面积占总面积的 1.41%，显著改善的占 37.08%，弱显著改善的占 21.47%，没有显著改善的占 37.48%，生态退化的占 2.29%。由此可以看出，仍有大约一半的区域植被状况没有得到改善，土壤退化的生态环境问题仍比较严重。

虽然黄土高原草地资源相当丰富，适宜种草的面积巨大，但长期以来对草地的重用轻管或只用不管、重农轻牧（草）的现象非常突出，直接导致草场的严重退化。黄土高原的草场面积巨大，但是高质量的草地所占比重极少，草地生产力水平低下，天然草地面积仅占全区总面积的 32.6%（中国科学院黄土高原综合科学考察队，1991）；北部荒漠草原地带和干旱草原地带草地面积占 50%以上，南部森林地带和森林草原地带草地面积均在 30%以下。黄土高原干旱和半干旱地区的面积大于半湿润地区的面积；荒漠草原、干草原的面积远远大于森林草原的面积，这就决定了草地生产力低下的现状；同时，南部森林地带和森林草原地带的草地呈点状分布，连片性很差，给草地管理带来极大困难。

尽管草地退化的原因受自然因素影响较大，但是人为因素的影响也不可忽视。有学者将黄土高原草场建设滞后的原因简单归纳为：①公共的草场养自家的羊，这是造成过度放牧的主要原因之一；②忽视了科学放牧；③缺少适生的草种（侯庆春，2001）。此外，草场的单位面积载畜量过高、草种单一、抵御自然灾害的能力不足，也是引起草场退化的主要原因。

（三）草场土壤肥力低下、水资源不足，是制约草场产草量的主要因素

黄土高原主要牧区大多位于黄土高原西北部，虽土地资源广阔，但土地贫瘠、土壤肥力低下、年降水量不足且降水变率很高，生态环境相当脆弱。这些特性决定了草场生产力低下的现状（杜峰和程积民，2001）。众所周知，土壤肥力和水分是维持草地生态系统可持续发展的物质基础，是影响草场产量和质量的主要因素。对黄土高原不同地带的土壤养分分析表明，荒漠草原的土壤肥力最差，其次为灌丛草原和典型草原，草甸草原的肥力最好（程杰，2016）。除草地类型之间的差异产生的肥力差异外，对同一类型草地来说，随开垦年限增加，土壤肥力逐年减少（李月梅等，2005）。对不同草原类型的土壤有机质分析表明，与封禁相比，不同退化强度下的土壤有机质含量明显减低（表 13.5），土壤肥力指标的其他元素，如全氮、速效氮、速效钾、速效磷也具有同样的变化趋势（程杰，2016），说明草原退化对土壤肥力具有很大影响，草原地带土壤养分均随封禁年限的增加而提高。如何解决当前草地退化、土壤肥力低下的现状是黄土高原畜牧业持续发展面临的首要任务。

表 13.5　不同草原类型不同退化强度下的 0～5cm 深度土壤有机质含量　（单位：g/kg）

草原类型	封禁	轻度退化	中度退化	重度退化
草甸草原	88.26±0.96	24.24±1.09	18.51±0.81	20.09±0.84
典型草原	32.12±0.55	27.50±1.05	18.89±0.59	8.40±0.36
荒漠草原	10.35±0.14	8.58±0.12	5.44±0.24	5.29±0.03
灌丛草原	35.46±0.27	24.35±0.21	18.20±0.46	6.45±0.10

注：根据程杰（2011）整理。

降水量是控制植被地带性分布的主要自然因素之一。在典型草原及荒漠地区，降水量不足导致的土壤水分长期亏缺已成为制约畜牧业发展的主要因素（杨文治等，1994；李锐等，2008）。几十年来，黄土高原的降水量总体呈减少趋势，每 10 年减少 9.9mm（王麒翔等，2011）。对宁夏云雾山的研究表明，1957～2008 年的年均降水量总体呈减少趋势，每 10 年减少 7.9mm；而年平均气温明显升高，每 10 年上升约 0.4℃（程杰等，2010），大于我国东部地区每 10 年上升 0.29℃的幅度（赵玉洁等，2004）。黄土高原气候的暖干化趋势明显，在降水量越少的地方对环境的影响可能越大。温度上升和降水量减少共同作用导致的土壤水分亏缺直接影响黄土高原的草地生产力。

二、黄土高原畜牧业可持续发展的对策

（一）把草地建设放到畜牧业发展的首要位置

草地建设是发展畜牧业的基础，没有足够的草地就谈不上畜牧业发展。草地资源在某种程度上是可更新资源，在合理的利用强度及管理措施下能够维持产草量的相对稳定，否则就可能造成草地退化。畜牧业的可持续发展离不开草地的可持续发展，主要措施包括：①加强草场建设。草场建设包括退化草地的更新与复壮、新建草场及退耕还草建设人工草场。对现有退化草地通过禁牧、封育等措施使退化草地很快得以恢复，是一项经济、技术上可行、实践上见效快的方法。②确定合理的放牧时间和强度。春季是牧草开始生长的季节，也是草地生态系统最为脆弱的时期；过度放牧会使牧草地上生物量明显下降，导致牧草的光合作用能力减低，生产力下降，并对雨季的牧草生长产生不利影响；同样，秋季结束放牧时间也会影响第二年的草地质量。有学者建议，正常的早期放牧应在草类分蘖盛期以后，在草类萌发 15～18d 后（穆锋海，2005），此时期牧草高度适中，草质嫩，适口性好，营养价值高。此外，放牧开始的时间还应考虑草地植物的组成。以禾本科植物为主的草地，应在禾草叶鞘膨大、开始拔节时放牧；以豆科和杂类草为主的草地，应在牧草腋芽或侧枝发生时放牧；以莎草科植物为主的草地，应在牧草分蘖停止或叶片生长至成熟时放牧。每年 7～8 月是黄土高原的雨季，也是牧草生长最为旺盛的时期，要根据牧草情况，控制放牧强度，因地制宜，减低对草地系统的影响。根据草场牧草的生长规律确定合理放牧时间，是保证草地生态系统不出现退化现象关键。③实施轮牧或休牧制度。轮牧和休牧也是草地建设的主要举措之一。通过划区轮牧、适时限牧等措施给草地休养生息、自我恢复的机会，这样既能提高牧草的利用率，也能提高草地质量（穆锋海，2005）。

（二）正确处理农、林、牧业发展之间的关系

从广义上讲，农业包含林业和畜牧业。历史上受各种条件的限制，黄土高原的农业有着广种薄收、开荒轮垦的传统习惯，大面积的森林、草地被垦为农田，即所谓的“不整百饷，不打百担”，使黄土高原的生态环境遭到严重破坏。1949 年以来，为解决黄土高原人民群众的温饱问题，政府通过采取诸如基本农田建设、扩大粮食种植面积、建设农田水利设施、培育优良品种等措施，积极改善农业生产条件、增加粮食产量。经过几十年的努力，温饱问题基本得以解决，但对自然环境产生的负面影响也开始凸显，如水土流失、土地沙化、自然环境恶化等。随着人民群众的生活、物质水平的不断提高，这些环境问题越来越多地受到各级政府的重视。党的十九大报告提出将“坚持人与自然和谐共生”作为新时代坚持和发展中国特色社会主义的基本方略之一，要求树立和践行绿水青山就是金山银山的理念，坚持节约资源和保护环境的基本国策。与此同时，社会经济的不断发展，使肉、蛋、奶产品的供应增加，人们对粮食的需求量随之减少，为“退耕还林还草”等生态工程的实施提供了条件和保障。

如何合理处理“农—林—牧”的关系，做到三者的协调发展，建议从以下方面入手：①正确处理农业与林草业的关系。根据黄土高原，特别是西北部地区人均耕地面积大的特点，结合退耕还林（草）工程的实施，通过基本农田建设提高单位面积产量，在确保粮食产量不下降的同时，把立地条件差、交通不便地区的土地退还成草地，扩大草地种植面积，发展畜牧业。②正确处理林业与牧草业的关系。林牧业之间具有非常明显的关联性，是退耕还林还是退耕还草，应该因地而宜。例如，在水肥条件较差的区域，宜退耕还草而非还林，否则可能形成如今在黄土高原北部地区经常看到的“小老树”现象（蒋定生，1997）。③发展草牧业。饲草是限制畜牧业发展规模的制约因素，为鼓励畜牧业发展、调整农业产业结构，国家出台了“粮草兼顾、农牧结合、循环发展”的定位导向。2015 年中央 1 号文件就提出“加快发展草牧业，支持青贮玉米和苜蓿等饲草料种植，开展粮改饲和种养结合模式试点，促进粮食、经济作物、饲草料三元种植结构协调发展”，鼓励发展畜牧业。随着黄土高原“以粮促牧”“以草促牧”试点工作的全面开展，粮草兼顾型畜牧业将得到快速发展（赵云等，2017）。④有条件的地方发展集约牧业。水分条件一直是制约牧草产量的主要因素，在有条件的地区，通过收集、调节措施适度利用雨水、地表水和地下水，对牧草地进行灌溉，集约经营提高产草量。

（三）加强草地管理、畜牧品种改良和政策支持

畜牧业可持续发展的总体目标是追求生态上的平衡性、经济上的有利性、资源转化的有效性、产出的稳定性、增长的持续性和结构的合理性（陈芳和张琪，2006）。与发达国家的畜牧业发展水平相比，我国的畜牧业仍处于相对较低的发展水平，黄土高原畜牧业相对我国的其他地区仍比较落后。目前，黄土高原养殖业多以散养为主，集约化养殖规模仍未形成。发展规模养殖、生态养殖，实现畜牧业与种植业相结合应该是本区畜牧业的主要发展方向。在牧草资源比较丰富的黄土丘陵草原区及草甸草原区，通过大力发展畜牧养殖小区，放牧与圈养相结合，力争一村一区，促进畜牧业发展。对畜牧养殖小区政府在规划设计、卫生防疫、养殖品种、饲料供应、产品销售等方面统一管理，以取消养殖人员的后顾之忧。在生态环境管理方面，向畜禽出村、人畜分离的方向发展；同时，通过实施“企业＋农户”的养殖模式，逐步向规模化、专业化、集约化方向发展。在草地管理方面，通过引进优质牧草、分区轮牧、

围栏轮牧等措施，保护草地资源。

受传统自给性小农经济模式的影响，黄土高原养殖业大多是以农户为单元的分散式养殖，规模小、效益低。此外，黄土高原畜牧业发展水平较低的主要原因除受自然条件限制外，投资不足及养殖风险较大也是限制畜牧业发展的主要原因之一。加大畜牧业投资，使畜牧业布局向区域化、养殖规模化、品种良种化、生产标准化、经营产业化、商品市场化、服务社会化的方向发展非常必要。这种发展趋势只靠企业或农户投资远远不够，需要政府从政策上、资金上予以支持，降低企业和农户的投资风险。这样才能建立良性的“种＋养＋加”循环机制，提升畜牧业生产水平和畜产品市场竞争力（陈伟生等，2019），促进乡村畜牧业绿色发展，推进《国家乡村振兴战略规划（2018—2022 年）》的实施，真正做到黄土高原畜牧业的可持续发展，造福一方百姓。

推荐阅读文献

埃恩格，史密斯，2012．环境科学：交叉关系学科［M］．13 版．影印本．北京：清华大学出版社．

黄文秀，1998．农业自然资源［M］．北京：科学出版社．

任军，2017．中国可持续发展问题研究［M］．北京：中国农业科学技术出版社．

山西大学黄土高原地理研究所，1992．黄土高原整治研究：黄土高原环境问题与定位试验研究［M］．北京：科学出版社．

参考文献

艾应伟，2008. 土壤生态系统氮素循环［M］. 北京：化学工业出版社.

白丽，范席德，王洁莹，等，2018. 黄土高原草地次生演替过程中微生物群落对植物群落的响应［J］. 生态环境学报，27（10）：1801-1808.

白卫国，张玲，陈存根，2007. 秦岭巴山冷杉林群落学特征及类型划分研究［J］. 北京林业大学学报，29（增刊）：222-227.

白志礼，2001. 黄土高原农业可持续发展问题再认识［J］. 西北农林科技大学学报（自然科学版），1（1）：8-11.

白中科，李晋川，王文英，等，2000. 中国山西平朔安太堡大型露天煤矿退化土地生态重建研究［J］. 中国土地科学，14（4）：1-4.

白中科，郧文聚，2008. 矿区土地复垦与复垦土地的再利用：以平朔矿区为例［J］. 资源与产业，10（5）：32-37.

白中科，赵景逵，王治国，等，2003. 黄土高原大型露天采煤废弃地复垦与生态重建：以平朔露天矿区为例（1986～2001）［J］. 能源环境保护，17（1）：13-16.

包长征，李广成，马广福，2015. 宁夏贺兰县耕地地力评价与测土配方施肥［M］. 宁夏：黄河出版传媒集团，阳光出版社.

包菁，2011. 贵州省农业功能区划研究［D］. 贵阳：贵州大学.

包庆丰，2006. 内蒙古荒漠化防治政策执行机制研究［D］. 北京：北京林业大学.

包维楷，刘照光，刘庆，2001. 生态恢复重建研究与发展现状及存在的主要问题［J］. 世界科技研究与发展，23（1）：48-52.

北京现代循环经济研究院，2007. 产业循环经济［M］. 北京：冶金工业出版社.

毕润成，2004. 山西省五鹿山自然保护区科学考察报告［M］. 北京：中国科学技术出版社.

毕润成，李晓强，成亚丽，等，2002. 吕梁山南端白皮松的群落特征及其多样性的研究［J］. 植物研究，22（3）：366-372.

毕银丽，2017. 丛枝菌根真菌在煤矿区沉陷地生态修复应用研究进展［J］. 菌物学报，36（7）：800-806.

毕银丽，王瑾，冯颜博，等，2014. 菌根对干旱区采煤沉陷地紫穗槐根系修复的影响［J］. 煤炭学报，39（8）：1758-1764.

卜耀军，2009. 陕北黄土高原丘陵沟壑区植被恢复研究：以延安、安塞、吴旗为例［M］. 西安：陕西科学技术出版社.

蔡继增，2003. 渭北黄土高原丘陵沟壑区酸枣灌丛生物量调查研究［J］. 甘肃科技，19（10）：163-164.

蔡进军，韩新生，张源润，等，2015. 黄土高原土壤水分研究进展［J］. 宁夏农林科技，8：55-57.

蔡靖，杨秀萍，姜在民，2002. 陕西周至国家级自然保护区植物多样性研究［J］. 西北林学院学报，17（4）：19-23.

蔡立群，齐鹏，张仁陟，2008. 保护性耕作对麦-豆轮作条件下土壤团聚体组成及有机碳含量的影响［J］. 水土保持学报，22（2）：141-145.

蔡青，曾光明，石林，等，2012. 基于栅格数据和图论算法的生态廊道识别［J］. 地理研究，31（8）：1523-1534.

曹寒冰，2017. 基于降水和产量的黄土高原旱地小麦施肥调控［D］. 杨凌：西北农林科技大学.

曹永昌，杨瑞，刘帅，等，2017. 秦岭典型林分夏秋两季根际与非根际土壤微生物群落结构［J］. 生态学报，37（5）：1667-1676.

曹志平，2007. 土壤生态学［M］. 北京：化学工业出版社.

常保华，2013. 宁夏六盘山国家级自然保护区脊椎动物资源调查分析［D］. 西安：西北大学.

常欣，程序，刘国彬，等，2005. 黄土高原农业可持续发展方略初探［J］. 科技导报，23（3）：52-56.

陈爱侠，于法，2002. 黄土高原半干旱区雨水集蓄利用研究［J］. 前沿论坛，12：47-49.

陈昂，隋欣，王东胜，等，2015. 基于水库生态系统演替的环境影响后评价技术体系研究［J］. 环境影响评价，37（6）：41-44.

陈发虎，范育新，春喜，等，2008. 晚第四纪"吉兰泰-河套"古大湖的初步研究［J］. 科学通报，53：1207-1219.

陈芳，张琪，2006. 畜牧业可持续发展问题的探讨［J］. 畜牧与饲料科学，3：39-42.

陈芙蓉，程积民，于鲁宁，等，2011. 封育和放牧对黄土高原典型草原生物量的影响［J］. 草业科学，28（6）：1079-1084.

陈国良，徐学选，1995. 黄土高原的雨水利用技术与发展：窑窖节水农业是缺水山区高效农业的出路［J］. 水土保持通报，15（50）：7-9.

陈继红，2003. 用可持续发展经济学理论来认识林业可持续发展［J］. 国土与自然资源研究，1：79-80.

陈见影，2014. 陕西渭北旱塬秦庄沟流域综合治理模式研究［D］. 西安：陕西师范大学.

陈建文，史建伟，王孟本，2016. 不同林龄柠条细根现存量比较［J］. 生态学报，36（13）：4021-4033.

陈姣，廉凯敏，张峰，等，2012. 山西历山保护区野生种子植物区系研究［J］. 山西大学学报（自然科学版），35（1）：151-157.

陈凯，刘增文，李俊，等，2011. 基于 SOFM 网络对黄土高原森林生态系统的养分循环分类研究［J］. 生态学报，31（23）：7022-7030.

陈利顶，李秀珍，傅伯杰，等，2014. 中国景观生态学发展历程与未来研究重点［J］. 生态学报，34（12）：3129-3141.

陈灵芝，陈伟烈，1995. 中国退化生态系统研究［M］. 北京：中国科学技术出版社.

陈灵芝，孙航，郭柯，2016. 中国植物区系与植被地理［M］. 北京：科学出版社.

陈孟立，曾全超，黄懿梅，等，2018. 黄土丘陵区退耕还林还草对土壤细菌群落结构的影响［J］. 环境科学，39（4）：1824-1832.

陈乃政，苏乃平，1995. 王家沟流域农田土壤养分现状及培肥途径［M］//杨才敏. 晋西黄土丘陵沟壑区水土流失综合治理开发研究．北京：中国科学技术出版社．
陈攀攀，常宏涛，毕华兴，等，2011．黄土高原沟壑区典型小流域土地利用变化及其对水土流失的影响［J］．中国水土保持科学，9（2）：57-63．
陈赛赛，孙艳玲，杨艳丽，等，2015．三北防护林工程区植被景观格局变化分析［J］．干旱区资源与环境，29（12）：85-90．
陈水松，唐剑锋，2013．水生态监测方法介绍及研究进展评述［J］．人民长江，44（S2）：92-96．
陈晓飞，王铁良，谢立群，2006．盐碱地改良：土壤次生盐渍化防治与盐渍化改良及利用［M］．沈阳：东北大学出版社．
程积民，万惠娥，2002．中国黄土高原植被建设与水土保持［M］．北京：中国林业出版社．
程杰，呼天明，程积民，2010．黄土高原半干旱区云雾山封禁草原30年植被恢复对气候变化的响应［J］．生态学报，30（10）：2630-2638．
程浙，2002．山西省地表水水质评价及污染状况分析［J］．科技情报开发与经济，12（5）：163-166．
储诚山，刘伯霞，2019．陕西黄土高原生态环境问题及生态保护修复［J］．开发研究，5：124-131．
崔井红，张志红，夏娜，等，2016．太原市某城区四季大气$PM_{2.5}$中重金属污染特征分析［J］．环境科学学报，36（5）：1566-1572．
崔灵周，魏丙臣，李占斌，等，2001．黄土高原地区雨水集蓄利用技术发展评述［J］．灌溉排水，19（4）：75-78．
崔强，高甲荣，赵哲光，等，2009．宁夏毛乌素沙地油蒿群落结构特征［J］．安徽农业科学，37（24）：11801-11804．
戴树桂，2006．环境化学［M］．2版．北京：高等教育出版社．
党小虎，吴彦斌，刘国彬，等，2018．生态建设15年黄土高原生态足迹时空变化［J］．地理研究，37（4）：761-771．
丁光伟，赵存兴，1991．黄土高原地区土地盐渍化的防治［J］．干旱区资源与环境，4：49-60．
董红利，2010．内蒙古准格尔煤田矿区复垦过程中土壤微生物的变化及规律的研究［D］．呼和浩特：内蒙古师范大学．
董锁成，王海英，2005．甘肃省定西地区集雨灌溉高效农业模式研究［J］．兰州大学学报（自然科学版），41（5）：20-26．
杜峰，程积民，2001．黄土高原农牧交错区畜牧业可持续发展评析：以吴旗县为例［J］．水土保持学报，15（6）：113-120．
杜世勋，荣月静，2017．山西省生态安全格局空间识别研究［J］．水土保持研究，24（6）：147-153．
段碧华，刘京宝，乌艳红，等，2013．中国主要杂粮作物栽培［M］．北京：中国农业科学术出版社．
段建南，王改兰，李拴怀，等，1994．黄土高原砖窑沟试验区土壤资源与改良利用途径［J］．自然资源学报，9（3）：253-259．
段建南，赵丽兵，王改兰，等，2002．长期定位试验条件下土地生产力和土壤肥力的变化［J］．湖南农业大学学报（自然科学版），28（6）：479-482．
段荣贵，2012．祁连山南坡青海云杉林的分布规律［J］．青海大学学报（自然科学版），30（3）：74-79．
俄胜哲，丁宁平，李利利，等，2018．长期施肥条件下黄土高原黑垆土作物产量与土壤碳氮的关系［J］．应用生态学报，29（12）：4047-4055．
俄胜哲，杨志奇，罗照霞，等，2016．长期施肥对黄土高原黄绵土区小麦产量及土壤养分的影响［J］．麦类作物学报，36（1）：104-110．
鄂竟平，2003．搞好黄土高原淤地坝建设为全面建设小康社会提供保障［J］．中国水土保持，12：4-6．
范琳，2019．山西省天然林保护工程综合效益评价［J］．西北林学院学报，34（3）：265-272．
范庆安，庞春花，张峰，2008．汾河流域湿地退化特征及恢复对策［J］．水土保持通报，20（5）：192-194．
范庆安，庞春花，张建民，等，2006．山西白羊草草地资源与可持续利用［J］．山西大学学报（自然科学版），29（4）：432-435．
范忠兴，赵延德，寇书红，2014．黄土高原林业生态工程建设与可持续发展［J］．陕西林业科技，2：49-51．
方精云，郭柯，王国宏，等，2020．《中国植被志》的植被分类系统、植被类型划分及编排体系［J］．植物生态学报，44（2）：96-110．
冯慧，2009．黄河上游龙羊峡-刘家峡河段水生生物多样性研究及生态系统健康评价［D］．西安：西北大学．
冯磊，王治国，孙保平，等，2012．黄土高原水土保持功能的重要性评价与分区［J］．水土保持科学，10（4）：16-21．
傅伯杰，1985a．农业生态区划几个问题初探［J］．农村生态环境，4：31-34．
傅伯杰，1985b．渭北旱原农业生态区划及农业生产合理结构的初步研究［J］．生态学报，5（3）：195-203．
傅伯杰，2014．地理学综合研究的途径与方法：格局与过程耦合［J］．地理学报，69（8）：1052-1059．
傅伯杰，2019．退耕还林工程使黄土高原实现了生态环境保护和社会经济发展“双赢”［DB/OL］．https://www.sohu.com/a/336599592_781497．
傅伯杰，陈利顶，马克明，等，2001．景观生态学原理及应用［M］．北京：科学出版社．
傅伯杰，刘国华，陈利顶，等，2001．中国生态区划方案［J］．生态学报，21（1）：1-6．
傅伯杰，徐延达，吕一河，2010．景观格局与水土流失的尺度特征与耦合方法［J］．地球科学进展，25（7）：673-681．
傅伯仁，2008．黄土高原生态建设效率研究［M］．兰州：甘肃人民出版社．
傅小城，叶麟，徐耀阳，等，2010．黄河主要水系水环境与底栖动物调查研究［J］．生态科学，29（1）：1-7．
傅志军，1997．秦岭太白山巴山冷杉林初步研究［J］．宝鸡文理学院学报（自然科学版），17（7）：60-62，64．
傅子祯，李继瓒，1976．山西各山地植被垂直地带性的分析［J］．山西林业科技，2：16-23，29．
盖志毅，2005．草原生态经济系统可持续发展研究［D］．北京：北京林业大学．
甘肃省统计局，2007．2007年甘肃省统计年鉴［M］．北京：中国统计出版社．

甘枝茂，1990．黄土高原地貌与土壤侵蚀研究［M］．西安：陕西人民出版社．
高海东，李占斌，李鹏，等，2015．基于土壤侵蚀控制度的黄土高原水土流失治理潜力研究［J］．地理学报，70（9）：1503-1515．
高海东，庞国伟，李占斌，等．2017．黄土高原植被恢复潜力研究［J］．地理学报，72（5）：863-874．
高会议，郭胜利，刘文兆，2011．黄土旱塬裸地土壤呼吸特征及其影响因子［J］．生态学报，31（18）：5217-5224．
高江波，黄娇，李双成，等，2010．中国自然地理区划研究的新进展与发展趋势［J］．地理科学进展，29（11）：1400-1407．
高荣乐，1996．黄河流域水土保持梯田建设［J］．中国水土保持，10：30-32．
高旺盛，董孝斌，2003．黄土高原丘陵沟壑区脆弱农业生态系统服务评价：以安塞县为例［J］．自然资源学报，18（2）：182-188．
高阳，2014．黄土高原地区林草生态系统碳密度和碳储量研究［D］．杨凌：西北农林科技大学．
高阳，程积民，刘伟，2011．黄土高原地区不同类型天然草地群落学特征［J］．草业科学，28（6）：1066-1069．
高照良，2012．黄土高原沙地和沙漠区的土地荒漠化研究［J］．泥沙研究，6：1-10．
耿荣，耿增超，黄建，等，2015．秦岭辛家山林区云杉外生菌根真菌多样性［J］．微生物学报，55（7）：905-915．
龚子同，1999．中国土壤系统分类［M］．北京：科学出版社．
GRAEDEL T E, ALLENBY B R, 2004. 产业生态学［M］．2 版．影印版．北京：清华大学出版社．
顾朝军，穆兴民，高鹏，等，2017．1961～2014 年黄土高原地区降水和气温时间变化特征研究［J］．干旱区资源与环境，31（3）：136-143．
关连珠，2020．普通土壤学［M］．2 版．北京：中国农业大学出版社．
郭斌，张莉，文雯，等，2014．基于 CA-Markov 模型的黄土高原南部地区土地利用动态模拟［J］．干旱区资源与环境，28（12）：14-18．
郭春梅，赵朝成，2007．环境工程基础［M］．北京：石油工业出版社．
郭柯，方精云，王国宏，等，2020．中国植被分类系统修订方案［J］．植物生态学报，44（2）：111-127．
郭琳，2010．黄土高原刺槐人工林群落植物物种多样性研究［D］．杨凌：西北农林科技大学．
郭索彦，2003．加快淤地坝建设为全面建设小康社会提供生态保障［J］．水土保持研究，10（5）：6-8．
郭文元，卫元太，刘正魁，等，1995．汾西县坝地防洪保收经验调查［M］//杨才敏．晋西黄土丘陵沟壑区水土流失综合治理开发研究．北京：中国科学技术出版社．
郭忠升，邵明安，2010．黄土丘陵半干旱区柠条锦鸡儿人工林对土壤水分的影响［J］．林业科学，46（12）：1-7．
国家发展改革委，水利部，农业部，等，2010．2010—2030 年黄土高原地区综合治理规划大纲［EB/OL］．http://www.gov.cn/zwgk/2011-01/17/ content_1786454.htm.
国家计划委员会，国家科学技术委员会，国家经济贸易委员会等，1994．中国 21 世纪议程［M］．北京：环境科学出版社．
韩慧丽，靖元孝，杨丹箐，等，2008．水库生态系统调节小气候及净化空气细菌的服务功能：以深圳梅林水库和西丽水库为例［J］．生态学报，28（8）：3554-3562．
韩骏飞，2010．黄土高原丘陵区集雨节水灌溉技术［J］．山西农业科学，38（6）：91-92．
韩蕊莲，侯庆春，1996．黄土高原人工林小老树成因分析［J］．干旱区农业研究，14（4）：104-108．
韩亚慧，2017．渭河流域陕西段典型水库鱼产力及鲢、鳙放养量估算［J］．河北渔业，11：22-26．
郝成元，2003．毛乌素地区沙漠化驱动机制研究［D］．济南：山东师范大学．
郝少英，张峰，2014．山西历山自然保护区濒危植物保护等级评价［J］．东北林业大学学报，42（6）：122-128．
郝文芳，梁宗锁，韩蕊莲，等，2002．黄土高原不同植被类型土壤特性与植被生产力关系研究进展［J］．西北植物学报，22（6）：1545-1550．
何洪鸣，白春昱，赵宏飞，等，2018．黄土高原土地利用变化特征及其环境效应［J］．中国土地科学，32（7）：51-59．
何晓军，代拴发，牛琼华，2008．太白山国家级自然保护区资源保护管理现状与对策［J］．陕西林业科技，3：111-115
何晓雁，郝明德，李慧成，等，2010．黄土高原旱地小麦施肥对产量及水肥利用效率的影响［J］．植物营养与肥料学报，16（6）：1333-1340．
何兴东，尤万学，余殿，2016．生态恢复理论与宁夏盐池植被恢复技术［M］．天津：南开大学出版社．
贺纪正，王军涛，2015．土壤微生物群落构建理论与时空演变特征［J］．生态学报，35（20）：6575-6583．
洪坚平，2011．土壤污染与防治［M］．2 版．北京：中国农业出版社．
洪业汤，1989．不能把黄河看成是生态环境破坏的象征［J］．人民黄河，3：71-72．
侯德恒，2016．山西省第五次荒漠化和沙化监测结果及动态变化分析［J］．山西林业科技，45（3）：4-8．
侯庆春，2001．论黄土高原畜牧业发展的关键问题［J］．水土保持通报，21（2）：1．
侯庆春，韩蕊莲，2000．黄土高原植被建设中的有关问题［J］．水土保持通报，20（2）：53-56．
侯晓丽，王云彪，2018．湿地生态风险评价中生物完整性指数研究进展［J］．生态毒理学报，13（4）：3-8．
侯学煜，1960．中国的植被（附 1：800 万中国植被图和植被分区图）［M］．北京：人民教育出版社．

胡建军，牛萍，曹炜，2002. 浅谈黄河上中游地区水土保持淤地坝工程的作用［J］. 西北水资源与水工程，13（2）：28-31.
胡良军，邵明安，杨文治，2003. 黄土高原景观生态特征及其生态恢复的意义［J］. 天津师范大学学报（自然科学版），23（4）：27-31，45.
胡荣桂，2010. 环境生态学［M］. 武汉：华中科技大学出版社.
胡霞林，刘景富，卢士燕，等，2009. 环境污染物的自由溶解态浓度与生物有效性［J］. 化学进展，21（2/3）：514-523.
华东水利学院，1981. 简明水利水电词典［M］. 北京：科学出版社.
黄昌勇，2000. 土壤学［M］. 北京：中国农业出版社.
黄翀，刘高焕，王新功，等，2012. 黄河流域湿地格局特征、控制因素与保护［J］. 地理研究，31（10）：1764-1774.
黄大燊，1997. 甘肃植被［M］. 兰州：甘肃科技出版社.
黄国勤，2009. 中国农业生态学的发展［J］. 江西农业学报，21（8）：178-181.
黄巧玲，2015. 泾河流域径流预报模型研究［D］. 杨凌：西北农林科技大学.
黄学芳，王娟玲，黄明镜，等，2018. 长期施肥对栗褐土区土壤-作物系统可持续性的影响［J］. 中国生态农业学报，26（8）：1107-1116.
黄艺，黄志基，2005. 外生菌根与植物抗重金属胁迫机理［J］. 生态学杂志，24（4）：422-427.
惠泱河，2000. 黄土高原的可持续发展问题［J］. 西北大学学报（自然科学版），30（4）：340-344.
霍琳，武天云，蔺海明，等，2008. 长期施肥对黄土高原旱地黑垆土水稳性团聚体的影响［J］. 应用生态学报，19（3）：545-550.
霍云霈，朱冰冰，2013. 黄土丘陵区水平梯田保水保土效益分析［J］. 水土保持研究，20（5）：24-28.
冀宪武，赵永胜，张志力，2007. 山西省农业立体污染的现状及其原因分析［J］. 农业资源与环境学报，24（6）：70-73.
贾蕙君，2017. 黄河中游（禹门口-汾河入黄口）水因子与湿地植物多样性的相关关系研究［D］. 太原：山西大学.
贾宁凤，2005. 基于 AnnAGNPS 模型的黄土高原小流域土壤侵蚀和养分流失定量评价［D］. 北京：中国农业大学.
贾宁凤，段建南，李保国，等，2006. 基于 AnnAGNPS 模型的黄土高原小流域土壤侵蚀定量评价［J］. 农业工程学报，22（12）：23-27.
贾宁凤，段建南，乔志敏，2007. 土地利用空间分布与地形因子相关性分析方法［J］. 经济地理，27（2）：310-312.
贾宁凤，李旭霖，陈焕伟，等，2006. AnnAGNPS 模型数据库的建立［J］. 农业环境科学学报，2：214-219.
荐圣淇，2013. 黄土高原典型灌木树干茎流特征及其生态水文效应［D］. 兰州：兰州大学.
荐圣淇，赵传燕，方树，等. 2012. 黄土高原丘陵沟壑区柠条和沙棘灌丛的降雨截留特征［J］. 应用生态学报，23（9）：2383-2389.
蒋定生，1997. 黄土高原水土流失与治理模式［M］. 北京：中国水利水电出版社.
蒋定生，刘志，范兴科，1994. 黄土高原水土流失严重地区综合治理与开发模式分区方案探讨［J］. 水土保持研究，1（1）：11-22，28.
焦磊，2011. 中条山麻栎群落数量生态学研究［D］. 太原：山西大学.
景东东，王晓军，景慧玉，等，2016. 太原汾河湿地公园秋冬季鸟类多样性调查［J］. 安徽农业科学，44（7）：18-21.
景可，2006. 黄土高原生态经济区划研究［J］. 中国水土保持，12：11-13.
景可，郑粉莉，2004. 黄土高原植被建设的经验教训与前景分析［J］. 水土保持研究，11（4）：25-27.
巨天珍，王彦，任海峰，等，2012. 小陇山国家级自然保护区次生林分类、排序及演替［J］. 生态学杂志，31（1）：23-29.
康钦俊，2019. 黄土高原区土壤养分空间变异及其耕地质量评价［D］. 杨凌：西北农林科技大学.
康向光，李生宇，王海峰，等，2013. 高立式沙障不同叠加模式的阻沙量对比分析［J］. 干旱区研究，30（3）：550-555.
康永祥，2012. 黄土高原辽东栎林群落生态研究［D］. 杨凌：西北农林科技大学.
康永祥，雷瑞德，梁宗锁，2007. 太白山太白红杉林群落种子植物区系研究［J］. 西北农林科技大学学报（自然科学版），25（3）：93-98.
孔维萍，成自勇，张芮，等，2015. 保护性耕作在黄土高原的应用和发展［J］. 干旱区研究，32（2）：240-250.
寇晓蓉，白中科，杜振州，等，2017. 黄土区大型露天煤矿企业土地复垦质量控制研究［J］. 农业环境科学学报，36（5）：957-965.
兰国玉，雷瑞德，陈伟，2004. 秦岭华山松群落特征研究［J］. 西北植物学报，24（11）：2075-2082
乐天宇，1982. 小气候的改善与管理［M］. 北京：中国农业出版社.
雷明德，1999. 陕西植被［M］. 北京：科学出版社.
李斌，张金屯，2005. 黄土高原土壤景观格局特征分析［J］. 环境科学与技术，28（3）：39-40.
李斌，张金屯，2009. 黄土高原灌丛景观斑块形状的指数和分形分析［J］. 中国农学通报，25（22）：304-308.
李登武，党坤良，温仲明，等，2004. 黄土高原地区种子植物区系中的珍稀濒危植物研究［J］. 西北植物学报，24（12）：2321-2328.
李冬梅，2008. 如何提高盐碱地植树造林成活率的技术初探［J］. 科技资讯，7：247.
李冬梅，2014. 神府东胜矿区煤田开采对农田土壤污染及其生态风险评估［D］. 北京：中国科学院研究生院、教育部水土保持与生态环境研究中心.
李芳，2012. 西安市大气颗粒物 $PM_{2.5}$ 污染特征及其与降水关系研究［D］. 西安：西安建筑科技大学.
李飞，2007. 内生真菌对醉马草抗旱性影响的研究［D］. 兰州：兰州大学.

李凤民，赵松岭，段舜山，等，1995. 黄土高原半干旱区春小麦农田有限灌溉对策初探 [J]. 应用生态学报，6（3）：259-264.
李哈滨，FRANKLIN J F，1988. 景观生态学：生态学领域里的新概念构架 [J]. 生态学进展，5（1）：23-33.
李海防，卫伟，陈瑾，等，2013. 基于“源”“汇”景观指数的定西关川河流域土壤水蚀研究 [J]. 生态学报，33（14）：4460-4467.
李海防，卫伟，陈瑾，等，2014. 定西关川河流域退耕还林还草对景观格局演变的影响 [J]. 干旱区研究，31（3）：410-415.
李红娟，袁勇锋，李引娣，等，2009. 黄河流域水生生物资源研究进展 [J]. 河北渔业，10：1-3.
李洪建，严俊霞，李君剑，等，2010. 黄土高原东部山区两种灌木群落的土壤碳通量研究 [J]. 环境科学学报，30（9）：1895-1904.
李洪远，鞠美庭，2005. 生态恢复的原理与实践 [M]. 北京：化学工业出版社.
李晋鹏，上官铁梁，孟东平，等，2007. 山西吕梁山南段植物群落的数量分类和排序研究 [J]. 应用与环境生物学报，13（5）：615-619.
李军，王学春，邵明安，等，2007. 黄土高原不同密度刺槐（*Robinia pseudoacia*）林地水分生产力与土壤干燥化效应模拟 [J]. 生态学报，28（7）：3125-3142.
李俊鹏，郭英燕，张亚雷，等，2011. 河流中有机碳的环境效应及其研究方法概述 [J]. 四川环境，30（6）：144-148.
李丽娟，温彦平，彭林，2014. 太原市采暖季 $PM_{2.5}$ 中元素特征及重金属健康风险评价 [J]. 环境科学，35（12）：4431-4438.
李良厚，2007. 森林植被构建的有关理论与技术研究 [M]. 郑州：黄河水利出版社.
李林，周可新，郭泺，2014. 中国陆地生态系统受威胁等级评价 [J]. 安全与环境学报，14（2）：259-265.
李林虎，贾兴义，2010. 董志源水土流失综合治理模式探讨 [J]. 甘肃水利水电技术，46（8）：57-58.
李留澜，2008. 新晋商案例研究（第一辑）[C]. 太原：中国经济出版社/山西出版社.
李龙熙，2005. 对可持续发展理论的诠释与解析 [J]. 行政与法（吉林省行政学院学报），1：3-7.
李孟颖，2010. 全球气候变化背景下湿地系统的碳汇作用研究：以天津为例 [J]. 中国园林，26（6）：27-30.
李敏，朱清科，2019. 20 世纪中期以来不同时段黄河年输沙量对水土保持的响应 [J]. 中国水土保持科学，17（5）：1-8.
李敏敏，安贵阳，郭燕，等，2011. 不同灌溉方式对渭北果园土壤水分及水分利用的影响 [J]. 干旱地区农业研究，29（4）：174-179.
李明诗，沈文娟，徐婷，2012. 基于 Globcover 中国三大林区森林破碎化及干扰模式变动分析 [C]. 南京：第十届中国林业青年学术论坛.
李明顺，唐绍清，张杏辉，等，2005. 金属矿山废弃地的生态恢复实践与对策 [J]. 矿业安全与环保，4：16-18.
李琪，张金屯，高洪文，2003. 山西高原三种白羊草群落的生物量 [J]. 草业学报，12（1）：53-58.
李强，2012. 基于综合指数模型的黄土高原自然区划研究 [J]. 安徽农业科学，40（26）：13028-13031
李锐，杨文治，李壁成，2008. 中国黄土高原研究与展望 [M]. 北京：科学出版社.
李山羊，郭华明，黄诗峰，等，2016. 1973～2014 年河套平原湿地变化研究 [J]. 资源科学，38（1）：19-29.
李生宇，雷加强，2003. 草方格沙障的生态恢复作用：以古尔班通古特沙漠油田公路扰动带为例 [J]. 干旱区研究，20（1）：9-12.
李世广，张峰，2014. 山西庞泉沟国家级自然保护区生物多样性与保护管理 [M]. 北京：中国林业出版社.
李素芹，苍大强，李宏，2007. 工业生态学 [M]. 北京：冶金工业出版社.
李素清，2004. 黄土高原产业结构调整与生态产业建设对策 [J]. 太原师范学院学报，3（1）：66-70.
李天星，2019. 黄土高原地区果业发展的水资源瓶颈破解途径及灌溉管理 [J]. 农村经济与科技，30（15）：20-21.
李团胜，程水英，韩景卫，等，2002. 黄十高原区景观生态特征与景观生态建设 [J]. 生态学杂志，21（5）：78-80.
李相儒，金钊张，信宝周，等，2015. 黄土高原近 60 年生态治理分析及未来发展建议 [J]. 地球环境学报，6（4）：248-254.
李小光，孟彤彤，2017. 甘肃中东部集水灌溉农业模式分析和优化研究 [J]. 甘肃水利水电技术，53（6）：22-26.
李小强，安芷生，周杰，等，2003. 全新世黄土高原塬区植被特征 [J]. 海洋地质与第四纪地质，23（3）：111-116.
李晓文，胡远满，肖笃宁，1999. 景观生态学与生物多样性保护 [J]. 生态学报，19（1）：399-407.
李新荣，张志山，刘玉冰，等，2016. 中国沙区生态重建与恢复的生态水文学基础 [M]. 北京：科学出版社.
李鑫，2006. 黄土高原北部风沙区土地荒漠化问题及防治对策 [J]. 中国地质灾害与防治学报，17（1）：133-137.
李玉平，蔡运龙，2007. 河北省土地生态安全评价 [J]. 北京大学学报（自然科学版），43（6）：784-789.
李裕元，邵明安，2003. 子午岭植被自然恢复过程中植物多样性的变化 [J]. 生态学报，24（2）：252-260.
李月梅，王思跃，曹广民，等，2005. 开垦对高寒草甸土壤有机碳影响的初步研究 [J]. 地理科学进展，24（6）：59-65.
李增加，杨永宏，罗上华，等，2015. 生态功能区划在城市总体规划战略环评中的应用研究 [J]. 环境科学导刊，34（增刊）：64-67.
李舟，2018. 基于多尺度分析的黄土高原保护性耕作系统下作物产量、土壤碳库与经济效益研究 [D]. 兰州：兰州大学.
李宗善，杨磊，王国梁，等，2019. 黄土高原水土流失治理现状、问题及对策 [J]. 生态学报，39（20）：7398-7409.
连俊强，张桂萍，张贵平，等，2008. 太行山南端野皂荚群落物种多样性研究 [J]. 山地学报，26（5）：620-626.
廉凯敏，张丽，赵璐璐，等，2010. 山西中条山野生种子植物区系研究 [J]. 武汉植物学研究，28（2）：144-152.
梁存柱，朱宗元，李志刚，2012. 贺兰山植被 [M]. 银川：阳光出版社.
梁硕，张艳荣，尚昊亮，2017. 甘肃省苹果产业成本构成分析 [J]. 农民致富之友，20：40.

梁新阳，2009．山西湿地生态退化特征与保护对策 [J]．中国水利，3：37-38．
梁一民，陈云明，2004．论黄土高原造林的适地适树与适地适林 [J]．水土保持通报，24（3）：69-72．
梁一民，侯喜录，李代琼，1999．黄土丘陵区林草植被快速建造的理论与技术 [J]．土壤侵蚀与水土保持学报，3：2-6，23．
林枫，李川，张欣，等，2009．内生真菌感染对3个不同地理种群羽茅光合特性的影响 [J]．植物研究，29（1）：61-68．
林剑锋，2001．试论林业可持续发展及其政策保障体系 [J]．北京林业大学学报，23（5）：82-83．
林庆祺，蔡信德，王诗忠，2013．植物吸收、迁移和代谢有机污染物的机理及影响因素 [J]．农业环境科学学报，32（4）：661-667．
林育真，2004．生态学 [M]．北京：科学出版社．
林治安，赵秉强，袁亮，2009．长期定位施肥对土壤养分与作物产量的影响 [J]．中国农业科学，42（8）：2809-2819．
凌裕泉，金炯，邹本功，等，1984．栅栏在防止前沿积沙中的作用：以沙坡头地区为例 [J]．中国沙漠，4（3）：16-25．
刘秉正，吴发启，2003．黄土高原经济林（果）建设与开发 [M]．郑州：黄河水利出版社．
刘东生，1985．黄土与环境 [M]．北京：科学出版社．
刘东生，张宗祜，1962．中国的黄土 [J]．地质学报，42（1）：1-13．
刘广全，2005．黄土高原植被构建效应 [M]．北京：中国科学技术出版社．
刘国彬，上官周平，姚文艺，等，2017．黄土高原生态工程的生态成效 [J]．中国科学院院刊，32（1）：11-19．
刘国华，傅伯杰，1998．生态区划的原则及其特征 [J]．环境科学进展，6（6）：67-72．
刘国梁，张峰，2013．1958～2000年黄土高原天气基本特征分析 [J]．干旱区资源与环境，4：76-80．
刘海江，柴慧霞，程维明，等，2008．基于遥感的中国北方风沙地貌类型分析 [J]．地理研究，27（1）：109-118．
刘纪远，1996．中国资源环境遥感宏观调查与动态研究 [M]．北京：中国科学技术出版社．
刘佳鑫，刘普灵，刘栋，等，2014．黄土丘陵区典型峁坡土壤侵蚀空间分异特征 [J]．水土保持通报，34（4）：1-4，10．
刘建宁，贺东昌，2011．黄土高原牧草生产与加工利用 [M]．北京：中国农业出版社．
刘建奇，2015．人工湿地公园污染物迁移转化研究 [D]．天津：天津工业大学．
刘江华，徐学选，杨光，等，2003．黄土丘陵区小流域次生灌丛群落生物量研究 [J]．西北植物学报，23（8）：1362-1366．
刘丽艳，张峰，张婉荣，2004．山西万家寨引黄工程沿线种子植物区系分析 [J]．植物研究，24（1）：65-70．
刘旻霞，赵瑞东，邵鹏，等，2018．近15a黄土高原植被覆盖时空变化及驱动力分析 [J]．干旱区地理，41（1）：101-110．
刘明光，刘莹，张峰，等，2011．云顶山自然保护区植物群落的分类与排序 [J]．林业资源管理，4：82-88．
刘佩佩，白军红，赵庆庆，等，2013．湖泊沼泽化与水生植物初级生产力研究进展 [J]．湿地科学，11（3）：392-397．
刘睿，吴巍，周孝德，等，2017．渭河浮游细菌群落结构特征及其关键驱动因子 [J]．环境科学学报，37（3）：934-944．
刘文忠，1998．ISO14040生命周期评价概述（LCA）[J]．环境导报，1：32-34．
刘晓燕，高云飞，马三保，等，2018．黄土高原淤地坝的减沙作用及其时效性 [J]．水利学报，49（2）：145-155．
刘秀丽，张勃，张调风，等，2013．黄土高原土石山区土地利用变化对生态系统服务的影响：以宁武县为例 [J]．生态学杂志，32（4）：1017-1022．
刘旭，李畅游，贾克力，等，2013．北方干旱区湖泊湿地沉积物有机碳分布及碳储量特征研究：以乌梁素海为例 [J]．生态环境学报，22（2）：319-324．
刘巽浩，1995．论21世纪中国农业可持续发展 [J]．自然资源学报，10（3）：216-224．
刘艳华，徐勇，刘毅，2012．近20年来黄土高原的经济增长时空分异特征 [J]．地球信息科学学报，14（1）：22-31．
刘洋，蒙吉军，朱利凯，2010．区域生态安全格局研究进展 [J]．生态学报，30（24）：6980-6989．
刘勇，岳玲玲，李晋昌，2011．太原市土壤重金属污染及其潜在生态风险评价 [J]．环境科学学报，31（6）：1285-1293
刘玉兰，2009．黄土高原地区水土保持耕作措施区划探讨 [D]．杨凌：西北农林科技大学．
刘志斌，2003．大型露天煤矿闭坑后的生态环境问题及其对策 [J]．露天采矿技术，3：1-3．
刘子龙，赵政阳，张翠花，2009．陕西苹果主产区果园土壤重金属含量水平及评价 [J]．干旱地区农业研究，27（1）：21-25．
卢怡萌，张殷波，2013．基于IUCN的山西省重点保护野生植物受威胁状态评估 [J]．森林工程，29（4）：18-23．
鲁飞飞，张勇，李雪，等，2019．乌梁素海流域湿地保护与恢复建设的探讨 [J]．林业资源管理，5：23-27，67．
陆健健，何文珊，童春富，等，2006．湿地生态学 [M]．北京：高等教育出版社．
吕虹瑞，王飞鹏，李超，等，2016．运城盐池湖区藻类植物组成及与盐度关系 [J]．山西大学学报（自然科学版），39（1）：140-145．
吕振豫，穆建新，2017．黄河流域水质污染时空演变特征研究 [J]．人民黄河，39（7）：66-77．
罗翀，2010．秦岭山系重要保护哺乳动物生境评价与保护对策 [D]．武汉：华中农业大学．
罗文泊，盛连喜，2011．生态监测与评价 [M]．北京：化学工业出版社．
罗珠珠，黄高宝，张仁陟，等，2010．长期保护性耕作对黄土高原旱地土壤肥力质量的影响[J]．中国生态农业学报，18（3）：458-464．
骆世明，2001．农业生态学 [M]．北京：中国农业出版社．
骆占斌，2019．黄土高原矿区采煤扰动后土壤微生物群落结构变化及驱动机制研 [D]．徐州：中国矿业大学．

马博虎，薛学选，刘毅，等，2007. 梯田、坝地在黄土高原生态恢复中的地位与作用［J］. 水土保持研究，水土保持研究，14（4）：27-30.
马露洋，2018. 黄土丘陵区长期施肥对坡耕地土壤质量及农田系统可持续性的影响［D］. 杨凌：西北农林科技大学.
马世骏，1990. 现代生态学透视［M］. 北京：科学出版社.
马涛，贾志清，于洋，等，2017. 土壤环境对陇东黄土高原刺槐林土壤碳通量的影响［J］. 中国水土保持科学，15（6）：97-105.
马雪芹，1999. 历史时期黄河中游地区森林与草原的变迁［J］. 宁夏社会科学，6：80-85.
马子清，2001. 山西植被［M］. 北京：中国科学技术出版社.
毛空，2014. 庞泉沟保护区辽东栎群落优势种群生态学研究［D］. 太原：山西大学.
毛学文，郑宝军，贺蕊蕊，等，2005. 陇山森林与灌丛植被的主要类型及特征研究［J］. 天水师范学院学报，25（5）：70-73.
MARTIN K, SAUERBORN J, 2011. 农业生态学［M］. 马世铭，封克译. 北京：高等教育出版社.
蒙荣，2004. 放牧制度对大针茅草原影响的研究［D］. 呼和浩特：内蒙古大学.
孟军政，郭斌，景建飞，等，2014. 陕西周至国家级自然保护区红豆杉资源调查［J］. 陕西林业科技，5：71-73.
孟紫强，2009. 生态毒理学［M］. 北京：高等教育出版社.
米湘成，张金屯，张峰，等，1995. 山西蟒河自然保护区栓皮栎林的聚类和排序［J］. 植物研究，15（3）：397-402.
苗润吉，2016. 水平梯田水土保持效益分析［J］. 水土保持应用技术，1（1）：46-47.
苗泽华，董莉，2011. 基于产品生命周期制药企业产品生态设计探析［J］. 生产力研究，5：60-61，75.
MOLLES M C, 2000. 生态学：概念与应用［M］. 影印版. 北京：科学出版社.
穆锋海，2005. 畜牧业可持续发展的必由之路［J］. 甘肃农业，2：46.
MUELLER-DOMBOIS D, ELLENBERG H, 1986. 植被生态学的目的和方法［M］. 鲍显诚，张绅，杨邦顺，等译. 北京：科学出版社.
南京大学地理系、北京师范大学地理系、华东师范大学地理系，1980. 土壤学基础与土壤地理［M］. 北京：人民教育出版社.
聂胜委，黄绍敏，张水清，等，2012. 长期定位施肥对土壤效应的研究进展［J］. 土壤，44（2）：188-196.
宁夏水利新志编撰委员会，2004. 宁夏水利新志［M］. 银川：宁夏人民出版社.
欧阳志云，王如松，1999. 生态系统服务功能、生态价值与可持续发展［J］. 世界科技研究与发展，22（5）：45-50.
潘文婧，2020. 从爱知到昆明：是时候重新审视“人与自然”这句话了［DB/OL］.（2020-04-01）［2020-12-18］. https://www.thepaper.cn/newsDetail_forward_ 6771001/2020-04-01
庞国伟，谢红霞，李锐，等，2012. 70多年来纸坊沟小流域土壤侵蚀演变过程［J］. 中国水土保持科学，10（3）：1-8.
庞应龙，2016. 林果业的发展趋势研究［J］. 江西农业，16：103.
裴新富，1991. 关于黄土高原范围问题［J］. 中国水土保持，12：37-42.
漆智平，2007. 热带土壤学［M］. 北京：中国农业大学出版社.
齐矗华，1991. 黄土高原侵蚀地貌与水土流失关系研究［M］. 西安：陕西人民出版社.
祁元，王一谋，冯毓荪，等，2002. 中国北方荒漠土地的分布与气候背景分析［J］. 地理学报，57（S）：113-119.
钱林清，1991. 黄土高原气候［M］. 北京：气象出版社.
钱秀杰，韩军青，李丽莎，2008. 临汾市土壤有机农药施用污染状况研究［J］. 山西师范大学学报（自然科学版），22（1）：73-75.
乔利军，魏富民，傅颖秀，2020. 阳泉市矿山废弃地复垦修复工作的现状、问题和建议［J］. 华北自然资源，1：100-101
乔沙沙，周永娜，刘晋仙，等，2017. 关帝山针叶林土壤细菌群落结构特征［J］. 林业科学，53（2）：89-99.
秦作栋，董光荣，马志正，1995. 晋西北地区土地荒漠化现状分析［J］. 中国沙漠，15（3）：244-251.
邱扬，傅伯杰，王军，等，2007. 土壤水分时空变异及其与环境因子的关系［J］. 生态学杂志，26（1）：100-107.
屈建军，凌裕泉，俎瑞平，等，2005. 半隐蔽格状沙障的综合防护效益观测研究［J］. 中国沙漠，25（3）：329-335.
全国农业区划委员会，1994. 中国综合农业区划［M］. 北京：农业出版社.
任春涛，李畅游，全占军，等，2007. 基于GIS的乌梁素海水体富营养化状况的模糊模式识别［J］. 环境科学研究，20（3）：69-74
任海，刘庆，李凌浩，等，2019. 恢复生态学导论［M］. 北京：科学出版社.
任海，陆宏芳，李意德，等，2019. 植被生态系统恢复及其在华南的研究进展［J］. 热带亚热带植物学报，27（5）：469-480
任慧君，李素萃，刘永兵，2016. 生态脆弱区露天煤矿生态修复效应研究［J］. 煤炭工程，48（2）：127-130.
任金旺，陈茂玉，2006. 太原林业·森林概要［M］. 北京：中国科学技术出版社.
任毅，刘明时，田联会，等，2006. 太白山自然保护区生物多样性研究与管理［M］. 北京：中国林业出版社.
任宗萍，李占斌，李鹏，等，2018. 黄土高原植被建设应从扩大面积向提升质量转变［J］. 科技导报，36（14）：12-14.
茹文明，2006. 濒危植物南方红豆杉生态学研究［D］. 太原：山西大学.
茹文明，张峰，2000. 山西五台山山种子植物区系研究［J］. 植物研究，20（1）：36-47.
山西大学黄土高原研究所，1992. 黄土高原整治研究［M］. 北京：科学出版社.
山西省统计局，2017. 2017年山西省统计年鉴［M］. 北京：中国统计出版社.
陕西省统计局，2017. 2017年陕西省统计年鉴［M］. 北京：中国统计出版社.

上官铁梁，张峰，1989. 云顶山虎榛子灌丛群落学特征及生物量 [J]. 山西大学学报（自然科学版），12（4）：347-352.
上官铁梁，张峰，毕润成，1992. 山西翅果油树灌丛的生态地理分布和群落学特征[J]. 植物生态学与地植物学学报，16（3）：283-291.
上官铁梁，张峰，刘晓玲，1996. 山西沙棘灌丛群落的特征及其合理利用 [J]. 武汉植物学研究，14（2）：153-160.
上官铁梁，张峰，邱富才，等，1999. 芦芽山自然保护区种子植物区系地理成分分析 [J]. 武汉植物学研究，17（4）：323-331.
上官周平，马来，1999. 黄土高原持续生产与粮食发展研究 [M]. 西安：陕西人民出版社.
邵明安，王全九，黄明斌，2006. 土壤物理学 [M]. 北京：高等教育出版社.
盛海洋，2006. 黄土高原水土流失的地质环境研究 [J]. 人民黄河，28（1）：76-79.
盛连喜，冯江，王娓，2002. 环境生态学导论 [M]. 北京：高等教育出版社.
师江澜，2002. 黄土高原适地适草与利用模式研究 [D]. 杨凌：西北农林科技大学.
师雄，许永丽，李富平，2007. 矿区废弃地对环境的破坏及其生态恢复 [J]. 矿业快报，23（6）：35-37.
施雅风，赵井东，2009. 40～30ka BP 中国特殊暖湿气候与环境的发现与研究过程的回顾 [J]. 冰川冻土，31（2）：1-10.
石年，2003. 卫生毒理学 [M]. 北京：人民卫生出版社.
石锐钦，2007. 同煤集团塔山工业园区发展循环经济的理论和实践 [C]. 煤炭经济研究文选：64-67.
石元春，辛德惠，1983. 黄淮海平原的水盐运动和旱涝盐碱的综合治理 [M]. 石家庄：河北人民出版社.
史念海，1988. 历史时期森林变迁的研究 [J]. 中国历史地理论丛，1：1-17.
史作民，程瑞梅，陈力，等，1996. 区域生态系统多样性评价方法 [J]. 农村生态环境，12（2）：1-5.
舒若杰，高建恩，赵建民，等，2006. 黄土高原生态分区探讨 [J]. 干旱地区农业研究，24（3）：143-147.
宋福强，2008. 微生物生态学 [M]. 北京：化学工业出版社.
宋富强，杨改河，冯永忠，2007. 黄土高原不同生态类型区退耕还林（草）综合效益评价指标体系构建研究 [J]. 干旱地区农业研究，25（3）：169-174.
宋娅丽，韩海荣，康峰峰，2016. 山西太岳山不同林龄油松林生物量及碳储量研究 [J]. 水土保持研究，23（1）：29-33.
宋怡，马明国，金钊，2012. 黄土高原近 30 年植被变化特征及其气候驱动 [J]. 地球环境学报，3（6）：1174-1182.
宋永昌，2013. 对中国植被分类系统的认知和建议 [J]. 植物生态学报，35（8）：882-892.
宋永昌，2017. 植被生态学 [M]. 北京：高等教育出版社.
宋永昌，闫恩荣，宋坤，2017. 再议中国的植被分类系统 [J]. 植物生态学报，41（2）：269-278.
孙鸿烈，2011. 中国生态问题与对策 [M]. 北京：科学出版社.
孙庆来，李薇，2012. 黄土高原特色林果业建设的布局与重点 [J]. 华东森林经理，1：10-13.
孙文义，邵全琴，刘纪远，2014. 黄土高原不同生态系统水土保持服务功能评价 [J]. 自然资源学报，29（3）：365-376.
孙艳萍，张晓萍，徐金鹏，等，2012. 黄土高原水蚀风蚀交错带植被覆盖时空演变分析 [J]. 西北农林科技大学学报（自然科学版），40（2）：143-150，156.
孙英杰，宋菁，赵由才，2011. 土壤污染退化与防治-粮食安全，民之大幸 [M]. 北京：冶金工业出版社.
孙兆敏，2005. 宁南旱作农区草地农业发展模式与技术体系研究 [D]. 杨凌：西北农林科技大学.
孙智慧，雷延鹏，卓静，等，2010. 延安北部丘陵沟壑区退耕还林（草）成效的遥感监测 [J]. 生态学报，30（23）：6555-6562.
唐芳明，苏仲仁，王晶，等，1987. 黄土高原植被建设宏观区划的探讨 [J]. 山西省水土保持科技，3：5-10.
唐国玺，2004. 黄土高原半干旱区雨水高效利用模式 [J]. 中国农村水利水电，12：72-73.
唐克丽，1999. 中国土壤侵蚀与水土保持学的特点及展望 [J]. 水土保持通报，6（2）：2-7.
唐明，陈辉，郭建林，等，1994. 陕西省杨树外生菌根种类的调查研究 [J]. 林业科学，30（5）：437-441.
唐守正，2001. 中国森林资源及其对环境的影响 [J]. 科学对社会的影响，3：26-31.
田长彦，周宏飞，刘国庆，2000. 21 世纪新疆土壤盐渍化调控与农业持续发展研究建议 [J]. 干旱区地理，23（2）：177-181.
田红卫，高照良，2013. 黄土高原土地沙漠化成因机制及其治理模式的研究 [J]. 农业现代化研究，34（1）：19-24.
田均良，2002. 生态环境建设必须遵从自然规律：黄土高原退耕还林还草的问题与思考 [J]. 中国科学院院刊，17（4）：287-289.
田沛，张光明，南志标，2016. 禾草内生真菌研究及应用进展 [J]. 草业学报，25（12）：206-220.
铁生年，姜雄，汪长安，2013. 沙漠化防治化学固沙材料研究进展 [J]. 科技导报，31（5）：106-111.
TOWNS D, ATKINSONS I, 1993. 新西兰的生态恢复 [M]. 胡季平，程发泉译. 世界科学，（1）：19-20.
汪滨，张志强，2017. 黄土高原典型流域退耕还林土地利用变化及其合理性评价 [J]. 农业工程学报，33（7）：235-245，316.
汪雅各，章国强，1985. 蔬菜区土壤镉污染及蔬菜种类选择 [J]. 农业环境科学学报，4：7-10.
汪益嫔，张维砚，徐春燕，等，2011. 淀山湖浮游植物初级生产力及其影响因子 [J]. 环境科学，32（5）：1249-1256.
王爱爱，冯佳，谢树莲，2014. 汾河中下游浮游藻类群落特征及水质分析 [J]. 环境科学，35（3）：915-923.
王长友，王修林，于文金，2009. 污染物环境生态效应评价研究进展 [J]. 生态学报，29（9）：5081-5087.
王东，2018. 黄河流域水污染防治问题与对策 [J]. 民主与科学，6：24-25.

王飞，高建恩，邵辉，等，2013．基于GIS的黄土高原生态系统服务价值对土地利用变化的响应及生态补偿［J］．中国水土保持，11（1）：25-31．
王费新，王兆印，2007．基于植被-侵蚀动力学的黄土高原分区及治理策略［J］．清华大学学报（自然科学版），47（12）：2119-2122．
王风光，薛丽敏，2019．农村地区林果业产业化经营模式创新研究［J］．乡村科技，21：23-24．
王改兰，段建南，李旭霖，2003．长期施肥条件下土壤有机质变化特征研究［J］．土壤通报，34（6）：589-591．
王改兰，段建南，李旭霖，等，2005．黄土丘陵区土壤-作物系统氮素特征与管理［J］．植物营养与肥料学报，11（5）：578-583．
王改兰，段建南，贾宁凤，等，2006．长期施肥对黄土丘陵区土壤理化性质的影响［J］．水土保持学报，20（4）：82-85．
王改兰，段建南，贾宁凤，等，2008．长期施肥对栗褐土钾素含量的影响［J］．中国土壤与肥料，4：26-29．
王改玲，郝明德，许继光，等，2011．保护性耕作对黄土高原南部地区小麦产量及土壤理化性质的影响［J］．植物营养与肥料学报，17（3）：539-544．
王国锋，王金成，2017．黄土高原地区土壤石油污染状况及生物修复技术研究进展［J］．安徽农业科学，45（32）：65-70．
王国宏，郭柯，方精云，等，2020．《中国植被志》研编内容与规范［J］．植物生态学报，44（2）：128-178．
王国祥，1992．山西森林［M］．北京：中国林业出版社．
王浩，罗尧增，刘戈力，2010．中国水资源问题与可持续发展战略研究［M］．北京：中国电力出版社．
王荷生，1997．华北植物区系地理［M］．北京：科学出版社．
王洪亮，张峰，2017．山西芦芽山国家级自然保护区生物多样性保护与管理［M］．北京：中国林业出版社．
王焕校，2012．污染生态学［M］．3版．北京：高等教育出版社．
王计平，杨磊，卫伟，等，2011．黄土丘陵区景观格局对水土流失过程的影响：景观水平与多尺度比较［J］．生态学报，31（19）：5531-5541．
王建光，2012．农牧交错区苜蓿-禾草混播模式研究［D］．北京：中国农业科学院．
王健，朱兴平，1996．半干旱区降水资源高效利用技术研究［J］．中国水土保持，7：32-36．
王捷，刘琪，冯佳，等，2017．汾河太原河段水华发生及潜在危害［J］．山西水土保持科技，3：17-20．
王金成，井明博，肖朝霞，等，2012．陇东黄土高原地区石油污染土壤微生物群落及其与环境因子的关系［J］．水土保持通报，32（5）：145-151．
王锦贵，任国玉，2003．中国沙尘气候图集［M］．北京：气象出版社．
王晶，2016．山西金露梅属2种植物群落生态特征研究［D］．临汾：山西师范大学．
王娟，陈云明，曹扬，等，2012．子午岭辽东栎林不同组分碳含量与碳储量［J］．生态学杂志，31（12）：3058-3063．
王礼先，1995．水土保持学［M］．北京：中国林业出版社．
王礼先，2000．水土保持工程学［M］．北京：中国林业出版社．
王灵梅，2004．火电厂生态工业园研究［D］．太原：山西大学．
王孟本，1984．山西高原栓皮栎林研究［D］．太原：山西大学．
王孟本，李洪建，2001．黄土高原人工林水分生态研究［M］．北京：中国林业出版社．
王麒翔，范晓辉，王孟本，2011．近50年黄土高原地区降水时空变化特征［J］．生态学报，31（19）：5512-5523．
王庆海，肖波，却晓娥，2012．退化环境植物修复的理论与技术实践［M］．北京：科学出版社．
王庆锁，梁艳英，1997．油蒿群落植物多样性动态［J］．中国沙漠，17（2）：159-163．
王秋艳，2009．中国绿色发展报告［M］．北京：中国时代经济出版社．
王仁合，王永斌，张芬玲，2011．黄土高原上的世界珍禽：褐马鸡［J］．陕西林业，5：46．
王如松，2003．复合生态与循环经济［M］．北京：气象出版社．
王如松，杨建新，2000．产业生态学和生态产业转型［J］．世界科技研究与发展，22（5）：24-32．
王如松，杨建新，2002．从褐色工业到绿色文明［M］．上海：上海科学技术出版社．
王世雄，王孝安，李国庆，等，2009．太白红杉群落的多元分析与环境解释［J］．陕西师范大学学报（自然科学版），37（1）：69-73．
王寿兵，吴峰，刘晶茹，2006．产业生态学［M］．北京：化学工业出版社．
王朔林，王改兰，赵旭，等，2015．长期施肥对栗褐土有机碳含量及其组分的影响［J］．植物营养与肥料学报，21（1）：104-111．
王文龙，穆兴民，1998．黄土高原雨水资源化与农业持续发展［J］．水土保持通报，16（1）：59-62．
王小花，2015．人工选择下黄土高原旱区节灌技术的关键问题研究［J］．农田水利，13：74-75．
王鑫，王宗礼，陈建徽，等，2014．山西宁武天池区高山湖泊群的形成原因［J］．兰州大学学报（自然科学版），50（2）：208-212．
王亚虹，杨佳美，戴启立，等，2017．西安城郊PM_{10}和$PM_{2.5}$化学组分特征研究：以户县草堂寺为例［J］．环境污染与防治，39（5）：540-548．
王琰，2019．吕梁山森林生态系统碳密度及空间分布格局［D］．太原：山西大学．
王燕，彭林，李丽娟，等，2016．晋城城市扬尘化学组成特征及来源解析［J］．环境科学，37（1）：82-87．

王仰麟，1995．格局与过程：景观生态学的理论前沿［C］//中国科学技术协会第二届青年学术年会（基础科学）．北京：中国科学技术协会．

王毅荣，尹宪志，袁志鹏，2004．中国黄土高原气候系统主要特征［J］．灾害学，19（S1）：39-45．

王应刚，白建国，1998．砖窑沟流域水土流失控制措施及其效益分析［J］．水土保持通报，18（6）：42-44．

王勇，赵为，2014．盐碱地治理不能成荒漠化治理中“失落的一环”［EB/OL］．（2014-01-06）［2020-12-18］．http://news.xinhua08.com/a/20140106/ 1290932.shtml,2014-01-06/2019-12-20．

王云珠，刘晔，韩芸，2017．能源转型背景下山西煤炭清洁高效利用路径与政策［J］．煤炭经济研究，37（12）：11-17．

王治国，张云龙，刘徐师，等，2000．林业生态工程学-林草植被建设的理论与实践［M］．北京：中国林业出版社．

王卓，2006．西北黄土高原区雨水高效利用模式［J］．学术纵横，11：148-149．

王梓廷，2018．土壤微生物群落分布和多样性对保护性耕作的响应及其机制［D］．杨凌：西北农林科技大学．

韦兰英，上官周平，2008．黄土高原不同退耕年限坡地植物比叶面积与养分含量的关系［J］．生态学报，28（6）：2526-2535．

韦振峰，任志远，张翀，等，2014．1999～2010年陕甘宁黄土高原区荒漠化空间特征［J］．中国沙漠，34（5）：1230-1236．

尉伯瀚，张峰，2011．太行山南端野皂荚群落的数量分析［J］．山西大学学报（自然科学版），34（2）：332-336．

魏宇昆，高玉葆，李川，等，2006．内蒙古中东部草原羽茅内生真菌的遗传多样性［J］．植物生态学报，30（4）：640-649．

邬建国，1991．耗散结构、等级系统理论与生态系统［J］．应用生态学报，2（2）：181-186．

邬建国，2000．景观生态学：格局、过程、尺度与等级［M］．北京：高等教育出版社．

吴攀升，秦作栋，2009．晋西北土地荒漠化现状及其分布规律［J］．贵州师范大学学报，27（1）：25-28．

吴瑞娟，金卫根，邱峰芳，2008．土壤重金属污染的生物修复［J］．安徽农业科学，36（7）：2916-2918．

吴征镒，1980．中国植被［M］．北京：科学出版社．

吴征镒，孙航，周浙昆，等，2011．中国种子植物区系地理［M］．北京：科学出版社．

肖蓓，崔步礼，李东羿，等，2017．黄土高原不同气候区降水时空变化特征［J］．中国水土保持科学，5（1）：51-61．

肖笃宁，1999．论现代景观科学的形成与发展［J］．地理科学，19（4）：379-384．

肖笃宁，布仁仓，李秀珍，1997．生态空间理论与景观异质性［J］．生态学报，17（5）：453-461．

肖笃宁，陈文波，郭福良，2002．论生态安全的基本概念和研究内容［J］．应用生态学报，13（3）：354-358．

肖笃宁，钟林生，1998．景观分类与评价的生态原则［J］．应用生态学报，9（2）：217-221．

肖国举，王静，2003．黄土高原集水农业研究进展［J］．生态学报，23（5）：1003-1011．

肖寒，欧阳志云，赵晋柱，等，2001．海南岛景观空间结构分析［J］．生态学报，21（1）：20-27．

肖兴媛，任志远，2002．黄土高原生态环境重建与经济社会发展存在的问题与对策［J］．中国历史地理论丛，17（3）：151-158．

谢高地，鲁春霞，冷允法，等，2003．青藏高原生态资产的价值评估［J］．自然资源学报，18（2）：189-196．

谢永生，2014．中国黄土高原水土保持与农业可持续发展［M］．北京：科学出版社．

谢正川，1989a．试论黄土高原畜牧业基地建设［J］．畜牧兽医杂志，3：34-37．

谢正川，1989b．试论黄土高原畜牧业基地建设（续）［J］．畜牧兽医杂志，4：29-32．

解超杰，薛小峰，文亚林，等，2014．陕西韩城黄龙山褐马鸡自然保护区野生动植物资源现状及其保护对策［J］．陕西林业科技，2：52-54，76．

辛娟，俞靓，2017．陕西省第五次荒漠化和沙化监测情况分析［J］．防护林科技，1：81-83．

熊毅，李庆逵，1987．中国土壤［M］．北京：科学出版社．

胥刚，2015．黄土高原农业结构变迁与农业系统战略构想［D］．兰州：兰州大学．

徐德琳，邹长新，徐梦佳，等，2015．基于生态保护红线的生态安全格局构建［J］．生物多样性，23（6）：740-746．

徐焕，2017．黄土高原植被覆盖时空变化的遥感监测及其驱动力分析［D］．北京：中国科学院大学．

徐茜，任志远，杨忍，2014．黄土高原地区归一化植被指数时空动态变化及其与气候因子的关系［J］．陕西师范大学学报（自然科学版），40（1）：82-87．

徐香兰，张科利，徐宪立，等，2003．黄土高原地区土壤有机碳估算及其分布规律分析［J］．水土保持学报，17（3）：13-15．

徐新良，2017a．中国人口空间分布公里网格数据集［DB/OL］．（2017-12-11）［2020-12-18］．中国科学院资源环境科学数据中心数据注册与出版系统（http://www.resdc.cn/DOI）．

徐新良，2017b．中国 GDP 空间分布公里网格数据集［DB/OL］．（2017-12-11）［2020-12-18］．中国科学院资源环境科学数据中心数据注册与出版系统（http://www.resdc.cn/DOI）．

徐新良，刘纪远，张增祥，等，2015．中国 5 年间隔陆地生态系统空间分布数据集（1990～2010）［DB/OL］．（2015-01-01）［2020-12-18］．全球变化科学研究数据出版系统（DOI:10.3974/geodb.2015.01.01.V1）．

徐勇，刘艳华，汤青，2009．国家主体功能区划与黄土高原生态恢复［J］．水土保持研究，16（6）：1-5．

许冬梅，王堃，2007．毛乌素沙地南缘生态过渡带土壤微生物特征［J］．中国沙漠，27（5）：805-808．

荀俊杰，李俊英，陈建文，等，2009. 幼龄柠条细根现存量与环境因子的关系［J］. 植物生态学报，33（4）：764-771.
鄢珣，王俊，2001. 黄土高原地区春小麦对有限灌溉的反应及其生理生态基础［J］. 西北植物学报，21（4）：791-795.
严旬，1992. 中国濒危动物的现状和保护［J］. 野生动物，1：3-5.
阎子盟，张玉娟，潘利，等，2014. 天然草地补播豆科牧草的研究进展［J］. 中国农学通报，30（29）：1-7.
颜明，王彩侠，王随继，等，2013. 1958-2007 年黄土高原沙尘暴和降雨的时空变化研究［J］. 中国沙漠，33（3）：850-855.
晏利斌，2015. 1961～2014 年黄土高原气温和降水变化趋势［J］. 地球环境学报，6（5）：276-282.
杨建新，1999. 面向产品的环境管理工具：产品生命周期评价［J］. 环境科学，20（1）：100-103.
杨建新，王如松，1998. 产业生态学的回顾与展望［J］. 应用生态学报，9（5）：555-561.
杨晶，沈禹颖，南志标，等，2010. 保护性耕作对黄土高原玉米-小麦-大豆轮作系统产量及表层土壤碳管理指数的影响［J］. 草业学报，19（1）：75-82.
杨景春，2001. 地貌学原理［M］. 北京：北京大学出版社.
杨玲，2016. 基于空间管制的“多规合一”控制线系统初探-关于县（市）域城乡全覆盖的空间管制分区的再思考［J］. 城市发展研究，2：8-15.
杨勤业，李双成，1999. 中国生态地域划分的若干问题［J］. 生态学报，19（5）：596-601.
杨勤业，张伯平，郑度，1988. 关于黄土高原空间范围的讨论［J］. 自然资源学报，3（1）：9-15
杨思存，车宗贤，王成宝，等，2014. 甘肃沿黄灌区土壤盐渍化特征及其成因［J］. 干旱区研究，31（1）：57-64.
杨文龙，王文义，1997. 湖泊生态系统的结构与功能［J］. 云南环境科学，16（3）：33-36.
杨文治，马玉玺，韩仕峰，等，1994. 黄土高原地区造林土壤水分生态分区研究［J］. 水土保持学报，8（1）：1-9.
杨小平，2012. 中国西部巴丹吉林沙漠丘间地湖泊水源补给与全新世气候变化［C］. 开封：中国地理学会学术年会.
杨艳菊，王改兰，张海鹏，等，2012. 长期施肥对黄土丘陵区土壤各形态磷之间关系的影响［J］. 华北农学报，27（6）：191-195.
杨艳菊，王改兰，张海鹏，等，2013. 长期不同施肥处理对栗褐土可培养微生物数量的影响［J］. 中国土壤与肥料，4：35-38.
杨玉荣，2015. 丛枝菌根真菌（AMF）提高植物修复土壤重金属 Pb 污染的作用机制［D］. 杨凌：西北农林科技大学.
杨允菲，祝廷成，2011. 植物生态学［M］. 2 版. 北京：高等教育出版社.
杨招弟，蔡立群，张仁陟，等，2008. 不同耕作方式对旱地土壤酶活性的影响［J］. 土壤通报，3：514-517.
杨智奇，董金玮，徐新良，等，2018. 黄土高原森林破碎化的基本特征与时空格局演变［J］. 资源科学，40（6）：1246-1255.
伊如汗，闫伟，魏杰，2017. 内蒙古贺兰山地区青海云杉（*Picea crassifolia*）外生菌根真菌多样性研究［J］. 内蒙古林业调查设计，40（2）：71-72，75.
易浪，任志远，张翀，等，2014. 黄土高原植被覆盖变化与气候和人类活动的关系［J］. 资源科学，36（1）：166-174.
殷旭旺，徐宗学，高欣，等，2013. 渭河流域大型底栖动物群落结构及其与环境因子的关系［J］. 应用生态学报，24（1）：218-226.
于淑会，刘金铜，李志祥，等，2012. 暗管排水排盐改良盐碱地机理与农田生态系统响应研究进展［J］. 中国生态农业学报，20（12）：1664-1672.
于秀娟，2003. 工业与生态［M］. 北京：化学工业出版社.
余作岳，彭少麟，1996. 热带亚热带退化生态系统植被恢复［M］. 广州：广东科技出版社.
俞孔坚，1999. 生物保护的景观生态安全格局［J］. 生态学报，19（1）：8-15.
袁晓波，尚振艳，牛得草，等，2015. 黄土高原生态退化与恢复［J］. 草业科学，32（3）：363-371.
岳建英，李晋川，王文英，等，2002. 安太堡矿废弃地侵入野生植物及对生态系统的影响［J］. 中国野生植物资源，21（5）：44-46.
岳亮，毕润成，1988. 山西白皮松林的初步研究［J］. 山西师大学报（自然科学版），2（1）：68-75.
岳秀贤，2011. 蒙古高原种子植物区系研究［D］. 呼和浩特：内蒙古农业大学.
臧逸飞，2016. 长期不同轮作施肥土壤微生物学特性研究及生物肥力评价［D］. 杨凌：西北农林科技大学.
曾翠萍，邱慧珍，张文明，等，2010. 基于 PSR 模型的庆阳市生态安全评价［J］. 干旱区资源与环境，24（12）：67-72.
查轩，黄少燕，2000. 黄土高原土地资源可持续利用途径研究［J］. 中国土地科学，14（4）：35-38.
詹兴中，2007. 陕西韩城黄龙山褐马鸡自然保护区种子植物区系研究［D］. 杨凌：西北农林科技大学.
张彩霞，谢高地，杨勤科，等，2008. 黄土丘陵区土壤保持服务价值动态变化及评价：以纸坊沟流域为例［J］. 自然资源学报，23（6）：1035-1043.
张崇国，1987. 诊断施肥（表解）［M］. 成都：四川科学技术出版社.
张东海，任志远，刘焱序，等，2012. 基于人居自然适宜性的黄土高原地区人口空间分布格局分析［J］. 经济地理，32（11）：13-19.
张帆，陈建文，王孟本，2012. 幼龄柠条细根的空间分布和季节动态［J］. 生态学报，32（17）：5484-5493.
张峰，1990. 山西油松林分布区的气候因素排序研究［J］. 山西大学学报（自然科学版），13（3）：322-327.
张峰，2012. 珍稀濒危植物翅果油树数量生态学研究［M］. 北京：科学出版社.
张峰，高翠莲，上官铁梁，等，2000. 滹沱河湿地狭叶香蒲群落生物量研究［J］. 山西大学学报（自然科学版），23（4）：347-349.

张峰，韩书权，上官铁梁，2001．翅果油树地理分布与生态环境关系分析［J］．山西大学学报（自然科学版），24（1）：86-88
张峰，上官铁梁，1988．山西南方红豆杉林的生态优势度分析［J］．山西大学学报（自然科学版），11（4）：82-87.
张峰，上官铁梁，1991．关帝山黄刺玫灌丛群落结构与生物量的研究［J］．武汉植物学研究，9（4）：247-252.
张峰，上官铁梁，1992．关帝山华北落叶松林的群落学特征和生物量［J］．山西大学学报（自然科学版），15（1）：72-77.
张峰，上官铁梁，1994．翅果油树群落的数量分类［J］．生态学报，14（增刊）：138-140.
张峰，上官铁梁，1998．山西翅果油树群落的多样性研究［J］．植物生态学报，23（5）：471-474.
张峰，上官铁梁，2000．山西翅果油树群落种间关系的数量分析［J］．植物生态学报，24（3）：351-355.
张峰，周维芝，张坤，2003．湿地生态系统的服务功益及可持续利用［J］．地理科学，23（6）：674-679.
张贵平，2009．山西崦山自然保护区侧柏林数量生态学研究［D］．太原：山西大学.
张洪波，李娇娇，辛琛，等，2019．黄河中游支流无定河流域水沙情势与变异特性［J］．地球科学与环境学报，41（2）：241-252.
张厚华，黄占斌，2001．黄土高原生物气候分区与该区生态系统的恢复［J］．干旱区资源与环境，15（1）：64-71.
张建民，张峰，樊龙锁，2002．山西历山种子植物区系研究［J］．植物研究，22（4）：444-452.
张建香，张多勇，张勃，等，2015．黄土高原植被景观多尺度变化及其与地形的响应关系［J］．生态学杂志，34（3）：611-620.
张金屯，1985．模糊聚类在荆条灌丛（Scrub. *Vitex negundo* var. *heterophylla*）分类中的应用［J］．植物生态学与地植物学丛刊，9（4）：306-311.
张金屯，2003．应用生态学［M］．北京：科学出版社.
张金屯，2004．黄土高原植被恢复与建设的理论和技术问题［J］．水土保持学报，18（5）：120-124.
张金屯，2005．黄土高原沙棘灌丛资源保护和发展问题［J］．生态环境学报，14（5）：789-793.
张金屯，李斌，2003．黄土高原地区植被与气候的关系［J］．生态学报，23（1）：82-89.
张金鑫，2009．黄土高原主要类型区水土保持耕作技术体系研究［D］．杨凌：西北农林科技大学.
张锂，2007．黄土高原地区煤矿土壤重金属污染调查研究及生态风险评价：以兰州红古煤矿为例［D］．兰州：西北师范大学.
张丽，廉凯敏，赵璐璐，等，2010．太宽河自然保护区栓皮栎群落物种多样性研究［J］．山西大学学报，2010，33（2）：296-301.
张丽慧，2011．宝鸡市东岭铅锌冶炼厂周边地区植物及土壤中重金属含量研究［D］．西安：陕西师范大学.
张莉，任国玉，2003．中国北方沙尘暴频数演化及其气候成因分析［J］．气象学报，61（6）：744-750.
张亮，王改兰，段建南，等，2010．长期施肥对栗褐土腐殖质组分的影响［J］．山西农业大学学报（自然科学版），30（1）：5-8.
张敏，郭改芝，2012．马营海湿地现状及自然生态质量评价［J］．中国林业，8：28.
张佩华，2017．不同暗沟排盐效果试验研究［D］．银川：宁夏大学.
张平山，2009．利用集雨节灌技术的评价及适宜节水灌溉技术模式建议［J］．农林科技，38（5）：62-63.
张钦弟，卫伟，陈利顶，等，2018．黄土高原草地土壤水分和物种多样性沿降水梯度的分布格局[J]．自然资源学报，33(8)：1351-1362.
张青峰，吴发启，2009．黄土高原生态经济分区的研究［J］．中国生态农业学报，17（5）：1023-1028.
张清平，2015．黄土高原一年生作物饲草生产模式及其潜力的研究［D］．兰州：兰州大学.
张琼华，赵景波，2006．黄土高原地区农业可持续发展的用水模式探讨［J］．中国沙漠，26（2）：317-321.
张仁陟，黄高宝，蔡立群，等，2013．几种保护性耕作措施在黄土高原旱作农田的实践［J］．中国生态农业学报，21（1）：61-69.
张仁陟，罗珠珠，蔡立群，等，2011．长期保护性耕作对黄土高原旱地土壤物理质量的影响［J］．草业学报，20（4）：1-10.
张时新，2008．中华人民共和国植被图［M］．北京：地质出版社.
张硕新，王建让，陈海滨，等，1995．秦岭太白山高山灌丛的生物量及其营养元素含量［J］．西北林学院学报，10（1）：15-20.
张天曾，1993．黄土高原论纲［M］．北京：中国环境科学出版社.
张甜，彭建，刘焱序，等，2015．基于植被动态的黄土高原生态地理分区［J］．地理研究，34（9）：1643-1661.
张维邦，姚启明，1992．黄土高原整治研究-黄土高原环境问题与定位试验研究［J］．北京：科学出版社.
张文辉，李登武，刘国彬，等，2002．黄土高原地区种子植物区系特征［J］．植物研究，22（3）：373-379.
张文辉，刘国彬，2007．黄土高原植被生态恢复评价、问题与对策［J］．林业科学，43（1）：102-106.
张文岚，2011．平朔矿区采矿废弃地生态恢复评价研究［D］．济南：山东师范大学.
张希彪，郭小强，周天林，等，2002．子午岭种子植物区系分析［J］．西北植物学报，24（2）：267-274.
张希彪，上官周平，王金成，等，2013．陇东黄土高原农牧交错带土地荒漠化过程中自然与人为因素的定量分析［J］．水土保持通报，33（2）：203-208.
张小玲，王迎春，2001．北京地区沙尘暴天气分析及数值模拟［J］．甘肃气象，19（2）：9-13.
张信宝，2003．黄土高原植被建设的科学检讨和建议［J］．中国水土保持，1：72-77.
张信宝，安芷生，1994．黄土高原森林与黄土厚度的关系［J］．水土保持通报，14（6）：1-4.
张雄，山仑，李增嘉，等，2007．黄土高原小杂粮作物生产态势与地域分异［J］．中国生态农业学报，15（3）：80-85.
张秀娥，董竹，毛佳，2007．中国-欧盟：传统工业区转型与循环经济的发展［M］．长春：吉林大学出版社.

张学礼，李景元，耿建明，2007．京津走廊经济崛起与工业园区产业集群研究：纪念廊坊开发区建立十五周年征文选编［C］．北京：中国经济出版社．
张殷波，张峰，赵益善，等，2003．山西蟒河自然保护区种子植物区系研究［J］．植物研究，23（4）：674-679．
张志云，张帆，2015．榆林地区石窟的分布、分期及其特征［J］．学理论，1：86-87．
张宗祜，1981．我国黄土高原区域地质地貌特征及现代侵蚀作用［J］．地质学报，55（4）：308-320．
赵钢，邹亮，2012．荞麦的营养与功能［M］．北京：科学出版社．
赵光耀，汪习军，李建牢，等，2008．山坡地生态稳定与经济持续发展技术研究［M］．郑州：黄河水利出版社．
赵哈林，赵学勇，张铜会，2000．我国北方农牧交错带沙漠化的成因、过程及防治对策［J］．中国沙漠，20（增刊）：22-28．
赵哈林，赵学勇，张铜会，等，2002．我国北方农牧交错带的地理定界及其生态问题［J］．地球科学进展，17（5）：739-747．
赵利清，杨勘，2011．准格尔黄土丘陵沟壑区杜松疏林特征分析［J］．西北植物学报，31（3）：595-601．
赵璐璐，连俊强，张贵平，等，2009．壶流河湿地自然保护区湿地植物群落的数量分析［J］．草地学报，17（5）：689-692．
赵鹏宇，2019．山西亚高山华北落叶松林土壤微生物群落构建机制［D］．太原：山西大学．
赵松桥，1985．中国自然地理：总论［M］．北京：科学出版社．
赵天樑，2005．运城湿地自然保护区生物多样性及其保护［J］．山西大学学报（自然科学版），28（1）：101-105．
赵文强，2016．山西运城湿地省级自然保护区鸟类多样性研究［D］．太原：山西大学．
赵文武，王亚萍，2016．1981-2015年我国大陆地区景观生态学研究文献分析［J］．生态学报，36（23）：7886-7896．
赵晓英，陈怀顺，孙成权，2001．恢复生态学：生态恢复的原理与方法［M］．北京：中国环境科学出版社．
赵昕，吴子龙，吴运东，等，2018．丛枝菌根真菌-植物修复矿区重金属污染土壤的研究进展［J］．化工环保，38（4）：369-372．
赵永红，周丹，余水静，2014．有色金属矿山重金属污染控制与生态修复［M］．北京：冶金工业出版社．
赵玉洁，宋国辉，徐明娥，等，2004．天津滨海区50年局地气候变化特征［J］．气象科技，22（2）：86-89，96．
赵玉明，2005．清洁生产［M］．北京：中国环境科学出版社．
赵云，谢开云，万江春，等，2017．粮草兼顾型畜牧业饲草料发展现状及展望［J］．草业科学，34（3）：653-660．
甄丽莎，谷洁，胡婷，等，2015．黄土高原石油污染土壤微生物群落结构及其代谢特征［J］．生态学报，35（17）：5703-5710．
郑殿升，方嘉禾，2009．高品质小杂粮作物品种及栽培［M］．北京：中国农业出版社．
郑度，2008．中国生态地理区域系统研究［M］．北京：商务印书馆．
郑海峰，2012．黑岱沟露天煤矿土地复垦与生态恢复技术与实践［J］．露天采矿技术，5：80-83．
中国工程院咨询项目组，2001．黄土高原生态环境建设与农业可持续发展战略研究［J］．科学新闻周刊，29：16．
中国科学院地理研究所，1987．中国1：1 000 000地貌图制图规范（试行）［M］．北京：科学出版社．
中国科学院黄土高原综合科学考察队，1988．黄土高原地区综合治理开发研究［M］．北京：科学出版社．
中国科学院黄土高原综合科学考察队，1989．中国黄土高原地区地面坡度分级数据集［M］．北京：海洋出版社．
中国科学院内蒙古宁夏综合考察队，1985．内蒙古植被［M］．北京：科学出版社．
中国科学院生物学部，2000．黄土高原农业可持续发展研究和政策建议［J］．科技导报，3：36-40．
《中国森林》编辑委员会，1999．中国森林：第二卷（针叶林）［M］．北京：中国林业出版社．
中华人民共和国水利部，2008．土壤侵蚀分类分级标准［S］．中华人民共和国水利行业标准SL190-2007．
中华人民共和国水利部黄河水利委员会．水质评价［EB/OL］．（2011-08-14）［2016-05-16］．http://www.yellowriver.gov.cn/hhyl/hhgk/qh/sz/201108/t20110814_103522.html．
中华人民共和国植被图编辑委员会，2007．中华人民共和国植被图（1：1 000 000）［M］．北京：地质出版社．
中华人民共和国自然资源部，2019．中国矿产资源报告［M］．北京：地质出版社．
钟艳霞，贺婧，米文宝，2008．宁夏平原湿地资源可持续利用研究［J］．中国农学通报，24（12）：428-431．
周光裕，叶正丰，李相敢，1986．中国北方的灌丛［J］．江西农业大学学报，3：45-47．
周万龙，2002．大封禁小治理：加快水土保持生态建设［J］．中国水土保持，2：1-3．
周伟，官炎俊，刘琪，等，2019．黄土高原典型流域生态问题诊断与系统修复实践探讨：以山西汾河中上游试点项目为例［J］．生态学报，39（23）：8817-8825．
周晓峰，1999．中国森林与生态环境［M］．北京：中国林业出版社．
周兴民，王质彬，杜庆，1987．青海植被［M］．西宁：青海人民出版社．
周妍，张继栋，白中科，等，2016．土地复垦管理方法与途径［M］．北京：中国大地出版社．
周永娜，乔沙沙，刘晋仙，等，2017．庞泉沟自然保护区华北落叶松与桦树林土壤微生物群落结构［J］．应用与环境生物学报，27（3）：520-526．
周中平，赵毅红，朱慎林，2002．清洁生产工艺及应用实例［M］．北京：化学工业出版社．
周忠学，2007．陕北黄土高原土地利用变化与社会经济发展关系及效应评价［D］．西安：陕西师范大学．

朱兵权，袁露露，2016．农业废弃物在矿山生态恢复中的应用［J］．国土与自然资源研究（3）：68-70．
朱丹，张自和，刘华，2007．黄土高原退耕还林还草生态经济可持续发展模式初探［J］．草业科学，24（12）：2-8．
朱国清，赵瑞亮，胡振平，等，2014．山西省主要河流鱼类分布及物种多样性分析［J］．水产学杂志，27（2）：38-45．
朱士光，桑广书，朱立挺，2009．西部地标：黄土高原［M］．上海：上海科学技术文献出版社．
朱兴平，李永红，1997．雨水利用的理论与实践：对干旱半干旱区农业可持续发展之路的探索［J］．水土保持通报，17（4）：32-36．
朱照宇，丁仲礼，1994．中国黄土高原第四纪古气候与新构造演化［M］．北京：地质出版社．
朱震达，1989．中国沙漠化研究的进展［J］．中国沙漠，9（1）：1-13．
朱震达，1994．中国土地沙质荒漠化［M］．北京：科学出版社．
朱震达，1998．中国土地荒漠化的概念、成因与防治［J］．第四纪研究，2：145-155．
朱震达，刘恕，1980．中国荒漠化土地的特征及其防治的途径［J］．自然资源，3：25-37．
朱志诚，1978．秦岭北麓侧柏林的主要类型及地带性问题［J］．陕西林业科技，5：1-12．
朱志诚，1983．秦岭尖齿栎林的初步研究［J］．西北植物研究，3（2）：122-132．
朱志诚，1994．陕北黄土高原白桦林初步研究［J］．西北大学学报（自然科学版），24（5）：455-459．
朱志诚，贾东林，1992．陕北黄土高原白羊草群落生物量初步研究［J］．植物学报，34（10）：806-808．
主沉浮，孙良，魏云鹤，等，2003．清洁生产的理论与实践［M］．济南：山东大学出版社．
卓静，朱延年，王娟，等，2019．红碱淖面积时空演变规律及保护措施成效［J］．中国沙漠，39（4）：195-203．
邹厚远，关秀琦，韩蕊莲，等，1995．关于黄土高原植被恢复的生态学依据探讨［J］．水土保持学报，9（4）：1-4．
邹年根，罗伟祥，1997．黄土高原造林学［M］．北京：中国林业出版社．
邹声文，2002．我国天然草原90%在退化［J］．草业科学，19（4）：76．
ABER J D, JORDAN W, 1985. Restoration ecology: an environmental middle ground [J]. BioScience, 35 (7): 399.
ADRIANO D C, 2001. Trace elements in terrestrial environments [M]. New York: Springer Verlag.
ANAND S S A, 1992. Human development index: methodology and measurement [R]. United Nations Development Programme. Human Development Report Office Occasional Paper 12.
AYRES R U, KNEESE A V, 1969. Production, consumption and externalities [J]. American Economic Review, 59 (3): 282-297.
BAILEY R G, 1996. Ecosystem geography [M]. New York, Berlin, Heideberg: Springer-Verlag.
BENNETT E M, PETERSON G D, GORDON L J, 2009. Understanding relationships among multiple ecosystem services [J]. Ecological Letter, 12 (12): 1394-1404.
BRADFORD J B, D'AMATO A W, 2012. Recognizing trade-offs in multi-objective land management [J]. Frontiers in Ecology and the Environment, 10 (4): 210-216.
BRADSHAW A D, CHADWICK M J, 1980. The restoration of land: the ecology and reclamation of derelict and degraded land [M]. Los Angeles: University of California Press.
BURTON A, PREGITZER K, HENDRICK R, 2000. Relationships between fine root dynamics and nitrogen availability in Michigan northern hardwood forests [J]. Oecologia, 125: 389-399.
CHANG R Y, FU B J, LIU G H, 2012. The effects of afforestation on soil organic and inorganic carbon: a case study of the Loess Plateau of China [J]. Catena, 95: 145-152.
CHANG R Y, FU B J, LIU G H, et al., 2012. Effects of soil physicochemical properties and stand age on fine root biomass and vertical distribution of plantation forests in the Loess Plateau of China [J]. Ecological Research, 27: 827-836.
CHEN Y, WANG K, LINUX Y, et al., 2015. Balancing green and grain trade [J]. Nature Geoscience, 8, 739-741.
CONNELL J H, 1978. Diversity in tropical rain forests and coral reefs [J]. Science, 19: 1302-1310.
COSTANZA R, d'ARGE R, deGROOT R, et al., 1997. The value of the world's ecosystem services and natural capital [J]. Nature, 387: 253-260.
CUI Y X, BING H J, FANG L C, et al., 2019. Diversity patterns of the rhizosphere and bulk soil microbial communities along an altitudinal gradient in an alpine ecosystem of the eastern Tibetan Plateau [J]. Geoderma, 338: 118-127.
DAILY G C, 1997. Nature's services: societal dependence on natural ecosystems [M]. Washington DC: Island Press.
DENG L, SHANGGUAN Z P, LI R, 2012. Effects of the grain-for-green program on soil erosion in China [J]. International Journal of Sediment Research, 27 (1): 120-127.
DENG W, LI X, AN Z, et al., 2016a. Lead contamination and source characterization in soils around a lead–zinc smelting plant in a near-urban environment in Baoji, China [J]. Archives of Environmental Contamination and Toxicology, 4: 1-9.
DENG W, LI X, AN Z, et al., 2016b. The occurrence and sources of heavy metal contamination in peri-urban and smelting contaminated sites in Baoji, China [J]. Environmental Monitoring and Assessment, 188: 1-8.

EHRLICH P R, EHRLICH A H, 1983. Extinction: the causes and consequences of the disappearance of species [J]. Biological Conservation, 26 (4): 378-379.

EISSENSTAT D, ACHOR D, 1999. Anatomical characteristics of roots of citrus rootstocks that vary in specific root length [J]. New Phytologist, 141: 309-321.

EISSENSTAT D, DUNCAN L, 1992. Root growth and carbohydrate responses in bearing citrus trees following partial canopy removal [J]. Tree Physiology, 10: 245-257.

EISSENSTAT D, YANAI R, 1997. The ecology of root lifespan [J]. Advances in Ecological Research, 27: 1-60.

ELLENBERG H, MUELLER-DOMBOIS D, 1967. Tentative physiognomic-ecological calssification of plant formations of the earth [J]. Berichte des Geobotanischen Institutes des Eidgenossischen Tech-nischen Hochschule Stifung Riibel, 37: 21-55.

FAO, 2015. What is conservation agriculture? [EB/OL]. http://www. fao. org/ag/ca.

FENG X M, FU B J, LU N, et al., 2013. How ecological restoration alters ecosystem services: an analysis of carbon sequestration in China's Loess Plateau [M]. Scientific Reports, 3: 2846.

FENG X M, WANG Y F, CHEN L D, et al., 2010. Modeling soil erosion and its response to land-use change in hilly catchments of the Chinese Loess Plateau [J]. Geomorphology, 118 (3-4): 239-248.

FERREIRA-BAPTISTA L, DE MIGUEL E, 2005. Geochemistry and risk assessment of street dust in Luanda, Angola: a tropical urban environment [J]. Atmospheric Environment, 39: 4501-4512.

FITTER A, SELF G, BROWN T, BOGIE D, et al., 1999. Root production and turnover in an upland grassland subjected to artificial soil warming respond to radiation flux and nutrients, not temperature [J]. Oecologia, 120: 575-581.

FORMAN R T T, 1995. Land mosaics: the ecology of landscape and region [M]. Cambridge: Cambridge University Press.

FORMAN R T T, GODRON M, 1986. Landscape ecology [M]. New York: John Wile & Sons.

FREUDENBERG K, NEISH A C, 1969. Plant constituent. (book reviews: constitution and biosynthesis of Lignin) [J]. Science, 165.

FROSCH R A, GALLOPOULOS N E, 1989. Strategies for manufacturing [J]. Scientific American, 261 (3): 144-152.

FU B, GULINCK H, 1994. Land evaluation in an area of severe erosion: the Loess Plateau of China [J]. Land Degradation and Development, 5 (1): 33-40.

FU B J, LIU Y, LÜ Y H, et al., 2011. Assessing the soil erosion control service of ecosystems change in the Loess Plateau of China [J]. Ecological Complexity, 8 (4): 284-293.

FU B J, SU C H, WEI Y P, et al., 2011. Double counting in ecosystem services valuation: causes and countermeasures [J]. Ecological Research, 26 (1): 1-14.

GAN Z T, ZHOU Z C, LIU W Z, 2010. Vertical distribution and seasonal dynamics of fine root parameters for apple trees of different ages on the Loess Plateau of China [J]. Agricultural Sciences in China, 9: 46-55.

GILL R A, JACKSON R B, 2000. Global patterns of root turnover for terrestrial ecosystems [J]. New Phytologist, 147: 13-31.

GORDON L J, PETERSON G D, BENNETT E M, 2008. Agricultural modifications of hydrological flows create ecological surprises [J]. Trends in Ecology and Evolution, 23 (4): 211-219.

HARPER E, GRAEDEL T, 2004. Industrial ecology: a teenager's progress [J]. Technology in Society, 26 (2-3): 433-445.

HARRISON S, 1991. Local extinction in a metapopulation context: an empirical evaluation [M]//GILPIN M E, HANSKI I A. Metapopulation dynamics: empirical and theoretical investigations. London: Academic Press, 73-88.

HARRISON S, TAYOR A D, 1997. Empirical evidence for metapopulation dynamics [M]//HANSKI I A, GILPIN M E. Metapopulation biology: ecology, genetics, and evolution. San Diego: Academic Press.

HAWKINS K, 2003. Economic valuation of ecosystem services [M]. Minnesota: University of Minnesota.

HEIJUNGS R, GUINEE J B, HUPPERS G, 1992. Environmental life-cycle assessment of products: guide and background [M]. Leiden: Center of Environmental Science, Leidern University.

HOLDREN J P, EHRLICH P R, 1974. Human population and the global environment [J]. American Scientist, 62 (3): 282-292.

HU H T, FU B J, LÜ Y H, et al., 2015. SAORES: a spatially explicit assessment and optimization tool for regional ecosystem services. [J] Landscape Ecology, 30 (3): 547-560.

HUANG J, NARA K, ZONG K, et al., 2014. Ectomycorrhizal fungal communities associated with Masson pine (*Pinus massoniana*) and white oak (*Quercus fabri*) in a manganese mining region in Hunan Province, China [J]. Fungal Ecology, 9 (1): 1-10.

ILSTEDT U, NORDGREN A, Malmer A, 2000. Optimum soil water for soil respiration before and after amendment with glucose in humid tropical acrisols and a boreal mor layer [J]. Soil Biology and Biochemistry, 32: 1591-1599.

International Organization for Standardization (ISO), 2006. ISO 14040 environmental management life cycle assessment principles and framework [S]. Geneva, Switpolicezerland: ISO.

JENKINS M A, PARKER G R, 1998. Composition and diversity of woody vegetation in silvicultural openings of southern Indiana forests [J]. Forest Ecology and Management, 109 (1-3): 57-74.

JIANG Y, ZENG X, FAN X, et al., 2015. Levels of arsenic pollution in daily foodstuffs and soils and its associated human health risk in a town in Jiangsu Province, China [J]. Ecotoxicology and Environmental Safety, 122: 198-204.

JORDAN S J, HAYES S E, YOSKOWITZ D, et al., 2010. Accounting for natural resources and environmental sustainability: linking ecosystem services to human well-being [J]. Environmental Science and Technology, 44 (5): 1530-1536.

JØRGENSEN S E, 2009. Ecosystem ecology [M]. Oxford: Elsevier Ltd.

KAISER J, 1999. In this Danish industrial park, nothing goes to waste [J]. Science, 285: 686.

KING J S, PREGITZER K S, ZAK D R, 1999. Clonal variation in above- and below-ground growth responses of Populus tremuloides Michaux: influence of soil warming and nutrient availability [J]. Plant and Soil, 217: 119-130.

KLOPF R P, BAER S G, BACH E M, et al., 2017. Restoration and management for plant diversity enhances the rate of belowground ecosystem recovery [J]. Ecological Applications, 27 (2): 355-362.

KORHONEN J, 2001. Some suggestions for regional industrial ecosystems-extended industrial ecology [J]. Eco-Management and Auditing, 8 (1): 57-69.

LAMB E G, KENNEDY N, SICILIANO S D, 2011. Effects of plant species richness and evenness on soil microbial community diversity and function [J]. Plant and Soil, 338 (1-2): 483-495.

LEVINS R, 1970. Extinction [M] //GERTENSHAUBERT M. Some Mathematics in the life sciences. Providence: American Mathematical Society, 77-107.

LI S, LIANG W, FU B J, et al., 2016. Vegetation changes in recent large-scale ecological restoration projects and subsequent impact on water resources in China's Loess Plateau [J]. Science of the Total Environment, 569-570: 1032-1039

LI X Y, LIU L Y, GAO S Y, et al., 2008. Stemflow in three shrubs and its effect on soil water enhancement in semiarid loess region of China [J]. Agricultural and Forest Meteorology, 148: 1501-1507.

LIU F, YAN H M, GU F X, et al., 2017. Net primary productivity increased on the Loess Plateau following implementation of the grain to green program [J]. Journal of Resources and Ecology, 8 (4): 413-421.

LIU J X, LI C, JING J H, et al., 2018. Ecological patterns and adaptability of bacterial communities in alkaline copper mine drainage [J]. Water Research, 133: 99-109.

LOHILA A, AURELA M, REGINA K, et al., 2003. Soil and total ecosystem respiration in agricultural fields: effect of soil and crop type [J]. Plant and Soil, 251 (2): 303-317.

LOZANO Y M, HORTAL S, ARMAS C, et al., 2014. Interactions among soil, plants, and microorganisms drive secondary succession in a dry environment [J]. Soil Biology and Biochemistry, 78: 298-306.

LÜ N, LISKI J, CHANG R Y, et al., 2013. Soil organic carbon dynamics of black locust plantations in the middle Loess Plateau area of China [J]. Biogensciences, 10 (11): 7053-7063.

LÜ Y, FU B, FENG X, et al., 2012. A policy-driven large scale ecological restoration: quantifying ecosystem services changes in the Loess Plateau of China [J]. Plos ONE, 7 (2): e31782.

LUAN Z K, TANG H X, 1992. Chemical process of acid drainage in the aquatic system of copper mine area [J]. Environmental Siences (China), 4 (3): 42-48.

LUO Z M, LIU J X, JIA T, et al., 2020. Soil bacterial community response and nitrogen cycling variations associated with subalpine meadow degradation on the Loess Plateau, China [J]. Applied and Environmental Microbiology, 86: e00180-20.

LUO Z M, LIU J X, ZHAO P Y, et al., 2019. Biogeographic patterns and assembly mechanisms of bacterial communities differ between habitat generalists and specialists across elevational gradients [J]. Frontiers in Microbiology, 10: 169.

MA (Millennium Ecosystem Assessment), 2005. Ecosystems and human well-being: current state and trends: synthesis [M]. Washington, DC: Island Press.

MA L H, WU P T, WANG X, 2014. Root distribution chronosequence of a dense dwarfed jujube plantation in the semiarid hilly region of the Chinese Loess Plateau [J]. Journal of Forest Research 19: 62-69.

MACARTHUR R H, WILSON E O, 1967. The theory of island biogeography [M]. Princeton: Princeton University Press.

MAGURRAN A E, MCGILL B J, 2011. Biological diversity: frontiers on measurement and assessment [M]. Oxford: Oxford University Press.

MASKELL L C, CROWE A, DUNBAR M J, et al., 2013. Exploring the ecological constraints to multiple ecosystem service delivery and biodiversity [J]. Journal of Applied Ecology, 50 (3): 561-571.

MIELKE H W, GONZALES C R, SMITH M K, et al., 1999. The urban environment and children's health: soils as an integrator of lead, zinc,

and cadmium in New Orleans, Louisiana, U. S. A [J]. Environmcntal Research, 81: 117-129.
MILLARD P, SINGH B K, 2010. Does grassland vegetation drive soil microbial diversity? [J]. Nutrient Cycling in Agroecosystems, 88 (2): 147-158.
MISHRA T, SINGH N B, SINGH N, 2017. Restoration of red mud deposits by naturally growing vegetation [J]. International Journal of Phytoremediation, 19 (5): 439-445.
NAVEH Z, LIEBERMAN A S, 1994. Landscape ecolony: theory and application [M]. New York: Springer-Verlag.
NORMAN G, 2004. The morality of medical school admissions [J]. Advances in Health Sciences Education, 9 (2): 79-82.
O'NEILL R V, DEANGELIS D L, WAIDE J B, et al., 1987. A hierarchical concept of ecosystems [M]. Princeton: Princeton Univesity Press.
OMEMIK J M, 1987. Ecoregions of the conterminous Untied States [J]. Annals of the Association of American Geographers, 77 (1): 118-125.
PALMER M A, AMBROSE R F, LEROYPOFF N, 1997. Ecological theory and community restoration ecology [J]. Restoration Ecology, 5 (4): 291-300.
PATIL K C, F. MATSURA, G. M. BOUSH, 1970. Deradation of Endrin, Aldrin, and DDT by soil microorganisms [J]. Applied Microbiology, 19 (5): 879-881.
PRETTY J, 2008. Agricultural sustainability: concepts, principles and evidence [J]. Philosophical Transactions of the Royal Society London. Series B, Biological Science: Biological Sciences, 363: 447-465.
QIAN W H, QUAN LS, SHI S Y, 2002. Variation of the duststorm in China and its climatic control [J]. Journal of Climate, 15 (15): 1216-1229.
QIN H, DONG G, ZHANG Y, et al, 2017. Patterns of species and phylogenetic diversity of *Pinus tabuliformis* forests in the eastern Loess Plateau, China [J]. Forest Ecology and Management, 394: 42-51.
RAPPORT D J, 1998. Ecosystem health [M]. Oxford: Blackwell Science Inc.
RAUDSEPP-HEARNE C, PETERSON G D, BENNETT E M, 2010. Ecosystem service bundles for analyzing tradeoffs in diverse landscapes [J]. PNAS, 107 (11): 5242-5247.
SAHIMI M, 1994. Application of percolation theory [M]. London: Taylor and Francis.
SCEP (Study of Critical Environmental Problems), 1970. Man's impact on the global environment: assessment and recommendations for action [M]. Cambridge MA: MIT Press.
SCHLATTER D C, BAKKER M G, BRADEEN J M, et al., 2016. Plant community richness and microbial interactions structure bacterial communities in soil [J]. Ecology, 96 (1): 134-142.
SU C H, FU B J, 2013. Evolution of ecosystem services in the Chinese Loess Plateau under climatic and land use changes [J]. Global and Planetary Change, 101: 119-128.
SU C H, FU B J, HE C S, et al., 2012. Variation of ecosystem services and human activities: a case study in the Yanhe Watershed of China [J]. Acta Oecologica, 44: 46-57.
SU C H, FU B J, WEI Y P, et al., 2012. Ecosystem management based on ecosystem services and human activities: a case study in the Yanhe watershed [J]. Sustainability Science, 7 (1): 17-32.
SUN L, WANG M, FAN X, 2020. Spatial pattern and driving factors of biomass carbon density for natural and planted coniferous forests in mountainous terrain, eastern Loess Plateau of China [J]. Forest Ecosystems, 7 (1): 9 DOI: 10. 1186/s40663-020-0218-7.
TURNER R K, PEARCE D W, BATEMAN I, 1994. Environmental economics: an elementary introduction [M]. New York: Harvester Wheatsheaf.
UNEP (UNITED NATIONS ENVIRONMENT PROGRAMME), 1994. Government Strategies and Policies for Cleaner Production [P]. Paris.
UNESCO (United Nations Educational, Scientific and Cultural Organization), 1973. International classification and mapping of vegetation, ecology and conversation [P]. No. 6, Paris: UNESCO: 15-37.
VEMURI A W, COSTANZA R, 2006. The role of human, social, built, and natural capital in explaining life satisfaction at the country level: toward a national well-being index (NWI) [J]. Ecological Economics, 58 (1): 119-133.
VITOUSEK P M, MOONY H A, LUBCHENCO J, et al., 1997. Human domination of earth's ecosystems [J]. Science, 277: 494-499.
VOGT K A, GRIER C C, VOGT D, 1986. Production, turnover, and nutrient dynamics of above-and belowground detritus of world forests [J]. Advances in Ecological Research 15: 303-377.
WANG B, XIA D, YU Y, et al., 2013. Magnetic records of heavy metal pollution in urban topsoil in Lanzhou, China [J]. Chinese Science Bulletion, 58 (3), 384-395.
WANG X G, ZHUA B, GAO M R, et al., 2008. Seasonal variations in soil respiration and temperature sensitivity under three land-use types

in hilly areas of the Sichuan Basin [J]. Australian Journal of Soil Research, 46 (8): 727-734.

WANG Y, WANG Q, WANG M, 2018. Similar carbon density of natural and planted forests in the Lüliang Mountains, China [J]. Annals of Forest Science, 75-87.

WANG Y F, FU B J, LÜ Y H, et al, 2011. Effects of vegetation restoration on soil organic carbon sequestration at multiple scales in semi-arid Loess Plateau, China [J]. Catena, 85 (1): 58-66.

WANG Y Q, SHAO M A, SHAO H B, 2010. A preliminary investigation of the dynamic characteristics of dried soil layers on the Loess Plateau of China [J]. Journal of Hydrology, 381 (1/2): 9-17.

WANG Y Q, SHAO M A, ZHU Y, et al., 2011. Impacts of land use and plant characteristics on dried soil layers in different climatic regions on the Loess Plateau of China [J]. Agricultural and Forest Meteorology, 151: 437-448.

WANG Z G, GUO Y N, BI Y L, et al., 2016. Arbuscular mycorrhizal fungi enhance soil carbon sequestration in the coalfields, northwest China [J]. Scientific Reports, 6: 34336.

WESTMAN W E, 1977. How much are nature's service worth? [J]. Science, 197: 960-964.

WIKEN E B, 1982. Terrestral ecozones of Canada, ecological land classification series no, 19 [R]. Hull, Quebec: Environment Canada.

WILLIAMS-LERA G, 1990. Vegetation structure and environmental conditions of forest edges in Panama [J]. Journal of Ecology, 78: 356-373.

WU G L, ZHANG Z N, WANG D, et al., 2014. Interactions of soil water content heterogeneity and species diversity patterns in semi-arid steppes on the Loess Plateau of China [J]. Journal of Hydrology, 519: 1362-1367.

WU J, 1999. Hierarchy and scaling: extrapolating information along a scaling ladder [J]. Canadian Journal of Remote Sensing, 25: 367-380.

XU H S, BI H X, GAO L B, et al., 2013. Distribution and morphological variation of fine root in a walnut-soybean intercropping system in the Loess Plateau of China [J]. International Journal of Agriculture and Biology, 15: 998-1002.

YANG L, CHEN L D, WEI W, 2015. Effects of vegetation restoration on the spatial distribution of soil moisture at the hillslope scale in semi-arid regions [J]. Catena, 124: 138-146.

YU H X, WANG C Y, TANG M, 2013. Fungal and bacterial communities in the rhizosphere of Pinustabulae for misrelated to the restoration of plantations and natural secondary forests in the Loess Plateau, northwest China [J]. The Scientific World Journal, 2: 606-480.

YUAN Y P, BINGMER R L, REIBICH R A, 2001. Evluation of AnnAGNPS on Mississippi Delta MSEA watersheds [J]. Transaction of the American Society of Agricultural Engineers, 45 (5): 1183-1190.

YUAN Y P, BINGNER R L, REBICH R A, 2003. Evaluation of AnnAGNPS nitrogen loading in an agricultural watershed [J] 1 Journal of the American Water Resources Association, 39 (2): 457-466.

YUAN Y P, DABNEY S M, BINGNER R L, 2002. Cost effectiveness of agricultural BMPs for sediment reduction in the Mississippi Delta [J]. Journal of Soil and Water Conservation, 57 (5): 259-567.

ZEWDIE S, FETENE M, OLSSON M, 2008. Fine root vertical distribution and temporal dynamics in mature stands of two enset (Enset ventricosum Welw Cheesman) clones [J]. Plant and Soil, 305: 227-236.

ZHAO C Y, WANG Y C, SONG Y D, et al., 2004. Biological drainage characteristics of alkalized desert soil in north-western China [J]. Journal of Arid Environments, 56 (1): 1-9.

ZHENG F L, 2006. Effect of vegetation changes on soil erosion on the Loess Plateau [J]. Pedosphere, 16 (4): 420-427.

ZHOU D C, ZHAO S Q, ZHU C, 2012. The Grain for Green Project induced land cover change in the Loess Plateau: a case study with Ansai County, Shaanxi Province, China [J]. Ecological Indicators, 23, 88-94.

ZHOU Z H, WANG C K, JIANG L F, et al., 2017. Trends in soil microbial communities during secondary succession [J]. Soil Biology and Biochemistry, 115: 92-99.

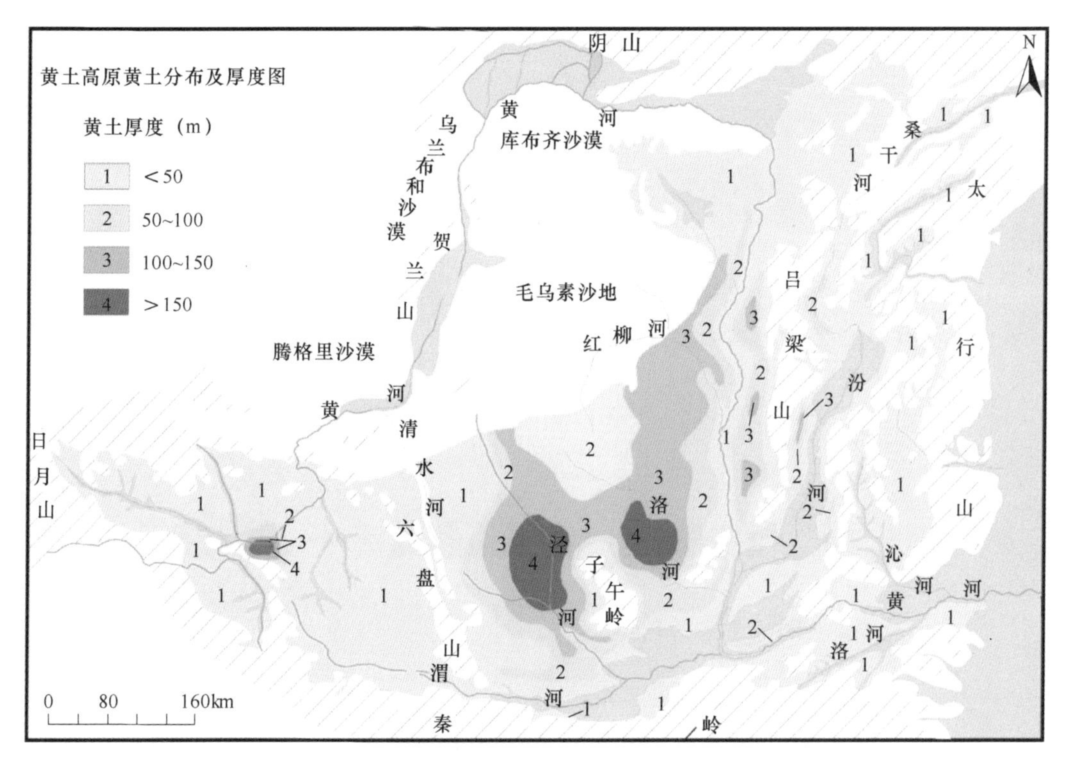

彩图 1.2　黄土高原黄土分布及厚度（据张天曾，1993 改绘）

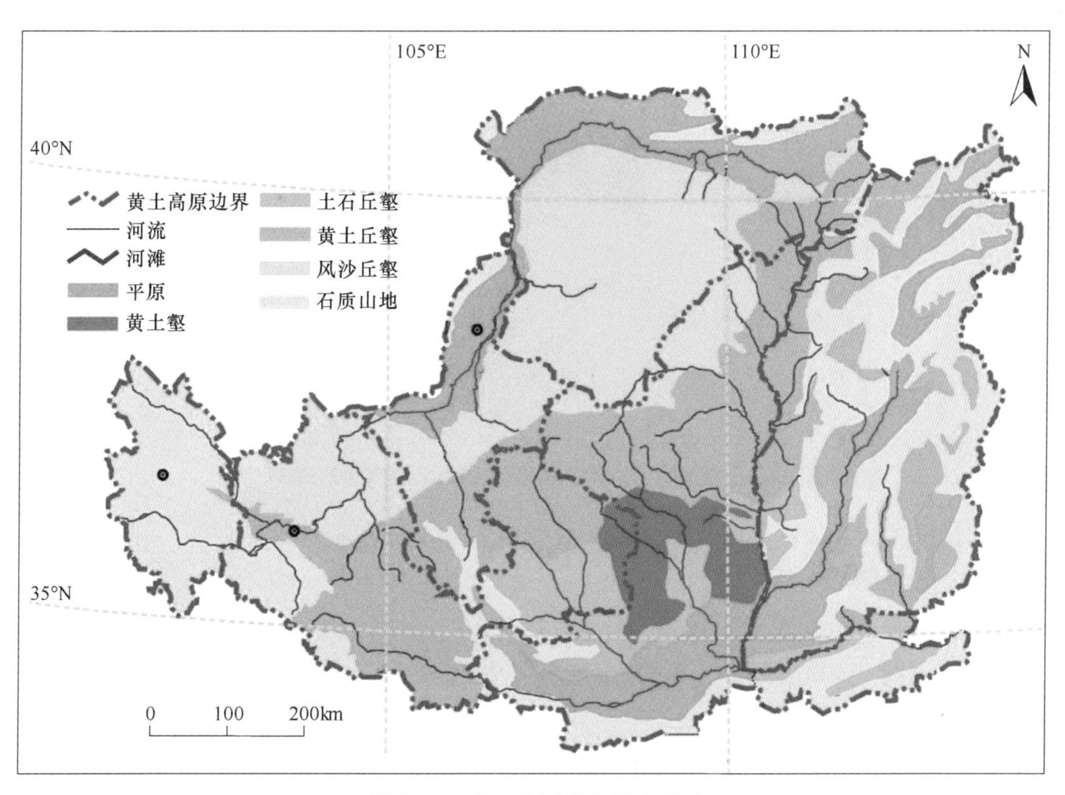

彩图 1.3　黄土高原现代景观单元

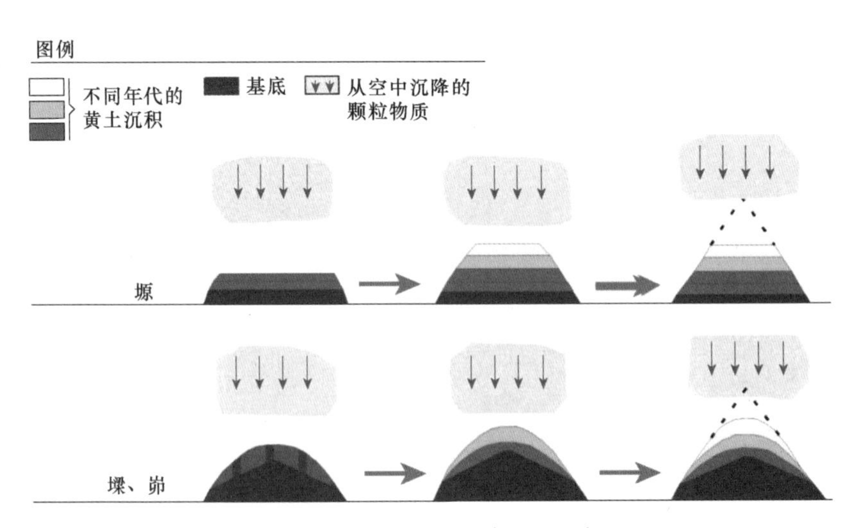

彩图 1.4　黄土塬、墚、峁形成示意图

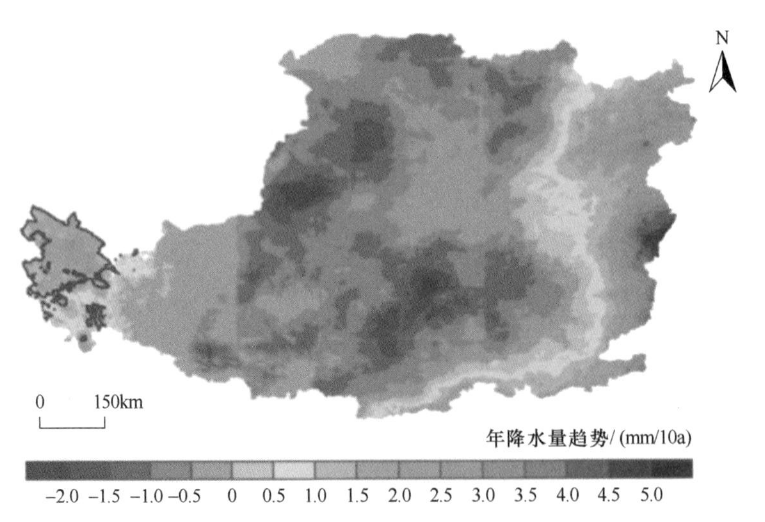

彩图 1.6　黄土高原年降水量趋势的空间分布（1901～2014 年）（任婧宇等，2018）

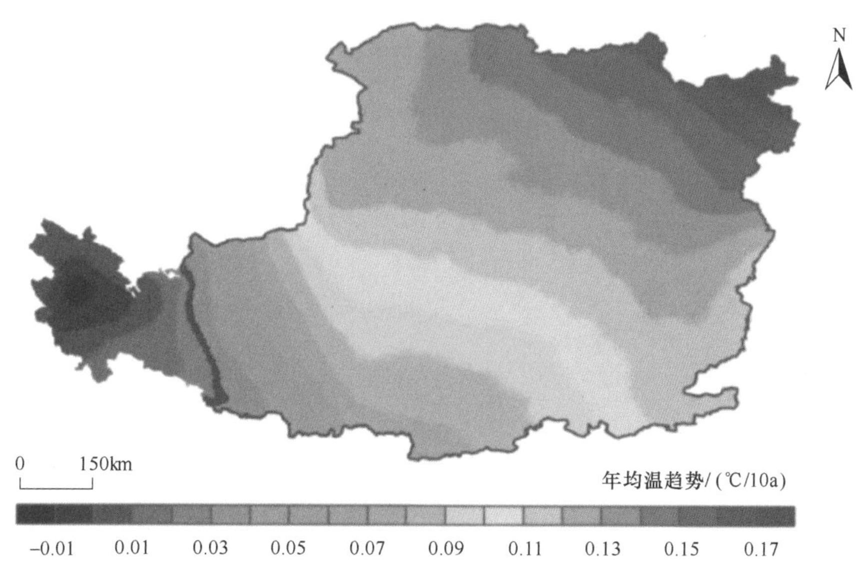

彩图 1.8　黄土高原年均温趋势的空间分布（1901～2014 年）（任婧宇等，2018）

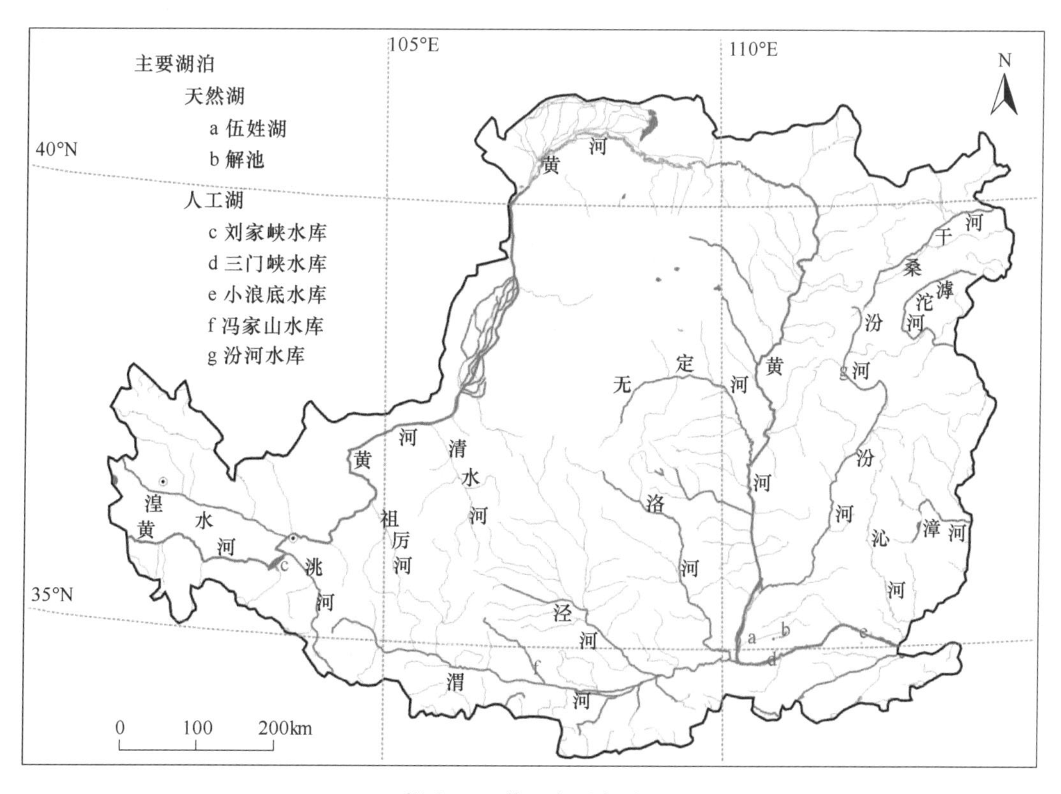

彩图 1.9　黄土高原水系图

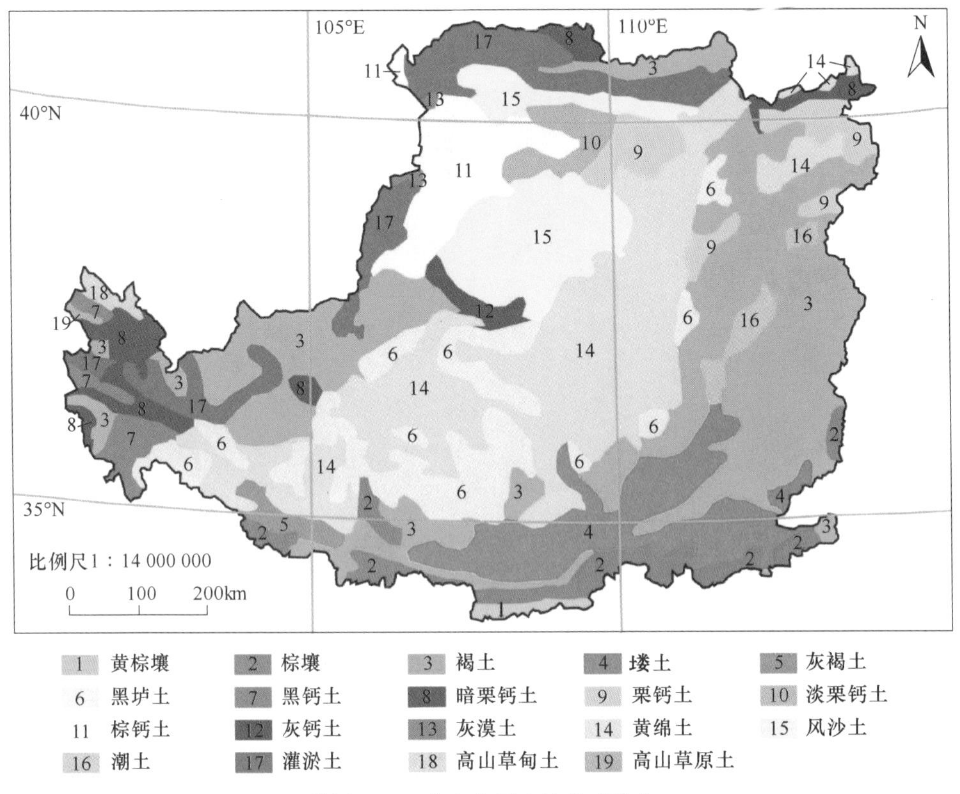

彩图 1.10　黄土高原土壤类型分布

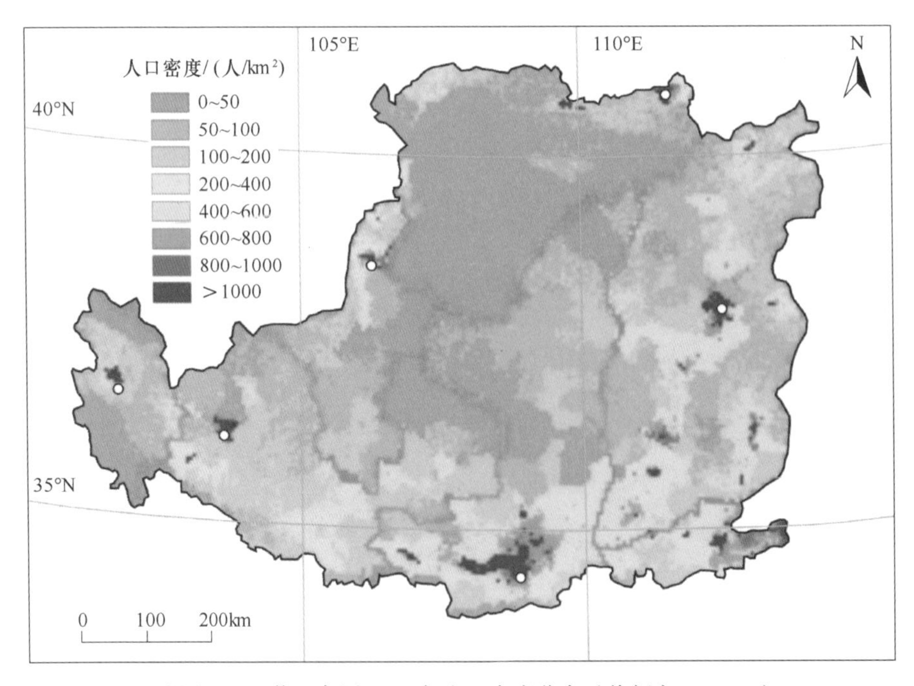

彩图 1.11　黄土高原 2015 年人口密度分布（徐新良，2017a）

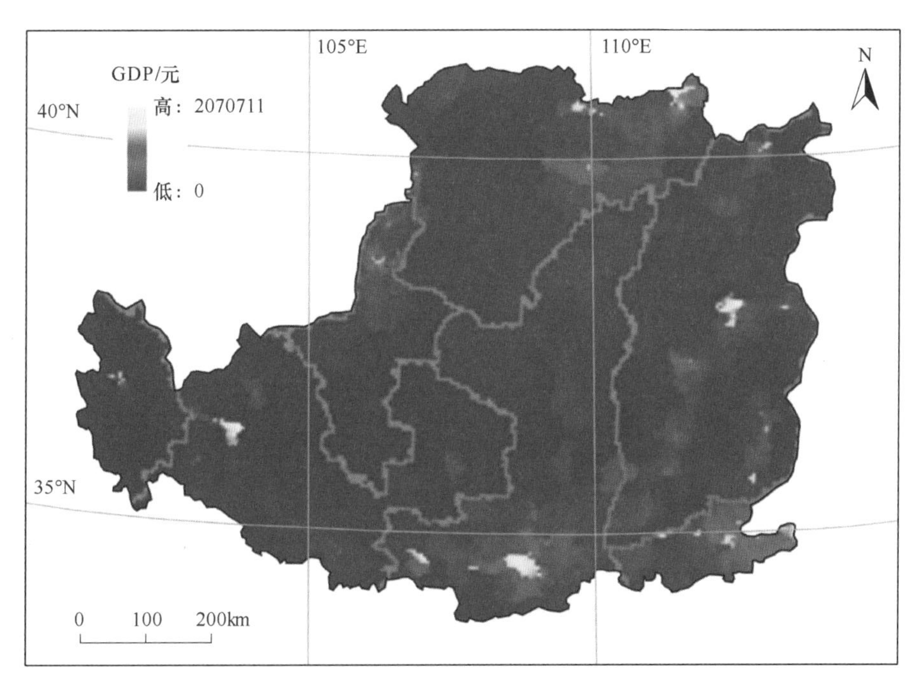

彩图 1.12　黄土高原 2015 年 GDP 分布（徐新良，2017b）

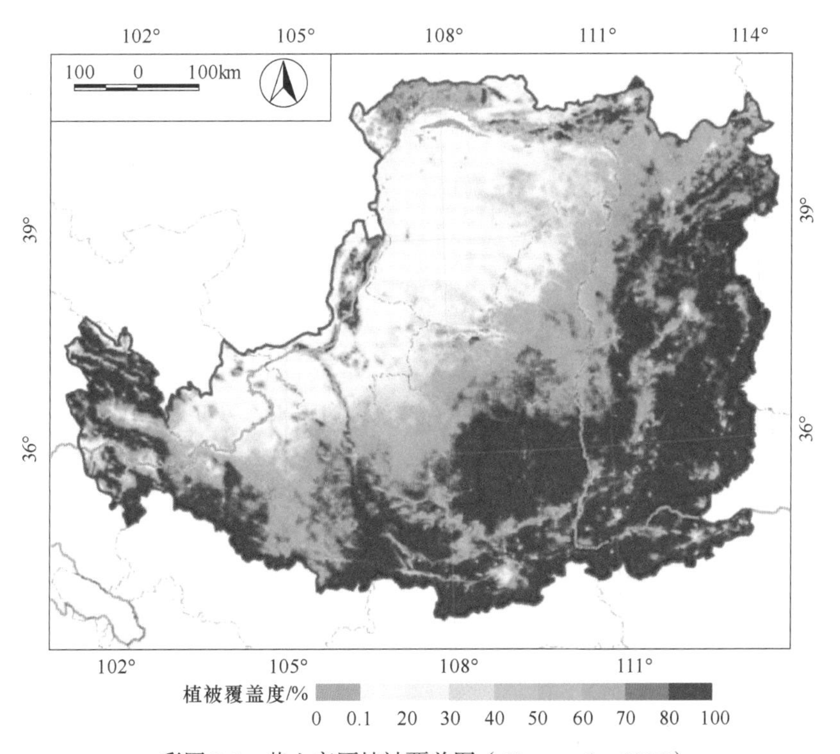

彩图 2.1　黄土高原植被覆盖图（Chen et al.，2015）

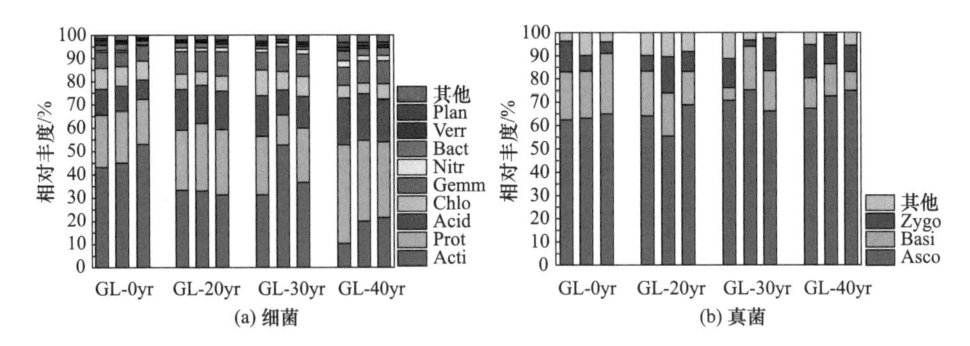

Acti—放线菌；Prot—变形菌；Acid—酸杆菌；Chlo—绿弯菌；Gemm—芽单胞菌；Nitr—硝化螺旋菌；Bact—拟杆菌；Verr—疣微菌；Plan—浮霉菌；Asco—子囊菌；Basi—担子菌；Zygo—接合菌。

彩图 3.1 土壤微生物群落在门级水平上的相对丰度（白丽等，2018）

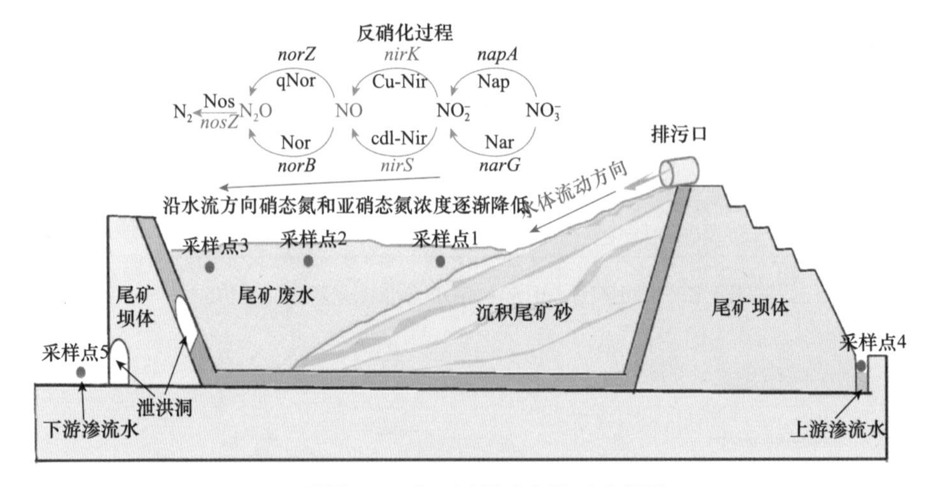

彩图 3.3 十八河尾矿库平面示意图

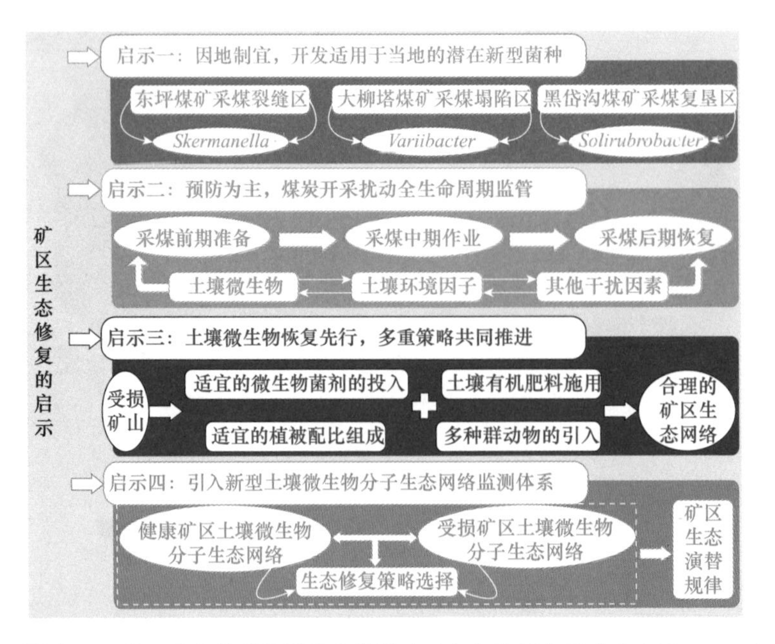

彩图 3.4 基于微生物群落结构变化的矿区生态修复启示（骆占斌，2019）

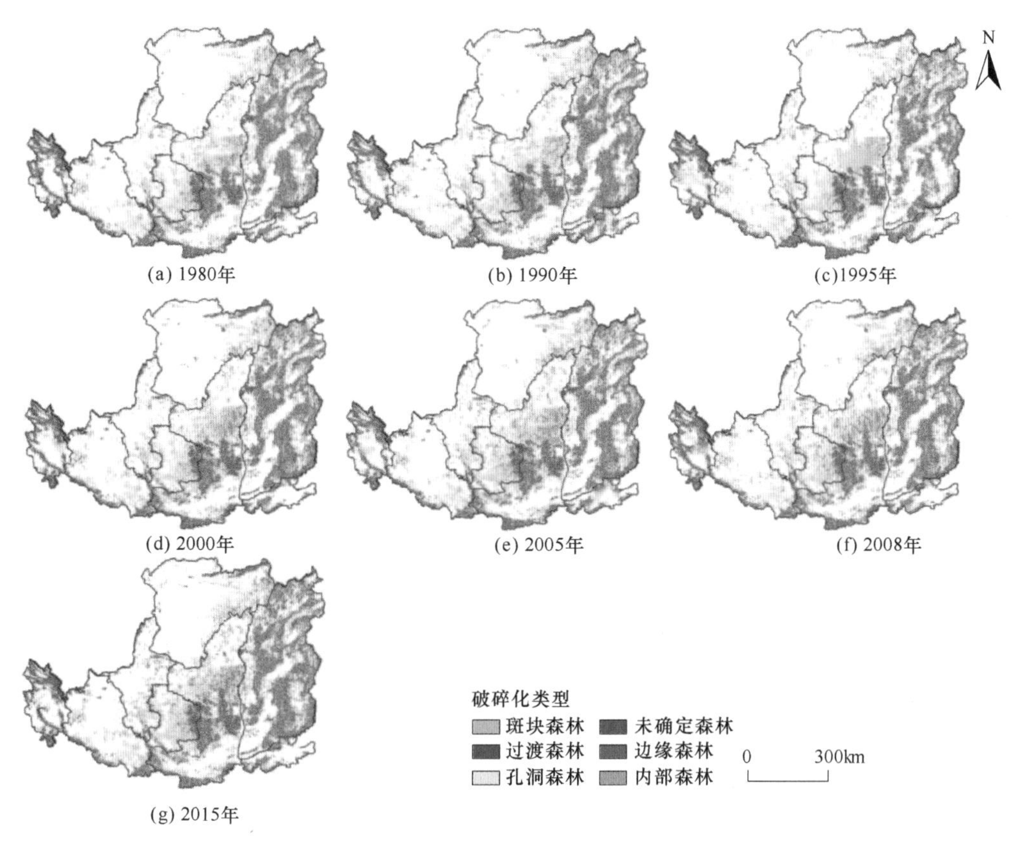

彩图 4.2　1980～2015 年黄土高原森林破碎化分布示意图（杨智奇等，2018）

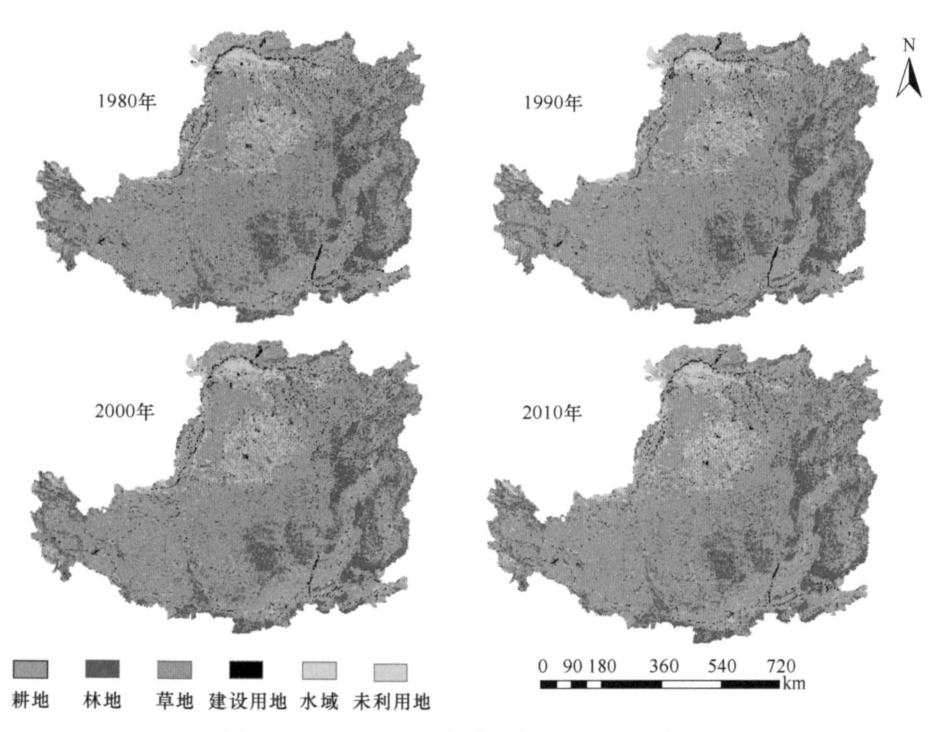

彩图 5.1　1980～2010 年黄土高原土地利用类型图

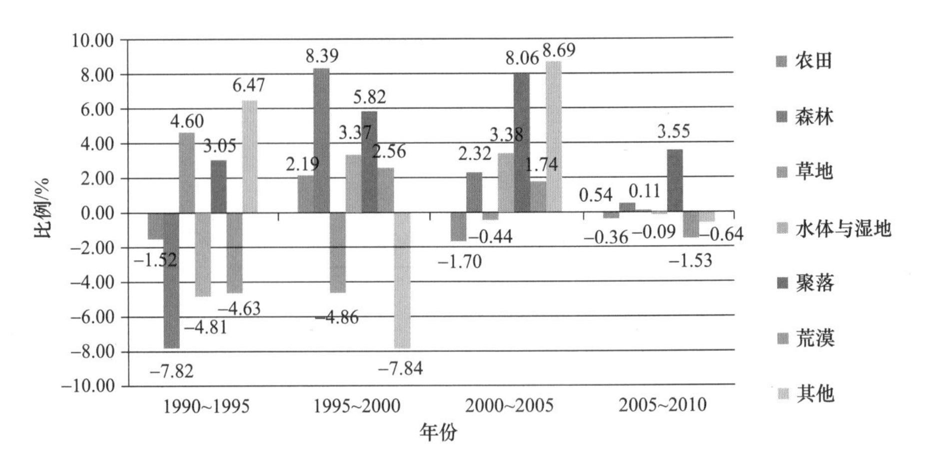

彩图 5.2　1990～2010 年各生态系统类型面积变化

彩图 7.1　砖窑沟流域数字高程模型（DEM）

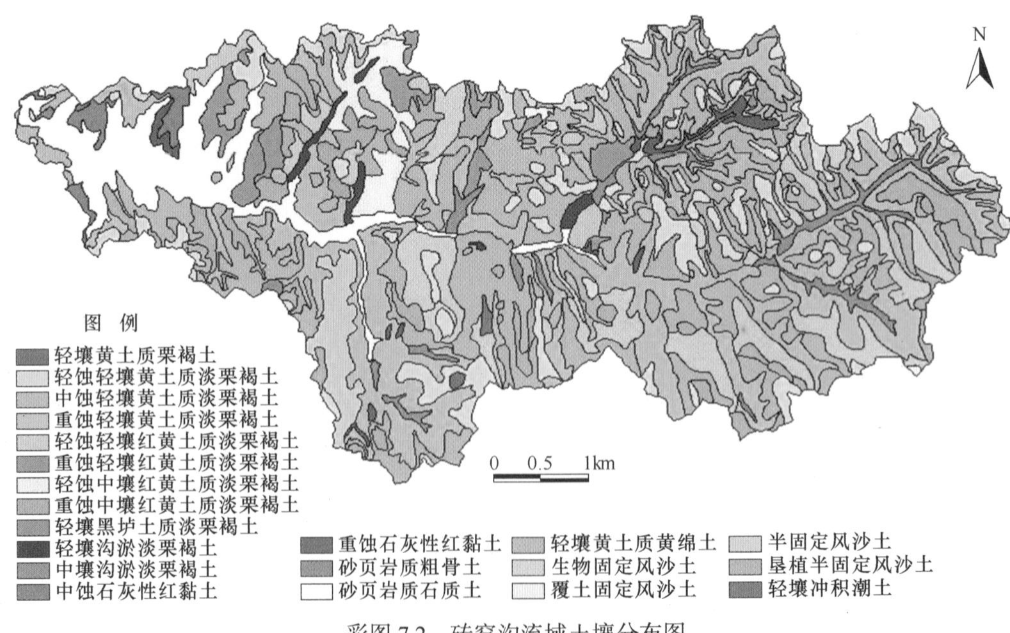

彩图 7.2　砖窑沟流域土壤分布图